生物物理学：

能量、信息、生命

（第二版）

【美】菲利普·纳尔逊（Philip Nelson）/著

黎　明　戴陆如　等/译

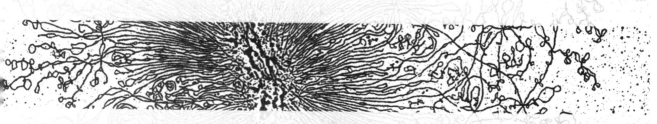

U0188253

上海科学技术出版社

图书在版编目（ＣＩＰ）数据

生物物理学：能量、信息、生命／（美）菲利普·纳尔逊（Philip Nelson）著；黎明等译. -- 2版. -- 上海：上海科学技术出版社，2023.11
书名原文：Biological Physics: Energy, Information, Life, Student Edition
ISBN 978-7-5478-6368-8

Ⅰ.①生… Ⅱ.①菲… ②黎… Ⅲ.①生物物理学 Ⅳ.①Q6

中国国家版本馆CIP数据核字(2023)第194391号

Biological Physics：Energy，Information，Life，Student Edition by Philip C. Nelson
with art by David Goodsell
with the assistance of Kevin Chen and Sarina Bromberg
First published by Chiliagon Science，Philadelphia PA USA

上海市版权局著作权合同登记号　图字：09 - 2021 - 0950 号

责任编辑　　　杜治纬　王　佳
装帧设计　　　陈宇思

生物物理学：能量、信息、生命（第二版）
【美】菲利普·纳尔逊（Philip Nelson）/著
黎　明　戴陆如　等/译

上海世纪出版(集团)有限公司
上海科学技术出版社　出版、发行
(上海市闵行区号景路 159 弄 A 座 9F - 10F)
邮政编码 201101　　www. sstp. cn
苏州工业园区美柯乐制版印务有限责任公司印刷
开本 787×1092　1/16　印张 36.5　插页 2
字数 770 千字
2006 年 12 月第 1 版
2023 年 11 月第 2 版　2023 年 11 月第 1 次印刷
ISBN 978 - 7 - 5478 - 6368 - 8/Q · 81
定价：158.00 元

本书如有缺页、错装或坏损等严重质量问题，请向印刷厂联系调换

中文版第二版
自序

非常高兴最新版《生物物理学：能量、信息、生命》能与中国读者见面。感谢黎明教授及其同事们愿意继续承担本书的翻译工作，他们出色地完成了这一专业且繁琐的工作，并在整个翻译过程中一直与我保持着良好的沟通与合作。感谢欧阳钟灿教授组织安排了本书各版本的中文版的翻译出版工作，并不断给予鼓励和支持。同时，非常荣幸能一直与上海科学技术出版社合作，我要特别感谢万倩倩女士提供的大量协助。

自本书第一版问世以来，单分子生物物理学在科学和工程应用中的重要性不断提高。尽管这一领域有了巨大的进展，但本书中的基本思想仍然是理解新进展的基础。我希望中国的读者们能像书中的虚构学生 Gilbert 和 Sullivan 一样，在思考如何将这些想法应用到真实实验中的时候，能与其他学生辩论和讨论。这样，你将逐渐超越本书和其他书中的内容，创造出属于自己的新思想。

菲利普·纳尔逊
2023 年于宾夕法尼亚

目　录

第 I 部分　谜、隐喻及模型

第 Ⅱ 部分　扩散、耗散及驱动

第Ⅲ部分　分子、机器、工作机制

致学生

本书面向那些愿意使用一点微积分知识的生命科学专业的学生,以及希望对细胞有所了解的物理学和工程学的学生。我深信,不久以后,这两方面的学生都会急需了解彼此领域的核心知识。

我参加过很多会议和研讨班,与会者不仅有物理学家、生物学家、化学家和工程师,而且内科医生、数学家和企业家也在逐渐增多。刚开始我很怀疑这样一个多元群体如何克服所谓的"巴别塔"综合征*。渐渐地,我意识到,尽管每个学科都有着实验和理论方面浩繁的知识细节,然而这些"河流"的源头都是一些易于处理的简单而普遍的原理,它们均来自同一个"泉眼"。只需具备这很少的几个原理,我们就有能力理解大量的前沿研究。本书要探讨的正是这些最普遍的原理,更专业的概念则留待将来。

本科一年级物理课程通常都包含一个学期的力学及后继学期的电学,这两者看起来都与生命没有多少关系。但阅读本书后,你将会发现,只要承认纳米世界受持续的热运动主宰,则力学与细胞及分子生物学的联系实际上要紧密得多**。同样的道理也适用于电学***。

另一方面,我也认识到本科教育使我到大学最后一年(甚至更晚)才能接触到大量基本概念,而目前很多教学计划仍然具有这样的特征:尚未获得全貌,人们就开始小心翼翼地建造复杂的数学大厦。我和同事们逐渐意识到这种方法实际上并不能满足学生的需要。很多本科生在第一年就开始做研究,他们需要及早知道概貌。另有很多学生为自己拟定了交叉学科的学习计划,可能从来就没有接触过我们所开设的专门的高等课程。在本书里,我希望向任何学过一年级物理和微积分(外加一点高中的化学和生物学)、又愿意扩大知识面的学生展示一个能够理解的图像。等你学会了这些知识,你就应该有能力阅读当前发表在美国《科学》(Science)周刊和英国《自然》(Nature)周刊上的研究工作。当然,你不可能知道每一细节,但你能得到一个概观。

---

* 译注:巴别塔(Tower-of-Babel),古巴比伦人建筑未成的通天塔。上帝因他们狂妄,责罚他们各操不同的语言,彼此不相了解,结果该塔始终无法完成。见《旧约·创世纪》。

** 参见第4、9、10章中的例子。

*** 参见第7、11、12章中的例子。

刚开始教授这门课程的时候,我们吃惊地发现很多研究生也想来听课。因此,本书中标明"拓展"的部分针对这些在数学上训练有素的学生。

物理科学和生命科学

20 世纪初人们已经知道,从化学角度看,你我与一罐汤没有多大区别。不过,一罐汤显然不像我们那样能完成很多复杂甚至有趣的事。对于生物体如何利用食物创建秩序、如何做功乃至如何计算,那时的人们仅持有极少的正确观念,而这些观念都是来自当时技术领域的并不恰当的隐喻。

到 20 世纪中叶,人们才逐渐明白很多类似的疑问都可以通过研究大分子来回答。具有讽刺意味的是,在我们目前所处的 21 世纪开端,局势却逆转了,现在的问题是关于这些分子的信息过多了。我们淹没在信息中,急需一个工作框架将大量事实组织起来。

可能有人会对"还原论式"物理学不屑一顾,认为这种研究范式抹掉了生物体(如青蛙)与非生物体(如中子星)的细节差异。另外有些人则相信目前应该建立一个统一两者的基本理论框架。而我认为,在"发展的/历史的/复杂的"科学与"普适的/非历史的/还原论式"的科学之间一直存在一种看似矛盾的张力,这曾极大地推动了科学探索,而未来也必定属于那些熟练掌握这两种研究范式的人。

抛开哲学不谈,过去 20 或 40 年里物理学技术领域发生的革命已成事实,这些技术使人们能深入细胞内部的纳米世界,通过物理手段对它们拉伸或拧转,并进行定量观测。最终,细胞生物学教科书中那些卡通图里隐含的诸多物理思想将经受精确的检验,或证实或证伪。

为什么全是数学？

学习生命科学的学生或许会问,书中所有的数学公式都是必需的吗？本书所遵循的前提对此问题给出了最好的答案:为确保某个理论正确,必须由某个简单的模型作出定量预言,然后用实验对其作出检验。后面各章提供了达到此目标的诸多工具。最终,我希望你在面对一个不熟悉的问题时能够找出合适的工具并解决它。这当然不容易,尤其是在刚开始时。

确实,物理学家有时候会过分地使用数学分析。本书的观点与此不同,优美的数学公式通常只是我们理解自然的手段而不是终结。往往最简单的工具如量纲分析,就足以弄清某些事情。只有在你成为一个非常优秀的科学家后,你才有能力完成一些真正精细的数学计算,并且看到你的预言为实验所证实。其他的物理学和数学课程会提供相关背景知识使你达到这一步。

本书的特点

本书写作过程中我力图坚持一些原则。其中大多数非常乏味而且很技术化,不过有四点值得指出：

    1. 我尽可能将书中的思想与日常生活中的现象联系起来。

    2. 我会指明究竟在做什么。不仅给出各步骤的清单，我还会尽量阐明为什么要有这些步骤、如何猜测某个步骤会是有效的。这种阐释式（或发现式）的途径包含了比你所习惯的物理教科书更多的词汇。这样做的目的是帮助你度过艰难时期从而获得自主选择研究方案的能力。

    3. 书中没有黑箱。那种吓人的短语"可以证明"在正文里极少出现。几乎所有提及的数学结果都会实实在在地推导出来，或者指明要点以便能在家庭作业中完成推导。如果不能在这种水平的讨论中获得结果，通常我会略去整个推导过程。

    4. 书中没有假数据。如果你在书中看到某个像曲线图一样的东西，那么它就是一幅曲线图，其中的数据都是真实的实验数据且附带了引用说明。曲线显示的是通常在正文（或家庭作业）中推导出的真实数学函数。类似曲线图的示意图会注明。事实上，每一幅图都带有很书卷气的小标签，以显示它的类别，提醒你究竟是真实数据，还是从真实数据重构出的，或仅是某位画家的作品。

真实数据一般不如假数据来得漂亮，但你需要这些真实的东西来拓展你的批判能力。首先，有些简单理论并不像仅从报告中听到并相信的那样好用；另一方面，有些理论对实验的拟合虽难以给人深刻印象，但确能支持很强的结论，你需要训练从数据中找出相关线索的能力。

本书附有两个附录，请立刻翻看一下，它们列出了书中所有物理量的符号、各种单位的定义及大部分物理量的数值（其中一些在解题时很有用）。

为什么写一点历史？

这虽不是一本历史书，但你会发现文中讨论了大量"古老"的结果（不少人使用"古老"一词意指"在因特网出现之前"，但本书中采用的是更经典的含义即"在电视出现之前"）。安排这些老资料当然不是为了炫耀学识。本书会反复申明一个主题，即物理测量如何远在传统生化分析方法对分子器件做出精确鉴定之前，就揭示出其存在性及本质，书中关于历史的段落就记述了这种情况的一些例子。某些例子中，这个时间差竟会达到 20 年！

尽管今天我们已经拥有了分子生物学这个极其成熟的武器，像通过基因敲除观察表型改变这样的传统实验策略与直接"伸进去—取出来"的途径相比，不仅慢得多而且更难施行和阐释。事实上，过去的 20 年里，对具有生理机能的细胞或其组分（小到单分子尺度）施加物理力并且测量其响应的精巧新工具迅速增多，为间接推测分子水平上发生的事情提供了空前的机遇。那些能整合生物化学和生物物理学两条途径的科学家们将会最先看到整个图景，而一旦你了解了这种整合在过去是如何进行的，你自己也就有机会加入这个队伍中了。

如何学习本课题？

如果你原先在物理学方面的知识背景是本科一年级的物理或化学，那么本书将会带来与你迄今读过的教科书迥异的感觉。因为该课题进展迅速,我不希望让人觉得我是在对一个固定的、已经成熟的话题进行权威、不容置疑的论述,当然也不应该那样做。相反,我要让你为这个正在发展的领域而激动,因为你无须在大堆公式中披荆斩棘数十年就能靠个人努力作出新贡献。

如果你原先的背景是生命科学,可能已经习惯了那种灌输事实的写作风格。但是本书中很多断言和绝大多数公式都承接前文而来,你必须而且应该做出检验。实际上,你会注意到诸如"我们""我们的""让我们"等词汇贯穿全书。通常在科技论文的写作中,这些词仅仅是华而不实地表示"我""我的""看我的"。不过在本书中,它们的确意味着包括你我在内的团队。你要自己弄清哪些陈述含有新的信息,哪些仅仅是推论而应由你来推出。在有些特别重要的逻辑步骤上,我留给你一些问题并标记了"思考题",其中绝大部分很短,你能在往下阅读之前做完。你必须自己来完成这件事,它将使你掌握讨论新物理课题所需的技巧。

文中每介绍一个公式时,请花几秒钟看一看并想一下是否合理。如果 $x = yz/w$,是否意味着随着 w 增长 x 会下降?它们的单位之间有什么联系?开始时我会带着你熟悉这些步骤,但以后你就要自主进行下去了。一旦发现我提到了某个不熟悉的数学想法,请立即咨询指导教师而不要一跳而过。后面将列出其他有用的资源。

除了正文中的题目,每个章节的最后也会有一些习题。它们不像大学一年级物理课上的习题那么直白。通常,要想找到正确思考的出发点,你得有一些常识,一些目前你尚不具备的定性判断知识,甚至指导教师的建议。大多数学生刚开始对这种学习方式很不习惯——其实远不只是你!但无论你将来做什么,最终它会成为你能学到的最有价值的技能之一。一旦拥有了敏锐的头脑并足以应对那些尚无定论的定量问题,你将能在这个高科技时代任意驰骋。

随着你深入阅读正文,习题会越来越难。因此请先完成前面的题目,哪怕它们很容易。

⊤ 有些小节和习题旁边做了这个标记。这些内容只针对有一定基础的读者。当然,我这样说是想让你们有兴趣去阅读而不管指导教师是否指定了这部分内容。标有"拓展"的小节用到的数学会更深一点,它们与你正在学习或将要学习的其他物理课程有直接联系。同时,它们也是某些被引用文献的广告。本书的主要部分并不依赖这些小节,它自成一体。即使是适合阅读"拓展"部分的读者,在第一遍阅读本书时也应该先跳过这些小节。

很多学生发现本课程是个艰难的挑战。物理系学生不得不消化大量的生物学名词,而生物系学生不得不提高他们的数学水平。这的确不容易,但是值得努力,因为像这样的交叉研究领域最令人激动也最可能获得成果。我已经注意到,最快乐的学生正是那些能够跟其他背景的学生组成团队,一起工作、一起解题并相互传授知识的群体。你不妨试一下。

延伸阅读

本书正文章节末都会列出更多阅读文献。下面是与很多章节都相关的书籍[*]。

准科普：

　　Goodsell，2016；Milo & Phillips，2016；Parthasarathy，2022.

中级阅读：

　　Boal，2012；Dill & Bromberg，2011；Dillon，2012；Hagen，2017；Hobbie & Roth，2015；Leake，2016；Nelson，2017；Nelson，2015；Nordlund & Hoffman，2019；Phillips et al.，2012；Schiessel，2013；Sheetz & Yu，2018；Waigh，2014；Zukerman，2010.

高级阅读：

　　Bialek，2012.

数学背景：

　　Bodine et al.，2014；Otto & Day，2007；Shankar，1995.

计算机技术：

　　Guttag，2021；Hill，2020；Pine，2019；Kinder & Nelson，2021；Newman，2013.

---

[*] 参见书末所附的参考文献列表。

致指导教师

本次修订的《生物物理学：能量、信息、生命》与之前的 2014 年版本* 完全兼容，连习题的标号都几乎未作改变。不过，我也乘此机会更新了很多信息，并增加了更多文字阐述。

多年前，我所在的系向本科生征询哪些课程他们需要但又不能从我们这里学到。其中的一个反馈是"生物物理课"。学生们不可能不注意到《纽约时报》（*The New York Times*）上那些激动人心的文章，以及《今日物理》（*Physics Today*）每一期的封面文章，等等。他们需要加入这个研究潮流中。本书正是应此而生。

本书也为介绍纳米技术和软物质这些年轻学科的诸多概念提供了材料。这并不让人吃惊——正是细胞里的分子或超分子机器启发了很多纳米技术，而构成细胞的大分子和膜刺激了软物质科学的诸多发展。此外，力学生物化学的基本思想如今已经成为医学预科教学中的标准内容（可参考 American Association of Medical Colleges，2017）。

本书意图面向广泛的受众群。它的前身是我在一个大班上授课的内容，该班包括了来自物理学、生物学、生物化学、生物物理学、材料科学、化学、力学和生物工程学的学生。无论科学或工程系的课程将之用作主要的或是辅助的教材，我希望本书均能有所裨益。另外，我的学生们来自本科二年级到研究生三年级的各个年级，他们的研究经验悬殊。你可能并不想尝试面向如此多元化的学生群体授课，但是在宾夕法尼亚大学这是可行的。为照顾到所有人，课程内容分为两部分。研究生部分提供了更难、在数学上更为复杂的习题和试题。本书的结构也反映了这种划分，大量的"拓展"小节和习题覆盖了这些更加高级的材料。这些小节放到了各章末尾且以特殊符号标记，它们之间在很大程度上是无关的，所以你能像点菜一样随意指定学生阅读。我建议所有学生在第一遍阅读本书时都跳过这些小节。

学习本书核心内容的仅有的前提是本科一年级的微积分和基于此的物理知识，以及对高中化学、生物学的零星记忆。微积分的概念要熟练运用，但对计算技巧几乎不作要求，仅需会求解最简单的微分方程。更为重要的是，学生们要掌握一系列能力，能够熟练进行简短的计算和估计、辨明各种单位以及做出简单推导。"拓展"部分的内容和习题应该指定给高年级的物理专业学生以及研究生一年级

---

* 这一版本的中文版出版于 2016 年。——译者注

的学生。由于这门为期一学期的课是为缺少研究经验的学生而设,你或许想跳过第 9 章和第 10 章(或第 11 章和第 12 章)中的一章或全部两章。对更有经验的学生,你可以快速掠过开篇章节,然后着力在高级内容上。

在讲授这门课程时,我另行指定了一本标准细胞生物学教材中的某些材料作为补充阅读。细胞生物学不可避免地包含了大量术语和插图,学生和老师们都必须花工夫学习它们。好在回报也是明确、及时的,它不仅使你能与众多领域里的专家们进行交流,而且对你弄清哪些物理问题与生物医学研究紧密联系也至关紧要。

我特意花力气统一了书中的术语和符号。对横跨好几个学科的内容而言,这可是一件极为艰巨的任务。附录 A 将所有符号汇总在一起。附录 B 中包含了很多有用的数值,超过书中实际用到的。(你可能会发现这些数据有助于布置一些新的家庭作业和考试题目。)

关于如何使用本书开出一门完整课程,你可以在"指导教师指南"中找到更多细节。这份指南包括了对书中所有习题和思考题的解答、建议使用的课堂演示,以及生成书中很多曲线的计算机代码。你可以使用这些代码创作一些需要使用计算机的习题,或者做课堂演示,等等。本书勘误表可在如下网址查到:www. physics. upenn. edu/biophys/BPse/。

本书为何没有提及你最喜欢的话题?

这或许也只是我所喜欢的话题之一。我不得不在书中恪守以下几条原则:
- 它是课本而不是百科全书。本书选材是我在总学时为 42 小时的典型学期当中企图覆盖的内容(即学生们确实要努力掌握的),外加 20% 的内容供自由选用。
- 要讲述一个完整的故事。
- 在近期的研究成果和重要的经典课题之间维持内容上的平衡。选取那些能与物理学、生物学、化学、工程学等学科保持最广泛联系的课题。
- 几乎不提及量子理论,因为学生们在这门课之后才会学到它。幸运的是,生物物理学中大量重要的知识(包括软物质整个领域)并不会用到很深的量子理论的思想。*
- 将讨论限制于某些具体问题。正是在这些问题上,物理学的远见引出了可证伪的、定量的预言,并且相应实验数据也是可以获得的。每一章都会给出一些真实的实验数据。
- 所选问题应该是能阐明重大思想或者已被这些思想所阐明的。学生们需要这些——这正是他们学习科学的原因。

当然,肯定有其他话题完全满足上述要求但是并没有包含在本书里。我期待着你能对新版添加哪些内容提出建议。

---

* 关于这一点,可参考 Nelson,2017。

上述各条准则体现了我的决心，即要传达出物理学观念自身的优美和重要性。出于对这些基本观念的尊重，我不会像眼下时兴的实用主义那样，仅仅将它们当作有助于其他学科的工具箱。书中有几个明显与（当前）生物学不太相关的话题，它们追求的物理学超越了（当前）那种仅对生物现象做解释的物理学，这个安排也反映了我的信念。

申明

这是一本教材而不是专著。本书在陈述很多微妙话题时有意抛开了重要的细节。除了在标有"历史"的各节外，我也没有刻意要突出任何成果的历史优先权。之所以选用书中所描述的实验，原因很简单，它们符合某种教育观，并且看来都有特别直接的解释。在本书中，我有意识地避免了系统地引用自己的工作，而对其他原创工作的引用则很随意。书中不会特别申明哪些内容是原创的，虽然我有时忍不住这样做了。

本书内容真的属于物理学吗？

它是否应该在物理系教授？如果你提出这个问题，很可能你已经有自己的判断了。但是我打赌你的同事会问这个问题。本书力图显示，不仅很多分子生物学的创建者们有着物理学的背景，而且从历史来看，对生命的研究也曾回报给物理学以至关重要的洞察。在物理教育方面也是这样。很多学生发现统计物理学的思想在生命科学中得到了最为鲜明的体现。实际上，有些学生在修过统计物理和物理化学后来学习这门课。他们告诉我，本课程为他们提供了一个新的、有益的途径把原本零散的知识拼合在一起。

更重要的是，我发现有一群学生对物理学充满兴趣但又常感到不知如何入手，因为系里不能提供物理学与那些激动人心的生命科学相联系的纽带。现在是时候教给他们所需要的了。

同时，生命科学的同事们常问我："我们的学生需要那么多物理知识吗？"回答是，过去或许不需要但是将来肯定需要。本书力图展示，的确存在一条针对生物问题的定量的物理学途径，其应用面极广。它不只是为训练有素的科学家所掌握，它应该成为一种人人均可掌握的强大武器，而不限于物理专业的学生。我相信物理学近来的狭隘只是暂时的失常。只有重塑原本紧密的联系，双方才可能走向成功。

最后

我最大的幸运是在 Sam Treiman (1925—1999) 精彩的讲课中第一次明白了统计物理。Treiman 是一位优秀的科学家，也是这个优秀的物理系的精神领袖。至今，我仍不时地翻一翻以前在他的课堂上记下的笔记。字里行间，依稀音容如故。

第Ⅰ部分
谜、隐喻及模型

《农书》中的水车。

第 1 章　预备知识

本书的最低目标是将你从 19 世纪中叶,也就是通常本科一年级物理课程结束的地方,引领你到今晨读到的头条科学新闻。这是一条漫长的道路。为尽快实现这一目标,我们只能将注意力集中在涉及能量、信息与生命之间的相互关系的几个核心问题上。

我们将从少数几个原理出发,最终建立起整个框架,并在此框架内探讨这些问题。当然,仅仅阐明几个关键思想是完全不够的。假若如此简单的话,则整本书都可以印刷到一张名片上了。恰好相反,整个研究主题的趣味、深度及所需技艺,正展现于生物体在物理定律约束下应对挑战的种种细节之中。本书的目的就是向你介绍一些这类细节。

本书每一章开篇都提出一个生物学问题,同时给出与之关联的物理学思想的要点。你最好能带着这些问题和思想来阅读每一章。

生物学问题:生物体如何维持高度有序?
物理学思想:能量流可以增加有序。

§1.1　热

生物体能够摄食、生长、繁殖并进行计算。它们完成这些事的方式与人造机器看起来完全不同。一个关键的差异与温度所扮演的角色有关。例如,如果将吸尘器或者电视机冷却到冰点附近,它们仍然可以很好地工作。但如果拿蝗虫或细菌来试一下,会发现生命过程实际上停止了。(这就是为什么你急需一台冰箱!)理解热与功的相互关联是本书的核心难题。本章将会逐步展示关于这种关联的一些初步的思想,本书第二部分将把这些思想提炼为精确定量的工具。

1.1.1　热是一种能量形式

当质量为 m 的石块做自由落体运动,它的高度 z 与速度 v 共同改变,其结果保持量 $E = mgz + \frac{1}{2}mv^2$ 为常量,其中 g 为地球表面的重力加速度。

例题：证明这个结论。

解答：我们需要说明对时间的导数 $\dfrac{\mathrm{d}E}{\mathrm{d}t}$ 等于零。令速度 v 的方向为 $\hat{z}$ 轴正方向，则 $v = \dfrac{\mathrm{d}z}{\mathrm{d}t}$。运用微分的链式法则得到 $\dfrac{\mathrm{d}E}{\mathrm{d}t} = mv\left(g + \dfrac{\mathrm{d}v}{\mathrm{d}t}\right)$。由于加速度 $\dfrac{\mathrm{d}v}{\mathrm{d}t}$ 在自由落体中总是等于 $-g$，因此，在整个运动中 $\dfrac{\mathrm{d}E}{\mathrm{d}t} = 0$，即能量为常量。

莱布尼茨（Gottfried Leibnitz）于 1693 年得到这个结果。我们将 E 的第一项 mgz 称为石块的势能，第二项 $\dfrac{1}{2}mv^2$ 称为动能，两者之和称为石块的机械能。将 E 保持不变的性质称为"能量守恒"*。例如在上例中，一个物体的机械能可从一种形式转化为另一种形式。不同物体之间也可以交换能量。当物体 A 使得物体 B 的机械能增加时，我们说"A 对 B 做功了"。B 的能量改变为 $E_{\text{B, 末}} - E_{\text{B, 初}}$，简记为 ΔE_{B}，可将其称为 A 对 B 所做的机械功。同理，B 对 A 所做机械功可记为 ΔE_{A}。由于能量守恒，ΔE_{A} 与 ΔE_{B} 等值反号。

现在假设石块在 $z = 0$ 处落入泥浆。在石块着陆前的瞬间，它的动能非零，所以 E 不能等于零。此后，石块静止在泥浆里，其机械能变为零。显然，机械能在泥浆中不再守恒！所有的一年级物理系学生都知道其中的原因：泥浆中一个神秘的"摩擦"效应使石块的机械能逐渐耗尽。牛顿（Isaac Newton）的天才就部分体现在他能认识到最好用炮弹和行星来研究运动定律。因为在这些情形下，如摩擦这样复杂的效应非常微弱：在地球上看似不成立的能量守恒，在这里却能非常清楚地看到。两个世纪以后，其他人才能对这个微妙思想作精确表述：

> 摩擦将机械能转化为热的形式。如果将热能以恰当的方式
> 计算在内，则能量保持守恒。   (1.1)

也就是说，实际的守恒量不是机械能，而是总能量，也就是机械能与热能的和。

但是，什么是摩擦？什么是热？如果能量是守恒的，既不能产生也不能消灭，那么在现实中，为什么我们必须小心不要"浪费"能量？实际上，"浪费"意味着什么？我们需要一些深入的审视才能真正理解要点 1.1**。

要点 1.1 指出摩擦不是一个能量损失过程，而是一个能量转化过程，就像一块自由落体的石块将势能转换成动能。你可能在一些小学习题上见过探索能量转换途径的图示，说明如何从太阳能转变到有用功，比如登上一座山（图 1.1）。

你的教师可能没有提到，原则上，图 1.1 中所有的能量转换都是双向的：来自太阳的光可以由太阳能电池转换成电能，这个能量可以部分地通过灯泡再转换为光，等等。注意这里的关键词"部分地"。我们永远也不可能将所有的能量转变回

---

* 能量作为一个独立的概念，很可能是夏特莱侯爵夫人（Émilie du Châtelet）提出的。她在其翻译和评注的牛顿《自然哲学的数学原理》一书中阐明了这一观点。

** 在整本书中，参考公式 n.m、要点 n.m、反应 n.m 都用统一的编号排序。因此，要点 1.1 下面是式 1.2，而没有要点 1.2。

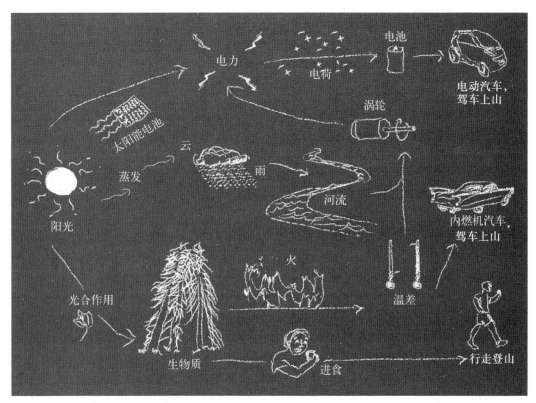

图 1.1(示意图)　登山的多种方法。每个箭头代表一个能量转换过程。尽管每步过程中总能量是守恒的,但总有部分能量不可逆地转化成了热能。

原来的形式,无论是太阳能电池还是灯泡,部分能量将损失变为热。损失一词并不意味着能量消失了,而是部分能量单向地转变为热。

同样的思想对坠落的石块也成立。我们可以让它落在滑轮上,利用部分重力势能驱动割草机。但是如果让石块怦然坠落到泥浆中,它的机械能将全部损失掉。从来都没人见过热泥浆中的石块突然飞向空中,并留下冷的泥浆,尽管这个过程完全符合能量守恒定律!

由此可见,即便能量严格守恒,仍然有某种东西在石块落入泥浆的过程中浪费了。要为这"某种东西"建立一个科学理论,我们需要找到一个独立的、可测量的量来描述能量的"品质"或者"可用性",从而断言阳光、石块势能的品质高,而热能(热)的品质低。我们可以尝试给出结论,即能量品质在能量交易中总是下降,进而可以解释为什么图 1.1 沿箭头方向的转换要比逆箭头方向的转换容易得多。但是,在进行这些探索之前,首先回顾一下前人如何得到要点 1.1 是很有意义的。

1.1.2　热概念简史

物理学家喜欢用尽可能少的不可简化的概念缔造简洁的世界。如果机械能可以转变为热能,并且可以(部分地)再次转换回来,同时两种形式能量的总和永远保持为常量,这就引出如下假设:在某种意义上,这两种能量形式实际上是一种东西。但是我们无法基于美学和文化的判断而建立科学理论——自然并不在乎我们的偏好，况且不同年代的偏好也并不相同。我们必须将要点 1.1 建立在坚实的基础上。

举个例子可以帮助我们进一步理解这一点。你可能还记得，伟大的科学家本杰明·富兰克林（Benjamin Franklin）发展了一个理论，认为电是一种不可见的流体。富兰克林假设在带正电荷的物体中这种流体"太多"，而带负电荷的物体中这种流体"太少"*。当这样的物体相互接触，流体从一个流向另一个，就像将一个存有压缩空气的汽缸和一个气球连接起来然后打开阀门。而不太被记起的是富兰克林与大部分同时代的人一样，对热抱有相似的观念。在这个图景中，热也是一种不可见的流体，在热物体中"太多"，在冷物体中"太少"。让这样的物体相接触，流体将会流动直到每个物体中的液体有相同的"压强"——或者说，直到两个物体有相同的温度。

热的流体理论表面上看来有一点道理。一个大的物体比小的物体需要更多的热流来将其温度升高一度。这类似于一个大的气球比一个小的气球需要更多的空气使其内部气压升高，例如从 1 标准大气压增至 1.1 倍大气压。然而，今天我们相信富兰克林关于电的理论完全是正确的，但热的流体理论则完全错误。这些看法上的改变源于何处呢？

与富兰克林同时代的汤普森（Benjamin Thompson）也对热的问题感兴趣。1775年，在匆忙离开美洲的殖民地以后（那时他是英国的间谍），汤普森最终成为巴伐利亚公爵的一名宫廷将军。他在宫廷中的职务为武器制造。在给加农炮炮筒镗孔（钻孔）时，一个奇怪现象引起了他的好奇。钻孔需要做很多功，在那个年代是用马匹来提供的。同时摩擦也产生了很多热量。如果热是一种流体，可以预期摩擦能将其从一个物体转移到另一个物体，正如你给猫梳毛时，梳子和猫将会带相反的电荷。但是在加农炮炮筒变热的过程中，钻头并没有变冷！它们全都变热了。

此外，热的流体理论似乎暗示最终加农炮炮筒将耗尽它的热流而不能再继续摩擦生热了。但汤普森观察到的并非如此。水浴中的一个炮筒产生的热量足以使周围的水沸腾。将水浴换成冷水，最终也会沸腾，而且可以反复进行下去。在对水的加热效果上，一个崭新的加农炮炮筒相比于一个已经使很多升水沸腾过的炮筒，既不更好也不更差。汤普森还称量了切削下来的金属屑的质量，而且发现这一质量加上钻孔后炮筒的质量就等于原来炮筒的质量，因此并没有材料物质损失。

然而汤普森注意到，如果<u>停止对系统做功</u>，则摩擦生热也立刻停止。这是一个很有启发性的观察。随后，焦耳（James Joule）和亥姆霍兹（Hermann von Helmholtz）在 1847 年独立发表的工作大大前进了一步。焦耳和亥姆霍兹将汤普森的定性观察提高到了定量的定律：<u>摩擦产生的热等于克服摩擦所做的功与一个常量的积</u>，或者

$$产生的热 = 输入的机械能 \times 0.24 \text{ cal/J}。 \tag{1.2}$$

---

* 从本科一年级的知识出发就可看出，富兰克林给出的电荷符号的约定并不合理。今天，我们知道铜导线中的电荷载流子是电子，其电荷（为负号）与富兰克林约定的相反。在本书后续章节中，载流子可以是离子，其电荷可以为正，也可以为负。

先解释一下这个类似于速记的公式。测量热的单位是卡(calorie，cal)：1 cal 约等于让 1 g 水升高 1℃所需要的热量＊。输入的机械能或者说所做的功等于施加的力(在汤普森的例子中是由马匹所施加的力)乘以距离(马所走的距离)。正如一年级的物理课程，我们用焦耳作为测量单位。功乘以常量 0.24 cal/J 得到以卡为单位的数值。这个公式断言这个量就是所产生的热的数量。

式 1.2 使要点 1.1 上升为定量结论。它还预言了几个不同的实验结果。它表明，如果马拉动两倍的距离，或者相同的距离但施加两倍的力，都可以使两倍的水沸腾，等等。因此，相比于"当功的输入停止，释放的热也停止"这个精确但有限的表述，它包含了更广泛的信息。科学家喜欢能将所有相关预言一网打尽的假说，因为这样的假说很难被归于纯粹的偶然。我们认为这样的假说是高度可证伪的，因为式 1.2 的任何预测如果被实验证明是错的，则整个理论将被推翻。热的流体理论相对而言不能给出广泛而正确的预测。事实上，正如我们所看到的，这个理论给出了一些错误的定性预测。这些原因从根本上导致了热流质学说的下台，尽管很多强力拥护者作了大量积极的努力来挽救它。

如果使用非常钝的钻头，那么钻头转一圈所前进的距离很小，也就是说，加农炮炮筒和钻头的改变都很小。式 1.2 表明系统的净功等于发出的净热。更一般地，

假设系统经历一个过程，然后又回到初始状态(也就是循环过程)。只要利用式 1.2 将功的单位转换为卡，那么系统对外界以及外界对系统的净机械功等于释放与吸收的净热。　　　(1.3)

到底由谁来做功？一匹马，还是一个盘绕的弹簧，或者甚至是一个有初始旋转的飞轮，都无关紧要。

如果某些过程的确使所研究的系统本身发生了变化，情况又如何呢？在这种情况下，我们需要修正要点 1.3 以便将系统储存(或者释放)的能量计算在内。例如，火柴燃烧释放的热量再现了原来以化学形式储存的能量。焦耳与亥姆霍兹在 19 世纪做出的大量研究使科学家们确信，只要能恰当地累计每种形式的能量，图 1.1 中所有箭头所示的过程以及所有热/机械/化学过程都是平衡的。要点 1.3 的这个推广形式现在被称为热力学**第一定律**。

1.1.3　预览：自由能的概念

本小节是对一些想法的大致介绍，后续章节将会给出精确的阐述。这些想法看起来并不严格，但请不要担心。这一节试图建立有序与能量之间相互关系的直觉，并对后续相关章节内容作一点展望。第 3—5 章将会给出更多相关的例子，为第 6 章给出抽象公式做好准备。

热与功的定量联系强烈支持了一个古老思想(牛顿在 17 世纪曾经探讨过)，

＊　卡的现代定义体现了热功当量：1 cal 现在定义为将 4.184 J 机械功完全转换后得到的热量。(营养学中使用的"卡"实际上是物理学家使用的卡的 1000 倍，或称千卡。)

热的确就是机械能的一种特殊形式，即组成物体的分子的动能。按照这个观点，一个热的物体在它的分子（不可见）的振动（难以察觉）中储存了大量能量。当然，我们将不得不努力来证明这些关于难以觉察和不可见事物的议论是正确的。例如，第 4 章将简介几个能间接观察热运动的实验。后续章节还会介绍当今最前沿的单分子实验，热运动在其中扮演重要角色。但是在着手证明之前，得先处理一些更直接的问题。

式 1.2 有时候被称为"热功当量"。1.1.1 小节中的讨论实际上更为清晰，而这里的用词稍微有些不当。热并不完全等效于机械功，因为它们之间不能完全相互转换 *。热能是总能量的一部分，归结于分子随机运动（所有分子在随机选取的方向上振动）的贡献，它与坠落的石块有组织的动能是不同的（所有的分子具有相同的平均速度），在第 3 章将探讨这个在 19 世纪末逐渐产生的观点。

因此，热运动的随机性一定是其低品质的关键。换句话说，能量的高品质与低品质的区别大概与组织程度相关。众所周知，一个有序系统趋向于退化为无组织的、混乱的一团。无论从通俗的意义上（将一大堆硬币按照角、分等进行分类需要做很多工作），还是从严格的意义上，将其重新排序总是要花点工夫。例如，空调需要消耗电能来削弱你房间里空气中分子的随机运动。为此，它对外界的加热多于对房间的冷却。

上述思想可能很有趣，但是很难定量为可以检验的物理假设。我们需要某种度量来定量刻画系统的有用能量，即确实可以用来做有用功的那部分能量**。第 6 章的主要目的就是找到这样的度量，它被称为自由能，记为符号 F。现在可以先看一看我们能预期一些什么样的内容。我们的想法是，既然 F 小于能量 E，则两者之差可能就与系统的随机性或者无序性相关。第 6 章将更精确地说明如何通过一个称为熵（记为 S）的量来刻画这种无序性。可证明自由能由如下的简单公式给出

$$F = E - TS, \tag{1.4}$$

其中 T 为系统的温度（对 T 的精确理解将在第 6 章给出）。现在我们能够更清楚地表述 F 度量了系统"有用"能量这一提法：

温度固定为 T 的系统可以自发产生某一过程，只要这个过程
的净效果是减小系统的自由能 F。因此，如果系统的自由能已经
达到最小，则它不会再发生自发改变。 (1.5)

根据式 1.4，自由能的减小既可以来自能量 E 的降低（石块趋向于坠落），也可以来自熵 S 的增加（无序度趋向于增加）。

我们还可以利用式 1.4 阐明能量"品质"的思想，即系统的自由能总是小于它的机械能。如果无序度很小，TS 远小于 E，那么 $F \approx E$，我们就说这个系统的能量具有"高品质"。（6.5.4 小节还会更精确地讨论能量与熵的变化。）

---

* 回顾图 1.1。

** 后面我们将熟悉其他类型的"有用的"能量转化，例如化学合成。

式 1.4 与要点 1.5 现在还只是临时性的——我们还没有定义 S。不过,它们至少看起来还是有道理的。特别是式 1.4 右边第二项应该含有因子 T,这是合理的。因为越热的系统具有越多的热运动,所以它将比冷的系统更强烈地趋于最大无序。第 6 章与第 7 章将使这些思想精确化。第 8 章将推广自由能的思想,将具有高品质的化学键能也包含在内。

§1.2　生命如何产生有序

1.2.1　生物有序之谜

前一小节中的思想在一定程度上是直观的。当我们将一滴墨汁滴入一杯水,墨汁最终将会被混合,这个过程将在第 4 章作详细讨论。我们从来没有见过墨汁—水混合物自发分离。第 6 章将以原理的形式精确表达这个直觉,称之为热力学第二定律。粗略地讲,一个孤立系统的分子无序性不可能自发降低。

现在我们有点左右为难了。刚刚才得出结论,将氢、碳、氧、氮、磷与痕量的少数其他元素的混合物放在一个烧杯中并使其孤立,它们永远也不可能自发组织起来并产生生物体。然而,即使最低等的细菌也充满精致的结构(见第 2 章)! 尽管这与物理系统总是无情地趋于最大无序这个事实看似抵触。虽然地球在很久以前异常贫瘠,但毕竟现在已经出现了大量生命。因此,我们的问题是:生物体究竟如何设法维系生存,且不论还要繁衍,甚至还要向更复杂的生命形式演化? 更明确地说,这道谜题就是:是否必须假设生物体不受物理定律的约束?

在 19 世纪末,很多令人尊敬的科学家对这个问题的回答仍是"是的"。他们的学说被称为"生机论"。随着人们对生命如何产生有序这个悖论的回答逐渐深入,生机论与热质说一道为历史所尘封。本书的目的就是概述这些答案中的一些细节以及关于它们的一些精确定量的检验。我们需要一些时间才能达到这个目的,但现在已经可以用前面建立起来的语言勾勒出其中的一个答案。

稍加注意,你会发现生物体至少也要服从一些与无生命物体相同的物理规律,包括与热相关的规律。例如,我们可以测量一只老鼠发出的热量,将之与老鼠在转轮上所做的功(利用转换公式 1.2)求和。将这个过程持续几天,老鼠并不产生什么变化。热力学第一定律(要点 1.3)表明输出的总能量必须正比于老鼠所摄入的食物,这大体上是正确的。(实验记录很微妙——见习题 1.7。)

因此,生命组织并不能凭空产生能量。尽管如此,当我们环顾四周,似乎很明显,生命正在持续无中生有地(从无序中)产生有序。为了避免生机论,必须调和热力学第二定律与这个普遍的观察事实。

这个调和并不像听起来那么困难。毕竟,一个装满稠密水蒸气的密封罐子会自发地转变为底部一洼水而上方残留少量蒸汽的状态。经过这个转化后,罐子的内部比以前更加有组织:大多数水分子被粘在一个非常薄的水层里而不是自由地在整个罐子内部移动。但是没有人会相信有一个非物理的、神秘的力量对水分子进行了安排!

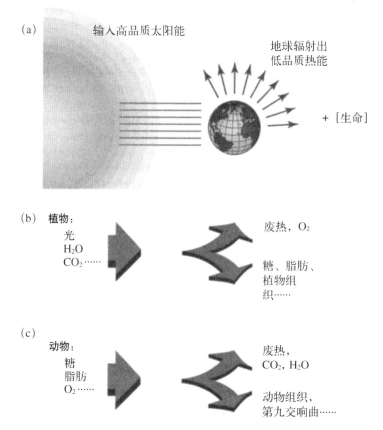

图 1.2(示意图) (a) 地球生物圈的能量预算。大部分入射的高品质能量降级为热能并辐射到宇宙空间,但部分被捕获并用于创造生命体所展示的有序。(b) 植物对能量的利用:高品质太阳能部分地用来将低能分子升级为高能分子并形成相应的有序结构。(c) 动物对能量的利用:食物中的高品质能量部分地用来做机械功和产生有序的结构,其余部分以热的形式释放。

为弄清到底发生了什么事,我们必须记住热力学第二**定律**只能运用于<u>孤立系统</u>。尽管装有水蒸气的罐子是密封的,但在水分子凝聚的过程中它向周围环境放<u>热</u>,所以它不是孤立系统。大系统中的一个<u>子系统</u>能自发增加其有序性,这并不荒谬。事实上,1.1.3 小节已经提出,系统(本例中是罐子里的内容物)将自发地趋向于降低其自由能 F,但并不必然伴随无序度的增加。根据我们提出的 F 的形式(式1.4),子系统的熵 S 的确可以减小(水可以凝聚)而同时并不增加 F,只要内能 E 也减小得足够多(通过热损失)。

地球,就像我们的罐子,不是一个孤立系统。随着生物的出现,地球上分子的组织程度(有序度)逐渐增加,这是否确与热力学第二定律矛盾? 对此问题,我们需要总体考察是什么流进与流出了地球。图 1.2(a)描绘了太阳能入射到地球。因为地球温度基本长期保持稳定,所有这些能量必须要从地球逸出(连同地球产生的一点地热)。其中一部分反射回太空中,其余部分以热能的形式由地球辐射到宇宙中去。因此,地球持续地从太阳这个热源接受能量,并将其以热辐射(其温度等于地表温度)的形式排出。在一块像月球那样死寂的岩石上,这就是故事的全部了。但是,正如在图 1.2(b)、(c)中提到的,这里还存在更有趣的可能性。

假如吸收的能量比释放的能量具有更高的"品质",这就表示有一个净的<u>有序</u>流进入地球(第 6 章将使这个表述更为精确)。可以想象一个有胆识的经纪人切入这个过程中并从输入的有序流中攫取一部分,用于创造更多更好的经纪人! 如果仅仅关注这个中间层,有序性仿佛魔术般地增加了。或者说,

$$能量流过系统可以使系统有序性增加。 \qquad (1.6)$$

这就是生命的诀窍。此处,中间层就是生物圈,我们则是其中的经纪人*。绿色植物吸收高品质形式的能量(阳光),然后将其传遍整个植株并最终以热能形式释放[图 1.2(b)]。因为热无序将导致其组织变为均匀混合的化学溶液,植物需要利用其中部分能量来抵抗这种退化趋势。当通过植株的能量多于这个最小值时,植物可以对多出部分进行加工,以此维持生长并进而做些"有用功",例如,将摄入的低能量形式的物质(二氧化碳和水)升级为高能形式(碳水化合物)**。记住,<u>植物消耗有序,而不是能量</u>。

日常情况下,即使是在休息的时候,我们每个人也必须每秒钟处理 100 J(功率为 100 W)流经身体的高品质能量(比如,通过食用植物制造的碳水化合物分子)。如果食物摄取得更多,就可以产生一些过剩的(有序的)机械能用于建造我们的居室,等等。如图 1.2(c)所示,输入的能量依然以低品质形式(热)离开。<u>动物同样消耗有序,而不是能量</u>。

再次强调,生命不能无中生有创造有序。生命捕获有序,有序根本上都来自太阳。这些有序通过一系列错综复杂的过程,慢慢流过生物圈,我们将这些过程一般地称为<u>自由能转换</u>。如果仅仅着眼于生物圈,生命看起来似乎在创造有序。

1.2.2 自由能转换的范例:渗透流

如果 1.2.1 小节中描述的诀窍只存在于有生命的组织中,我们可能会觉得它们仍然与物理世界无关。但是,非生命系统也可以进行自由能转换:第 I 部分首页图"自由能转化"也显示了一个机器加工太阳能并做有用功***。遗憾的是,这种机器只是活细胞驱动过程的一个不精确的比喻。

图 1.3 描绘了另外一种机器,更接近于我们的要求。一个密封的水箱有两个可以自由滑动的活塞。当一个活塞向左移动,另外一个也向左移动,因为它们之间的水实际上是不可压缩的(也不可膨胀)。将一个渗透膜置于腔体中间,它能让水通过,但不能让糖分子通过。整个系统保持在室温。为了维持这个温度,任何增加或减少的热量都必须来自(或进入)周围的房间。开始时,我们将一块糖放入右侧。接下来将会发生什么呢?

---

* 另一个很大程度上独立的生物圈存在于热的海洋火山口,其燃料不是来自太阳,而是来自地球内部释放出的高能化学物质。

** 植物也能对外施加可观的机械力。例如,它们的根可以劈开岩石;或者,它们也能将水从根部提升至叶片。

*** 太阳能使水蒸发,水蒸气上升后变为云。这个机器能利用云中水滴所蕴含的重力势能。

初始时刻看似毫无动静。但是当糖溶解并散布到右侧的腔体，一个神秘的力开始将活塞推向右侧。这是一个真实的机械力，我们可以利用它来提起重物，如图1.3(a)所示。这个过程称为渗透流。

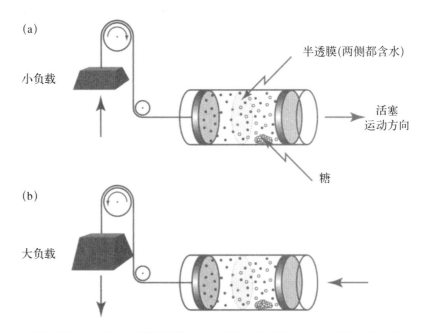

(a)

小负载

半透膜(两侧都含水)

活塞
运动方向

糖

(b)

大负载

图 1.3(示意图)　一种自由能转换机器。一个充满水的圆筒用一个半透膜分为两个腔室。膜固定在圆筒上。两个活塞可以自由移动。当水分子(实心点)穿过膜时，两个腔室的体积会相应改变。但是活塞间的距离是固定的，因为其中的水是不可压缩的。糖分子(空心圆点)始终被限制在右腔室内。(a) 渗透流：只要重物不是过重，当我们释放活塞时，水分子穿过膜，从而迫使两个活塞向右移动并提起重物。糖分子就扩散到右侧增加的水体积中。(b) 逆渗透：但是，如果负载足够重，活塞将向左移动，从而增加右侧腔体内糖溶液的浓度并产生热。

提升重物的能量来自何处呢？唯一可能的源头是外部世界。确实，精细的测量显示，系统从环境中吸收了热量；这些热能在一定程度上转变成机械功。不过，1.1.3小节不是讨论过不可能将所有的热能转变回机械功吗？是的，我们正在为这笔交易付出代价，某些东西正在被消耗，这就是有序。初始时刻糖分子部分地被限制了，每个分子可以自由地、随机地移动，遍及膜与右侧活塞之间的区域。当水穿过膜迫使活塞向右移动时，糖分子失去了一些有序(或者得到一些无序)，而不再限制在刚好一半的水的体积中。最后，左侧收缩为零，糖分子可以自由地在活塞间的整个空间里运动，它们的无序就不能进一步增加了。因此，即使周围环境中还有大量的热能，装置也会停下来并且不能提供更多的功。渗透流牺牲了分子的空间有序性以便将随机的热运动组织成克服负载的显著的机械运动。

我们可以用1.1.3小节中的语言重新表述上面的讨论。要点1.5提出渗流机器将自发地向降低其自由能 F 的方向移动。根据式1.4，即使重物的势能增加，F 也可以减少，只要熵的增加给出足够的补偿。但是前一段讨论过，当活塞向右移动，无序(因此，熵)会增加。所以，要点1.5确实预测了活塞向右移动，只要重物不是过重。

现在假设将非常大的拉力施加在左边的活塞上,如图 1.3(b)所示。这次,活塞向右移动会使重物的势能增加得非常多,以至自由能 F 增加,尽管式 1.4 中第二项也在增加。活塞向左移动,浓溶液区域将会收缩继而进一步浓缩,系统将获得有序。这的确有效——这是一个常见的工业方法,称为逆渗透(或超滤)。你可以利用它纯化饮用水。

逆渗透[图 1.3(b)]正是所要寻找的一类过程。输入的高品质能量(此例中是机械功)有能力使系统的有序性升级。根据热力学第一定律(要点 1.3),输入的能量必须输出到某个地方。事实上确实如此:系统在这个过程中放热。于是,我们让能量流过系统,使其从机械能形式降级为热能,同时增加了系统的有序性。你甚至可以让机器循环工作。在活塞被拉到最左边之后,将每一侧的内容物排空,再将活塞移动到最右边(抬高重物),然后用糖溶液将右侧重新充满,并重复整个过程。这样,这个机器就可以持续接受高品质(机械)能量,将其降解为热能,并创造出分子分布的有序性(通过将糖溶液分离成糖与纯水)。

如图 1.2 所概述的,我们认为生物体也使用了相同的诀窍。不过,并非精确相同——在地球的生物圈,输入的高品质能量流是阳光,而逆渗流机运转依赖于外部提供的机械功。尽管如此,本书大部分将致力于在深层次上说明,无论这些过程来自生命世界还是非生命世界,本质上都是一样的。特别是第 6、7 和 10 章将重拾这个例子并成功地用于理解分子机器。活细胞里发现的马达是单分子或者几个分子的集合体,与逆渗流机是不同的。但是,我们将说明这些"分子马达"恰好也是自由能转换器,本质上与图 1.3 相似。它们比简单机器工作得更好,是因为进化给了它们更好的设计,而不是因为它们能够在原则上不服从物理规律的约束。

1.2.3 预览:作为信息的无序

渗透机阐明了另一个关键思想,第 6 章将由此建立起无序与信息的联系。为了介绍这个概念,再次考虑小负载的例子[图 1.3(a)]。将活塞所能施加的最大力与其通过的距离进行积分,可以测量活塞所能做的最大功。更确切地说,我们可以缓慢地移动活塞,从而保证施加最大可能的负载力。在室温下进行这个实验并给出经验观察结果:

$$最大功 \approx N \times (1.4 \times 10^{-23} \text{ J/K} \times T \times \gamma)。 \tag{1.7}$$

这里 N 是溶解的糖分子数目。(γ 是一个常数,它的精确值目前不重要——你会在思考题 7B 中找到它。)

事实上,式 1.7 对任何室温下的稀溶液都成立,而不仅仅适用于溶解在水中的糖,而且与容器形状、分子数量这些细节无关。这些普适的规律一定有深刻的含义。为了进一步说明这一点,让我们将公式 1.4 应用到图 1.3(a)中的封闭子系统。当活塞移动时,该子系统始终处于同样的温度(动能未变),并且系统中不存在弹簧这样的储能元件,因此该子系统的能量没有任何改变,即 $\Delta E = 0$。前文已经提及,这个子系统对外的最大输出功等于其自由能改变的负值。按照公式 1.4,其 $-\Delta F$ 就等于温度(此处为室温)乘以熵变(简记为 ΔS)。由公式 1.7 可知,

$T\Delta S \approx N \times 1.4 \times 10^{-23} \text{J/K} \times T \times \gamma$，约去两边的温度 T 就可得到 ΔS。

我们已经预料到熵蕴含无序。在图 1.3(a) 中，当活塞向右移动过程中的确有一些有序消失了。开始时每个糖分子被限制在一半的体积内，而最后不再有这种限制。因此，在活塞移动过程中失去的是关于每个糖分子在哪一半腔室的知识——一个二元选择。如果总共有 N 个糖分子，为了在最终状态得到与初始状态相同精度的信息，需要规定信息的 N 个二进制位(比特)来描述最终状态中每个分子在哪一边。将这个叙述与前一段的结果结合，得到

$$\Delta S = 常量 \times 损失的比特数。$$

我们曾经定性地把熵看作无序的量度，现在获得了一个定量的解释。如果发现生物分子马达也遵守式 1.7 的某个形式，且有<u>相同的</u>常数，我们就可以有把握地断言它们确实是同一类自由能转换装置。然后，我们可以合理地宣称已经了解了关于它们如何工作的一些基本原理。第 10 章将进一步展开这个思想。

§1.3 题外话：广告、哲学与语用学

在 §1.2 我们已经引入了贯穿全书的技术性颇强的主题。在开始仔细地探索之前，我们先用非常简短的语言描述一下物理学与生物学之间的关系。

首先需要指出的是在这两种文化之间存在如下对立的因素，正是这股张力使得我们的科学探索工作卓有成效：

● 物理学家的冲动是寻找森林而不是树木，他们想找出任何系统都含有的普适和简单的东西。

● 传统的生命科学家更倾向认为，是历史上的偶然事件而不是什么普适规律，主导了我们所见的秉性复杂的生命世界。在这样的世界中，细节通常才是决定性的。某些看似简单的表面规则往往是肤浅且具有误导性的。

这些观点是互补的。对具体情况需要灵活选择更适宜的途径，并且应该乐于认同另一条途径可能也是有价值的。

如何综合这两条途径呢？图 1.4 显示了这个基本策略。第一步是观察周围纷繁复杂的各种现象之间的丰富联系。然后，有选择地忽略现象中几乎所有的细节，将留下的脉络归纳为几条线索。这个过程包括三个步骤。步骤(a) 为细致的研究选择简化但真实的模型系统。步骤(b) 使用最少的独立概念和关系，用简单的数学模型表示这个简单系统。步骤(a) 与(b) 不是演绎的，<u>神秘</u>和<u>洞察</u>这类词适于形容这个过程。

步骤(c) 是从数学模型中演绎出一些非显而易见的、定量的和实验可检验的预测。如果一个模型可以得到很多成功的预测，我们就有信心认为在简化步骤(a) 与(b) 中找到了几个关键因素。<u>排错</u>与<u>技巧</u>这类词适于步骤(c)。即使这一步是演绎的，仍然需要想象力，以便由模型得出既不平庸又适于检验的结果。最激动

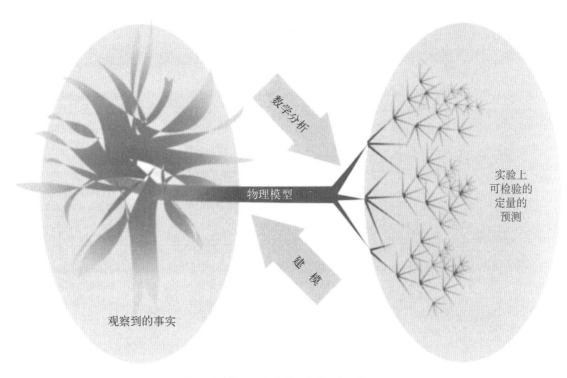

图 1.4(总览)　理解自然现象的一条可能途径。

人心的结果能将原来看似无关的现象联系起来。我们已经预示过这样一个存在于诸多观念之间的全局联系：渗透流的物理学与分子机器的生物学就是相关的。

　　在最好的情况下，按步骤(c)导出结论甚至会有些不劳而获的味道：模型推演比直白陈述(图 1.4 的中间部分)给出更丰富的内容，而开始时它们通常被大量未经分析的现象(图 1.4 左侧末端)所掩盖。另外，在这个过程中我们可能会发现，最令人满意的物理模型可能包含了几条线索或假定的物理实在(图中间部分)，其存在性并不能明显地从所观察到的现象(左侧)中得到，但是可以通过产生并检验定量预言来获得证实(右侧)。一个著名的例子是德尔布鲁克(Max Delbrück)关于遗传分子存在性的推论，第 3 章将给出相关讨论。第 11 章和第 12 章还会给出其他例子，如细胞中离子泵与离子通道的发现。

　　学习物理的学生在由数学模型推出结果的技术方面(图右侧)有大量训练，但仅有这项技术专长是不够的。不加批评地接受某个人的模型容易导致最终在理论和实验两方面得到大量不恰当的结果。类似地，学习生物的学生在收集系统的大量细节方面(图左侧)有大量训练。他们的风险是变成档案员而错过了总体图景。为了避免这两种命运，研究者必须了解一个生物系统所有的细节，然后超越这些细节并获得一个恰当的简单模型。

　　物理学家对系统模型所坚持的简单性、具体性、可定量检验性，是否仅仅是在一个不确定的世界里对确定性幼稚的热望？有时确实如此。但有时则不然，这条途径让我们可以"从上往下"地观察世界，并认识在"地面上"不可见的联系。当找到这样的普适性，我们就得到了对一些事物的解释，进而还可以得到一些实际的好处：

- 通常，当这样的联系建立以后，我们会发现适用于某一问题的强大理论工具其实在其他领域中已经发明出来了。在第 9 章讨论的螺旋-线团相变的数学求解就是一个例子。

- 类似地，我们可以推广已经存在的有效的实验技术。例如，当意识到 DNA 和蛋白质都是分子，佩鲁茨（Max Perutz）、鲍林（Linus Pauling）、威尔金斯（Maurice Wilkins）及其他研究者都用 X 射线衍射方法研究这些分子的结构，而这一技术的发明原本是用于寻找简单的非生命物质的晶体结构，如石英。

- 最后，一旦认识到两个学术圈某些观念之间的联系，我们就可能提出一些新的、而后被证明为非常重要的问题。例如，虽然沃森（James Watson）和克里克（Francis Crick）已经发现了 DNA 是由四个字母写成的长句（见第 3 章），但为这些字母序列与组成蛋白质的 20 种氨基酸的字母表找出互译的字典或密码，在当时却并没有立即引起足够的重视。伽莫夫（George Gamow），一个对生物学感兴趣的物理学家，将这个对应看作信息翻译，于 1954 年在一篇极具影响力的论文中明确提出了上述问题，并指出问题的解答并不一定像初看起来那么难。

今天，我们似乎不必再满足于简单的模型。大规模计算机不是能够追踪任意过程的精确细节吗？这既正确也不正确。的确，很多较低层次的过程能够在分子水平上进行追踪。但即使对简单的系统，要得到精细的图像，我们的能力也惊人地有限。这部分地因为随着所研究粒子数目的增加，计算复杂性也在迅速增长。令人惊奇的是，很多物理系统简单的"涌现性质"却不能在单个分子的复杂动力学中体现。我们将要研究的简单方程就是要概括这些性质，并用于揭示整个复杂系统的重要特征。本书中的例子包括第 5 章的流体力学标度不变性、第 7 章中离子的平均场行为以及第 9 章中的大分子弹性。当面对比本书所讨论的更大的系统时，研究大量相似成员集体行为的简单性和规律性就成为更加迫切的任务。

§1.4　如何在考试中表现得更好（以及如何发现新的物理定律）

式 1.2 及随后的讨论利用了一些与单位相关的简单思想。学生经常漫不经心地看待单位以及相关的量纲分析的思想。这是很可惜的。量纲分析不仅仅是排错法，更是一条通向洞察的捷径，一条对数字和条件进行组织、分类，甚至是猜测新的物理定律的途径。科学家最终认识到，当面对不熟悉的境况，量纲分析总是工作的第一步。

1.4.1　多数物理量带有量纲

一个物理量通常有一个抽象的量纲，告诉我们它代表哪类东西。每种量纲都可以用各种不同的单位度量。对单位的选择是任意的。人们曾经使用国王脚的尺寸作为长度的单位。本书主要使用国际单位制(SI)。在这个系统中,长度单位是米,质量单位是千克,时间单位是秒,电荷量单位是库仑。为使量纲与单位的区别更清楚,我们看一些例子:

1. 长度的量纲定义为 $\mathbb{L}$,在国际单位制中用米(m)来量度。

2. 质量的量纲定义为 $\mathbb{M}$,在国际单位制中用千克(kg)来量度。

3. 时间的量纲定义为 $\mathbb{T}$,在国际单位制中用秒(s)来量度。

4. 速度的量纲为 $\mathbb{L}\mathbb{T}^{-1}$,在国际单位制中用 m s^{-1}(读作"米每秒")量度。

5. 加速度的量纲为 $\mathbb{L}\mathbb{T}^{-2}$,在国际单位制中用 m s^{-2} 量度。

6. 力的量纲为 $\mathbb{M}\mathbb{L}\mathbb{T}^{-2}$,在国际单位制中用 kg m s^{-2} 量度,也称为牛顿,单位符号为 N。

7. 能量的量纲为 $\mathbb{M}\mathbb{L}^2\mathbb{T}^{-2}$,在国际单位制中用 kg m^{2}s^{-2} 量度,也称为焦耳,单位符号为 J。

8. 电荷量的量纲定义为 $\mathbb{Q}$,在国际单位制中用库仑来量度,单位符号为 C。因此电荷的流动速率,或者电流的量纲必须为 $\mathbb{Q}\mathbb{T}^{-1}$。在国际单位制中,用"库/秒"来量度,或者 C s^{-1},也称为安培,单位符号为 A。

9. 我们将对温度的单位的讨论推迟到 6.3.2 小节。

　　在本书里,所有的单位都使用正体,以区别于量的名称(如 m 表示一个物体的质量,用斜体表示)。

　　我们还利用前缀造出相关的单位:吉(10^9)、兆(10^6)、千(10^3)、毫(10^{-3})、微(10^{-6})、纳(10^{-9})、皮(10^{-12})。在记法上,我们将这些前缀分别缩写为 G、M、k、m、μ、n、p。因此,1 GV 是 10 亿伏,1 pN 是一万亿分之一牛顿,等等。细胞中的力通常在 pN 范围。

　　少量的非国际单位如 cm 和 kcal 也是很常用的,我们偶尔会用到。它们经常出现在科研文献里,所以你可能对它们之间的换算已经很熟悉了。附录 A 列出了本书中所有使用的单位。图 2.1 显示了生物学中一些典型的空间尺度。附录 B 收集了细胞生物学中很多重要的长度、时间、能量等各类尺度,以及很多有用的常量的值。

　　有些物理量是无量纲的(它们也称作"纯数")。例如,一个几何角度是无量纲的,它表达一个圆的部分圆周除以圆的半径。我们有时候用无量纲单位来描述这类量。无量纲单位就是一些纯数的缩写。因此,以符号"°"表示的一个角的角度值实际上对应着数 2π/360。从这个观点来看,"弧度"就是纯粹的数字 1,可以从公式中去除,保留它仅仅是为了强调这个特殊量是一个角度。

　　有时候,一个带有量纲的量被称为有量纲的。单位是构成这类量不可分割的部分,理解这一点将非常重要。因此,当我们用一个变量命名一个物理量,单位已包含其中。例如,我们不能说"一个力等于 f 牛顿",而是说"一个力等于 f",比如,$f = 5\,\mathrm{N}$。

　　事实上,一个有量纲的量可以被理解为一个"数值部分"与一些单位的乘积,这个观点表明数值部分依赖于单位的选择。例如,1 m 等于 1 000 mm。类似地,短语"十平方微米"，或者"$10\ \mu m^2$"，是指 $10 \times (\mu m)^2 = 10^{-11}\ m^2$，而不是 $(10\ \mu m)^2 = 10^{-10}\ m^2$。

为了进行单位换算，我们使用单位间的换算关系，例如 $1\ in = 2.54\ cm$，它们可以构造出如下的无量纲数 1 的表达式：

$$\frac{1\ in}{2.54\ cm} = 1。$$

对任何表达式乘以或除以 1，并用类似上式的量纲等式代换 1，就能消去不希望出现的单位。例如，我们可以将重力加速度换算到 $in\ s^{-2}$，写作

$$g = 9.8\ \frac{\cancel{m}}{s^2} \times \frac{100\ \cancel{cm}}{\cancel{m}} \times \frac{1\ in}{2.54\ \cancel{cm}} = 386\ \frac{in}{s^2}。$$

没有任何一个有量纲量可以在绝对意义上称为"大"。速度 $1\ cm\ s^{-1}$ 在你看来可能很慢，但对细菌而言是无法想象的高速。相反，无量纲量确实具有绝对的意义：当我们说它们"大"或者"小"，我们隐含了"与 1 比较"的含义。寻找与相关参数结合的无量纲量是划分一个系统定量性质的关键步骤。§5.2 将阐明这个思想，即定义无量纲的"雷诺数"来划分流体类型。

1.4.2 量纲分析可以帮助你捕捉错误和回忆定义

以上这些讨论是不是太过小题大做了？肯定不是。问题可能意外地变得相当复杂，例如，在一场考试中。学生们有时会觉得量纲分析太平庸了，因此并不愿认真对待。但它的确是一个查找错误的强大工具。人人都会犯错，但有的人犯错更少，原因是他们在计算的每一步中都明确写出物理量的单位。如果养成了这个习惯，它其实并不会花费你多少时间，而好处也是显而易见的，你就会及时发现并改正错误。

设想需要计算一个力。你写下一个含有各种量的公式。为了检查你的工作，在答案中写下每一个量的量纲，消掉所有能消掉的量纲，然后检查结果是不是 $\mathbb{M}\mathbb{L}\mathbb{T}^{-2}$。如果不是，你可能在某一步遗漏了一些东西。这虽然很容易，但你会惊异于这个方法可以发现那么多错误。（你也可以抓住老师的错误。）

当你将两个量相乘，量纲就累计在一起：力（$\mathbb{M}\mathbb{L}\mathbb{T}^{-2}$）乘以长度（$\mathbb{L}$）就得到能量的量纲（$\mathbb{M}\mathbb{L}^2\mathbb{T}^{-2}$）。但是你永远也不能在一个正确的方程中让具有不同量纲的两项加减，正如不能用 1 块钱加上 1 公里。你可以让欧元与卢比相加，只要带有正确的换算因子，类似于米与英里。米与英里是不同的单位，都具有相同的量纲，即长度（$\mathbb{L}$）。

另一个与量纲相关的经验法则是只能对无量纲数取指数。对其他熟悉的函数也同样，如 sin、cos 和 ln。理解这个法则的一个方法是记住 $\exp x = 1 + x + \frac{1}{2}x^2 + \cdots$。根据前一段，除非 x 是无量纲数，否则这个求和是没有意义的。（又如，正弦函数的参数是一个角度，而角度是无量纲的。）

假定你在公式中遇到一个新的常量。例如，真空中距离为 r 的两个点电荷 q_1 和 q_2 之间的力为

$$f = \frac{1}{4\pi\varepsilon_0} \frac{q_1 q_2}{r^2} 。 \tag{1.8}$$

ε_0 的量纲是什么？只需比较下式等号两侧即可：

$$\mathbb{M}\mathbb{L}\mathbb{T}^{-2} = [\varepsilon_0]^{-1} \mathbb{Q}^2 \mathbb{L}^{-2} 。$$

在这个公式中，符号 $[\varepsilon_0]$ 表示"ε_0 的量纲"；它是 $\mathbb{L}$、$\mathbb{M}$、$\mathbb{T}$、$\mathbb{Q}$ 的某种组合。注意 4π 这类的数是无量纲的。（π 原本就是圆的周长与直径这两个长度的比值。）由此得到 $[\varepsilon_0] = \mathbb{Q}^2\mathbb{T}^2\mathbb{L}^{-3}\mathbb{M}^{-1}$，你可以用它来检查其他包含 ε_0 的公式。

最后，量纲分析还有助于记忆。假如你面对一个模糊的国际单位，如"法拉"（缩写为 F），你忘了它的定义了。但你知道它是电容的量度，而且还记得含有该量的一些公式，如 $E = \frac{1}{2} q^2/C$，其中 E 是储存的静电能，q 是储存的电荷，C 是电容。从能量和电荷的量纲出发，你可以得到 C 的量纲是 $[C] = \mathbb{T}^2 \mathbb{Q}^2 \mathbb{M}^{-1} \mathbb{L}^{-2}$。带入国际单位秒、库仑、千克和米，则电容单位自然就是 $s^2 C^2 kg^{-1} m^{-2}$。法拉的确就是这个含义。

例题：附录 B 列出真空的介电常量 $[\varepsilon_0]$ 的单位为 F/m。请核实这个表达式。

解答：你可以使用式 1.8，但这里给出另一种方法。距离点电荷 q 为 r 处的静电势 $V(r)$ 为

$$V(r) = \frac{q}{4\pi\varepsilon_0 r} 。 \tag{1.9}$$

处于 r 处的另一个电荷 q 的势能为 $qV(r)$。因为我们知道能量、电荷与距离的量纲，可计算出 $[\varepsilon_0] = \mathbb{Q}^2\mathbb{T}^2 \mathbb{L}^{-3}\mathbb{M}^{-1}$，与已经得到的相同。再利用前面得到的电容的量纲，可知 $[\varepsilon_0] = [C]/\mathbb{L}$，所以 $[\varepsilon_0]$ 的国际单位就是单位长度的电容，即 $F\, m^{-1}$。

1.4.3　量纲分析还可以帮助你构想假说

量纲分析还有其他用途。例如，它可以帮助我们<u>猜测新的物理定律</u>。

第 4 章将讨论浸没在流体中的物体的"黏性摩擦系数" ζ。这个参数等于施加于物体的力除以物体由此产生的速度，所以它的量纲是 $\mathbb{M}/\mathbb{T}$。我们还会讨论另一个量，物质的"扩散常量" D，它的量纲是 $\mathbb{L}^2/\mathbb{T}$。ζ 与 D 都以非常复杂的方式依赖于温度，物体的形状、大小，以及流体的种类。

假如现在有人告诉你，尽管这是非常复杂的，但乘积 ζD 却非常简单：这个乘积仅仅依赖于温度，与物体的种类甚至于周围的液体都无关。这个关系会是什么呢？可以计算出这个乘积的量纲应该是 $\mathbb{M}\mathbb{L}^2/\mathbb{T}^2$。这就是能量。哪种能量尺度与我们的问题相关呢？因为摩擦产生热，你可能联想到热运动能量 E_{thermal}（第 3 章将继续讨论）与摩擦的物理机制有关。所以你可以猜测如果有一个基本关系，它一定具有如下形式

$$\zeta D \overset{?}{=} \text{const.} \times E_{\text{thermal}} 。 \tag{1.10}$$

此处的"const."是无量纲的常数。通常情况下，物理定律中出现的无量纲数的量

级都不会偏离 1 太远。

没错。你刚刚猜到了大自然的一个真实定律，我们将在第 4 章导出它。爱因斯坦（Albert Einstein）在你之前得到了它，但是没准下次你会领先。正如我们将看到的，爱因斯坦有一个特别的目的：他认识到，通过实验测量 ζ 与 D，可以得到 E_{thermal}。我们将会看到爱因斯坦怎样由此得到测量原子尺度的途径，甚至不需要对原子单独操纵。而且……原子的尺度的确就是这么大！

本例的简单分析到底走了多远呢？事实上，它不是结束，而仅是开始：我们尚未找到对摩擦阻力或者扩散的任何解释。不过，对于该解释理论如何才算有效，我们已经了解了很多：它至少得给出类似于式 1.10 的关系。这个结论将帮助我们找到真实的理论。

 1.4.3′ 小节将展示一个例外，它是大自然所固有的一个很特别的无量纲数。

1.4.4　单位和作图法

当我们绘制一个连续变量的图时，通常必须给出其单位，这样相应的坐标轴才有意义。例如，如果坐标轴标记是"长度（米）"，则轴上标记为 1.5 的点意味着这个长度除以 1 米得到一个纯数 1.5。

有两种常用的特殊作图法可以将数据点的趋势展现得更明显，简介如下。

半对数作图法　假设我们想要检验可测变量 y 与受控变量 x 之间是否存在指数函数关系 $y = b^x$。具体地，可以考虑函数 $y/y_* = Ab^{x/x_*}$，b、A 都是无量纲数，x_*、y_* 是用来约去 x、y 的量纲的量。对等式两边求对数，可转化为 $\log_{10}(y/y_*)$ 与 x/x_* 的函数关系，即 $\log_{10}(y/y_*) = \log_{10}A + (x/x_*)\log_{10}b$，这个函数形式就简单多了。如果我们假设原指数函数关系成立，那么转化后的函数看起来就应该是一条直线。

上述这种作图方式通常遵循一些共同的约定：
- 横坐标通常表示 x/x_*（可加减某个常数）。如果 x_* 取为 1 s，则横轴可标记为"时间（s）"。
- 纵坐标通常表示 $\log_{10}(y/y_*)$（也可加减某个常数），但纵轴上的值表示 y/y_*（而不是 $\log_{10}y$）的真实值。如果 y_* 取为 1 s^{-1}，则纵轴可标记为"速率（s^{-1}）"。

根据上述第二点可知，y 自身取值的均匀间隔在纵坐标上并不体现为均匀间隔。这种半对数作图很常见，例如本书的图 5.14、图 6.14、图 7.14、图 10.15、图 10.30、图 10.34。

全对数作图　假设我们想要检验变量 y 与 x 之间是否存在幂律关系 $y = Bx^p$。可以更准确地写为 $y/y_* = B(x/x_*)^p$，p、B 都是无量纲数，x_*、y_* 是用来约去 x、y 的量纲的量。对等式两边求对数，得到 $\log_{10}(y/y_*)$ 与 $\log_{10}(x/x_*)$ 之间的线性函数关系，即 $\log_{10}(y/y_*) = \log_{10}B + p\log_{10}(x/x_*)$，在图上表示为一条直线。这种作图也有一个共同特征，即横轴、纵轴上的刻度都是非均匀的，例子可参见

图 4.7(a)、图 4.8(d)、图 4.13、图 5.13、图 9.5、图 9.13(a)、图 10.23(a)、图 10.33。

任意单位　有时候某个物理量的单位未知或未言明,也没有必要进一步澄清。这时可使用"单位任意"等字眼来提醒读者,例如"病毒浓度(单位任意)"。通常将其简写为"a. u. "。

如果某个坐标轴使用这种标注,则其他轴与它的交点一定要置于零点(应明确标出),否则读者无法判断你是否通过放大图中标尺而夸大了原本并不显著的效应[*]。

1.4.5　涉及通量和密度的一些符号约定

为了说明单位如何帮助我们理清相关概念,不妨考虑贯穿本书的一族相关量。(本书所使用符号的完整列表见附录 A。)

● 我们将使用符号 N 表示离散事物的数量(一个无量纲整数),V 表示体积(国际单位为 m^3),Q 表示电荷量(国际单位为 C)。

● 这些量的变化率通常分别记为 dN/dt(单位 s^{-1})、Q(体积流速,单位m^3 s^{-1})、I(电流,单位 C s^{-1})。

● 如果在一个容积为 $1\,000$ m^3 的房间内有 5 个球,我们就说房间中球的平均数密度(或者浓度)为 $c = 0.005$ m^{-3}。有量纲的密度习惯上记为符号 ρ,用下标标示是哪类量的密度,例如质量密度为 ρ_m(单位 kg m^{-3}),而电荷密度为 ρ_q(单位 C m^{-3})。

● 类似地,如果在 1 m^2 的跳棋棋盘上有 5 个跳棋棋子,表面平均数密度 σ 为 5 m^{-2}。类似地,表面电荷密度 σ_q 的单位为 C m^{-2}。

● 假如向一个漏斗倾倒糖,每秒有 $40\,000$ 个颗粒通过面积为 1 cm^2 的开口。我们说糖颗粒通过开口的平均数通量(或者简称为"通量")为 $j = (40\,000$ $s^{-1})/(10^{-2}$ $m)^2 = 4\times10^8$ m^{-2} s^{-1}。类似地,有量纲量的通量也用下标标示。例如,j_q 是电荷通量(单位为 C m^{-2} s^{-1}),以此类推。

如果在需要使用质量密度的公式中你意外地使用了数密度,你会注意到答案的单位中缺少因子 kg。这个差异是你需要回去寻找错误的信号。

§1.5　物理和化学中的其他关键思想

我们的故事将终止在前人已经了解的其他一些要点上。

1.5.1　分子是很小的

普通的分子,比如水,肯定非常小——我们从来没有感到水的颗粒性质。但精确地讲它们究竟有多小? 我们再次求助于本杰明·富兰克林。

---

[*]　只有一个例外,即坐标轴为对数轴,此时没有零点。但读者通常不会对这种图产生误判,因为对于对数轴而言,改变单位仅仅是使图发生位移而不会改变其形状。

1773 年左右,富兰克林的注意力首先转向水面浮油。激起他兴趣的是这样一个事实,一定量的油只能展开到一定范围的水面上。尝试进一步展开会使薄膜分裂成碎片。富兰克林注意到一定量的橄榄油总是覆盖一定的水面积;特别地,他发现一茶匙油(≈5 cm³)覆盖了大约一半的池塘面积(≈2 000 m²)。富兰克林推论,如果油是由不可分的微小粒子构成,那么它将在水表面上不断延展,直到使得这些粒子最终形成一个单层粒子膜,或者"单层膜"。只需比富兰克林更进一步,我们就能得到膜的厚度,进而得到单分子的大小尺度。用油的体积除以薄膜的面积,我们就得到一个油分子的尺寸是 2.5 nm。引人注目的是,富兰克林 18 世纪的实验对分子大小的量级给出了合理的估计!

因为分子如此之小,当我们谈论到比如 1 g 水时,发现总要涉及很不方便的大数。反过来,当我们试图用日常习惯的单位,比如用焦耳表达一个分子的能量时,又要涉及很不方便的小数,如式 1.7 中的常数。化学家发现只要一劳永逸地定义一个大数来表达分子的微小程度,此后所有的表述都与之关联,这样会带来极大的方便。这个数就是阿伏伽德罗常数 N_A,定义为组成 12 g(普通的)碳所需的碳原子数量。因此,N_A 也粗略等于 1 g 氢中的氢原子数量,因为碳原子质量是氢原子的 12 倍。类似地,因为每个氧原子的质量是氢原子的 16 倍,而每个氧分子含有两个氧原子,所以 32 g 氧中大概有 N_A 个氧分子 O_2。

注意,N_A 是无量纲的 *。任何 N_A 个分子的集合称为 1 mol 这种分子。在我们的公式中,摩尔是数 N_A 的同义词,就像百万是数 10^6 的同义词。

回到富兰克林的估算,假设水分子与油分子相似,可粗略地视为边长 2.5 nm 的立方体**。让我们看看从这个观察中能导出什么结论。

例题: 由这个尺度估算阿伏伽德罗常数。

解答: 如果在整个计算中带着量纲,我们就可以避免犯错。1 m³ 水包含

$$\frac{1\,\text{m}^3}{(2.5 \times 10^{-9}\,\text{m})^3} = 6.4 \times 10^{25}$$

个分子。同样 1 m³ 水的质量为 1 000 kg,因为水的密度是 1 g cm⁻³ 并且

$$1\,\text{m}^3 \times \left(\frac{100\,\text{cm}}{1\,\text{m}}\right)^3 \times \frac{1\,\text{g}}{1\,\text{cm}^3} \times \frac{1\,\text{kg}}{1\,000\,\text{g}} = 1\,000\,\text{kg}。$$

我们想知道多少个分子组成 1 mol。因为每个水分子由 1 个氧原子和 2 个氢原子组成,它的总质量是单个氢原子的 $16 + 1 + 1 = 18$ 倍。所以我们必须问,如果 6.4×10^{25} 个分子的质量是 1 000 kg,多少个分子的质量是 18 g,或者 0.018 kg?

$$N_A = 0.018\,\text{kg} \times \frac{6.4 \times 10^{25}}{1\,000\,\text{kg}} = 0.011 \times 10^{23}。\text{(估算)}$$

---

* Ⓣ 更多的符号约定见 1.5.4′ 小节。

** 实际上它们更像细长的小棒。小棒长度的立方高估了它的体积。我们这里只粗略地做估算。

上面对阿伏伽德罗常数的估算不太准确(现在的值是 $N_A = 6.0 \times 10^{23}$)。但是考虑到我们所采用的数据来自两百多年之前,它的精确度令人惊讶。改进这个估算,进而敲定原子的精确尺度,已经证明是非常困难的。第 4 章将会展示,对这个目标不懈的追求如何引导爱因斯坦在理解热的本质上取得关键进展。

思考题 1A

使用阿伏伽德罗常数目前的值,反过来求出单个水分子的体积。

1.5.2　分子是原子的特定空间排布

自然界中存在一百多种原子。给定元素的各个原子在组成物质时是完全一样的,原子没有独立的个性。例如,每个(普通的)氢原子的质量都是相同的。N_A 个某种特定原子的质量称为这种原子的摩尔质量。

类似地,给定化合物的每个分子有固定的、确定的化学组成,我们将这条规律归功于道尔顿(J. Dalton)和盖-吕萨克(J. Gay-Lussac)。例如,二氧化碳总是精确地由两个氧原子和一个碳原子组成,具有确定的空间位置关系。每个 CO_2 分子都

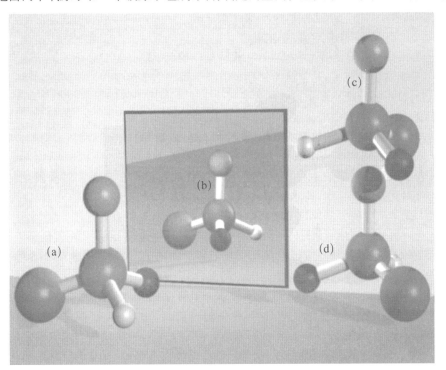

图 1.5(分子结构示意图)　(a) 手性分子。(b) 为了显示这种手性,本图给出了(a)的镜像。(c, d) 表示(a)的旋转,它们都不能与镜像(b)重合,尽管它们具有相同的原子、键和键角。但是,如果原初的分子有两个相同的基团(例如,黑色基团处换作一白色基团),分子就是非手性的,此时(b)可以与(a)重合。

是相同的，比如它们都同等地倾向或不愿经历某种给定的化学变化。

对给定的一组原子，可能有不止一种允许的排布，由此产生两个或更多的化学上独立的分子，称为异构体。有的分子在它的异构态之间快速来回转换，它们是"不稳定的"。而其他分子几乎不会发生转换，可视为是刚性的。例如，巴斯德（Louis Pasteur）在 1857 年发现由相同原子组成的两种糖，但是原子排布互为镜像。它们在化学上是不同的，而且本质上永远不能自发相互转变（图 1.5）。一个分子的镜像是不同的立体异构体，被称为是手性的。这样的分子在第 9 章中担任重要角色。

思考题 1B　仿照前图所示，用你手头可利用的材料（黏土、棉花糖等）制造某个物体的两个拷贝。将一个拷贝置于镜子前，观察其镜像。设法转动另一个拷贝，看看是否可能与第一个拷贝的镜像重合？

🛈　1.5.2′小节将讨论原子的同位素划分。

1.5.3　分子有明确定义的内能

1.1.2 小节简要提到了储存在一根火柴中的化学能。组成分子的原子确实储存了确定数量的能量，通常认为它存在于原子间的化学键中。与任何其他形式的能量一样（例如，图 1.3 中重物的势能），化学键能趋向于使能量值更小。事实上，化学键能就是对自由能公式 $F = E - TS$（式 1.4）中的量 E 的另一个贡献。一般而言，分子更喜欢释放热量的放热反应，而不是吸收热量的吸热反应。例如，两个氢分子（$2H_2$）可以与一个氧分子（O_2）结合生成两个水分子（$2H_2O$），从而降低键能、释放出热。但我们也可以从外界汲取能量从而推动一个吸热过程发生。例如，可以让电流通过水，使水离解，或称水解。第 8 章将更精确地说明，与渗流机一样，化学反应的方向即自由能降低的方向。

但是，像过氧化氢（H_2O_2）这样的不稳定分子，在获得足够大的活化能之前，它们并不会迅速分解。这可以类比于我们熟悉的椅子，如果它未遭受外界推力，就根本不会自行翻到。对于氢气（H_2）与氧气（O_2）的混合系统，尽管可以反应形成更低键能的产物，但这个过程必须翻越一个势垒，这份能量需要由周围的分子通过碰撞将机械能传递给反应分子（例如通过划火柴的动作）。但这不是唯一的可能。爱因斯坦完成于 1905 年的五篇历史性论文中的一篇说明光也以确定的能量包形式进行传输，称为光子。一个分子可以吸收这样一个包，然后跳过活化能势垒，可能最终停在比初态能量更高的态上。

本小节与前一小节中对这些熟知现象的解释都源于称为"量子力学"的物理学分支。量子力学根据一个基本物理常量，即普朗克常量 h，解释了典型的分子尺寸与键能。本书将把这些值简单地看作既定实验事实，完全回避它们的量子起源。

为什么会有一个"典型的"键能？一些反应(比如炸弹中的火药)是否比另一些反应(燃烧一根火柴)释放更多的能量？并非如此,炸药只是能量释放得快很多。所有反应中每个化学键释放的能量是大致相当的。

例题： 一个重要的化学反应就发生在你的电视遥控器的电池里面,估算这个化学反应中释放的化学能。

解答： 按照电池上的说明,我们得知它两极的势能差是 $\Delta V = 1.5\,\mathrm{V}$。这意味着电池给予每个通过它的电子的能量约等于 $e\Delta V = 1.6 \times 10^{-19}\,\mathrm{C} \times 1.5\,\mathrm{V} = 2.4 \times 10^{-19}\,\mathrm{J}$。(基本电荷 e 的值列在附录 B 中。)如果假设每个电荷通过电池使内部的化学反应进行一步,刚刚计算出的能量就是化学键能的变化(减去所有释放的热能)。

不同于化学反应,每个钍原子放射性衰变释放的能量大约是上述值的 100 万倍。历史上,这个发现是第一条可靠的线索,它表明放射性衰变中发生了某些与化学反应极为不同的事。

1.5.4　低密度气体遵从一条普适定律

化学学科的奠基者注意到,气体之间按照一个简单、固定的体积比化合,从而得到原子按照确定的比例化合的思想。这个观察实际上反映了如下事实,即在大气压下,箱内气体分子的数目正比于箱容积。实验精确地表明,对任何气体(在足够低的密度下),压强 p、体积 V、分子数目 N 和温度 T 满足一个简单的关系,称为理想气体定律：

$$pV = Nk_{\mathrm{B}}T。 \tag{1.11}$$

T 是相对于一个称为"绝对零度"的特殊点算起的温度量度(暂时以"度"作为此种量度的单位)。本书中的其他公式,如式 1.4,也使用从这一点起量度的 T。相比之下,摄氏温标将 0℃ 指定为水的冰点,即绝对零度以上 273℃。因此,室温 T_{r} 对应于绝对零度以上 295"度"(6.3.2 小节将给出温度更严谨的定义)。出现在式 1.11 中的量 k_{B} 称为玻尔兹曼常量,等于 1.38×10^{-23} 焦耳每"度"。因此,室温下 $k_{\mathrm{B}}T$ 的值是 $k_{\mathrm{B}}T_{\mathrm{r}} = 4.1 \times 10^{-21}\,\mathrm{J}$。为便于记忆和不太麻烦地引用这个值,将其表达为与细胞物理相关的单位(pN 和 nm)：

$$k_{\mathrm{B}}T_{\mathrm{r}} \approx 4.1\,\mathrm{pN\,nm}。 \qquad (\text{本书中最重要的公式}) \tag{1.12}$$

花几分钟的时间就能看清式 1.11 的合理性。例如,如果往箱内泵入更多的气体(N 增加),则压强增加；如果将箱子压缩(V 减小)或者加热(T 增加),p 也同样增加。不过,式 1.11 这种详细形式可能看起来并不熟悉。化学家宁愿将其写成 $pV = nRT$,其中 n 是"物质的量"(摩尔数),在室温下 RT 约等于 $2\,500\,\mathrm{J\,mol^{-1}}$。

用 2 500 J 除以 N_A 的确可以得到式 1.12 中的量 $k_B T_r$。

式 1.11 值得注意的一点是它的**普适性**。任何气体，从氢气到钢的蒸汽，都遵守这个规律（在足够低的密度下）。所有气体（甚至混合气体）的常量 k_B 都具有相同的数值，而且各自的绝对零度的数值也一致。事实上，甚至渗流功的表达式即式 1.7，也包含相同的常量 k_B！一旦大自然的某个定律或常量被证明是普适的，物理科学家就会感兴趣并关注它（§1.3）。因此，本书第二部分的首要任务就是要弄清式 1.11 和常量 k_B 的深刻含义。

 1.5.4′小节将明确摩尔这个术语在这本书里的用法，以及与其他书中用法的联系。

小　结

回到本章的焦点问题。§1.2 讨论了这样的思想，即在能量从机械能退化为热能的过程中，能流可以创造有序。我们看到这个原则在简单过程中发挥作用（逆渗流，1.2.2 小节），生命也利用热力学第二**定律**的这个"漏洞"创造（或者说，捕获）有序。我们在后面几章的工作要给出一些有关的细节。例如，第 5 章将描述，处在环境随机作用下的微小生物体甚至单细菌，如何在寻找食物时实现有目的运动从而增加存活机会。第 6—8 章将扩展这些思想并给予系统化的表述。第 8 章将考虑复合分子结构的自组织。最后，第 10—12 章将讨论，分子机器及神经冲动这两种典型的有序行为如何可能从单分子动力学的无序世界中涌现。

在尝试所有这些任务之前，不妨先来欣赏一下精妙而浩瀚的生物有序之谜。为此，下一章将展示一些极其有序的结构和过程，它们甚至也出现在单细胞中，其中将涉及后续章节要讨论的大量分子器件及相互作用。

关键公式

本书第二和第三部分的每一章末尾都有该章关键公式的总结。下面的列表稍有不同。它主要列出一年级物理课程中出现过的且在全书中都会用到的公式。若有不明之处，请参考任一本入门教材。

1. 本科一年级的物理课程：确保你自己能回忆起这些一年级物理课程中的公式及所有符号的含义。它们中的多数还没有出现过，但会在随后的章节中出现。

   动量 = 质量 × 速度。

   匀速圆周运动的向心加速度 = $r\omega^2$。

   力 = 动量的转移速率。

   扭矩 = 力臂 × 力。

   功 = 转移的机械能 = 力 × 距离 = 扭矩 × 角度。

   压强 = 力 / 面积。

动能 $= \dfrac{1}{2}mv^2$。

弹簧力与弹性势能，$f = -kx$，$E = \dfrac{1}{2}kx^2$。

地球表面附近物体的重力势能 $=$ 质量 $\times g \times$ 高度。

带电物体在静电场中的势能 $= qV$。

电场，$\mathcal{E} = -\mathrm{d}V/\mathrm{d}x$。

带电物体所受静电力，$f = q\mathcal{E}$。

一个点电荷 q 在均匀、无限、绝缘介质中产生的静电势，$V(r) = q/(4\pi\varepsilon\,|\,\mathbf{r}\,|)$，
其中 ε 是介质的介电常量。

半径为 a 的带电球的静电自能，$q^2/(8\pi\varepsilon a)$。

欧姆定律，$V = IR$；电阻消耗的功率，I^2R。

电容器两极板之间的电势差，$V = q/C$。

电容器储存的静电势能，$E = \dfrac{1}{2}q^2/C$。

面积为 A、厚度为 d 的平板电容器的电容，$C = A\varepsilon/d$。

2. **热功当量**：若 1 J 的机械功完全转变为热，则能使 1 g 水的温度升高大约 0.24℃（式 1.2）。

3. **理想气体**：封闭理想气体的压强、体积、分子数及温度满足 $pV = Nk_\mathrm{B}T$（式 1.11）。在室温 T_r 下，$k_\mathrm{B}T_\mathrm{r} \approx 4.1\ \mathrm{pN\ nm}$（式 1.12）。

延伸阅读

准科普：

关于热：von Baeyer，1999；Segrè，2002.

关于热力学第二定律：Atkins，1994.

富兰克林的油滴试验：Tanford，1989.

中级阅读：

量纲分析：Lemous，2017.

1.4.3′拓展

1.4.3 小节提及大自然的很多无量纲数的量级都约为 1，例如很多物理定律的数学表达式中出现了像 2、π、$\sqrt{\pi}$ 这些数。但有一个例外，即所谓的"精细结构常数" $e^2/(4\pi\varepsilon_0\hbar c)$，其值约为 0.007 3，远远偏离 1。很多物理学家都认为这一事实意味着该常数的值是由一些未知的物理定律所决定的。

1.5.2′拓展

通常认为给定种类的所有原子都是相同的。不过，此规则另有一个重要细节。在化学上具有相同行为的原子，可以进一步划分为几个质量稍有不同的种类，即该化学元素的"同位素"。在 1.5.2 小节中我们曾指明所论及的是普通氢原子，因为还存在其他两种更重的原子（氘和氚）。尽管存在这种复杂性，每种元素也只有少量不同的稳定同位素。关键在于，这种差异表现为离散而非连续的形式。

1.5.4′拓展

物理教科书通常使用分子量，而化学教科书通常使用相应的摩尔形式。不过，这就像大多数关于友谊的人为障碍，是容易克服的。国际单位制给"物质的量"一个量纲，相应的基本单位称为 mol。本书中将不会使用任何包含这个单位的量。因此，我们度量物质将不会使用以 mol 为单位的物质的量 n，也不会使用 $RT_r = 2\,470\ \text{J mol}^{-1}$ 或者 $\mathcal{F} = 96\,000\ \text{C mol}^{-1}$，而是分别使用分子的数量 N，分子热能 $k_B T_r$，以及单质子的电量 e。类似地，我们不会使用量 $N_0 = 6.0 \times 10^{23}\ \text{mol}^{-1}$，而是用 N_A 来指代无量纲数 6.0×10^{23}。我们也不使用单位道尔顿（$1\ \text{g mol}^{-1}$）而是使用千克来度量质量。

一个更严重的符号问题来自这样的情况，不同的书使用相同的符号 μ（在第 8 章定义为"化学势"）来意指两件稍微不同的事：μ 可以代表自由能对 n 的导数（于是 $[\mu] \sim \text{J mol}^{-1}$），或者对 N 的导数（于是 $[\mu] \sim \text{J}$）。本书中总是使用第二种约定（见第 8 章）。选择这种约定的原因是，我们通常希望研究单分子，而不是摩尔尺度的分子集合 *。

本书公式中出现的摩尔（mole）一词仅仅是数 N_A 的代名词。只要方便，我们就将分子能量表达成 mol^{-1} 的倍数。这样，物理量的数值部分就等于相应的摩尔物理量的数值部分。例如，

$$k_B T_r = 4.1 \times 10^{-21}\ \text{J} \times \frac{6.0 \times 10^{23}}{\text{mol}} \approx 2\,500\ \text{J/mol}$$

其数值部分与 RT_r 的相同。

---

* 类似的约定也适用于标准自由能变 ΔG。

习　　题

1.1　"房间"动力学

（a）空调冷却你的房间，排出热能。它也消耗电能。这与热力学第一定律矛盾吗？

（b）你能不能设计一个安装在窗户上的高科技设备，能够持续将房间中不需要的热能转化为电能（你可以将其销售给电力公司）？请给出解释。

1.2　汤普森实验

国际单位制并非人们最早使用的单位制。

（a）汤普森的原话大致如下，他的加农炮钻孔设备用 2.5 h 可以使 25.5 lb 冷水沸腾。假设"冷"水为 20℃，以瓦特为单位，求马匹提供的输入功率。（提示：1 kg 水重 2.2 lb。即，其重力为 $1 \text{ kg} \times g = 2.2$ lb。）

（b）焦耳发现在他输入 770 lb ft 的功后，1 lb 水增加 1°F（或者0.56℃）。这与现代的热功当量值有多接近？

1.3　新陈代谢

新陈代谢是指所有分解和"燃烧"食物进而释放能量的化学反应，是个一般性术语。下面是人体内一些新陈代谢和气体交换的数据。

食　　物	释放的能量(kcal/g)	消耗的 O_2(L/g)	放出的 CO_2(L/g)
碳水化合物	4.1	0.81	0.81
脂　　肪	9.3	1.96	1.39
蛋　白　质	4.0	0.94	0.75
酒　　精	7.1	1.46	0.97

表中给出代谢每克给定食物释放的能量、消耗的氧气和放出的二氧化碳。

（a）计算每类食物代谢消耗一升氧气所产生的能量。注意其结果基本上等于常量。因此，我们可以通过简单地测量一个人的氧气消耗率确定其代谢率。另一方面，不同食物组 CO_2 与 O_2 的比例是不同的。这使我们可以通过比较氧气的摄入与二氧化碳的产出来估计实际使用的能量来源。

（b）一个普通成年人休息时每小时消耗约 16 L 氧气。释放的热量称为"基础代谢率"（basal metabolic rate, BMR）。计算这个量，用单位 kcal/h 和 kcal/d 表示。

（c）对应的输出功率是多少（以 W 为单位）？

（d）典型的 CO_2 产生率是 13.4 L/h。你能推测消耗的是哪种类型的食物原料吗？

（e）锻炼时代谢速率增加。一些重体力劳动 10 h 可能需要 3 500 kcal 能量。假设一个人在这 10 h 里以稳定的 50 W 做机械功。将身体的效率定义为用完成的机械功比上多余能量摄入[即超过(b)中计算的基础代谢的部分]。计算这个效率。

1.4 地球的温度

太阳的能量发射功率约为 $3.9 \times 10^{26}\,\mathrm{W}$。在地球上，阳光提供的入射能量通量 I_e 约为 $1.4\,\mathrm{kW\,m^{-2}}$。本题中，你将会研究太阳系中是否有其他行星能够支持在地球上发现的基于水的生命类型。

考虑一个到太阳的距离为 d 的行星（令 d_e 为地球到太阳的距离）。因为能量通量与距离平方成反比，所以距离 d 处的太阳能通量为 $I = I_e(d_e/d)^2$。令行星的半径为 R，假设入射太阳光比例为 α 的部分被吸收，其余部分反射到太空中。行星截获面积为 πR^2 的圆盘内的阳光，所以总的吸收功率是 $\pi R^2 \alpha I$。地球的半径约 $6\,400\,\mathrm{km}$。

太阳自古以来一直在持续发光，但地球的温度基本稳定，这表明地球处于定态。为维持这个局面，吸收的太阳能必须辐射回太空，并且辐射速度应该等于吸收速度（图 1.2）。因为物体的辐射率取决于它的温度，要找出预期的行星平均温度，可使用如下公式：

$$\text{辐射热通量} = \alpha \sigma T^4 \text{。}$$

σ 表示数 $5.7 \times 10^{-8}\,\mathrm{W\,m^{-2}\,K^{-4}}$（斯特藩-玻尔兹曼常量）。这个公式给出了辐射体（地球）单位面积的能量损失率。你不需要知道这个公式的来历，但必须理解式中各项的单位。

(a) 使用这个公式，计算地球表面的平均温度，并将你的答案与实际的值 $289\,\mathrm{K}$ 比较。

(b) 使用这个公式，计算与地球大小相当的行星在距太阳多远时仍能保持平均温度高于冰点，将该距离表达为 d_e 的倍数。

(c) 使用这个公式，计算与地球大小相当的行星在距太阳多近时仍能保持平均温度低于沸点，将该距离表达为 d_e 的倍数。

(d) 选做题：如果你知道太阳系所有行星的轨道半径，使用上述简化的依据，你能判断其中哪一颗有可能支持基于水的生命形式吗？

1.5 富兰克林的估算

1.5.1 小节对阿伏伽德罗常数的估算过小了，部分原因是我们使用了水的摩尔质量而不是油的。你可以在 *Handbook of chemistry and physics*（Lide，2020）中查到一些 19 世纪得到的油的摩尔质量和质量密度。手册告诉我们橄榄油的基本组成是油酸，给出了油酸[也就是 9 - 十八碳烯酸或者 $CH_3(CH_2)_7CH =CH(CH_2)_7COOH$]的摩尔质量为 $282\,\mathrm{g\,mol^{-1}}$。我们将在第 2 章看到油与其他脂肪都是由三个脂肪酸链构成的甘油三酯，所以可以估计出橄榄油的摩尔质量略大于三倍油酸的值。手册中还给出了橄榄油的密度为 $0.9\,\mathrm{g\,cm^{-3}}$。

从这些事实和富兰克林的原始观察出发，改进 N_A 的估算。

1.6　还是关于原子尺寸的问题

1858 年,沃特斯顿(J. Waterston)发现了一个聪明的办法,通过比较液体表面张力与气化热,从液体的微观性质来估计分子的尺寸。

水的表面张力 Σ 是产生单位面积自由液面所需要的功。为了定义它,想象将一块砖断裂为两块,因此出现了两块新的表面。令 Σ 为产生这些新表面所需的功除以总的新生面积。对液态水,类似的量就是表面张力。

水的气化热 Q_{vap} 定义为使单位体积液态水(恰好低于沸点)完全转变为水蒸气(恰好高于沸点)所需要的功,即,气化热是将每个分子相互分离所需要的功。

将液体想象为立方体,在每一个维度上每厘米排放 N 个分子。每个分子对其六个最近邻的分子有弱的吸引力。假设断裂一个这样的键需要能量 ϵ。那么,完全蒸发 1 cm^3 液体需要断裂所有这样的键,相应的能量花费为 $Q_{vap} \times (1 \text{ cm}^3)$。

考虑液体表面的一个分子。因为失去了上面的最近邻(假设这是一个流体-真空界面),它只有五根键。画一个图来帮助你想象这种情况。因此,产生更多的表面积需要断裂一些键,所需的能量除以新生面积就得到 Σ。

(a) 对水,$Q_{vap} = 2.3 \times 10^9 \text{ J m}^{-3}$,$\Sigma = 0.072 \text{ J m}^{-2}$。请估算 N。

(b) 假设分子是紧密堆积的,大致估算分子的直径。

(c) 由此估算阿伏伽德罗常数。

1.7　环意自行车赛

环意大利自行车赛的选手要进食大量食物。如果他每天摄取的食物都燃烧掉,将会释放 6 000 kcal 热量。在比赛进程中,他的质量变化可忽略不计(小于 1%)。因此,其摄入和释放的能量之间必须达到平衡。

首先来看一下选手所做的机械功。自行车本身具有令人难以置信的效率。与空气摩擦带来的能耗(每天 4 MJ)相比,由自行车内部(包括轮胎)摩擦导致的能量损失可忽略不计。选手每天的比赛时间是 4.5 小时。

(a) 选手每天摄入的能量为 6 000 kcal,而做功为 4 MJ。两者相较可知,有部分能量丢失了! 这是否可以解释为艰苦赛程中海拔高度的变化?

无论你如何作答,我们总可以假设某个特殊的比赛日中并不存在海拔高度的变化,因此这部分丢失的能量一定还有其他去向。至此,我们还忽略了能量等式中的另一个部分:选手本身是产热的。这些热量一部分辐射掉了,一部分用于加热所吸入的空气。但是,这些还不足以解释丢失能量中最主要的部分。

别忘了选手还需要喝下大量的水! 他并不需要这些水来维持新陈代谢,事实上他体内食物燃烧时还会产生水。相反的,这些液态水最终几乎都以水蒸气的形式从其身体散发掉了。习题 1.6 给出了水的气化热。

(b) 选手每天需要喝下多少水才能达到上述能量平衡? 这个估算结果合理吗?

再来看选手每天需要付出的 4 MJ 机械功。

(c) 在自行车赛这类情况中,风阻(向后的阻力)量级大约是 $f = Bv^2$,B 是某个常量。B 可以通过实验测量(例如用风洞来测),大约为 0.15 kg m^{-1}。假定选手全天保持恒定的速度,那么这个速度是多大? 你的结果合理吗?

1.8 浓度转换

本书中我们常会想象一个很小的、分子可在其中随机游走的空间区域。假设某种分子的浓度是 10 mM = 0.01 mol/L,这是一个有用的转换因子。计算在 $(10 \text{ nm})^3$ 体积内的平均分子数。

1.9 冲浪季节

(a) 写出海洋表面水波传播速度的近似表达式。注意,你不必费神写出或求解任何运动方程。你的答案或许会包括水的密度、水波的波长或者重力加速度。[提示:海洋的深度不会出现在这个问题中(可等效地认为是无穷大),水的表面张力也与此无关(可等效地认为是零)]。

(b) 估算波长为 1 m 的水波传播的速度。这个数是否合理?

1.10 糖的秘密

在本题中我们要估计一只蜜蜂在进食了 1 mg 蜂蜜后能飞多久。一只质量为 m_{bee} 的蜜蜂会像直升机那样,通过制造向下的气流从而悬停在空中。假设这个向下的气流形成一个截面积为 A 的柱体,其速度为 v,质量密度为 p_m。

(a) 若这个柱状物的长度为 l,写出其动量。然后求出单位时间内蜜蜂传递给环境的动量,用 v、A、p_m 等表示。

(b) 令上式等于蜜蜂的体重,求出 v。

(c) 为产生速度为 v 的向下气流,蜜蜂需要付出多大的功率?

(d) 设 $m_{bee} = 0.05$ g,$A = 0.3$ cm^2,$\rho_m = 1$ kg m^{-3},蜂蜜(主要是葡萄糖)的能量密度为 590 kcal mol^{-1}。假定化学能 100% 转化为机械能,那么当蜜蜂进食了 1 mg 蜂蜜后能飞多久? 如果能量转化率只有 15% 呢?

第 2 章　细胞内部结构一览

　　第 1 章揭示了物理定律与生命世界（生物体自发产生有序）之间表观的不相容性，同时给出了解决这一矛盾的大体思路，即生物体吸收高品质能，放出低品质能。在这个物理背景下，我们准备更细致地考察一下活细胞的组织结构，其间将反复贯彻上述思想。本章为后文将要关注的种种现象勾画了其发生的"语境"。

　　● 每个待研究的器件都是一个物理对象，其空间"语境"包括它在细胞中相对于其他物体的位置。

　　● 每个器件都参与了一些过程，其逻辑"语境"包括它在这些过程中相对于其他器件所扮演的角色。

　　对这个涵盖面极广的话题，本章作为引子只能浅尝辄止[*]。不过，熟悉故事中一些主要角色的形象，将有助于你在后续章节遇到它们时能翻回来找到它们。图 2.1—图 2.4 给出了待研究对象的相对尺寸的一个概貌。

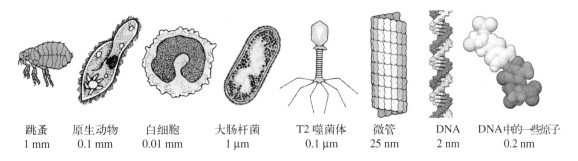

| 跳蚤 | 原生动物 | 白细胞 | 大肠杆菌 | T2 噬菌体 | 微管 | DNA | DNA中的一些原子 |
| 1 mm | 0.1 mm | 0.01 mm | 1 μm | 0.1 μm | 25 nm | 2 nm | 0.2 nm |

图 2.1(图标)　本书故事中某些角色的相对尺寸。T2 噬菌体是可以感染细菌如大肠杆菌（*Escherichia coli*）的病毒。本书的大多数内容都将涉及大到原生动物、小至 DNA 螺旋的不同尺度上的生命现象。（由 D. S. Goodsell 绘制。）

---

[*]　如果不熟悉本章的词汇，你可以阅读任何一本细胞生物学的开头几章以作为补充，例如可以参看本章结尾开列的书单。

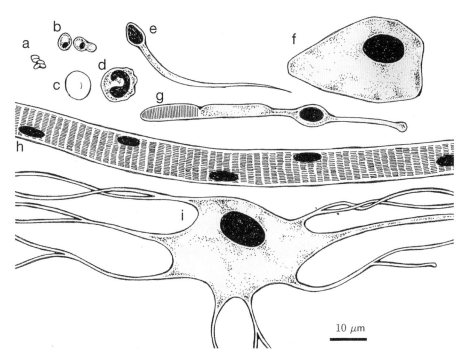

图 2.2（依据光学显微照片的手绘图） 相对尺寸。（a）五个大肠杆菌细胞（放大图见图 2.3）。（b）两个酵母细胞。（c）人的红细胞。（d）人的白细胞（淋巴细胞）。（e）人的精子细胞。（f）人的表皮细胞。（g）人的视杆细胞。（h）人的横纹肌细胞（肌原纤维）。（i）人的神经元（神经细胞）。（由 D. S. Goodsell 绘制。）

本章跟其他章节的风格大不相同。首先，它不会有公式。很多结论将不加证明地给出。多数图都会有详细说明，但或许只有在后面章节里具体学到时你才会明白它们的意思。不必为此担心！眼下你的目标是在看完本章之后熟悉许多以后将用到的词汇，同时应该对细胞结构的大小层次有一个总体印象，而且能大致领会各个尺度上的主导原理如何从下一个更小尺度上本质不同的原理中涌现出来。

最后，面对下文中的种种精巧结构，我们不禁要问：既然整个"工厂"的运转不专门依赖于某物，细胞如何能够掌控所有事物？答案当然会很长。不过，在与此相关的诸多物理思想中，如下三条将会在本章及本书其他部分中占主导地位。

生物学问题：细胞如何组织起无数化学过程和反应物？

物理学思想：（a）双层膜由组分分子自组装而成，细胞用它们把自身分成不同的区室。 （b）细胞通过主动转运把合成的物质带到特定目的地。 （c）生物化学过程高度特异。它们中绝大多数由酶分子介导，酶能够选择特定目标分子而不与其他分子发生作用。

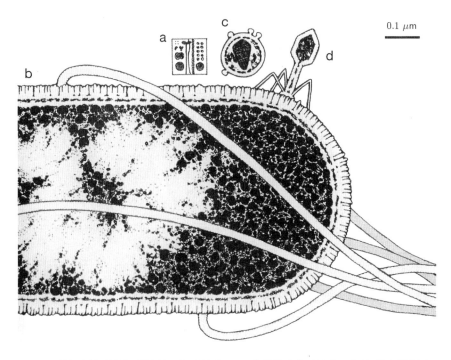

0.1 μm

图 2.3(依据电镜照片的手绘图)　相对尺寸。(a) 几种简单分子以及大分子(放大图见图 2.4)。(b) 细菌细胞[图 2.1、图 2.2(a)]，其可视结构包括细菌鞭毛(在图中一直延伸到右方)、拟核(图中的灰色区域)以及厚硬的细胞壁。鞭毛推动细菌的机制将在第 5 章讨论；而鞭毛自身被分子马达所驱动，这将在第 11 章中研究。(c) 人类免疫缺陷病毒(HIV)。(d) 细菌病毒，或称噬菌体。(由 D. S. Goodsell 绘制。)

§2.1　细胞生理学

导读　§2.1 将首先回顾活细胞的一些典型行为，然后转向其总体的结构特征。与细胞功能和结构相关的物理常被称为细胞生理学。§2.2 将从小到大逐级讨论细胞的最终分子组成，由此把细胞视为建筑元件的集合体，获得关于细胞的优美但是静态的图像。为确保逻辑完整性，有必要对这些元件如何进行组建有所了解，并且通常还须知道，细胞的种种活动是如何产生的。为此，§2.3 介绍分子器件的世界。细胞的这个方面是本书的中心，尽管我们还会触及其他话题，甚至偶尔会超出细胞而提及有机体。

细胞是生命的基本功能单元。无论是独居或集合成群(有机体)，细胞个体都得完成一组相同的活动。即使一个特定的细胞并不履行下面列举的所有职能——比方说，我们的身体就拥有几百种差异显著的特化细胞类型——细胞彼此间的共有活动仍足以表明所有细胞基本上是相似的。

● 像整个生物体那样，单个细胞也要摄取化学能或太阳能。第 1 章已讨论过，这其中大部分能量会以热的方式散失，但仍有一部分通过统称为代谢的一组过程

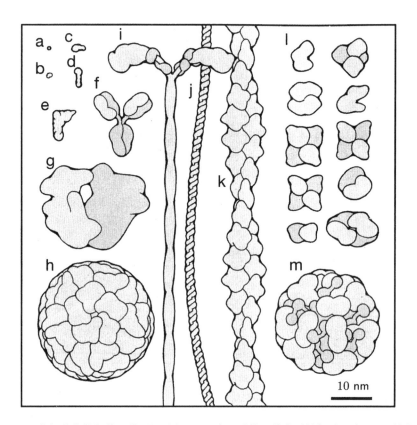

图 2.4（依据结构数据的手绘图） 图 2.3(a) 中显示的几种分子的相对尺寸。(a) 单个碳原子。(b) 葡萄糖分子，一种简单的糖分子。(c) ATP，一种核苷酸。(d) 叶绿素分子。(e) 转运 RNA (tRNA)。(f) 抗体，免疫系统使用的蛋白。(g) 核糖体，蛋白质和 RNA 的复合物。(h) 脊髓灰质炎病毒。(i) 肌球蛋白，将在第 10 章中讨论。(j) DNA，一种核酸。第 9 章将讨论这种长链分子的力学性质。(k) F 肌动蛋白，细胞骨架的构件。(l) 参与糖酵解的 10 种酶（蛋白机器）。酵解过程是一系列相互偶合的化学反应，最终由葡萄糖制造出能量通货 ATP。第 11 章将讨论 ATP 的产生过程。(m) 丙酮酸脱氢酶，一个很大的酶复合体，将在第 11 章中讨论。（由 D. S. Goodsell 绘制。）

转成了有用的机械功或用于合成储能分子。第 11 章将阐述这个高效自由能转化过程的某个方面。

- 特别地，每一个细胞都会因生长需要而制造出大部分内部结构。这个结构中主要组分是称为蛋白质的一类多功能大分子。我们的身体里有 100 000 种不同的蛋白质分子。我们将反复讨论决定蛋白结构和功能的相互作用。

- 大多数细胞通过有丝分裂自我繁殖，这是细胞复制其内容物进而一分为二的过程。（有一类细胞却是通过减数分裂来产生生殖细胞，见 3.3.2 小节）

- 外界环境常有大幅度变化，尽管如此，所有细胞必须维持一个特定的内部组成。通常，细胞还必须维持一个固定的内部体积（见第 7 章）。

- 通过保持带电原子和分子（通称离子）的浓度差，大多数细胞还可以在其内部与外部之间维持一个静息电位（见第 11 章）。神经和肌肉细胞利用这个静息电位满足其通信需求（见第 12 章）。

- 很多细胞都采用例如爬行或游走的方式进行移动。第 5 章将会讨论这些运动的物理学。

- 细胞因不同的目的而感知环境的状态：

  (1) 对环境的感知可以是调控细胞内部成分的反馈回路中的一步。

  (2) 细胞可以针对顺境（例如附近的食物源）或逆境（比如干涸）相应地改变其行为。

  (3) 单个细胞探测到别的细胞时，可以着手进攻、防卫或者逃离。

  (4) 高度特化的神经和肌肉细胞感知邻近细胞分泌的特殊小分子即神经递质的局部浓度，从邻近细胞来获取输入信号。第 12 章将讨论这个过程。

- 细胞还能感知那些作为反馈和控制回路的组成部分的细胞内部状态。例如，足量供给特定产物可以有效地遏制该产物进一步生成。实现反馈的一种方式，是分子机器与信使分子结合而产生物理形变，这种现象称为别构调控（见第 9 章）。

- 作为反馈的一个极端形式，细胞甚至可以自毁。这种机制称为细胞凋亡，是高等生物正常发育的一环，比如，去除脑发育中的无用神经元。

2.1.1　内部大体解剖

所有细胞的功能在很大程度上相通，相应地它们在整体内部结构上有许多共性：绝大多数细胞都拥有一组共同的、近稳定的结构，其中很多可在光学显微镜下看到。（电子显微镜能揭示出更加精细的亚结构，有时可达不足 1 nm 的尺度，但在其使用中容易杀死细胞。）

原核及真核生物　最简单最古老的细胞类型是原核生物，包括人们熟悉的细菌[图 2.3(b)]*。细菌通常长约 1 μm，其大体解剖主要包括一层包裹着单个内区室的厚硬细胞壁。壁上可装有多种结构，比如一条或多条用于游动的细长附属物，即细菌鞭毛（见第 5 章）。紧贴细胞壁内侧有一薄层称为质膜。

植物、真菌和动物总称为真核生物（图 2.5）。真核细胞比原核细胞大，典型直径为 10 μm 以上。无论是没有细胞壁（动物细胞）还是有细胞壁的（植物和真菌细胞），它们也都被一层质膜包围。真核细胞包含多种可以明确界定的内区室（如细胞器），各由一层或多层与质膜大致相似的薄膜包裹**。特别地，真核细胞的定义依据核的存在。细胞核中包含遗传物质，在细胞分裂中遗传物质汇聚成可见的染色体（3.3.2 小节）。除核以外的其余细胞组成统称为胞质。在分裂过程中细胞核清晰的轮廓消失，分裂完成后又重新形成。

真核细胞的内膜结构　除细胞核外，真核细胞还含有宽约 1 μm 的香肠状细

---

　*　定义原核生物本是因为它们不具备明确的细胞核。人们花了一段时间才认识到原核生物实际上可分为两界，即细菌（包括熟知的一些人病原体）和古菌（很多在极端酸性、盐性或高温环境中发现的）。真核生物构成了第三个界。

　**　细胞器的一个定义是：细胞内承担特定功能的特化的离散结构或亚区室。

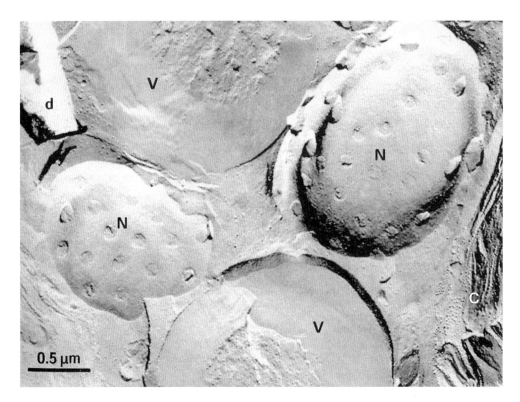

图 2.5(电镜照片) 图中显示了小球藻(绿藻的一种)细胞的内部。两个细胞核(标记为 N)的断面沿着凸起的外核膜，其上核孔清晰可见。图中还显示了两个液泡(V)和部分线粒体(C)。样品断裂时留下的小片残骸(d)造成了图中的长条状白色影区。样品是通过快速冷却，然后切割冻块而生成的。(摘自 Severs，2007。)

胞器线粒体(图 2.6)。线粒体执行食物代谢的终期步骤，将化学能转化成细胞内部的能量通货即 ATP 分子(见第 11 章)。线粒体独立于细胞其他部分而分裂。细胞分裂时，每一个子细胞都获得部分来自母细胞的原有线粒体。

真核细胞还包含其他几种细胞器：

● 内质网是附着于细胞核的迷宫式结构，它是合成细胞的膜结构以及大多数指定运送至胞外的物质的主要工厂。

● 从内质网合成的产物依次送到称为高尔基体的一组细胞器上进一步加工、修饰、分类和包装。

● 绿色植物含有叶绿体。与线粒体类似，叶绿体也制造内部携能分子 ATP。但它并非通过食物代谢，而是直接从太阳光中捕获能量。

● 真菌细胞，例如酵母，像植物细胞那样含有一些称为液泡的内部储存区(图2.5)。与细胞本身相似，液泡在被膜上同样维持了一个电位差(习题11.3)。

细胞质里不属膜被细胞器的其他部分统称为胞质溶胶。

另外，细胞创造了各种囊泡(小袋)。囊泡可以通过胞吞产生，部分细胞外膜在先吞没外物或液体随后离析形成内区室时可出现胞吞过程。生成的囊泡再与含有消化酶的内部囊泡融合，其内含物能被酶切碎。另一类囊泡为分泌泡，是收

(a)

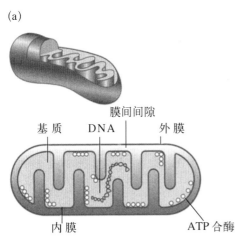

膜间间隙

基质　DNA　外膜

内膜　　　　　ATP 合酶

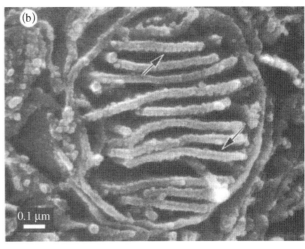

0.1 μm

图 2.6(示意图;扫描电镜照片)　(a) 线粒体中不同结构的位置。ATP 合酶颗粒是生产 ATP 的分子机器(见第 11 章)。它们布满线粒体的内膜,内膜包裹着内区室(线粒体基质),其外侧与外膜之间形成膜间隙。(b) 线粒体的内部构造。样品经过急冻、碎裂、蚀刻,在电镜下显示出旋绕的内膜结构(箭头)。[(b) 摘自 Tanaka,1980。]

纳产物并将之运送到胞外的囊泡。分泌泡中极其重要的一类称为突触囊泡,它们在神经细胞末端吸纳神经递质。当被到达的电脉冲触发时,突触小泡与细胞膜融合(图 2.7),释放出神经递质,由此刺激神经通路的下一个细胞(见第 12 章)。

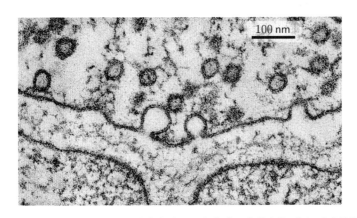

100 nm

图 2.7(透射电镜照片)　突触小泡从内侧与神经细胞膜(靠上方的实线)融合,融合处即是突触,它位于神经元(突触间隙上方)和肌纤维细胞(突触间隙下方)之间。左边的一个小泡已到达膜上但还没有发生融合,图中央的两个小泡正在与膜融合并释放其内含物,而右边的小泡几乎已经完全与膜融合。小泡的融合是神经脉冲传递中的核心事件(见第 12 章)。(数码照片蒙 J. Heuser 惠赠。)

无膜细胞器　细胞质中可能还存在一些无膜包被的离散区域,其组分有别于邻近区域。这被称为"无膜细胞器"。它们也可能具有常见的有膜细胞器的某些功能特征,但同时又能快速地与环境发生物质交换。已经发现的例子包括应激颗粒、胞浆复合体、生殖质 P 颗粒等。

其他组件　除了上面所列的膜被结构之外,真核生物还另具多种在光学显微镜下可见的结构。例如,在有丝分裂中,染色体凝聚成具有特征形状和尺寸的个体(图 2.8)。2.2.4 小节将讨论另一类结构即细胞骨架。

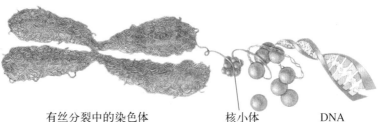

有丝分裂中的染色体　　　　　　核小体　　　　　DNA
（两条染色单体，直径均为 600 nm）　（直径为 10 nm）　（直径为 2 nm）

图 2.8(示意图)　人的体细胞(普通细胞,非生殖细胞)中含有的 46 条染色体中的一条。在有丝分裂前夕,每一个染色体由两条姐妹染色单体构成,每一条单体含有紧密折叠的染色质纤丝。每一条纤丝又包含一条长链 DNA,它缠绕到一串核小体颗粒上,后者由几种组蛋白复合而成。

2.1.2　外部大体解剖

尽管很多细胞呈简单的球形或方形,仍有一些拥有丰富得多的外貌特征。例如神经细胞,它们呈现出极其复杂的分支形态(见本书封面),这使得它们能与近邻细胞以相应的复杂方式连接。每一个神经细胞,或神经元,均有一个中心体(胞体),胞体带有放射状的分支阵列(突起)。神经元突起又分多条"输入线"即树突和一条"输出线"即轴突。整个分叉结构具有单一的充满胞质的内区室。每个轴突的终端有一个或多个轴突末梢(或末梢结),含有突触小泡。轴突梢末与下一个神经元的树突之间由一道窄沟即突触隔开。第 12 章将讨论信息如何沿轴突传输及如何从一个神经元向下一个传递。

细胞还有些形貌组件是暂态的。比如说,图 2.9 所示细胞为成纤维细胞,它的职能是在细胞间隙中蠕行并沿途释放出能形成结缔组织的一系列蛋白质。蠕行细胞的其他例子包括能释放造骨矿物质的成骨细胞,以及能包住神经元轴突形成绝缘层的许旺氏细胞和少突胶质细胞。

图 2.9 中成纤维细胞的前导端有很多突起。其中有一些为丝状伪足,呈指状,直径约 0.1 μm,长数个微米。其余呈片状,为片状伪足。单细胞生物阿米巴类,会伸出更厚的突起(伪足)。所有的这些突起迅速形成或缩回,以搜寻外表面上携带有适当信号分子的细胞,等等。找到这样的表面后,蠕行细胞就会黏附上去,随之拖动身体的其他部分。按照这种蠕行方式,每个细胞个体可寻觅到一个合适的邻居,然后黏附上去,从而形成复杂的多细胞组织。

其他的特化细胞,如衬在人的肠道内的微绒毛,具有数百的称为指状突的细小突起,增加表面积以利于食物的快速吸收。别的细胞也具有形状相似的(图 2.10)突出物(纤毛和真核细胞鞭毛),它们可活跃地来回搏动。比如,原生动物草履虫(*Paramecium*)用纤毛推进自身在流体中运动;相反,衬在人肺里的静止细胞能够不断地向上输送一层黏液,以冲洗自身。第 5 章将讨论这个过程。图 2.10 还显示了纤毛的另外一个功能:这些附器能把食物颗粒送往单细胞生物"口"边。

另一类比较小的解剖特征包括神经元树突的精细结构。实际情况中突触往

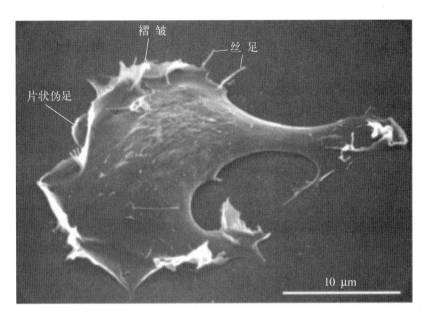

图 2.9(扫描电镜照片)　蠕行细胞。丝足、片状伪足、褶皱等从这个成纤维细胞前导端(左上角)的表面上突出来。细胞依靠其前沿向左延伸来完成蠕行。(数码照片蒙 J. Heath 惠赠。)

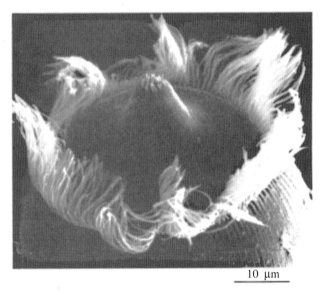

图 2.10(扫描电镜照片)　滴丁虫(*Didnium*),一种在静止的淡水中发现的单细胞动物。它的"嘴"位于被纤毛环绕的突起的末端。第 5 章将要讨论纤毛是如何驱动液流的。(摘自 Shih & Kessel, 1982。)

往不涉及树突的主体,而是只包括从树突上伸出的一个细小树突棘(封面插图中的大量细微隆起)。

§2.2　分子类别清单

按本章开篇(§2.1的导读)所承诺的,现在我们来快速浏览一下这个包含了所有先前展示过的精美生物结构的化学世界。我们不会特别关注分子的化学细节,但需要一些必备的术语来表述将要研究的思想。

2.2.1　小分子

在一百多种化学性质不同的原子里,人类的身体主要由其中六种组成:碳、氢、氮、氧、磷和硫。其他原子(比如说钠和氯)只占很少一部分。组分的细微改变都会影响到许多这类单原子化学物质的关键属性。例如,在水溶液里,中性的氯原子(符号为Cl)跟周围的一个电子结合,变成氯离子(Cl^-),其他中性原子失去一个或更多电子,例如钠原子(Na)会变成钠离子(Na^+)。

细胞内的小分子中,最重要的是水,它占了人体的70%。在第7章我们将会研究水的奇特性质。另一个重要无机物(即不含碳)分子是磷酸(H_3PO_4);在水溶液里,它会分解成带两个负电荷的无机磷酸盐(HPO_4^{2-},也称作P_i)和两个带正电荷的氢离子(即质子)。(习题8.6将给出磷酸盐解离的细节。)

一类很重要的有机(含碳)分子具有由原子结合而成的环状结构:

● 单糖包含葡萄糖和核糖(含有一个环),以及蔗糖(含有两个环)。

● DNA的四种碱基(参考2.2.3小节)也具有环状结构。一类(胞嘧啶和胸腺嘧啶)含有一个环,另一类(鸟嘌呤和腺嘌呤)含有两个环。参看图2.11。

● 构成RNA的是一组略有不同的四种碱基,其中胸腺嘧啶被替换为相似的含单个环的尿嘧啶。

环状结构使这些分子具有确定的、刚性的外形。碱基是平面环,它结合到单糖(核糖或脱氧核糖)和磷酸基上形成核苷。例如,腺苷一磷酸(AMP)就是由腺嘌呤、核糖和单磷酸基组成的。若将单磷酸基换为串联的两个或三个磷酸基,则相应的分子分别称作腺苷二磷酸(ADP)和腺苷三磷酸(ATP),参看图2.12。这类分子有时更一般地称为核苷三磷酸或者NTP。

核苷三磷酸(例如ATP)储藏着很多能量,部分归因于由分子化学键维系在一起的大量电荷(相当于三个质子)间的互相排斥。(第8章将讨论化学能的储存和利用)。实际上,细胞用ATP作为能量通货。它们内部维持着高浓度ATP以供所有分子机器使用*。

　＊ 细胞也将鸟苷三磷酸(GTP)和少数其他小分子用于类似目的。在细胞内,核苷还扮演中间信号分子的角色。AMP的一种修饰形式,称作环腺苷酸或cAMP,在这方面尤为重要。

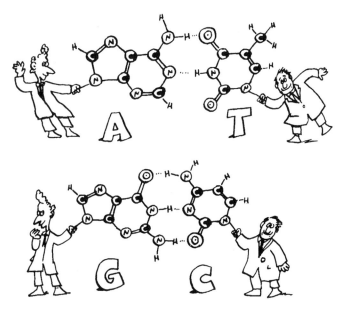

图 2.11(分子结构) 沃森和克里克证明了 DNA 的碱基互补性。虚线代表氢键(参看第 7 章)。碱基的形状和化学结构使得只有在腺嘌呤(A)和胸腺嘧啶(T)之间以及鸟嘌呤(G)和胞嘧啶(C)之间才能形成最优氢键。在这些配对中,形成氢键的原子可以结合在一起而不改变碱基的几何状态。(卡通图由 Larry Gonick 绘制;摘自 Gonick & Wheelis,1991。)

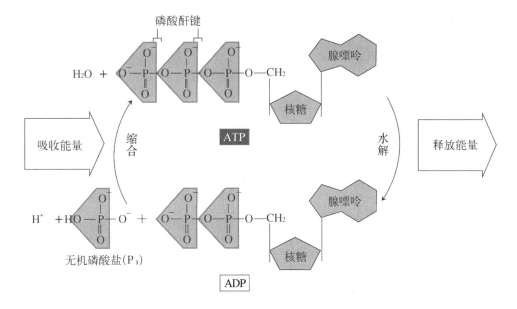

图 2.12(分子结构图) 腺苷三磷酸是许多生化过程的分解产物。一个 ATP 和一个水分子同时分解,产生 ADP、无机磷酸盐(P_i)和一个质子(H^+)。另一个类似的反应,即 ATP 分解为仅带一个磷酸基团的腺苷一磷酸(AMP)以及一个焦磷酸 PP_i,也能释放出几乎等量的自由能。与之相关地,第 8 章将讨论化学能的储存,第 10 章将讨论 ATP 驱动的分子马达。

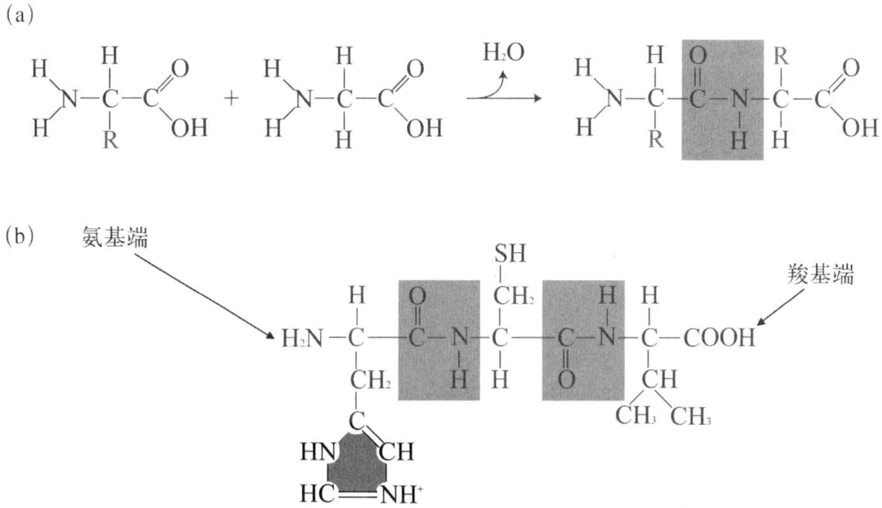

(a)

(b)

图 2.13（分子结构图）（a）氨基酸经缩合反应生成多肽，这本质上是图 2.12 所示水解反应的逆过程。灰框里的四个原子构成了一个肽键。（b）由两个肽键连接三个残基（氨基酸单体）构成的多肽短链。所有残基都有一个相同的骨架，但连在其上的侧链各异。图示残基分别为组氨酸、半胱氨酸和缬氨酸（从左至右）。第 7、8 两章将讨论决定蛋白质分子结构的残基间的相互作用，第 9 章会论及由此产生的蛋白质分子构象子态的复杂排布。

　　有两类小分子我们尤其感兴趣。第一类是结构简单的脂肪酸，由碳原子链（例如，衍生自棕榈油的软脂酸有 15 个碳原子）加上末端羧基（—COOH）构成。脂肪酸作为磷脂的结构单元比较重要，这将在 2.2.2 小节讨论。另一类是氨基酸，大约有 20 种，用于构成蛋白质（图 2.13）。如图所示，每个氨基酸分子都有一个同样的骨架，末端有一个"插头"（羧基），另外一端有一个"插座"（氨基，—NH₂）。中央碳原子的一侧连接着一个决定氨基酸类别的侧基[在图 2.13(a)中用 R 表示]，例如丙氨酸是侧基为—CH₃ 的氨基酸。蛋白质合成就是通过缩合反应连续地把一个氨基酸的"插头"连接到另一个氨基酸（或者残基）的"插座"上[图 2.13(a)]，从而产生称为多肽的聚合物。此过程中形成的 C—N 键被称作肽键。2.2.3 小节和第 9 章将简介多肽如何转变成有功能的蛋白质。

2.2.2　中等大小的分子

　　许多中等大小的分子都能从生物体常用的几种原子合成出来。值得注意的是，其中只有很少的一部分被生物体使用。实际上，质量在水分子质量 25 000 倍以内的可能化合物大概达到了 10 亿种，但只有不足 100 种分子（以及它们形成的聚合物）用来构成任何细胞的绝大部分质量（表 2.1）。

　　图 2.14 展示了一种典型的磷脂分子。磷脂是由一个或两个脂肪酸链通过一个甘油分子连接到一个磷酸基进而连接到"头部"形成的。正如本章 2.3.1 小节和第 8 章所描述的，磷脂自组装成薄膜，包括细胞膜。磷脂分子都有长且富含信息的名字。例如，二棕榈酰磷脂酰胆碱（DPPC）的构成即如其名：两条棕榈酸链通过一个磷酸基连接到头部基团胆碱上。类似地，大多数脂肪含有三条脂肪酸链，每

表 2.1　细菌细胞的分子成分及相应的质量分数

分　子　类　型	占细胞总质量的百分比（%）
小分子	**74**
离子、其他无机小分子	1.2
糖类	1
脂肪酸	1
氨基酸单体	0.4
核苷单体	0.4
水	70
大、中型分子	**26**
蛋白质	15
RNA	6
DNA	1
脂	2
多聚糖	2

（摘自 Alberts, *et al.*, 2019。）

条链各自通过一个化学键与甘油分子三个碳原子中的某一个相连，形成甘油三酯。这个结合通过一个类似于图 2.13 的缩合反应完成。

2.2.3　大分子

细胞创造出各种巨分子，它们是由相似单元连接而成的高分子。

多核苷酸　正如氨基酸能够形成多肽链一样，核苷也能连接形成多核苷酸。由核糖核苷组成的多核苷酸叫做核糖核酸，即 RNA。类似地，由脱氧核糖核苷组成的称为脱氧核糖核酸，即 DNA。沃森和克里克发现（3.3.3 小节），DNA

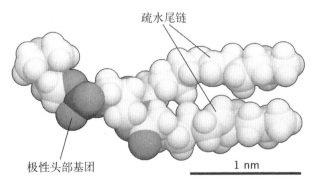

图 2.14（结构）　磷脂分子的原子填充模型。分子的两个烃链尾部（右）与头部基团（左）通过磷酸和甘油基团（中部）相连。这类分子可自组装成双层膜（彩图 2 及图 2.20），从而将细胞分隔为多个区室。第 8 章将讨论相关的自组装现象。（由 D. S. Goodsell 绘制。）

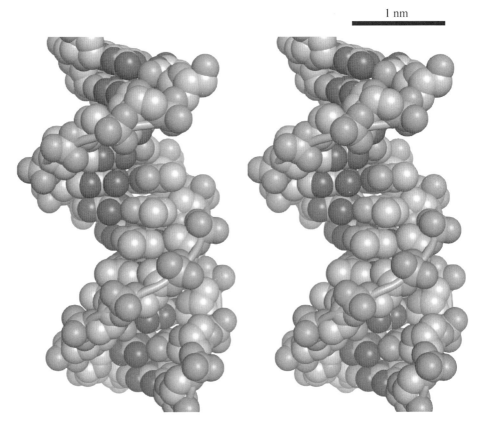

1 nm

图 2.15(由原子坐标给出的结构) DNA 双螺旋的立体图。为看清这幅图，请先将鼻子移至距本图几厘米处(如果你近视，请摘下眼镜)。想象你正凝视着远处的某个物体。如果有必要，可将此图旋转几度，使得两幅图近中央处的两个黑点同处于水平线上。等待一会儿，让两个点重合。小心保持这个姿势，同时缓慢将图从鼻前移开。当图远离并落到你双眼的聚焦范围内时，三维视图就会跃然纸上。这个结构宽约 2 nm。图示的双螺旋部分包含了垂直堆积的 12 个碱基对。每个碱基对都可视为厚约 0.34 nm 的平板。图中堆积结构(从上至下)的扭转角度稍大于一个完整的双螺旋。

平行的碱基之间不仅像七巧板(图 2.11)那样结合得很准确，而且还可以整齐地堆积成螺旋状结构(图 2.15)。在这个螺旋中，碱基指向内，糖和磷酸基在外侧形成骨架。细胞并不制造双链 RNA，但单个 RNA 链上有互补的短片段，因此能形成部分折叠(碱基配对)的结构(图 2.16)。

人的每个细胞包含了总长大约 1 m 的 DNA，由 46 条染色体组成。操纵如此长的线而不使它们乱作一团，这可不是容易的事。解决方案包含了逐级组装，即 DNA 缠绕在蛋白质轴上，形成称为核小体的复合体；核小体依次缠绕成更高级的结构，如此下去直到形成整个高度凝缩的染色体(图 2.8)*。

多肽 2.2.1 小节提到了多肽的组成。DNA 中的基因信息仅仅编码了多肽的一级结构，即氨基酸的线性序列。在线性的多肽链合成之后，它能折叠成精细的三维结构，即蛋白质，如图 2.4(f)、(i)、(k)、(l)。理解这个过程的关键在于，蛋白质的不同氨基酸残基之间是可以互相吸引或者排斥的。后续章节将讨论多肽

---

* 在原核细胞中也发现了更简单的 DNA 组装形式。

的一级结构如何决定蛋白质的最终三维折叠结构。（作为对照，构成 DNA 的单体都带负电，它们一致地相互排斥，因此 DNA 本身并不自发折叠。）

最低级的折叠结构（二级结构）涉及多肽链上相邻残基之间的相互作用。例如第 9 章感兴趣的 α 螺旋，如图 2.17 所示。下一个更高层次是二级结构（和其他无规区域）组装成的蛋白质分子的三级结构，图 2.4 中的例子显示了大致的外貌。一个简单蛋白质分子通常由 30～400 个氨基酸组成，折叠成一个致密的、近于球形、直径为几个纳米的三级结构（球蛋白）。

更加复杂的蛋白质分子由多条肽链组成，这些亚基通常形成对称排布，称为四级结构。一个著名的例子是血液中运氧的血红蛋白（第 9 章），它有四个亚基。很多膜通道（见 2.3.1 小节）也是由四个亚基构成的。

多糖　多糖构成第三类生物高分子（除核酸和蛋白质外）。它们是糖分子形

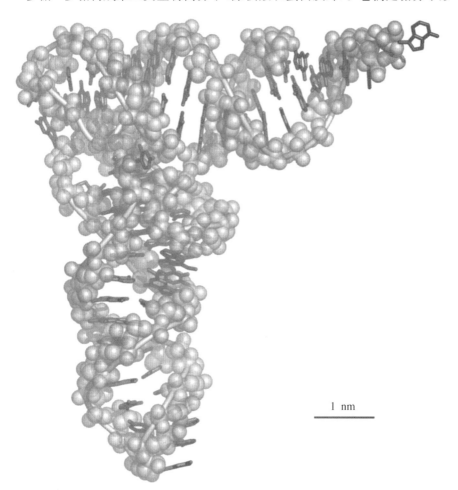

1 nm

图 2.16（由原子坐标给出的结构）　单链 RNA 通过碱基配对及其他相互作用而形成唯一的三维结构。图示分子是酵母的一个转运 RNA 分子，它与苯丙氨酸结合，将其运送到核糖体然后释放（参见图 2.24）。相互堆积的碱基平面用短棍表示，绝大多数位于分子内部。糖-磷酸主链上的原子用圆球表示，这样可清楚展示分子中折叠部分的双螺旋结构。更长的 RNA 链可能会有若干互补段，这将导致比图示更复杂的折叠结构。§ 6.7 将会介绍 RNA 分子如何在外力作用下折叠和解折叠。

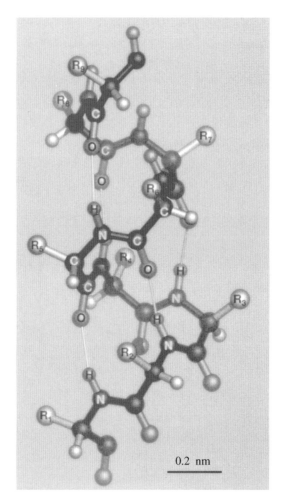

0.2 nm

图 2.17(晶体数据给出的分子结构) 一段 α 螺旋的结构。图中显示了连续 9 个残基。残基的侧链用小球表示，标记为 R_1，…，R_9。每个残基都有一个氢原子连接在蛋白质主链的一个氮原子上。每一个这样的氢原子与下游第四个残基上的一个氧原子相吸引，形成氢键(细线)。在热扰动下，氢键有助于稳定有序的螺旋结构。第 9 章将讨论当环境条件改变时此类有序结构如何形成和消失。图示结构在下述意义上可视为"右手"的：选择螺旋轴两个方向中的任一个(如向上)，使你的右手拇指指向此方向；当沿着该方向前进，你会发现多肽主链绕轴线旋转的方向正是右手其他指头的走向(与使用左手的情形完全相反)。(观察一下图 2.15，你会注意到 DNA 双链结构也是呈右手螺旋的。)

成的长链。其中的一些如糖原，用作长期的能量储藏库。其他的则有助于细胞将自身与其他个体区别开来。如果多糖被短肽交联起来，还能形成坚固的二维网状结构即肽聚糖层，正是它使得细菌细胞壁具有其强度。

2.2.4 大分子组装体

上一节提到若干独立蛋白质链可以形成具有一定结构的联合体，即蛋白质的四级结构。另一种可能是多肽亚单元线性排列形成的结构，它可以延伸至任意长度。这样的排列可视为由蛋白质单体组成的聚合体。第 10 章给出了两个值得注意的例子，即微管和 F 肌动蛋白。

　　2.1.1 小节提到的细胞器是悬浮在真核细胞胞质溶胶里的。胞质溶胶远不是无结构的流动态。相反,它被结构单元所充满,一方面将细胞器锚定在正确位置,同时又使细胞成为一个完整的力学结构。这些单元都具有长链状聚合物结构,称之为细胞骨架。

　　最坚固的一类细胞骨架单元是微管(图 2.18)。微管直径有 25 nm,可以生长到整个细胞的长度。它们在胞内形成网状连接,帮助细胞抵抗整体形变(彩图 1)。微管的另一功能是作为运输细胞产物的高速公路(图 2.19 和 2.3.2 小节)。

　　肌动蛋白丝(也称作丝状肌动蛋白或 F 肌动蛋白)形成第二类细胞骨架单元。F 肌动蛋白的直径只有 7 nm,长度可达几微米[图 2.4(k)]。由这种纤维组成的薄网状结构恰处于细胞表面下方,形成细胞的肌动蛋白皮质。丝足、片状伪足和微绒毛上充满了肌动蛋白纤维,这些纤维交叉结合成刚性的管束以便把上述三种突起推出细胞。最后,肌动蛋白丝为分子马达提供了"轨道",马达沿轨道的运动产生肌肉收缩(第 10 章)。

　　更精致的蛋白组装体的例子包括病毒衣壳和鞭状的细菌鞭毛(参看图 2.3)。

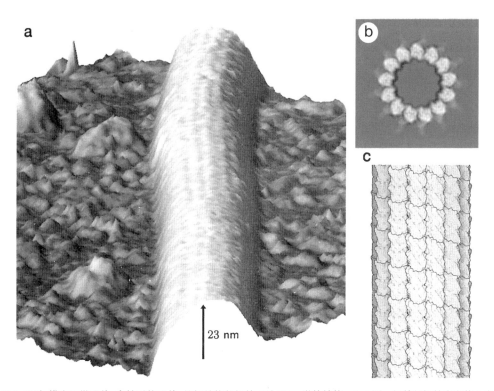

23 nm

图 2.18(扫描力显微照片;电镜重构照片;依据结构数据的手绘图)　微管结构。(a)用一根精细探针在微管上方扫描并重复下压与之接触,这样就能绘出微管的三维结构,即本图。组成微管的原丝显示为表面上可视的若干纵线。(b)截面图,再次显示了数根原丝。(c)手绘图,展示了亚基如何排列形成相互平行的原丝。微管蛋白单体 α 和 β 首先连在一起形成哑铃状的亚基(如图示);这些哑铃再组装成微管。相邻两个 β 单体在垂直方向上相距 8 nm。[(a) 数字图像蒙 I. Schaap, C. Schmidt 及 K. Downing 惠赠;也可参看 de Pablo, *et al.*, 2003。(b) 摘自 Lacey *et al.*, 2019。(c) 由 D. S. Goodsell 绘制。]

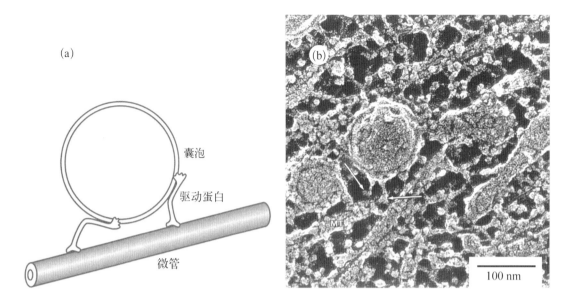

图 2.19(示意图；电子显微照片)　(a) 此模型展示了驱动蛋白如何沿微管拖动囊泡。第 10 章将讨论单分子马达如何动作。(b) 显微照片所示可能就是(a)中勾画的情形。图中下方 MT 表示微管，箭头所指即附着位点。样品由鼠的脊髓神经元细胞经急速冷冻后深度蚀刻而成。[(b) 照片蒙广川信隆惠赠，见 Hirokawa, *et al.*, 1989。]

§2.3　跨越鸿沟：分子器件

至此，我们已经有了一个细胞内精美结构的目录，并在 §2.2 浏览了细胞中的各种分子，但是几乎没有提及前者如何由后者构成，更未曾提及细胞如何开展其他生命活动。为着手填平这道鸿沟，本节将介绍细胞常用的几种分子器件。生命的统一性在这些分子器件上变得非常直观：所有细胞在生理学水平上只是有些相似，但在分子水平上则极其相似。今天，人们把细菌当作工厂来表达人类基因，这一常规手段恰好证实了这种统一性。

2.3.1　质膜

为保持独立性(例如，控制自身组成)，每个细胞都必须被某种膜包围着。类似地，每个细胞器和小泡也都必须作一定程度的包裹。令人瞩目的是，所有细胞都以同一种分子构造物即双层膜(彩图 2)来解决所有这些难题。例如，包围细胞的质膜就是一种双层结构，在电子显微镜下看起来像两层。所有双层膜都有大致相似的化学成分、电容和其他物理属性。

正如其名字所暗示的，双层膜由两层分子组成，主要是磷脂分子(彩图 2)。虽然质膜只有大约 4 nm 厚，它仍然覆盖了细胞整个表面，通常达到十亿平方纳米或者更大！为发挥功能，这种看起来很脆的结构不能有缝，但是它必须有足够的流动性以使细胞可以蠕行、吞噬和分裂。我们将在第 8 章研究同时满足这些限制条件的磷脂分子的重要属性。

当磷脂分子和水混合时，会产生另一个令人惊讶的现象：即使没有细胞机器参与,双层膜也会自发组装。第 8 章将指出驱使这种现象发生的正是使色拉油自动分解成油和水的同一作用。类似地,微管和 F 肌动蛋白能够由它们的亚单元自动组装而成,而不需要任何特殊机器的介入(图 10.4)。

　　双层膜不仅把细胞隔开,它们还载有多种分子器件(图 2.20)。

● 整合膜蛋白遍布整个膜,从膜的内外两侧凸出。如膜通道蛋白,它在特定条件下允许特定分子通过;又如受体蛋白,它接受外来信号;而泵能主动拉动离子或者其他物质跨膜(图 2.21)。

● 受体蛋白能依次连接到外周膜蛋白上,以此方式将信息传到细胞内部。

● 其他一些整合膜蛋白能将细胞膜锚定在紧贴下方的肌动蛋白皮质上,从而帮助细胞维持需要的形态。一个相关的例子是人的红细胞膜。一个弹性蛋白质束(血影蛋白)的网状结构通过整合膜蛋白被锚定在膜上。这种网状结构在红细胞受挤压通过体内毛细血管时发生形变,到达静脉后又使细胞恢复到正常形态。

2.3.2　分子马达

　　就像前面提到的,肌动蛋白丝可作为蛋白马达沿其运动的"轨道",由此可产生肌肉收缩(见第 10 章)。我们已经知道了其他很多步行式马达。图 2.19 展示了一个小泡沿着微管被输运到轴突末梢。这个沿轴突的输运把所需蛋白以及建造突

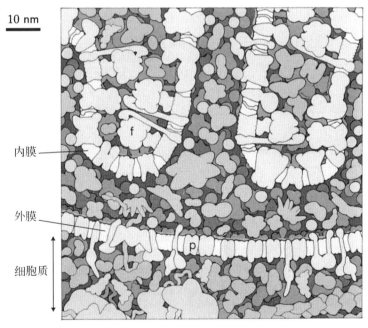

10 nm

内膜

外膜

细胞质

图 2.20(依据结构数据的手绘图)　部分线粒体(图 2.6)的横截面,显示了它的两层膜。每一层膜都是嵌有或黏附着蛋白的脂双层膜(彩图 2)。周围的细胞质显示于底部。(类似地,细胞质膜上也密集地镶嵌着多种蛋白。)线粒体外膜被形成通道的整合膜蛋白贯穿(标记为 p)。上方是折叠的内膜,膜上镶嵌着制造 ATP 的蛋白质复合体。第 11 章要研究其中的一种,F0F1 复合体(标记为 f)。(由 D. S. Goodsell 绘制。)

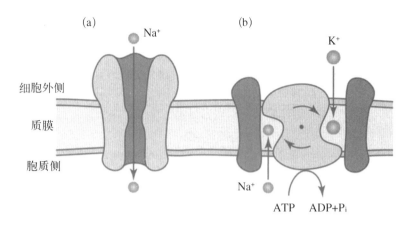

图 2.21（示意图） （a）被动离子通道，与构成膜电导欧姆部分的通道相似（见第 11 章）。（b）钠-钾离子泵（也将在第 11 章讨论）。这是简化的草图；事实上，离子泵首先与三个 Na⁺ 和一个 ATP 结合，然后通过一个显著的构象变化将 Na⁺ 排到细胞外。接着，它会与两个 K⁺ 结合，同时释放出 ADP 和磷酸基团，从而将这两个 K⁺ 拉到膜内并释放。如此周而复始。

触小泡的成分同时送到末梢。一种称为驱动蛋白的单分子蛋白马达家族提供各种运动的驱动力，比如将染色体拉至分裂中的细胞的两半部分中。实际上，对微管和驱动蛋白的染色（进行荧光标记）显示了在细胞中它们通常在一起（彩图 3），甚至能够在单个驱动蛋白沿着单条微管运动时跟踪它的前进（彩图 4）。在此类实验中，一旦提供 ATP 分子，驱动蛋白就开始运动。当 ATP 耗尽或移走的时候，运动就停止。

在 2.1.2 小节提到的纤毛也通过分子马达驱动。每条纤毛包含一束微管。一个称为动力蛋白的马达分子附着于一条微管而同时在相邻微管上跑动，导致微管间的相对运动。大量动力蛋白的协调运动在纤毛上产生波动式弯曲形变，使纤毛有节奏摆动。

另一种马达产生旋转运动。例如驱动细菌鞭毛的鞭毛马达［图 2.23（b）；见第 5 章和第 11 章］，以及驱动线粒体中合成 ATP 的马达。不同于直接被 ATP 驱动，这两种马达的"燃料"是它们所在的膜的两侧的化学非平衡性。这个非平衡源于细胞的代谢活动。

2.3.3　酶和调节蛋白

酶是一类分子器件，它们在特定条件下结合特定分子，促成特定的化学反应。在这个过程中酶分子自己不会改变或者消耗——对于某个原则上能够发生的过程，它只是一个催化剂，或者说是辅助物。酶可以破坏大分子（如在食物消化过程中），也可以用小分子组建大分子。由结构可知，酶的一个最明显特性是它具有复杂并且明确的外形（彩图 5）。第 7 章将讨论形状在导致酶的特异性方面的作用。第 9 章将更深入地讨论这些形状是怎样产生的，以及酶如何克服随机热运动来保持这些形状。

另外，在控制和反馈中，结合特异性同样至关重要。你身体内几乎每一个细胞都包含一套相同的染色体*,然而只有胰腺分泌胰岛素,只有头皮细胞生长头发,以此类推,每种细胞都有独特的处于激活("打开")或抑制("关闭")状态的特征基因群。此外,细胞个体可以根据外界条件来调节基因活性:如果不供给细菌喜欢的食物分子而代之以另一种食物,细胞就会突然启动合成代谢这种食物所需的化学分子。基因状态切换的奥秘在于一类调节蛋白,它们能识别并结合到所控制基因的起始部位(彩图 6)。其中一个子类称为阻遏蛋白,能够阻塞基因的起始位点,从而阻止基因转录。另有一些调节蛋白帮助组装转录机器,起到相反的效果。对真核细胞而言,实现这一普遍策略的方式远为精致。

膜上的泵和通道也同样是高度特异的。例如,第 11 章将研究的离子泵特别值得一提:开始它只与钠离子结合,将其送到膜的另一侧,然后再与钾离子结合并反向输运,于是完成一个工作循环。如图 2.21(b)所示,这个泵也消耗 ATP,部分原因是钠离子是从负的静电势区域被拖到正的区域,因此其静电势能增加。根据热力学第一**定律**(见 1.1.2 小节),这样一笔交易是需要能源的。(11.2.3 小节的例题将更详细地探讨这笔能量预算。)

2.3.4　细胞内的总信息流

2.3.3 小节提示遗传信息(基因组)不应被看作关于细胞的详尽"蓝图"或者忠实描述,它更像是一个特定算法或一套指令,后者用来产生和维持包含细胞的整个生物体。基因调节蛋白提供打开或者关闭部分算法的开关。

我们现在可以把细胞内信息的流动简单地描述如下(图 2.22)**。

(1) 细胞核内的 DNA 以双份的形式包含着这套软件的原版拷贝。在通常环

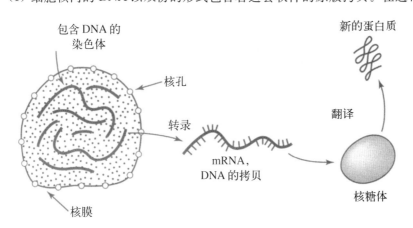

图 2.22(示意图)　细胞内的信息流。翻译过程的产物有时候会是一个调节蛋白,它可与细胞的基因组发生作用,因此制造出一个反馈环。

---

　* 生殖细胞(仅有单份基因组)和人的红细胞(无细胞核)是例外。

　** 有些书将此纲领称为分子生物学的"中心法则",这是由克里克发明的一个有趣但并不恰当的词语。2.3.4′小节将讨论对此纲领的几条修正。

境下，DNA不会被修改而只是在细胞分裂时被复制。一个称为DNA聚合酶的分子机器完成DNA复制过程。就像2.3.2小节提到的那些机器一样，DNA聚合酶由蛋白质构成。DNA包含基因，基因由调控区和编码区构成，编码区决定了不同蛋白质的氨基酸序列。一个复杂的有机体可能含有好几万种不同的基因，然而大肠杆菌只含有不到5 000个[已知最简单的生物体生殖道支原体（*Mycoplasma genitalium*）只有不到500个基因！]。除基因之外，DNA还包含多种能与调节蛋白结合的调控序列，以及大量功能未知的短片段。

（2）另一种称作RNA聚合酶的分子机器在转录过程（图2.23）中"阅读"原拷贝。RNA聚合酶是步进马达和酶的结合体。它附着在DNA上基因的起始位置附近，然后将DNA单链拖过聚合酶中的一条槽，同时连续将单体添加到生长着的转录产物上以形成RNA（2.2.3小节）。这个转录产物也被称作信使RNA或mRNA。在真核细胞中，mRNA从核膜上的核孔中（图2.5）离开而后进入细胞质中。驱动RNA聚合酶所需的能量来自所添加的核苷，它具有高能NTP形式（2.2.1小节）。在把核苷三磷酸聚合到正在生长的转录产物上时，聚合酶会剪掉每个NTP的三个磷酸基中的两个（图2.12）。

（3）在细胞胞质溶胶中，一种统称为核糖体的分子器件复合体结合到转录产物上并且在上面移动，根据转录产物编码的指令连续合成多肽。核糖体通过有组织地将一系列转运RNA（或tRNA）相继招至其上来完成翻译（图2.16）。每个tRNA都能和转录物上特定的碱基三联体结合，它们也同时携带着对应的氨基酸单体，这些单体将被添加到正在生长的多肽链中（图2.24）。

（4）多肽链可以自发折叠成为功能蛋白质，或者是依靠一种叫做分子伴侣的辅助器件帮助进行折叠。附加的化学键（包含硫原子的两个残基间的二硫键）能使同一条链上相距很远的单体甚至不同链上的单体之间发生交联。

（5）折叠的蛋白质成为整个细胞建构的一部分。它可能成为一个有功能的器件，如图2.24所示的例子。它也可能是一个帮助阻断反馈环路的调节蛋白。后一种功能为组织协调细胞（实际上是多细胞生物体）的发育提供了一种机制。

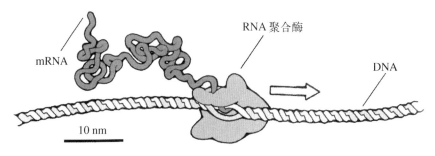

图2.23（依据结构数据的手绘图） RNA聚合酶这种步进马达将DNA转录成mRNA。聚合酶在DNA的一条链上行走时"阅读"DNA，同时合成转录产物mRNA。（由D. S. Goodsell绘制。）

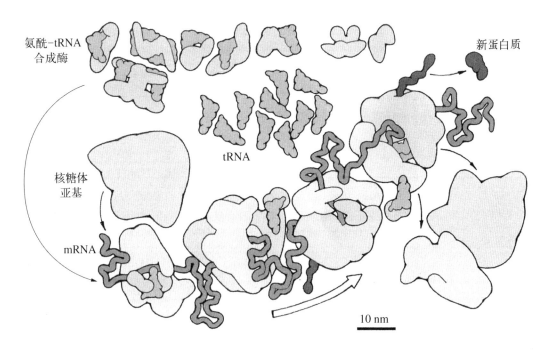

图 2.24(依据结构数据的手绘图)　信使 RNA 中的信息被翻译成氨基酸序列,该序列在超过 50 种分子机器的联合作用下制造出一个新的蛋白质分子。特别地,氨酰-tRNA 合成酶将载有氨基酸的转运 RNA 补充到核糖体上,当它们"阅读"信使 RNA 时就制造出一个新的蛋白质分子。帮助核糖体工作的其他辅助蛋白质以及起始、延伸、转录因子等未在图中显示。(由 D. S. Goodsell 绘制。)

 2.3.4′小节提到了对上述简化纲领的几点修正。

小　结

　　回到开篇的焦点问题。从本章我们看到尚有大量亟待展开的工作:后续各章必须对特异性、自组装、主动转运等关键现象给出物理学角度的阐释。正如本章通篇指出的,接下来将会讨论很多特异的结构和过程,如鞭毛推进、RNA 折叠、双层膜、DNA 和蛋白质分子的物理性质、血红蛋白的结构和功能、驱动蛋白马达的运转、线粒体上 ATP 的合成,以及神经脉冲的传输。

　　有必要指出,如果将来某一天所有的细节都齐备了,那么关于这些过程的完备描述将占据满满一个书架! 本书的目的并非要给出所有细节,而是强调一个更加根本的问题:"此类事件究竟是如何可能的?"这通常是我们面对所有这些奇迹般的过程时首先会提出的问题。我们将看到简单的物理观念确实有助于达到这个更加切实的目标。

延伸阅读

准科普：

细胞的结构与功能：可参考如下网页上的演示动画：xvivo. com/blog/the-inner-life-of-the-cell-animation，其中包括了 Inner life of the cell，Powering the cell：Mitochondria 以及 Protein Packing.

中级阅读：

一般读物：Cammack，2006；Lackie，2013；Milo & Phillips，2016.

教科书：Alberts *et al.*，2019；Cooper，2019；Hardin & Bertoni，2016；Karp *et al.*，2016；Pollard *et al.*，2017.

关于蛋白质：Bahar *et al.*，2017.

高级阅读：

教科书：Alberts *et al.*，2015；Lodish *et al.*，2016.

2.3.4′拓展

自中心法则于 20 世纪 50 年代阐明以来，2.3.4 小节给出的信息流的简化图像已经有了以下几处修正。(其他修正甚至在当时就已经知道了。)例如：

1′. 宣称细胞的所有可遗传特征都完全由 DNA 序列来决定，这个结论太绝对了。细胞的整个状态，包括所有蛋白质和胞质中的其他大分子，也会潜在影响子代细胞。对此类效应的研究就是后来所称的表观遗传学。如细胞分化：尽管你的几乎所有体细胞(非生殖细胞)都具有相同的基因组 *，但是一旦肝细胞形成了，则其后代都是肝细胞。但细胞也能向其子代传递错折叠蛋白(或称朊病毒)，并以此方式传播疾病。甚至同种动物的不同克隆之间一般也不会全部相同**。

另外，细胞 DNA 本身也能被永久地或暂时地改变。永久改变的例子有随机点突变(见第 3 章)、随机复制、删除、基因组错误交换时的大片段重排(见第 3 章)以及由逆转录病毒如人类免疫缺陷病毒(HIV)介导的外源 DNA 插入。暂时、可逆的改变包括化学修饰，如甲基化。

2′. 其他操作如 RNA 编辑，也可能成为 mRNA 合成和翻译之间的中间阶段。

3′. 多肽链上可发生翻译后修饰，因为在蛋白质最终获得有功能的形式之前，肽链上可能需要添加额外的化学基团。

4′. 除了分子伴侣，细胞中还有一些特殊的酶用于摧毁未能恰当折叠的多肽。有一些甚至能够在不摧毁多肽链的情况下帮助其正确折叠。

---

* 免疫系统中的某些细胞是例外。这些细胞都通过基因突变发生了特化，能够对付特殊的病原，并能把抗体传递给其后代细胞。

** 孪生子会更加相像，但是他们共享的并不仅是 DNA——他们来自同一个卵，因此也共享了细胞质。

习 题

2.1 为何全是希腊字母

现在是时候来学一下希腊字母表了。下表是科学家们常用的字母，同时列出了大小写字母（不过，当大写字母看起来像罗马字母时，就不再计入了）：

α、β、γ/Γ、δ/Δ、ϵ、ζ、η、θ/Θ、κ、λ/Λ、μ、ν、ξ/Ξ、π/Π、ρ、σ/Σ、τ、υ/Υ、ϕ/Φ、χ、ψ/Ψ、ω/Ω。

它们依次读作（按英文发音）：alpha、beta、gamma、delta、epsilon、zeta、eta、theta、kappa、lambda、mu、nu、xi（发音作"k'see"）、pi、rho、sigma、tau、upsilon、phi、chi（发音作"ky"）、psi、omega。不要总是把它们叫做"花体"。

作为练习，请阅读 D'Arcy Thompson 的句子，全文如下："Cell and tissue, shell and bone, leaf and flower, are so many portions of matter, and it is in obedience to the laws of physics that their particles have been moved, moulded, and conformed. They are no exception to the rule that $\Theta\epsilon\grave{o}\varsigma\ \alpha\epsilon\grave{\iota}\ \gamma\epsilon\omega\mu\ \epsilon\tau\rho\epsilon\hat{\iota}$."从每个希腊字母的发音，你能猜出 Thompson 想要表达的含义吗？（提示：ς 是 σ 的变体。）

2.2 自制蛋白质

本书中包含一些分子结构的图片，你可以轻易制作更多。请登录蛋白结构数据库（PDB）* 网站：www.rcsb.org/pdb。在首页上，你可以搜索蛋白的名字或检索号，找到想要的蛋白质，浏览它的结构。打开这个分子的主页面后，你可以点击"3D view：structure"，使用网页内置的各种浏览工具来观察分子的三维结构，其中一个工具 JSmol 能给出两个原子之间的距离。用鼠标双击选定某个原子，然后移动到另一个原子处，再次双击选定，你就能够读取两原子之间的距离。还有些浏览工具能输出用于发表文章的高质量图片。

你还可以将分子的 PDB 文件下载下来，用离线的可视化软件来观察其结构。一个很好用的工具是 JMol，这需要你提前在计算机上安装 Java。JMol 是免费的，可从如下网站获取：sourceforge.net/projects/jmol/。另一个工具是 Chimera，可参考如下网页的描述：pdb101.rcsb.org/learn/videos/visualizing-pdb-structures-with-ucsf-chimera-for-beginners。

按照上述方法，获取并观察下面列出的蛋白分子结构（其中某些分子在本章及后继章节中都有讨论）。

（a）凝血酶，促使血液结块的蛋白（检索号为 1ppb）。

（b）胰岛素，一种激素（检索号 4ins）。

（c）肌球蛋白，一种分子马达（检索号 1b7t）。

（d）肌动-肌球蛋白复合体（检索号 1alm）。该条目显示一个肌球蛋白结合在由五个分子形成的肌动蛋白短片段上，这个模型的依据是电镜照片。这个文件仅

＊ PDB 库由 Research Collaboratory for Structural Bioinformatics（RCSB）维护。

包含了蛋白上 α 碳原子的坐标,所以你需要用"backbone"模式图来观看。

（e）鼻病毒,引起普通的感冒（检索号 4rhv）。

（f）肌红蛋白,肌肉里的储氧分子（检索号 1mbn）。它是第一个确定结构的蛋白质分子。

（g）DNA 聚合酶（检索号 1tau）。

（h）核小体（检索号 1aoi）。

用鼠标将图旋转。利用 RasMol 里的测量工具找出各对象的物理尺寸。仅对疏水残基标记颜色,然后试一试"stereo"选项。你可以打印出喜欢的图。

2.3　自制核酸

现在请链接到核酸数据库 Nucleic Acid Database（http://ndbserver. rutgers. edu/）下载下列分子的空间坐标数据,然后用 RasMol 或别的软件观看。

（a）B 型 DNA（检索号 bd0001）。选择"Space-filling"模式,将图旋转并观看螺旋结构。

（b）转运 RNA（检索号 trna12）。

（c）锤头状 RNA 酶,一种核酶（检索号 urx067）。

（d）整合作用宿主因子与 DNA 结合的复合体（检索号 pdt040）。试用"cartoon"选项来显示图片。

2.4　自制小分子

现在请登录 http://ligand-expo. rscb. org,找一找正文中提及的一些小分子。你或许会找到结合了所选小分子的更大分子的 PDB 文件。请浏览一下。

2.5　自制胶束和双层膜

请登录 http://moose. bio. ucalgary. ca/, http://www. umass. edu/microbio/rasmol/bilayers. htm,或其他脂结构的数据库。

（a）在上列第一个网址上点击"Downloads",找到 m65. pdb,该文件显示了包含 65 个表面活性剂分子的胶束。这幅图是分子模拟的结果。用 RasMol 移去包围胶束的上千个水分子（去掉"Option"中的"hydrogen"和"hetero atoms"选项）,这样就能看得更清楚了。

（b）在第二个网址上找到二棕榈酰卵磷脂双层膜的坐标,用可视化软件观看。仍然移走周围水分子,旋转此图可看清层状结构。

2.6　动手了解病毒

（a）请到蛋白质数据库（http://www. rcsb. org/pdb）下载结构 1JS9（雀麦草花叶病毒,Brome mosaic virus）,并用 RasMol 或别的软件显示。你可以通过旋转这个图来看清三维结构。估计一下这个结构的大小。猜猜看从这个结构中伸出的长钩有什么功能？是什么使这个钩子处于伸展状态呢？

（b）请转到 Viper 网站（http://viperdb. scripps. edu/）,在这里你可以学到关

于这个病毒的更多知识。看看这些知识是否有助于你回答上述问题。

2.7 蛋白存量

(a) 设想你通过温和离心的办法将一团细菌沉降为一个固体块，并发现其质量为 100 mg。然后对这个样品进行稀释，取出一滴，数数其中细菌的个数，并推测一下原始固体块中的细菌数。让人难以置信的是这个数竟高达 1 000 亿(10^{11})。假设每个细菌大致可视为圆柱体，其长度是直径的 2 倍(例如大肠杆菌)，并假设其质量密度与水大致相等。请估算每个细菌的大小。

(b) 将这个固体块干燥使其质量降到大约 30 mg。进一步的化学分析表明，其中大约 55% 是蛋白质。假设蛋白的平均摩尔质量为 40 000 g mol^{-1}，那么每个细菌中大约有多少个蛋白分子？

2.8 基因的数量

设想你发现了某种新的细菌。你分离出它的染色体，发现这是一个质量为 1.3×10^9 g mol^{-1} 的环状 DNA。接下来你分析细菌中的蛋白质，发现它们的平均摩尔质量为 35 000 g mol^{-1}。

你可以查到平均每个碱基对的摩尔质量(618 g mol^{-1})以及平均每个氨基酸残基的摩尔质量(110 g mol^{-1})。假设细菌基因组的绝大部分都用来编码蛋白(即这个细菌中没有"垃圾 DNA")。估计一下这个细菌中有多少编码蛋白的独立基因？

第Ⅱ部分

扩散、耗散及驱动

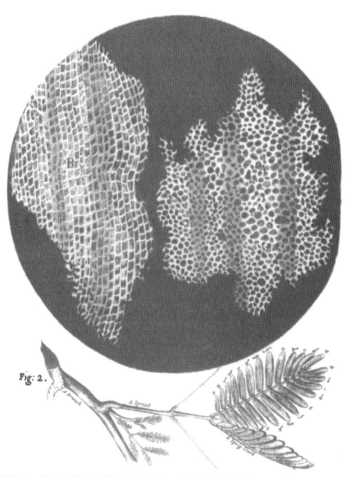

罗伯特·胡克绘制的木栓细胞(1665)。(摘自 Hooke. Micrographia. 1665。)

第 3 章　分子的舞蹈

在第 2 章我们已经清楚看到,从细胞体直到分子的各个层次上活细胞体都展现出惊人有序的结构。但是,第 1 章曾提出热是分子的随机运动并趋于破坏有序,这是否意味着温度越低细胞工作越有效呢? 当然不是,生命活动在低温下就会停止。

为了解决这个矛盾,并最终理解在第 1 章已大致介绍过的自由能这一概念,首先必须进一步明确热是一种运动形式这一提法的含义。本章开篇就将解释和证明这一点。我们会看到分子随机运动的思想如何用来定量解释理想气体定律(1.5.4 小节)以及平时观察到的各种现象:从水加热时的蒸发到化学反应速率随温度的升高而增加。

现在让我们从这些物理学思想出发对生物学做一点考察。一旦你充分了解了处于永恒热运动中的纳米世界是如何动荡不安,而微小的细胞核能够维持庞大的数据库(基因组),且在很多代之后仍不会严重地丢失信息,你必定会惊叹于这个不可思议的奇迹。在 §3.3 将会看到,这种物理学的推理方式如何引导分子生物学的奠基者在发现 DNA 真实结构的数十年前就推断出存在某种聚合物来装载这个数据库。

> **本章焦点问题**
> **生物学问题:为什么纳米世界和宏观世界有如此大的差别?**
> **物理学思想:"热"使所有物体不停地舞蹈。**

§3.1　生活中的概率

接下来将探讨热仅是分子随机运动这一提法。首先请仔细思考一下随机这个看似没有确切含义的词。从一堆陌生人的名单里随机挑选一个,你肯定无法预测他的身高(除非你能测量),但是你可以肯定这个数值不会超过 3 m。事实上,但凡声称某被测量是随机的,我们总是预先知道一些关于测量值范围的知识。确切地说,尽管无法知道其中任何一次测量结果,但多次测量将给出该被测量的总体分布,这就是统计物理学的出发点。

宣称物理学有时仅能给出测量值的分布却无法定下某个具体值(如某粒子的动量),这一观念曾经让科学家们难以接受。其实,这个限制反而令我们受益。假定屋内空气中的分子可视为弹球,为了描述在某一特定时刻系统的"状态",我们必须写出每一个小球的位置和速度矢量。18世纪的物理学家相信,如果能完全知道一个系统的初始状态,那么从原则上就可以完全知道这个系统最终的状态。这太不切实际了——要知道屋里空气的初始状态是由总共大约 10^{25} 个气体分子的位置和速度构成的!没有人能掌握那么多的初始信息,也没人需要那么多的末态信息!我们实际处理的是与分子集合总体有关的量,比如"在一秒钟内这些分子将多少动量传给了地板?"这个问题与压强有关,而压强是能够方便测量的。

19世纪末,物理学家欣喜地发现:当仅仅知道概率信息并且也只需要概率信息时,物理学有时就可以作出惊人准确的预言。物理学不会告诉你某个分子将要干什么,也不会精确地说出这个分子何时会撞击地板。但是只要屋内的分子足够多,就能够告诉你气体分子速度的精确概率分布。为了严格讨论概率分布问题,下一节将介绍一些相关的术语。

3.1.1　离散分布

假定某个可测的变量 x 只能取一些特定的离散值 x_1, x_2, …(图 3.1)。又假定我们已经对 N 个不相关的事件分别测得了 x 的值,发现在 N_1 个事件中 $x = x_1$,在 N_2 个事件中 $x = x_2$,等等。如果我们再做 N 次测量,会得到一组不同的数值 N_i',但是对于足够大的 N,它们一定是相近的。于是我们就说观察到 x_i 的概率是 $P(x_i)$,即

$$\frac{N_i}{N} \to P(x_i), N \text{ 很大时。} \tag{3.1}$$

所以,$P(x_i)$ 总是在 0 到 1 之间。

观察到例如 x_5 或 x_{12} 的概率应该是 $(N_5 + N_{12})/N$,或者 $P(x_5) + P(x_{12})$。因为"观察到 x 的值"这一事件的概率是 100%(即 1),应有:

$$\sum_i P(x_i) = (N_1 + N_2 + \cdots)/N = N/N = 1. \quad \text{离散分布的归一化条件}$$

$$\tag{3.2}$$

式 3.2 有时表述为"概率分布函数 P 是归一化的"。

3.1.2　连续分布

更为常见的情况是 x 可以在一个连续的区间内取任意值。在这种情况下我们把这段区间划分成宽度为 dx 的格子。假设作多次测量并画出直方图,用 $dN(x_0)$ 来表示测得的 x 值落在 x_0 到 $x_0 + dx$ 之间的次数。将 x 落在这个区间的概率记为 $P(x_0)$,即

图 3.1(隐喻) 在离散概率分布中某些中间值不允许出现,本图给出了几个生动的例子。(卡通图由 Larry Gonick 提供,引自 Gonick & Smith, 1993。)

$$dN(x_0)/N \to P(x_0)dx, \text{ 当 } N \text{ 很大时。} \tag{3.3}$$

严格地说,$P(x)$ 仅对由格子分隔开的各离散 x 值(如 x_0)有定义。但是如果作足够多次测量,我们就能把格子的宽度取得任意小而使落在每个格子中的测量值仍保持足够多。于是可以假定 $dN(x)$ 远远大于 1,或 $dN(x) \gg 1$。如果这个程序使得 $P(x)$ 在极限情况下逼近一个连续函数,就说 $P(x)$ 是 x 的概率分布(或概率密度)。如前述,$P(x)$ 必定总是非负的。

式 3.3 告诉我们一个连续的概率分布函数的量纲是 x 的量纲的倒数。而一个离散分布函数,恰恰相反,是无量纲的(见式 3.1)。导致这个区别的原因是测得的结果落在某个格子的次数取决于它的宽度 dx,必须把式 3.3 中的 $dN(x_0)/N$ 除以 dx 才能得到与格子宽度无关的 $P(x)$,这一步引入了量纲。

区间并不很小时情况会怎样呢? 观察到 x 落在 x_1 到 x_2 之间的概率是在该区间上每个格子中观察到的 x 的概率之和,或 $\int_{x_1}^{x_2} dxP(x)$。与式 3.2 类似,连续分布的归一化条件可以写成:

$$\int dxP(x) = 1。 \tag{3.4}$$

乏味的例子:均匀分布的概率密度在 $[0,a]$ 上是一个常数,

$$P(x) = \begin{cases} 1/a, & \text{如果 } 0 \leqslant x \leqslant a; \\ 0, & \text{其他。} \end{cases} \tag{3.5}$$

有趣的例子:著名的高斯分布(也称高斯、钟形曲线,或正态分布)

$$P(x) = Ae^{-(x-x_0)^2/(2\sigma^2)}, \tag{3.6}$$

其中 A、σ、x_0 是常数,A 和 σ 是正的。

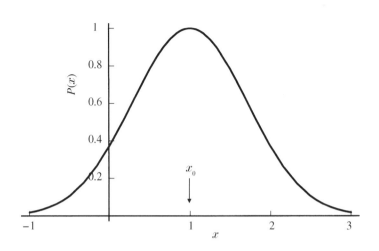

图 3.2(数学函数) 未归一的高斯分布，中心在 $x_0 = 1$。参数 $\sigma = 1/\sqrt{2}$, $A = 1$（见式 3.6）。

思考题 3A　使用作图软件，你可以快速画出函数的形状。比如，图 3.2 显示了函数 $e^{-(x-1)^2}$。试一下，然后改变参数 A、σ，观察图形如何变化。

常数 A 并不是任取的，它由归一化条件来确定。这一步很重要也很有用，我们来具体看看如何得到它。

例题： 求出使高斯函数归一化的 A 值。

解答： 首先需要知道

$$\int_{-\infty}^{\infty} dy \, e^{-y^2} = \sqrt{\pi}。 \tag{3.7}$$

你只需把这个等式当作一个能在积分表里查到的数学事实即可（或参看 6.2.2′ 小节的推导）。事实上，运用微积分知识只需简单的几步就能得到它。式 3.4 要求我们确定 A 以满足下式

$$1 = A \int_{-\infty}^{\infty} dx \, e^{-(x-x_0)^2/(2\sigma^2)}。$$

作变量代换 $y = (x - x_0)/(\sqrt{2}\sigma)$，那么 $dy = dx/(\sqrt{2}\sigma)$。式 3.7 给出 $A = 1/(\sigma\sqrt{2\pi})$。

简单地说，高斯分布是

$$P(x) = \frac{1}{\sigma\sqrt{2\pi}} e^{-(x-x_0)^2/(2\sigma^2)}。 \quad \text{高斯分布} \tag{3.8}$$

观察图 3.2，我们发现这是一个中心在 x_0（最大值）上的凸函数。凸起的峰宽度取

决于 σ。σ 越大，峰就越宽，因为此时你能够在因子 $\mathrm{e}^{-(x-x_0)^2/(2\sigma^2)}$ 显著衰减前就到达更远的位置。记住 $P(x)$ 是一个概率分布，这意味着，对于越大的 σ，你会发现测量值偏离最可能值 x_0 越多。式 3.8 前端出现了因子 $1/\sigma$，这是为保持曲线下方的总面积为定值，因为峰越宽（σ 越大）其高度必须越低。下面我们要将所有这些想法作更精确的表述，以适用于任意分布。

3.1.3 平均值和方差

对任何分布，x 的平均值（或期望值）可以记为 $\langle x \rangle$ 并定义为

$$\langle x \rangle = \begin{cases} \sum_i x_i P(x_i), & \text{离散；} \\ \int \mathrm{d}x\, x P(x), & \text{连续。} \end{cases} \tag{3.9}$$

对均匀分布或高斯分布，平均值就在中心点，因为分布是对称的：在中心点左侧距离为 d 的位置观察到事件的可能性，精确地等于在其右侧距离为 d 的位置观察到事件的可能性。然而，对于一般的分布，平均值并不一定等于中心值，通常也不等于最概然值，即 $P(x)$ 最大时对应的 x 值。

更一般地，我们可能想知道某个以 x 为自变量的函数 $f(x)$ 的平均值 $\langle f \rangle$。$\langle f \rangle$ 可通过下式得到：

$$\langle f \rangle = \begin{cases} \sum_i f(x_i) P(x_i), & \text{离散；} \\ \int \mathrm{d}x\, f(x) P(x), & \text{连续。} \end{cases} \tag{3.10}$$

如果对 x 作单次测量，未必恰好得到平均值 $\langle x \rangle$。测量结果在平均值附近有一定的展宽，我们用均方根差或标准差来描述它：

$$\text{均方根差} = \sqrt{\langle (x-\langle x \rangle)^2 \rangle}。 \tag{3.11}$$

例题：

（a）证明：对 x 的任意函数 f，下式恒成立：$\langle \langle f \rangle \rangle = \langle f \rangle$。

（b）证明：如果均方根差为 0，那么 x 的每一次测量值都为 $\langle x \rangle$。

解答：

（a）我们知道 $\langle f \rangle$ 是恒定的（即是个数值），与 x 无关。一个常数的平均值就是常数本身。

（b）在公式 $0 = \langle (x-\langle x \rangle)^2 \rangle = \sum_i P(x_i)(x_i - \langle x \rangle)^2$ 中，右侧没有负值项，那么使和为 0 的唯一可能就是使每一项分别为 0，也就是 $P(x_i) = 0$，除非 $x_i = \langle x \rangle$。

注意：在定义均方根差时对 $(x-\langle x \rangle)$ 取平方是很关键的，否则会得到平庸的

结果：$\langle(x-\langle x\rangle)\rangle$的值为 0。接着取平方根是为了使式 3.11 有与 x 相同的量纲。将$\langle(x-\langle x\rangle)^2\rangle$定义为 x 的方差，记为 variance(x)。

思考题 3B

(a) 试推出 x 的方差 variance$(x)=\langle x^2\rangle-(\langle x\rangle)^2$。

(b) 求出均匀分布（式 3.5）的方差，即 variance$(x)=a^2/12$。

现在来求高斯分布（即式 3.8）的方差。仿照例题中的归一化方法作变量代换，为此需要计算

$$\text{variance}(x)=\frac{2\sigma^2}{\sqrt{\pi}}\int_{-\infty}^{\infty}\mathrm{d}y\,y^2\mathrm{e}^{-y^2}\text{。}\tag{3.12}$$

其中要用到下面这个小技巧（以后也还会用到）。定义函数 $I(b)$

$$I(b)=\int_{-\infty}^{\infty}\mathrm{d}y\,\mathrm{e}^{-by^2}\text{。}$$

作变量代换可以得到 $I(b)=\sqrt{\pi/b}$。现在考虑导数 $\mathrm{d}I/\mathrm{d}b$。一方面，

$$\mathrm{d}I/\mathrm{d}b=-\frac{1}{2}\sqrt{\frac{\pi}{b^3}}\text{。}\tag{3.13}$$

另一方面，

$$\mathrm{d}I/\mathrm{d}b=\int_{-\infty}^{\infty}\mathrm{d}y\,\frac{\mathrm{d}}{\mathrm{d}b}\,\mathrm{e}^{-by^2}=-\int_{-\infty}^{\infty}\mathrm{d}y\,y^2\mathrm{e}^{-by^2}\text{。}\tag{3.14}$$

令 $b=1$，我们发现式 3.14 的后一个积分正是所需要的（见式 3.12）。综合考虑式 3.13、式 3.14 和式 3.12 可得 *

$$\text{variance}(x)=\frac{2\sigma^2}{\sqrt{\pi}}\left(-\left.\frac{\mathrm{d}I}{\mathrm{d}b}\right|_{b=1}\right)=\frac{2\sigma^2}{\sqrt{\pi}}\times\frac{\sqrt{\pi}}{2}\text{。}$$

于是高斯分布的均方根差就等于式 3.8 中出现的参数 σ。

3.1.4　加法原理与乘法原理

加法原理　在 3.1.1 小节中，对于一个离散分布，x 的下一个测量值取 x_i 或 x_j 的概率是 $P(x_i)+P(x_j)$，除非 $i=j$。关键是要注意到 x 不能同时取 x_i 和 x_j，即不同的取值是互斥的。更一般地说，一个人"高于 2 m 或低于 1.9 m"的概率就可以靠加法来得到，但要想知道这个人"高于 2 m 或近视"的概率就不能

---

* 标记 $\left.\dfrac{\mathrm{d}I}{\mathrm{d}b}\right|_{b=1}$ 表示 $I(b)$ 对 b 求导数并在 $b=1$ 时取值。关于数学表示的详情见附录 A。

用这种方法。

对于连续分布，x 的下一个取值落在 a 到 b 之间或 c 到 d 之间的概率应为两项的和。若两区间无重叠，这个概率就应该等于 $\int_a^b \mathrm{d}x P(x) + \int_c^d \mathrm{d}x P(x)$，因为在这种情况下两个概率（$x$ 在 a 到 b 之间或 x 在 c 到 d 之间）是互斥的。

乘法原理　假定测量两个独立的量，比如，扔一枚硬币并掷一个骰子。得到一次头像向上同时掷出一个六点的概率是多少呢？为找到答案，列出所有 $2 \times 6 = 12$ 种可能情况。每种情况发生的概率都相等，则得到任一结果的概率都是 $1/12$。这个事例说明，两个独立事件的联合概率分布是两个简单分布的乘积。用 $P_{\mathrm{joint}}(x_i, y_K)$ 来表示联合分布，这里 $i = 1$ 或 2 且 $x_1 =$（头像），$x_2 =$（背侧）；相似的，$y_K = K$，表示骰子的点数。用乘法原理可表示为

$$P_{\mathrm{joint}}(x_i, y_K) = P_{\mathrm{coin}}(x_i) \times P_{\mathrm{die}}(y_K)。 \tag{3.15}$$

即使是对于灌铅的骰子 [$P_{\mathrm{die}}(y_K)$ 不都为 $1/6$] 或对于一个两面都是头像的硬币 [$P_{\mathrm{coin}}(x_1) = 1$，$P_{\mathrm{coin}}(x_2) = 0$]，式 3.15 依然正确。但是对于两个相互关联的事件（例如下雨的概率与下冰雹的概率），就不能这样简单地相乘。

试证明如果 P_{coin} 和 P_{die} 是归一化的，那么 P_{joint} 也是归一化的。　**思考题 3C**

假定掷两个骰子，两个点数之和为 2 的概率是多少？为 6 呢？为 12 呢？请注意你是如何同时运用加法原理和乘法原理的。　**思考题 3D**

举一个更复杂的例子。假定你把箭射向远处的靶，气流使箭的落点在 x 方向和 y 方向上各有一个独立的随机偏离。假定这两个偏移量分别服从的概率分布 $P_x(x)$ 和 $P_y(y)$ 都是方差为 σ^2 的高斯分布。

例题：找出落点在距离靶心 r 到 $r + \mathrm{d}r$ 之间的概率 $P(r)\mathrm{d}r$。

解答：我们必须同时用到刚才讨论过的两条原理。r 是位移矢量的长度：$r \equiv |\boldsymbol{r}| \equiv \sqrt{x^2 + y^2}$。首先要找出偏移的 x 分量在 x 到 $x + \mathrm{d}x$ 之间且 y 分量在 y 到 $y + \mathrm{d}y$ 之间的联合分布概率。由乘法原理得出这个概率是：

$$\begin{aligned} P_{xy}(x, y)\mathrm{d}x\mathrm{d}y &= P_x(x)\mathrm{d}x \times P_y(y)\mathrm{d}y \\ &= (2\pi\sigma^2)^{-2/2}\mathrm{e}^{-(x^2+y^2)/(2\sigma^2)} \times \mathrm{d}x\mathrm{d}y \\ &\equiv (2\pi\sigma^2)^{-1}\mathrm{e}^{-r^2/(2\sigma^2)}\mathrm{d}^2\boldsymbol{r}。 \end{aligned} \tag{3.16}$$

两个高斯函数合并成了仅与距离 r 有关的一个指数函数。

任务并没完成。注意到很多不同的位移矢量 $\boldsymbol{r}$ 都具有相同长度 r。为了找到

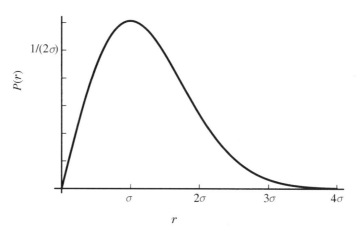

图 3.3(数学函数)　距原点 r 处的概率 $P(r)$，x、y 服从独立无关的高斯分布(方差均为 σ^2)。

落点距离为 r 的总概率，这就要用到加法原理。考虑所有的长度在 r 到 $r+\mathrm{d}r$ 之间的 $\boldsymbol{r}$ 矢量。它们组成了一个宽度为 $\mathrm{d}r$ 的窄圆环。对于这些 $\boldsymbol{r}$，联合概率分布 $P_{xy}(\boldsymbol{r})$ 是相同的，因为它仅取决于 $\boldsymbol{r}$ 的长度。所以，要求出这些概率的和，我们用 $P_{xy}(\boldsymbol{r})$ 乘以环的面积，后者等于它的周长乘以它的宽度，即 $2\pi r\mathrm{d}r$。于是我们得到

$$P(r)\mathrm{d}r = \left(\frac{1}{2\pi\sigma^2}\right)\mathrm{e}^{-r^2/(2\sigma^2)} \times 2\pi r\mathrm{d}r。 \tag{3.17}$$

图 3.3 画出了这个函数。

注意在这个例子中有两个约定俗成的符号(见附录 A)。第一个符号 $\equiv$ 是特殊形式的等号，提示我们 $r \equiv |\boldsymbol{r}|$ 是一个定义：它将 r 的值以矢量 $\boldsymbol{r}$ 的形式定义出来。我们把这个符号读作"定义为"。第二个符号 $\mathrm{d}^2\boldsymbol{r}$ 表示位置空间中的一个小面积元，而不是表示一个矢量。在一个区域中对这个小面积元作积分，就等于这个区域的面积。

思考题 3E　求出落在半径为 R_0 的圆周外的箭数占射出总箭数的比例，并表示成以 R_0 为自变量的函数。

思考题 3F　(a) 对三维矢量 $\boldsymbol{v}$ 重复上一道例题中的计算。即，用 u 表示 $\boldsymbol{v}$ 的模长并求出 $P(u)\mathrm{d}u$。$\boldsymbol{v}$ 的各个分量是相互独立的随机变量，均服从方差为 σ^2 的高斯分布。(提示：参考图 3.4。)

(b) 将(a)的答案用数学软件画出来，并尝试不同的 σ 值。

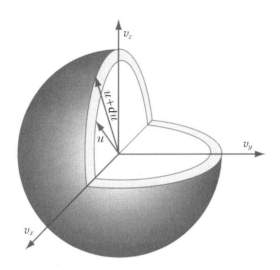

图 3.4(示意图) 所有长度为 u 的矢量 $\boldsymbol{v}=(v_x, v_y, v_z)$ 的终点组成了一个球面。所有长度在 u 到 $u+\mathrm{d}u$ 之间的矢量的终点组成了一个球壳。

§3.2 理想气体定律解密

我们先根据现行假说,即热是一种随机运动,来试着解释理想气体定律(式 1.11)以及式中的普适常量 k_B。一旦能精确表述这个假设并加以验证,我们就可以了解纳米世界中的各种物理现象。

3.2.1 温度反映了热运动的平均动能

当你面对一个神秘的新公式时,首先应该对它进行量纲分析。

> 检查理想气体定律(式 1.11)的左边,证明乘积 $k_\mathrm{B}T$ 与能量有相同的单位,与式 1.12 给出的单位一致。

思考题 3G

这表述了一个自然定律,它包含一个基本的、普适的、具能量单位的常量。我们接下来就会解释这个常量的含义,预先知道它的单位是有好处的。

进一步考虑 1.5.4 小节介绍的一箱气体。如果密度足够低(理想气体),分子之间不会频繁碰撞*。但是每一个分子必然要碰到器壁。我们现在要问这种持续的碰撞是否可以解释压强。假定质量为 m 的气体分子平行于箱子的某条棱(假定为 x 方向)以速度 v_x 飞行,并设这个正方体箱子边长为 L[图 3.5(a)]。

---

* Ⓣ 这句话的精确含义是指,理想气体有如下性质:对单个理想气体分子,其与周围气体分子间的势能的时间平均值相对于其动能是可忽略的。

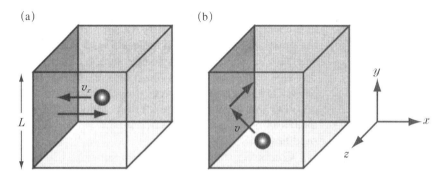

图 3.5(示意图) 本图揭示了棱长为 L 的立方体内气体压强的成因。(a) 速度为 v_x(平行于某条棱)的气体分子与容器的一个侧壁发生弹性碰撞。碰撞的效果是使运动反向并向器壁传递大小为 $2mv_x$ 的动量。(b) 分子以任意速度 v 飞行。如果它与平行于 yz 平面的壁发生碰撞,其后果是使分子动量的 x 分量反向,并传递给器壁大小为 $2mv_x$ 的动量。

气体分子每与器壁碰撞一次,动量就会从 mv_x 变为 $-mv_x$,并传给器壁大小为 $2mv_x$ 的动量。在 x 方向上分子来回运动一次耗时 $\Delta t = 2L/v_x$,上述事件就会发生一次。如果有 N 个分子都具有相同的速度,那么单位时间内它们向这个器壁传递的动量为 $(2mv_x)(v_x/2L)N$。从本科一年级的物理学得知,动量的传递速率就是作用在器壁上的力。

> **思考题 3H**　看一下公式 $f = (2mv_x)(v_x/2L)N$ 中各量的量纲,确认它们的确能构成力的量纲。

事实上,每个分子都有自己的速度 v_x。我们要做的并不是用 N 去乘每个速度的平方,而是要对所有分子求和,或者等价的,用 N 去乘速度平方的平均值。像式 3.9 那样,将这个量简记为 $\langle v_x^2 \rangle$。

器壁上单位面积的力就是压强。我们已经得到

$$p = m\langle v_x^2 \rangle N/V。\tag{3.18}$$

这个简单的式子将气体是一组运动分子的想法具体化了,并解释了实验观察到的理想气体定律(式 1.11)的两个关键特征,也就是压强分别与 N 和 $1/V$ 成正比。

怀疑者会说:"等一下,在真实气体中,并不是所有的气体分子都沿着 x 方向运动!"没错,改进我们的工作也并不困难。图 3.5(b) 已作了说明。每个分子都有一个速度 v。当它与 $x = L$ 处的器壁碰撞时,其 x 分量就会变号,而 v_y 和 v_z 不会。所以传递给器壁的动量依然是 $2mv_x$。同时,与这个器壁发生两次碰撞的时间间隔依然是 $2L/v_x$,尽管其间由于在 y 方向和 z 方向上的运动它还要和其余器壁发生碰撞。在这种更一般的情况下,依然能导出式 3.18 而无需作任何修正。

综合考虑理想气体定律和式 3.18 得

$$m\langle v_x^2\rangle = k_B T。 \tag{3.19}$$

气体分子作随机飞行,所以 v_x 的平均值应为 0:向左飞行的分子和向右飞行的分子一样多,它们对 $\langle v_x\rangle$ 的贡献互相抵消。但是速度的平方却有非零的平均值 $\langle v_x^2\rangle$。正如对式 3.11 的讨论,向左的运动和向右的运动都是正的 v_x^2,所以它们应该是相加而不是相抵消。

事实上 x 方向并不是一个特殊方向。平均值 $\langle v_x^2\rangle$、$\langle v_y^2\rangle$、$\langle v_z^2\rangle$ 都是相等的,所以它们的和就是任一分量的 3 倍。$v_x^2 + v_y^2 + v_z^2$ 是速度矢量的长度的平方,所以 $\langle v^2\rangle = 3\langle v_x^2\rangle$。我们可以将式 3.19 重新写为

$$\frac{1}{2} \times \frac{1}{3} m\langle v^2\rangle = \frac{1}{2} k_B T。 \tag{3.20}$$

注意到单个粒子动能为 $\frac{1}{2}mu^2$,整理式 3.20,可知

$$理想气体中每个分子的平均动能是 \frac{3}{2} k_B T, \tag{3.21}$$

而无论是何种气体。即使是混合气体,它的每个组分也必须遵循要点 3.21。

导出要点 3.21 的分析过程由克劳修斯(Rudolph Clausius)于 1857 年给出。它深刻地揭示出理想气体定律的分子基础。另一方面,也可以把要点 3.21 看作是在理想气体的条件下对温度概念的解释。

接下来我们将计算出几个数值,对所得结果作一点直观的认识。1 mol 的气体在室温和大气压下的体积为 24 L(即 0.024 m³)。什么是大气压呢? 它是一个大到足以把 10 m 高的水柱举起来的压强(用一根麦管你不可能把水吸到超过那个高度)。10 m 高的水柱作用在单位面积上的压力(压强)等于它的高度乘以水的密度再乘以重力加速度,即 $z\rho_{m,w}g$。于是大气压强等于

$$p \approx 10\,\mathrm{m} \times \left(10^3\,\frac{\mathrm{kg}}{\mathrm{m}^3}\right) \times \left(9.8\,\frac{\mathrm{m}}{\mathrm{s}^2}\right) \approx 10^5\,\frac{\mathrm{kg}}{\mathrm{m\,s}^2} = 10^5\,\mathrm{Pa}。 \tag{3.22}$$

这里 $\approx$ 表示"约等于",Pa 代表帕斯卡,即国际单位制中的压强单位。将 $V = 0.024\,\mathrm{m}^3$,$p \approx 10^5\,\mathrm{kg\,m}^{-1}\,\mathrm{s}^{-2}$ 和 $N = N_{mole}$ 代入理想气体定律(式1.11),发现它的确近似地满足该式:

$$\left(10^5\,\frac{\mathrm{kg}}{\mathrm{m\,s}^2}\right) \times (0.024\,\mathrm{m}^3) \approx (6.0 \times 10^{23}) \times (4.1 \times 10^{-21}\,\mathrm{J})。$$

再进一步。空气的主要成分是氮气,氮原子的摩尔质量约为 14 g mol⁻¹,所以 1 mol 氮气分子 N_2 的质量大约是 28 g。于是一个氮分子的质量 $m = 0.028\,\mathrm{kg}/N_{mole} = 4.7 \times 10^{-26}\,\mathrm{kg}$。

思考题 3I　利用要点 3.21，算出你所在房间内空气分子的典型速度，它应该等于 $\sqrt{\langle v^2 \rangle} \approx 500\ \mathrm{m\,s}^{-1}$。把单位转换成千米每小时，看看你是否能把车开得那样快（也许航天飞机行）？

　　因此屋内气体分子是很活跃的。还有其他独立的证据能验证结论的合理性吗？有的。关于空气我们还知道一点：在珠穆朗玛峰峰顶它会稀薄一些。出现这个密度差是因为重力对每一个分子都有一个微小的下拉作用。另一方面，房间顶部的空气密度和底部的空气密度却又非常一致。很明显，气体分子典型的动能 $\frac{3}{2}k_\mathrm{B}T_\mathrm{r}$ 相对于其在房间顶部和底部间的重力势差 ΔU 是非常大的，以至于后者可以忽略；而相比之下，海平面与珠穆朗玛峰之间的重力势差就不可忽略了。让我们作一个非常粗略的估算。珠峰高度约为 $z = 9\ \mathrm{km}$，我们假设 ΔU 约等于气体分子的平均动能：

$$\Delta U = mg\,(9\ \mathrm{km}) \approx \frac{1}{2}m\langle v^2 \rangle 。 \tag{3.23}$$

思考题 3J　试说明分子的典型速度大约为 $u = 420\ \mathrm{m\,s}^{-1}$。这个估算是合理的，接近于思考题 3I 中得到的结果。（不考虑海平面和珠峰峰顶温度的差别。）

　　这个新的估算完全独立于从理想气体定律得到的估算。所以，两个典型速度大致相等的事实表明我们的想法是正确的。

思考题 3K　(a) 比较一下空气分子的平均动能 $\frac{3}{2}k_\mathrm{B}T_\mathrm{r}$ 与屋子顶部和底部之间分子势能差 ΔU。假定天花板高度 $z = 3\ \mathrm{m}$。为什么空气不会落到地上呢？如何才能使它落下呢？
(b) 重复 (a)，但这次要准确计算一颗尘埃的能量。假定尘埃重量等于长为 $50\ \mu\mathrm{m}$ 的水立方体的重量。为什么它会落到地板上？

　　本节我们已经看到如何利用分子随机运动（平均动能正比于绝对温度）的假说来解释理想气体定律以及一系列事实。然而新的问题也随之而来。比如，加热一锅水来增加水分子的平均动能，当温度到达某个特定值使它们有足够的能量逃逸时，为什么不是所有的分子一下都飞走呢？要理解这个问题，必须认识到平均动能远不是事情的全部。我们还需要知道分子速度的完整分布，而不仅仅是均方值。

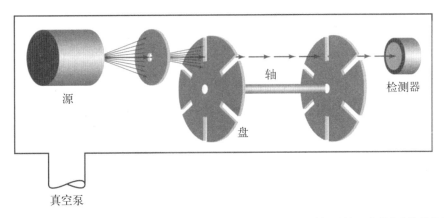

图 3.6(示意图)　用速度筛选器来测量分子速度分布的实验装置。筛选器由两个带有狭缝的旋转圆盘构成。要通过这个筛选器,分子必须在左边圆盘上的狭缝转到特定位置时到达这个圆盘,并且当到达右边圆盘时盘上的狭缝也刚好转到特定位置。于是,只有以所选速度运动的分子才能到达探测器。速度的选定可以靠调节圆盘转速来实现。

3.2.2　分子速度的总体分布是实验可测的

前一小节的阐述不太严谨,因为那里的讨论还仅仅是探索性的。不过末尾明确提出了一个问题:分子速度的总体分布是什么样的? 换句话说,有多少分子以 $1\,000\ \mathrm{m\ s^{-1}}$ 的速度运动,有多少是 $10\ \mathrm{m\ s^{-1}}$ 呢? 理想气体定律意味着 $\langle v^2 \rangle$ 随温度有一个非常简单的变化关系(要点 3.21),但是总体分布呢?

这不仅是一个理论上的问题。气体分子的速度分布是可以直接测量的。假定拿来一箱气体(实际上,这个实验可以用金属蒸气来做),箱上有一个小孔使得气体分子可以跑到外面的真空区域(图 3.6)。孔非常小以至于逃逸分子不会影响到盒内其他分子的状态。逃逸分子需要穿过一系列障碍物,并且只有速度在某个特定范围内的分子才能通过。通过的分子最终会落到探测器上,后者会记录下单位时间内到达的分子数。

图 3.7 显示了实验结果。尽管每个分子的速度是随机的,但速度分布明显是可预测而且是平滑的。这些数据还清楚地表明给定气体在不同温度下的速度分布密切相关,因为将分子速度无量纲化之后两组数据落在同一条曲线上。

3.2.3　玻尔兹曼分布

让我们用 3.2.1 小节的思想来理解图 3.7 中的实验数据。必须强调的是,尽管单个分子的速度不能预测,但速度分布可以明确地预言。关于这个概率分布,我们至少知道一点,即,大的速度值对应小的概率:屋内当然不会有以每秒百万米的速度运动的气体分子! 另外,当加热气体时分子的平均速度就会增加,因为平均动能与温度成比例(要点 3.21)。最后,一个分子以速度 v_x 向左运动的概率应该和它以速度 $-v_x$ 向右运动的概率相等。

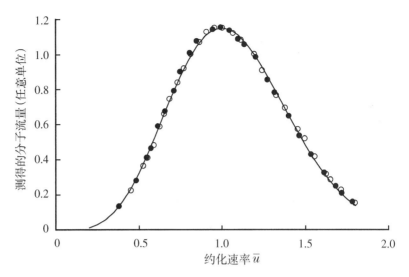

图 3.7（实验数据及其拟合） 从盒中逃逸出的铯蒸气原子的速率分布。图中显示了两个不同温度对应的分布曲线，空心圆：$T = 944\,\mathrm{K}$，实心圆：$T = 870\,\mathrm{K}$。横轴量$\bar{u}$等于$u\sqrt{m/4k_\mathrm{B}T}$。两个分布都具有相同的最概然值$\bar{u}_\mathrm{max} = 1$。于是温度高时u_max也较大，正如要点 3.21 所表明的。纵轴表示的是单位时间内穿过图 3.6 所示的筛选器并达探测器的分子数（再乘以任意的标度系数）。实线：理论预测值（见习题 3.5）。无需任何可调参数，曲线就可以较好地拟合实验数据。（数据摘自 Miller & Kusch, 1955。）

具有这种属性的一个分布是高斯分布（式 3.8），其展宽 σ 随温度增加而增加，且平均值为 0。（如果平均值不为 0，气体将有一个净的、有方向的运动，也就是气流。）值得注意的是，这个简单的分布确实描述了任何理想气体！更精确地说，发现一个特定分子运动速度的 x 分量在某给定时刻为 v_x 的概率 $P(v_x)$ 是一个高斯函数，类似于图 3.2 的形式，但中心在原点。每个分子都在不停地改变速率和方向。不变的不是每个分子的速度，而是速度的分布 $P(v_x)$。

v_x 的方差 σ^2 随温度增加而增加的说法并不确切，我们可以用更精确的说法来取代它。因为平均速度为零，思考题 3B 认为 v_x 的方差是 $\langle v_x^2 \rangle$。由要点 3.21，平均动能是 $\frac{3}{2}k_\mathrm{B}T$。把这些综合起来，得到

$$\sigma^2 = k_\mathrm{B}T/m。 \tag{3.24}$$

1.5.4 小节给出了室温下 $k_\mathrm{B}T$ 的数值：$k_\mathrm{B}T \approx 4.1 \times 10^{-21}\,\mathrm{J}$。它太小了，但气体分子的质量 m 也很小，所以 σ 不一定很小。事实上，思考题 3I 中给出的数值 $\sqrt{k_\mathrm{B}T_\mathrm{r}/m}$ 对应着很大的速度。

至此得到了速度分量的概率分布，我们可以按照 3.1.4 小节的方法得到三维速度的分布 $P(\boldsymbol{v})$。思考题 3F 的结果给出了速度分布，一个与图 3.3* 相似的函数。

---

*   图 3.7 所示实验数据的拟合曲线几乎但并不完全就是思考题 3F(b) 给出的那一条。你会在习题 3.5 中找到它们的精确关系。

思考题
3L

求出速率 u 的最概然值及平均值 $\langle u \rangle$。观察在思考题 3F 中得到的图（或图 3.3 中相关的函数），请解释它们的形状为什么是相同或不同的。

仍然假设分子独立地运动且不受外力影响，我们可以找到室内总共 N 个分子且各自具有特定速度 $v_1, \cdots, v_N$ 的概率。再次利用乘法原理：

$$P(v_1, \cdots, v_N) \propto e^{-mv_1^2/(2k_{\mathrm{B}}T)} \times \cdots \times e^{-mv_N^2/(2k_{\mathrm{B}}T)} = e^{-\frac{1}{2}m(v_1^2 + \cdots + v_N^2)/(k_{\mathrm{B}}T)} \text{。}$$

$$(3.25)$$

麦克斯韦导出了式 3.25，并用它解释了气体的很多性质。这里的正比符号 $\propto$ 暗示我们不必精确写出它的归一化因子。

式 3.25 只能应用于不受任何外界影响的理想气体。第 6 章将要对这个表达式进行推广。尽管我们不准备证明这些推论，至少可以作一些合理的预言：

- 比如要讨论整个大气，我们必须知道为什么这个分布是空间不均匀的——空气在高海拔的地方会变得稀薄。式 3.25 给出一个暗示。不考虑归一化因子，由式 3.25 给出的分布仅仅是 $e^{-E/k_{\mathrm{B}}T}$，E 表示动能。当海拔高度（势能）开始变得重要时，一个合理的猜测是应该把 E 换为分子的总能量（动能加上势能）。这样，我们就能看到空气确实变稀薄了，其密度正比于海拔高度负值的指数（因为分子的重力势能是 mgz）。
- 如果气体分子之间几乎没有相互作用，它就能近似地当作理想气体。但对更加稠密的系统，如液体水，分子间有很强的相互作用。它们并不是互相独立的，也不能简单地使用乘法原理。可我们仍然能做一些合理的预言。"分子相互作用"这个词表明势能并不是所有独立项之和 $U(x_1) + \cdots + U(x_N)$，而应是某个联合函数 $U(x_1, \cdots, x_N)$。将相应的总能量表示为 $E \equiv E(x_1, v_1; \cdots; x_N, v_N)$，把它代入先前的公式：

$$P(\text{状态}) \propto e^{-E/k_{\mathrm{B}}T} \text{。} \qquad \text{玻尔兹曼分布} \qquad (3.26)$$

我们把这个公式称为玻尔兹曼分布 *。正是玻尔兹曼在 19 世纪 60 年代后期发现了它。

现在需要停下来解释一下式 3.26 中高度简化的记号。为描述一个系统的"状态"，需要给出每个粒子的位置 r 以及它的速度 v。若粒子 a 的第一个坐标分量在 $x_{1,\mathrm{a}}$ 到 $x_{1,\mathrm{a}} + \mathrm{d}x_{1,\mathrm{a}}$ 之间、第一个速度分量在 $v_{1,\mathrm{a}}$ 到 $v_{1,\mathrm{a}} + \mathrm{d}v_{1,\mathrm{a}}$ 之间，以此类推，则 a 处于此状态的概率为

$$\mathrm{d}x_{1,\mathrm{a}} \times \cdots \times \mathrm{d}v_{1,\mathrm{a}} \times \cdots \times P(x_{1,\mathrm{a}}, \cdots, v_{1,\mathrm{a}}, \cdots) \text{。} \qquad (3.27)$$

---

* 有些书使用它的同义词"正则系综"。

对于 K 个粒子,概率分布 $P(x_{1,a}, \cdots, v_{1,a}, \cdots)$ 是由式 3.26 给出的 $6K$ 个变量的函数。

式 3.26 有一些合理的特征。在很低的温度下,或 $T \to 0$,式中的指数随 v 增加而迅速衰减:系统几乎完全处于所能达到的最低能量态(对于气体,这个状态是所有分子静止在地板上)。升高温度将产生热激发,分子的能量开始呈现出一个波动范围,这个范围将随 T 升高而变宽。

真是难以置信,但如此简单的式 3.26 的确是精确的。这不是简化形式,你永远都不能忘记它,也无法用某种复杂的形式取代它。(恰当地说,即使在量子力学中它也不会改变。)第 6 章将从更一般的条件导出它。

3.2.4 活化势垒控制反应速率

现在我们可以更好地思考 3.2.1 小节末尾提出的问题了。如果对一锅水加热来增高水分子的动能,当温度升高到某个临界点时,为什么锅里的水不是突然蒸发掉? 或者说,为什么蒸发会使剩余的水冷却?

为思考这个谜,想象一下,一个水分子需要特定的能量 $E_{barrier}$ 才能摆脱它的邻居(因为它们相互吸引)*。任何一个接近表面且至少拥有这么多能量的分子才可以离开这个锅,或者说逃逸需要一个活化势垒。假定我们加热一锅水,然后断开热源并即刻移走盖子,允许能量最高的分子逃逸。移走盖子的效果是"修剪"玻尔兹曼分布,使之变成如图 3.8(a)实线所示的形状。接着把锅盖放回并使之绝热。剩余分子之间的持续碰撞将使其中的一些分子能量增加,重新生成分布的尾巴,正如图 3.8(a)中的虚线所示。我们说剩下的分子已经达到平衡了。但是新的分布并不与最初的分布相同。因为去掉了高能量的分子,剩下分子的平均能量比最初的要少一些:蒸发冷却了剩余的水。此外,水也不是一下就蒸发掉的。只有靠近表面的水分子有机会逃离液相,即,只有图 3.8(a)中所示的小部分水分子具有足够的动能发生逃逸。如果最初的水温更高,则初始的分子速率分布应该更靠右[图 3.8(b)],使得更多分子有逃逸的机会。这就解释了为何水温越高蒸发越快。

势垒的思想还可以帮助理解与化学反应有关的生活经验。当你打开灯的开关,或动一下电脑鼠标,都需要手指提供一个大小等于活化势垒的最小能量。按开关过轻可能会使它有一个小的偏离,但不会使它切换到"开"的位置。现在想象用手指不停地轻敲开关,敲击能量是随机的且服从某个分布。只要时间足够长,总有一下会高于活化势垒使得开关打开。

类似地,假定一个分子有很多储藏能量,如过氧化氢,仅当对它的最小起始撞击高于一个活化势垒时才能把能量释放出来。这个分子不停地被做热运动的邻居碰撞。如果大部分碰撞的能量都小于这个势垒,那么要获得足够大能量的碰撞必须经历较长时间。因此,分子几乎是稳定的。我们可以通过加热系统来使反应加快,就像蒸发那样。例如,蜡烛是稳定的,但用燃着的火柴就可以引燃它。燃烧释放的能量反过来使蜡烛在足够长时间内保持热度,引燃更多的部分,并不断反复下去。

---

* 回顾一下习题 1.6。

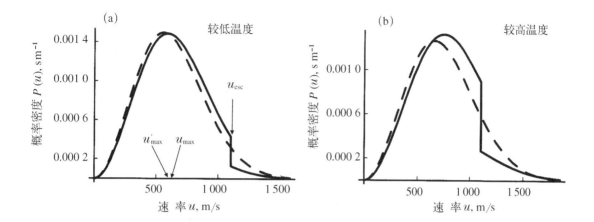

图 3.8（数学函数）　（a）从初始温度为 100℃ 样品（水）中突然移走一些高能分子,然后立即将样品重新密封。实线显示了密封时刻余下分子的速率分布,一段时间后分子碰撞又会使速率分布回到标准形式(虚线)。新的分布将再次生成高能端尾巴,但因为样品密封后总能量不变,因此最高峰稍有移动,从 u_{max} 移到 u'_{max}。（b）同一系统,逃逸速度(u_{esc})也相同,但这次初始温度更高。相应地,分布图上被截去的部分更大,因而峰的移动也更显著。

除这些简单的定性认识外,这里的讨论还暗示着反应速率正比于能量超过势垒的分子所占的比例。在图 3.8 中,就是指原始分布下面被切除的部分,即越过势垒逃逸的那部分分子对应的<u>面积</u>,它代表的分子比例在低温时很小[图 3.8(a)]。一般地,这个面积以 $e^{-E_{barrier}/k_B T}$ 的形式依赖于温度。在思考题 3E 的简单情况下已经得到了这样的结果:用 u_0 取代那个问题中的 R_0,并用 $k_B T/m$ 取代 σ^2,给出的高于势垒的分子比例的确是 $e^{-mu_0^2/(2k_B T)}$。

上面的讨论仍然是不完全的。比如,我们假设了化学反应仅包括一个步骤,对于多数反应这当然不对。但对简单分子间的基元反应而言,下面的结论已经为实验所确证:

> 简单化学反应的速率以 $e^{-E_{barrier}/k_B T}$ 的形式依赖于温度,其中 $E_{barrier}$ 是化学反应中与温度无关的特征常量。　　　　(3.28)

我们把要点 3.28 称为阿伦尼乌斯速率**定律**。第 10 章将更细致地讨论它。

3.2.5 趋向平衡的弛豫

至此,一个重要思想已初现端倪:当气体或其他复杂的统计系统长时间处于恒定外部条件下时,它将会到达其物理量的概率分布不再随时间变化的状态。这样的状态称作热平衡态。第 6 章将更精确地定义并讨论这种平衡。不过,已经有一些问题使我们和 Gilbert 都感到困惑了。

Gilbert：好的。你说过,由于热运动,处于室温的气体不会落到地板上。那么,它们为什么不会因为摩擦而减速并最终停止(然后落向地板)呢?

Sullivan：啊,那不可能,因为能量是守恒的。所有气体分子之间仅发生弹性碰撞，就像一年级物理课中学过的弹球那样。

Gilbert：哦？那什么是摩擦呢？如果在比萨斜塔上丢下两个球，由于摩擦，轻的会落得慢一些。所有人都知道机械能并不守恒它最终转化为热能。

Sullivan：哦，嗯……

你看，一知半解对于两位虚拟的科学家来说真是件危险的事。假如不是扔一个小球，而是把一个气体分子以极大速度射进房间，比如 100 倍于平均速度（确实可以用粒子加速器做到这一点），会发生什么呢？

这个分子马上就会撞入屋内原有的气体分子中。几乎可以肯定，后者的动能基本上不会比平均动能大很多，而远小于入射分子的动能。当发生碰撞时，快分子将把它的大部分动能转移给慢分子。尽管是弹性碰撞，快分子还是要失去很多能量。现在有了两个中等速度的分子，都比刚开始更接近于它们速度的平均值。它们都将继续巡游直到下一次碰撞，如此下去，最终它们回到普适的速度分布（图 3.9）。

尽管系统的总能量在每次碰撞后都不会变化，初始速度分布（包括一个与众不同的分子）将重新趋于平衡（式 3.26），这是通过其他所有分子与最初的高速分子分享能量来实现的 *。因此，被改变的不是能量本身，而是能量的秩序：那个特立独行的分子被同化了。它的有向运动被衰减到仅稍强于同伴的平均随机运动。按照式 3.26，随机运动的平均速率值与温度值相对应。换句话说，在趋于平衡的过程中机械能转化为了热能。这个转化就称为摩擦。

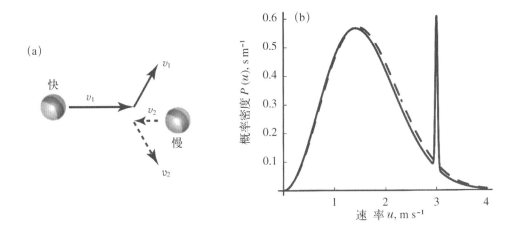

图 3.9(示意图) 平衡过程。(a) 当一个快速的弹球和一个慢速的弹球相撞时，通常两者都会以更加接近的动能飞走。(b) 包含一个反常的快分子（或几个，在图上表示为尖峰）的初始分子速度分布（实线）。速度分布很快恢复为玻尔兹曼分布，不过温度会稍高一点（虚线）。请与图 3.8 作一比较。

---

* 如果我们将某个分子的速度降到远小于它的同伴，情况会怎样呢？这个分子将倾向于通过和别的普通分子碰撞而获得能量，直到它成为服从玻尔兹曼分布的整体的一部分。

§3.3 题外话: 遗传现象的启示

§1.2 大致勾勒了一个见于种种生命现象的谜团(即序的产生),并相应地给出了一个泛泛的解释。那里提及的很多论点在物理学家薛定谔(Erwin Schrödinger)1944 年那本简短然而影响深远的小册子中已有极为优雅的总结。之后,薛定谔又继续探讨了一个恼人的古老命题:序如何从一个生物体向它的后代传递。薛定谔发现这种传递是非常精确的。既然我们已经对概率和分子舞蹈等概念有了一些具体认识,现在应该能够更好地体会到为什么薛定谔会觉得日常所见其实暗示着极为深刻的东西。事实上,薛定谔的同时代人德尔布鲁克在仔细考察了已知的生物学事实背后的物理学后,精确地预言了信息的携带者应该是什么样的,而几十年之后才发现 DNA 的具体结构及它在细胞中扮演的角色。德尔布鲁克的论据正是依赖于概率论和热运动的思想。

3.3.1 亚里士多德介入争论

古典时期和中世纪的学者们曾长期激烈地争论遗传的物质基础。很多人相信唯一的解决办法就是假设鸡蛋在自身内部的某个地方藏着另一只微小但完整的鸡,后者变大就成为成体。经过一番带有预见性的分析,亚里士多德(Aristotle)拒绝了这种观点,他所列举的例子之一就是某些遗传特征完全可以隔代再现。与希波克拉底(Hippocrates)相反,亚里士多德辩论道:

> 雄性仅对发育方案有贡献,而雌性对发育的物质基础有贡献……精子不提供任何物质给人体胚胎,而仅仅传递给它发育程序……就好像木匠工作时不可能有任何部分会进入木头一样。

亚里士多德没有发现母亲也对"发育方案"有贡献,但他迈出了至关重要的一步,即他坚持认为信息载体在遗传中扮演了一个独立角色。实际上,生物体从两个角度来利用这个载体:
- 它用载体所携带的软件指导自身的建构;
- 为了传递给后代,它复制这个软件及其载体。
今天我们用另一种方式提及这种区别,把生物体生理特性的集合(软件程序的输出)称为表型,把程序自身称为基因型。

然而不幸的是,中世纪的解经家们一味纠缠于亚里士多德那些容易引起误解的物理观念,把它们上升为教条,而忽略了他所提出的正确的生物学观念。不过,即使亚里士多德自己也没有料到遗传信息的携带者居然会是一个单分子。

3.3.2 鉴定遗传信息的物质载体

没有人用肉眼看到过分子。但是我们仍然能有信心地谈论分子,因为分子假说引出了大量紧密关联的可证伪预言。类似地,也是大量密切联系的间接证据使

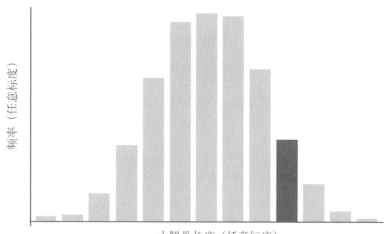

图 3.10(直方图) 一个纯种羊群大腿骨长度的假想测量结果。选择性地繁殖非典型羊群(黑色柱条)并不会产生腿骨非常大的后代。相反,后代的腿骨长度也服从同一分布。

与薛定谔同时代的人断言了遗传现象的分子基础。

首先,几千年的农业和畜牧业实践指出任意生物体都能够通过近亲繁殖维系许多代纯种。这并不是说纯种谱系的每个个体都精确相同——当然存在个体差异。纯种世系指的是个体间不存在由遗传导致的差别。说得更清楚些,假定找到一个纯种羊群并作出它们大腿骨长度的统计直方图,我们会得到熟悉的高斯分布。又假定从分布的高端(图 3.10 右端)挑选一只腿骨大得反常的羊。你会发现其后代的腿骨并不是反常的大,而是和亲代所属的羊群服从相同的分布。可见,不论遗传信息的载体到底是什么,它都被高度精确地复制并传递了。的确,人类的一些性状甚至可以上溯十代之远。

上述事实的重要性并不是显而易见的。毕竟,一张光碟包含近 10^{10} 比特的信息,被厂商以几近完美的保真度复制并传递。而每只羊是从一个单细胞开始的。精子的头部不过一个微米左右,但它却包含了和那张光碟相当的数量庞大的内容,而仅用了 10^{13} 分之一的体积。这个微缩奇观背后的物理实体到底是什么? 19世纪的科学技术还无法直接给出这个问题的答案。一系列伟大的实验观察及推理打破了困境,其中以孟德尔——一个受过物理学和数学熏陶的僧侣——的工作为首。

孟德尔选择开花的豌豆(*Pisum sativum*)作为模式系统。他选择研究七个遗传特征(花的位置、种子颜色、种子形态、成熟荚的形态、未成熟荚的颜色、花的颜色和茎长)。每个形状有两种可清楚识别的形式。这些特征或性状的差别可以保持很多代。由此孟德尔提出,足够简单的性状是以颗粒化("是"或"否")的方式遗传的。孟德尔把遗传密码想象为一系列开关,或称为因子,每个开关可以处于两个(或更多的)态。一个给定因子的各种可能的选择现在被称为那个因子的等位基因。后来的工作又揭示出其他连续可变的性状(比如头发颜色)确实是多种因子共同作用的结果,单个因子引起的离散变化已经无法分辨了。

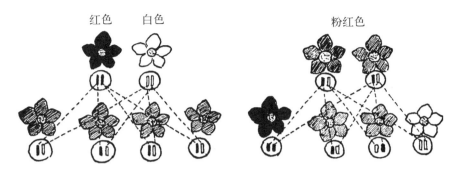

图 3.11(示意图)　遗传特征的颗粒性。(a) 纯种的红花和白花通过互授粉产生的每个后代都包含一个带"红"等位基因的染色体和另一个带"白"等位基因的染色体。如果任一个等位基因都不占支配地位,则产生的后代就全是粉红色的。紫茉莉就是这种"半显性"行为的一个例子。(b) 将(a)中所得的子代进行杂交,可以发现四种子代个体中仍有一种是纯白色的。即使对其他品种的花,比如"红"等位基因占支配地位,在第二代中白花仍能占到四分之一。(卡通图由 George Gamow 绘制,摘自 Gamow, 1961。)

在对连续几代大量的豌豆植株进行了艰苦的分析后,孟德尔于 1865 年得出了一组简单的结论 [*] :

● 构成个体的每个细胞(体细胞)含有每个因子的两份拷贝,或称为二倍体。一个因子的两份拷贝可以有相同的"等位基因"(即,就该因子而言个体是纯合的),或不同的"等位基因"(个体是杂合的)。

● 但生殖细胞(精子、花粉或卵子)例外,因为每个因子只有一份拷贝。它们是由二倍体细胞通过特殊的分裂方式形成的,该过程中母细胞两份拷贝中的一份被选择进入子细胞。今天,我们把这个过程称为"减数分裂",而因子的选择称为"分配"。

● 减数分裂中各因子的选择是随机的且互相独立的,这个思想被称为"独立分配"原理。

于是,每一代的四种个体出现的概率相等(图 3.11)。受精卵一旦形成,就通过常规分裂(有丝分裂)形成有机体,分裂过程中每个因子的两份拷贝都被复制。一小部分子细胞通过减数分裂最终又生成另一代生殖细胞,如此周而复始。

对应于一个给定性状的因子,如果两份拷贝代表着不同的等位基因,其中一个等位基因就可能压倒(或"支配")另一个从而决定表型。不过,这两个等位基因依然并存,隐藏(或称"隐性")着的那一个随时准备在后代中以可精确预言的比例出现。这些定量预言的验证使得孟德尔深信他所推测的不可见的减数分裂和有丝分裂过程是真实的。

孟德尔定律使人们把目光投向了遗传的颗粒特性。把两个可选等位基因当作具有两态的开关,这个图像从物理的角度看非常诱人。进一步,孟德尔的工作揭示了大多数表观的代间差异仅仅是由因子的再分配造成的,而因子本身很稳

---

[*]　有趣的是,达尔文(Charles Darwin)在金鱼草上也开展了多方面的育种实验,获得了和孟德尔相似的实验数据。然而他没能发现孟德尔定律。孟德尔的优势是他的数学背景,以至于后来达尔文曾懊悔自己没能下工夫学点"数学中那些最重要的原则"。他写道,那些"受惠于数学"的人们"看来拥有额外的感知力"。

定。其他遗传变异当然也可以自发产生，但这些突变是罕见的。而且突变本身也是一类离散事件，一旦形成就会按照上面列出的孟德尔定律在种群中扩散。所以，因子是一类不轻易但能突然地跳到新位置的开关。一旦突变发生，它们就没法再轻易变回来了。

正是在这个时期，经典遗传学和细胞生物学联袂谱写了生物学史上一段精妙绝伦的"对位"乐章*。细胞生物学自身有着辉煌历史，比如，染色技术的发现促成了很多进展，没有这些技术各种细胞成分就无法看到。大约在孟德尔的工作出现前，黑克尔（E. Haeckel）就已经鉴定出细胞核是细胞遗传特性的载体。一个受精不久的卵细胞包括了两个大小相当的称为前核的可见物，它们很快就融合为一体。1882 年弗莱明（W. Flemming）注意到细胞核在分裂前形成线状的染色体。有丝分裂前所有染色体就已经是一式两份了，这当然是孟德尔定律要求的（图3.11）。然而却只有在即将分裂时才能看到每条染色体似乎是加倍了，而分裂后每一条被分别拉入一个子细胞中。进一步，范贝内登（E. van Beneden）观察到蠕虫受精卵的前核有两条染色体，而普通细胞有四条。范贝内登的结果对孟德尔关于亲代遗传因子组合的逻辑推理给出了看得见的证据。

由此看来，但凡有人能意注到孟德尔的工作，则几乎可以顺理成章地断定他所说的遗传因子的物质载体精确地就是染色体。不幸的是，孟德尔在 1865 年发表的结果并未引起注意，直到 1900 年才由德弗里斯（H. de Vries）、科伦斯（K. Correns）、冯·切尔马克（E. von Tschermak）三人重新发现。萨顿（W. Sutton）和博韦里（T. Boveri）两人紧接着就独立地提出了孟德尔遗传因子是某种实物，即位于染色体上的基因。（那时萨顿还是一名研究生呢！）但染色体究竟是什么？对此问题，当时的细胞生物学手段看来不可能再有进一步作为了。

最终打破僵局的是遗传学上一个始料不及的事件。尽管孟德尔定律基本上是正确的，后期的工作显示并不是所有的性状都被独立地分配。相反地，贝特森（W. Bateson）和科伦斯开始注意到某几对性状看起来是连锁的，这个现象已经被萨顿预言，即这样的性状对几乎总是一起遗传：后代要么都得到，要么都得不到。这种复杂化初看起来是孟德尔那简单优美规则上的一个瑕疵。然而，连锁现象为最终理解遗传因子的本质这个老问题提供了新机遇。

胚胎学家摩尔根（T. H. Morgan）大约从 1909 年开始开展了一系列实验来研究遗传连锁。首先他领悟到，为产生并分析庞大的系谱数据（大到能够发现那些极难捕捉的统计模式），需要选择能快速繁殖的生物作为模式系统。细菌当然繁殖得很快，但无法对个体进行操作，也缺乏明显可识别的遗传性状。折中之后摩尔根决定选择果蝇。

摩尔根的最初发现之一是果蝇的一些遗传性状（比如白眼）和性别联系在一起。因为性别和染色体的一个大致的、显见的特征相联系（即雌性有两条 X 染色体，雄性只有一条），突变因子和性别之间的连锁就直接支持了萨顿和博韦里的想法，即染色体是孟德尔遗传因子的物质载体。

---

* 译注："对位"是把两个或多个旋律合成具有和谐关系又保持各自线条的一种作曲方法。

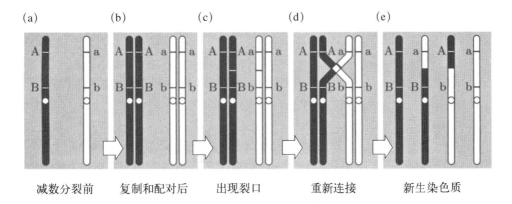

(a) 减数分裂前　(b) 复制和配对后　(c) 出现裂口　(d) 重新连接　(e) 新生染色质

图 3.12(示意图) 细胞的减数分裂,伴随着染色体互换过程。(a) 在减数分裂之前,细胞中每种染色体都具有两份同源(相似)复本,其中一个携带着基因 A、B,另一个可能携带着不同的等位基因 a、b。(b) 图示仍然是减数分裂之前。每条染色体都被复制,每份拷贝被称为一条染色单体。在第一次减数分裂的前期 I,同源的染色单体对会被拉近并有序排列,之后就可能发生下述的重组过程:(c) 两套染色单体对中分别有一条在相应的位置处(叉号所示)断开,形成四个断裂端;(d) 断裂端互换,即每个断裂端各自与另一条染色体上的相对断裂端重新结合;(e) 细胞现在携带着新的等位基因组合。四条染色单体将通过四分裂的方式被分配到四个生殖细胞中。

　　现在,遗传学数据中一个更加微妙的结构层次开始浮现出来。两个连锁性状几乎总是一同被分配,但偶尔也被分开。比如,近 9% 的后代中某些肤色因子和某些眼睛颜色因子是分开的。连锁遗传中这些罕有的缺失使摩尔根想起詹森斯(F. Janssens)在不久前观察到了染色体对在减数分裂之前相互缠绕,并且詹森斯还提出这种相互作用可能与染色体片段的断开与重组有关。摩尔根认为这种交换过程也许能解释不完全的连锁遗传现象(图 3.12)。如果这个载体是线形的,就像在显微镜下看到的染色体那样,那么遗传因子就可能排成确定的顺序,即线性排列,就像一系列绳结排成的图案那样。一些未知的机制使得相应的两条染色体凑到一起并对齐,这样每个因子都能靠近它的同伴,然后各自随机选取一个位点断开并交换两条链。一个合理的猜测是,同一染色体上的两个不同遗传因子通过物理断裂方式被分开的可能性取决于它们之间的距离。毕竟,当你切一副扑克牌时,两张牌被分开的机会与它们在扑克牌中的初始距离有关。

　　摩尔根和他的一个本科生斯特蒂文特(A. Sturtevant)为了证实遗传因子线性排列的假说,对这些特例进行了分析。他们推论说将一系列性状线性排列是可能的,在这种方式下两个性状在下一代中被分开的概率与它们之间的线性距离有关。检验获得的数据后,斯特蒂文特确证了这一推断,并进一步发现每一组连锁性状只存在一种与数据吻合的线性排列(图 3.13)。两年之后,这个数据组已经扩增到包含 24 个不同的性状,这些性状又可精确分为四个非连锁组——与可观察到的染色体对数目一致(图 3.13)! 现在,染色体就是遗传因子载体的设想几乎是确凿无疑的了。染色体携带着因子的部分,也就是基本遗传单位,被命名为基因。

　　依靠统计推断的绝技,摩尔根和斯特蒂文特与布里奇斯(C. Bridges)、马勒(H. Muller)一道绘出了果蝇的部分基因组图,并作出结论:

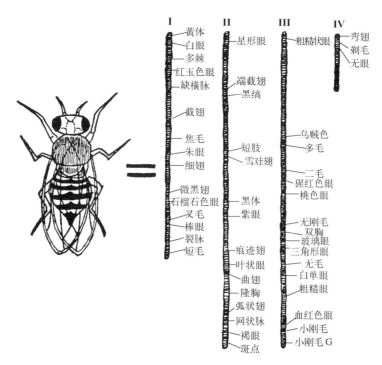

图 3.13(示意图)　从 1940 年前的遗传学实验得出的部分果蝇基因组图。这张图直观地显示了不同突变性状之间以何种程度共同遗传的大量统计信息。不同竖线上的性状是独立分配的。同一条线上相邻性状之间的连锁要强于相距较远的性状。（卡通图由 George Gamow 绘制，摘自 Gamow，1961。）

- 遗传信息的载体确实是染色体。
- 不管染色体到底是什么物体，它们肯定是链状的，就像是由亚单元——基因——以固定的顺序串成的一根手链。基因和这个排序都是遗传来的 *。

到 1920 年，马勒充满信心地断言基因"按照连锁的顺序，被某种物质的、牢固的连接束缚在一条线上"。就像他们之前的孟德尔，摩尔根小组应用定量的统计分析来研究遗传现象，从而对其机制和潜在的不可见结构元件有了一些了解。

　　现在，该是整个侦探故事的尾声了。可能有人想直接检验染色体来观看这些基因。这种尝试是徒劳的，因为基因对于普通可见光而言实在太小了。然而，让人喜出望外的是，人们后来发现果蝇的唾液腺染色体非常巨大，连细节都能在光学显微镜下看到。科尔措夫（N. Koltzoff）解释了这种巨大（或多线）染色体的形成，认为它们其实是果蝇普通染色体的上千份拷贝规则排列成的一个宽到足以用光学手段分辨的物体（图 3.14）。经过适当的染色，每个多线染色体都显现出有特征模式的暗带。佩因特（T. Painter）识别出了不同个体暗带模式的差异，表明它们是可遗传的，并在某些情况下与可观察的突变特征相联系。这就是说，至少染色体的一些有差异的拷贝确实会对应着视觉上的差异。更进一步，与已知性状相关联的

---

* 后来麦克林托克（Barbara McClintock）关于玉米的工作表明，染色体上基因的排列顺序也并非一成不变：有些基因是转座子，即可跳跃的，但这种跳跃并非由简单的热运动导致。现在已经知道协助完成此过程的是一种特殊功能的分子机器，它切开并拼接原本稳定的 DNA 分子。

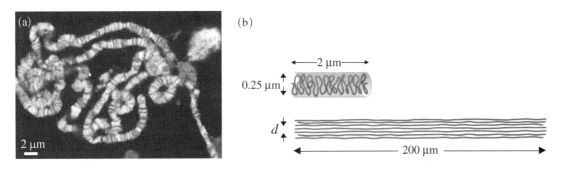

图 3.14(光学显微镜图片;示意图) (a) 果蝇(*Drosophila funebris*)的多线染色体。每条染色体包括了细胞 DNA 的 1 000～2 000 份拷贝,它们井然有序地平行排列。每个可见带实际上是一段长约 100 000 碱基对的 DNA。(b) 科尔措夫认为多线染色体(底部)是一束拉直的细丝,每条丝的直径为 *d*。在有丝分裂期观察到的普通染色体(顶部)只含有其中一条这样的丝,而且是高度卷曲的。

带排成线性序列,这个序列与遗传作图法导出的相关基因的排序是吻合的。观察到的带并不是基因个体(它还是太小,以至于在光学显微镜下无法观察到),然而基因位于染色体上是毋庸置疑的。于是,遗传因子就从逻辑产物一跃而成为物理实体,即基因。

 3.3.2′小节提到了二次交换(双交换)扮演的角色。

3.3.3 薛定谔的总结：遗传信息有对应的物质结构

尽管经典遗传学和细胞生物学技术十分发达,但在理解染色体这条"手链"的本质上一度停滞不前。甚至基因有多大也存在争议。但到了 20 世纪中期,物理学家发展的新的实验技术和理论为细胞研究辟开了新天地。薛定谔在 1944 年对当时的状况作出了简明的概括,将人们的注意力引向了一些刚刚发现的事实。

对薛定谔来说,关于基因的最大疑问是,尽管它们体积微小却能以近乎完美的保真度储存信息。为认识这个问题的严肃性,先来看一看基因到底有多小。一个粗略的估计基因大小的方法是看看精子头部包含了多少基因。马勒在 1935 年给出了一个稍好一点的方法。果蝇染色体在有丝分裂期凝聚为一个大致长为 $2\ \mu m$ 直径为 $0.25\ \mu m$ 的圆柱体[图 3.14(b)]。染色体中遗传物质的总体积不会超过 $2\ \mu m \times \pi(0.25\ \mu m/2)^2$。当这条染色体在先前提到的多线染色体中呈现出伸展形式时,它的长度很可能超过 $200\ \mu m$。假定单条遗传"手链"完全伸直后其直径为 d,那么它的体积为 $200\ \mu m \times \pi(d/2)^2$。假定这两个体积表达式相等,则可估计出遗传信息载体的直径 $d \leqslant 0.025\ \mu m$。尽管我们现在知道一条 DNA 链的宽度还不及这个数的十分之一,马勒对 d 的上界的估计表明了它的确是分子尺度的物体。即使是 CD 唱碟上编码信息的微槽都比它大上千倍,正如唱碟本身的体积远大于精子体积。

就是这个结论，它暗示着的某些东西曾使薛定谔非常震惊。为理解这一点，请注意以下事实：分子处于永不停息的随机热运动中（§3.2）。这页纸上的文字会稳定存在很多年，但如果把它们写在仅几个纳米的信纸上，墨水分子的随机运动将很快使字迹模糊。空间尺度越小，随机运动对有序结构就越具有破坏性，在第4章我们将回到这一点。为什么基因如此微小却又如此稳定呢？

马勒等人认为仅由几个原子组成的稳定排列只可能以单分子的形式存在。那时，量子力学才刚开始能解释这种非凡的稳定性，即理解化学键的本质。（作为量子理论的奠基人之一，薛定谔本人为这种理解奠定了基础。）分子的高度稳定性正是基于这样一个事实：为打断构成分子的原子之间的化学键，必须在瞬间跨越分子的活化势垒。更精确地说，1.5.3 小节指出典型的化学键键能是 $E_{bond} \approx 2.4 \times 10^{-19}$ J，大约是典型热能 $E_{thermal}$ 的 60 倍。根据 3.2.4 小节的想法，马勒认为由热运动导致的自发突变如此罕见就是因为分子状态转换的活化能太大了[*]。

染色体是单分子的假说在今天看起来是让人满意的，甚至是显然的。但要肯定它的正确性，我们还需要利用模型来做一些定量的可证伪的预测。幸运的是，马勒已经掌握了一种有力的新的工具，他在 1927 年发现暴露在 X 射线下的果蝇会被诱导出突变。这种 X 射线诱变发生的频率远高于自然或自发的突变。马勒于是狂热地主张将现代物理学的思想用于分析基因，他走得如此之远，居然还想倡导一门名为"基因物理学"的新科学。

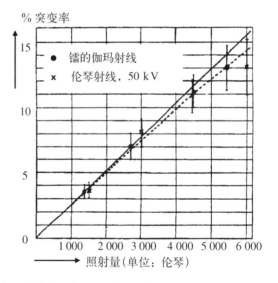

图 3.15（实验数据） 季莫费耶夫的一些关于 X 射线诱变的原始实验数据。果蝇培养皿暴露在 γ 射线（实心圈）或 X 射线（十字叉）下。每种情况下，总照射量以伦琴为单位，1 伦琴意味着每立方厘米组织中产生大约 2×10^{12} 个电离对。纵轴表示发生某种突变（眼睛颜色异常）的果蝇在培养皿中的比率。只要照射量相等，两种辐射就是等效的。（摘自 Timoféeff-Ressovsky, *et al*., 1935。）

---

[*] 今天我们已经知道，真核生物使用具有特殊目的的分子机器来探测和修复损伤的 DNA，从而进一步增强基因组的稳定性。

通过与遗传学家季莫费耶夫（Nikolai Timoféeff Ressovsky）在柏林的一段合作，马勒学会了如何用不同的照射量对突变频率进行精确定量地研究。值得注意的是，他们和其他人发现，在很多情况下某个突变发生的频率与样本所受的 X 射线剂量呈线性相关。这个线性关系在很宽的剂量范围内都成立（图 3.15）。因此，若照射量加倍，突变样本的数量也简单地随之加倍，因为先前的辐射对还未突变的个体（或已被直接杀死的个体）毫无影响：它既不会加强也不会减弱这些个体在后续的辐射下发生突变的能力。

接下来，季莫费耶夫在他的数据中继续发现了一个更加引人注目的规律：不同种类辐射诱导突变的效果是相同的。更确切地说，将果蝇培养皿置于不同电压产生的 X 射线下，甚至核辐射产生的 γ 射线下，每种情况照射量都用单位体积中由辐射导致的带电分子（或离子）的数目来表示（图 3.15）。只要各种不同射线的辐射量相同，产生特定突变的效果就相同。

一位名叫德尔布鲁克的年轻物理学家在这个时刻迈上了舞台。德尔布鲁克进入物理世界不过几年，这当然太晚了，以至于他错过了发现量子力学的那个令人狂热的时代。但他 1929 年的论文（后来被他评价为"可以接受但很乏味"）还是对刚提出的化学键理论有了一个透彻理解，而马勒和季莫费耶夫等实验学家正需要这种理解。我们把德尔布鲁克对两个关键事实（突变与辐射量线性相关，与射线种类无关）的分析稍作修正后陈述如下：X 射线穿过任何一种物质（无论有无生命）时，它将电子从它遇到的分子中打出。由此形成的离子可以和其他分子相互作用，生成高度活化的碎片，一般被称为自由基。单位体积的离子密度 c_{ion} 是总辐射量的一个物理可测的、方便的指标，它也反映了生成的活化自由基的密度。

辐射生成的活性分子碎片反过来可以碰到并破坏附近的分子。假定引起破坏的碎片的密度 c_* 等于一个常数乘以测量到的离子密度：$c_* = Kc_{ion}$。德尔布鲁克认为如果基因是一个单分子，那么和碎片的一次碰撞将导致结构上的一个永久改变，也就引起了一个遗传突变。假定某个碎片在与某物反应之

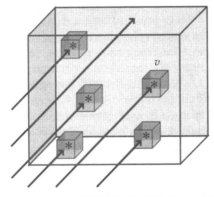

图 3.16（示意图） 德尔布鲁克关于 X 射线诱变的简化模型。入射 X 射线（对角箭头）偶尔与组织相互作用并产生自由基（星号），其数密度 c_* 取决于 X 射线的强度、波长和辐射时间。某基因落入任一以单自由基为中心的体积元 v 内并因此发生变异的概率，就等于所有这类体积元所占空间的比例 $c_* v$。

前可以穿越体积 v，这个体积中的一个特定基因（比如眼睛颜色基因）发生特定突变的概率为 P_1（不在这个体积中的基因的突变概率为 0），那么某个特定的卵细胞或精细胞发生这一突变的总概率是（图 3.16）

$$突变概率 = P_1 c_* v = (P_1 K v) \times c_{ion}。 \tag{3.29}$$

德尔布鲁克并不知道公式中的 $P_1 K v$ 这些常数的确切数值。但是他的论断意味着：

> 基因是一个单分子的假设暗示了单次分子碰撞就能将它打断，从而突变的概率等于一个常数乘上辐射量（以单位体积电离数表示）。
> $\hspace{10cm}$ (3.30)

这正是马勒和季莫费耶夫的实验所揭示的。

式 3.29 寓意深刻。式子左边是一个生物学的量，我们通过对很多正常果蝇进行辐射并观察其后代中有多少含有比如白眼来测量这个值。右边是一个纯粹的物理学量 c_{ion}。这个式子表明，在基因是一个分子的假说下，物理量和生物学量可以很简单地联系起来。实验数据与预测结果的吻合，如图 3.15，因此支持了基因是单分子的论断。将这个思想和从斯特蒂文特连锁图（3.2.2 小节）得到的基因的线性排列联合起来考虑，德尔布鲁克得出了下面的主要结论：

> 遗传因子的物质载体必须是一个长链单分子或高分子。遗传信息就体现在各链节的独特性以及链节之间的精确排序中。这些信息可长时间保存，因为要打断那些维持分子结构的化学键需克服很高的活化能。
> $\hspace{10cm}$ (3.31)

要知道当时长链分子的思想才刚刚提出而且充满争议，因此这个提议的大胆性真是令人赞叹！尽管有机化学在 19 世纪有了巨大的发展，由原子构成的长链能够保持其结构完整性这一想法看起来还像是科学幻想。大约在 1922 年，斯托丁格（H. Staudinger）的谨慎实验才最终展示了如何能通过标准的化学技术由已知的前体小分子合成聚合物。斯托丁格创造了大分子一词来描述他发现的这类物体。这些合成物与其自然相似物很类似，比如合成橡胶的悬浮液与天然橡胶树分泌的汁液十分相似。

从某种意义上说，德尔布鲁克又一次采用了物理学家的策略：从考察简单模型系统入手！不起眼的糖分子用其化学键构型来储存能量。用 §1.2 的语言，这个能量品质很高或无序性很低，孤立的糖分子实际上可以永久地保持它的能量。大分子遗传物质的独立单元，或单体，也储存了一些化学能。但远为重要的是，它们储存了整套软件。这软件能指导如何用大气中的 CO_2、溶解有硝酸盐的水和高品质的能量来设计出整棵红杉树的结构。1.2.2 小节曾认为这个构造过程自身也是自由能转换过程，就像软件的复制。

由具有恒定排列结构的原子构成巨分子的思想当然并不新颖。钻石就是这样的一个巨大分子。但是没有人（到现在为止）用钻石来储存和传递信息。为什么呢？因为钻石里原子的排列尽管是恒定的，但同时也很乏味。我们可以通过画几个原子、加一些文字说明等方式来概述这个排列,因为钻石是周期结构。薛定谔的观点是大分子不一定都得如此单调。就像这本书中的文字,同样地可以想象成一个非周期性的单体串*。

今天我们知道大自然用聚合物来完成各种各样的工作。人类也最终理解了聚合物的多功能性,并应用于从护发素到防弹衣等各种产品。关于聚合物的信息储存能力,薛定谔的相关评论已经足够了,我们不准备再加点评。以后各章在探讨分子如何完成细胞指派给它们的任务时还将反复回到这些评论上来。

薛定谔对这些知识的总结使全世界的注意力都集中到了一个最深刻也最迫切的问题:如果基因是一个分子,那应该是位于细胞核内的众多大分子中的哪一种呢? 如果有丝分裂包含了这个分子的复制,那复制又是如何进行的呢? 很多年轻的科学家,包括沃森,听到了这个问题的召唤。那个时候,生物化学的进展已经指出 DNA 是遗传信息的携带者:经实验纯化之后,它是唯一能永久转化细胞及其后代的分子。但它是如何工作的呢? 沃森联合物理学家克里克一道钻研这个问题。综合最近的物理学成果[由罗莎琳德·富兰克林(Rosalind Franklin)、戈斯林(Raymond Gosling)以及斯托克斯(Alec Stokes)发现的 DNA 分子的螺旋结构]和生物化学的事实[夏格夫(Erwin Chargaff)发现的碱基组成规则],他们在 1953 年提出了著名的 DNA 结构的碱基配对模型。分子生物学的革命正式拉开了帷幕。

 3.3.3 小节提到了关于辐射诱导基因损伤的更现代的观点。

小　结

回到开篇的焦点问题。本章探讨了随机热运动统治分子世界的思想,它定量地解释了低密度气体的一些行为。气体理论看起来和要研究的生物体系统相去甚远,但事实上它提供了一个很好的热身机会,借此可以发展一些超越气体理论框架的论题,比如,

- §3.1 从概率的思想出发提出了将来会用到的很多概念。
- 3.2.3—3.2.5 小节通过对理想气体的研究提出了三个关键思想,即玻尔兹曼分布、阿伦尼乌斯速率定律和摩擦的起源,所有这些都将被证明是普适的。
- §3.3 指出活化势垒的概念(阿伦尼乌斯定律依赖于它)如何导出了正确的假说,即长链分子是遗传信息的携带者。

第 7,8 章将再次从气体理论的思想出发,发展出"熵力"这个普适的概念。即使在不能忽略粒子间的相互作用时,例如当研究溶剂中的静电相互作用时,第 7 章指出无相互作用理想气体的理论框架有时依然适用。

---

　*　习题 3.8 将展示非完美晶体储存信息的潜力。

关键公式

- 概率：任意量 f 的平均值为 $\langle f \rangle = \int \mathrm{d}x f(x) P(x)$（式 3.10）。方差即均方根偏差为 $\mathrm{variance}(f) = \langle (f - \langle f \rangle)^2 \rangle$。

　　加法原理：对于两个互斥的结果，得到两者中任意一个的概率是它们各自发生的概率的加和。

　　乘法原理：从两个无关的随机过程得到两个特定结果的概率，等于两者独立发生概率的乘积。（式 3.15）

　　高斯分布：$P(x) = (2\pi\sigma^2)^{-1/2}\, \mathrm{e}^{-(x-x_0)^2/(2\sigma^2)}$（式 3.8）。这个分布的均方根偏差是 σ。

- 热能：在温度 T 下理想气体分子的平均动能是 $\frac{3}{2} k_B T$（要点 3.21）。

- 玻尔兹曼分布：对于自由理想气体，分子速度的 x 分量在 v_x 到 $v_x + \mathrm{d}v_x$ 之间的概率是一个常量乘以 $\mathrm{e}^{-m(v_x)^2/(2k_B T)}\, \mathrm{d}v_x$。三个分量的总分布是各自对应的分布的乘积，即另一个常量乘以 $\mathrm{e}^{-mv^2/(2k_B T)}\, \mathrm{d}^3 \boldsymbol{v}$。式 3.25 将这个论断推广到多粒子情况。

　　对受外力作用的理想气体，分子具有给定坐标和动量的概率是一个常量乘以 $\mathrm{e}^{-E/k_B T}\, \mathrm{d}^3 \boldsymbol{v}\, \mathrm{d}^3 \boldsymbol{x}$，分子的总能量（动能和势能）取决于位置和速度。在势能为常量的特殊情况下，这个公式简化为麦克斯韦的结果（式 3.25）。更一般地，对平衡态下的相互作用的大量分子，分子 1 具有速度 $\boldsymbol{v}_1$ 和位置 $\boldsymbol{x}_1$，依此类推，其概率是一个常量乘以 $\mathrm{e}^{-E/k_B T}\, \mathrm{d}^3 \boldsymbol{v}_1\, \mathrm{d}^3 \boldsymbol{v}_2 \cdots \mathrm{d}^3 \boldsymbol{x}_1\, \mathrm{d}^3 \boldsymbol{x}_2 \cdots$（式 3.26 和式 3.27），$E$ 表示所有分子的总能量。

- 速率：很多化学反应的速率因阿伦尼乌斯指数因子 $\mathrm{e}^{-E_{\mathrm{barrier}}/k_B T}$ 而依赖于温度（要点 3.28）。

延伸阅读

准科普：

　　关于概率论：Gonick & Smith，1993.

　　关于遗传学：Gonick & Wheelis，1991.

　　薛定谔的综述：Schrodinger，1992.

　　遗传学历史：Sloan & Fogel，2011；Echols，2001；Judson，1996；Weiner，1999.

　　关于高分子：Grosberg & Khokhlov，2011.

中级阅读：

　　概率论：Bodine *et al.*，2014；Denny & Gaines，2000；Nelson，2015.

　　热运动的分子论：Feynman *et al.*，2010a，§39.4.

3.3.2′拓展

斯特蒂文特的遗传图谱(图 3.13)有一个微妙且值得注意的性质。如果选取三个特征 A、B、C,它们同属一个连锁群且在遗传图中按字母顺序排列,那么你会发现 A 和 C 在一次减数分裂中被分开的概率 P_{AC} 小于或等于 $P_{AB}+P_{BC}$,P_{AB} 是 A、B 被分开的概率,P_{BC} 是 B、C 被分开的概率。对于这一点人们起初并不是很理解。从 P_{AC} 必须等于 $P_{AB}+P_{BC}$ 这一要求出发,卡斯尔(W. Castle)提出了果蝇基因的一个三维空间排列模型。马勒后来指出严格相等的条件等价于忽略可能的二次交换。卡斯尔据此修正了模型并整合了后来的数据,他马上发现这些数据确实要求基因按线性排列,正如摩尔根和斯特蒂文特一直假定的那样。

3.3.3′拓展

德尔布鲁克关于电离辐射导致基因损伤的论断是十分不完整的。当双链中仅有一条受辐射而损坏时,真核细胞中的 DNA 修复机制常常可以对其进行修复。更多的细节见 Hobbie & Roth, 2015,§ 15.10。

习　题

3.1　白领犯罪

(a) 你是一名城市监管员，正秘密前往面包店并购买了 30 条标明为 500 g 的面包。回到实验室称量它们，发现质量分别为 493、503、486、489、501、498、507、504、493、487、495、498、494、490、494、490、497、503、498、495、503、496、492、492、495、498、490、490、497 和 482 g。你回到面包店并发出警告。你的理由是什么？

(b) 过会儿你再次回到了面包店（这次，他们认得了你）。他们又卖给你 30 条更大块的面包。你带回家再次称量，发现它们的质量为 504、503、503、503、501、500、500、501、505、501、501、500、508、503、503、500、503、501、500、502、502、501、503、501、501、502、503、501、502 和 500 g。你现在满意了，因为每条面包都至少重 500 g。但领导读完你的报告后却让你回去把那个店关掉。她注意到了哪些被你疏忽的东西呢？

3.2　相对密度与海拔高度

海平面高度的大气层中大约每四个氮分子就对应有一个氧分子，更精确地说，比例为 78 : 21。假定不同海拔高度的温度为常量（未必十分严格），在海拔 10 km 的地方，这个比例是多少呢？解释一下为什么你的结果在定性上是合理的。（提示：这个问题与氧分子数密度是高度的函数这个事实有关。密度以简单的方式与在特定高度发现的某给定氧分子的概率相联系。你已经知道如何计算这个概率。）[注意：该结果也适于多种大分子通过沉降达到稳定分离的情况（见习题 5.2）。]

3.3　停止舞蹈

病毒颗粒悬浮液被急速冻结并且降温至接近于绝对零度。当悬浮物逐渐解冻后，发现它依然极易传染。由此，我们能得到关于遗传信息本质属性的什么结论呢？

3.4　光子

3.3.3 小节回顾了马勒和季莫费耶夫的经验结果，即诱变与照射量成比例。不只 X 射线可以诱发突变，紫外光也行（这就是为什么要涂防晒霜）。为了对这些结果的惊人之处有点直观感受，请注意它们实际上暗示了并不存在什么"安全"或阈值的剂量水平。损伤量（损伤一个基因的概率）直接与总照射量成比例。外推到最小可能剂量，可以断言即使是单个紫外光子也能对表皮细胞及其后代造成永久的遗传损伤。（光子就是 1.5.3 小节提到的光的能量量子。）

(a) 紫外光单光子携带的能量约为 10 eV（电子伏特，见附录 B）。假想一个损伤机制：一个光子将这份能量传进细胞核大小的体积并将它加热；增强的热运动以某种方式把染色体打散。这合理吗？为什么？（提示：利用式 1.2 和它下面的"卡"的定义，计算一下温度的变化。）

(b) 抛开上述结论。假定光子的能量传给体积为 L^3 的立方体并使它加热。

如果这个区域被加热至沸腾,这将破坏该体积内所有的遗传信息。要想用这么多能量把这个区域加热至沸腾(从 30℃到 100℃),L 必须多小呢?(可用水代替细胞进行估算。)如果这个想法正确,那么,关于基因的大小我们能得出什么结论?

3.5 🅣 泻流

图 3.6 显示了如何从实验上检验分子速度的玻尔兹曼分布。为解释这些数据,需要作一些分析。

图 3.17 给出了一个装满气体的箱子,上面有一个面积为 A 的小孔,允许气体分子慢慢逃到真空中去。假定盒内的气体处于近平衡分布,并且小孔的影响很小。气体分子的质量为 m。盒内气体的数密度为 c。逃出分子穿过速度筛选器,只有速度在一个特定区间内(从 u 到 $u+\mathrm{d}u$)的分子才能通过。用一个探测器测量单位时间内到达它的分子总数。探测器位于距孔为 d 的位置,接收面与它到孔的连线相互垂直,其敏感区面积为 A_*。

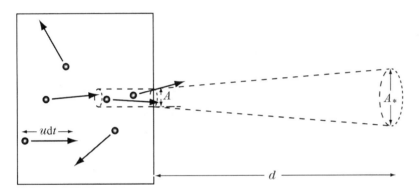

图 3.17(示意图)　气体从器壁上面积为 A 的小孔逸出。盒内气体分子的数密度为 c,盒外为零。探测器对分子到达敏感区域(面积为 A_*)的频率进行计数。盒内的六个箭头粗略描述了六个分子,速率均为 $u=|v|$。其中只有两个能够在 $\mathrm{d}t$ 时间内离开盒子,这两个中也只有一个能到达距离小孔 d 的探测器。

(a) 探测器只能测到在特定方向上射出的分子。假想一个以孔为球心、d 为半径的球面,探测器仅仅覆盖了比例为 α 的一部分。求出 α。

在所有气体分子中,其速度为 v 且能到达探测器的部分所占比例是 $P(v)\mathrm{d}^3v$,其中 v 垂直指向小孔且大小为 u,$\mathrm{d}^3v = 4\pi\alpha u^2\,\mathrm{d}u$。这些分子中,能在 $\mathrm{d}t$ 时间内从盒中逃出的分子必须在初始时位于截面积为 A、长为 $u\mathrm{d}t$ 的圆柱体内(见图中虚线所示圆柱)。

(b) 找出单位时间内到达探测器的气体分子总数。

(c) 有些学者在他们的结果中常提及飞行时间 $\tau = d/u$ 而不是 u。将(b)答案中的 u、$\mathrm{d}u$ 换成 τ、$\mathrm{d}\tau$ 的形式。

[注意:实际上,所选速度的范围 $\mathrm{d}u$ 取决于图 3.6 中缝的宽度,以及选定的速率 u。对于窄缝,$\mathrm{d}u$ 大致是一个常数乘以 u。于是,图 3.7 是由(b)的解乘以因子 u 并归一化构成的;图中的实验数据点反映了探测器的响应,也作了相似的归一化。]

3.6　掷骰子

假设你投掷三个未作假的骰子。至少抛出一个 5 的概率是多大？

3.7　法医学中的 DNA 鉴定

在犯罪现场发现的 DNA 可与嫌疑人的 DNA 进行比对，从而估算这两个样本来自同一个人的概率。实验中用某种酶将两份 DNA 都切割成短片段，酶切位点总是作用于同一段 DNA 序列，但对于不同个体，酶切位点的确切位置有所不同。假设经过上述处理得到一个特定长度的 DNA 片段 A，它的一个突变体 A1 只出现在 1‰ 的人群中。同理，假设另一个 DNA 片段 B 的突变体 B1 只出现在 4‰ 的人群中，片段 C 的突变体 C1 出现在 2.5% 的人群中。再假设所有这些突变体在人群中的分布完全是独立无关的。

（a）估算随机挑选的个体同时拥有这三个突变体的概率。

（b）假设 A、B 不是独立无关的，拥有 A1 的个体也很可能拥有 B1。应该如何修正你的上述答案？（只需给出定性解释）

3.8　"底部空间"[*]

在电影《超人》中，Jor-El 给襁褓之中的 Kal-El 留下了一块相当于一管牙膏大小的晶体，并留言告诉他其中存储着关于"28 个已知星系"的综合知识。假设这个天外晶体是由原子共价连接而成的、间距为 0.4 nm 的点阵结构（类似于地球上的金刚石），信息就储藏在晶格缺陷中（例如，这个缺陷可能是碳原子缺失）。

（a）估算这块晶体能储存的信息位数的上限（可以忽略 2 这类的因子）。

（b）如果将《二十一世纪人类百科全书》存入到一个数字硬盘中（4.7 GB，约为 38×10^9 比特），那么 Jor-El 记录在晶体中的平均每个"已知星系"的信息量相当于多少部《人类百科全书》？

3.9　超精细粒子追踪

当两点之间的距离小于光波的一个波长时，你就无法用光学显微镜来分辨它们。这似乎排除了用光学方法在纳米精度上来观察粒子运动的可能性，不过，第 10 章中描述的实验却做到了这一点。为了对这些实验有所了解，我们不妨做一个类比，考虑一个一维的情形。

假设你观察一个荧光体，其真实位置是 x_0。根据它发出的单个光子（光的"粒子"）可确定一个表观位置 x_i，这个量服从一个以 x_0 为中心的高斯分布，该分布的均方根差 σ 基本上代表了光的波长，而不是物体的真实尺寸。不过，如果你只对物体的位置而不是它的尺寸感兴趣，那么为了估计这个位置平均值 x_0，你可以进行有限次采样 $\{x_1, \cdots, x_N\}$，然后计算其平均值 $\langle x \rangle_N$。

（a）即使物体并不运动，你每轮测量得到的 $\langle x \rangle_N$ 也会有些许偏差。计算 $\langle x \rangle_N$

---

[*]　译注：原文为 Room at the bottom，源自著名物理学家 Richard Feynman 的演讲 "*There is plenty of room at the bottom*"

偏离真值 x 的均方根差。从这个结果出发,说明超精细追踪的可行性。

（b）实际上,单个荧光基团(能发出荧光的化学基团)在其失效(也称为光漂白)之前只能发出大约百万个光子。对于固定的单个荧光基团的位置,用(a)中的答案估计其观测精度的极限。请解释为何实际实验无法达到这一极限。

第 4 章　无规行走、摩擦与扩散

3.2.5 小节已经讨论过,颗粒与周围无序介质相互碰撞从而导致其有序运动向无序运动转换,这就是摩擦的起源。在这一图像中,热力学**第一定律**无非再次表述了能量守恒这一事实。为了证明上述关于摩擦起源的普适结论,我们将继续从这个模型出发寻找非平庸的、可检验的定量预言。

这一历程并不仅是追溯前人历史脚步的一个练习。一旦我们理解了摩擦的起源,大量的其他耗散过程——同样不可逆地将有序转换成无序——也将变得可以理解了:

- 墨汁分子在水中的扩散消除了有序性,例如,任何初始时刻的图样都会消失(4.4.2 小节)。
- 摩擦会消除物体初始定向运动的有序性(4.1.4 小节)。
- 电阻耗尽手电筒中的电池,并产生热(4.6.4 小节)。
- 热传导导致冷热分隔状态的消失(4.4.2′小节)。

在上面列举的每个例子中,通过与充斥着随机运动的大环境的碰撞,有序的动能或势能被降级为无序的运动。为研究这些过程,我们将以无规行走的物理学作为范式(4.1.2 小节)。

上一段所列举的耗散过程中,没有哪一种与牛顿天体力学问题有太多的关系,但事实上它们对理解细胞内的物理世界都极其重要。所不同的是,细胞过程的主要参与者是单个分子或者可能至多几千个分子构成的结构。在这个纳米世界中,原来认为微小的能量 $k_B T_r$ 将不再那么微小,近邻分子的随机冲击即能迅速瓦解任何协同运动。例如:

- 扩散实际上是亚微米尺度下物质输运的主要形式(4.4.1 小节)。
- 描述无规行走的数学同样也适用于对许多生物大分子构象的理解(4.3.1 小节)。
- 扩散的概念将提供双层膜的渗透率(4.6.1 小节)及跨膜电位(4.6.3 小节)的定量计算,在细胞生理学中这是两个极其重要的话题。

本章焦点问题

生物学问题:如果细胞纳米世界里的每一件事情都是如此随机,我们又怎能预测其中正在发生什么呢?

物理学思想：虽然个体运动无法预测，但是大量随机运动个体的集体行为仍能
有效预测。

§4.1　布朗运动

4.1.1　布朗运动简史

直至 19 世纪末期，一些有影响力的科学家还在批评甚至是嘲笑那种认为物质是由分立的、不变的实在粒子构成的假说。在他们看来这种想法在哲学上矛盾。然而，那时许多物理学家早已得出结论，认为若要解释理想气体定律和许多其他现象，原子假说是必不可少的。不过，怀疑和争论纷纭。首先，理想气体定律事实上并没有告诉我们分子有多大。我们可以取 2 g(1 mol)氢分子并测量它的压强、体积和温度，但是从理想气体定律所能得到的只有乘积 $k_B N_{mole}$，而不是 k_B 和 N_{mole} 的各个值。因此，实际上我们并不知道那 1 mol 氢分子中究竟有多少个分子。类似地，在 §3.2 中，珠穆朗玛峰顶大气密度的降低告诉我们 $mg \times 10 \text{ km} \approx \frac{1}{2}mv^2$，但我们无法由此定出单独一个分子的质量 m——m 被约去了。

只要能看见分子及其运动，则万事大吉。但是这个梦想似乎是毫无指望的。在富兰克林之后一个世纪里，对阿伏伽德罗常数的许多改良估计通通指出，分子尺寸远小于显微镜的可见范围。所幸，我们仍有一线希望。

1828 年，植物学家布朗(Robert Brown)通过显微镜观察到悬浮在水中的花粉颗粒不停地跳着奇特的舞蹈。花粉颗粒直径大约只有 1 μm，显得十分微小。但是，相对于原子的尺度来说它们是庞大的，能在布朗时代的显微镜下看到(可见光的波长大约在半微米左右)。我们可以统称这种物体为胶体颗粒。布朗自然地认为他看到的是某种生命过程，但是作为一位谨慎的观察者，他进而检验他的假设。他发现：

● 花粉运动永不停息，即使在微粒置于密封容器中长时间之后。如果运动是一种生命过程，颗粒最终应耗尽食物而停止运动。然而它们并非如此。

● 完全无生命的颗粒也展示出严格相同的现象。布朗尝试过"大量沉积在所有物体上，尤其是在伦敦"的烟灰及其他物质，最后甚至动用了他那个时代可以得到的最具异国情调的材料——狮身人面像的小块磨粉。当水中颗粒大小类似且温度相同时，其运动总是相同。

布朗不情愿地得出结论：他看到的现象与生命无关。

到 19 世纪 60 年代，已有人提出布朗所观察到的"舞蹈"是由花粉粒与热运动激发的水分子之间持续碰撞导致的。一些物理学家的实验证实在高温下这种布朗运动更激烈，正如由关系式"平均热运动能量 $= \frac{3}{2}k_B T$"(要点 3.21)所预期的。(另一些实验排除了其他像对流这样意义不大的解释。)看来布朗运动似乎就是那久寻不遇的联系气泵宏观世界(理想气体定律)和纳米世界(单个分子)的环节。不过，这些提法所缺的是精确的定量验证。

正如其他人很快指出的,布朗运动的分子运动解释看来明显荒谬。批评集中在两点:

(1) 在光学显微镜下,微米尺度花粉颗粒的扩散步长是清晰可见的,远大于分子本身的尺寸。很难想象是分子之间的碰撞造成了这些扩散步长。

(2) §3.2 论证过分子高速运动,速度约为 10^3 m/s。如果水分子大小约 1 nm 且紧密堆积,那么各个分子运动不到 1 nm 便与近邻碰撞。于是碰撞的频度至少为 $(10^3 \text{ m/s})/(10^{-9} \text{ m})$,即每秒约 10^{12} 次碰撞。肉眼不可能分辨频率高于 30 s^{-1} 的事件。如何看得见这些假想的"舞步"呢?

这就是爱因斯坦在 1905 年所面临的问题,那时他还是一名年轻的研究生,正在完成他的学位论文。那篇论文一再延滞,因为爱因斯坦同时还思考着其他问题。最终,所有问题都得到了圆满解决,而其中令爱因斯坦分心的问题之一就是布朗运动。

4.1.2 无规行走导致扩散

无规行走 爱因斯坦完美地解决了上面提及的两个佯谬: 他使这两个问题彼此相消。为了理解他的逻辑,想象你在摩天大楼下的人行道上移动一个标记物。每隔一秒,你掷一次硬币。每当你得到正面(H),将标记物东移一步;如果是背面(T),则西移一步。你有一个朋友从楼顶向下看。她无法分辨人行道的各个方块,它们太远无法看清。不过,你偶尔会连续掷出 100 次正面,从而产生一长步,从远处也清晰可见。这种事件当然罕见;不过,你的朋友即便只是大约每小时检查一次你的游戏,也决不会漏过它们。

爱因斯坦说,同样地,尽管我们不能看到单次分子碰撞引起的微米尺寸花粉

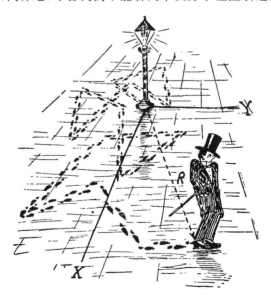

图 4.1(隐喻) 无规(或"醉汉")行走。(本卡通图由 George Gamow 绘制,摘自 Gamow, 1961。)

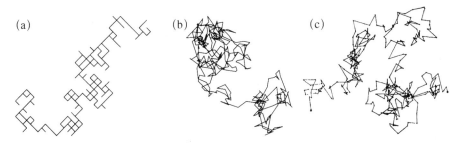

图 4.2（数学函数；实验数据）　（a）计算机模拟的二维无规行走，共 300 步。如正文所述，每一步都是沿对角线移动的。（b）同样方法进行 7 500 步的模拟，每步步幅均为（a）中的 1/5。每 25 步进行一次取样，得到的平均步幅与（a）中单步步幅相近。此图同时显示了精细结构和总体结构，如正文所述，结构存在于所有尺度上。（c）佩兰（Jean Perrin）于 1908 年获得的真实实验数据。佩兰周期性地观察单个粒子的位置，然后在图上绘出这些点并用直线连接，这个过程类似于产生数学图（b）的周期取样。视场宽度约为 75 μm。（模拟图蒙 P. Biancaniello 惠赠；实验数据摘自 Perrin，1948。）

颗粒的快速颤动，我们仍可能并且下面就将看见这种罕见的大位移。[*]

　　存在罕见大位移这一事实，有时也被表述如下：无规行走在任意长度尺度上都具有结构，而不仅限于在单步上。此外，只研究罕见大位移，不仅可以确认图像的正确性，而且还可以告诉我们关于不可见分子运动的定量的东西（即玻尔兹曼常量值）。花粉颗粒的运动似乎并不具有生物学的重要性，但是 4.4.1 小节将说明，考察的事物越小，热运动将越重要，而生物大分子的确远小于 1 μm。

　　上述逻辑稍作改动就可用于更实际的二维或者三维运动。考虑二维情形，将标记物放在棋盘格上，每秒掷两枚硬币，一枚一分，另一枚五分。一分硬币用于东西向移动标记物如前，五分硬币用于南北移动标记物。标记物所绘出的路径就是二维无规行走（图 4.1 和图 4.2）。每一步沿对角线跨越棋盘格上的方格。类似地，上述步骤可推广到三维。但是，为保持公式简单，本节剩下部分只讨论一维情形。

　　假设那位朋友将视线移开 10 000 秒（3 小时左右）。当她再看时，标记物不太可能恰在原位。如果那样，我们必须准确地向左走 5 000 步并向右走 5 000 步。这个结果到底有多不可能？以两步行走为例，在所有 $2^2 = 4$ 种可能中，能回到起点的结果有两种（HT 和 TH）。于是，回到起点的概率是 $P_0 = 2/2^2$ 即 0.5。至于四步行走，回到起点的方式有六种，所以 $P_0 = 6/2^4 = 0.375$。对于 10 000 步行走，同样要找出可回到起点的不同方式数 M_0，然后除以 $M = 2^{10\,000}$。

例题： 完成以上计算。

解答： 在所有 M 种可能中，那些恰好出现 5 000 次正面的结果可按如下方式来描

---

　　[*]　Ⓣ 接下来的内容是爱因斯坦的论述的一个简化版本。读完本书第 6 章后，有能力阅读拓展部分的读者将能顺利理解爱因斯坦的原始论文。

述：对一个特定的投币序列,记录投出正面的各次的序号并列出清单;这张清单包含 5 000 个不同整数(n_1, …, $n_{5\,000}$),每一个都不大于 10 000。现在我们的问题变为：有多少张不同的这样的清单?

n_1 可以取 1 到 10 000 中的任何一个数,n_2 可为 9 999 种余下选择中的任一个,以此类推,总共有 10 000 × 9 999 × … × 5 001 种清单。这个量可以重写成 (10 000!)/(5 000!),其中感叹号表示阶乘。任意两张清单如果只是在各元素 n_i 之间存在换序(置换)的差异,则实际上并无区别,因此上述答案必须除以可能的置换数 5 000 × 4 999 × … × 1。综上所述,不同清单的数目应该是

$$M_0 = \frac{10\,000!}{5\,000! \times 5\,000!}。 \qquad (4.1)$$

除以可能的结果总数,给出恰好回到原点的概率为 $P_0 = M_0/M \approx 0.008$,其可能性小于 1%。

上例中求得的概率分布称为二项式分布。(有些书将式 4.1 简记为 $M_0 = \binom{10\,000}{5\,000}$,读作"一万取五千"。)

思考题 4A

普通的计算器做不了上述计算。代数运算程序包可完成计算,但我们不妨借此机会来学习一个便捷运算工具：斯特林公式给出大数 M 的阶乘 $M!$ 的如下近似：

$$\ln M! \approx M \ln M - M + \frac{1}{2} \ln(2\pi M)。 \qquad (4.2)$$

请用这个公式计算刚刚提到的 P_0 值。

以上讨论表明不太可能恰好回到起点。但是,更不可能止于起点左边 10 000 步处,因为这要求连续掷出 10 000 次背面,其概率为 $\approx 5 \times 10^{-3\,011}$。相反地,你更可能停在中间某处。图 4.3 用短程行走对此作出了说明。

扩散定律 要想找出在无规行走中你可能走多远,一种方法是明确列出 10 000 次投币结果序列,然后对所有$(x_{10\,000})^2$ 求平均,得到第 10 000 步后的均方位置。好在我们还有另一种更简单的方法。

设每步步长为 L。因此,第 j 步的位移是 $k_j L$,这里 k_j 以相同可能性取 ±1。记第 j 步后的位置为 x_j;初始点为 $x_0 = 0$[图 4.4(a)]。那么,$x_1 = k_1 L$,类似地,第 j 步后的位置为 $x_j = x_{j-1} + k_j L$。

因为每次行走都是随机的,我们完全无法预测每次 x_j 的确切值。然而,我们能够对 x_j 的多次不同试验平均值下明确结论：以图 4.4(b)为例,有 $\langle x_3 \rangle = 0$。该图清楚说明为什么有这个结果：对所有的可能作平均,净位移向左的那些与同等可能的净位移向右的部分正好相抵消了。

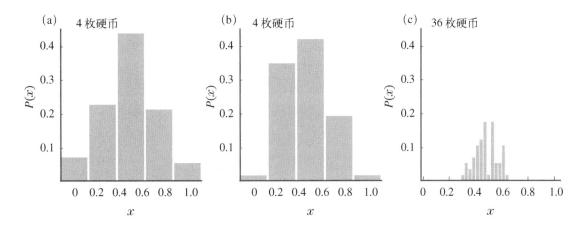

图 4.3(实验数据)　二项式分布的行为。(a) 每次同时掷 4 枚硬币, 数 x 代表掷出正面的硬币所占的比例。该直方图展示了一轮实验共 57 次掷币的结果。因为是离散分布, 所以我们对直方进行了归一化使得其长度之和为 1。(b) 另一轮 57 次掷币实验的结果, 每次仍同时掷 4 枚硬币。(c) 每次同时掷 36 枚硬币, 仍然掷 57 次。所得分布要比(a)、(b) 窄得多。如果掷币总次数很大, 我们可以更加肯定地说大约一半的硬币将掷出正面。图中的竖条比(a)、(b) 中的短, 因为总数(57) 这次被分散到了横轴上更多的格子里(37 而不是 5)。(数据蒙 R. Nelson 惠赠。)

　　因此, 无规行走的平均位移为零, 但这并不意味无法走到别处。上例表明 N 很大的时候正好回到起点的概率很小。为得到有意义的结果, 回想一下 3.2.1 小节的讨论: 对于理想气体, $\langle v_x \rangle = 0$, 但 $\langle v_x^2 \rangle \neq 0$。受此启发, 我们可以计算问题中的 $\langle x_N^2 \rangle$。图 4.4 展示了这样的计算, 得到 $\langle x_N^2 \rangle = 3L^2$。

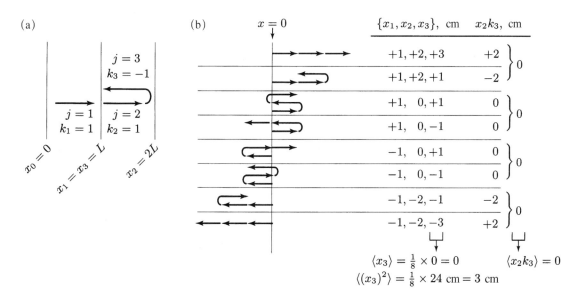

图 4.4(图解)　(a) 无规行走剖析。如图所示, 行走三步, 标为 $j = 1$、2、3。第 j 步的位移为 $k_j = \pm 1$。(b) 八种三步行走的完整列表, 步长 $L = 1\,\mathrm{cm}$。在最简化的模型中, 每种结果出现的概率相等。

思考题
4B 对四步行走重复此计算，加深对该方法可行性的理解。

数学运算的确有些乏味。我们不去一一列出所有的可能结果，只需注意到

$$\langle (x_N)^2 \rangle = \langle (x_{N-1} + k_N L)^2 \rangle = \langle (x_{N-1})^2 \rangle + 2L\langle x_{N-1} k_N \rangle + L^2 \langle (k_N)^2 \rangle。$$
(4.3)

上式最右边的末项正好等于 L^2，因为 $(\pm 1)^2 = 1$。至于中间一项，我们可以将所有 2^N 种可能行走一一配对（见图 4.4 的最后一列）。每一配对由具有相同 x_{N-1} 的两个可能性相等的行走组成，只是最后一步不同，因此对 $x_{N-1} k_N$ 的平均值的贡献为零。想一想这一步如何暗中用到了概率的乘法原理（见 3.1.4 小节）以及每步独立于先前各步的假设。

式 4.3 表明 N 步随机行走的均方位移比 $N-1$ 步的大 L^2，后者又比 $N-2$ 步的大 L^2，等等。依这种逻辑，最终得

$$\langle (x_N)^2 \rangle = NL^2。$$
(4.4)

现在可以把结果应用到最初的问题，即一维空间中标记物每秒移动一步。如果等待的总时间为 t，标记物移动了 $N = t/\Delta t$ 步，其中 $\Delta t = 1\,\mathrm{s}$，定义此过程的扩散常量为 $D = L^2/(2\Delta t)$，则 *

    （a）一维无规行走的均方位移随时间线性增加：$\langle (x_N)^2 \rangle = 2Dt$，
        其中

    （b）扩散常量 D 等于 $L^2/(2\Delta t)$。
(4.5)

要点 4.5 称为一维扩散定律。在上例中，步间间隔为 $\Delta t = 1\,\mathrm{s}$；如果标记物移动的步长为 $1\,\mathrm{cm}$，则 $D = 0.5\,\mathrm{cm}^2\,\mathrm{s}^{-1}$。图 4.5 表明要点 4.5(a) 里的求平均号必须认真对待——任何单次行走，即使近似地看，也不会遵从扩散定律。

要点 4.5 使我们能精确预测无规行走。例如，只要等待足够长的时间 $X^2/(2D)$，就可以观察到任意位移 X，即使 X 远大于步长 L。

回到布朗运动的物理学意义，上述结论意味着，即使在显微镜下看不清基本步移，仍可相信要点 4.5(a) 并用实验测量 D 值：记下微粒的起始位置，经过时间 t 后，再记下最终位置 x_f，计算 $x_\mathrm{f}^2/(2t)$；重复观察多次；由 $x_\mathrm{f}^2/(2t)$ 的均值得到 D 值。要点 4.5(a) 指出由此得到的 D 值将独立于观察时间 t。

这种逻辑可推广至二维甚至更高维的情形（图 4.2）。例如在一个格长为 L 的二维棋盘上的无规行走。仍定义 $D = L^2/(2\Delta t)$，但这次每步均沿对角线，所以步长为 $\sqrt{2}\,L$。另外，位移 $\boldsymbol{r}_N$ 将是一个矢量，具有两个分量 x_N 和 y_N。因此

---

    * 要点 4.5(b) 中 D 的定义包含了因子 $1/2$。我们可以随意定义 D，只要前后保持一致。前文所选的定义将会在要点 4.5(a) 的扩散定律中引入修正因子 2。这个规定为推导 4.4.2 小节的扩散方程带来方便。

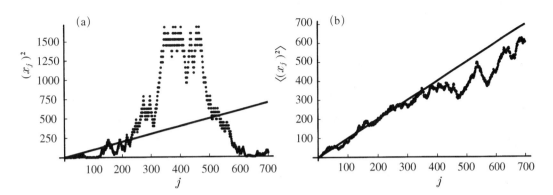

图 4.5(数学函数)　瞬时值与平均值。(a) 单次一维无规行走的方差 $(x_j)^2$，共 700 步。每步步长均为单位长度，横轴是步数 j。此图显示 $(x_j)^2$ 的变化与 j 完全无关。(b) 小点代表对 30 次无规行走所求的均值 $\langle(x_j)^2\rangle$，每次行走都进行 700 步。同样，横轴代表 j。这次，$\langle(x_j)^2\rangle$ 的行为与理想扩散定律相似（式 4.4）。

$\langle(\boldsymbol{r}_N)^2\rangle = \langle(x_N)^2\rangle + \langle(y_N)^2\rangle = 4Dt$ 将是前述情况的两倍，因为右边每一项都将单独遵守要点 4.5(a)。类似地，对于三维情形，可得到

$$\langle(\boldsymbol{r}_N)^2\rangle = 6Dt\text{。}\qquad \text{三维扩散} \qquad\qquad (4.6)$$

——列举不同维度的情况可能会让人不得要领，然而与扩散定律相关的那些重要特征事实上非常简单：对任意维度，均方位移都随时间线性增长，因此比例常量 D 具有量纲 $\mathbb{L}^2\mathbb{T}^{-1}$。牢记这一点，其他很多公式就容易记住。

从宏观到微观　4.1.1 小节引入了一个难题：当我们无法看清分子的时候，如何了解分子尺度（或"微观"）世界的事情？本小节探讨了以布朗运动作为微观世界和"宏观"世界（可见事物）之间的联系的观点。最终，我们发现对布朗运动这一宏观现象的观察，不仅定性地支持分子的热运动理论，也能检验该理论引出的某个定量预言。此处我们尚不足以做出这一预言（式 4.16），但至少我们已得到了布朗运动的微观参数（步长 L 和间隔时间 Δt）与宏观实验中的可观察测量（扩散常量 D）间的关系，即要点 4.5(b)。

不幸的是，从一个方程无法解出两个未知量：仅仅测量 D 不足以得到 L 和 Δt 的确切值。我们需要另一个公式把它们与某些宏观观测联系起来，从而可由两个方程解出两个未知量。4.1.4 小节将给出所需的另一个公式。

4.1.3　扩散定律与模型无关

对无规行走的上述数学处理使用了过于简化的假设。有人或许担心如要点 4.5 那样的简单结果无法从更实际的模型得出。本小节将显示，恰恰相反，扩散定律是普适的——只要给定独立随机步移的某种分布，它就不依赖于具体模型。

为简单起见，仍然考虑一维情况。（除了相对三维情形数学上的简化外，一维的例子还将是 10.4.4 小节特别感兴趣的话题。）假设标记物移动的步长是可变的，给定包含一组数字 P_k 的集合，P_k 定义为步长为 kL 的概率，其中 k 为一个整数。

k_j 作为第 j 步的长度可正可负，分别代表前进或后退。假定不同步长取值的相对概率对每一步（即 j 的每个取值）来说都一样。定义 u 为 k_j 的平均值：

$$u = \langle k_j \rangle = \sum_k k P_k。 \tag{4.7}$$

u 描述了叠加于无规行走上的平均漂移运动。（前一小节分析的是 $P_{\pm 1} = \dfrac{1}{2}$，而其他的 $P_k = 0$。这种情况下 $u = 0$。）

标记物的平均位移现在可表示为

$$\langle x_N \rangle = \langle x_{N-1} \rangle + L\langle k_N \rangle = \langle x_{N-1} \rangle + uL = NuL。 \tag{4.8}$$

注意到一个 N 步行走可以看成单步的逐次累加，而每步的平均位移增加 uL，如此可得到上式中最右边的等式。

平均位移并不是事情的全部。由前面的经验知道，扩散还涉及围绕平均值附近的涨落。因此，现在还需计算真实位移围绕其平均值涨落的方差（或称均方差，式 3.11）。仿照导出式 4.3 的分析，得到

$$\text{variance}(x_N) \equiv \langle (x_N - \langle x_N \rangle)^2 \rangle = \langle (x_{N-1} + k_N L - NuL)^2 \rangle$$
$$= \langle (x_{N-1} - u(N-1)L + (k_N L - uL))^2 \rangle$$
$$= \langle (x_{N-1} - u(N-1)L)^2 \rangle + 2\langle (x_{N-1} - u(N-1)L)(k_N L - uL) \rangle +$$
$$L^2 \langle (k_N - u)^2 \rangle。 \tag{4.9}$$

回想一下第 N 步的步长 kL，假定它可变并且与前面所有的步移均统计独立。因此最后一个等式的中间项变成 $2L\langle x_{N-1} - u(N-1)L \rangle \langle k_N - u \rangle$，再考虑到 u 的定义（式 4.7），这一项实际上等于 0。由此，式 4.9 表示 x_N 的方差在每步之后都增加一个确定量，即

$$\text{variance}(x_N) = \langle (x_{N-1} - \langle x_{N-1} \rangle)^2 \rangle + L^2 \langle (k_N - \langle k_N \rangle)^2 \rangle$$
$$= \text{variance}(x_{N-1}) + L^2 \times \text{variance}(k)。$$

N 步后，方差将变为 $NL^2 \times \text{variance}(k)$。假设每走一步时间为 Δt，也就是 $N = t/\Delta t$。那么

$$\text{variance}(x_N) = 2Dt，\text{其中 } D = \frac{L^2}{2\Delta t} \times \text{variance}(k) \tag{4.10}$$

在 $u = 0$ 的特殊情形下，式 4.10 将还原为前面得到的结果，即要点 4.5(a)。

因此，扩散定律并不依赖于模型。只有关于扩散常量的具体公式才依赖于模型的微观细节［对比要点 4.5(b) 与式 4.10］*。这种普适性，一旦能被找到，就可确保结果具有强大的说服力及广泛的适用性。

---

* 🅣 9.2.2′小节将显示，类似地，即使用更实际的模型（向任何方向步移）取代前面所使用的简化模型（沿立方格子的对角线步移），三维扩散定律的形式（式 4.6）也不变。

4.1.4 摩擦与扩散之间存在定量联系

扩散实质上是一个随机涨落的问题:已知粒子的当前位置,我们想预测时间 t 后它的空间分布。导致这个分布的随机碰撞正是 3.2.5 小节已定量讨论过的摩擦的起源。因此应该能把微观量 L、Δt 与摩擦这个宏观可测量联系起来。通常我们要对问题做些简化以便迅速抓住要点。作为例子,再次考察所有物体都只做一维运动的虚拟世界。

为研究摩擦,考虑一个沿 $\hat{x}$ 方向受常力 f 推动的颗粒。这个外力 f 可以是重力 mg 或者是离心机里的人造引力,等等。我们想要知道颗粒在外力方向上的平均运动。本科一年级的物理课程可能已提及一个落体最终会达到一个取决于摩擦的"末速度"。现在以液体中的悬浮颗粒为例,考察摩擦的物理起源。

按照 4.1.2 小节的精神,假定 Δt 时间内只发生一次碰撞(尽管相继两次碰撞的间隔时间长度实际上遵循一个概率分布)。在两次碰撞之间,颗粒并不受随机扰动,而是服从简单的牛顿定律 $dv_x/dt = f/m$,因此其速度随时间变化为 $v_x(t) = v_{0,x} + ft/m$,其中 $v_{0,x}$ 是上一次碰撞刚结束时的速度值,m 是颗粒的质量。由此导致的颗粒的匀加速运动可以写为:

$$\Delta x = v_{0,x} \Delta t + \frac{1}{2} \frac{f}{m} (\Delta t)^2 \text{。} \tag{4.11}$$

按 4.1.1 小节,假设每次碰撞都消去了对前次碰撞的所有记忆。因此,每次步移后 $v_{0,x}$ 都随机地指向左方或右方,而其平均值为 0。对式 4.11 求平均得到 $\langle \Delta x \rangle = (f/2m)(\Delta t)^2$。此式表明,颗粒虽受到随机碰撞,仍获得了一个净漂移速度 $\langle \Delta x \rangle / \Delta t$,即

$$v_{\text{drift}} = f/\zeta \text{,} \tag{4.12}$$

此处

$$\zeta = 2m/\Delta t \text{。} \tag{4.13}$$

式 4.12 表明,在前述的几个假设下,受恒定外力作用的颗粒最终的确会达到一个正比于该力的速度。黏性摩擦系数 ζ,与扩散系数一样,都是实验上可测的量,例如可通过显微镜直接观察颗粒在重力作用下如何迅速达到稳态。

我们再次得到了熟知的摩擦定律(式 4.12)。这就强化了摩擦源于物理实体与周围热致扰动的流体的随机碰撞这一观念。以上结果适用于比布朗的花粉微粒更广的范围:任何大分子、可溶小分子,甚至水分子本身,都服从式 4.12 和式 4.13 所描述的定律。每一种颗粒,当置于不同的溶剂中时,都会有相应的特征 D 和 ζ。

回到胶体颗粒的讨论。实际中直接测量 ζ 通常并非必需。球体的黏性摩擦系数与它的尺寸之间存在简单关系:

$$\boxed{\zeta = 6\pi\eta R \text{。} \quad \text{斯托克斯公式}} \tag{4.14}$$

在这个表达式中，R 是颗粒的半径，η 是常量，称为流体黏度。第 5 章将更具体地讨论黏度。此处，我们只需知道室温下水的黏度大约是 $10^{-3}\ \text{kg m}^{-1}\ \text{s}^{-1}$。一旦能测到胶体颗粒的尺寸（例如直接观察），通过式 4.14 就可以得到 ζ。如果还知道颗粒的密度（比如称量一块煤灰样品），由它的尺寸就能进一步确定质量 m。

总之，胶体颗粒的宏观性质 ζ 和 m 可由实验测量，而式 4.13 把它们与碰撞时间 Δt 这个分子尺度的量联系起来。还可以把这个量代回到要点 4.5(b) 中，由扩散常量 D 来计算另外一个分子尺度的量，即有效步长 L。

然而不幸的是，这个理论无法给出可证伪并且定量的预言。它能算出随机游走的参数 L 和 Δt，但它们本身无法观测。要想证实扩散和黏滞仅仅是热运动的不同方面，我们必须更进一步。注意到在 L 和 Δt 之间存在着第三个关系。要看出这一点，记 $(L/\Delta t)^2 = (v_{0,\,x})^2$。按照推导理想气体定律的思路，有如下结论：

$$\langle (v_{0,\,x})^2 \rangle = k_\text{B}T/m。 \tag{4.15}$$

（不同于要点 3.21，这里并没有因子 3，因为一维情况下只有一个速度分量。）

式 4.15 和其他结果［要点 4.5(b) 及式 4.13］联合起来构成 L 和 Δt 的超定方程组。只有当 D 和 ζ 之间存在特定关系时，两个未知数才可能同时满足三个关系式。这个关系正是我们所寻求的。为此，考察乘积 ζD。

思考题 4C

(a) 综合所有相关的信息，利用要点 4.5(b) 和式 4.13，将 ζD 表达为 m、L、ζ 的函数。按照定义 $v_{0,\,x} = L/\Delta t$ 及式 4.15，可得：

$$\boxed{\zeta D = k_\text{B}T。}\quad \text{爱因斯坦关系} \tag{4.16}$$

(b) 验证上式中量纲是正确的。

这个关系由爱因斯坦于 1905 年得到。它表明，颗粒位置的涨落是与它经受的耗散（或摩擦阻力）相联系的。

爱因斯坦关系在很多方面都是非比寻常的。首先，它指出如何从宏观测量得到 k_B。把气体常量 $N_\text{mole}k_\text{B}$ 除以 k_B，爱因斯坦还能得出阿伏伽德罗常数。他发现了一摩尔物质有多少分子，进而指出分子尺寸可以多小，而完全不必亲眼看见分子。

爱因斯坦关系是定量和普适的：无论研究何种颗粒或溶液，总能得到相同的 $k_\text{B}T$ 值。式 4.16 的右边并不依赖于颗粒质量 m。越小的颗粒感受到的摩擦阻力越小（ζ 越小），但越易于扩散（D 越大），它们都按此方式服从式 4.16。另外，ζ 和 D 一般都以复杂的方式依赖于温度，而式 4.16 表明它们的乘积与温度的关系却非常简单。

ζD 这个乘积的普适性提供一个可证伪的预言来检验"热即分子的无规运动"这一假说。我们可以对各种颗粒在不同尺寸、不同温度的条件下进行考察，看是否所有的情形都给出同一 k_B 值。（事实的确如此。习题 4.5 中提供了一个例子。）

爱因斯坦还核实了他所提议的实验的可行性。他推论道，要想测量直径 1 μm

的胶体颗粒的位移，必须等它已移动了几个微米。若等待时间长得不切实际，这个实验本身就不可行。利用已有的对 k_B 的估计，爱因斯坦估算出直径 $1\ \mu m$ 的球形颗粒在水中要达到 $5\ \mu m$ 的平均位移得花去数分钟，这是一个合适的等待时间。爱因斯坦得出结论，胶体颗粒提供了可行的实验机会：它们大到足以被光学手段观测，却又不至于使其布朗运动过于迟缓。这个预言提出后不久就被佩兰和其他人的实验所证实[*]。正如爱因斯坦后来所说："突然之间，所有关于玻尔兹曼理论基础的疑虑都烟消云散了。"

 4.1.4' 小节就无规行走提出了几个更精细的观点。

§4.2　题外话：爱因斯坦所扮演的角色

爱因斯坦并不是第一个提出热激发是布朗运动的原因的人。那么，他究竟做了哪些了不起的事呢？

首先，爱因斯坦能敏锐地意识到哪些问题是重要的。当其他人还在声学等问题上消磨时间时，他已认识到那时最迫切的问题是分子真实性的求证、麦克斯韦光学说的理论结构、统计物理学在黑体辐射上表观失效的原因以及放射性等。他在 1905 年发表的三篇文章构成了整个 20 世纪物理学的纲领。

其次，爱因斯坦的兴趣是跨学科的。那个时代大多数科学家无法理解这些难题其实属于同一性质的探究，当然也没有人猜到它们正如爱因斯坦一手揭示出的那样是环环相扣的。

第三，爱因斯坦为声名狼藉的分子论找到了出路，即寻找新的、可检验的定量预言。4.1.4 小节讨论了对布朗运动的研究是怎样给出常量 k_B 的数值，并由此推得 N_{mole} 的数值。分子的热运动理论认为这种办法所得到的数值应该与早先近似确定的值一致，事实上也的确如此。

爱因斯坦并没有就此止步。他的博士论文再次利用式 4.16，给出了另一种独立确定 N_{mole} 的方法（当然，也可由此推得 k_B）。在之后的数年中，他又发表了另外四种独立确定 N_{mole} 的方法！爱因斯坦的立论根据是：如果分子真实存在，那么它们将有一个真实的、确定的大小，并以大量不同的方式表现出来；若它们并不真实存在，那么所有这些独立的测量都指向相同的尺度将是一个难以理解的巧合。

这些理论结果有着技术上的潜在价值。爱因斯坦关于悬浮液黏性的博士论文，至今仍是他最常被引用的工作。同时，他仍在不停地磨利他的工具以实现更为宏大的计划；事实上，指出物质由分立的粒子组成，这就为接下来指出光具有相同性质埋下了伏笔（见 1.5.3 小节）。因此，光量子论的文章紧接在布朗运动的工

---

[*]　图 4.2(c) 及 4.17 展示了佩兰的一些实验数据。

作之后发表并非巧合。

 4.2′节根据上面的讨论回顾了爱因斯坦其他的一些早期工作。

§4.3 其他无规行走

4.3.1 高分子构象

至此,我们曾将图4.2当作一张点粒子运动的慢速拍摄照片来考虑。同样的数学描述也可用于一个完全不同的与生物学相关的物理问题即高分子构象上。

描述一个高分子的确切状态需要大量的几何参量,如每个化学键的键角。预言这个状态是毫无指望的,因为分子无时无刻不在被其周围流体的热运动所撞击着。但是,这里我们可以再一次反过来提问:是否存在一些与整个高分子形状有关的总体平均量可设法预测呢?

把高分子想象成由 N 个单元排成的长串。每个单元都由一个完全柔软的铰链与下一个单元相连,就像一串回形针 *。热平衡时,这些铰链全部处于随机选取的角度。对高分子形状每一时刻的抓拍都不会相同,但在这样的一系列快照中将会有某种家族相似性:实际上每张都是一次无规行走。按照4.1.2小节中的方法,我们将问题简化,假设链上每一个铰链处在以前一个铰链为中心的立方体的八个角中的一个上(图4.6)。令立方体的边长为 $2L$,那么每个链节的长度均为 $\sqrt{3}L$。

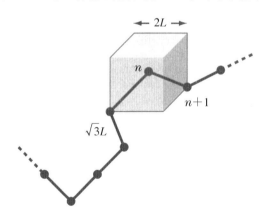

图 4.6(示意图) 三维无规行走过程的一段。将其简化使得每个接头均有八种可能的弯折方向。在所示构象中,从第 n 个接头走到第 $n+1$ 个接头的步移为向右、向下、向纸内各走一步的矢量和。

---

* 在真实高分子中,铰链并非完全柔软。第9章将会说明这一点。即便如此,只要将这里所说的每一个"单元"理解为实际上由许多单体组成,自由连接链模型也能表现出某种程度的刚性。

现在可以应用 4.1.2 小节中所得到的结果。例如,高分子极不可能完全伸直,正如在想象的棋盘游戏中我们不可能使每一步均向右。相反,高分子很可能蜷成一团,或称为无规线团。

从式 4.4 中,我们发现无规线团的均方根首末端距离为 $\sqrt{\langle r_N^2 \rangle} = \sqrt{\langle x_N^2 \rangle + \langle y_N^2 \rangle + \langle z_N^2 \rangle} = \sqrt{3L^2 N} = L\sqrt{3N}$。该预言可为实验所检验。高分子的摩尔质量等于其单元数 N 乘以每个单元的摩尔质量,因此我们预言

> 如果合成的高分子由不同数量的单元组成,则线团尺寸的增
> 加将正比于其摩尔质量的平方根。　　　　　　　　　　　(4.17)

图 4.7(a)显示一次实验的结果。实验中共合成了八批高分子,每批高分子都具有不同的链长度。这些分子在稀溶液中的扩散常量已被测定。斯托克斯公式和爱因斯坦关系(式 4.14 和式 4.16)暗示 D 为一常量除以高分子团的半径。因此从要点 4.17 可预测 D 应当正比于 $M^{-1/2}$,与实验数据大致吻合*。

图 4.7 也展示了一种重要的绘图手段。如果我们希望说明 D 为一常量乘以 $M^{-1/2}$,可以尝试先在图上绘出数据点,再将具有各种常量值 A 的曲线 $D = AM^{-1/2}$ 叠合于其上,并检查它们中是否有相符的。一种更加一目了然的方法是以 $\log D$ 和 $\log M$ 为坐标绘图。这样,不同的预测曲线 $\log D = \log A - \frac{1}{2}\log M$ 全部

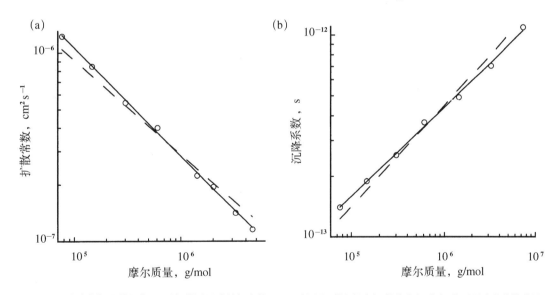

图 4.7(实验数据及其拟合)　无规线团尺寸的标度律。(a) 聚甲基丙烯酸甲酯(俗称有机玻璃)在丙酮中的扩散常量 D 与高分子摩尔质量 M 之间的函数关系图,以双对数坐标绘制。实线对应于函数 $D \propto M^{-0.57}$。作为比较,虚线代表由本章的简化分析所预测的、标度指数为 $-1/2$ 的最佳拟合曲线。(b) 同种高分子的沉降系数 s,将于第 5 章中讨论。实线对应于函数 $s \propto m^{0.44}$。作为比较,虚线代表标度指数为 $1/2$ 的最佳拟合曲线。(实验数据摘自 Meyerhoff & Schultz, 1952。)

---

*　关于无规线团尺寸的更多知识见 5.1.2 小节及习题 5.8。

变成斜率为 $-\frac{1}{2}$ 的直线。因此可以通过如下方法来检验我们的假设：沿着测得的数据点放一根直尺，看它们是否处在某根直线上，如果是，确定那条直线的斜率。

要点 4.17 的一个推论是无规线团高分子的结构是松散的。要认识到这点，假设高分子每个单元占据固定的体积 v，则 N 个单元密堆将会产生一个半径为 $(3Nv/4\pi)^{1/3}$ 的球。因为 $N^{1/2}$ 比 $N^{1/3}$ 增加得快，所以对充分大的高分子（即 N 充分大），这个尺寸将小于无规线团的尺寸。

为了得出要点 4.17，我们实际上使用了一些便利的假设。最重要的是，我们假设大分子每个单元等可能地占据与其相邻单元紧接的所有空间（图 4.6 理想化模型中立方体的八个角落）。如果在单元之间存在着强烈的相互吸引力，这个假设将不成立，因为这种情况下，高分子将不再采取三维无规行走构象而是密堆成一个球体。这种情形的例子包括诸如血清蛋白的球蛋白。我们可通过比较高分子的体积和假设所有单体密堆时所占据的最小体积，将高分子粗略区分为"紧致型"或"延展型"。多数大蛋白质和非生物高分子可以很明确地归入两者中的某一类（表 4.1）。

即使高分子不坍缩为线团，其单体也并非可以真正自由地处于任何位置：两个单体不可能占据空间中的同一点！我们的处理忽略了这种自回避现象。值得注意的是，自回避无规行走思想的引入只是简单地使要点 4.17 的标度指数从 1/2 变为其他某个可计算值。这个标度指数的实际值依赖于温度和溶液环境。对于"良溶剂"中的三维无规链，修正后的值为 0.58。图 4.7 所示的实验即为这种情况的一个例子，从中可以看出其标度指数仅稍大于简化模型的预测值 1/2。不管这个标度指数的精确值是什么，关键点在于从高分子运动的复杂性中可涌现出简单的标度关系。

图 4.8 展示了对高分子构象标度律的一种特别直接的检验。梅尔（B. Maier）和雷德勒尔（J. Rädler）首先构建了一个带正电的表面并让它吸引带负电荷的单链 DNA，然后对被吸附的 DNA 分子不断变化的构象进行连续快照（DNA 分子带有一种荧光染色分子以使其能让肉眼所见）。DNA 分子可以是自交叉的，但每次出现这种情况都是一个消耗结合能的过程，因为在交叉点处上面那条带负电的链并

表 4.1　各种高分子的性质

高分子	摩尔质量(g/mol)	R_G(nm)	密堆球半径(nm)	类　型
血清球蛋白	6.6×10^4	3	2	紧致型
过氧化氢酶	2.25×10^5	4	3	紧致型
丛矮病毒	1.1×10^7	12	11	紧致型
肌球蛋白	4.93×10^5	47	4	延展型
聚苯乙烯	3.2×10^6	49	8	延展型
DNA，体外	4.0×10^6	117	7	延展型

R_G 为测得的少数天然和人工高分子的回转半径，随同显示的还有由摩尔质量及近似密度估算出的高分子密堆时所形成的球的半径。（摘自 Tanford，1961。）

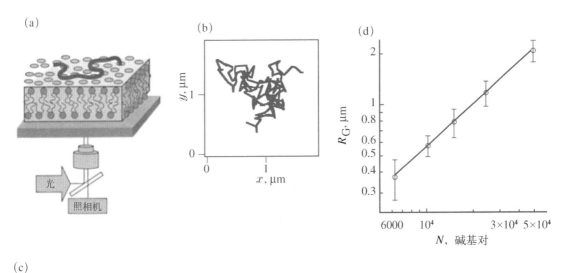

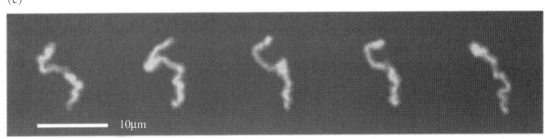

图 4.8(示意图;实验数据;显微照片)　高分子构象二维自回避无规行走模型的实验检测。(a)实验装置。一个带负电荷的 DNA 分子黏附在带正电荷的表面上。DNA 分子被一种荧光染色分子标记以使其在光学显微镜下可以观察到。(b) 整个分子无规行走的一次实时跟踪记录。本图展示对分子质心的连续观察。[与图 4.2(b)、(c)相比较。](c) 对分子每隔 2 秒的连续快照。每一张都展示了一种不同的随机构象。受光学显微镜的分辨率所限,构象的精细结构并不可见,但可计算出相对于分子质心的均方距离。(d) 长为 N 碱基对的无规线团的尺寸与 N 之间的双对数关系图。对于每一个 N 值,对类似(c)那样的 30 张独立快照作平均可求得线团尺寸(图 4.5)。平均尺寸的增加正比于 $N^{0.79\pm0.04}$,接近于理论预测 $N^{3/4}$ 的行为(见习题 7.9)。[(c) 蒙允翻印自 Berenike Maier and Joachim O. Rädler, Phys. Rev. Lett. **82**, p. 1911 (1999). © 1999 American Physical Society. doi.org/10.1103/PhysRevLett.82.1911.]

不与带正电的表面接触,而是被强迫与另一条带负电的链相接触。因此我们可以认为线团尺寸遵从二维自回避无规行走标度律。习题 7.9 将说明这种行走所对应的标度指数为 $\frac{3}{4}$。

　　一旦结合到平面上,DNA 链就开始在各种蜿蜒构象之间变化[图 4.8(c)]。测量荧光强度作为位置的函数并对多帧视频图像取平均,梅尔和雷德勒尔计算出了高分子链的回转半径 R_G,R_G 与首末端距离的均方相关。图 4.8(d)的数据指出 $R_G \propto N^{0.79}$,接近于理论预测的幂指数 $\frac{3}{4}$。

 4.3.1′小节将提及无规线团构象的一些更细节的观点。

4.3.2 展望：华尔街里的无规行走

股票市场由无数独立且具有生命的亚单元，即投资者，构成。每个投资者均为其个人的经验、感情和不完全的知识所左右，其决策立足于其他投资者决策的汇总信息以及每日新闻中那些完全无法预测的事件。既然如此，怎能奢望对这个极其复杂的系统预言些什么呢？

你当然不可能预测每个投资者的行为。但是显然，投资者可以全面获知他人决策的集合，这一事实的确导致了其行为中存在某种统计规律：长期来看，股票的价格作某种带漂移的无规行走。驱动这个行走的"热运动"既包括某个投资者的突发奇想，也包括自然灾难、大公司倒闭及其他不可预测的新闻事件。行走中的总体漂移来自下述事实：从长期运作来看，向公司投资总能获利。

为什么行走会是随机的？假设有一个熟练的分析员发现存在着可信的岁末牛市，也就是说，每年的 12 月末股价均会上扬，然后 1 月初再下跌。但问题是，一旦这种规律性被市场的参与者得知，许多人会自然地选择在这段时间之内抛出股票，这一行为最终促使股价下跌，消除了上述效应再现的可能性。更一般地说，过去股价浮动的历史记录作为公开信息资源，并不包含有任何能使一个投资者始终战胜其他投资者的有用信息。

如果这种想法正确，那么无规行走理论的某些结论就应该能被金融数据揭示出来。图 4.9 展示了股票组合的市场价值波动步长的分布。以月为间隔对市场价值进行取样，共持续 306 个月。该图确与图 4.3 有强烈的相似性。事实上，4.6.5 小节将会指出无规行走中的步长分布应该呈高斯分布，正如此图所示。

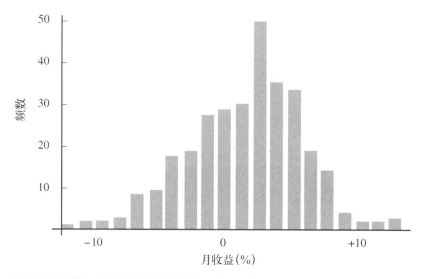

图 4.9(实验数据) 无规行走的普遍存在性。从 1945 年 1 月到 1970 年 6 月纯股票投资组合月收益分布图。（数据摘自 Malkiel，2019。）

§4.4　关于扩散的更多知识

4.4.1　扩散支配着亚细胞世界

　　细胞里充满了局域化的结构，充当"工厂"的部位必须能将它们的产品传送给与之远离的"消费者"。例如，ATP 在线粒体上合成，而后遍及整个细胞供其使用。可以推测，正是在纳米世界里影响巨大的热运动以某种方式促成了分子输运。现在我们将为这种推测寻找一个坚实的立足点。

　　假设对某个胶体颗粒，比如肉眼可见的花粉颗粒，每 1/30 秒（即普通摄像机每拍一帧画面所需时间）进行一次观察。在这段时间内发生了无数次碰撞，导致了颗粒的一次净位移。因为周围流体处于随机运动中，所以每次这样的位移均独立于前次，就像连续投掷一枚硬币那样。虽然实际步长并不总是一致，但 4.1.3 小节告诉我们，对这种过度简化的假设作修正仅会使数学复杂化，却不改变物理实质。

　　耐心地持续观察单个粒子，比如说一分钟，记录下其位移的平方，然后重复这个过程足够多次以得到平均值。如果我们从头再来，但观察时间变成两分钟，扩散定律告诉我们应得到两倍于原先值的 $\langle (x_N)^2 \rangle$ 值，事实正是如此。使观测与扩散定律（式 4.6）相符的扩散常量的实际值，将依赖于颗粒的尺寸和周围液体的性质。

　　此外，对花粉颗粒有效的规律对处于液体中的单个分子也同样有效。它们在任何时刻都可能从当下位置处漫步走开。我们并不需要从实验上观察单个分子以确证此预言。更简单地，只需在某一点，比如用微吸管释放 N（N 很大）个墨汁分子。每个分子都将在周围的水中作独立的无规行走。我们可以每隔时间 t 用光度计检查一次溶液。溶液的颜色将给出墨水分子的数密度 $c(\boldsymbol{r}, t)$，接下来可根据 $N^{-1} \int \mathrm{d}^3 \boldsymbol{r} r^2 c(\boldsymbol{r}, t)$ 计算均方位移 $\langle (r(t))^2 \rangle$。通过观察墨汁的扩散，我们不仅能核实扩散服从要点 4.6，还能得到扩散常量 D 的数值。对于室温下水中的小分子，我们发现 $D \approx 10^{-9}\,\mathrm{m^2\,s^{-1}}$，而更有用并值得记住的一个形式为 $D \approx 1\,\mu\mathrm{m^2\,ms^{-1}}$。

　　例题：假设细菌内部可以视为半径为 $1\,\mu\mathrm{m}$ 的水球。如果突然在细菌中心加入糖分子，那么糖分子均匀散布到整个细胞大约需要多长时间？如果这种扩散发生在真核细胞大小的容器中又需要多少时间？

　　解答：对式 4.6 稍作重排并代入 $D = 1\,\mu\mathrm{m^2\,ms^{-1}}$，得出在细菌中糖分子的扩散时间约为 $(1\,\mu\mathrm{m})^2 / (6D) \approx 0.2\,\mathrm{ms}$，而在一个半径为 $10\,\mu\mathrm{m}$ 的细胞中扩散开来将花费 100 倍于此的时间。

　　刚才所做的估算指出了更大更复杂的细胞所需要解决的一个工程设计问题：

尽管扩散在微米尺度下是非常迅速的，但作为一种长距离物质输运的机制它很快变得不再合适。举一个极端的例子，你身体里有一些单独的细胞——从脊髓延伸至脚趾的神经元，长达约 1 m！如果神经末梢所需的特定蛋白质必须通过扩散以从胞体抵达目的地，你将会有大麻烦。事实上，许多动植物细胞（并不仅仅包括神经元）已发展出一套类似于"高速公路"和"卡车"的基础设施来完成这种输运（见2.2.4 小节）。但在 1 μm 级别的亚细胞尺度下，扩散还是迅速、自动和自由的。事实上，细菌并不具备专职输运的基础设备。它们不需要！

4.4.2 扩散行为可用简单方程刻画

尽管单个胶体颗粒的运动完全无法预测，4.1.2 小节仍指出多次无规行走的某个平均量遵从一则简单的规律[要点 4.5(a)]。但均方位移仅是 t 时刻粒子位移的完全概率分布 $P(x, t)$ 所能给出的许多性质中的一个。那么，我们能找到任何决定这个完整分布的简单规则吗？

你可以尝试用二项式分布来回答这个问题（见 4.1.2 小节的例题）。然而本小节将另行导出一个近似，该近似有效的条件是在每两次观察之间颗粒经历许多步*。这种近似比二项式分布方法更简单灵活，并能使我们对一般耗散现象有一些直观印象。

实验上可以观察一个胶体颗粒的初始位置，追踪其游走，记录其在不同时刻的位置，然后再重复这个实验并按定义计算概率分布 $P(x, t)$（见式 3.3）。但从4.4.1 小节知道，有一个更容易实践的方法可供选择。只需以某种初始分布 $P(x, 0)$ 释放1万亿个无规行走者，然后监视它们的密度，就会得到以后的分布函数 $P(x, t)$，相当于自动对那 1 万亿次无规行走求平均。

假设在 y、z 方向上各处的初始分布是均匀的，但在 x 方向上不是均匀分布（图 4.10）。为再次简化问题，我们假设每过一个时间步 Δt，每颗悬浮粒子随机向左或向右移动距离 L（见 4.1.2 小节）。因此，给定格子中的粒子约有一半跳向左方，另一半向右。但相对于反方向跳回的粒子数，将有更多的粒子从中心位于 $x-L$ 处的格子跳入中心位于 x 处的格子，因为开始时位于 $x-L$ 的格子中的粒子数更多。

令中心位于 x 的格子中总粒子数为 $N(x)$，Y、Z 分别为 y、z 方向上格子的宽度。那么自左向右穿越分界面 a 的净粒子数与两个邻近格子的 N 值之差有关，即 $\frac{1}{2}[N(x-L) - N(x)]$。为统计反方向穿越的粒子，只需添加一个负号即可。

下面是关键的一步：格子终究是虚构出来的，因此只要愿意，我们可以想象它们非常狭窄。函数如 $N(x)$ 在相邻两点之差为 L 乘以 $N(x)$ 的导数：

$$N(x-L) - N(x) \longrightarrow -L\frac{dN}{dx}。 \tag{4.18}$$

---

* 4.6.5′小节将讨论这个近似的有效性。

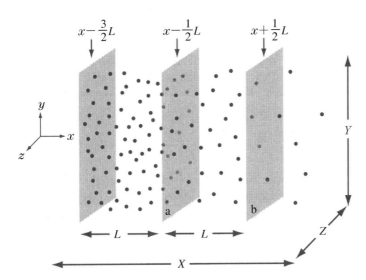

图 4.10(示意图)　大量粒子的三维扩散。出于简化,图中展示了一个在 y 和 z 方向上均匀但在 x 方向上非均匀的分布。整个空间被分隔成中心分别位于 $x-L$、x、$x+L$ ⋯ 的虚拟格子,标记为 a、b 的平面代表这些格子之间的(虚拟)分界面。X、Y、Z 代表整个系统的总体尺寸。

这一步的意义在于可以通过消除 L 来一举简化所有的相关公式。

　　粒子的数密度 $c(x)$ 为某个格子中的粒子数 $N(x)$ 除以其体积 LYZ。显然,密度的演变将不依赖于格子的大小(即不依赖于 X、Y、Z)。重要的并不是穿越分界面 a 的粒子数,而是穿越面 a 上单位面积的粒子数。这个观念如此重要,以至于穿越表面上单位面积的平均速率有一个特别的名字,即数通量,以字母 j 表示(见 1.4.4 小节)。显然,数通量具有量纲 $\mathbb{T}^{-1}\mathbb{L}^{-2}$。

　　我们可以以数密度 $c=N/(LYZ)$ 的形式重述前面章节的结果,不难得到

$$j=\frac{1}{YZ\times\Delta t}\times\frac{1}{2}\times L\times\left(-\frac{\mathrm{d}}{\mathrm{d}x}LYZc(x)\right)=-\frac{1}{\Delta t}\frac{L^2}{2}\times\frac{\mathrm{d}c}{\mathrm{d}x}。$$

对于组合 $L^2/(2\Delta t)$ 我们已经给定了一个名字,即扩散常量 D。因此,

$$j=-D\frac{\mathrm{d}c}{\mathrm{d}x}。\quad\text{菲克定律}\tag{4.19}$$

　　通量 j 衡量从左向右运动的净粒子数。如果左边的粒子比右边的多,则 c 不断降低,其导数小于零,所以公式的右侧为正数。直观地看,这意味着将出现一个向右的净漂移,倾向于平衡整个分布,或者说使之更加均匀。如果原来的分布具有结构(或有序性),菲克定律表明扩散将倾向于消除它。公式中存在扩散常量 D 是因为扩散得更快的粒子将更快地清除掉它们原先的有序性。

　　那么,到底是什么在驱动粒子流? 这并非因为密集区内的粒子相互推挤从而彼此向外驱赶。事实上,前面曾假设过每个粒子的运动是相互独立的。我们已经忽略了粒子间任何可能的相互作用,这在其数量远远少于周围溶液的分子时是合

适的。导致净流动的唯一原因只能是如下所述：如果一个格子里有比其邻居更多的粒子而每一个粒子向任何方向运动的概率又是均等的，那么从初始粒子更多的格子中跳出的也更多。似乎仅仅是概率在"推动着"粒子。这个简单的观察结论将作为我们在后续章节中建立熵力概念的基石。

不过，菲克定律并不像想象的那样有效。本小节开篇曾提出过一个非常实际的问题：如果初始时刻所有的粒子都集中在一点上[也就是说数密度 $c(\boldsymbol{r}, 0)$ 在某一点有一个尖锐的峰值]，那么要得到时间 t 后的 $c(\boldsymbol{r}, t)$，还需测量什么呢？我们需要一个可解的方程，但式 4.19 的全部含义仅仅是告之如何由给定的 c 求 j。换句话说，我们在一个方程中遇到了两个未知量 c 和 j。如要求解，我们需要一个只有一个未知量的方程，或者等效地找到另一个关于 c 和 j 的独立方程。

回顾图 4.10 我们发现，平均粒子数 $N(x)$ 在一个时间步后的改变来自两方面：粒子可以穿越虚拟分界面 a，也能穿越 b。注意到 j 代表从左向右的净通量，我们发现净改变量

$$\frac{\mathrm{d}}{\mathrm{d}t}N(x) = \left[YZj\left(x - \frac{L}{2}\right) - YZj\left(x + \frac{L}{2}\right) \right].$$

可再次假设格子十分狭窄，于是这个公式的右边变成 $-L$ 乘以一个导数。除以 LYZ 将得到

$$\frac{\mathrm{d}c}{\mathrm{d}t} = -\frac{\mathrm{d}j}{\mathrm{d}x},$$

这称为连续性方程。它正是要寻找的第二个方程。现在我们可以将其与菲克定律联立以完全消去 j。只需对式 4.19 求导并将上式代入，即可得 *

$$\boxed{\frac{\mathrm{d}c}{\mathrm{d}t} = D\frac{\mathrm{d}^2 c}{\mathrm{d}x^2}\text{。} \quad \textit{扩散方程}} \tag{4.20}$$

在更高等的教材中，扩散方程被写成

$$\frac{\partial c}{\partial t} = D\frac{\partial^2 c}{\partial x^2}\text{。}$$

卷曲形符号只是字母"d"的一种程式化写法，并且它们同样也意味着求导。∂ 符号只不过是强调存在着多于一个的自变量，以及求导时仅仅变动一个自变量而其他自变量保持不变。本书将采用更常见的符号"d"。

 4.4.2′ 小节将为扩散方程引入矢量符号，并将阐明热传导也是一个扩散问题。

---

 * 有的书称式 4.20 为菲克第二定律。

4.4.3　随机过程的精确统计预测

似乎有一些不可思议的事情发生了。4.4.1 小节以分子随机运动的假设开始，但扩散方程(式 4.20)却描述确定性时间演化。更确切地说，给定初始浓度分布 $c(x, 0)$，我们可以求解方程并预测未来分布 $c(x, t)$。

这是无中生有吗？几乎是，但这并非不可思议。4.4.2 小节一开始就假设无规行走粒子的数量，特别是任一层格子中的粒子数，都是巨大的。因此我们收集了一大堆随机事件，每件有两种等可能性选择，就像一个掷币序列。图 4.3 演示了为何在这种极限条件下选择两者中任意一个的概率都非常接近 $\frac{1}{2}$，正如推导式 4.20 时所假设的那样。

等效地，我们可以考虑粒子较少的情况，请想象对它们作多次观测并由此得出平均通量。将这个平均通量 $\langle j(x) \rangle$ 用平均数密度 $c(x) = \langle N(x) \rangle / (LYZ)$ 表达出来，这其实等价于前一小节的推导过程。所得 $c(x)$ 的方程是确定性的。类似地，对许多独立的无规行走(图 4.5)取平均，同样得到关于位移平方的一个确定性公式(扩散定律，要点 4.5)。

当不是无限次重复观察时，我们应预料到真实结果与其预测平均值会有一些偏离。例如，图 4.3(c) 中直方图的峰是狭窄的，但非无限狭窄。这种对平均值的偏离称为统计涨落。举一个更有趣的例子，扩散方程预言均匀混合的墨汁溶液不会再自发聚集成一系列斑纹。当然，扩散方程所预言的统计涨落，是可能自发发生的。但由于一滴墨汁中所包含的分子数目是巨大的，自发重聚的可能性微乎其微，以至于我们可以忽略其概率。(§6.4 将给出一个定量估计。)然而，在一个仅包含五个墨汁分子的盒子中，还是有相当机会看到所有分子都处于盒子左侧的情形。这种高度非均匀密度分布的可能性为 $(1/2)^5$，或者说约为 3%。在这种情况下，扩散方程所预言的平均行为将不再能十分有效地预言我们所见的：统计涨落将变得明显，并且系统的演化将显得更具随机性，而非确定性。

因此，在单分子纳米世界里我们必须严肃对待涨落。但是仍有许多情形，其中所研究的分子数量足够多，以至于其平均行为可以作为了解实际情况的一个很好的指导。

 4.4.3′小节将提到量子力学中的对应概念。

---

§4.5　函数、导数与"地毯下的蛇"

4.5.1　函数能描绘定量关系的细节

在求解扩散方程之前，还须完成一件重要的事情，即对符号的含义作一点直

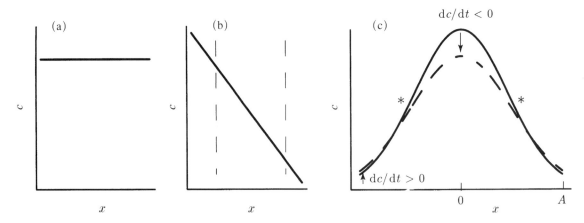

图 4.11(数学函数) 通量与浓度。(a) 具有恒定溶质浓度 $c(x)$ 的均匀(完全混合)溶液。对常值函数，$dc/dx = 0$ 和 $d^2c/dx^2 = 0$，其曲线为一条水平线。(b) 线性函数具有 $d^2c/dx^2 = 0$，其曲线为一条直线。如果其斜率 dc/dx 非零，那么这个函数代表一种均匀的浓度梯度。虚线代表了两个固定的位置；见正文。(c) 溶质在 $x = 0$ 附近富集，在曲线上表示为隆起。d^2c/dx^2 与曲线曲率正相关：在峰值附近小于零，在标记 * 号点处为零，在这两点之外大于零。因此，粒子流动将会指向外。这种流动会降低星号之间区域的浓度，同时增加其他地方的浓度，比如在标记为 A 的位置处。流动使代表分布的曲线从某一瞬时的实线变为随后的虚线。

观上的认识。即便你已经掌握了处理这类方程的技巧，也请花点时间来看看式 4.20 是如何简要地概括日常经验的。

最简单的可能情形如图 4.11(a)，在 $t = 0$ 时刻粒子悬浮液已经具有均匀的密度。由于 $c(x)$ 为常数，菲克定律告诉我们净通量为 0，而按扩散方程 c 保持不变，即一直保持均匀分布。按本书的用语，我们可以说均匀分布得以保持是因为任意非均匀分布将增加有序性，而有序性不会自发增加。

次简单的情形如图 4.11(b)，存在一个均匀的浓度梯度，其一阶导数 dc/dx 为所示曲线的斜率，是一个常数。菲克定律告诉我们向右的通量 j 恒定不变。二阶导数 d^2c/dx^2 为曲线的曲率，对图中所示的直线来说为零。因此扩散方程告诉我们 c 同样不随时间变化，扩散将维持所示的浓度曲线。这一结论乍看起来让人惊讶，但它是合理的：每一秒钟内从左边流入图 4.11(b) 中虚线所围区域内的净粒子数等于流出到右边的净粒子数，因此 c 保持不变。

图 4.11(c) 展示了一种更有趣的情形，初始浓度在原点处存在一个峰。例如，当一个突触囊泡融合时(图 2.7)，会在某一点突然释放高浓度的神经递质，产生这样一个三维浓度峰。从曲线斜率看，通量在任何位置均偏离 0，的确倾向于将峰削平。更精确地说，在带星号两点之间曲线是下凹的。根据扩散方程，此处 dc/dt 将小于零，峰的高度将降低。但在带星号的两点之外，曲线是上凹的，即 dc/dt 大于零，浓度将增加。这个结论同样不难理解：离开峰值的粒子必须到别处去，增加那里的浓度。带星号处，即曲率变号的地方，称为浓度线的拐点。下面将看到它们的确一直都在远离，从而导致峰变宽变矮。

假设你站在 $x = A$ 点处观察。初始时该处浓度较低。因为此时你尚在拐点之外，所以会发现浓度逐渐增加。接着，拐点会从你脚下移过，浓度再一次降低。在此过程中，你实际上看到了一个扩散粒子波经过。最终，峰将小到使浓度变得均一。换句话说,扩散消除了峰及其代表的有序程度。

4.5.2 两变量函数可用地形图直观显示

至此,所有的讨论都暗示了这样的观点:c 是具有空间 x 和时间 t 两个变量的函数。图 4.11 中所有图像均为在某一固定时刻 $t = t_1$ 对 $c(x, t_1)$ 的快照。但前述的固定观察者有着不同的观点:她要保持 $x = A$ 不变,绘出 $c(A, t)$ 随时间的演化。采用空间曲面作为整个函数的可视化图像,我们可以同时直观地显示这两种观点(图 4.12)。在这种图中,水平面上的点对应于所有的空间和时间点;曲面在水平面上的高度代表在该时空点的浓度。$\mathrm{d}c/\mathrm{d}x$ 与 $\mathrm{d}c/\mathrm{d}t$ 这两个导数均可解释为斜率,分别对应于离开某一点的两个不同方向。

把什么在变及什么不变更直观地表示出来是有利的。比如符号 $\left.\dfrac{\mathrm{d}c}{\mathrm{d}x}\right|_t$ 表示求导时保持 t 不变。为得到图 4.11 所示的那类图,我们沿着一条等时线切开曲面图;为得到固定观察者所见之图,我们改为沿 x 取定值的一条直线切开曲面[图 4.12(b)中的黑线]。

图 4.12(a)所示正是我们将在扩散方程解中发现的行为。

> 检查图 4.12(a)并直观说明,一个定位观察者(如位于 $x = -0.7$)的确会看到浓度的暂时增加。　**思考题 4D**

作为对照,图 4.12(b)描绘的行为迥异于在思考题 4D 所发现的。这种形如"地毯下的蛇"的曲面展示了函数 $v(x, t)$ 的一个峰,其初始中心位于 $x = 0$ 处,随时间演化无形变地向左(x 较大处)运动。这种函数描述了行波。

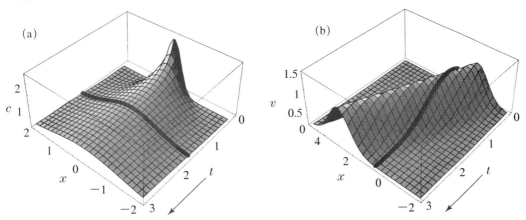

图 4.12(数学函数) 二元函数的可视化图像。(a) 该曲面特指函数 $c(x, t)$,它描绘一个浓度峰内的溶质如何开始弥散(见 4.6.5 小节)。注意,在页面上沿对角线(箭头)下移表示时间增加。黑线是特定时刻 $t = 1.6$ 的浓度分布曲线。(b) 本曲面特指函数 $v(x, t)$,描绘一个假想的行波。扩散方程并没有这类行为的解,但在第 12 章关于神经冲动的小节中我们将会见到这种行为。黑线显示在固定位置 ($x = 0.7$) 处浓度如何随时间变化。

一眼就看出图中描绘的物理行为，这可是一种关键的技能。所以，在你完全适应这种图形表述之前，请不要急于阅读后面的内容。

§4.6 扩散概念用于考察生物学

到现在为止，我们已经了解了扩散方程，但一直没有对其进行求解。本书并非要提供求解微分方程的精细数学技巧。但花点时间检验几个最简单的解并提炼它们的直观内容还是有益的。

4.6.1 人造膜的通透性源于扩散

想象一根长为 L 且充满水的长细玻璃管（或毛细管）。一端位于水浴中，另一端位于浓度为 c_0 的墨汁溶液之中。最终，两端的容器都会达到介于 0 和 c_0 之间某个平衡浓度。但如果两个容器都很大的话，达到平衡将需要很长的时间。在平衡之前，系统会先达到一个准定态。也就是说，所有描述系统的变量将接近于不随时间变化：管子一端的浓度固定于 $c(0) = c_0$，而另一端 $c(L) = 0$，其他地方则可取不同的中间值。

为找到准定态，我们寻求 $\mathrm{d}c/\mathrm{d}t = 0$ 时扩散方程的一个解。根据式 4.20，这种情况意味着 $\mathrm{d}^2 c/\mathrm{d}x^2 = 0$。因此 $c(x)$ 的图形为直线 [图 4.11(b)]，或者说 $c(x) = c_0(1 - x/L)$。那么，通过管道扩散的墨汁分子将具有一个恒定的数通量 $j_{\mathrm{s}} = Dc_0/L$。（下标"s"提醒我们这是溶质的通量，而不是水的。）如果两端的浓度均非零，同样的讨论将给出沿 $\hat{x}$ 方向的通量为 $j_{\mathrm{s}} = -D(\Delta c)/L$，其中 $\Delta c = c_L - c_0$ 为浓度差。

图 2.21(a) 表明细胞膜内存在着一些狭窄的通道，其宽度甚至小于膜的厚度。据此，让我们设法将前面沿细长通道扩散的情景应用于膜输运。可以预期跨膜的通量的形式为

$$j_{\mathrm{s}} = -\mathcal{P}_{\mathrm{s}}\,\Delta c。 \tag{4.21}$$

膜对于溶质的渗透率 $\mathcal{P}_{\mathrm{s}}$ 同时依赖于膜和所研究的渗入分子。在简单情况下，$\mathcal{P}_{\mathrm{s}}$ 的值大致反映了膜孔的宽度、膜的厚度（孔的长度）和溶质分子的扩散常量。

思考题 4E

(a) 证明 $\mathcal{P}_{\mathrm{s}}$ 的单位与速度相同。

(b) 使用这一细胞膜简化模型，证明 $\mathcal{P}_{\mathrm{s}}$ 可由 D/L 乘以通道所占（膜）面积的比例 α 给出。

例题：考虑一个半径 $R = 10\ \mu\mathrm{m}$ 的球形袋子，其边界膜对酒精的渗透率为 $\mathcal{P}_{\mathrm{s}} = 20\ \mu\mathrm{m\,s^{-1}}$。问题：如果最初外部酒精浓度为 c_{out} 而内部为 $c_{\mathrm{in}}(0)$，那么内部浓度随时间如何变化？

解答： 因为外部空间很大而渗透速率又很慢，所以可认为外部浓度基本上保持不变。内部浓度 $c_{in}(t) = N(t)/V$，其中 $N(t)$ 是内部分子数 $V = 4\pi R^3/3$ 为细胞体积。根据式 4.21，通过膜向外的通量为 $j_s = -\mathcal{P}_s[c_{out} - c_{in}(t)] \equiv -\mathcal{P}_s \times \Delta c(t)$。注意 j_s 可以为负值：如果外部浓度更高，那么酒精可以向内运动。

令 $A = 4\pi R^2$ 为细胞的表面积。由通量的定义（4.4.2 小节），N 以 $dN/dt = -Aj_s$ 的速率变化。因为 $c_{in} = N/V$，则容易知道浓度差 Δc 遵从方程

$$-\frac{d(\Delta c)}{dt} = \left(\frac{A\mathcal{P}_s}{V}\right)\Delta c. \quad \text{浓度差的弛豫} \qquad (4.22)$$

这是一个简单的微分方程：它的解为 $\Delta c(t) = \Delta c(0)e^{-t/\tau}$，其中 $\tau = V/(A\mathcal{P}_s)$ 为浓度差的衰减常量。代入给定的数得出 $\tau \approx 0.2$ s。最后，我们要求的 c_{in} 可以写成 $c_{in}(t) = c_{out} - [c_{out} - c_{in}(0)]e^{-t/\tau}$。

我们说初始的浓度差会按指数规律弛豫到其平衡值。1 秒钟内，浓度差可以跌落到其初始值的 $e^{-5} = 0.7\%$ 左右。细胞越小，其表面积与体积之比越大，所以浓度差也衰减得越快。

思考题 4E 中使用了由膜孔导致渗透性的模型，这过于形象也过于简化。其他过程同样对渗透有贡献。例如，分子可以从膜的一侧溶解于膜的组成物质之中，然后扩散到另一侧并最后离开膜。即使根本没有膜孔的人造膜，也能以这种方式通过一些溶质。同样，式 4.21 这个菲克型定律仍将保持有效；因为跨膜输运仍是以某种无规行走的方式进行的。

因为人造双层膜完全能在实验室里制造，我们可以通过核查模型的定量推论来检验"溶解→扩散→析出"这种渗透机制。图 4.13 展示了芬克尔斯坦（A. Finkelstein）的一个实验结果，其中他测量了膜对 16 种小分子的渗透率。为了理解这些数据，先想象一种更简单的情形，即容器中有一层油浮在水面上。如果向其中加入一些糖，完全搅拌并等待，最后会发现几乎所有的糖溶于水中。糖在油中的浓度与其在水中的浓度之比称为分配系数 B，它刻画了糖分子对两种环境的偏好程度。第 7 章中我们将研究这种偏向性的原因。但是现在，只需知道这个比率是某个可测常数即可。

第 8 章中将显示双层膜本质上是一薄层油脂（被两层头部基团夹在中间，见彩图 2）。如果膜将糖浓度分别为 c_1 和 c_2 的水域隔开，其自身的两侧也将分别具有 Bc_1 和 Bc_2 的糖浓度，因此将存在跨膜浓度差 $\Delta c = B(c_1 - c_2)$。修改本小节开头所讨论的模型，我们发现，糖分子通量给出了膜的渗透率 $\mathcal{P}_s = BD/L$。因此即使不知道 L 的值，仍可断言

纯双层膜的渗透率约为 BD 乘以一个不依赖于溶质的常量，
其中 B 是溶质的分配系数，而 D 是它在油脂中的扩散常量。 （4.23）

图 4.13 中的数据在非常广的 BD 值范围内（六个数量级）都支持这一简单结论。

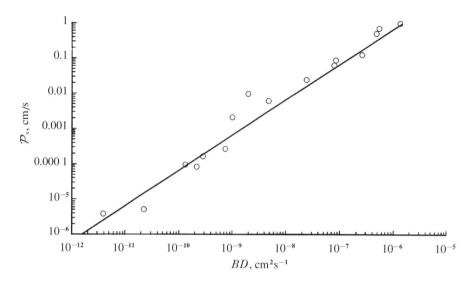

图 4.13(实验数据及其拟合) （双对数坐标）人造双层膜(由鸡蛋卵磷脂制成)对于从尿素(最左边点)到己酸(最右边点)的各种小分子的渗透率$\mathcal{P}_s$曲线。横轴代表每种溶质在油中的扩散常量D与溶质在油、水之中的分配系数B的乘积BD。实线的斜率等于1，揭示了严格正比关系$\mathcal{P}_s \propto BD$。（数据摘自Finkelstein，1987。）

葡萄糖扩散穿过人造脂质双层膜的典型真实值为$\mathcal{P}_s \approx 10^{-3}\ \mu\text{m/s}$，比起带有电荷的离子如$Cl^-$或$Na^+$低了三到五个数量级（也就是说，是它们的0.001到0.00001倍）。

包被活细胞的双层膜具有远大于人造双层膜的$\mathcal{P}_s$值。当然，第11章将说明小分子的跨膜输运远比简单扩散复杂，但至少被动扩散是整个膜输运图像的一个重要部分。

4.6.2 扩散为细菌代谢设定了一个基本限制

让我们将单个细菌简化为一个半径为R的球体。假设细菌悬浮在湖中并且靠氧气生存(需氧菌)。氧气遍布于其周围，以浓度c_0溶解于水中，但细菌附近的氧气接近被消耗殆尽。

由于湖非常巨大，所以细菌并不会影响湖中的整体氧气水平。不过，细菌周围的环境将会达到一个定态，其氧气浓度c不依赖于时间。在这种状态中，氧气浓度$c(r)$将依赖于到细菌中心的距离r。在极远处，我们知道$c(\infty) = c_0$。假定每一个到达细菌表面的氧分子都立即被其吞噬。因此，在细胞的表面$c(R) = 0$。由菲克定律，必然存在向内的氧气通量j。

例题： 求出整个浓度分布$c(r)$和单位时间细菌所能消耗的最大氧分子数。

解答： 想象画出一系列半径为$r_1, r_2\cdots$的同心球壳。氧分子在向中心运动的途中穿越每一壳层。因为处于稳态之中，氧分子不会在任何地方累积：单位时间内穿越某一壳层的分子数目与穿越下一壳层的一样多。这一情况意味着向内通量

$j(r)$ 乘以壳层的表面积必为独立于 r 的一个常量,称之为 I。由此,容易得到 $j(r)$ 与 I 的关系式(但还不知道 I 的值)。

其次,菲克定律指出 $j = D(\mathrm{d}c/\mathrm{d}r)$,而同时 $j = I/(4\pi r^2)$。可以解出 $c(r) = A-(1/r)(I/4\pi D)$,其中 A 为某一常量。我们可以通过令 $c(\infty) = c_0$ 和 $c(R) = 0$ 而确定出 I 和 A,即 $A = c_0$,$I = 4\pi DRc_0$。同时也得出浓度分布 $c(r) = c_0[1-(R/r)]$。

值得注意的是,我们刚才实际上计算了(无论何种)细菌消耗氧气的速率上限! 我们根本无需用到任何生物化学的知识,仅需知道生物体必须服从物理约束这一事实就足够了。注意到氧气的摄入量 I 随细菌尺寸的增加而增加,但仅正比于 R 的一次方;另一方面,可以认为氧气的消耗大约正比于生物体的体积。综合起来,这些观点意味着细菌的尺寸存在一个上限,因为如果 R 过大,细菌肯定会窒息。

思考题
4F

(a) 假定 $R = 1\ \mu m$ 和 $c_0 \approx 0.2\ \mathrm{mol/m^3}$,求例题中 I 的值[*]。

(b) 对生物体总体代谢活动的一种便捷度量是它的氧气消耗速率与其自身质量[**]的比值。仍假定 $c_0 \approx 0.2\ \mathrm{mol/m^3}$,半径为 R(任意值),求出细菌的最大可能代谢率。(你可以用水的质量密度来估计细菌的质量密度。)

(c) 细菌的真实代谢率约为 $0.001\ \mathrm{mol\,kg^{-1}\,s^{-1}}$。细菌尺寸 R 的极限值该是多大? 比较你的答案和细菌的实际尺寸。细菌有什么方法可以逃避这种限制吗?

　4.6.2′小节将提到异速生长指数的概念。

4.6.3　能斯特关系设定了膜电势的量级

不像在浓度衰减的例题(4.6.1 小节)中所研究的酒精分子,许多漂浮在水中的分子会携带净电荷。例如当食盐溶解的时候,单个的钠原子和氯原子彼此分离,但氯原子从钠原子处获得一个额外的电子,因此变成带负电荷的氯离子 Cl^-,同时使钠原子变成正离子 Na^+。加在溶液上的任意电场 $\mathscr{E}$ 将施力于单个离子从而拖动它们,就像重力拖动胶体颗粒沉向瓶底一样。

假设首先有一种密度均匀的带电离子溶液,每个离子带电荷 q 并处在电场强度为 $\mathscr{E}$ 的区域内。比如,我们可以将两个间距为 l 的平行平板置于容器外部,并连

---

[*]　译注:氧分子在水中的扩散常量(D)可在表 4.2 中查到。

[**]　译注:作为估算,本书中细菌的质量密度可用水的密度代替。

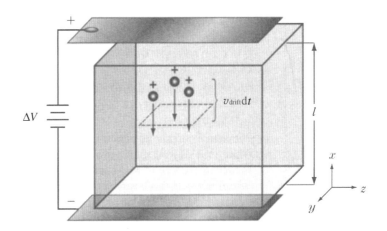

图 4.14(示意图) 能斯特电位的起源。向下的电场驱动正离子向下运动。当最初开启电场时，图示离子的通量等于离子数密度 c 乘上漂移速度 v_{drift}。系统最终会达到平衡，使得正离子的密度分布从上向下逐渐增大，而负离子(未显示)则相反。

接到电池上以在它们之间维持 ΔV 的电势差。从本科一年级的物理课程中我们得知 $\mathcal{E} = \Delta V / l$ 以及每个带电粒子受力为 $q\mathcal{E}$，所以它将以式 4.12 给出的净速度 $v_{\text{drift}} = q\mathcal{E}/\zeta$ 漂移，其中 ζ 为黏性摩擦系数。在离子溶液中存在两类带相反电荷的离子，它们的漂移速度相反。不过此处我们只讨论其中一种离子。

想象一张面积为 A 的小网完全伸展并垂直于电场(也就是说平行于平板)，见图 4.14。为得到电场所驱动的离子通量，我们首先要问每秒有多少离子被网捕获。在时间 dt 内离子平均漂移了距离 $v_{\text{drift}}dt$，因此在这段时间里所有包含在体积为 $Av_{\text{drift}}\,dt$ 的薄层内的离子都将被捕获。所捕获的离子数等于这个体积乘以数密度 c。因此通量 j 为单位时间穿越单位面积的离子数，或 cv_{drift}。(检查此公式是否具有合适的单位。)由漂移速度可得到离子的电泳通量为 $j = q\mathcal{E}c/\zeta$。

现在假设离子的密度并非均匀。对于这种情况，将刚才得到的(电泳)驱动通量与概率(菲克定律)通量式 4.19 相加，得出

$$j(x) = \frac{q\mathcal{E}(x)c(x)}{\zeta} - D\frac{dc}{dx}。$$

接下来使用爱因斯坦关系(式 4.16)，重新用 D 表示黏性摩擦系数可得*

$$j = D\left(-\frac{dc}{dx} + \frac{q}{k_{\text{B}}T}\mathcal{E}c\right)。 \quad \text{能斯特-普朗克公式} \qquad (4.24)$$

能斯特-普朗克公式帮助我们回答了一个基本问题：需要多强的电场才能得到零净通量，也就是说，可以抵消由扩散导致的非均匀性消失的倾向？为了回答

---

* 🅣 对 4.4.2′ 小节介绍的三维情形，能斯特-普朗克公式变成 $j = D[-\nabla c + (q/k_{\text{B}}T)\mathcal{E}c]$。梯度 ∇c 指向浓度增加最陡峭的方向。

这个问题,我们在式 4.24 中令 $j=0$。对 y、z 方向上一切量均为常量的平面几何体系,我们得到条件

$$\frac{1}{c}\frac{\mathrm{d}c}{\mathrm{d}x}=\frac{q}{k_{\mathrm{B}}T}\mathscr{E}。\quad\text{(热平衡时)} \tag{4.25}$$

公式的左侧可以写成 $\frac{\mathrm{d}}{\mathrm{d}x}(\ln c)$。

对式 4.25 两边从顶部平板到底部平板积分(图 4.14)。左边为 $\int_0^l \mathrm{d}x\frac{\mathrm{d}}{\mathrm{d}x}\ln c=\ln c_{\mathrm{bot}}-\ln c_{\mathrm{top}}$,也就是从一个平板到另一个的 $\ln c$ 之差[*]。为理解公式的右边,首先注意到作用在带电粒子上的力为 $q\mathscr{E}$,因此粒子的势能服从 $-\mathrm{d}U/\mathrm{d}x=q\mathscr{E}$,或 $U(x)=-q\mathscr{E}x$。由于静电势 V 为单位电荷所具有的势能,因此 $\Delta V\equiv V_{\mathrm{bot}}-V_{\mathrm{top}}=-\mathscr{E}l$。把 $\ln c_{\mathrm{bot}}-\ln c_{\mathrm{top}}$ 写成 $\Delta(\ln c)$ 将给出平衡的条件:

$$\boxed{\Delta(\ln c)=-q\Delta V_{\mathrm{eq}}/k_{\mathrm{B}}T。\quad\text{能斯特关系}} \tag{4.26}$$

ΔV_{eq} 的下标提醒我们这就是平衡时维持浓度差所需的电压。(第 11 章将考虑非平衡情形,其中实际电势差将不同于 ΔV_{eq},并因此驱动一个净离子流。)

式 4.26 预言阳离子将移往图 4.14 的底部。这不难理解,因为它们被阴极极板所吸引。到现在为止我们一直忽略了对应的负电荷(例如食盐中的氯离子),但相同的公式也可以应用于它们。因为它们携带负荷($q<0$),式 4.26 表明它们将向阳极极板处移动。

往式 4.26 中代入某些真实值将得到富有启发性的结果。考虑单电荷离子如 Na^+,其 $q=e$。假设浓度差适度地大,如 $c_{\mathrm{bot}}/c_{\mathrm{top}}=10$。利用事实

$$\frac{k_{\mathrm{B}}T_r}{e}=\frac{1}{40}\mathrm{V}$$

(见附录 B),我们得到 $\Delta V=+58\,\mathrm{mV}$。这个结果颇具启发意义,因为许多活细胞尤其是神经细胞和肌肉细胞,实际上的确维持着几十毫伏的跨膜电势差!我们尚未证明这些电势就是平衡态能斯特电势,第 11 章将说明它们实际上并不是。但上述考察的确说明关于量纲的讨论能成功预言膜电势的大小而无需任何艰苦的工作。

在从式 4.24 推导式 4.26 的过程中发生了一件有意思的事情:当我们仅考虑平衡时,D 被约掉了。这是合理的,因为 D 控制着物体在响应外场时运动的快慢,它的单位包含时间,而平衡是一种常态,它不能依赖于时间。事实上,能斯特关系式取指数给出 $c(x)$ 为一个常量乘以 $\mathrm{e}^{-qV(x)/k_{\mathrm{B}}T}$。这个结果我们应该很熟悉了:它表明离子的空间分布服从玻尔兹曼分布(式 3.26)。位于电场中 x 处的电荷 q 具有静电势能 $qV(x)$;以热运动能 $k_{\mathrm{B}}T$ 为单位时,它出现于该处的概率正比于其能量负值的指数函数。因此正电荷不倾向于处在正势能很大的地方,反之对负电荷

---

[*] 1.4.2 小节曾提及对有量纲量取对数是无意义的。不过,此处讨论的实际上是两个对数值的差,相当于对无量纲比值取对数,因此这种做法是可行的。

亦然。我们的公式前后一致[*]。

4.6.4   溶液电阻反映了摩擦耗散

假设将金属板浸入盐水容器，使它们成为电极。离子将在溶液中移动，但它们并不聚集。阳离子从阴极得到电子，而阴离子则将它们多余的电子释放给阳极。由此产生的中性原子将离开溶液，例如，它们被吸引并电镀到电极上或变成气泡逸出[**]。此后，系统将会以一个由定态离子流所控制的速率持续传导电流，而不是建立平衡。

这块电池两极之间的电势差为 $\Delta V = \mathscr{E}l$，其中 l 为极板之间的间距。根据能斯特-普朗克公式(式 4.24)，考虑到浓度 c 是均匀的，则电场为

$$\mathscr{E} = \frac{k_B T}{Dqc}j。$$

j 为单位时间内穿越单位面积的离子数。为了表达相应的总电流 I，注意每个离子接触极板时释放电荷 q，因此 $I = qAj$，其中 A 为极板面积。综上所述，得到

$$\Delta V = \left(\frac{k_B T}{Dq^2 c}\frac{l}{A}\right)I。 \tag{4.27}$$

这是一个熟悉的结果，即欧姆定律 $\Delta V = IR$。式 4.27 给出了电池的电阻 R，它是电压与电流之间的比例常量。要正确使用这个公式，我们必须记住每一种离子都对电流有贡献。对于食盐，必须将 $\mathrm{Na}^+(q = e)$ 和 $\mathrm{Cl}^-(q = -e)$ 的贡献相加，换句话说，公式的右边加倍。

电阻不仅依赖于溶液，也依赖于电池的几何结构。习惯上定义溶液的电导率为 $\kappa = l/(RA)$，以此来消除几何依赖性。这样，每一种离子对 κ 的贡献为 $\kappa = Dq^2 c/k_B T$。这不难理解，因为越浓的盐溶液导电性越好。

 4.6.4′小节将提到关于导电性的其他方面。

4.6.5   从单点开始的扩散产生不断延展的高斯型浓度分布

让我们回到一维情况，考察时间依赖的扩散过程。4.4.2 小节已提出了一个任务，即寻找初始密度分布 $c(x, 0)$ 扩散时间 t 后粒子位置的完整分布函数。

设想在某一处释放大量粒子(一个浓度"脉冲")。我们预料所导致的分布将随时间逐渐变宽，因此猜测要寻求的解为高斯型，可能是 $c(x, t) \overset{?}{=} Be^{-x^2/(2At)}$，$A$

---

 *   ⓣ爱因斯坦最初推理的逻辑与此相反。他并不是如我们所做的那样从式 4.16 出发重新得到玻尔兹曼分布，而是从玻尔兹曼分布得出式 4.16。

 **   ⓣ食盐溶液没有电镀效应，因为金属钠与水之间有很强的反应活性。不过，阳极的确会产生氯气，这很容易通过其刺激性气味来鉴别。同时产生的还有水解产生的氧气。

和 B 为常量。这种分布具备所寻求的性质,即其方差 $\sigma^2 = At$ 的确随时间增长。但是将它代入扩散方程,却发现不管取什么样的 A 和 B,它都不能构成一个解。

在放弃这个猜测之前,注意它有一个更基本的缺陷:它并未被合理地归一化(见 3.1.1 小节)。积分 $\int_{-\infty}^{\infty} \mathrm{d}x c(x, t)$ 为总粒子数,因而不能随时间变化。前面所提出的解并不具备这个性质。

(a) 证实上面的陈述。然后证明分布:

思考题
4G

$$c(x, t) = \frac{常数}{\sqrt{t}} \mathrm{e}^{-x^2/(4Dt)}$$

的确一直保持归一化。求出这个常数,假定 N 为释放的粒子数。
(提示:使用 3.1.2 小节例题中的变量代换技巧。)

(b) 将(a)中所得的表达式代入一维扩散方程,对其求导并证明经此修正后我们的确得到了一个解。

(c) 对于这种分布,验证 $\langle x^2 \rangle = 2Dt$。这表明它服从基本的扩散定律[要点 4.5(a)]。

你所找到的解正是图 4.12 所示的函数。现在可以求出拐点,即浓度随时间升高或降低的切换点,并可以验证它们正如 4.5.1 小节所提到的那样随时间增加而向外移动。

思考题 4G 的结果适于一维行走,但我们可以把它推广到三维情形。令 $r = (x, y, z)$。因为扩散中每个粒子在所有三个维度上的运动都是独立的,因此可以使用概率的乘法原理,则浓度 $c(r)$ 为三个一维分布函数的乘积:

$$c(\boldsymbol{r}, t) = \frac{N}{(4\pi Dt)^{3/2}} \mathrm{e}^{-r^2/(4Dt)}。 \quad 基本脉冲型解 \qquad (4.28)$$

在这个公式中,符号 r^2 代表矢量 r 长度的平方,即 $x^2 + y^2 + z^2$。式 4.28 已被归一化以使 N 等于 $t = 0$ 时释放的总粒子数。将思考题 4G 中所得的结果独立应用于 x、y、z 三个维度并将所得结果相加,可以重新得到三维扩散定律(式 4.6)。

回想一下前面对高分子的讨论,我们可以得到式 4.28 的另一个重要应用。4.3.1 小节曾经讨论过,尽管高分子在溶液中不断改变其形状,但是其均方首末端距却为一个常量与其长度的乘积。现在,我们可以进一步指出其首末端距矢量 r 的分布将是高斯型的。

 4.6.5 小节指出,4.4.2 小节所用的一个近似限制了在这一分布的尾端上述结论的精确性。

小 结

回到焦点问题。我们已经看到大量独立随机个体的集体行为是可以预测的。例如，单个分子的纯随机布朗运动使得分子集团的扩散分布服从一个简单、确定且可重复的规律。不寻常的是，我们还发现使用完全相同的数学给出了关于高分子线团尺寸的有用结果，而这是一个乍看起来完全无关的问题。

我们已经找到了扩散及其另一面即耗散在生物学中的许多应用。后续章节将更深入地讨论这一主题：

● 摩擦效应支配着细菌和纤毛的力学世界，对它们选择何种策略来完成其职能施加了严格的约束（第 5 章）。

● 讨论神经冲动时（第 12 章）将会用到 4.6.4 小节中对溶液导电性所作的讨论。

● 无规行走概念的各种变体有助于解释第 2 章所提到的某些马达的运作（见第 10 章）。

● 扩散方程各种变体蕴含的物理机制控制着酶介导的生化反应的速率（第 10 章）甚至神经冲动过程（第 12 章）。

更坦率地说，我们不能仅仅满足于理解热平衡（例如第 3 章所发现的玻尔兹曼分布），因为平衡即死亡。第 1 章强调了生命能繁盛于地球必须归功于高品质能量流的注入，这使我们远离热平衡。本章提供了理解这类情况下"序"的耗散的概念框架，以后的章节将应用这一框架。

关键公式

● 二项式：从一个装满 n 个不同物体的罐中取出 k 个物体的方式的数目为 $n!/(k!(n-k)!)$（式 4.1）。

● 斯特林公式：$\ln N! \approx N\ln N - N + \frac{1}{2}\ln(2\pi N)$，$N$ 值很大时可用于近似计算 $N!$（式 4.2）。

● 无规行走：步长为 L 的 N 步一维无规行走的平均位置为 $\langle x_N \rangle = 0$。距出发点的均方距离为 $\langle x_N{}^2 \rangle = NL^2$ 或 $2Dt$。如果每走一步的时间间隔为 Δt，则 $D = L^2/(2\Delta t)$（要点 4.5）。类似地，沿二维格子的对角线行走时，$\langle (x_N)^2 \rangle = 4Dt$。$D$ 由与前面相同的公式给出，而 L 为一个小方格子的边长。在三维情形中，4 变为 6（式 4.6）。

● 爱因斯坦：如果强加于悬浮粒子上的力 f 足够小，将会导致一个缓慢的净漂移，其速度为 $v_{\text{drift}} = f/\zeta$（式 4.12）。阻尼和扩散可通过爱因斯坦关系 $\zeta D = k_B T$（式 4.16）联系起来。这种关系并不局限于我们的简化模型。

● 斯托克斯：对于一个半径为 R 且正缓慢穿越液体的宏观（远大于一纳米）球，黏性摩擦系数为 $\zeta = 6\pi\eta R$（式 4.14），其中 η 为流体的黏度。（第 5 章将对"缓慢"

一词给出更明确的说明。作为比较,在流体中高速拖曳形状确定的物体时,阻力具有 $-Bv^2$ 的形式,其中 B 为刻画物体和流体性质的某一常量。见习题 1.7。)

- 菲克与扩散:粒子沿 $\hat{\boldsymbol{x}}$ 方向的通量为单位时间内单位面积上从负 x 向正 x 穿越的净粒子数。由浓度梯度产生的通量为 $j = -D \mathrm{d}c/\mathrm{d}x$(式 4.19),其中 $c(x)$ 为粒子的数密度(浓度)。(在三维情况下,$\boldsymbol{j} = -D\nabla c$。)因此 $c(x, t)$ 的变化速率为 $\mathrm{d}c/\mathrm{d}t = D(\mathrm{d}^2 c/\mathrm{d}x^2)$(式 4.20)。

- 膜渗透率:溶质通过膜的通量为 $j_{\mathrm{s}} = -\mathcal{P}_{\mathrm{s}}\Delta c$(式 4.21),其中 $\mathcal{P}_{\mathrm{s}}$ 为渗透率,而 Δc 为跨膜浓度差。

- 弛豫:可渗透溶质在球形袋内外部的浓度差随时间降低,服从方程

$$-\frac{\mathrm{d}(\Delta c)}{\mathrm{d}t} = \left(\frac{A\mathcal{P}_{\mathrm{s}}}{V}\right)\Delta c$$

(式 4.22)。

- 能斯特-普朗克:当带电粒子在存在电场的情况下扩散时,我们必须修正菲克定律以包括电泳通量:

$$j = D\left(-\frac{\mathrm{d}c}{\mathrm{d}x} + \frac{q}{k_{\mathrm{B}}T}\mathcal{E}c\right)$$

(式 4.24)。

- 能斯特:如果在液体某一区域加上电势差 ΔV,那么每种溶解的带电量 q 的离子将达到平衡,区域两端的浓度变化由 $\Delta V = -(k_{\mathrm{B}}T/q)\Delta(\ln c)$(式 4.26)确定,或等价地

$$V_2 - V_1 = -\frac{58\,\mathrm{mV}}{z}\log_{10}(c_2/c_1),$$

其中离子价 z 定义为 $z = q/e$。

- 欧姆:盐溶液展示出欧姆电导行为。由电场 $\mathcal{E}$ 产生的电流正比于 $\mathcal{E}$,此关系可导出欧姆定律。长为 l 横截面积为 A 的导体的电阻为 $R = l/(A\kappa)$,其中 κ 为物质的电导率。在我们的简化模型中,每种离子对 κ 的贡献为 $Dq^2 c/k_{\mathrm{B}}T$(4.6.4 小节)。

- 点源扩散:假设在零时刻 N 个分子从三维空间中的同一处开始扩散,以后其浓度为

$$c(\boldsymbol{r}, t) = \frac{N}{(4\pi Dt)^{3/2}}\mathrm{e}^{-r^2/(4Dt)}$$

(式 4.28)。

延伸阅读

准科普:

Mlodinow,2008.

相关历史：Pais，1982，§ 5.

关于金融现象：Malkiel，2019.

中级阅读：

一般读物：Amir，2021；Berg，1993；Lemons，2002.

关于高分子：Hirst，2013.

爱因斯坦关系的推导：Benedek & Villars，2000a，§ 2.5A - C；Feynman *et al.*，2010a，§ 43.

高级阅读：

Rudnick & Gaspari，2004.

爱因斯坦的原始讨论：Einstein，1956.

4.1.4′ 拓展

一些重点：

(1) 4.1.2 小节和 4.1.4 小节使用了许多理想化条件，因此不应认为要点 4.5 (b)和式 4.13 是特别严格的。然而最终爱因斯坦关系(式 4.16)既是普适的，也是精确的。这种广泛的适用性意味着它必然建立在某个比本书所给出的更普适也更抽象的讨论的基础上。的确，在 1905 年最初的论文中爱因斯坦给出了这样一个讨论(Einstein, 1956)。

例如，引入一个碰撞间隔时间的真实概率分布并不会改变主要结果式 4.12 及式 4.16。对更精细的模型的分析参阅 Feynman, et al., 2010a, §43。在那里，以微观量表达的黏性摩擦系数 ζ(式 4.13)变为 $\zeta = m/\tau$，其中 τ 为平均碰撞间隔时间。

(2) 认为每次碰撞都会清除对前一步的所有记忆，这一假设同样不总是正确的。一颗射入水中的子弹在与第一个分子碰撞之后并不会丢失对其初始运动的所有记忆！严格地说，这里所用的推导适用于粒子在出发时的动量与每次碰撞所转移的动量具有可比性的场合，也就是说，不能与平衡离得太远。同样必须要求每步中外力所引入的动量不大于分子碰撞所转移的动量，换句话说，所使用的外力不能太大。第 5 章将探究施加多大的外力时类似式 4.12 的"小雷诺数"公式才开始失效，并指出本章结果的确可以应用于细胞。然而即便对细胞世界，我们也能进行更为精确的分析。请再次参阅 Feynman, et al., 2010a, §43。

(3) 谨慎的读者可能会担心我们将一个得自低密度气体情形下的结果[要点 3.21，即均方速度为 $\langle (v_x)^2 \rangle = k_B T/m$]应用到致密液体(水)上会有问题。不用担心，我们的工作前提是玻尔兹曼分布(式 3.26)，它是以系统总能量为基础对系统各状态赋予概率值。这个能量包含一个复杂的势能项和一个简单的动能项，因此概率分布可被分解成一个复杂的位置函数与一个简单的速度函数的乘积。但是我们并不关心位置之间的关联，因此可将这个复杂的因子对 $d^3 x_1, \cdots, d^3 x_N$ 积分，最终变成一个常量乘以与理想气体相同的简单速度概率分布函数。求均方速度，我们将再次得出要点 3.21。

特别地，正如 3.2.1 小节中对混合物中不同种类气体分子的讨论，胶体颗粒的平均动能与水分子的也相等。在得到式 4.16 的过程中我们暗中使用了这种相等性。

(4) 爱因斯坦关系，即式 4.16，是一大类涨落-耗散关系之中最早被发现的。在其他情形下这种关系一般地称为涨落-耗散定理。

4.2′ 拓展

§4.2 所探究的主题也涉及爱因斯坦的其他早期工作：

(1) 能级量子化的思想并非源于爱因斯坦，它最早出现于普朗克处理黑体辐射的方法中。爱因斯坦指出，直接将这种思想应用于光可解释另一个看起来完全无关的现象，即光电效应。此外，如果光量子化的思想是正确的，那么普朗克黑体辐射和光电效应实验均应该独立地确定一个数，即现在所称的普朗克常量。爱因斯坦指出两种实验对此常量给出了相同的数值。

（2）爱因斯坦并未发明电动力学的方程；那归功于麦克斯韦。第一个指出方程组奇特不变性的人也不是爱因斯坦，而是洛仑兹（H. Lorentz）。但爱因斯坦的确注意到了这种不变性的一个结果，即速度极限（光速 c）的存在。这个想法看起来很疯狂，但爱因斯坦却表明，穷究这一结论将必然导致一个全新的、定量且可实验检验的预言，后者属于一个看似无关的研究领域。在同样发表于 1905 年的最早涉及相对论的论文中，他提出，如果物体的质量 m 可以改变，那么这种转变必将释放一个确定的能量 $\Delta E = (\Delta m)c^2$。爱因斯坦再次提供了一个高度可证伪的预言以检验这个看似疯狂的理论：c 的数值可以通过测量任何核反应的 Δm 和 ΔE 来推测。后来的实验证实了他的预言，所得 c 的数值与测量光传播时所得到的相同。

（3）爱因斯坦谈论过一些关于时空几何的高深东西，大约同一时期庞加莱（H. Poincaré）及希尔伯特（D. Hilbert）也在谈论许多类似的事情。然而只有爱因斯坦意识到了测量苹果坠落时得到的那个物理参量（牛顿常量）的数值，同样控制着光子的"坠落"。因此他的理论给出了太阳导致光弯曲和引力作用导致下落光子蓝移的定量预言。对光弯曲预言的实验证实为爱因斯坦赢得了国际声誉。

 4.3.1′拓展

（1）我们看到溶液中高分子的标度因子一般并不严格等于 $1/2$。一种称为 θ 溶剂的特殊环境实际上的确给出了标度指数 $1/2$，这和简单分析的结果相同。θ 环境大致相当于单体之间的吸引等于其与溶剂分子之间的吸引的情形。（习题 5.8 将探究这一情形。）在某些场合中，θ 环境可以仅通过调节温度而达到。

（2）回转半径 R_G 的精确定义为从高分子质心到单个单体的均方根距离。对于长链高分子，它通过关系 $(R_G)^2 = \frac{1}{6}\langle(r_N)^2\rangle$ 与首末端距 r_N 相联系。

（3）另一种高分子线团尺寸的检测方法是使用光散射，见 Tanford, 1961。

 4.4.2′拓展

（1）如果粒子的空间分布在 y 和 z 方向上并非处处均一，情况又会怎样呢？粒子的净通量实际上像速度一样为一矢量，j 仅为该矢量的 x 分量。同样，导数 $\mathrm{d}c/\mathrm{d}x$ 仅为梯度矢量 ∇c（读作"c 的梯度"）的一个分量。菲克定律的一般形式因此可表述为 $\boldsymbol{j} = -D\nabla c$，而扩散方程写成

$$\frac{\partial c}{\partial t} = D\nabla^2 c。$$

（2）其实，任何由无规行走者所携带的守恒量都各自对应一个扩散输运定律。

我们已经研究过粒子数,其守恒性是因为假定它们不可能湮灭。但粒子也携带另一个守恒量能量,因此我们不应惊讶于同样存在着热的转移,只要开始时分子能量并不均一,也就是温度不均匀。的确,热传导定律看起来就像另一条菲克型定律:热流 j_Q 为一常量(热导率)乘以温度梯度的负数。(这个定律的不同版本有时被称为牛顿冷却定律,或者傅里叶传热定律。)

5.2.1′小节将讨论另一个重要的例子,即动量的耗散输运。

4.4.3′拓展

即便是随机事件,其概率分布也可以有确定性的演化,这一观念的重要性无论怎样强调也不过分。同样的思想(不同的细节)构成量子力学的基础。一个流行的观点认为量子理论“一切皆不确定,也没有什么可以被预言”,但薛定谔方程的确是确定性的。它的解(波函数)的平方,给出在任意给定实验中得到某一观察结果的概率,就像 $c(x, t)$ 反映了 t 时刻在 x 附近找到一个粒子的概率。

4.6.2′拓展

确实,众多生物体(包括细菌)的基本代谢率随身体尺寸呈幂率变化,其幂指数小于 3。但真正影响到我们讨论的事实是“异速生长率标度指数”大于 1。

4.6.4′拓展

(1) 3.2.5 小节提到过摩擦阻滞必定产生热。事实上,众所周知电阻也产生热量,比如电烤箱。我们可以使用热力学第一定律计算热量:通过两极板的每个粒子都从一个势能斜面滑落,并损失势能 $q \times \Delta V$。单位时间内加入此行程的粒子数为 I/q,因此外部电池所消耗的功率(能量除以时间)为 $\Delta V \times I$。使用欧姆定律给出类似的公式:功率 $= I^2 R$。

(2) 电流通过铜丝的传导也是扩散输运过程,并同样遵守欧姆定律。不过,携带电荷的是电子而不是离子,其碰撞的性质与溶液中也大不相同。事实上,电子可以完全自由地通过理想的单晶铜,它们仅在遇到晶格的缺陷(或热致变形)时弹回。描绘这一过程需要发明量子理论。幸运的是,你的身体并不包含任何铜丝。4.6.4 小节中所建立的图像对于我们的意图来说已经足够。

4.6.5′拓展

(1) Gilbert:我还是不太明白脉冲型解(式 4.28)。为简单起见,让我们仅考虑一维情况。回想一下这个过程(4.1.2 小节):在 $t = 0$ 时刻,在原点 $x = 0$ 处释放一些无规行走者。片刻之后,它们已经走了 N 步(步长为 L),其中 $N = t/\Delta t$。那么,没有一个无规行走者能在比 $x_{max} = \pm NL = tL/\Delta t$ 更远的地方被发现。但是,

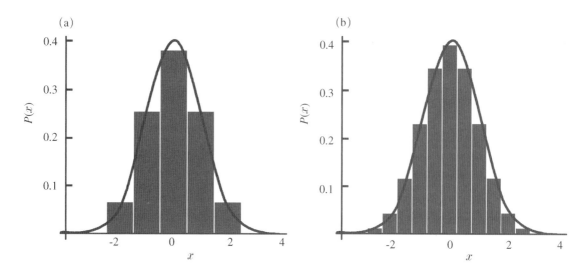

图 4.15（数学函数） N 步行走的离散二项式分布（直方）与对应的扩散方程的解（曲线）。对 N 不同的无规行走〔如 (a)、(b)〕，令 $2Dt = 1$（相当于对横坐标 x 作标度变换），则曲线均可由 $(2\pi)^{-1/2}\mathrm{e}^{-x^2/2}$ 给出。离散分布（式 4.29）已被重新归一化以使直方的总面积为 1，这样更加容易与曲线相比较。(a) $N = 4$。(b) $N = 14$。

方程的解（式 4.28）表明行走者的密度 $c(x, t)$ 对于任意 x 均不为零，不管 x 有多大。我们是否在求解扩散方程时出了什么错或者作了什么近似？

Sullivan：不，思考题 4G 指出它是精确解。但让我们更仔细地看看扩散方程自身的推导——可能我们得到的只是一个近似方程的精确解。的确有一点甚为可疑，即式 4.20 中没有出现步长 L 和时间间隔 Δt。

Gilbert：既然你提到了这一点，我也注意到了式 4.18 用一个导数取代了相邻格子中粒子数 N 的离散差。这在 L 无限小时是合理的。

Sullivan：是的。但我们取这项极限时要保持 D 不变，而 $D = L^2/(2\Delta t)$。因此我们同样取了极限 $\Delta t \to 0$。然而在任何确定时间段 t，这一极限使得步数变得无限多。所以扩散方程是对离散无规行走的一个近似且有限的表述。在这种极限下，最远距离 $x_{\max} = tL/\Delta t = 2Dt/L$ 确实变得无限大，正如式 4.28 所暗示的。

Gilbert：我们应该相信这种近似吗？

让我们帮助一下 Gilbert，将 N 步无规行走的精确离散概率和式 4.28 相比较，并看看它们随着 N 增加时能多快地趋于一致。我们将寻找经过固定时间 t 后无规行走者停止于 x 的概率，还要研究当宏观可观察量 D 固定时不同步长的行走。

假设 N 为偶数，N 步无规行走可以终止于点 $(-N)$，$(-N+2)$，$\cdots$，$+N$ 处。遵循无规行走例题（4.1.2 小节）的思想，得到向右走了 $(N+j)/2$ 步〔因此另外 $(N-j)/2$ 步为向左行走的〕并终止于距原点 j 步处的概率为

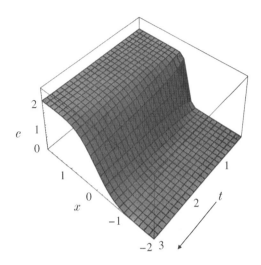

图 4.16(数学函数)　初始浓度阶梯的扩散。时间增加的方向表示为斜向下(箭头)。初始时的陡峭阶梯随着时间增加而从其边缘处开始逐渐平滑化。

$$P_j = \frac{N!}{2^N \left(\frac{N+j}{2}\right)! \left(\frac{N-j}{2}\right)!} \, 。 \tag{4.29}$$

这样一次行走终止于 $x = jL$ 处。注意到 $\Delta t = t/N$ 及 $D = L^2/(2\Delta t)$ 给出 $L = \sqrt{2Dt/N}$，由此，给定 D 可确定步长 L。如果我们将一个宽为 $2L$ 高为 $P_j/(2L)$ 的柱状条画在中心位于 $x = jL$ 处，那么柱状条的面积代表行走者终止于 x 处的概率。对所有 $-N$ 与 $+N$ 之间的偶数重复这一方法将给出一个直方图以与式 4.28 相比较。图 4.15 说明即使对于较小的 N 近似解也是相当精确的。

严格地说，Gilbert 正确地认识到了 $x_{\max}$ 以外的地方的实际概率必须为零，而在那些地方近似解(式 4.28)却等于 $(4\pi Dt)^{-1/2} e^{-x_{\max}^2/(4Dt)}$。但这个误差与 P 的峰值 $(4\pi Dt)^{-1/2}$ 的比率为 $e^{-N/2}$，当 $N = 10$ 时该值已小于 1%。

类似的评注也适用于高分子：4.6.5 小节结尾提到的高斯模型对高分子性质给出了许多极好的说明。然而，高分子的某些性质敏感地依赖于高度伸展的分子构象，在将该模型应用于研究任何这种性质的时候，我们必须非常小心。

> 这次不用作图的方式。保持 x、t 及 D 不变，使用斯特林公式近似得到式 4.29 的对数在 $N \to \infty$ 时的极限行为。用一个概率分布 $P(x, t)$ dx 表述你的答案，将其与扩散解相比较。
>
> **思考题 4H**

(2) 一旦找到了扩散方程的一个解，我们可以大量生成其他解。例如，如果 $c_1(x, t)$ 是一个解，那么 $c_2(x, t) = dc_1/dt$ 同样也是。对扩散方程两侧同时求导就能看出这一点。类似地，不定积分 $c_2(x, t) = \int^x \mathrm{d}x' c_1(x', t)$ 也产生一个解，将之应用于思考题 4G 中的基本脉冲型解，给出的新解描述陡峭的浓度阶梯逐渐平滑化的过程，见图 4.16。数学家称函数 $\dfrac{2}{\sqrt{\pi}} \int_0^x \mathrm{d}x' \mathrm{e}^{-(x')^2}$ 为误差函数 $\mathrm{Erf}(x)$。

习　题 *

4.1　坏运气

（a）你带着一枚用于欺诈的硬币来到赌场，该硬币已被锉去少许，以至于 51% 的机会将呈现正面。你找到一个傻瓜愿意连续掷币 1 000 次，每次均押 1 美元赌硬币出现反面。他仅仅事先强调如果掷 1 000 次后你所得正、反面的次数恰好相等，他将拿走你的衬衣。你本以为能从这个傻瓜身上赢得约 20 美元，但相反地，你却输掉了身上的衬衣。这是怎么回事？你每个周末都带着相同的提议回到赌场，通常你的确会赢。你输掉衬衣的平均频率是多大？

（b）你在一支毛细试管中间 $x = 0$ 处释放了 10 亿个蛋白质分子。分子的扩散常量为 10^{-6} cm^2 s^{-1}。电场以 1 μm/s 的漂移速度推动蛋白质分子向右（x 较大处）移动。然而，80 s 后你发现实际仍有一些蛋白质分子在释放点的左侧。这是怎么回事呢？$x = 0$ 处的数密度又是多少？〔注意：这是一个一维问题，所以应当用数密度对试管横截面积分的形式（量纲为 L^{-1} 的一个量）来表示你的答案。〕

（c）🅣 解释为什么（a）和（b）从数学的角度看本质上相同（虽非完全一致）。

4.2　二项式分布

与其他的基因组一样，病毒的基因组是一串由仅包含四个字母的"字母表"写成的"字母"串（碱基对）。HIV 病毒所携带的信息非常短，全部仅 $n \approx 10^4$ 个字母。由于任意字母均可能突变为其他三种选择中的任意一种，所以总共可能有 30 000 种不同的单字母突变体。

佩雷尔森（A. Perelson）与何大一（D. Ho）于 1995 年发现，在一个无症状期 HIV 感染者身体中每天大约形成 10^{10} 个新的病毒颗粒。他们进一步估计这些病毒颗粒中的大约 1% 会进一步侵染新的白细胞。已知 HIV 基因组复制的出错率约为每复制 3×10^4 个字母出错一次。因此，被单份单突变病毒基因组侵染的白细胞的数目可粗略估计为每天

$$10^{10} \times 0.01 \times [10^4 / (3 \times 10^4)] \approx 3 \times 10^7 \,.$$

这个数字比病毒基因组总共 30 000 种可能的单字母突变体要多得多，因此每种可能的突变体每天都将产生多次。

（a）可能的双碱基突变体总共有多少种？

（b）你可以使用概率的加法和乘法原理计算出一个给定病毒颗粒拥有两个错误复制碱基的概率 P_2。令 $P = 1/(3 \times 10^4)$ 为任意给定碱基被错误复制的概率。那么，恰好出错两次的概率为 P^2 乘以剩余 9 998 个字母不被错误复制的概率再乘

---

*　习题 4.7 蒙惠允改编自 Benedek & Villars，2000a。

以选出两个错误复制碱基的不同方式数。求出 P_2。

（c）求出侵染新的白细胞的双字母突变病毒的数目，并将其与（a）的答案作比较。

（d）对三字母独立突变体重复（a）到（c）。

（e）假设一种抗病毒药可以攻击 HIV 病毒的某一部位，但病毒可以通过产生一种特别的单碱基突变体以逃避药物攻击。根据前述信息，病毒很快会偶然产生出适应的突变体，因此药物并不会长时间有效。为什么一种有效的 HIV 治疗方法会包括同时搭配服用三种不同的抗病毒药？给出你的理由。

4.3 被动转运的限制

大多数真核细胞的直径约为 $10\ \mu m$，但你体内少数细胞会有大约 $1\ m$ 长。这些就是连接脊髓与脚的神经元。它们有一个正常大小的细胞体，带有各种小块凸出，较显著的是一根非常长的轴突（见 2.1.2 小节）。

许多轴突末梢所需的分子，比如蛋白质，是在细胞体内合成的并被包装入囊泡或其他微粒之中。即便是整个细胞器，像线粒体，也需要将其从细胞体内其建造的位置输送到外周部位。2.3.2 小节断言这些物体都是由分子马达沿着轴突输送的。对它们来说，似乎简单地通过扩散抵达目的地也是个有吸引力的选择，但 4.4.1 小节声称这种机制太慢了。让我们对此作一点考察。

以一个 $1\ m$ 长的管子模拟轴突。在轴突的一端，一些合成过程产生类似于图 2.19 中所见的物质，并使它们维持数密度 c_0（我们不需要 c_0 的数值）。物体一旦抵达轴突终端将立即为某些其他过程所吞噬，因此在这一端的数密度为 0。

（a）使用斯托克斯公式和爱因斯坦关系估计具有图 2.19(b) 所示囊泡尺寸的物质的扩散常量 D。

（b）这些物质沿着轴突扩散的数通量是多少？

（c）在显微镜下可以看到细胞器和其他物体每天移动约 $400\ mm$。将此速度转换为数通量 j_{obs}，同样假设数密度为 c_0。

（d）求出比率 j_{diffus}/j_{obs} 并进行讨论。

4.4 扩散与分子大小

表 4.2 列出了生物学感兴趣的各种分子在水中的扩散常量 D 及其半径 r。考虑最后四种，用扩散定律解释这些数据。（提示：用 D 对 $1/R$ 作图，回忆式 4.14。）

表 4.2　一些分子的大小及其在 20℃ 水中的扩散常量

分　子	摩尔质量($g\ mol^{-1}$)	半径(nm)	$D \times 10^9 (m^2\ s^{-1})$
水	18	0.15	2.0
氧	32	0.2	2.0
尿素	60	0.4	1.1

（续表）

分　　子	摩尔质量(g mol^{-1})	半径(nm)	$D \times 10^9$(m^2 s^{-1})
葡萄糖	180	0.5	0.7
核糖核酸酶	13 683	1.8	0.1
β乳球蛋白	35 000	2.7	0.08
血红蛋白	68 000	3.1	0.07
胶原蛋白	345 000	31	0.007

（摘自 Tanford，1961。）

4.5　佩兰实验

图 4.17 展示了佩兰(Jean Perrin)得到的布朗运动的一些实验数据。佩兰选用了半径为 0.37 μm 的杜仲胶（天然橡胶）胶体颗粒。他观察它们在 xy 平面上的投影，用二维无规行走描述它们的运动。遵循其同事朗之万(P. Langevin)的建议，佩兰每观察一次粒子的位置，然后等待 30 s，接着再次观察并在图上标出该时间间隔内的净位移。用这种方法他收集了 508 个净位移数据，并计算出均方根位移为 $d = 7.84$ μm。图中所画的同心圆的半径分别为 $d/4$，$2d/4$，$3d/4 \cdots$

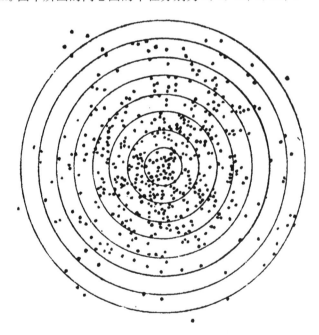

图 4.17(实验数据)　佩兰的实验数据，见习题 4.5。（数据摘自 Perrin，1948。）

（a）使用斯托克斯公式(式 4.14)，求出半径为 0.37 μm 的球的黏滞系数。然后使用爱因斯坦关系(式 4.16)算出 d 的预测值并将其与测量值相比较。

（b）Ⓣ 预计一下在每个环中可以发现多少个点？将你的预期值与图示的真实数据作一比较。

4.6　渗透率与厚度

回顾图 4.13，求出芬克尔斯坦实验中所用的双层膜的厚度。

4.7　血管的设计

血液将氧带给你身体的组织。在本题中，你可以忽略红细胞所扮演的角色，仅需假设氧溶于血液并会因为浓度差而从毛细血管壁扩散出去。以一个长为 L、半径为 r 的圆柱模拟毛细血管，并以渗透率 $\mathcal{P}$ 描述氧的输运。

（a）如果血液并不流动，类似于浓度衰减例题（4.6.1 小节），内部氧浓度将按指数方式变化，最后达到与外部氧浓度相等。请证明对应的时间常量为 $\tau = r/(2\mathcal{P})$。

（b）氧实际上是流动的。为了有效输运，流动中的血液逗留在毛细血管中的时间应当至少约等于 τ，否则血液在进入毛细血管之后会立即将携带的氧气带离组织。利用这一限制，导出血液在毛细血管中最大流速的表达式。假设 $L \approx 0.1\,\mathrm{cm}$，$r = 4\,\mu\mathrm{m}$，$\mathcal{P} = 3\,\mu\mathrm{m\,s^{-1}}$。对所得公式做数值计算，并与实际速度 $v \approx 400\,\mu\mathrm{m\,s^{-1}}$ 对比。

4.8　扩散的脉冲

思考题 4D 声称，在一维扩散中，位于固定点的观察者会看到一个短暂的浓度脉冲峰通过。为更清晰地理解这一陈述，请按如下步骤操作：假设在三维空间中从一个点源释放 100 万个粒子，写出对应的扩散方程的显式解，然后说明距释放点 r 处的观察者所测得的浓度将在某一时刻出现峰值。

（a）求出这一时刻，用 r 和 D 表述。

（b）说明此时刻的浓度值为一个常量乘以 r^{-3}，并求这个常量的数值。

4.9　🛈 随机转动

粒子在液体中会四处游走，实际上其中心作无规行走。同一粒子也可随机转动，导致其取向的弥散。转动扩散会影响微生物沿直线游动的精确性。我们可以通过如下方式估计其影响：

（a）你在某书中查到在黏性流体中可以通过施加力矩 $\tau = \zeta_r\omega$ 使半径为 R 的球转动，其中角速度 ω 单位为 rad/s，$\zeta_r = 8\pi\eta\times(??)$ 是转动摩擦系数。不幸的是，你的那本书被狗嚼过以致你无法读出最后一个因子。它应该是什么？

（b）但你并不想了解摩擦——你想要了解的是扩散。时间 t 后，球的轴将指向与原来成 θ 角的方向。容易想象，转动扩散实际上遵从 $\langle\theta^2\rangle = 4D_r t$，其中 D_r 为转动扩散常量。（只要 t 足够小以使 $\langle\theta^2\rangle$ 保持较小，这个公式就是有效的。）求出 D_r 的量纲。

（c）利用（a）的答案求出 D_r 的数值。以室温下水中的一个半径为 $1\,\mu\mathrm{m}$ 的球模拟细菌。

(d) 如果这个细菌正在游动,它大约要花费多长时间才会偏离原来的方向(比如说,偏离 $30°$)?

4.10 🅣自发渗透与受驱渗透

本章讨论了膜对溶液中溶质的渗透率$\mathcal{P}_s$。事实上膜也会让水通过。可以通过如下方法测量膜对水的渗透率$\mathcal{P}_w$。用氚原子取代水分子中的一个氢原子制备出重水 HTO,它的化学性质与水相同但具有放射性。我们取一小片面积为 A 的膜。开始时,一侧为纯 HTO,另一侧为纯 H_2O。经过短时间 dt 后,我们测量纯水一侧的放射性,它对应于放射性水分子的净通过量$(2.9 \text{ mol s}^{-1} \text{ m}^{-2}) \times A dt$。

(a) 将此结果改写成水分子扩散通量的菲克型公式。求出该公式中出现的常量$\mathcal{P}_w$。(提示:答案将会包含液态水中水分子的数密度,约 55 mol/L。)

下面假设在两侧均有普通水 H_2O,但我们以压强差 Δp 推动液体通过膜。压强将会导致水的流动,我们可以将其表达为体积通量 j_v(见 1.4.4 小节中的一般性讨论)。体积通量将正比于机械推动力: $j_v = -L_p \Delta p$。常量 L_p 被称为膜的滤过系数。

(b) L_p 与$\mathcal{P}_w$ 之间应该存在一个简单的关系,请猜一猜。记住用量纲分析法进行检验。使用此猜测估计 L_p,你要用到(a)的答案。用国际单位制和传统单位制(见附录 A)分别表述你的答案。如果 $\Delta p = 1$ atm $(1 \text{ atm} = 1.013\,25 \times 10^5 \text{ Pa})$,水的净体积通量将是多大?

(c) 人红细胞膜的渗透率与你在(a)中所得数值相当。请比较(b)的答案与这种膜的滤过系数的测量值 $9.1 \times 10^{-6} \text{ cm s}^{-1} \text{ atm}^{-1}$。

4.11 分子链滴尺寸

设想你纯化出某病毒 DNA 的样品,每个 DNA 含有 50 000 个碱基对。将该样品悬浮于盐溶液中,通过光散射的方法,你测得每个 DNA 相当于直径约为 2 μm 的分子链滴。你的同伴也用同样的缓冲液制备了来自另一个生物体的 DNA 样品,该 DNA 的长度大约是你的病毒 DNA 的 100 倍。请问她的 DNA 的链滴尺寸大概是多大?

4.12 有偏无规行走

正文中给出了关于一维无规行走的表达式,其中粒子在每个时间步 Δt 中有 50% 的概率向左或向右移动距离 a。现在考虑一种新的无规行走,在每一步中粒子有 50% 的概率向左移动 $d+a$ 或向右移动 $d-a$(设 $d > a$)。在行走多步后(步数为 N),粒子的平均位置在何处?位置的方差有多大?

4.13 非恒定步长无规行走

(a) 某一维无规行走的步长为 $L = 1$ μm,但有时也会停在原地不动。设这三种动作的概率分别是 $P_{-L} = 1/3$, $P_0 = 1/3$, $P_{+L} = 1/3$。计算在行走 N 步后位移的平均值及方差。

（b）若 $P_{-L}=1/3$，$P_0=1/6$，$P_{+L}=1/2$，这与上述情况相比存在较大差异，请给出定量说明。

4.14 荧光关联谱

4.1.2 小节展示了无规行走的一个例题，考虑 $N=10\,000$ 次独立的随机事件，每次都有 $p=1/2$ 的概率获得某个结果（向左走）以及 $1-p=1/2$ 的概率获得另一个结果（向右走）。该例提出的问题是，在 N 次事件中总共出现 m 次向左走的概率是多大（该例只考察 $m=5\,000$ 的情况，但这显然可以推广到 0 到 N 之间的任意 m）。

（a）更一般地，考虑 $p\neq 1/2$ 的情形（可参见习题 4.1）。证明上述概率等于

$$P_m = p^m(1-p)^{N-m}\binom{N}{m}, \quad \text{其中} \binom{N}{m}\equiv\frac{N!}{(N-m)!\,m!}。$$

这个概率分布依赖于两个参数 N 和 p。不过，在某种很有用的极限情况下，它只依赖于一个参数。在荧光关联谱技术中我们就会遇到这种极限情形。假设你有一个体积为 V_* 的很大的腔室，其中荧光分子（荧光基团）的数密度是 c。用一束激光照射其中某个很小的体积 V，处于该区域的荧光分子就会发光并被实验装置探测到。因此，探测到的平均荧光信号强度应该等于 cV 乘上单个荧光基团给出的信号强度，但由于荧光基团不停进出照明区，因此探测到的信号会呈现出一定的涨落。

（b）注意，腔中 $N=cV_*$ 个荧光基团都是独立运动的，每个分子都有 $p=V/V_*$ 的概率进入照明区。计算正好有 m 个荧光基团处于 V 中的概率 P_m，取极限 $V_*\to\infty$ 并保持 c 和 V 固定。可能会用上斯特林公式（式 4.2）。你的答案将会是一个只含单个参数 $q(=cV)$ 的分布函数，称为泊松分布。

（c）根据这一分布，计算 m 的平均值和方差。证明它们之间存在一个简单关系（作为对比，在高斯分布中，这两者是独立无关的量）。

4.15 足球场上的无规行走

曾有人戏言，足球是所有不重要的事情中最重要的。在本题中，我们要考察一个关于足球赛果的无规行走模型，特别关注在挪威超级联赛中误判对球队整体排名的影响。

挪威超级联赛包括 14 支球队。每队与其他 13 支球队各比赛 2 场，因此一个赛季要踢 26 场球。足球教练和评论员有时候宣称，在整个赛季中裁判的误判会功过相抵。本题中我们就要使用一个适度简化的模型，对此进行更细致的分析。

假设对每支球队来说，26 场比赛中有 4 场的结果会被一次糟糕的裁决所改变。在足球联赛中，球队赢一场得 3 分，平局得 1 分，输球不得分。为简单起见，我们假设对于这四场比赛，单次误判（不考虑多次误判）都会随机地为每队增加或减少 1.5 分。于是你可以用一维的四步无规行走（每步步长为 1.5）来描述整个赛季

误判的累积效应。

（a）对某支球队来说,在整个赛季中遭遇到的误判出现正负相消的概率有多大? 换句话说,无规行走回到起点的概率有多大?

（b）一支球队的赛季积分因误判而改变,计算这个改变量的概率分布。

（c）在 2005 年 Tippeligaen 巡回赛中,Valerenga 队得到了 46 分,Start 队仅以一分之差排在其后。根据你的无规行走模型,Valerenga 因误判而在排名上超过 Start 的概率有多大? 假设这两支球队的无规行走模型在统计上是独立无关的(这个假设合理吗?)。

（d）英格兰超级联赛有 20 支球队,每支球队在每个赛季将进行 38 场比赛。假设裁判误判的概率与挪威联赛中相当,即 38 场比赛中有 6 场会出现误判。在 1998/1999 赛季,曼彻斯特联队仅以一分优势超过阿森纳队而夺冠。根据你的无规行走模型,曼彻斯特联队依靠误判而夺冠的概率是多大? 将这个结果与挪威联赛的分析结果进行比较。

4.16　势阱中的扩散

N 个粒子在一维势阱 $U(x) = ax^2 (a > 0)$ 中扩散。例如,这个势阱可由线性光斑光镊提供。粒子的扩散系数为 D。

（a）计算定态密度 $c_0(x)$。

在 $t=0$ 时刻,突然撤去该势阱(即 a 变成 0)。

（b）在 $t=0$ 时刻前后,净粒子通量各是多大?

（c）对于 $t>0$,密度 $c(x,t)$ 是多大?

4.17　荧光漂白后的恢复

测量细胞中扩散系数的方法之一是荧光漂白技术。细胞中载入荧光分子(荧光基团),用高强度激光快速照亮其中某个区域。受到光照的分子会发生不可逆损伤(漂白),因而不再发荧光。然后用较低强度的光照射细胞,在显微镜下可观察到荧光分布。假设在观察期间不再发生进一步的荧光漂白。

于是,细胞影像中将包含暗区(漂白区)和亮区(图 4.18)。仔细观察暗区中荧光重现的过程(这是由于未损伤的荧光分子扩散到了漂白区),你可以由此计算分子的扩散系数。

作为这一过程的简单模型,可以假设漂白光脉冲形成图示的平面内平行条带图案。即光漂白($t=0$)后的瞬间,残余的荧光分子形成如下的强度分布 $\varphi(x) = C_0 + C_1 \sin(2\pi x/L)$,$C_0$、$C_1$ 都是常量,并且 $C_0 > C_1$。常量 L 是漂白光图案的周期。

（a）证明光漂白后瞬间荧光的平均强度等于 C_0。

（b）光漂白之后的 t 时刻,荧光强度分布具有如下形式 $\varphi(x) = C_0 + \Delta(t)\sin(2\pi x/L)$。推导荧光分子扩散系数 D 的表达式,表达为可观测量 $\Delta(t)$ 的函数。假设你感兴趣的区域足够小,因此可认为细胞的体积无限大。

（c）假设在 $t=0$ 时刻,激光将细胞中一个半径为 R 的圆柱状区域完全漂白,而其余区域中荧光强度为常量 C_0。这之后圆柱中轴线上的荧光强度会如何变化？再次假设细胞体积无穷大。[提示：你可以通过对 $t=0$ 时刻的给定浓度分布做某种积分，从而确定之后时刻的浓度分布。积分中需要用到扩散方程的脉冲型基本解。]

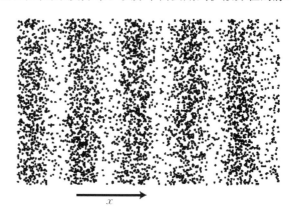

图 4.18 (示意图)　$t=0$ 时刻受激发荧光基团形成的空间分布（侧视图）。

4.18　后退

在一根细长的毛细管中部 $x=0$ 处释放大量蛋白分子，其扩散系数为 $10^{-6}\ \mathrm{cm^2\ s^{-1}}$。这些分子在外加电场作用下向右漂移，速度为 $1\ \mu\mathrm{m\ s^{-1}}$。但是在 80 s 后你发现有一些蛋白分子出现在了释放点左边。请解释这是如何发生的？

4.19　孔模型

细胞膜可以被描述为一个厚度为 L、不可渗透的薄膜，其中点缀着半径为 r 的通透微孔。这些孔的总面积在整个膜面积中的占比为 α。假设 $\alpha \ll 1$。在膜的一侧均匀分布着某种可溶性小分子溶质，浓度为 c。初始时刻在膜的另一侧只有纯水。溶质分子的尺寸远小于 r。

（a）计算初始时刻溶质分子跨膜的通量。[提示：可先考虑单个孔的情况。]

（b）假设 $\alpha=0.1\%$，$c=0.1\ \mathrm{M}$，$L=4\ \mathrm{nm}$，$r=1\ \mathrm{nm}$，将上述答案表达为每秒每平方微米通过的分子数。

4.20　多重渗透

（a）假设膜上存在两种脂分子 A 和 B。A 聚集成片，占膜面积的比例为 f（余下部分由 B 构成）。分子 X 对于 A、B 的渗透率分别是 P_A、P_B，计算它对于复合膜的渗透率 P_{AB}。

（b）脂分子 A、B 单独所成膜的渗透率分别是 P_A、P_B。把它们贴合成一片双层膜，计算其渗透率 P_{AB}，表达成 P_A、P_B 的函数。

4.21　Ⓣ复合性质

在思考题 4G 中你已经了解了一维无规行走的概率密度分布函数，它是时刻 t

以及位置 x_1 的函数(假设行走从 $t=0$ 时刻从 x_0 出发)。请证明这个函数具有如下性质:

$$P(x_0, x_1; t_1 + t_2) = \int_{-\infty}^{+\infty} dx P(x_0, x; t_1) P(x, x_1; t_2)。$$

4.22 🅣跨势垒扩散

(a) 考虑一维无规行走的粒子。假设在 $x=0$ 处有一个理想吸收壁,因此在此处(及其左方)发现粒子的概率等于零。导出在吸收壁右方 x_1 处($x_1 > 0$)、t 时刻发现粒子的概率密度分布的表达式,假设粒子 $t=0$ 时刻位于 x_0 处。(提示:可考虑静电学中的镜像方法。)

(b) 将 $x=0$ 处的吸收壁改为反射壁,即,该处的概率通量等于零(但概率不必为零)。重复(a)的推导。

第 5 章
慢航道中的生命： 小雷诺数世界

在第 6 章向统计物理的堡垒发动总攻之前,本章先介绍如何运用前几章的思想推出一些简单结论,它们对于理解细胞、亚细胞以及生理过程都十分有用,同时也有助于理解一些重要的实验技术。一个典型的例子就是细菌利用鞭毛推进的方式[图 2.3(b)]。

4.4.1 小节描述了在纳米世界中扩散是如何支配分子输运的。扩散是一种耗散过程:它趋向于打破分子的有序排列。类似地,本章将会阐述黏性摩擦如何主导纳米世界的力学。摩擦也是一种耗散,它趋向于使有序运动转化为热运动。物理学的对称性思想将有助于理解并统一由上述观点衍生出的、有时令人惊讶的种种结论。

本章焦点问题
生物学问题: 为什么细菌不像鱼类那样游动呢?
物理学思想: 适用于纳米世界的运动方程和适用于宏观世界的运动方程在时间反演变换下的表现是不同的。

---

§5.1　流体中的摩擦

在本节中我们首先会看到如何根据摩擦力公式 $v_{drift} = f/\zeta$(式 4.12)把粒子按照重量或电荷进行分类,而这也是一门非常实用的实验技术。随后会介绍一些发生在黏稠流体(如蜂蜜)中奇特而富有启发性的现象。§5.2 将会证明,在纳米世界中,水本身表现得就像是一种十分黏稠的流体,因此,这些现象极好地体现了细胞世界的物理特性。

5.1.1　足够小的粒子能够永久悬浮

如果我们把由几种粒子(例如几种蛋白质)组成的混合物悬浮于水中,那么重力场会对每个粒子施加一个正比于其质量的下拉力 mg。(如果愿意的话,可以把悬浮液放在离心机里。在那里,离心力 mg' 同样正比于粒子的质量,尽管 g' 可能比通常的重力加速度大得多。）

　　然而驱使粒子下沉的净力却小于 mg，这是因为粒子下沉的同时等体积的水却在上浮。水同样也受到重力的作用，大小等于 $(V\rho_m)g$，其中 ρ_m 是水的密度，V 是粒子的体积。设 z 为粒子的高度，则当粒子下降 $|\Delta z|$ 时候，将替换等体积的水并使其上浮 $|\Delta z|$，重力势能总的变化为 $\Delta U = (mg)\Delta z - (V\rho_m g)\Delta z$，因此使粒子沉降的净力 $f = -\mathrm{d}U/\mathrm{d}z = -(m - V\rho_m)g$，简记为 $-m_{\mathrm{net}}g$。由此导出阿基米德原理：浸在水中的物体会受到浮力的作用而使其净重减小，浮力的大小等于物体排开的水的重量。

　　当悬浮液静置很长一段时间之后会发生什么现象呢？是否所有的粒子都会沉底呢？卵石必然如此，而小于某一尺寸的胶态粒子则不会，这跟房间里的空气不会落地的道理是相同的。热扰动产生一个平衡态分布，在这个分布中，总有一定数量的粒子永远不会沉降。为了精确地阐释这个道理，我们考虑一个装有悬浮液的试管，液面高度为 h。在平衡状态下，粒子浓度分布 $c(z)$ 不再变化，此时能斯特关系（式 4.26）是适用的，只需将静电力替换为净重力 $m_{\mathrm{net}}g$。于是，平衡状态下的粒子浓度为

$$c(z) \propto \mathrm{e}^{-m_{\mathrm{net}}gz/k_\mathrm{B}T}。\quad \text{（重力场里的沉降平衡）} \qquad (5.1)$$

　　以下是一些典型数据。肌红蛋白是一种球状蛋白，摩尔质量 $m \approx 17\,000\ \mathrm{g\,mol^{-1}}$。浮力作用可使得 m 降为 $m_{\mathrm{net}} \approx 0.25m$。定义标高 $z_* \equiv k_\mathrm{B}T_\mathrm{r}/(m_{\mathrm{net}}g) \approx 59\ \mathrm{m}$，于是 $c(z) \propto \mathrm{e}^{-z/z_*}$。那么在一个 $4\ \mathrm{cm}$ 高的试管中，平衡状态下，顶部的浓度为 $c(0)\mathrm{e}^{-0.04\,\mathrm{m}/59\,\mathrm{m}}$，即等于底部浓度的 99.9%。换句话说，该悬浮液永不沉降。在这种情况下，我们称之为胶态悬浮体，或叫做胶体。大分子如 DNA 或可溶性蛋白质在水中都可以形成胶状悬浮液。另一个例子就是布朗的花粉颗粒与水的悬浮液。另一方面，如果 m_{net} 很大（如沙粒），那么顶部的浓度几乎是零，即发生了沉降。然而多大才算"大"呢？式 5.1 指出，要发生沉降，顶部与底部重力势能的差值 $m_{\mathrm{net}}gh$ 要高于热能。

思考题 5A

下面是另外一个例子。设想容器是一个牛奶盒，高度 $h = 25\ \mathrm{cm}$。我们把均质的牛奶理想化为脂肪滴（球形，半径约为 $1\ \mu\mathrm{m}$）与水形成的混合物。《化学与物理学手册》（*Handbook of Chemistry and Physics*）列出牛奶中脂肪的密度为 $\rho_{\mathrm{m, fat}} = 0.91\ \mathrm{g\,cm^{-3}}$（水的密度是 $1\ \mathrm{g\,cm^{-3}}$）。求出平衡状态下的 $c(h)/c(0)$。均质牛奶是平衡的胶状悬浮液吗？

　　回到肌红蛋白的问题上来，沉降技术对于蛋白分析似乎并不是一种很有效的方法。不过，请注意标高并不仅仅取决于蛋白质和溶剂的性质，还与重力加速度 g 有关。利用离心机人为地提高 g，容易把 z_* 降至某个很小的值。事实也的确如此，实验用离心机可以将 g' 提高至 $10^6\ \mathrm{m/s^2}$，从而可用于蛋白质的分离。

　　为了精确地阐释这一点，首先注意当一个质点以角速度 ω 转动时，由本科一

年级的物理公式可知质点的向心加速度为 $r\omega^2$，r 是质点到轴心的距离。

思考题
5B
假设你没能记住这个公式。怎样通过量纲分析把它猜出来呢？注意角频率是用 rad/s 度量的。

假设样品放置在位于旋转平面的一个管子里，管子的长轴沿半径方向。向心加速度指向轴心，因此必定存在一个向里的力 $f = -m_{net}r\omega^2$ 来提供这个加速度。这个力只能来源于粒子向外缓慢漂移时周围液体对它的阻力。漂移速度为 $m_{net}r\omega^2/\zeta$（见式 4.12）。再次应用能斯特关系（4.6.3 小节），得出漂移流量 $cv_{drift} = cm_{net}r\omega^2 D/k_B T$，这里 $c(r)$ 是粒子的数密度。在平衡状态下，根据菲克定律，漂移流量被扩散流量抵消。于是，在平衡状态下

$$j = 0 = D\left(-\frac{dc}{dr} + \frac{r\omega^2 m_{net}}{k_B T}c\right),$$

它的解与能斯特–普朗克公式（式 4.24）类似。想要求解这个微分方程，可以将等号两边同时除以函数 $c(r)$，得到 $c^{-1}\frac{dc}{dr} = Kr$，$K \equiv \omega^2 m_{net}/k_B T$。然后再做积分，得到 $d(\ln c) = \frac{1}{2}K d(r^2)$，即 $\ln c = A + \frac{1}{2}Kr^2$，此处 A 是常量。由此可知：

$$c = \text{常量} \times e^{m_{net}\omega^2 r^2/(2k_B T)}。 \quad \text{（离心机里的沉降平衡）} \quad (5.2)$$

5.1.2 沉降速率取决于溶剂黏度

漂移速度 $v_{drift} = m_{net}g/\zeta$ 并不是粒子的内禀性质，因为它还和重力场的强度 g 有关。为了得到一个可以对粒子进行分类的量（在给定的溶剂中），我们另外定义沉降系数

$$s = v_{drift}/g \equiv m_{net}/\zeta。 \quad (5.3)$$

测量 s 并将其与表中所列参考值对照，由此可大致得知该粒子的种类。s 可看作一个粒子达到末速度需要的时间。有时用斯韦柏（svedberg）作单位，1 斯韦柏定义为 10^{-13} s。

那么，哪些因素决定了沉降系数呢？显然，沉降过程在"稠"的液体中（如蜂蜜）比在"稀"的液体中（如水）要慢。于是，我们猜想，单个粒子在某种液体中的黏性摩擦系数不仅取决于粒子的大小，还和这种液体的某一固有性质相关，称其为黏度。实际上，4.1.4 小节已经给出了 ζ 的一个表达式，即斯托克斯公式，$\zeta = 6\pi\eta R$，适用于一个孤立的半径为 R 的球状粒子。我们最好记住室温下水的 η 值*：$\eta_w \approx 10^{-3}$ kg m^{-1} s^{-1} = 10^{-3} Pa s。

---

*　有些书使用泊（poise）作单位来表达这一结果，其定义为 erg s/cm^3 = 0.1 Pa s；那么 η_w 大约为 1 厘泊。其他与生命有关的流体的 η 值在表 5.1 中列出。

思考题
5C

（a）利用斯托克斯公式求出 η 的量纲。证明 η 可以看作压强乘以时间，即黏度的国际单位为 Pa·s。

（b）思考题 5A 提出了一个自相矛盾的观点：求解出的平衡公式指出牛奶将会分层，但我们通常不会看到这种现象。用斯托克斯公式求出在均质牛奶中脂肪小球漂移一个奶瓶的距离所需的时间。然后对均质牛奶和生牛奶（脂肪滴的半径大约为 5 μm）进行比较并加以讨论。

我们可以利用以上讨论再次考察高分子线团的尺度。假设某种特殊的高分子形成无规线团，线团的半径等于一个常量乘以其质量的某次方：$R \propto m^p$。我们将检验这一假设，并从实验中求出标度指数 p，然后将它和无规行走理论的预期 $p = \dfrac{1}{2}$（要点 4.17）进行比较。

将斯托克斯公式代入式 5.3 得 $s = (m - V\rho_m)/(6\pi\eta R)$。假定高分子排开的水的体积正比于单体数量，则 $s \propto m^{1-p}$。图 4.7(b) 指出这一预言基本正确。［更精确地，对于某种特殊的高分子/溶剂的组合，图 4.7(a) 指出 R 的标度指数 $p = 0.57$。图 4.7(b) 指出 s 的指数为 0.44，非常接近 $1 - p$。］

5.1.3　黏性液体难以混合

§5.2 将会证明，在细胞的纳米世界中，普通的水会表现得像十分黏稠的液体。因为大部分人对这些现象了解得十分有限，因此有必要先了解一下其中发生的一些奇异现象。

向一个干净的柱状烧杯或敞口杯中倒入几厘米高的玉米糖浆。取出一些玉米糖浆并混入少量墨汁作为标记。向烧杯中插入一个搅拌用的小棒，然后将一滴已标记的玉米糖浆注射到液面以下的某处，要远离小棒和杯壁（一只装有长针头的注射器对此会很有帮助，不过一个滴管也就足够了；取出滴管的时候要很小心以免搅乱墨斑。）现在试着慢慢挪动小棒。一个效果特别明显的实验是让小棒一直靠着杯壁，慢慢地顺时针转一圈，然后反转这一过程，逆时针转动直至回到原位。

你将会注意到下面几个现象：

● 墨斑很难混入其他部分。

● 当小棒接近墨斑时，墨斑似乎在回避它。

● 在顺时针-逆时针搅拌的实验中，墨斑在第一步中会逐渐淡掉。但是如果你在第二步中小心地、精确地反转第一步，你将会看到墨斑魔术般的复原了，形状和位置几乎不变！这跟把奶油搅入咖啡时发生的现象是不同的。

图 5.1 展示了一个控制更严的实验的结果。在两个同心的圆柱体之间注入一种黏稠的液体。其中一个圆柱体旋转数周，使色斑淡掉，如图 5.1(b)。反向旋转相同的角度，色斑复原［图 5.1(c)］。

图 5.1(照片) 本实验展示了低雷诺数流体的奇特行为。(a) 将一小滴染色的甘油注入夹在两个同心圆柱之间的清亮甘油中。(b) 内侧圆柱绕轴旋转几圈后，似乎将染色甘油滴拉成了薄薄的一缕。(c) 内侧圆柱反向旋转相同圈数后，油滴似乎又重新聚拢了，只是由于扩散而显得略微模糊了一点。(本演示实验由 H. C. Berg 提供，可参看视频 www.ibiology.org/biophysics/bacterial-motion/，本图蒙 ibiology 及 HowardBerg 惠赠。)

这是怎么回事呢？是我们碰到了热力学**第二定律**的反例了吗？并非如此。如果你不去扰动墨斑，它就会散掉，但极其缓慢，这是因为黏度系数 η 很大，而爱因斯坦-斯托克斯关系指出 $D = k_B T/\zeta \propto \eta^{-1}$（式 4.16 和 4.14）。况且，扩散一开始只是改变墨斑边缘的墨汁浓度（图 4.16），所以一个致密的墨滴在短时间内不会改变很多。我们可以想象，搅拌引发的是一种有组织的运动，其中连续流体层只是简单地互相滑过，并随着搅拌的停止而立即停止[图 5.2(a)]。这样一种稳定的流动称为层流。因此，无论搅拌小棒还是器壁的运动，都只能拉伸斑块，而后者仍能保持数十亿分子的稠密度[图 5.2(b)]。事实上，墨汁分子的确散开了，但并没有呈随机分布，因为扩散作用还来不及将它们完全随机化。当我们让壁面恢复初始的位形时，流体的每个层面也同时滑回原来的位置从而重现墨斑。简言之，我们

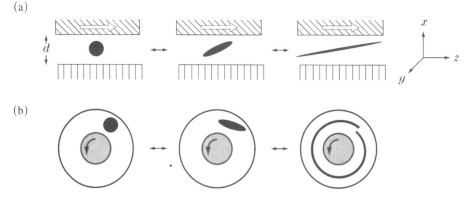

图 5.2(示意图) 流体在两种边界条件下的层流剪切运动。(a) 平板(滑动平板)边界。上面的平板被推向右方，同时下面的平板保持静止。平板的面积为 A，板间间隔为 d。(b) 柱形(冰激凌机)边界，俯视图。中间的圆柱不断转动，同时外面的圆柱保持静止。

可以宣称墨滴永远不会"混合"并以此来解释墨斑的重组,尽管这只是近似的。总之,黏稠流体难以混合。

以上有关玉米糖浆的情节听起来很不错。但它并没有指出一个关键的问题:为什么水没有这种行为呢? 当你把奶油搅入咖啡的时候,它立刻旋转起来进入一种复杂的湍流状态。当你停止搅动时,流体(如咖啡)的运动不会随即停止,其所携动量将使运动继续。在短短的几秒钟里,一滴奶油迅速伸展成为一条只有几个分子厚度的条带,随后扩散作用迅速而且不可挽回地抹去这条带子。反向搅动无法让奶滴重现。总之,非黏性液体容易混合。

§5.2　小雷诺数

5.1.3 小节的最后两段把我们的注意力从可混合与不可混合这种显著可见的区别转移到更微妙、更根本的区分上来,即湍流与层流的分别。为深入理解,我们需要一些物理判据来解释为什么玉米糖浆的流动(以及其他流体如甘油、原油)是层流,而水流(以及其他流体如空气、酒精)往往成为湍流。令人惊奇的是,这个判据不仅依赖流体本身的性质,还与所考察的过程的时空尺度有关。可以证明,在纳米世界中,水要比实验中的玉米糖浆黏稠得多。因此,纳米世界中的所有流动本质上都将是层流。

5.2.1　摩擦支配的范围由临界力界定

很显然,黏性和可混合与不可混合的区别是有关系的,让我们对此作进一步了解。图 5.2(a)所示的平板边界要比球形边界简单,因此可以利用这种情况对黏度作一般性的定义。假想两块平行的平板被厚度为 d 的流体隔开。固定其中一块平板,同时以速度 v_0 侧向滑移另一块平板[沿图 5.2(a)所示的 z 方向]。这一运动称为剪切。运动的平板将受到黏性力的阻碍作用,方向与 v_0 相反,固定的平板则受到一个与其大小相等方向相反的力(称为牵引力)的作用。

黏性力 f 的大小应该与平板的面积 A 成正比,且随 v_0 的增大而增大,随板间间隔的增大而减小。根据经验,当 v_0 足够小的时候,从众多流体的行为中确实可以得出与以上预计一致的最简单的可能的力法则,即:

$$f = -\eta v_0 A / d. \qquad \text{牛顿流体中的黏性力,平板边界} \qquad (5.4)$$

常量 η 表征流体的黏度。式 5.4 分离出了所有条件参数(面积、间隔、速度),从而揭示 η 是流体的内禀性质。负号提醒我们阻力的方向与平板的运动方向相反。

利用思考题 5C(a)的结果,证明式 5.4 两边的单位完全相同。

**思考题
5D**

服从式 5.4 的流体称为牛顿流体，以纪念全才的牛顿。另外，大部分牛顿流体都是各向同性的（即在各个方向上的属性都相同，本书不讨论各向异性的流体）。这种流体由其黏度和密度便可完全描述。

前面的经验暗示了当 η "大" 的时候出现简单的层流流动，而当 η "小" 的时候将产生复杂的湍流。但是新的问题立刻出现了。"相对什么而言 η 可称为大？"黏度并不是无量纲的，故而它的大小并没有绝对的意义（见 1.4.1 小节），没有哪种流体可以在绝对意义上看作是黏稠的。我们也无法用黏度（量纲为 $ML^{-1}T^{-1}$）与密度（量纲为 ML^{-3}）构建一个无量纲的量。但是，我们可以构建一个具有力的量纲的特征量：

$$f_{\mathrm{crit}} = \eta^2 / \rho_{\mathrm{m}}。\qquad 黏性临界力 \tag{5.5}$$

任何流体的运动都有两种不同模式，取决于所施外力与临界力的相对大小。等价的表述如下：

(a) 对黏性现象不存在无量纲的度量，因此"稀"与"稠"没有固有的区分。

(b) 尽管如此，仍然存在依赖具体情况的特征可用以判断什么时候流动是黏性的，即当无量纲的比率 f/f_{crit} 很小的时候。 (5.6)

对于给定的外力 f，我们可以通过选取密度大或黏度小的流体使得比率 f/f_{crit} 很大。那么惯性效应（正比于质量）将压倒黏性（正比于黏度）效应，流动将是湍流（撤去外力后流体仍在运动）。在相反的条件下，摩擦会使惯性效应迅速衰减，流动将是层流。

总结一下前面的内容，5.1.3 小节开篇提及了可混合流与不可混合流之间的区分。本节首先用湍流与层流的区别重新表述了这个问题，最终指出造成这种区分的原因在于惯性效应和黏性效应哪个居于主导地位。利用量纲分析，我们得到了一个可在给定情况下区分两种流动的判据。

接下来我们对常见的流体作一些粗略的检验。根据表 5.1 可知，假如用远小于 0.03 N 的力在玉米糖浆中拖动一个弹球，那么这个运动是由摩擦来支配的。惯性效应可以忽略不计。确实，在玉米糖浆的实验中，当停止搅动的时候，涡旋立刻消失了。而另一方面，对于水，即使 1 mN 的推力都足以使流动进入惯性而非摩擦主导的范围，于是便会产生湍流。

该表的惊人之处在于如下预言：对那些发出的力小于 1 nN 的微小生物而言，水显得非常黏稠，就像甘油对于人类一样！事实的确如此，我们将在第 10 章看到，细胞内力的典型量级更接近 f_{crit} 的千分之一（在皮生的范围内）。由此可见，摩擦主宰着细胞世界。

表 5.1　25℃下常见流体的密度、黏度和黏性临界力

流　　体	ρ_m ($\mathrm{kg\,m^{-3}}$)	η ($\mathrm{Pa\,s}$)	f_{crit} (N)
空　气	1	2×10^{-5}	4×10^{-10}
水	1 000	0.000 9	8×10^{-10}
橄榄油	900	0.08	7×10^{-6}
甘　油	1 300	1	0.000 8
玉米糖浆	1 000	5	0.03

　　具有本质意义的并不是尺寸，而是力。要理解这一点，注意牛顿流体的运动
完全取决于其密度和黏度，而且这两个量无法组合出具有长度量纲的量。我们
说，牛顿流体"没有内禀的长度尺度"，或说是"标度不变的"。即使还没有求出完
整的流体运动方程，我们已经知道，流体运动规律不会在某一临界尺度上下表现
出质的区别，因为量纲分析刚刚告诉我们根本不存在那样的尺度！一个巨大的物
体，甚至一艘战列舰，如果仅仅受到小于一个纳牛的推力，也会运动在摩擦主宰的
范围内。类似地，如图 5.3 所示的宏观实验也可以告诉我们一些关于微观生物体
的知识。

5.2.1′小节通过把黏性重新解释为某种形式的扩散，进一步突出
了摩擦是一种耗散形式的观点。

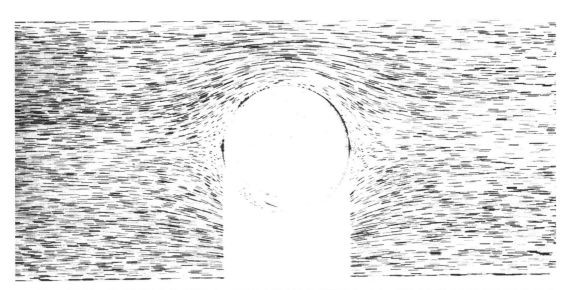

图 5.3(照片)　低雷诺数流体绕球体流动。流体从左至右流动，雷诺数 $\mathcal{R}=0.1$。流体中悬浮的金属碎屑在光照（从上
往下）下可直观地显示出流线。图中球体下方的白色区域就是光照下的阴影。注意，这幅图几乎是左右对称的，即，如果令
流体反向（从右至左）流动，得到的图像是相同的。另外，这幅图也清晰展示了低雷诺数流体处于有序的层流状态，因此，如
果不存在扩散，则食物颗粒将直接绕过单细胞生物而根本没有机会接触到细胞。(摘自 Coutanceau, 1968。)

5.2.2 摩擦和惯性的相对重要程度由雷诺数定量刻画

量纲分析十分有用，但其应用方式可能不易把握。5.2.1 小节提出了这样的逻辑：(i) 简单流体（各向同性牛顿流体）用两个量 η 和 ρ_m 即可完备描述；(ii) 用这两个量可以组合出另一个具有力的量纲的物理量 f_{crit}；(iii) 当外力大小与之相当的时候，一定会有一些有趣的事情发生。这种分析常会使学生们觉得危险而且草率。确实，当面对不熟悉的情况时物理学家们会首先使用量纲分析以便提出一些猜想，但随后会进一步作精细的分析以检验原先的猜想。本节将开始这种训练，为层流产生的条件推导出一个更为精确的判据。然而，即便如此，2π 这样的系数也绝不会出现。我们只是希望能粗略地理解其中的物理本质。

让我们从一个实验开始。图 5.3 展示了绕过一个半径为 R 的柱状障碍物的层流，这是层流绕流的一个绝佳例子。在远处，流体以速度 v 匀速运动。我们希望知道流体微元的运动到底是由惯性还是摩擦支配。

考虑一个尺寸为 l 的小流体块，随着层流运动并与球体发生碰撞（图 5.4）。为了绕过球体，流体微元必须产生加速度：在接触的过程中，速度的方向必须改变，接触时间 $\Delta t \approx R/v$。速度 v 改变的量级与 v 本身相当，故速度的改变率（即加速度 dv/dt）的量级约为 $v/(R/v) = v^2/R$。微元的质量 m 等于密度 ρ_m 乘以体积。

牛顿运动定律指出流体微元服从

$$f_{ext} + f_{frict} \equiv f_{tot} = 质量 \times 加速度 。 \tag{5.7}$$

其中外力 f_{ext} 是来自周围流体的压力，f_{frict} 是作用于微元的净黏性摩擦力。根据上一段定义的物理量，牛顿方程的右边（即"惯性项"）为

$$惯性项 = 质量 \times 加速度 \approx l^3 \rho_m v^2/R 。 \tag{5.8}$$

我们希望比较一下这个惯性项与 f_{frict} 的量级。如果其中一项远大于另一项，便可舍掉较小的那一项。

为了估计摩擦力的大小，首先把式 5.4 推广至速度梯度非恒定的情况［对比图 5.2(a)中的恒定情况］。为了实现这一点，须将有限的速度差 v_0/d 替换为微商 dv/dx。当一个微元滑过相邻微元的时候，相互之间施加在单位面积上的摩擦力为 *

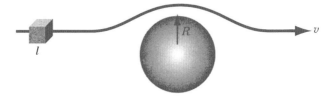

图 5.4(示意图) 尺寸为 l 的流体微元撞击一个半径为 R 的障碍物（图 5.3）。

---

* Ⓣ 式 5.9 仅适用于平板边界条件（见习题 5.9）。不过，就目前所需而言，它给出的估算已足够精确。

$$\frac{f}{A} = -\eta \frac{\mathrm{d}v}{\mathrm{d}x}。 \tag{5.9}$$

在图 5.4 所示的条件下，流体元每个面的面积约为 l^2。微元受到的净摩擦力 f_{frict} 等于上下面微元所施摩擦力之差。可以把这个差值估计为 l 乘以 $\mathrm{d}f/\mathrm{d}x$，或 $f_{\mathrm{frict}} \approx \eta l^3(\mathrm{d}^2v/\mathrm{d}x^2)$。为了估计这个导数，请再次注意速度 v 在与障碍物尺寸 R 相当的距离上略有变化。根据这一点，我们估计 $\mathrm{d}^2v/\mathrm{d}x^2 \approx v/R^2$。综合以上分析得

$$\text{摩擦项} = f_{\mathrm{frict}} \approx \eta l^3 v/R^2。 \tag{5.10}$$

现在请比较式 5.8 和式 5.10。将两个表达式相除得到一个无量纲的特征量*

$$\boxed{\mathcal{R} = vR\rho_{\mathrm{m}}/\eta。 \quad \text{雷诺数}} \tag{5.11}$$

当 $\mathcal{R}$ 很小的时候，摩擦占支配地位。搅拌只能引起最小可能响应，即层流。而且，一旦外力 f_{ext} 撤去，流动也随即停止。（工程界称小雷诺数的流动为"蠕流"。）当 $\mathcal{R}$ 很大的时候，惯性效应占支配地位，停止搅拌后咖啡仍在旋转，流动是紊乱的。

我们通过考察圆球绕流得到雷诺数判据，但它却可推广应用于任何特征长度为 R 的情形。例如，流体流过一只半径为 R 的管子。雷诺（O. Reynolds）在 19 世纪 80 年代开展了一系列仔细的实验测量，发现层流向湍流的转变通常发生在 $\mathcal{R} \approx 1000$ 时。雷诺改变每个参数（管子的尺寸、流量、流体的密度以及黏度），发现湍流的起始仅仅依赖于这些参数的一个组合，即式 5.11。

下面我们把雷诺数与 5.2.1 小节讨论过的临界力的概念加以比较：

例题：假设雷诺数很小，$\mathcal{R} \ll 1$。比较黏性临界力与锚定障碍物所需外力的大小。

解答：在小雷诺数的情况下，惯性项可以忽略，所以 f_{ext} 数值上就等于上面提及的摩擦力（式 5.10）。为了估计该力的大小，取流体块的尺寸 l 等于障碍物本身的尺寸，于是

$$\frac{f_{\mathrm{frict}}}{f_{\mathrm{crit}}} \approx \frac{\eta R^3 v}{R^2}\frac{1}{\eta^2/\rho_{\mathrm{m}}} = \frac{vR\rho_{\mathrm{m}}}{\eta} = \mathcal{R}。$$

因此，当 $\mathcal{R}$ 很小的时候，作用在流体上的外力的确比 f_{crit} 小得多。

假设雷诺数很大，$\mathcal{R} \gg 1$。比较黏性临界力与锚定障碍物所需外力的大小。　**思考题 5E**

---

* 注意：在这个表达式中，流体微元的尺度 l 取任意值都可以约掉。当然这是必然的。

现在来做一些估算。一头长 30 m 的鲸鱼在水中以 30 m/s 的速度游动，$\mathcal{R} \approx$ 300 000 000。而 1 μm 的细菌以 30 μm/s 的速度运动，$\mathcal{R} \approx 0.000\,03$！5.3.1 小节将指出细菌的运动方式和大型水生生物的确很不一样。

 5.2.2' 小节更加精确地指出了"流体没有特征空间尺度"的含义。

5.2.3 动力学定律的时间反演特征反映了它的耗散性

现在我们有了一个区分层流与湍流的判据，可以对可混/不可混的问题（5.1.3小节）作出更清楚的解释。

不可混合 完整的流体运动方程相当复杂，但是却不难猜出像图 5.2(b) 所示的仅由剪切作用引发的最低限度响应。因为流动在 y、z 方向上是不变的，我们可以把流体想象成一叠互相平行的薄片，每一片的厚度为 dx，把式 5.9 分别应用于每个片层。设相邻两个片层的相对速度为 dv_z，每个片层对其相邻片层单位面积施加的力为

$$\frac{f}{A} = -\,\eta\,\frac{\mathrm{d}v_z}{\mathrm{d}x}\,。$$

特别地，紧贴固体壁面的片层以与壁相同的速度运动（无滑移边界条件），否则，在那里 v 会有一个无穷大的导数，而所需黏性力也将无穷大。

因为每个片层都是匀速运动的（没有加速度），根据牛顿**定律**，作用在每个片层上的力必须平衡。因此，每个片层对上面相邻片层施加的力和下面相邻片层对它施加的力必须相等，或者说

$$\frac{\mathrm{d}v_z}{\mathrm{d}x}$$

必须是一个常数，不随 x 变化。导数为常数的函数必定是线性函数。另外，v 从顶板到底板必须由 v_0 变到零，于是有 $v_z(x) = (x/d)v_0$。

因此，初始位置在 (x_0, z_0) 处的一个体积元，经过时间 t 运动到 $(x_0, z_0 + (x_0/d)v_0 t)$。就是这个运动把原本是球形的墨斑拉开[图 5.2(b)]。如果把作用在顶板上的力反向并作用相同的时间 t，我们会发现每一个微元都严格地回到了起始位点。墨斑重现了！如果墨斑一开始被拉得太长以至于看似混到了流体中，那么它现在似乎又在"去混合"（图 5.1）。

下面我们将不再强调稳定的运动，相反地，我们在顶板上施加一个随时间变化的力 $f(t)$。这一次，作用在每个片层上的力不再是严格平衡的。根据牛顿运动定律，每个片层受到的净力等于其质量乘以它的加速度。然而，只要外力比黏性临界力小很多，这点差别就可以忽略，且前面的所有结论仍然适用。因此，一旦顶板回到起始位置，每个流体微元也将同时回到起始位点。这有点像在桌上放一叠扑克，侧向推动最上面的一张，然后再推回来。事实上，不管回撤的过程是迅猛还

是和缓，一旦顶板回到起始位置，每个流体微元也同时归位（除了少量真实存在的由扩散导致的混合）。

时间反演　"不可混合"现象反映了小雷诺数流动的一个关键的本质特征。要理解这个特征，需要将它和我们更熟悉的牛顿力学世界加以比较。

如果向空中扔出一块石头，它会先上升然后下降，运动方程是我们熟悉的 $z(t) = v_0 t - \frac{1}{2} g t^2$。现在想象一个相关的过程，在这个过程中位置 $z_r(t)$ 通过时间反演与原运动相关；即 $z_r(t) \equiv z(-t) = -v_0 t - \frac{1}{2} g t^2$。这个时间反演的过程也是牛顿方程允许的解，只是初速度和原始过程不同。检查一下牛顿方程，我们便可看出牛顿**定律**的确具有这样的性质。将力写成势能的导数，得

$$-\frac{\mathrm{d}U}{\mathrm{d}x} = m \frac{\mathrm{d}^2 x}{\mathrm{d}t^2}。$$

因为这个方程含有时间的二次导数，所以作替换 $t \to -t$ 后，方程不变。因此，弹道式运动是时间反演不变的。

另一个例子能加强这一观点。假设你驾车停在一个红绿灯前，突然有人从后面撞上你。你的头（位置记为 $x(t)$）在初始时刻 $t = 0$ 时突然向前加速，所需的力来自座椅的头靠。根据

$$f = m \frac{\mathrm{d}^2 x}{\mathrm{d}t^2}。$$

力的方向同样指向前方。现在设想另外一个过程，头沿着时间反演的轨迹 $x_r(t) \equiv x(-t)$ 运动。x_r 描述了如下物理过程：开始时汽车向后运动，然后撞到一堵墙停下来。同样地，在你的速度从负变到零的过程中，头的加速度是向前的。头靠的推力也同样是向前的。换句话说，

> 在牛顿物理学中，经过时间反演后的运动过程也是方程的一个解，而且力的方向不变。　　　　　　　　　　　　　　(5.12)

相反地，黏性摩擦的规则不是时间反演不变的，时间反转的轨迹在不改变力符号的情况下不是方程的解。显然，不管选择什么样的初速度，糖浆中的鹅卵石都不会向上落！相反地，要得到时间反演的运动，需要施加一个时间反演后与原始运动中的力方向相反的力。为了用数学语言进行描述，我们再次考虑具有漂移效果的扩散过程的运动方程 $v_{\text{drift}} = f/\zeta$（式 4.12），并用 $\bar{x}(t)$ 重新表述，$\bar{x}(t)$ 表示 t 时刻微粒经过大量碰撞的平均位置。[$\bar{x}(t)$ 显示的只是净漂移运动而不是快得多的热运动。] 使用这种语言，方程变为

$$\frac{\mathrm{d}\bar{x}}{\mathrm{d}t} = \frac{f(t)}{\zeta}。 \qquad (5.13)$$

式 5.13 的解 $\bar{x}(t)$ 可能是匀速运动 [如果 $f(t)$ 是恒定的] 也可能是加速运动（其他情况）。考虑时间反演运动 $\bar{x}_r(t) \equiv \bar{x}(-t)$。我们可以应用微分学中的链式法则求

出它的时间导数。仅当用 $-f(-t)$ 替换 $f(t)$ 之后，它才是式 5.13 的解。

摩擦支配的运动不具有时间反演不变性，这反映出该运动具有某种<u>不可逆性</u>。于是，以上结论就不再令人惊讶了。我们已经知道，摩擦是单向<u>耗散</u>，或者说是有序运动向无序运动的退化。4.1.4 小节利用随机碰撞假设建立的简单摩擦模型，已经明确地引入了这一思想。

下面是基于同样分析的另一个例子。§4.6 给出了扩散方程（式 4.20）的几个解。任取一个解 $c_1(x, t)$，其时间反演 $c_2(x, t) \equiv c_1(x, -t)$，空间反演 $c_3(x, t) \equiv c_1(-x, t)$。请花一点时间把图 4.12(a) 中例子所对应的 c_2 和 c_3 画出来。

> **思考题 5F**
>
> 把 c_2 与 c_3 代入扩散方程，看看它们是不是方程的解。（提示：应用链式法则将 c_2 或 c_3 对时间的导数表示成 c_1 对时间的导数的函数。）然后扼要说明为什么你的结论是正确的。

流体与固体的区别关键就在于它们的时间反演行为。假设在图 5.2(b) 所示的两个平板间放入一个弹性体，如橡皮。平板的面积为 A，间距为 d。让平板滑动一段距离 Δz，根据胡克关系，橡皮产生的抵抗力 $f = -k(\Delta z)$。其中弹簧常量 k 取决于样品的形状。对于简单材料，它的形式为 $k = \mathcal{G}A/d$，其中剪切模量 $\mathcal{G}$ 是材料的属性。那么

$$\frac{f}{A} = -\left(\frac{\Delta z}{d}\mathcal{G}\right). \tag{5.14}$$

其中 f/A 称为剪切应力，$(\Delta z)/d$ 称为剪切应变。相反地，在流体中 $f/A = -\eta v/d$（式 5.4）。

简言之，对于固体，应力正比于应变 $(\Delta z)/d$，而对于流体，应力正比于<u>应变率</u> v/d。简单弹性体的行为与应变率无关。你可以移动平板然后使之固定，弹性体会永远保持对外力的抵抗。相反地，流体对其初始构型没有任何记忆，流体只是对<u>边界变化的快慢</u>做响应。

这种差别是一种对称性的差别：在两种情况下，如果我们反转所施加的形变，反作用力也同时反转。但是如果对 $\Delta z(t)$ 作<u>时间反演变换</u>，则流体中的力会反向，而固体却不会。弹性体形变的运动方程时间反演不变，反映出弹性体内不存在耗散。

> 5.2.3′小节将这一思想拓展到同时表现出黏性与弹性行为的材料。

§5.3 对生物学的考察

正如在第 1 章中承诺的,5.2.3 小节的分析已经使我们接近了熵的思想。熵能够精确度量在耗散过程(如扩散)中何物在不可逆增长。在第 6 章对熵作出最终定义之前,接下来的一节将运用这些思想考察游动细菌的世界,并给出一些直接推论。

5.3.1 泳动与泵动

5.2.1 小节曾论及,在小雷诺数世界中外力如何导致物体运动,而该运动在外力经时间反演并取负值后可以被完全抵消。这在我们看来可能很有趣,但对微小的生物来说却关系生死。

对悬浮在水中的生物体而言,四处游动是有利的。要做到这一点,它必须以某种方式周期性地改变身体形状。然而这并不像看起来那么简单。设想你划动一只桨,然后逆着原轨迹将其摇回复位[图5.5(a)]。环顾四周,你发现自己仍在原地,就像前面提及的不可混实验中每个流体微元又回到了起始位点一样(图5.1和5.2)。下面这个更详细的例子有助于更清楚地阐明这一点。

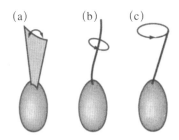

图 5.5(示意图) 三种泳动体。 (a) 拍动：往复运动。(b) 捻动：捻转一根螺旋状的刚性杆。(c) 转动：摆动一只刚性直杆。

考虑一种虚构的微生物,它试图通过使身体的一部分("桨")相对其余部分("躯干")运动的方法来游动(图5.6)。为了简化数学描述,我们假定它只能向一个方向运动,而且桨与躯干的相对运动也沿同一方向。周围的流体处于静止状态。我们已知,在小雷诺数的运动中,使躯干在流体中运动所需的力取决于黏性摩擦系数 ζ_0,而使桨在流体中运动所需的力取决于另一个系数 ζ_1。

初始时刻,躯干位于 $x = 0$ 处。随后,微生物以相对于躯干的速度 v 向后(x 轴负方向)划桨,持续时间 t。接着以不同的相对速度 v' 向前划桨使之回到原来的位置。然后不断地重复上述过程。你的朋友提出,如果"复位"行程比"动力"行程慢(即 $v' < v$),该生物就能向前运动。

例题：

(a) 桨在水中运动的实际速度同时取决于 v（已知）及躯干速度 u，而 u 未知。求出前半程的 u。

(b) 在前半程，躯干向哪个方向运动，运动了多远？

(c) 对复位半程，重复(a)、(b)的问题。

(d) 你的朋友提议选择适当的 v 与 v' 来优化整个过程。你能给他一点建议吗？

解答：

(a) 桨相对周围流体的速度等于 $-v$ 加上 u。因为作用在桨上的力与作用于躯干的力平衡，故有 $u = \zeta_1 v/(\zeta_0 + \zeta_1)$。

(b) $\Delta x = tu$，指向前方，这里 u 就是问题(a)中的 u。

(c) $u' = \zeta_1 v'/(\zeta_0 + \zeta_1)$，$\Delta x' = -t'u'$。要使桨能回到躯干上原先的位置，须有 $t'v' = tv$。于是

$$\Delta x' = -t'v' \frac{\zeta_1}{\zeta_0 + \zeta_1} = -tv \frac{\zeta_1}{\zeta_0 + \zeta_1} = -tu.$$

(d) 可见，整个过程没有净效果。无论怎样选择 v 与 v'，问题(b)、(c)的答案总是互相抵消。例如，如果"回"的速度是"去"的速度的一半，那么相应净运动的速度也恰好是一半的关系。但是为了给下一个周期做准备，回程的时间必须是前半程的两倍！

因此，严格的往复过程在小雷诺数世界中无法导致有效运动。那么，对于微生物来说，还有其他选择吗？所需运动必须是周期性的以便可以重复，但不能是

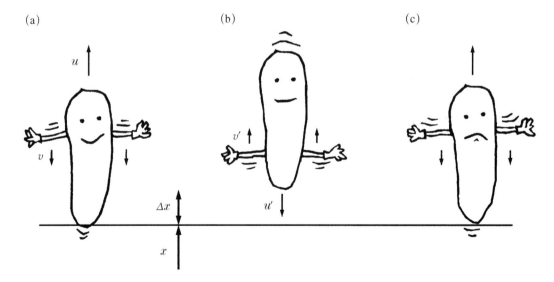

图 5.6(示意图) 一个微观泳动体试图通过周期性的前后划动来前行。（a）在第一次划动过程中，桨相对躯干以速度 v 向后运动，使得躯干以速度 u 在流体中前进。（b）在第二次划动过程中，桨相对躯干以速度 v' 向前运动，推动躯干以速度 u' 向后运动。（c）不断重复以上两个过程。第一划中前进的距离被第二划后退的距离完全抵消；在小雷诺数的流体力学中，类似的往复运动不能产生净的推进效果。（该卡通图由 Jun Zhang 绘制。）

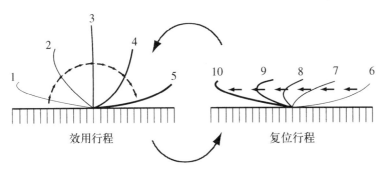

图 5.7(示意图)　纤毛摆动周期。效用行程(左)与复位行程(右)交替进行。这个运动不是往复的,因此纤毛可以通过将流体扫过细胞表面来获得净的推进效果。

像例题中描述的往复(去而复返)运动。下面是两个例子。

纤毛推进　许多细胞使用纤毛,纤毛是像鞭子一样的附属肢体,长 5~10 μm,直径 200 nm,用以产生净推进。游动细胞(如草履虫)靠纤毛使身体移动。固定的细胞(如呼吸道表皮的细胞)利用它们来汲取液体或觅食(图 2.10)。

每一根纤毛内部都含有许多细丝和分子马达,马达可以驱使细丝彼此交错地滑动,从而使纤毛整体产生弯曲。图 5.7 所示就是典型的纤毛运动,它是周期的但不是往复的。要想知道纤毛是怎样产生推进效果的,我们需要一个从小雷诺数流体力学中得到的直观结论(其数学证明超出了本书的范围):

> 如果杆沿其轴线方向以速度 v 运动,所受阻力将正比于$-v$
> (方向也沿轴向)。类似地,若杆垂直于其轴线运动,所受阻力同
> 样正比于$-v$(方向也垂直于轴向)。但是,平行运动的黏性摩擦
> 系数 $\zeta_\parallel$ 小于垂直运动的黏性摩擦系数 $\zeta_\perp$。　　　　　(5.15)

两个摩擦系数的比值取决于杆的长度。作为演示,不妨设前者与后者之比为 $\dfrac{2}{3}$。

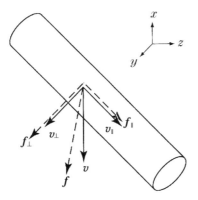

图 5.8(示意图)　一根细棒以速度 v 运动,雷诺数很小。牵引细棒所需的力 f 是两个力 $f_\parallel$ 与 $f_\perp$ 的合力,它们分别源于速度在平行及垂直于细棒轴线 v 方向上的两个分量。即使 $v_\parallel$ 和 $v_\perp$ 大小相同(如图所示),f 的两个分量也不会相等,因此 f 的指向并不一定与 v 平行。

如图 5.7 所示，一条纤毛开始的时候平行于细胞的表面，指向左方。在效用行程（左图）中，纤毛的运动垂直于其轴线方向，而在复位行程（右图）中，大部分时候运动方向几乎平行于轴线。那么，效用行程激发的流体运动只有一部分被复位行程产生的回流抵消。两股流之差就是单周期的净泵动。

细菌鞭毛 如果速度 ν 既不平行也不垂直于轴向呢？在这种情况下，图 5.8 指出合力同样介于两者之间，但方向不与 ν 平行。相反，力的指向比速度更偏向于垂直方向，因为 $\zeta_\perp$ 大于 $\zeta_\parallel$。大肠杆菌的推进就是基于这个事实。

和纤毛不同，大肠杆菌的鞭毛不能弯曲。它们是刚性的、螺旋状的物体，就像扭曲的衣架，因此不能采用图 5.7 所示的方式解决推进问题。由于它们的粗细只有 20 nm，所以在显微镜下很难观察它们的三维运动。最初有人认为细菌是前后挥动鞭毛，但是现在我们知道这并不起作用，因为这是一个往复运动。另外一些人提出，一个弯曲形变波沿鞭毛传播，但是在如此细的物体中似乎不可能有空间来安置任何这种运动所需的机构。伯格（H. Berg）和安德森（R. Anderson）于1973 年提出，细菌在其基体上摇动鞭毛，这是一种刚体旋转运动［类似图 5.5(b)中的捻动体］。这在当时无疑是一种异端学说。因为在那个年代，没有发现任何物种具有真正意义上的旋转机构（第 11 章将给出另外一个例子）。很难想象怎样去证明这样一个理论——在显微镜下很难判断运动是否真具有三维特性。

西尔弗曼（M. Silverman）和西蒙（M. Simon）给这个实验难题找到了一种高明的解法。他们使用了一种发生突变的大肠杆菌，这种突变体丧失了其鞭毛的大部分，只剩有一点残余（称为"钩子"）。他们用这个钩子把细胞锚定在盖玻片上。这样，鞭毛马达无法转动锚定的钩子，则只好转动细菌的整个身体，这在显微镜下很

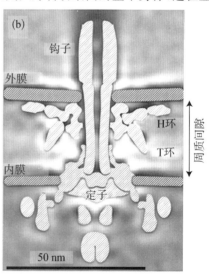

图 5.9(基于冷冻电子断层扫描的重构图；基于上述重构图的示意图) 细胞的鞭毛马达。（a）图示为来自 *Vibrio alginolyticus* 的马达复合体的截面图，这个马达与大肠杆菌的马达相似。图中的镜像对称特征表明马达是圆柱状的。（b）顶部：与钩子部位相连的是鞭毛，它从细胞的外膜延伸出去。细胞的内、外膜之间（又称为周质间隙）的那些组分构成了马达。马达靠中心的部分是转子，外周部分是定子，锚定在一个高分子网络上（肽聚糖层）。当转子相对定子产生力矩时，就会驱动钩子部位（以及鞭毛）发生转动。*Vibrio* 具有大肠杆菌所没有的定子组分（H 环及 T 环）。力矩源于钠离子流（在 *Vibrio* 中）或质子流（在大肠杆菌中），将细胞膜内外两侧的电化学势差转化为了机械能。（摘自 Zhu *et al.*，2017。）

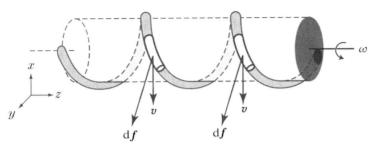

图 5.10(示意图)　细菌鞭毛推进的原理。一根螺旋状刚性细棒以角速度 ω 绕其轴线转动。为加强视觉效果,图中画出了一个假想的圆柱体(虚线),螺旋棒就绕在圆柱体的表面。请注意棒上被标示出来的两小段,它们都在螺旋(靠近纸面)的一侧,彼此间隔一个螺距。螺旋棒连接(黑色圆圈)在一只圆盘上,圆盘旋转,从而带动螺旋绕着轴线转动。标示出的两小段在纸平面内向下运动,因此 $\mathrm{d}f$ 位于纸平面内,略向左倾斜(图 5.8)。要使螺旋保持在原地旋转需要一个具有 z 轴负方向分量的净力。

容易观察到! 今天,我们终于清楚了,鞭毛马达这个宽度只有 45 nm 的旋转引擎(图 5.9)的确是纳米技术的一个奇迹。

旋转运动显然满足既是周期运动又不是往复运动这一要求。其他沿轴线方向产生推力的旋转螺旋体,即潜艇和轮船的推进器,也是为人们所熟知的。但是在小雷诺数的情况下,一些细节大不相同。图 5.10 示意性地给出了这样一种情况,其中一个刚性的螺旋体(代表鞭毛)沿其轴线转动(由鞭毛马达驱动)。标出两小段来进行分析。其中一段所受的来自两侧相邻部分的作用力 $\mathrm{d}f$ 必须和它受到的黏性阻力相平衡。那么,若整个螺旋做旋转运动,则 $\mathrm{d}f$ 必然是图 5.8 所示的力。把每一小段的推力加起来,发现 xy 平面上的全部分量互相抵消了(试想在螺旋远离我们的一侧有一个相对应的片段,速度向上)。然而 $\mathrm{d}f$ 在 $-\hat{z}$ 方向上仍有一个很小分量,并且各部分的 $\mathrm{d}f_z$ 不会互相抵消。因此,要使鞭毛原地旋转还需要施加一个向左的力(以及沿轴向的力矩)。

假设鞭毛并没有锚定,而是接在一个细菌的最右端。这样就没有物体提供向左的力了,摇动鞭毛将会推动细菌向右运动。这就是我们寻求的推进方式。有趣的是,人们发现了一种突变的细菌,其鞭毛是直的。无论怎么旋转,它们都不会挪动半步。

 5.3.1'小节更加详细地讨论了平行与垂直两种情况下摩擦常量的比率。

5.3.2　搅动或是不搅动

小个头生物体极难找到食物,这是为什么? 在观察图 5.3 的实验照片时,我们发现了一些端倪。在小雷诺数的情况下,流线到达圆球表面的时候会明显地分开。流体携带的任何食物分子都沿着流线运动,永远不会到达物体的表面。

然而事情并不像看上去那么糟糕。图 5.3 所示的宏观实验并没有显示出扩散的影响。扩散可以把分子送到细胞表面的受体上。扩散甚至可以把食物送到一个懒惰的不爱动弹的细胞的嘴里！同样地，扩散还能把细胞的排泄物带走，即使这个细胞太懒而不愿离开自己的排泄物。那么，它们为什么还要不厌其烦地四处游动呢？

对于搅拌也存在同样的疑问。人们曾经认为纤毛的一个主要的任务就是为细胞扫进新鲜的流体，相比于消极的等待可以增加摄取量。为了评估这种观点，设想纤毛以特征速度 v 摆过一段距离 d。这两个参数定义了一个时间尺度 $t = d/v$，在这段时间里，纤毛可以用外面新的流体来替换其周围原有的流体。另一方面，根据扩散定律 [要点 4.5(a)]，单纯通过扩散使分子运动距离 d 需要的特征时间为 d^2/D。所以，要使得搅拌成为值得施行的策略（效果比单纯扩散更好），必须满足 $d/v < d^2/D$，或

$$v > \frac{D}{d}。 \tag{5.16}$$

（有些书把无量纲比率 vd/D 称为佩克莱数。）纤毛的长度大约取为 $d = 1\,\mu m$，那么搅拌有效的判据为 $v > 1\,000\,\mu m/s$。这同样可用于判断游动是否能够显著增加食物摄取量。

但是细菌的运动速度不在这一范围附近。所以搅拌和泳动不能帮助细菌获取更多的食物。（对于更大的生物甚至原生生物，情况就完全不同了。尽管雷诺数仍然很小，但其 v 和 d 都大得多。）有实验可以支持这个结论，比如，鞭毛系统有缺陷的突变细菌在食物充足的时候可以和野生同类生活得一样好。

5.3.3 觅食、攻击与逃生

觅食 5.3.2 小节可能引起了你的好奇，为什么野生型细菌一定要游动呢？原因很简单，在恶劣的现实环境中的生活要比在肉汤里温暖惬意的生活更富有挑战性。尽管细菌无须有计划地四处游动就能将身边现存的食物扫入口中，但它总得先找到食物源。"找"这个词意味着一定程度上的意志。原始微生物如大肠杆菌的确能够为觅食作必需的计算，尽管这令人难以置信。

它们的策略是很精明的。大肠杆菌作近乎直线的爆发式运动，停顿一下，接着随机选择一个新的方向继续运动。同时，细胞也在不断从环境中采样。如果食物浓度递增，则细菌将继续沿这个方向运动。如果食物浓度递减，细菌会暂停，而后选择一个新的方向继续行进，后一种情况下的选择频率高于前一种情况。因此，细菌执行的是一种有偏无规行走，其净漂移指向食物浓度提高的方向。

但是如果单次运动的距离太短以至于食物浓度前后并没有什么变化，这种策略就无效了。因为扩散过程总是使食物浓度（以及其他一切）变得均匀，要使游动能用于探知食物梯度，细菌的运动必须快过扩散。我们已经求出了相应的判据，即式 5.16。设游动速度为 $v \approx 30\,\mu m/s$，d 为细菌运动的距离（而不是细胞长度）。因此，若细菌要想利用食物浓度梯度来导航，则在改变方向之前运动的距离至少是 $30\,\mu m$，即其身体长度的 30 倍。实际上，情况的确如此。

攻击和逃生 回顾一下图 5.3。图中清晰地显示一块固体在流体中滑行，雷诺数很小，它干扰流动的范围与其直径相当。如果液体环境中某生物以极其"隐

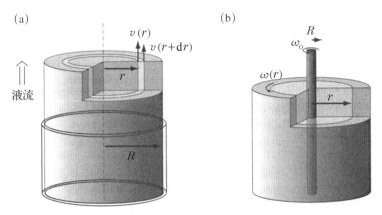

图 5.11(示意图)　（a）在层流管道流中，内层流体比外层流体运动更快，在管壁处流体是静止的（无滑移边界条件）。可认为流体同心的柱状壳层彼此互相滑动。（b）在黏性流体中旋转小棒受到扭转阻力。内层流体旋转得比外层流体快，在远离小棒的地方流体是静止的。再次假想流体的同心柱状壳层之间相互滑动。在本例中，角速度 $\omega(r)$ 并不均一，而是随着 r 的增大而减小（在外壁处降为 0）。

蔽"的手段谋生，那么这个事实将构成妨碍，例如，想要在晚餐逃离之前悄悄将其截获就会非常困难。此外，游向一口美味也会把它推开，就像 5.1.3 小节所描述的墨斑一样。这就是为什么许多不算很小的生物并不像细菌那样完全生活在小雷诺数世界里。它们会突然爆发式地加速，从而瞬间进入高雷诺数状态以便猎杀食物。例如，微小的甲壳类动物水蚤能以 $12\ \mathrm{m/s^2}$ 的加速度爆发，雷诺数能在瞬间升到 500。

同样，在小雷诺数情况下，逃跑这一举动却极可能始终将攻击者拖在身后而无法摆脱。若使用突然加速的方式，则情况会完全改观。固着生长的原生生物钟形虫（*Vorticella*）受到威胁的时候，会把柄的长度（0.2～0.33 mm）以高达 80 mm/s 的加速度缩短一半以上。这是所有动物的所有可收缩部件中收缩得最快的。这为钟形虫的柄赢得了"柄肌"的美名。

5.3.4　脉管网络

细菌可以仅依靠食物扩散为生，大型生物则需要精细的输送系统和废物处理系统。事实上，宏观生物都有一套或多套脉管网络来输送血液、体液、空气、淋巴以及其他物质。一般地，这些网络都具有多级的分支结构，比如，人体的大动脉分裂为回肠动脉等，直到最终滋养组织的毛细血管床。要对约束这些网络结构的物理规律有一定的认识，我们需要先花一点时间来解答下面这道最简单的液流问题。假设某种牛顿流体沿着半径为 R 的圆柱形直管流动，流动是稳定的层流（图5.11）。在这种情形下，流体没有任何加速度，故即使雷诺数不是很小，也可以忽略牛顿**定律**中的惯性项。

要使流体流过管道，必须施加一定的压力以克服黏性摩擦。摩擦损失不只出现在管壁上，而是在整个管道中都有。如图 5.2，相邻的流体片层相对滑动。在柱面边界下，剪切分布在整个横截面上。设想流体为一系列嵌套的柱形壳。距轴心为 r 的壳以速度 $v(r)$ 向前运动。$v(r)$ 正是需要求出的。未知函数 $v(r)$ 是静止器

壁处的速度值 [$v(R) = 0$] 和轴心处的值 [速度 $v(0)$ 未知] 之间的插值函数。

要求出 $v(r)$，设 r 与 $r + dr$ 之间液体壳所受的力处于平衡。该壳层的横截面积为 $2\pi r dr$，管两端的压强差为 p，则壳体受到的压力 $df_1 = 2\pi r p dr$，方向平行于管的轴线。黏性力 df_2 来自外表面的流体，其运动速度较慢，因此向后拖动壳层。另一个黏性力 df_3 来源于内层流体，其运动较快，因而对该壳层的作用力向前。设管长为 L，根据黏性力公式（式 5.9），

$$df_3 = -\eta(2\pi r L)\frac{dv(r)}{dr} \text{ 以及 } df_2 = \eta(2\pi(r+dr)L)\frac{dv(r')}{dr'}\Big|_{r'=r+dr}\text{。}$$

由于 v 随着 r 增大而减小，所以 f_2 为负值，而 f_3 为正值。于是力的平衡可以表述为 $df_1 + df_2 + df_3 = 0$。

因为 dr 很小，所以可用级数展开来估算 $(r + dr)$ 处的 dv/dr，舍去 dr 的一次方以上的项，得

$$\frac{dv(r')}{dr'}\Big|_{r'=r+dr} = \frac{dv(r)}{dr} + dr \times \frac{d^2v}{dr^2} + \cdots$$

于是，df_2 与 df_3 之和为

$$2\pi\eta L\, dr \times \left(\frac{dv}{dr} + r\frac{d^2v}{dr^2}\right)\text{。}$$

再加上 df_1 并令总和等于零，得

$$\frac{rp}{L\eta} + \frac{dv}{dr} + r\frac{d^2v}{dr^2} = 0\text{。}$$

这是一个关于未知函数 $v(r)$ 的微分方程。可以验证，它的通解是 $v(r) = A + B\ln r - r^2 p/(4L\eta)$，其中 A 和 B 都是常数。最方便的选择是 $B = 0$，因为管中心的流动速度不可能无限大。而在管壁处，流体是静止的，因此可以取 $A = R^2 p/(4L\eta)$。由这两个条件就可确定方程的解。于是圆管层流速度分布为：

$$v(r) = \frac{(R^2 - r^2)p}{4L\eta}\text{。} \tag{5.17}$$

思考题 5G 将式 5.17 代入方程，验证它的确是方程的解。扼要解释为什么所有因子（除了数字 4）"不得不"出现在该式中。

现在可以来讨论圆管对流体的输运能力了。速度 v 可以看作是体积通量 j_v，或者说是圆管内单位面积单位时间内流过的体积。总流速 Q（量纲为体积除以时间）就等于体积通量 $j_v = v$（式 5.17）在圆管横截面上的积分：

$$Q = \int_0^R 2\pi r v(r)\, dr = \frac{\pi R^4}{8L\eta}p\text{。} \tag{5.18}$$

式 5.18 就是层流管道流的哈根-泊肃叶关系，其适用范围比本章主要研究的小雷

诺数区域稍广。事实上，以上所有的假定都是基于层流的。除了在最大的静脉和动脉中的流体，人体内（或者小鼠的整个循环系统）大部分流体的行为确实也处于小雷诺数区。

式 5.18 的一般形式可以表述为 $Q = p/Z$，其中流体动力学阻尼 $Z = 8\eta L/(\pi R^4)$。阻尼一词并非随便选用的。哈根-泊肃叶关系指出某个守恒量（体积）的输运速率正比于驱动力（压强差 p），就像欧姆定律表明电荷的传输速率正比于一个驱动力（电势差）。在两种情况下，比例常量均称为阻尼。对小雷诺数流动，$Q = p/Z$ 这种形式的输运规律相当普遍，统称为达西定律。（在大雷诺数的情况下，湍流使得问题复杂化，不存在这种简单的关系。）另一个例子是流体穿膜（见习题 4.10）。在这种情况下，我们把阻尼记为 $Z = 1/(AL_{\mathrm{p}})$，其中 A 是膜的面积，L_{p} 叫做滤过系数（有些作者使用其同义词水压渗透率）。

哈根-泊肃叶关系具有一个令人惊讶的特征：随着管道半径 R 的增大，阻尼会迅速减小。如果给定压强差，则两根平行放置的管的输运率等于一根管的两倍。然而将一根管的截面积加倍，输运速率将变为原先的四倍，因为 $\pi R^4 = (1/\pi)(\pi R^2)^2$，而 πR^2 加倍。这种异常敏感的特性使得血管只需小幅扩张和收缩就能有效地调控血液的流动。

例题： 在其他参数不变的条件下，要使血管的流体动力学阻尼增大 30%，半径需要改变多少？（假设该情况为牛顿流体的层流行为。）

解答： 要使 p/Q 变为原先的 1.3 倍，根据式 5.18 须有 $(R')^{-4}/R^{-4} = 1.3$，或 $R'/R = (1.3)^{-1/4} \approx 0.94$。故血管半径大约只需改变 6%。

5.3.5　DNA 复制叉上的黏性阻力

作为本章尾声，我们将从生理学的领域进入分子生物学的领域，后者将是后续章节的主要内容。

我们的讨论将围绕一条主线展开，即 DNA 并非仅是装载非实体信息的数据库，它还是身处纳米世界里动荡的热环境中的物质实体。这并不是新的观测结果。就在 DNA 双螺旋结构公布的时候，人们便问道，既然双螺旋的两条链互相缠绕在一起，那么它们是怎样分开以便完成 DNA 复制过程的呢？一种答案如图 5.12 所示。该图显示了一个 Y 字形的支汇点。在该处，原先的双链（图中上端部分）正在解开形成两条单链。由于这两条单链不能互相穿透，因此双链部分必须不停地旋转（如箭头所指）。

图中所示机制的问题在于上端双链延伸的距离很远（DNA 很长），如果链的一端在旋转，那么似乎整个链都要一起旋转。因此，有人担心摩擦对旋转会有显著的阻碍作用。根据利文索尔（C. Levinthal）和克兰（H. Crane）的分析，我们可以估算出阻力的大小。结果表明情况刚好相反，这个阻力是可以忽略的。

设想在水中转动一根细长的直棒［图 5.11(b)］。这个模型看似过分简化，实则并非如此。溶液中的真实 DNA 并不是直的，但是，当 DNA 被捻动的时候，它可以在原地转动，就像疏通排水管的某种工具。我们的估算大致适用于这种运动。

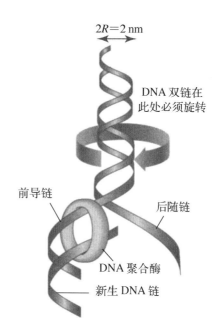

2R=2 nm

DNA 双链在
此处必须旋转

前导链

后随链

DNA 聚合酶

新生 DNA 链

图 5.12(示意图) DNA 复制要求原先的双螺旋(图中上部)解旋成两条单链。一种称为 DNA 聚合酶的分子机器处在一条单链上,合成新的互补链。这一过程要求原先的链绕其轴线旋转,如图所示。另一种称为 DNA 解旋酶(没有画出)的分子机器位于分叉点,它沿着 DNA 运动,一边向前运动一边解开双螺旋。

另外,细胞质也不全都是水,但对于细小的物体(如 2 nm 粗的 DNA 双螺旋),使用水的黏度(见附录 B)也可以给出一个不错的估算。

旋转运动的阻力表述为**转矩**。正如式 5.4 指出的,阻力矩 τ 正比于黏度及旋转速率。阻力矩也正比于棒的长度 L,因为每一小段受到的阻力矩是相等的。旋转速率表述为角速度 ω,量纲为 $\mathbb{T}^{-1}$。(因为每个螺距大约含有 10.5 个碱基对,所以一旦测得复制速率,我们就能得到 ω。)简言之,必然有 $\tau \propto \omega \eta L$。然而,在使用这个表达式进行估算之前,我们需要先估算出比例常量。

显然,阻力也和棒的半径 R 有关。按本科一年级的物理公式 $\tau = r \times f$,力矩的量纲和能量相同。于是,使用量纲分析可知所需比例常量的量纲为 $\mathbb{L}^2$。我们已经考虑到了长度 L,唯一没有考虑的参数就是 R,其量纲是长度的量纲(再一次强调水没有内禀的长度尺度,见 5.2.1 小节)。那么所求的比例常量一定是 R^2 乘以某个无量纲的数 C,或

$$\tau = -C \times \omega \eta R^2 L 。 \tag{5.19}$$

习题 5.9 指出此结果成立,而且 $C = 4\pi$。不过,对于下面的问题我们并不需要这么精确的结果。

转动这根棒需要的功率等于施加的转矩乘以转动速率,即 $-\tau\omega = C\omega^2 \eta R^2 L$。因为每解开一个螺距细棒需要旋转 2π 的弧度,因此我们可以转而求出解开每个螺距需要的机械功

$$W_{\text{frict}} = -2\pi\tau = 2\pi C \times \omega \eta R^2 L 。 \tag{5.20}$$

大肠杆菌的 DNA 聚合酶用于合成新的 DNA，合成速率大约是每秒 1 000 个碱基对（缩写为 bp），或

$$\omega = 2\pi \frac{\text{rad}}{\text{r}} \times \frac{1\,000\ \text{bp}\,\text{s}^{-1}}{10.5\ \text{bp/r}} \approx 600\ \text{rad}\,\text{s}^{-1},$$

代入式 5.20 得出 $W_{\text{frict}} \approx (2\pi)(4\pi)(600\ \text{rad}\,\text{s}^{-1})(10^{-3}\ \text{Pa}\,\text{s})(1\ \text{nm})^2 L \approx (4.7 \times 10^{-17}\ \text{J}\,\text{m}^{-1})L$。

　　另外一种称为 DNA 解旋酶的酶，是 DNA 旋转操作的实际执行者。解旋酶在聚合酶的前方沿着 DNA 链运动，同时解开双螺旋。这个过程所需的能量来源于通用的供能分子 ATP。附录 B 列出了单个 ATP 分子的可用能量约 $20k_{\text{B}}T_{\text{r}} = 8.2 \times 10^{-20}$ J。假设一个 ATP 能使 DNA 旋转一整圈。那么只要 L 远小于 $(8.2 \times 10^{-20}\ \text{J})/(4.7 \times 10^{-17}\ \text{J}\,\text{m}^{-1})$ 即大约 2 mm（这在纳米世界中是一个很长的距离），由于黏性摩擦而损失的能量便可以忽略。故而利文索尔和克兰正确地推断出旋转的阻力不会妨碍复制。

　　现在我们知道，存在另一种酶叫做拓扑异构酶，用来去除复制过程中解旋酶产生的过度旋转。因此，前面的估算只能应用在从复制叉到第一个拓扑异构酶之间的区域，旋转产生的摩擦阻力甚至比我们在上面推出的结论还要小。无论如何，正是物理分析使得利文索尔和克兰排除了 DNA 双螺旋模型的一个障碍，而直到很久之后人们才逐渐了解参与复制过程的细胞机器的细节知识。

§5.4　题外话：物理定律的特性

　　我们将会学到许多称为"定律"的表述。（单是本章就已经提及牛顿运动定律、热力学第二定律、欧姆定律以及菲克定律。）一般说来，这些称谓的诞生和其他新词的产生过程一样——有人注意到某陈述具有一定的普遍性，为其造一个名称，然后其他人跟随使用，最终这个称呼就确定下来。不过，物理学家在将某段表述称为物理定律时，情况会比这种混乱局面稍好一点。尽管我们不能对那些传统的称呼重新命名，本书仍然试图加以区分，用不同字体的"定律"来表示那些符合物理学家标准的定律*。关于这套标准，费曼（Richard Feynman）在 1964 年给出了精彩的总结。

　　综合费曼的观点，物理**定律**似乎具有一些共同的特征。当然，在将某个陈述奉为定律时有一定的主观性。但最终，在任何情况下，普遍认同总是会多于分歧。

● 定律当然必须具有极大的普遍性，能够用于解释广泛的现象。"欧姆定律"显然不符合这一要求，因为许多导体甚至在近似条件下也不服从这一所谓的定律。相反，宇宙中任何两个物体看来的确如牛顿万有引力**定律**（近似）描述的那样是互相吸引的。

＊ 译注：原文以大写首字母的 Law 区别于通常的 law，译文中普通字体的"定律"对应于 law，而**定律**与 Law 对应。

- 尽管物理定律是普适的,但不必而且一般也不可能是绝对正确的。当人们发现了更多更深层的物理事实时,牛顿运动定律必然被量子力学取代,他的万有引力定律也将被爱因斯坦的引力理论取代,凡此种种。然而,近似的旧定律在原先被发现的广阔范围内仍然是有效的、有用的。

- 物理定律似乎本质上就适于用数学来表达。这个特性可能使它们带上某种神秘色彩,但也正是其简洁性的关键所在。像 $f = ma$ 这样一目了然的公式几乎不可能还有任何隐晦之义。而对于一个简单公式,也很难再有改造的余地以使其与不一致的新实验结果相协调。一旦某个物理理论必须追加过多复杂特性才能解释各种新的观测结果,物理学家就会怀疑这个理论从一开始就是错的。

- 抛开物理定律的数学简洁性不谈,数学分析还能揭示出一些意想不到的、微妙然而真实的结论。人们通常在事后引入文字表述以使这些结论看起来更为自然。但是,最清楚、最直接、最先揭示出这些结论的途径一般说来却是数学。

  了解这些思想可能不会让你变成一个更多产的科学家。不过,确有许多人对大自然为何具有如此统一的思路感到困惑,并进而获得灵感甚至精神寄托。

小　结

回到本章焦点问题。我们已经了解到,纳米世界和日常世界的关键不同在于,纳米世界中黏性耗散完全压倒了惯性效应。相关的一个结论是,纳米世界中的物体本质上无法储存显著数量的非随机动能,例如,一旦停止对自身的主动推进,它们将不会滑行很远(见习题 5.4)。这些结果使人联想到第 4 章中的观测,即在小的空间尺度上,扩散输运(另一种耗散过程)十分迅速。5.3.2 小节就曾展示过,在亚微米尺度上扩散作用的确击败了搅拌作用。

本章给出了一种简练的方式即相应的运动方程的不变性,来表述耗散和非耗散的区别。无摩擦牛顿运动定律在时间反演下不变,而在受摩擦支配的小雷诺数世界中运动定律却不是时间反演不变的(5.2.3 小节)。

隐含在所有这些讨论中的一个问题是为什么机械能总是趋向耗散? 第 1 章暗示答案就在于热力学第二定律。下一章的任务就是更精确地阐释第二定律和其中最主要的概念,"熵"。

关键公式

- 黏度：设想有一堵垂直于 x 方向的墙。流体在 $\hat{z}$ 方向上对墙壁单位面积产生的黏性力为 $-\eta \mathrm{d}v_z/\mathrm{d}x$(式 5.9)。

  Ⓣ 运动黏度定义为 $\nu = \eta/\rho_\mathrm{m}$,其中 ρ_m 是流体的密度,单位同扩散常量(见 5.2.1′ 小节)。

- 雷诺数：流体的黏性临界力 $f_{\mathrm{crit}} = \eta^2 / \rho_{\mathrm{m}}$，其中 ρ_{m} 是流体的密度，η 是其黏度（式 5.5）。对以速度 v 绕过尺寸为 R 的障碍物的流动，$\mathcal{R} = vR\rho_{\mathrm{m}}/\eta$（式 5.11）。当 $\mathcal{R}$ 超过约 1 000 之后，层流转变为湍流。
- 转动阻力：一个半径为 R、长度为 L 的宏观（远大于纳米）圆柱体，以小雷诺数绕轴心在某种流体中转动，则阻力矩 $\tau = -4\pi\omega\eta R^2 L$（式 5.19 和习题 5.9），$\eta$ 是流体的黏度。
- 哈根-泊肃叶流：流过半径为 R、长度为 L 的圆管的层流的体积流量

$$Q = \frac{\pi R^4}{8L\eta} p,$$

其中 p 为压强差（式 5.18）。速度分布曲线是一条抛物线，即 $v(r)$ 等于一个常量乘以 $R^2 - r^2$，r 是到圆管轴心的距离。

延伸阅读

准科普：

关于流体流动：Samimy *et al*.，2004. 参见流体运动图库（gfm. aps. org）。G. I. Taylor的经典视频，Low Reynolds Number Flow 可以从 web. mit. edu/hml/ncfmf. html 获取。

关于物理定律：Feynman，2017.

中级阅读：

本章很多内容取自 E. Purcell 的经典讲座（Purcell，1977）以及 H. Berg 的专著（Berg，1993；Berg，2004）。也可参考 Dusenbery，2009。

关于细菌的运动及趋化行为：Bialek，2012.

关于更一般的生物流体及其他流动模式：Rubenstein *et al*.，2015；Feynman *et al*.，2010b，§ 40 - 41；Vogel，1994.

关于血管中的流动：Hoppensteadt & Peskin，2002；Vogel，1992.

关于生物技术中的微流体：Austin，2002.

高级阅读：

关于细菌鞭毛推进的历史文献：Berg & Anderson，1973；Silverman & Simon，1974.

关于细菌的其他策略：Berg & Purcell，1977.

关于低雷诺数流体力学，受平行或垂直方向的牵引力：Lauga & Powers，2009.

关于毛细管泵送：Goldstein，2016.

关于脉管流：Fung，1997.

5.2.1′拓展

（1）4.1.4′小节中的第（2）点指出，当粒子所受力太大时，正文中关于摩擦阻力的简单理论将不再适用。本章中我们已经为此找到了一个严格的判据，当外力大于 f_{crit} 时，原本在 4.1.4 小节中忽略的惯性（记忆）效应将会变得很重要。

（2）黏性现象实际上反映了另一种扩散过程。对于微小的不可湮灭的粒子，其数量是守恒的，随机热运动会导致粒子数的扩散输运（菲克定律，式 4.19）。4.6.4 小节拓展了这一思想，指出对于带电粒子（电荷也是一种守恒量），其热运动同样会导致电荷的扩散输运（欧姆定律）。最后，由于粒子具有能量，而这也是一种守恒量，故 4.4.2′小节探讨了第三种菲克类型的输运规则，即热传导。每种输运规则都有各自的扩散常量，从而使不同材料具有不同电导率和热导率。

本科一年级的物理课程提到了另一守恒量，即动量 $\boldsymbol{p}$。随机的热运动同样会导致 $\boldsymbol{p}$ 的每个分量都具有菲克类型的输运规则。

图 5.2(b) 显示了两个平行于 yz 平面的平板，它们在 x 方向上的间距为 d。设 ρ_{p_z} 为动量 z 分量的密度。如果顶板以速度 v_z 沿 $+z$ 方向运动而底板固定，则 ρ_{p_z}，即 $\rho_m \times v_z(x)$ 的分布是不均匀的，ρ_m 是流体的密度。我们期望这种不均匀性能够产生 p_z 流。其在 x 方向上的分量由一个类似菲克定律（式 4.19）的公式给出：

$$(j_{p_z})_x = -\nu \rho_m \frac{dv_z}{dx}. \quad \text{（平板边界）} \tag{5.21}$$

常量 ν 是一个新的扩散常量，叫做运动黏度。（请检查一下它的量纲。）

动量的损失速率即是力，动量的通量是单位面积上的力。离开顶板的动量流（式 5.21）产生一个阻碍运动的阻力。当该力到达底板时，产生一个 v_z 方向上的牵引力。这就从分子层面上找到了黏性阻力的起因。把 ν 称为一种黏度是恰当的，因为它和 η 之间存在简单的关系。比较式 5.4 和式 5.21 得到 $\nu = \eta/\rho_m$。

（3）现在我们已经有了黏度的两个经验性定义，即斯托克斯公式（式4.14）和平行平板公式（式 5.4）。它们看上去很像，我们需要下点工夫来证明两者是等价的。读者需要写出含有参数 η 的流体运动方程，在平板边界和球形边界条件下分别求解，求出各自的力。（数学推导可参见 Grodzinsky, 2011，或 Leal, 200，等等。）但另一方面，斯托克斯公式的形式恰好能由量纲分析给出。只要外力很小，我们便能肯定流体密度 ρ_m 不会出现在阻力的表达式中（因为此时惯性效应并不重要）。对于一个孤立的球体，相关问题中的唯一已知长度就是它的半径 R，因此黏性摩擦系数的量纲只能由黏度与 R 的一次方的乘积给出。这正是斯托克斯公式所指出的（除了无量纲因子 6π）。

5.2.2′拓展

（1）5.2.2 小节的物理分析可能会给读者这样的印象，即雷诺数这个判据并不十分精确——$\mathcal{R}$ 本身就像是两个粗糙的估算值的比值！更数学化的分析将从不可压缩黏性流体的运动方程即纳维-斯托克斯方程出发。这个方程实质上是比式 5.7 适用范围更广的牛顿定律的一种形式。

设想流体流过某一长度为 R（例如圆管的半径）的边界。外部作用使流体保持以整体速度 v 向前运动。如果用无量纲的比率 $\bar{u} \equiv u/v$ 来描述流体的速度场，用 $\bar{r} \equiv r/R$ 来标记位置 r 的话，你会发现 $\bar{u}(\bar{r})$ 满足一组无量纲的方程和边界条件。在这些方程中，参数 ρ_m、η、v 以及 R 只出现在无量纲组合 $\mathcal{R}$（式 5.11）中。两个不同的流体力学问题如果具有相同的边界条件、相等的 $\mathcal{R}$，那么，一旦它们表述为无量纲形式，就不存在任何差别了，即使那四个参数的值分别相差很大！（参见 Landau & Lifshitz，1987，§ 19。）流体力学的这种标度不变性使得工程师在设计水下装置时可以制作缩小的模型并在水槽中进行试验。

（2）5.2.2 小节将话题从固体绕流转到了雷诺本人关于管道流的实验结果上。在任何类似情况下，临界雷诺数都约为 1，但是这个估算的精度实际上有几个数量级的波动。这一点非常重要。具体情况下的实际临界雷诺数取决于边界条件，范围大约从 3（流体从一个圆孔流出）到 1 000（管道流，使用管道半径 R 来计算 $\mathcal{R}$）。

5.2.3′拓展

（1）5.2.3 小节声称纯粹的弹性体运动方程不存在耗散。确实，音叉在能量耗尽之前会振动很长时间。如要不断地前后振动图 5.2（b）中的顶板使得 $\Delta z(t) = L\cos(\omega t)$，那么，根据式 5.14，对于弹性体需要提供的功率为 $fv = (\mathcal{G}A)[L\cos(\omega t)/d][\omega L\sin(\omega t)]$，它取正值和负值的机会是均等的，即在某个半程外界对它所做的功在接下来的半程又会返还给外界。然而，对于流体，把黏性力与 v 相乘得到 $fv = (\eta A)[L\omega\sin(\omega t)/d][\omega L\sin(\omega t)]$，它永远不会是负值。这意味着，我们总是要做正功，而这些馈入能量将不可逆地转化为热能。

（2）没有理由认为一种物质不能同时出现弹性响应和黏性响应。例如，当我们剪切某种高分子溶液时，单个高分子链会在一段短暂时间内伸展。如果在这段时间内撤走了外力，已经开始伸展的高分子链可以部分地恢复原先的液滴形状。这样的物质叫做黏弹性物质。回复力通常是频率 ω 的一个复杂函数，既不像在固体中那样简单地是一个常量，也不像在牛顿流体中是 ω 的线性函数。黏弹性性质在生理学中非常重要，例如人体血液的黏弹性。

（3）要恢复初始的构型并不需要施加严格时间反演的力，因为式 5.13 的左边比在时间反演下仅简单地变号更加特殊。别忘了它是时间的一阶导数。更普遍地，黏性力的规律（式 5.4）同样具有这种性质。对流体中的一个粒子施加随时间变化的力，其总的位移 $\Delta x(t) = \zeta^{-1}\int_0^t f(t')\mathrm{d}t'$。设想施加了某种力 $f(t)$，移动了粒子及周围的所有流体。要使粒子及每一个流体微元复位，可以施加一个这样的力，它对应的上述积分与原先的力的积分等值反号。至于回复过程是迅猛还是柔缓并不重要，只要这个过程保持在小雷诺数的范围内。

5.3.1′ 拓展

平行阻力与垂直阻力的比率并不是恒定的。相反，它取决于棒长与其半径的比率（即"纵横比"）。5.3.1 小节中提到的示例性数值 $\frac{2}{3}$ 适用于长度等于半径的 20 倍的棒。而对于无限长杆这种极限情况，比率降为 $\frac{1}{2}$。（具体分析参见 Happel & Brenner，1983，§5—11。）

习　　题

5.1　摩擦与耗散

Gilbert：既然你认为摩擦与耗散就是一回事，那么在黏性大的情况下一定存在着严重的耗散。但是，为什么有序的层流运动仅仅出现在黏性很大的情况下呢？为什么墨滴仅仅在这种情况下才能奇迹般的复原呢？

Sullivan：嗯，这个……

请帮 Sullivan 找出答案。

5.2　浓度分布

承接 5.1.1 小节的内容，求出式 5.1 前端的比例因子，完成对平衡胶态悬浮液中粒子浓度表达式的推导。即，导出平衡状态下粒子数量浓度 $c(x)$ 的公式，将净重 $m_{net}g$ 表达为高度 x 的函数。设粒子总数为 N，试管高度为 h，横截面积为 A。

5.3　阿奇博尔德法

在实验室里，沉降是研究大分子的一种关键分析方法。设有一种质量为 m、体积为 V 的粒子，处在密度为 ρ_m、黏度为 η 的液体中。

（a）假设一根试管在一个轮子的平面内旋转，其指向沿着某根"轮辐"。这个离心机中的人造重力场不是均匀的。更确切地说，重力场在试管的一端要比在另一端强，因此沉降速率也不是均匀的。假设试管一端到轮子轴心的距离为 r_1，另一端为 $r_2 = r_1 + l$。离心机以角速度 ω 转动。写出与 $v_{drift} = gs$（式 5.3）类似的离心机中的漂移速度公式，表达为含 s 的形式。

最终，沉降过程停止，粒子的浓度分布达到平衡。注意整个试管达到平衡分布可能需要很长的时间，在这种情况下，式 5.2 并不是测量质量参数 m_{net} 最佳途径。下面介绍一种简便方法，即阿奇博尔德法。它利用这样一个事实，即试管两端能迅速达到平衡。

（b）因为管尾不可能存在任何物质流，因此，菲克定律表示的流量必须抵消（a）中提到的流量。对试管两端分别写出与这一事实对应的方程。

（c）将试管一端的质量参数用浓度与其梯度表达如下：

$$m_{net} = \text{stuff} \times \left.\frac{dc}{dr}\right|_{r=r_1},$$

导出试管另一端的相似的表达式，其中"stuff"是待求参数。在实验室中，浓度及其梯度可用光度方法测得。于是，在远早于整个试管到达平衡之前就可以测得 m_{net}。

5.4　小雷诺数情况下的航行

本章曾断言，在小雷诺数情况下，一旦停止推动微小物体，其运动会随即终止。让我们来看一个例子。

(a) 考虑一个细菌,将其视为一个半径为 $1\,\mu m$ 的圆球,它以 $1\,\mu m/s$ 的速度向前推进。在零时刻,细菌突然停止游动。根据牛顿运动**定律**和斯托克斯阻力公式,细菌将继续滑行直至停止运动。在停止运动之前,细菌会前进多远? 对此加以讨论。

(b) 本书在讨论布朗运动时假定了随机运动的每一步都独立于前一步,例如,我们忽略了上一步留下净漂移速度的可能性。参照问题(a),你认为上述假设对于细菌合理吗?

5.5 血液流动

你的心脏不断向大动脉中泵送血液。进入大动脉的最大流量约为 $500\,cm^3\,s^{-1}$。假设大动脉的直径为 $2.5\,cm$,流动可大致视为层流,血液是牛顿流体,其黏度近似与水相同。

(a) 求出大动脉内单位长度上的压强差。用国际单位制表示你的结果。将 $10\,cm$ 长度上的压强差和大气压进行比较($10^5\,Pa$)。

(b) 心脏将血液在大动脉里推送 $10\,cm$ 的距离需要的功率是多大? 将得到的答案和你的基础代谢率(约 $100\,W$)进行比较并加以讨论。

(c) 在层流管道流中,壁面处流动速度为零,轴心处速度最大。画出速度与到轴心距离 r 的函数关系草图。求出轴心处的流动速度。[提示:上面给定的总体积流量等于 $\int v(r)2\pi r dr$。]

5.6 ⓣ 运动黏度

(a) 尽管运动黏度 ν 和其他任何扩散常量一样都具有相同量纲 $\mathbb{L}^2\mathbb{T}^{-1}$,它的物理意义却和 D 截然不同,而且水的运动黏度的值也和水分子自扩散的 D 值大不相同。由 η 求出水的 ν,并和 D 比较。

(b) 另一方面,这些数值之间仍然是有联系的。联合爱因斯坦关系和斯托克斯公式,取水分子的半径约为 $0.2\,nm$,证明:用水的 D、R 和密度值就足以精确地预言 ν 的数量级。

5.7 ⓣ 一去不回

5.2.3 小节曾提及,如果将所施外力反转,那么受到轻微剪切的平板能够回溯曾经历过的运动。然而当外力很大的时候,牛顿运动方程中的惯性项不能忽略,那么,正文讨论中的哪一步现在会失效呢?

5.8 ⓣ 溶液中高分子的固有黏度

4.3.2 小节讨论过溶液中的高分子长链时刻处于无规线团的构象*。这个假

---

* 本题中的高分子指"θ 条件"下的高分子(见 4.3.1' 小节)。

设很难直接验证,因此我们通过检验高分子溶液的黏度间接地回答这个问题。

在图 5.2(b)中,两块平行放置的平板间隔为 d,中间充满黏度为 η 的水。如果其中一块平板以速度 v 侧向滑动,则两块平板单位面积都会受到 $\eta v/d$ 的黏性力作用。现在在设想间隙内以小的体积比 ϕ 填充固体,占据了原先被水填充的部分空间。那么,在速度 v 不变的情况下,剩余流体的剪切应变率一定比原先更大,且黏性力也比原先更大。

(a) 为了估算出剪切应变率,假设所有的刚体都位于一个固态层 ϕd 之内,该层紧贴底板,有效地减小了两板之间的间隙。在这种情况下,单位面积上的黏性力是多少?

(b) 我们可以把这个结果说成是悬浮液具有一个比 η 大的"有效黏度"η'。(思考题 5C 中求得的牛奶悬浮液分层的速率比真实值略高,部分是因为这个效应。)写出相对变化 $(\eta'-\eta)/\eta$ 的表达式[*]。令 $\phi \ll 1$ 来简化你的答案。

(c) 具有 N 个链段的高分子的流动行为类似于半径为 $\alpha L N^p$ 的圆球。(这里 L 是链段的长度,α 是比例系数。我们并不需要这些参数的确切数值。)指数 p 应该多大呢? 在数密度为 c 的这种球体的悬浮液中,球体所占的体积分数 ϕ 是多大? 用单个高分子的质量 M、每个单体质量 m、高分子数密度 c、L 和 α 来表达你的结果。

(d) 根据上面的分析讨论图 5.13 的实验数据。图中,单条直线所串联的点代表由相同单体组成的同族高分子,不同点对应的单体数 N 各不相同,每个单体都具有相同质量 m。x 轴表示每个高分子的总质量 $M = Nm$。纵轴上的量 $[\eta]_\Theta$ 称为

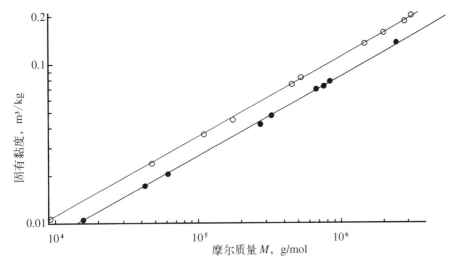

图 5.13(实验数据)　高分子摩尔质量与固有黏度 $[\eta]_\Theta$ 之间的关系曲线(双对数坐标图)。图中的两组数据代表高分子类型、溶剂类型和温度的不同组合,但都符合"θ 溶剂"条件(见 4.3.1'拓展)。空心圆点:聚异丁烯悬浮于苯中,24℃。实心圆点:聚苯乙烯悬浮于环己胺中,34℃。这两条直线的斜率都是 $\frac{1}{2}$。(数据摘自 Flory,1953。)

---

[*] 你将得到的表达式并不完备,这是因为我们忽略了某些效应。但当 ϕ 很小时,该表达式中有效黏度与 ϕ 的正比关系仍然成立。爱因斯坦曾在其博士论文中推出了完整的公式。(6 年之后他修正了其中的一个计算错误。)

高分子的固有黏度，定义为$(\eta' - \eta)/(\eta\rho_{\mathrm{m,p}})$，其中$\rho_{\mathrm{m,p}}$是单位体积溶剂中溶解的高分子的质量。（提示：注意$\rho_{\mathrm{m,p}}$是很小的。用固定的链段长度$L$、固定的单体质量$m$和可变的总质量$M$来表达可能涉及的每个量。）

（e）利用这些数据可以测出L和m的何种组合？（不必实际算出。）

5.9 ⓣ 摩擦作为一种扩散

5.2.1$'$小节提出黏性摩擦可以用动量的扩散输运来解释。理由如下：在平板边界下，当式5.21给出的动量流离开顶板的时候，它对顶板产生阻力。当它抵达底板的时候，对其产生牵引力。到目前为止，这条理由都是非常正确的。

但是，黏性摩擦比通常的扩散更加复杂，因为动量是一个矢量，而数密度是一个标量。例如，5.2.2小节提到过在平板边界以外的情况下黏性力定律（式5.9）需要加以修正。如果想要得到直棒转动问题［图5.11(b)］的正确答案，那么所需修正的确是很重要的。

下面考虑一个半径为R的长圆柱体，其轴线沿$\hat{z}$方向且位于$x = y = 0$处。柱外包绕着某种物质。假设这种物质是固态冰。当以角速度ω转动圆柱的时候，所有物质都跟随转动，就像一个刚体一样。那么，在位置$\boldsymbol{r}$处速度$\boldsymbol{v}(\boldsymbol{r}) = (-\omega y, +\omega x, 0)$。显然，任两部分之间都不会有相对滑动，因此不应存在耗散性摩擦，即动量的摩擦输运为零。然而，如果检查点$\boldsymbol{r}_0 = (r_0, 0, z)$，就会发现一个非零的梯度

$$\left.\frac{\mathrm{d}v_y}{\mathrm{d}x}\right|_{r=r_0} = \omega。$$

显然，平板边界下的动量流公式（式5.21）在其他情况下需要一些修正。

我们需要一个式5.21的修正形式，它可应用于柱对称流动，并且当流动成为刚性转动时这些修正又会消失。令$r \equiv \|\boldsymbol{r}\| = \sqrt{x^2 + y^2}$，可以将柱对称流动表达为

$$\boldsymbol{v}(\boldsymbol{r}) = (-yg(r), xg(r), 0)。$$

刚性转动对应于角速度$g(r)$为常值的情况。你需要求出另一种情况即流体流动时的$g(r)$。我们把流体看作是一系列嵌套的圆筒，每个圆筒都具有不同的$g(r)$。

在任意一点如$\boldsymbol{r}_0$附近，令$\boldsymbol{u}(\boldsymbol{r}) = (-yg(r_0), xg(r_0))$为刚性转动矢量场，在$\boldsymbol{r}_0$处它与$\boldsymbol{v}(\boldsymbol{r})$一致。于是，可将式5.21替换为

$$(j_{p_y})_x(\boldsymbol{r}_0) = -\eta\left(\left.\frac{\mathrm{d}v_y}{\mathrm{d}x}\right|_{r=r_0} - \left.\frac{\mathrm{d}u_y}{\mathrm{d}x}\right|_{r=r_0}\right)。\quad \text{（圆柱边界）} \quad (5.22)$$

在这个公式里，$\eta \equiv \nu\rho_{\mathrm{m}}$，即通常的黏度。式5.22就是前面提到的修正过的动量输运法则。它表明，计算出$\dfrac{\mathrm{d}v_y}{\mathrm{d}x}$并减去$\boldsymbol{u}$的相应项，就可确保在刚性转动下不产生摩擦抵抗。

（a）每个圆柱壳层都对下一个壳层施加一个转矩并受到上一个壳层的转矩作

用。这些转矩必须相互平衡。请证明，对固定 r 处的柱面，单位面积上的切向力等于 $(\tau/L)/(2\pi r^2)$，其中 τ 是中心圆柱体所受的外力矩，L 是圆柱体的高度。

（b）令在（a）中求得的结果和式 5.22 相等，求出函数 $g(r)$。

（c）证明 τ/L 等于一个常量乘以 ω，并由此求出式 5.19 中的常数 C。

5.10 Ⓣ暂停与翻滚

大肠杆菌在两次直线运动之间会停顿一下。如果在此期间关掉鞭毛马达，由于布朗运动的结果，细菌最终将随机选择一个新的前进方向。

如果你还没有做过习题 4.9，请现在完成，并把（d）项的结果和已经测得的暂停时间 0.14 s 进行比较。在暂停期间，细菌难道只是关掉鞭毛马达消极等待吗？阐述你的理由。

5.11 血液杂音

动脉硬化症或者在测量血压时使用的橡皮箍袖带，都能导致动脉狭窄。在这类过程中往往能听到持续的低沉杂音，这预示着某种湍流的开启。为什么血流会变成湍流呢？

5.12 活性黏弹性

某装置可周期性拉伸单根肌纤维，即肌纤维的长度可受迫随时间发生改变，如 $x(t)=x_0+A\sin(\omega t)$。肌纤维对装置的反作用力也随时间周期变化。对于小振幅 A，这个反作用力可近似为正弦波 $f(t)=-(f_0+B\sin(\omega t+\delta))$。$A$、$B$ 均为正的常量。如果相移 δ 大于零，我们就说"位移落后于力"。

（a）计算装置对肌纤维做功的功率。求出一个循环中该功率的平均值。

（b）图 5.14 显示了两条曲线。一条给出了活的肌纤维的相移，另一条则对应于死的（或暂时缺氧的）肌纤维。你能分辨出来吗？你是根据曲线的哪种不寻常的特征作出判断的？

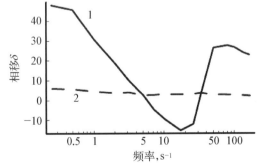

图 5.14（实验数据） $t=0$ 时两种不同肌纤维响应拉伸形变时的相移与拉伸频率之间的函数关系（半对数作图）。其中一条线对应活细胞肌纤维，另一条对应死的肌纤维。（数据来自 Kawai & Brandt, 1980。）

5.13 🅣鞭毛的转矩

图 5.10 展示了一个刚性的螺旋杆绕其一端转动，在空间中扫出一个圆柱面（图中虚线）。这个刚性杆不能自由平移。正文中我们已经定性解释过这种运动在黏性介质中将导致一个沿 z 轴的净力。在本题中，你不仅要定量检验这个说法，而且还要计算由黏滞力引起的阻力矩。

螺旋的螺距 P 定义为沿 z 轴两个未标阴影片段（如图 5.10）之间的距离，R 是螺旋的半径（图中阴影端面的半径）。再假设当螺旋杆拉直后的总长度为 L。杆自身很细（对大肠杆菌来说约为 20 nm），对本题无关紧要。整个螺旋杆转动一周的时间为 T。你还可以忽略它所导致的周围流体的流动。

根据正文中的要点 5.15，当一根长为 dL 的细杆沿其轴向拖动时，将受到一个与速度方向相反的阻力 $\xi_{//} dL$；当它沿垂直轴向的方向运动时，也会受到一个与速度方向相反的阻力 $\xi_\perp dL$。假设 $\xi_\perp = \alpha\eta$，$\xi_{//} = \dfrac{2}{3}\xi_\perp$，$\eta$ 是水的黏度，α 是一个常数（可近似取为 3）。

(a) 要使螺旋杆以周期 T 转动，应该施加多大的转矩？请给出计算公式。

(b) 当杆转动时会对其根部施加推力，给出这个力的 z 分量的计算公式。

(c) 对大肠杆菌，$P = 2.3\ \mu m$，$R = 0.2\ \mu m$，$L = 10\ \mu m$，$T = 10$ ms。利用这些数据对以上两小题的答案进行估算，并与大肠杆菌鞭毛马达所能施加的最大转矩（又称为"失速力矩"）大约 4 000 pN nm 进行比较。

5.14 🅣频率选择

我们的内耳是一个信号传导装置。内耳液中的声波振动最终会迫使毛细胞上的硬纤毛束运动，每束纤毛都能响应特定频率的振动。

为给这个系统建模，将响应声波而振动的部分（内耳基底膜的一部分）设想为弹性体。你可将它想象为一个底部带有支点的刚性杆，支点上有一个劲度系数为 κ 的扭转弹簧。当刚性杆转动 θ 角度时，扭簧对其施加一个回复力矩 $\tau_1 = -\kappa\theta$。周围流体也对其施加一个黏滞力矩 $\tau_2 = -\xi_r\dot\theta$，$\dot\theta \equiv d\theta/dt$。于是，纤毛束的运动方程可写为 $I\ddot\theta = \tau_1 + \tau_2 + \tau_{ext}$，$I$ 是纤毛束（包括其拖曳的流体）的转动惯量，τ_{ext} 是外力矩。

(a) 假设外力矩导致一个简谐响应 $\theta(t) = A\cos(\omega t)$。外力矩的幅度 B 为多大时才能产生这个响应？将 B 表示为 $A, \omega, \kappa, I, \xi_r$ 的函数。

对一个尺度为 l 的物体，可用量纲分析法作如下估算：$\kappa \approx (1\ pN\ nm^{-1})l^2$，$\xi_r \approx \eta l^3$，$I \approx \rho_m l^5$。下面计算中可采用水的黏度 η 和质量密度 ρ_m，对内耳基底膜的某个区域取 $l \approx 0.1$ mm。

(b) 将响应量 A/B 表示为频率的函数并作图。估计一下响应函数峰的半高宽。

(c) 假设某种反馈机制可以提供一个额外的力矩 $\tau_3 \approx -\tau_2$，因此能有效地抵消掉黏滞阻力的力矩。于是，纤毛束的响应仍如前述，只是等效的黏滞摩擦系数变小了。假设 90％的黏滞阻力矩被抵消，请重新计算(b)。

(d)（c)中得到的响应曲线展示出了比(b)中曲线更高的敏感性，即前者的峰值大得多。除此之外，反馈机制还带来了哪些好处？

第6章 熵、温度与自由能

第1章提出了一些模糊的想法，本章要阐明这些想法并将其表达为精确的公式。我们的出发点是从理想气体和布朗运动的研究中获得的统计概念。

第4章曾论及流体中的摩擦意味着物体失去对初始有序运动的记忆。物体初始的有序动能最终将转变为周围流体的无序动能。随着物体与周围环境达成一致的速度分布，整个世界的有序度在一定程度上损失了。物体不会停止运动，其速度仍将不断变化（每一次分子碰撞都会使速度改变）。但粒子速度的概率分布不再随时间变化。

实际上，摩擦只是我们所关心的与活细胞相关的几个耗散过程之一，这些过程都遵从菲克型定律并趋向于消除有序。我们需要将它们并入统一的框架，即1.2.1小节讨论过的热力学第二定律。正如其名字所暗示的，第二定律的普适性远远超出我们所研究过的具体例子，它是我们统一理解诸多不同现象的有效途径。

为了使公式尽可能简单，我们将花些时间继续讨论理想气体。这看起来似乎走了弯路，但我们从中所学到的将适用于所有类型的系统。例如，支配大量化学反应的质量作用规则与理想气体的行为都基于相同的物理规律（第8章）。此外，第7章还会表明，理想气体定律可以原封不动地应用于渗透压，后者具有直接的生物学意义。

本章的目标是阐述第二定律，由此引出一个关键概念，即自由能。这里的讨论远称不上完整，即便如此也还是充满了棘手的公式。所以，研究、推导是尤其必要的，而不是仅仅读一读。

本章焦点问题
生物学问题：如果能量总是守恒的，为什么一些装置比其他的更高效？
物理学思想："度"控制着能量何时能做有用功，而它并不守恒。

---

§6.1 如何度量无序

第1章给出了无序度的含义，但并不确切。为使它成为有力的工具，我们需要对它重新进行精确的定义。

　　将一枚硬币掷一千次,得到一个随机序列 HTTTHTTHTHHHTHH……在如下的意义上,我们说这个序列具有很高的无序度,即无序序列不可能有更精简的描述。如果要将这个序列储存在计算机里,你需要 1 000 比特的硬盘空间。你无法压缩它,因为比特之间都是独立无关的。

　　另一个例子是天气状况(雨或晴)的统计。你可以记录一千天的天气状况,并把它写成一个比特流:RSSSRSSSSRRRSRR*……但是这个数据流比掷硬币序列具有更低的无序度,因为今天的天气总是和昨天的天气比较相似。可以改变我们的编码,令 0 = 与昨天相同,1 = 与昨天不同。这个比特流就变成10011000100110……它不是一个完全不可预测的序列,因为里面的 0 比 1 更多。可以通过交替记录每种天气状况持续的长度来压缩这个序列。

　　从另一个角度看,你可以用天气状况打赌挣钱,因为根据这个序列你已经有一些先验知识。但你无法用掷硬币的结果打赌挣钱,因为你没有类似的先验知识。相比掷硬币,对天气你拥有更多的知识,这是因为任何表示天气的序列具有更低的无序性。也就是说,序列的无序程度反映了可预测性。高可预测性意味着低无序度。

　　我们还需要对无序进行定量度量。特别是,我们希望在这个量度下,两个无关序列的总无序度恰好等于这两个序列无序度的和。无关是这个表述中的关键。将一枚一分钱的硬币掷一千次与将一枚一角钱的硬币掷一千次所得到的是两个无关序列。看电视新闻与读报纸新闻所得到的两个数据流就是相关的,因为你可以用来自其中一方的信息来预测另一方可能提供的信息,所以总的无序小于两个数据流总无序度之和。

　　假如有一个很长的事件序列(比如掷硬币),每个事件随机且独立,并且 M 种可能结果等概率出现(比如,对掷硬币 $M=2$;对掷骰子 $M=6$)。把这个事件序列分割为若干条“消息”,每条“消息”包含 N 个事件。下面将表明,一个好的无序性量度为 $I \equiv N\log_2 M$,或者等价于 $KN\ln M$,其中 $K = 1/\ln 2$。

　　上式中的“取对数”在计算器上就有一个相应的键,但它出现在这里可能就有点令人不解。下面这个简单而且更好的方法可帮助你理解无序度公式的意义。令 $M=2$(掷硬币),在这个特殊例子里,I 恰好就是掷硬币的次数。对更一般的情况,可以将 I 看作传输这条消息所需二进制数的位数,或者比特数。也就是说,如果将这条消息看作一个大的二进制数,I 就是表达它所需要的二进制数的位数。

　　用这个量度来衡量,掷币 $2N$ 次所得序列的无序度正好等于掷币 N 次所得序列的无序度的两倍,这个结果是平庸的。但进一步,假如我们同时掷硬币和掷骰子 N 次。这种情况下 $M=2\times 6$,根据对数的性质,$I = KN\ln 12 = KN(\ln 2 + \ln 6)$。这就显示了这个度量的意义:我们能够辨别这个消息序列包括了 N 次掷硬币和 N 次掷骰子,而且无序度是可加的。这就是为什么公式中会出现对数。令 $\Omega = M^N$ 为 N 次事件所有可能消息序列的总数,仍然令 $K = 1/\ln 2$,可以把公式写为:

---

　　* 译注:R 代表雨天,S 代表晴天。

$$I = K\ln\Omega。 \tag{6.1}$$

我们进一步希望能够度量任何一种事件序列的无序性。假设有一个由 M 个字母表（比如，对俄语 $M=31$）组成的长度为 N 的字母序列，而且我们预先知道字母的出现频率不是均匀的：有 N_1 个字母"A"，N_2 个字母"Б"，等等。也就是说，信息流的符号成分是确定的，尽管序列是不确定的。于是每个字母出现的概率是 $P_i = N_i/N$，其中 P_i 并不一定等于 $\frac{1}{M}$。

所有可能的消息数为

$$\Omega = \frac{N!}{N_1! N_2! \cdots N_M!}。 \tag{6.2}$$

为了验证这个公式，我们推广 4.1.2 小节无规行走例题的推理。将 N 个对象排序，共有 N 的阶乘（写作 $N!$）种可能。但是序列中任何字母"A"与"A"交换都不会改变这个序列，就是说 $N!$ 过多地计算了可能的消息数；我们需要将结果除以 $N_1!$ 来去除冗余。同样，去除所有关于其他字母的冗余计数后就得到式 6.2。〔实验永远是对理论最好的验证，用两个苹果、一个桃子、一个梨来验证一下这个公式吧（$M=3,N=4$）。〕

如果对这条消息我们仅仅知道每个字母出现的频率，那么 Ω 条可能消息中的任何一条都是等概率出现的。将无序度公式 6.1 应用到所有可能的消息上，得到：

$$I = K\left[\ln N! - \sum_{j=1}^{M} \ln N_j!\right]。$$

如果消息非常长，我们可以用斯特林公式（式 4.2）将公式简化。如果 N 非常大，只需要保留斯特林公式中正比于 N 的项，即 $\ln N! \approx N\ln N - N$。由此可得平均每字母的无序度为 $\frac{I}{N} = -K\sum_j \frac{N_j}{N}\ln\frac{N_j}{N}$，或

$$\boxed{\frac{I}{N} = -K\sum_{j=1}^{M} P_j\ln P_j。 \quad \text{香农公式}} \tag{6.3}$$

即使字母的出现频率是正确的，也不是所有字母串都是有意义的单词，比如在俄语中。如果我们已经知道某消息由真实的文本构成，可以令 N 为消息中单词的个数，M 为字典中所列单词的个数，P_j 为每个单词在消息中出现的频率。再次利用式 6.3，可以得到在这个更严格的限制下对消息无序度估算的修正（结果更小一些）。这就表明，真实的文字更具可预测性，所以与具有相同字母频率的随机消息相比，平均每字母的无序度更小。

香农公式具有一些明显的性质。首先，因为一个小于 1 的数的对数总是负数，所以 I 永远是正数。如果每个单词都是等概率出现的，即 $P_j = 1/M$，式 6.3 就

回到初始的形式 $I = KN\ln M$。另一个极端情况，如果我们知道信息中所有的字母都是"A"，那么 $P_1 = 1$，所有其他 $P_j = 0$，得到 $I = 0$。这当然正确，因为全由字母"A"组成的字符序列是完全可预测的，所以其无序度必定为零。式 6.3 从式 6.1 发展而来，而且更加合理，我们认为它是对无序性更好的量度。

如果一个随机消息中的每个字母都等概率出现，香农公式取得最大值，这也是一个合理的性质。下面来证明这个重要性质。在满足 P_j 求和为 1 的约束下（归一化条件，式 3.2），求 I 的最大值。为了表达这个约束，将 P_1 替换为 $1 - \sum_{j=2}^{M} P_j$，并对所有其他 P_j 求最大值。

$$-\frac{I}{NK} = \left[P_1 \ln P_1 \right] + \left[\sum_{j=2}^{M} P_j \ln P_j \right]$$

$$= \left[\left(1 - \sum_{j=2}^{M} P_j \right) \ln \left(1 - \sum_{j=2}^{M} P_j \right) \right] + \left[\sum_{j=2}^{M} P_j \ln P_j \right].$$

令上式对某字母 j_0 的出现概率 P_{j_0} 的导数为零。利用公式 $\frac{\mathrm{d}}{\mathrm{d}x}(x\ln x) = (\ln x) + 1$，得到

$$0 = \frac{\mathrm{d}}{\mathrm{d}P_{j_0}} \left(-\frac{I}{NK} \right) = \left[-\ln \left(1 - \sum_{j=2}^{M} P_j \right) - 1 \right] + \left[\ln P_{j_0} + 1 \right].$$

对上式取指数得到

$$P_{j_0} = 1 - \sum_{j=2}^{M} P_j.$$

公式右侧恒等于 P_1，所以所有的 P_j 都相等。因此，最大无序性对应于所有字母都有相等的出现概率，该无序度等于 $NK\ln M$。

 6.1′节介绍了如何利用拉格朗日乘子法得到最终结果。

§6.2　熵

6.2.1　统计假说

前面所讨论的内容与物理学或生物学有什么关系呢？让我们考虑一个特别的情况，即，如果消息不是一段抽象的字符串，而是由反复测量一个物理系统的精细状态（或者微观态）所得到的信息序列。例如，对理想气体，微观态由系统中每个分子的位置和速度决定。这样的测量实际上是不可能完成的。但如果能够测量的话，由测量结果我们就可以得到熵，它可以由实验确定。

对物理系统的微观态进行一次连续测量得到一个序列，多次测量得到不同序列，我们将把物理系统的无序度定义为平均每序列的无序度。

假如有一个体积为 V 的箱子，我们只知道它是孤立的，其中有 N 个理想气体分子，总能量为 E。孤立意味着箱子是绝热且封闭的；没有热、光和粒子离开或进入，而且也不对周围环境做功。所以，箱子永远有 N 个分子和能量 E。我们对箱子中分子的精确状态能做多少描述呢，比如说，每个分子的速度？当然，答案是"多不到哪去"：微观态以令人眼花缭乱的速度改变着(而且分子都在碰撞)。我们无法预先知道哪一个微观态比其他微观态出现的概率更大。

因此，本章的主旨可表述如下：当一个孤立系统有可能达到平衡时，我们测量到的实际微观态序列(如果能够测量的话)将等效于随机序列，其中每个微观态的概率都相同。用§6.1的语言重新表述，得到统计假说：

如果时间足够长，孤立系统就会演化到热平衡态。平衡不是
某个特定的微观态，而是微观态所有概率分布中的一个，该分布
使受约束系统的微观组态具有最大无序。　　　　　　　　　(6.4)

这里提到的约束包括总能量不变，以及系统体积限定为箱子的容积。

再次强调，平衡态对应给定约束下微观态的一个可能分布，该分布体现了对微观态最大程度的不确知。即使我们知道系统初始处于某些特殊的状态(比如所有气体分子都处于箱子的左边一半中)，复杂的分子运动最终将会消去这些信息(气体充满整个箱子)。之后，除了由物理约束附加的某些信息外，我们对这个系统将别无所知。

对一些特殊的系统，要点6.4可以得到数学证明，而不仅仅是个假说。我们不会尝试这个证明。事实上，它也不总是对的。例如，月球在围绕地球的轨道上运转，速度不停地改变，但完全是可预测的，不需要概率分布，也没有无序性。然而，对于大的、复杂的系统，这个假说是合理的，存在可以由实验验证的结果。我们将会发现这个假说适用于大量与生命相关的现象，其有效性的关键在于，即使只研究单分子(一个小系统，只有相对较少的可运动部分)，在细胞中这个分子仍然不可避免地被大量作热运动的其他分子组成的热环境所包围。

吉萨的大金字塔并不处在热平衡中：如果金字塔瓦解为沙砾，它的势能将会显著降低，动能也会相应增加，进而使无序性增加。但到目前为止，这一切还没有发生。所以，统计假说中所说的足够长必须要小心对待。可能存在一些居中的时间尺度能够使一些量达到热平衡(比如整个金字塔的温度达到一致)，而其他量尚不能达到平衡(金字塔还没有变成一盘散沙)。

其实，即使金字塔的温度分布也没有达到平衡：其外表面每天都被加热，而核心部分总是保持恒温。但每一立方厘米体积内的温度分布仍能达到相当的平衡。因此，平衡的观念能否运用到一个系统上，不仅取决于时间尺度，还取决于空间尺度。为了确定在多大的尺度范围内可以达到平衡，我们需要使用适当的扩散方程——在这个例子中是热传导定律。

6.2.1′小节将更详细地讨论统计假说的基础。

6.2.2 熵是一个常量与最大无序度的乘积

继续讨论孤立系统。（稍后将得到更普适的公式，可以应用到一般的非孤立系统中。）将总能量为 E 的 N 个分子的可能状态数记为 $\Omega(E, N, \cdots)$，其中省略号代表其他确定的约束条件，比如系统的体积。根据统计假说，对平衡态系统的微观态进行连续测量应该显示出所有微观态都是等概率的。因此，由式 6.1 得到系统的无序度为 $I(E, N, \cdots) = K\ln\Omega(E, N, \cdots)$ 比特。同前，$K = 1/\ln 2$。

室温下 $1\,\mathrm{mol}$ 气体的 Ω 肯定是巨大的，因为分子的数量非常多。为了使欲处理的数字不至于异乎寻常的大，可以用一个数值非常小的常量，例如单个分子的热能，与每次测量的无序相乘。更精确地说，对这个常量选择的惯例是 k_B/K，这样得到的结果就称为熵，记为 S：

$$S \equiv \frac{k_\mathrm{B}}{K}I = k_\mathrm{B}\ln\Omega。 \tag{6.5}$$

在进一步讨论这个抽象定义之前，不妨暂停一下，用一个我们熟悉的系统来直观地计算熵。

例题：求出理想气体熵。

解答：我们要计算能量守恒条件下所有可能的状态。将能量表达为所有粒子动量的函数：

$$E = \sum_{i=1}^{N}\frac{m}{2}\boldsymbol{v}_i^2 = \frac{1}{2m}\sum_{i=1}^{N}\boldsymbol{p}_i^2 = \frac{1}{2m}\sum_{i=1}^{N}\sum_{J=1}^{3}(p_{i,J})^2。$$

其中，$p_{i,J}$ 是第 i 个粒子 J 轴方向的动量，m 是粒子的质量。这个公式类似于毕达哥拉斯公式：事实上，当 $N=1$，恰好就是点 $\boldsymbol{p}$ 到原点的距离 $\sqrt{2mE}$；也就是说，可能的动量矢量都指向同一球面（图 3.4）。

如果分子数目很大，$\{p_{i,J}\}$ 的允许值分布在 $3N$ 维空间中半径为 $r = \sqrt{2mE}$ 的球面上。在体积 V 内有确定能量 E 的 N 个分子的可达状态数正比于这个超球面的表面积。毫无疑问，表面积必须正比于半径的 $3N-1$ 次方。（考虑一个普通的球面，$N=1$，其表面积为 $4\pi r^2 = 4\pi r^{3N-1}$。）因为 N 远大于 1，可以将 $3N-1$ 替换为 $3N$。

为了确定一个微观态，不仅要确定动量，还要确定每个粒子的位置。因为每个粒子可以处在盒子里的任何地方，可达状态数必须包括因子 V^N。所以，Ω 等于一个常量乘以 $(2mE)^{3N/2}V^N$。相应地，熵 $S = Nk_\mathrm{B}\ln\left[(E)^{3/2}\right] + $ 常量。

前面结果的完整形式就是 Sakur-Tetrode 公式：

$$S = k_B \ln\left[\frac{2\pi^{3N/2}}{(3N/2-1)!}(2mE)^{3N/2}V^N\frac{1}{N!}(2\pi\hbar)^{-3N}\frac{1}{2}\right]. \quad (6.6)$$

要理解这个很复杂的公式，最好能先弄清其中的每个因子。第一个小括号里的因子是 $3N$ 维空间中半径为 1 的球面面积。它可以视为一个几何因子（请参见其他书籍，或者见 6.2.2′ 小节）。当 $3N = 2$ 时，这个因子等于 2π，这是合理的：平面上单位圆的周长的确就是 2π。后面的两个因子在前面的例子中已经出现过了。因子 $(N!)^{-1}$ 反映气体分子之间是不可分辨的；如果我们交换 r_1，p_1 和 r_2，p_2，可以得到一组不同的 r_i，p_i，但系统并没有产生新的物理状态。$\hbar$ 是普朗克常量，是大自然的一个基本常量，量纲为 $\mathbb{ML}^2\mathbb{T}^{-1}$。这个量起源于量子力学，但对于本问题，我们只是需要引入某个有量纲的常量以使得式 6.6 具有恰当量纲。$\hbar$ 的确切数值不会进入到这里所讨论的任何物理学预言中。

式 6.6 令人望而生畏，但其中的很多因子都是不重要的。比如说，当 N 很大时，分子中的第一个 2 完全被其他因子淹没了，所以可以将其去掉，也可以如式 6.6 末尾那样，等效地加入一个额外的因子 $\frac{1}{2}$。其他因子如 $[m/(2\pi^2\hbar^2)]^{3N/2}$ 仅仅使分子的平均熵增加了一个常量，而不会对导数如 $\mathrm{d}S/\mathrm{d}E$ 产生影响。（但是，在后面的第 8 章讨论化学势的时候，我们还需要再次考察这些因子。）

 6.2.2′ 小节对 Sakur-Tetrode 公式进行了更多的讨论，并且推导了高维球面的面积公式。

§6.3 温度

6.3.1 热流是系统趋于最大无序的后果

在建立了熵这个抽象概念后，现在来看几个由统计假说导出的具体结果。让我们从一个最平凡的日常现象开始，即热从高温物体流向低温物体。

想象两个相连的装着气体的箱子，而不是孤立的一个箱子，分别称为 A 和 B。这两个箱子与外部世界相互隔绝，但它们之间可以进行缓慢的热交换（图 6.1）。我们可以将两个绝热箱接在一起，并在它们之间的隔离层上开一个小孔，但在小孔上保留一个能量可以传输，而粒子不能通过的壁。（你可以将这个壁想象为一个鼓膜，当分子撞击的时候，可以使其产生震动。）两边的分子数分别为 N_A 和 N_B，总能量固定为 E_{tot}。我们要研究能量如何在两个箱子间分配。

为了确定这个组合系统的总状态，分别选择 A 和 B 的任意一个态，总能量满足 $E_{tot} = E_A + E_B$。假设系统间的相互作用很弱，B 的状态不显著影响 A 的可能状态，反之亦然。

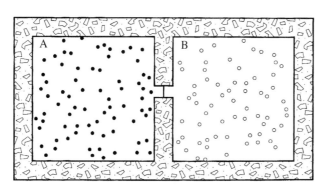

图 6.1(示意图)　两个系统与外界绝热,但相互之间仅部分绝热。阴影表示绝热层,中间的绝热壁上有一个开口。两个箱子不交换粒子,只交换能量。它们可以含有不同种类的分子。

E_A 可以增加,但要以 E_B 的减小作为补偿,所以 E_A 不是自由的。两个系统接触充分长的时间后,关闭它们之间的导热窗口,将两个箱子孤立,然后让其分别达到平衡。根据式 6.5,组合系统的总熵是两个子系统熵的和,$S_{\text{tot}}(E_A) = S_A(E_A) + S_B(E_{\text{tot}} - E_A)$。因为我们已经有理想气体熵公式,而且知道能量是守恒的,则可以更清楚地表达这个公式。由 Sakur-Tetrode 公式(式 6.6)得出,

$$S_{\text{tot}}(E_A) = k_B \Big[N_A \Big(\frac{3}{2} \ln E_A + \ln V_A \Big)$$
$$+ N_B \Big(\frac{3}{2} \ln(E_{\text{tot}} - E_A) + \ln V_B \Big) \Big] + \text{常量}。 \tag{6.7}$$

式 6.7 中看似出现了有量纲量的对数项,而这是没有定义的(见 1.4.1 小节)。事实上,这样的符号都是缩写,例如 $\ln E_A$ 可以看作 $\ln[E_A/(1\,\text{J})]$。对单位的选择是无关紧要的;不同的选择只改变式 6.7 中的常量,这并不影响问题的实质。

我们现在可以问,"E_A 最可能的值是多少?"初看起来统计假说似乎意味着所有值都是等概率的。但是先等一下,统计假说指出在关闭子系统间的导热窗之前,组合系统的所有微观态等概率出现。但任意给定的 E_A 对应于组合系统的很多微观态,而且微观态的数量依赖于 E_A 本身。事实上,熵的指数函数可以给出这个值(见式 6.5)。所以,随机抽取组合系统的一个微观态,最可能得到的微观态的 E_A 对应于最大的总熵。令式 6.7 的导数为零,可以得到这个最大值:

$$0 = \frac{dS_{\text{tot}}}{dE_A} = \frac{3}{2} k_B \Big(\frac{N_A}{E_A} - \frac{N_B}{E_B} \Big)。 \tag{6.8}$$

即,组合系统最可能的能量分配方式是每个分子具有相同的平均能量: $E_A/N_A = E_B/N_B$。

这是一个非常熟悉的结论。3.2.1 小节提到理想气体分子的平均能量为 $\frac{3}{2} k_B T$(见要点 3.21)。所以我们刚刚得到的结论是,对相互之间达到热平衡的两箱气体而言,最可能的能量分配方案是使它们的温度相同。这恰好与日常生活经

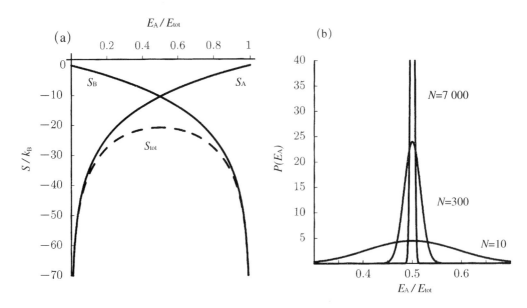

图 6.2（数学函数） 当两个子系统按照式 6.8 分配能量时，组合系统达到最大无序（最大熵）。（a）子系统 A（上升曲线）与子系统 B（下降曲线）的熵随能量 E_A/E_{tot} 变化的曲线。每个箱子含有 $N=10$ 个分子。图示曲线都统一加上了一个常数，熵以 k_B 为单位表示。实际上，两个函数分别是 $\ln(E_A)^{3N/2}$、$\ln(E_{tot}-E_A)^{3N/2}$ 与某个常数的和。虚线表示两条曲线的和（总熵加上一个常数）。当两个子系统的能量相等时，总熵最大。（b）E_A 的概率分布。最大值较小且分布较宽的曲线对应于（a）中的虚线，其他两个分布分别对应于分子数为 $N=300$ 与 $N=7\,000$。请将这张图与图 4.3 进行比较。

验相符合，这就给我们以信心，统计假说确实是解释问题的正确途径。

"最可能"到底是多可能？为了在数学上简化，假设 $N_A=N_B$，因此温度相等对应于 $E_A=E_B=\frac{1}{2}E_{tot}$。图 6.2 显示了最大熵，以及在关闭导热窗后，箱子 A 中气体能量的概率分布 $P(E_A)$。图中清楚地显示出，即使只有几千个分子，系统能量分布仍然非常接近于等温点，因为概率分布函数的峰非常狭窄。就是说，观测到的最概然能量分布的统计涨落非常小（见 4.4.3 小节）。对一个宏观系统，$N_A\approx N_B\approx 10^{23}$，使两个系统近于精确等温的能量分配方式占有绝对优势。

6.3.2 温度是系统平衡态的统计性质

两个有热接触的系统将会趋向相等温度，这个事实并不只局限于理想气体！早期的热力学家发现这个性质如此重要，以至于将其命名为热力学第零**定律**。假如让任意两个宏观物体热接触，它们的熵函数不会像理想气体那样简单。但是如图 6.2 所示，因为总熵 S_{tot} 是 E_A 的一个快速增加的函数［即 $S_A(E_A)$］与一个快速减小的函数［即 $S_B(E_{tot}-E_A)$］的和*。我们的确知道，对应于某一个 E_A，总熵一定有一个大的、尖锐的最大值。这个最大值就出现在 $\mathrm{d}S_{tot}/\mathrm{d}E_A=0$ 处。

---

* 这个讨论中还假设这两个函数都是下凹的，即 $\mathrm{d}^2S/\mathrm{d}E^2<0$。这个条件对理想气体肯定是成立的。根据式 6.9，当增加一个（普通）系统的能量，它的温度也会随之增加。

这就意味着我们可以抽象地定义温度为两个子系统能量交换平衡后所达到的一个相等的量。为此,对任一系统定义量 T 为:

$$T = \left(\frac{dS}{dE}\right)^{-1}。\quad 温度的基本定义 \qquad (6.9)$$

思考题 6A

(a) 证明式 6.9 中的量纲是正确的。

(b) 对理想气体这个特殊例子,使用 Sakur-Tetrode 公式证明要点 3.21,即平均动能等于 $\left(\frac{3}{2}k_B\right)$ 乘以温度。

(c) 请证明,图 6.1 中所示系统得到最大熵的普适条件是:

$$T_A = T_B。 \qquad (6.10)$$

(d) 请证明,当 $T_A > T_B$ 且 A,B 发生热交换时,能量会从 A 流向 B。这表明一个无热能的系统将具有最低温度,即绝对零度 $T = 0$。

思考题 6B

假设复制一个系统(想象两个不连接的、孤立的箱子,内部都有总能量为 E 的 N 个分子)。试证明组合系统的熵也随之加倍,而由式 6.9 定义的温度 T 不变。即,求出当组合系统能量增加一个小量 dE 时熵 S_{tot} 的变化。看来似乎必须知道 dE 如何在两个系统间分配。请说明事实上正好相反,分配的方式并不重要。[提示:对 $S(E+dE)$ 作泰勒级数展开,表达为 $S(E)$ 与修正项的和。]

我们称 S 是广延量(当系统加倍,这个量也加倍),而 T 是强度量(不随系统增大而变化)。

更精确地讲,一个孤立的宏观系统达到平衡后才可以定义温度。温度是系统能量的函数,即式 6.9。当两个孤立系统进行热接触,能量将会在两个系统间流动,直到达到新的平衡。在新的平衡下,不再有能量流动,每个子系统都有相同的 T 值,至多存在很小的涨落。(它们的能量并不需要相同——放在埃菲尔铁塔上的一枚硬币的热能比铁塔少得多,尽管它们都达到相同的温度。)正如 6.3.1 小节结尾处所提到的,对于宏观系统,涨落完全可以忽略。这个结果与我们在前几章所学到的一些结论惊人地相似:4.4.2 小节表明粒子密度差如何通过菲克定律导致粒子流(式 4.19)。

将纯水从冰点到沸点的温度差分成 100 份,并将冰点定义为"零",这就是摄氏温标。使用相同的步长,但是从绝对零度开始计数,就得到开尔文温标(或称绝对温标)。水的冰点为绝对零度以上 273 度,记为 273 K。我们经常用一个示意性的值 $T_r = 295$ K 来估算结果,并称之为"室温"。

温度是一个微妙的新概念，不直接起源于任何你学过的经典力学概念。事实上，对一个足够简单的系统，类似于月亮围绕地球转，温度概念是没有意义的。因为系统任一时刻都处于一个特定的态，所以不需要统计描述。反之，对一个复杂系统，熵 S，进而温度 T，涉及了所有可达的微观态。温度是复杂系统的一个定量的新性质，它并不能明显地体现在碰撞的微观规律中。这样的性质被称为"涌现性"（见 1.2.3 小节）。

 6.3.2′ 小节给出了温度和熵的更多细节。

§6.4　热力学第二定律

6.4.1　约束去除时熵自发增加

我们可以这样解释热力学第零**定律**，系统从一个更有序的初始状态（熵没有达到最大；能量以 $T_A \neq T_B$ 的方式分配）开始，最终会达到更无序的状态（熵增加，直到温度相等）。

事实上，远在人类知道分子的大小，甚至还不敢肯定分子是否真实存在之前，已经知道如何测量温度和能量。19 世纪中叶，克劳修斯和开尔文揭示出，处于热平衡的系统具有一个由式 6.9 定义的基本性质 S，该物理量遵守一个普适规律，即现在所称的热力学第二**定律**：*

> 对处于平衡态的孤立宏观系统，任何时候去除系统的一个内
>
> 部约束都会使其最终达到新的平衡态，而熵永不减少。　　　(6.11)

从物理学的发展史来看，这个观点颇具神秘感。在相当长的一段时间内，人们曾一直对熵的含义感到困惑，直到玻尔兹曼解释道，当对系统的状态只有有限的、模糊的认识时，熵恰好反映了一个宏观平衡系统的无序性。第二**定律**指出，经过足够长的时间重新达到平衡以后，系统处于每个新的可能微观态和处于原有微观态的概率相同，因此无序性将会增加，熵不守恒。

特别要注意孤立的含义，即周围环境不对系统做功，系统也不对环境做功。下面是一个例子。

例题：假设有一个绝热气体箱，箱子中间有一个隔板，N 个粒子在左侧，右侧没有粒子（图 6.3）。两边的体积均为 V。某时刻，一个定时器突然打开隔板，气体重新分布。熵将如何变化？

解答：气体没有推动任何物体运动，因此不做功。气体箱子是绝热的，没有热能进入或离开，因此气体分子不损失动能。在式 6.6 中，只有因子 V^N 变化了，熵的

---

* 热力学第一**定律**就是能量守恒**定律**，其中能量也包括热量(1.1.2 小节)。

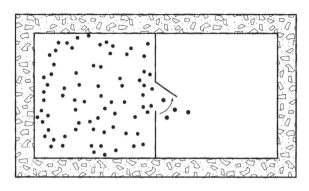

图 6.3(示意图) 气体向真空膨胀。

改变为：

$$\Delta S = k_{\mathrm{B}}\big[\ln(2V)^N - \ln(V)^N\big] = Nk_{\mathrm{B}}\ln 2。 \qquad (6.12)$$

结果总是正值。

气体膨胀后无序性相应增加，ΔI 等于 $(K/k_{\mathrm{B}})\Delta S$，其中 $K = 1/(\ln 2)$。将式 6.12 代入得到 $\Delta I = N$ 比特。这当然是合理的：熵变化以前，我们知道每一个分子在哪一边，变化以后，已经失去了这些信息。如果要将对系统的描述确定到先前的精度，我们需要额外的 N 个二进制数。在第 1 章曾有过类似的情况，那里讨论了最大渗透功(式 1.7)。

这个变化能不能自发逆转？我们能否再次看到所有 N 个分子都出现在左侧？原则上可以，但实际上不行。为了这样一个几乎不可能的事件，我们必须等待几乎不可能实现的时间 *。当突然去除一个约束，熵会自发增加，系统达到一个新的平衡态。气体在不受控的膨胀中丧失了一些有序性；实际上，系统永远也不会自发地复原。为了使系统复原，我们不得不用活塞压缩这些气体。压缩需要对系统做机械功，从而使系统升温。为了使系统回到原初的状态，我们还必须冷却它(移走一些热能)。也就是说，

增加有序性的代价是必须使一些有序能量降级为热，　　(6.13)

这又是一个在第 1 章中已经预示了的结论(见 1.2.2 小节)。

因此，系统趋向平衡态的过程中熵增加。如果我们没能利用逃逸的气体产生动力(如图 6.3 所示)，系统初始有序性就损失掉了，正如将石头扔进泥潭中(1.1.1 小节)。我们丢失了对系统原有的了解。但假如的确需要利用膨胀的气体，为此我们可以改变图 6.3 中的装置，让气体在膨胀中做功。

仍然考虑孤立系统，但是这次采用一个可以滑动的活塞[如图 6.4(a)]。左边

---

* 可能性有多小？大气压强下和室温条件下，1 mol 气体分子占据 24 L 体积。如果 $V = 1$ L，观察到所有气体分子都在一侧的概率为 $\left(\frac{1}{2}V/V\right)^{N_{\mathrm{mole}}V/24\mathrm{L}} \approx 10^{-7\,470\,000\,000\,000\,000\,000\,000}$。

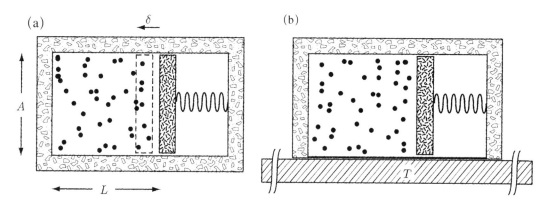

图 6.4(示意图) 用弹簧压缩气体。(a) 绝热系统。向左为 δ 增加的方向。(b) 子系统与温度为 T 的热源接触。(b)中气体箱底部的壁是导热的,其他壁绝热。两图中右侧(弹簧一侧)腔室都没有气体,只有弹簧抵抗左侧气体的压力。

的汽缸中有 N 个气体分子,初始温度为 T。右侧只有一个金属弹簧。当活塞的位置为 L,弹簧产生一个向左的力 f。假设开始时将活塞限定在一个确定位置 $x = L$ 处,并让左侧的气体达到平衡。

例题:
(a) 首先放开对活塞的限制,让它自由移动到近邻的位置 $L-\delta$,然后将活塞固定,再次让系统达到平衡。这里 δ 远小于 L。计算新状态与原先状态熵的变化。
(b) 假设去除对活塞的限制,让其自由运动。活塞的位置会作热漂移,但有一个确定的、最可能的位置 L_{eq}。试求出这个位置。

解答:
(a) 假设 δ 是小的正数,如图 6.4(a)所示。气体分子初始总动能为 $E_{kin} = \frac{3}{2} k_B T$。

系统的总能量 E_{tot} 等于 E_{kin} 与弹簧所储存的势能 E_{spring} 的总和(根据理想气体的定义,分子的势能可以忽略,见 3.2.1 小节)。系统是孤立的,所以 E_{tot} 不改变。弹簧势能减少 $f\delta$,转化成了气体分子动能 E_{kin} 的增量,进而使气体的温度和熵有微量的增加。同时,体积的减少($\Delta V = - A\delta$)导致熵减少。

我们希望利用 Sakur-Tetrode 公式(式 6.6)计算气体熵的改变。注意到 $\Delta \ln V = (\Delta V)/V$,类似地 $\Delta \ln E_{kin} = (\Delta E_{kin})/E_{kin}$。利用这些等式得到净熵的改变为

$$\Delta S/k_B = \Delta(\ln E_{kin}^{3N/2} + \ln V^N) = \frac{3}{2} \frac{N}{E_{kin}} \Delta E_{kin} + \frac{N}{V} \Delta V。$$

用 $\frac{3}{2} k_B T$ 替换第一项中的 E_{kin}/N。利用 $\Delta E_{kin} = f\delta$ 和 $\Delta V = - (\delta/L)V$,得到 $\Delta S/k_B = [(3/2)f(3k_B T/2)^{-1} - N/L]\delta$, 或者

$$\Delta S = \frac{1}{T}\left(f - \frac{Nk_B T}{L}\right)\delta。$$

(b) 按照统计假说，每个微观态等概率出现。但是正如 6.3.1 小节所述，当 L 接近使熵最大的值 L_{eq} 时，系统有更多的微观态数（回忆图 6.2）。为了找到 L_{eq}，令前面公式中 $\Delta S = 0$，因此得到 $f_{eq} = Nk_B T_{eq}/L_{eq}$，即 $L_{eq} = Nk_B T_{eq}/f_{eq}$。

力除以活塞的面积得到平衡压强 $p_{eq} = f_{eq}/A = Nk_B T_{eq}/(AL_{eq}) = Nk_B T_{eq}/V_{eq}$。这恰好就是理想气体定律，但这次是第二**定律**的结果：如果 N 很大，活塞会以压倒性的概率处于使孤立系统熵最大的位置。我们可以将这个状态描述为，弹簧压缩所产生机械力恰好与理想气体的压力平衡。

6.4.2　三条注释

继续讨论之前，有必要先给出一些关于统计假说（要点 6.4）的注释和忠告：

(1) 熵的单向增加意味着物理过程具有内禀<u>不可逆性</u>。不可逆源于何处呢？毕竟，每次分子碰撞都是可逆的。不可逆并不起源于微观碰撞方程，而可能起源于<u>初始状态的高度特异性</u>。隔板打开后的瞬间，巨大数量的新的可能微观态突然出现了，原来的可能微观态突然变成当前可能微观态的极小一部分。不存在类似的、无需做功的方式能突然<u>阻止</u>这些新微观态的出现。例如，在图 6.3 中，一旦将气体分子放出，如果想使分子回到左侧，我们不得不做功将它们推回去。（原则上，也可以等待统计涨落使所有的气体分子自发回到左侧，但我们已经看到这需要等待极长的时间。）

麦克斯韦自己曾想象过一个小"妖"，当看到分子从左侧跑向右侧时关闭气门，而看到分子从右侧跑向左侧时打开气门。但这也不管用。进一步的仔细考察表明，任何物理上可实现的这类麦克斯韦妖都需要外部的能量供应（和一个热源）。

(2) 理想气体的熵表达式，也就是式 6.6，也可以等效地应用于溶剂中有 N 个溶质分子的稀溶液。例如，式 6.12 可以给出等体积的纯水与稀糖溶液混合过程的混合熵。第 7 章将再次讨论这个主题，并将其应用于渗透流。

(3) 统计假说宣称一个<u>孤立宏观系统</u>的熵永不减少。但这并不适用于描述某些分子个体，因为它们既不是孤立的（与邻近的分子存在能量交换），也不是宏观态。当然，某些分子个体确实能够涨落到某些特殊的态。例如，我们知道房间中一个指定的气体分子经常可以具有三倍于平均值的能量，因为当 $E = 3 \times \frac{3}{2} k_B T_r$ 时，速度分布的指数因子（式 3.25）并不是特别小。

 6.4.2′ 小节粗略讨论了为什么熵应该增加。

§6.5 开放系统

6.4.2 小节中第(3)条注释的重要性在下面的内容中将体现出来。初看起来，这条注释令人气馁：如果单个分子并不总是趋向于更大无序，那么研究分子个体时，怎样才能表述第二定律呢？这一节将会回答这个问题，找到适用于小系统的热力学第二定律的形式。我们将称小系统为 a，它与大系统 B 有热接触。我们称其为开放热力学系统，以强调与封闭热力学系统（也就是孤立）的区别。目前，依然假设系统是宏观的。§6.6 将会把结果推广到微观的甚至单分子的子系统。（第 8 章将进一步将其推广到系统之间可自由交换分子和能量的情形。）

6.5.1 子系统的自由能反映了熵和能量的竞争

等容情况 让我们回到"气体＋活塞"的系统［图 6.4(b)］。将包括气体和弹簧的子系统称为 a。如图所示，a 可以产生内部运动，但从外部看起来总体积不变。对比于气体膨胀的例题，我们这次假设 a 不再是绝热的，而是放置在一个巨大的温度为 T 的钢块上［图 6.4(b)］。钢块（系统 B）如此巨大，以至于其温度不受小系统变化的影响，因而可称为热库。组合系统 a＋B 与外界之间依然是隔离的。

因此，当放开限制让活塞自由运动并让系统再次达到平衡，与气体膨胀例题中的情况一样，气缸中的气体温度不上升，根据热力学第零**定律**，它仍保持为固定温度 T。即使弹簧所有的势能都暂时转变为气体分子的动能，这些能量最终都将耗散到热库中。因此，E_{kin} 固定为 $\frac{3}{2}Nk_BT$，而总能量 $E_a = E_{kin} + E_{spring}$ 在弹簧伸长的过程中下降。

回顾熵的代数表达式，得到系统 a 的熵变化为 $\Delta S_a = -\dfrac{Nk_B}{L}\delta$。要求这个表达式的结果为正数，意味着活塞总是向右移动，但这是荒谬的。如果弹簧在单位面积上施加的力大于气压，活塞肯定向<u>左</u>移动，从而减小系统 a 的熵。看来什么地方出错了。

实际上，我们在 1.2.2 小节关于逆渗流的讨论中已经遇到过类似的问题。关键在于，至今我们仅仅关注了<u>子</u>系统的熵，而必然增加的量却是<u>整个</u>系统的熵。我们可以从系统 B 的温度和式 6.9 得到熵的变化为 $T(\Delta S_B) = \Delta E_B = -\Delta E_a$。因此，在任何自发变化过程中必须为正的不是 $T(\Delta S_a)$ 而是 $T(\Delta S_{tot}) = -\Delta E_a + T(\Delta S_a)$。重新表述这个结果，我们发现为了处理非孤立系统，第二**定律**有一个简单的推广：

> 如果让小系统 a 与平衡温度为 T 的大系统 B 热接触，B 将始终处于同一温度的平衡态（a 太小，不足以影响它），但系统 a 将达到一个新的平衡，使量 $F_a \equiv E_a - TS_a$ 最小。　　　　(6.14)

因此，一旦自由能达到最小值，活塞就会找到它的平衡位置，进而不会再出现在能够做功的位置上。这个最小值就是在 L 的少量变化下 F_a 的稳定点，或 $\Delta F_a = 0$ 成立。

要点 6.14 中出现的 F_a 称为系统 a 的亥姆霍兹自由能。要点 6.14 解释了名称"自由"能的含义：当 F_a 为最小值时，a 达到平衡，不会再发生任何变化。即使平均能量 E_a 不是零，a 也不能再做任何有用功。在这一点上，系统不能驱向使 F_a 更小的任何态，也不能利用这个过程做任何有用的工作。

自由能没有达到最小值的系统还可以做机械功或者其他有用功。第 1 章讨论了有用的能量是总能量减去无序性的某种量度，上述简洁的原则就是对应于这个预期的精确形式。事实上，要点 6.14 确立了式 1.4 和要点 1.5。

思考题 6C

将要点 6.14 应用到图 6.4(b) 中的系统，求出活塞的平衡位置，并解释你的答案。

使用自由能这个概念的好处在于它将我们的注意力集中在感兴趣的子系统上。周围的系统 B 只通过一个数，即温度 T，以一般的、隐含的方式进入讨论。

等压情况 a 可以通过另一种方式与环境相互作用，即体积膨胀并由 B 作出补偿。考察这种可能性需要将第二定律表述成仅与系统 a 相关的形式。

假如两个子系统的体积分别为 V_a 和 V_B，总体积限定为定值：$V_a + V_B = V_{tot}$。首先，我们仍然利用式 6.9 定义温度，但指定对固定的体积求导数。然后，类似于式 6.9 定义压强。对一个封闭系统压强为

$$p = T \frac{dS}{dV}\bigg|_E, \tag{6.15}$$

下标表示对固定的 E 求导数。（在本章中，N 也是固定的。）

思考题 6D

式中的因子 T 看起来可能有些古怪，但这是有道理的。试说明式 6.15 的量纲是正确的。然后利用 Sakur-Tetrode 公式（式 6.6）说明式 6.15 的确能给出理想气体的压强。

假设系统 B 的压强为 p。因为 B 非常大，其压强在 a 增大或收缩的过程中不变。类比于要点 6.14 的讨论，我们可以改述第二定律：如果让小系统 a 与大系统 B 进行热和机械接触，那么 B 会保持在温度 T 与压强 p 的平衡态，而 a 将达到一个新的平衡态，使下式取得最小值

$$G_a \equiv E_a + pV_a - TS_a。 \quad \text{吉布斯自由能} \tag{6.16}$$

正如 T 量度从 B 中获得能量的能力，我们可以认为 p 量度了 B 在何种程度上不愿将体积放弃给 a。

量 $H_a \equiv E_a + pV_a$ 称为 a 的焓。其中的第二项很容易解释，如果 a 的改变导致其膨胀并由 B 作出补偿，那么 a 必须做一些机械功将大系统推开以便为这个改变腾出空间，这个功的大小就是 $p(\Delta V_a)$，它部分地抵消了对系统 a 有利的（负的）ΔE_a。

在化学家经常研究的反应中，反应物进入或者离开气相使得 ΔV 非常大，所以 F 与 G 的区别是非常显著的。但是，在下面的章节中，我们无需担心这个差别。我们将使用简化的术语"自由能"，而不指明是哪一种。（类似地，将不仔细区分能量与焓。）我们所感兴趣的反应发生在水溶液中，每步反应的体积变化不大（见习题 8.4）。因此，F 与 G 的差别几乎是一个常量，而这个差别在初末状态的比较中会被消除。第 8 章将按惯例使用符号 ΔG 表示单步化学反应中自由能的变化。

6.5.2　熵力可以表达为自由能的导数

当有外部机械力作用于系统时，系统也是开放的。例如，除去图 6.4(b) 中的弹簧，替换为一根从绝热层伸出的杆，并用力 f_{ext} 推这根杆。那么子系统 a 的自由能是一个常量（包括 E_{kin}）减去 TS_a。去掉这个常量，得到 $F_a = -Nk_BT\ln V = -Nk_BT\ln(LA)$。

平衡条件并不简单地是 $\mathrm{d}F_a/\mathrm{d}L = 0$，因为这个条件只对 $L = \infty$ 时成立。不过，只要重排思考题 6C 中的结果，则容易找到正确的条件。这个系统与图 6.4(b) 中的系统具有相同的平衡，施加的力来自外部还是内部无关紧要。因此，当系统平衡时，

$$f_a = -\frac{\mathrm{d}F_a}{\mathrm{d}L}。 \qquad \text{熵力，作为 } F \text{ 的导数} \qquad (6.17)$$

在此公式中，$f_a = -f_{ext}$ 就是子系统 a 在 L 增加的方向上施加给外部世界的力。我们已经知道子系统趋向于降低其自由能，式 6.17 恰好精确给出了子系统对外界推力的大小。我们有意将式 6.17 写成这种形式，以强调与对应的普通力学公式 $f = -\mathrm{d}U/\mathrm{d}L$ 的相似性。

现在可求出子系统克服负载所能做的功。虽然膨胀需要反抗外部的负载，只要受抵抗的外力小于式 6.17 的值，子系统仍自发膨胀。为了得到最大可能的功，需要不断调整系统所负荷的力直至略小于系统对外所能施加的最大力。将式 6.17 对 L 积分，得到要点 6.14 的精确形式：

如果子系统所处状态的自由能大于最小值，那么它可以对外
部负载做功，从中可能获取的最大功为 $F_a - F_{a,\,min}$。 　(6.18)

Gilbert 说：顺便问问，功来自何处？T 并没有变化，气体分子的内能也没有改变呀。

Sullivan：的确如此，汽缸从热库（系统 B）中汲取能量并将其转变为机械功。

Gilbert：这不违反第二**定律**吗？

Sullivan：不，在气体膨胀的同时系统牺牲了一些<u>有序性</u>。膨胀后，我们对气体分子位置的了解程度不再像以前那样精确。正如第 1 章中所预示的（见 1.2.2 小节），某种东西——有序度——的确被消耗了。自由能的概念将这个直觉精确化了。

简而言之，

将热能升级为机械能的代价是必须损失有序性。　　　　(6.19)

这个陈述恰好就是要点 6.13 的逆命题。

6.5.3　在小的受控步骤中自由能转换效率更高

要点 6.18 给出了从一个与热库接触的小系统所能获取的最大功。为了获得这个最大功，必须不断调整负荷直到使其略小于系统所能施加的最大力，而这个过程一般是不现实的。有鉴于此，有必要首先考察当负载固定为零（自由膨胀，图 6.3）与最大值之间的某个中间值时将会发生什么事。因为大多数熟悉的热机都是持续重复同一循环过程，此处我们也构想这样一个热机，看它如何与我们的整个想法一致。

令子系统 a 为一个汽缸，其一端有一个面积为 A 的活塞，上面负载重物 w_1 和 w_2。初始时刻，汽缸平衡的压强为单位面积上的力 $p_i = (w_1 + w_2)/A$（图 6.5）。（为了简化，假设外部没有空气，活塞自身的重量为零。）汽缸与温度固定为 T 的热库 B 接触。突然从活塞上移走重物 w_2（让其从边缘滑开，这个过程中不需要任何功）。活塞从其初始高度 L_i 跳起到最终高度 L_f，高度从底部量起。压强减小为 $p_f = w_1/A$。

例题：求出气体自由能的变化 ΔF_a，并与提起重物 w_1 的机械功比较。

解答：最终温度与初始温度相同，所以气体动能 $E_{kin} = \frac{3}{2}Nk_B T$ 在这个过程中没有改变。外部世界的压力已假设为零，所以自由能改变是 $-TS_a$。Sakur-Tetrode 公式给出这个改变为

$$\Delta F_a = -Nk_B T \ln \frac{L_f}{L_i}。$$

理想气体定律给出末态压强满足 $p_f L_f = Nk_B T/A$，其中 $p_f = w_1/A$。令 $X = (L_f - L_i)/L_f$，则 X 处于 0 和 1 之间。举起重物 w_1 的机械功为 $w_1(L_f - L_i) = Nk_B TX$，而自由能的改变为 $|\Delta F| = -Nk_B T\ln(1-X)$。当 X 处于 0 和 1 之间时，$X < -\ln(1-X)$，所以功小于自由能改变。

让重物 w_1 从活塞上滑开并坠落到它的初始位置 L_i，释放的机械能可以用来磨咖啡豆或做别的什么事。这样，将 w_1 举起的机械功就被用来做了有用功。正如要点 6.18 所预测的，绝不可能从子系统中得到比 $|\Delta F_a|$ 更多的有用机械功。

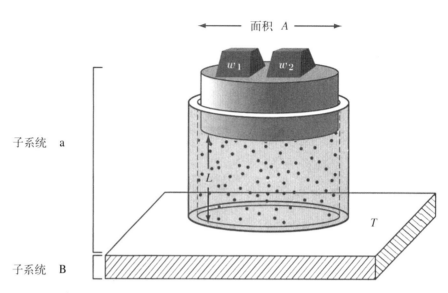

图 6.5(示意图) 通过举起重物获得机械功。在移走重物 w_2 后，活塞上升，举起重物 w_1。大热库（子系统 B）使汽缸处于恒定温度 T。

如何对这个过程进行优化，即如何将所有的过剩自由能提取为功？注意，做功与 $|\Delta F_a|$ 的比为 $-X/[\ln(1-X)]$。对非常小的 X，也就是小 w_2，此表达式取得最大值。也就是说，当我们逐步以微小的、受控的方式——准静态过程——去除约束时，能够获得最高效率。

让汽缸与具有更低温度 T' 的另一热库接触，可以使它回到初始状态。气体冷却收缩直到活塞回到位置 L_i。现在，我们把两个重物都放回活塞上，再让汽缸与初始的高温热库（处于 T）接触。然后，按上面所述的整个流程无限循环下去。

于是，我们就发明了一个循环热机。每次循环将一些热能转变为机械能，同时也消耗了整个世界的有序性，将一些热能从高温热库转移到了低温热库，最终趋向于使它们相等。图 6.6 对这些阐述给出了总结。

这是很有趣的，但是……生物马达不是理想气体的汽缸，也不由温度梯度所驱动。电力公司的生产车间一端有一个燃烧室，另一端有一个冷却塔，而你的身体并

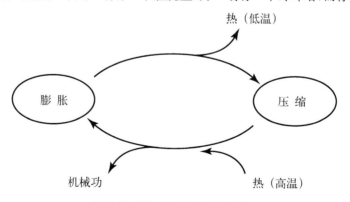

图 6.6(图解) 热机的工作循环图。

非如此。所以第 10 章将从热机转向化学能驱动的马达。尽管如此,我们的努力并没有白费。从这一小节中获得的教益是基于热力学第二**定律**的,所以相当普适:

自由能转换最低效的过程是不加控制地解除一个大约束。

最高效的过程是逐步受控地释放很多小约束。　　　　　　　(6.20)

> **思考题**
> **6E**
>
> 为什么你的身体里充满了分子尺度的以细微步骤运转的马达? 为什么说电力公司仅仅成功地捕获了储存在煤炭里的三分之一的能量,而其他部分以热的形式浪费掉了?

6.5.4　作为热机的生物圈

温度的抽象定义(式 6.9)提供了一条途径来澄清第 1 章提到的“能量品质”的概念。再次考虑一个包含两个子系统的绝热系统(图 6.1)。假设有一个近平衡的大系统 A,将能量 ΔE 传输给系统 B,而 B 不一定要处于平衡态。A 的熵将降低 $\Delta S_A = -\Delta E/T_A$。按照热力学第一**定律**,这个传输使 B 的能量增加 ΔE。按照热力学第二**定律**,因为 $\Delta S_A + \Delta S_B \geqslant 0$,这也一定会导致 B 有一个至少为 $|\Delta S_A|$ 的熵增。

为了使 B 在每单位熵增时获得最大可能的能量,$\Delta E/\Delta S_B$ 必须很大。我们刚刚讨论过这个量不可能超过 $\Delta E/|\Delta S_A|$。因为最后的表达式等于 T_A,这一要求就意味着 T_A 必须很大,因此高品质能量来自高温物体。

更精确地讲,不是温度,而是热机所跨越的温度倒数的**差**决定了热机的最大可能效率。在 6.5.3 小节热机的例子及随后的内容中可以看到这一点。我们从这个系统中获得功的策略是假设第一个热库比第二个更热,也就是 $T > T'$。让我们看看为什么这个假设是必需的。

热机在膨胀行程中做功 W(图 6.6 中向左的箭头)。它在一个完整的循环后没有改变。但在压缩步骤中将一定量的热量 Q 释放到低温热库中,进而使外部世界的熵至少增加 Q/T'。下一步中热机温度升回到 T,一部分熵增得到补偿:在这个过程中,有 $Q+W$ 的热量流出高温热库,因此降低了外部世界的熵 $(Q+W)/T$。因此,整个世界的熵的净改变为

$$\Delta S_{\text{tot}} = Q\left(\frac{1}{T'} - \frac{1}{T}\right) - \frac{W}{T}。 \tag{6.21}$$

因为这个量必须是正的,所以只有当 $T' < T$,我们才可以获得有用的功(也就是,$W > 0$)。换句话说,驱动马达的是温度差。

理想热机可以将所有输入的热能转变为功而**不**排出热。初看起来这是不可能的:令式 6.21 中 $Q=0$,似乎会使整个世界的熵降低! 但更仔细的考察给出另一个选择。如果第二个热库接近绝对零度,即 $T'\approx0$,我们就可以得到准理想效率,使 $Q\approx0$ 而不违反第二**定律**。更普遍地,大温差,即大的 T/T' 比值,导致高热机效率。

现在我们可以把从热机得到的直觉用来考察生物圈。太阳表面由大量近平衡的氢原子组成,温度约为 5 600 K。它不是理想平衡的,因为太阳在向太空中泄

漏能量。但是，泄漏的速率尽管大得不可思议，与总量相比还是很小。因此我们把太阳当作一个近封闭的热系统，它通过一个狭窄的通道与宇宙的其他部分连接，类似于图 6.1 中的系统 A。

细胞中的单个叶绿体可以视为占据太阳能输出通道的一个微小部分，并连接到处于室温的第二个系统 B（叶绿体所在植物的其他部分）。前面的讨论提示，叶绿体可视为一个能够利用 5 600 K 与 295 K 间的大温差因而能从入射太阳光中获取能量的机器。但是，叶绿体不做机械功，而是从低能的前体分子制造高能分子 ATP（第 2 章）。叶绿体如何捕获能量的细节涉及量子力学，超越了本书的范围。但是，基本的热力学讨论告诉我们的确存在这种可能性。

§6.6 微观系统

至此，大部分讨论都是与熟知的宏观系统相关。这样的系统具有令人愉快的性质，它们的统计特征被隐藏了：统计涨落很小（图 6.2），所以它们整体行为表现为确定性的。但凡说某个确定的宏观态与其他宏观态相比具有"压倒性的概率"，其实就是这个含义，例如对热力学第零定律的讨论（6.3.2 小节）。

正如曾经提到的，我们也希望了解单分子的行为。这个任务并不像看起来那样没有希望。我们正开始熟悉这种情况，其中独立个体的行为都是随机的，但统计上却能显现清晰的模式。我们要做的就是更新思想，不再着眼于"确定态"，而是代之以确定的"态的概率分布"。

6.6.1 由统计假说可得到玻尔兹曼分布

玻尔兹曼分布 要得到简单的结果，关键是认识到任何分子（如细胞中的分子马达）都与一个宏观热库（你身体的其他部分）接触。因此，我们要研究如图 6.7 所示的一般情况。图中显示一个子系统与一个温度为 T 的热库接触。尽管 a 与 B 的能量涨落等量反号，对于 B 可以忽略，但对于 a 却是显著的。我们要寻找子系统 a 各种可能状态的概率分布。

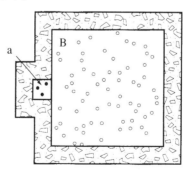

图 6.7(示意图) 小系统 a 与大系统 B 热接触。子系统 a 可能是微观的，但 B 是宏观的。总系统 a+B 与外部世界存在热隔绝。

系统 B 的可达状态数与能量的关系为(式 6.5) $\Omega_B(E_B) = e^{S_B(E_B)/k_B}$。而能量 E_B 根据能量守恒依赖于 a 的状态：$E_B = E_{tot} - E_a$。因此，a 处于某个特定态，而 B 处于任一可能态的联合微观态数依赖于 E_a，等于 $\Omega_B(E_{tot} - E_a)$。

按照统计假说，联合系统所有可达微观态具有相同的出现概率，记为 P_0。这个附加规则意味着无论 B 处于哪个态，a 处于某个特定态的概率等于 $\Omega_B(E_{tot} - E_a)P_0$，换句话说，等于一个常数乘以 $e^{S_B(E_{tot}-E_a)/k_B}$。注意到 E_a 远小于 E_{tot}(因为 a 很小)，我们可以简化这个结果，对指数作级数展开

$$S_B(E_B) = S_B(E_{tot} - E_a) = S_B(E_{tot}) - E_a \frac{dS_B}{dE_B} + \cdots 。 \qquad (6.22)$$

省略号表示小量 E_a 的高阶项，可以忽略。使用温度的基本定义(式 6.9)，则观察到 a 处于某个特定态的概率为 $e^{S_B(E_{tot})/k_B} e^{-(E_a/T)/k_B} P_0$，或者

> 能量为 E_a 的小系统处于某个态的概率为一个归一化常数乘
> 以 $e^{-E_a/k_B T}$，其中 T 为环境大系统的温度，k_B 为玻尔兹曼常量。

$$(6.23)$$

这就是玻尔兹曼分布，实现了第 3 章中的设想(见 3.2.3 小节)。

要点 6.23 广泛适用的原因是它几乎不依赖于周围大系统的性质，系统 B 仅仅通过一个数进入讨论，即它的温度 T。我们可以把 T 看作"能量可获得性(从系统 B 中)"的量度：若这个值很大，系统 a 就更可能处于高能态，因为随 E_a 增加，$e^{-E_a/k_B T}$ 减小得更慢。

二态系统　下面是一个直接的例子。假设小系统只有两个可能态，S_1 与 S_2，它们的能量差为 $\Delta E = E_2 - E_1$。处于这些态的概率必须同时满足 $P_1 + P_2 = 1$ 和

$$\frac{P_1}{P_2} = \frac{e^{-E_1/k_B T}}{e^{-(E_1+\Delta E)/k_B T}} = e^{\Delta E/k_B T}。 \quad (简单二态系统) \qquad (6.24)$$

求解得到

$$P_1 = \frac{1}{1 + e^{-\Delta E/k_B T}}, \quad P_2 = \frac{1}{1 + e^{\Delta E/k_B T}}。 \qquad (6.25)$$

它的意义是：当高能态 S_2 的能量很大(ΔE 很大)时，系统几乎不能被激发，几乎总是处于低能态 S_1。多大才算"很大"？这依赖于温度。在足够高的温度，ΔE 可以忽略，而 $P_1 \approx P_2 \approx \frac{1}{2}$。但当温度低于 $\Delta E/k_B$ 时，分布(式 6.25)更倾向于 S_1 态。

再举一个更复杂的例子：

> 假设 a 是一个用弹簧连接在一固定点上的小球，只能做一维运动。球的微观态用它的位置 x 与速度 v 描述。它的总能量为 $E_a(x, v) = \frac{1}{2}(mv^2 + kx^2)$，其中 k 为弹簧常量。

思考题 6F

图 6.8(类比)　野牛的跳跃。(漫画由 Larry Gnoick 绘制。)

（a）利用玻尔兹曼分布，求出 $\langle E_a \rangle$ 作为温度的函数。（提示：使用式
3.7 和式 3.14。）
（b）试求出三维情况下的相应结果。

这个答案有一个名字，就是<u>能均分</u>。这个名字提示我们能量平均分配到所有
可能的方式上，动能与势能都参与分配。

 6.6.1′小节将建立能均分与量子力学的一些联系。

6.6.2　玻尔兹曼分布的动力学解释

想象你把一群野牛轰赶到了悬崖前。它们在那里低吼，冲撞，推挤。在峭壁
前有一个小丘(图 6.8)。这个障碍圈住了野牛，尽管不时有野牛落下悬崖。

如果悬崖有十米高，肯定不会有野牛再跳上来。但如果只有半米高，它
们偶然会跳回来，尽管不如跳下去那样容易。在第二种情况中，我们最终会
得到野牛的平衡分布，一些在上面，另一些在下面。让我们精确表述这个
思想。

令 $\Delta E_{1 \to 2}$ 是这两个状态重力势能的差，简写为 ΔE。关键要认识到热平衡不是
一个静态，而是一种反向流正好抵消正向流的情况[*]。为了计算流速，注意在越过

---

[*]　与前面对能斯特关系(4.6.3 小节)或沉降平衡(§5.1)的讨论进行比较。

悬崖下落时,存在一个活化势垒 $\Delta E^{\ddagger}$,也就是一头野牛越过障碍时的重力势能改变。在相反方向上,相应的能量为 $\Delta E^{\ddagger}+\Delta E$,体现了总高度为小丘的高度加上悬崖自身的高度。

分子的情况与野牛一样。而且,从 3.2.4 小节我们还知道速率如何依赖于势垒。想象有一群分子,其中每一个都可以在两个构象间自发转换(异构化)。我们将这些态称为 S_1 和 S_2,并将这个情况简记为

$$S_2 \underset{k_-}{\overset{k_+}{\rightleftharpoons}} S_1 。 \tag{6.26}$$

公式中的符号 k_+ 与 k_- 分别称为正向与反向速率常量,定义如下。

初始有 N_2 个分子处于高能态 S_2,N_1 个分子处于低能态 S_1。在时间间隔 $\mathrm{d}t$ 内,S_2 态中任意给定分子转变到 S_1 态的概率与 $\mathrm{d}t$ 成正比,记这个概率为 $k_+\mathrm{d}t$。3.2.4 小节给出单位时间的转变概率 k_+ 是一个常数 C 乘以 $\mathrm{e}^{-\Delta E^{\ddagger}/k_\mathrm{B}T}$,所以每单位时间的平均转变数为 $N_2 k_+ = CN_2 \mathrm{e}^{-\Delta E^{\ddagger}/k_\mathrm{B}T}$。常数 C 粗略反映了每个分子与近邻分子碰撞的频度。

类似地,可得到相反方向的平均转变数为 $N_1 k_- = CN_1 \mathrm{e}^{-(\Delta E^{\ddagger}+\Delta E)/k_\mathrm{B}T}$。令这两个速率相等(没有净转变),给出平衡分布为

$$N_{2,\mathrm{eq}}/N_{1,\mathrm{eq}} = \mathrm{e}^{-\Delta E/k_\mathrm{B}T} 。 \tag{6.27}$$

恰好就是 6.6.1 小节中已得到的 P_2/P_1(式 6.24)。因为两种异构体都处于同一个试管中,遍布于相同空间,所以我们还可以说,它们的数密度的比 c_2/c_1 也可以由相同公式给出。

简要回顾一下。我们从分子在两态间跃迁的动力学开始,在一个特殊的平衡态的例子中发现了态的相对占有率恰好就是玻尔兹曼分布所预测的。这个结论类似于 4.6.3 小节结尾处的讨论,在那里我们看到趋向于平衡的扩散最终导致浓度分布满足玻尔兹曼分布。这些公式都是一致的。

从这个动力学分析中我们能够获得可检验的预言。如果观察一个两态单分子的态转变,可以看到它以速率常量 k_+ 与 k_- 在两个态间跃迁。此外,如果我们预先知道 ΔE 如何依赖于外加条件,则可以预测 $k_+/k_- = \mathrm{e}^{\Delta E/k_\mathrm{B}T}$。§6.7 将描述如何直接在实验室中验证这个预言。

注意平衡分布的一个重要性质:式 6.27 并不包含 $\Delta E^{\ddagger}$,而只与两态间的能量差 ΔE 相关。如果 $\Delta E^{\ddagger}$ 很大,要花很长时间才能达到平衡。但是,一旦系统达到平衡,势垒的高度就无关紧要了。这个结果与 4.6.3 小节结尾处的讨论类似,扩散常量 D 并不出现在能斯特关系(式 4.26)中。

假设开始时两态分子处于非平衡分布。高能态的分子数 $N_2(t)$ 将随时间改变,净速率由刚得到的前、后向速率的差给出。相同的讨论也适用于低能态分子的数目 $N_1(t)$:

$$\dot{N}_2 \equiv dN_2/dt = -k_+ N_2(t) + k_- N_1(t)$$

$$\dot{N}_1 \equiv dN_1/dt = k_+ N_2(t) - k_- N_1(t)$$

(6.28)

从式 6.26 到式 6.28 的步骤虽然简单，但也很重要，所以应该暂停一下，对此作一小结：

为从反应图得到速率方程，必须

* 检查反应图。图中每个节点（态）对应着一个描述该态分子数变化的微分方程。

* 对每个节点，找到所有与其相连的连线（箭头）。处于这个态的分子数对时间的微分为 $\dot{N}$，每个指向这个节点的箭头为其贡献一个正项，每个离开这个节点的箭头为其贡献一个负项。(6.29)

回到式 6.28，注意到总分子数是固定的，即 $N_1 + N_2 = N_{tot}$。所以，将 $N_2(t)$ 替换为 $N_{tot} - N_1(t)$，可以对任何时刻的 $N_2(t)$ 进行估算。当进行估算时，我们看到两个方程中有一个是多余的。实际上，任何一个都能给出：

$$\dot{N}_1 = k_+ (N_{tot} - N_1) - k_- N_1。$$

在浓度衰减的例题中，我们已经熟悉了这个方程。令 $N_{1,\,eq}$ 为平衡态中低能态的分布。因为平衡意味着 $\dot{N}_1 = 0$，可得 $N_{1,\,eq} = k_+ N_{tot}/(k_+ + k_-)$。令 $x(t) \equiv N_1(t) - N_{1,\,eq}$ 为分子数对其平衡值的偏离，则

$$\dot{x} = k_+ (N_{tot}) - (k_+ + k_-)\Big(x + \frac{k_+}{k_+ + k_-} N_{tot}\Big) = -(k_+ + k_-)x。$$

所以，$x(t) = x(0)e^{-(k_+ + k_-)t}$，或者

$$N_1(t) - N_{1,\,eq} = \big[N_1(0) - N_{1,\,eq}\big]e^{-(k_+ + k_-)t}。 \quad \text{化学平衡弛豫}$$

(6.30)

换句话说，$N_1(t)$ 按指数规律趋近于平衡值，衰减常数为 $\tau = (k_+ + k_-)^{-1}$。这就是通常所称的从非平衡初始分布向平衡状态的指数"弛豫"。为了得到弛豫速度，对式 6.30 进行微分：任意时刻 t 的速率等于在该时刻分子数对平衡状态值的偏差 $[N_1(t) - N_{1,\,eq}]$ 乘以 $1/\tau$。

根据式 6.26 后面的讨论，

$$1/\tau = k_+ + k_- = Ce^{-\Delta E^{\ddagger}/k_B T}(1 + e^{-\Delta E/k_B T})。$$

因此，与平衡分布不同，反应速率的确依赖于势垒 $\Delta E^{\ddagger}$，这是一个关键的定量依据。事实上，很多重要的生化反应自发进行的速率可以忽略，因为存在很高的活化势垒。第 10 章将讨论细胞如何使用分子机器——酶——在需要的时间和位置推动

反应。

指数弛豫的另一个特征随后将被证明是很有用的。假如关注一个单分子,我们观察到它初始处于态 S_1。最终,分子将跳到态 S_2。现在我们问,它跳回之前会在 S_2 停留多久? 这个问题没有简单的答案。有时候这个驻留时间很短,有时候很长 *。但关于驻留时间的概率分布 $P_{2\to1}(t)$,我们可以得到一些明确的结果。

例题: 求出这个分布。

解答: 首先想象 N_0 个分子的集合,初始时刻全部处于 S_2 态。经过时间 t,还留在这个态的分子数目 $N(t)$ 遵守方程

$$N(t+\mathrm{d}t) = (1-k_+\mathrm{d}t)N(t),\text{其中 } N(0) = N_0。$$

这个方程的解是 $N(t) = N_0\mathrm{e}^{-k_+t}$。利用乘法原理(式 3.15),单个分子滞留在 S_2 态直到时刻 t 并在时间间隔 $\mathrm{d}t$ 内跃迁到 S_1 态的概率是乘积 $[N(t)/N_0]\times(k_+\mathrm{d}t)$。将这个概率记为 $P_{2\to1}(t)\mathrm{d}t$,得到

$$P_{2\to1}(t) = k_+\mathrm{e}^{-k_+t}。 \tag{6.31}$$

注意,这个分布已经归一化了: $\int_0^\infty P_{2\to1}(t)\mathrm{d}t = 1$。

类似地,反向跃迁前的驻留时间的分布为 $P_{1\to2}(t) = k_-\mathrm{e}^{-k_-t}$。

6.6.3　最小自由能原则也适用于微观子系统

在 6.6.1 小节中要求组合系统 a+B 的每个微观态具有相同的概率,或者说整个系统熵最大,从而得到玻尔兹曼分布。尽管随后的讨论与宏观子系统的讨论一样(§6.5),但最好能重新刻画前面的结果,以便能将注意力直接集中于感兴趣的子系统而不必关心热库。对 a 为宏观系统的情况,要点 6.14 通过引入自由能 $F_a = E_a - TS_a$ 达到了这个目的,自由能仅依赖于系统 B 的温度。这一小节将推广这个结果,得出对应于微观子系统 a 的表达式。

对微观系统的情况,a 的能量有很大的相对涨落,所以没有确定的能量 E_a。因此,我们必须首先将 E_a 替换为 a 所有可能态能量的平均值,即 $\langle E_a \rangle = \sum_j P_j E_j$。为了定义熵 S_a,注意玻尔兹曼分布对系统 a 的不同态 j 分配了不同的概率 P_j。因此,我们必须使用香农公式(式 6.3)定义微观子系统的熵。这个代换给出 $S_a = -k_B\sum_j P_j\ln P_j$。宏观自由能公式一个合理的推广是

$$\boxed{F_a = \langle E_a \rangle - TS_a。 \qquad\text{分子尺度子系统的自由能}} \tag{6.32}$$

---

* 一些书使用同义词等待时间(waiting time)而不是驻留时间。

> **思考题 6G**　依照 §6.1 的步骤，证明玻尔兹曼概率分布使式 6.32 中定义的量 F_a 最小。

　　因此，如果子系统的初始概率分布与玻尔兹曼公式不同（例如，刚刚释放一个约束），则不处于平衡态，原则上可以利用它来做有用功。

　　例题：F_a 的最小值是多少？请证明结果恰好是 $-k_B T \ln Z$，其中配分函数 Z 定义为

$$Z = \sum_j \mathrm{e}^{-E_j/k_B T} \text{。} \qquad \text{配分函数} \qquad (6.33)$$

　　解答：利用思考题 6G 中所得到的概率分布来确定自由能的最小值：

$$F_a = \langle E_a \rangle - TS_a$$
$$= \sum_j Z^{-1} \mathrm{e}^{-E_j/k_B T} E_j + k_B T \sum_j Z^{-1} \mathrm{e}^{-E_j/k_B T} \ln(Z^{-1} \mathrm{e}^{-E_j/k_B T})$$
$$= \sum_j Z^{-1} \mathrm{e}^{-E_j/k_B T} E_j + k_B T \sum_j Z^{-1} \mathrm{e}^{-E_j/k_B T} (\ln(\mathrm{e}^{-E_j/k_B T}) - \ln Z) \text{。}$$

第二项等于 $-(\sum_j Z^{-1} \mathrm{e}^{-E_j/k_B T} E_j) - k_B T \ln Z$，所以 $F_a = -k_B T \ln Z$。

　　在前面的公式中，求和遍及所有可达态。如果 M 个可达态的 E_j 值都相同，那么它们对求和的贡献为 $M \mathrm{e}^{-E_j/k_B T}$。（我们称 M 为能量的简并度。）通过配分函数计算自由能的技巧在第 7 章与第 9 章中计算熵力时将非常有用。

> 6.6.3′ 小节将对自由能给出更多的注释。

6.6.4　自由能决定复杂二态系统的能态分布

　　6.6.1 与 6.6.2 小节中讨论的二态系统可能看起来过于简化而不能用于任何真实的系统。的确，生物学家感兴趣的复杂大分子从来不是严格地只有两个相关态！

　　假如子系统 a 自身是一个有很多态的复杂系统，但是这些态可以有效地划分为两类（或者"子态系综"）。例如，这个系统可能是一个大分子，态 S_1，…，S_{N_I} 都是"开放"形态的构象，而态 S_{N_I+1}，…，$S_{N_I+N_{II}}$ 都是"闭合"形态的构象。我们称 N_I 与 N_{II} 为开放与闭合构象的多重度。

　　首先考虑每类中所有态都有相同能量的特殊情况。这种情况下 $P_I/P_{II} =$

$(N_I\,\mathrm{e}^{-E_I/k_BT})/(N_{II}\,\mathrm{e}^{-E_{II}/k_BT})$，因为这两个类的玻尔兹曼因子的权重就是各自的简并度。

更普遍地，处于第 I 类的概率为 $P_I = Z^{-1}\sum_{j=1}^{N_I}\mathrm{e}^{-E_j/k_BT}$，处于第 II 类的概率与之类似，其中 Z 为整体配分函数（式 6.33）。那么概率之比为 $P_I/P_{II} = Z_I/Z_{II}$，其中 Z_I 是对第 I 类的部分配分函数，Z_{II} 同理。

尽管系统处于平衡，因而经历所有可能的态，然而很多系统会在某一类态上停留很长的时间，然后跃迁到另一类态并停留很长时间。在这种情况下，分别对每一类应用自由能的定义（式 6.32）是有意义的。就是说，我们令 $F_{a,I} = \langle E_a\rangle_I - TS_{a,I}$，角标指示这些量只涉及第 I 类。

思考题
6H

对 6.6.3 小节的例题中的自由能公式稍作修正，可得到

$$\frac{P_I}{P_{II}} = \mathrm{e}^{-\Delta F/k_BT}。$$ (6.34)

其中 $\Delta F \equiv F_{a,I} - F_{a,II}$。如果每个类中所有子态能量都相同，这一结果意味着什么？

这一结果表明只要将能量替换为自由能，二态系统的简单公式（式 6.24）也可以应用于复杂系统[*]。

与 6.6.2 小节一样，可以改述我们的结果，将平衡分布表达为两类子态间的跃迁速率的比：

$$k_{I\to II}/k_{II\to I} = \mathrm{e}^{\Delta F/k_BT}。\qquad\text{复杂二态系统}$$ (6.35)

§6.7 题外话："作为二态系统的 RNA 折叠"

本篇的作者为 J. Liphardt、I. Tinoco, Jr.、C. Bustamante。

近年来人们开始研究一种重要的生物大分子——RNA 的力学性质。在细胞中，RNA 储存和转录信息，并催化生化反应。我们知道无数生物过程，比如细胞分裂、蛋白质合成，依赖于细胞使 RNA 解折叠（以及使蛋白质与 DNA 解折叠）的能力。这些解折叠涉及机械力，使用生物物理技术有可能重现这种机械力。为了研究 RNA 如何响应外力，需要抓住单个 RNA 分子的末端。然后拉伸它们，观察它们在施加外力作用下的失稳、扭曲和解折叠。

---

[*] 你可以将这个讨论推广到等压情况；吉布斯自由能将出现在 F 的位置上（见 6.6.3 小节）。

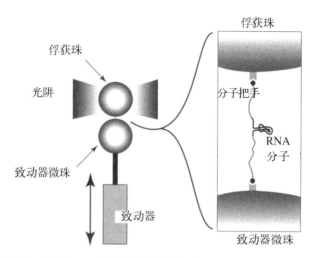

图 6.9(示意图) 光镊设备。一个压电致动器控制图中下方小珠的位置。上方的微珠被俘获在两束相向激光形成的光阱中。通过垂直移动下面的微珠拉伸分子。上下两个微珠位置的差就是分子的首末端距离。放大图：RNA 分子通过 DNA"分子把手"与两个微珠相连。把手末端的化学基团与微珠上的基团互补。本图没有按比例绘制，因为与微珠直径（≈3 000 nm）相比，RNA 实际上是很小的（≈20 nm）。（插图蒙 J. Liphardt 惠赠。）

　　我们使用了光镊设备，光镊可以利用光操作小物体，比如直径≈3 μm 的聚苯乙烯微粒（图 6.9）。尽管微粒是透明的，它们还是受入射光线的控制，将光的动能传递给微粒，相应地产生力。一对方向相反的激光，聚焦在共同的焦点上，可以将微粒控制在指定的位置上。因为 RNA 太小而不能直接捕获，我们将它连接到 DNA 构成的"把手"上，DNA 经过化学修饰，可以粘连在特别制备的聚苯乙烯微粒上（图 6.9 中的放大图）。如放大图所示，待研究的 RNA 序列能够自行折叠回去，进而形成"发夹"结构（图 2.16）。

　　当通过把手拉伸 RNA，随着分子伸长，力最初会平缓增加［图 6.10(a)中的黑色曲线］，与单独拉伸把手的结果相同，这表明 DNA 把手的行为像一个弹簧（这个现象将在第 9 章讨论）。而后，在 $f = 14.5$ pN 时，力-拉伸曲线出现一小段不连续（图中用 a 和 b 标记）。这个事件中长度的变化（$\Delta z \approx 20$ nm）与已知的能够形成发夹的 RNA 的长度一致。当我们减小拉力，发夹再次折叠，把手回缩。不同样品给出的临界力数值有微小差异，但每次都会明确地出现临界力。

　　让我们惊奇的是，对发夹所观察到的性质完全符合二态系统。尽管已知 RNA 折叠的力能学相当复杂，涉及水合作用、沃森-克里克配对和离子的屏蔽效应等，但外力下 RNA 发夹的整体行为却类似于只有两个允许态（RNA 折叠和解折叠态）的系统。我们多次拉伸和松弛 RNA 发夹，并绘制出解折叠比例与外力的关系［图 6.10(b)］。随着拉力增加，折叠态的比例降低，可以用描述二态系统的模型拟合［式 6.34 和图 6.10(b)中的插入图］。正如外磁场可以用于改变一个原子磁矩向上或者向下*，外力的功可以显著改变两态间自由能的差 $\Delta F = F_{open} - F_{close}$，

---

* 见习题 6.5。

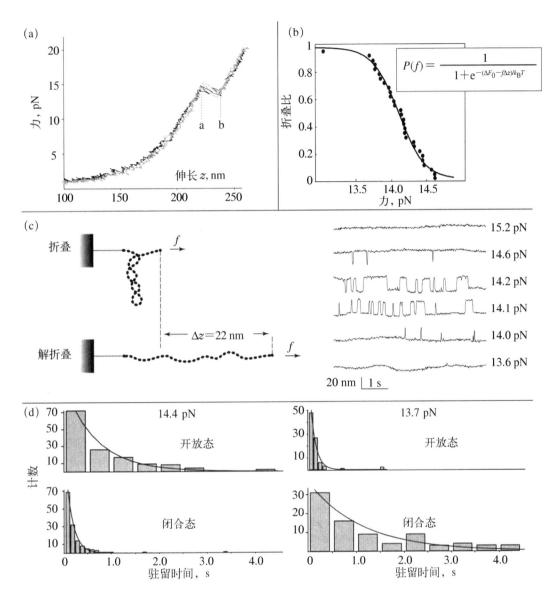

图 6.10(实验数据)　(a) 一个带把手的 RNA 发夹的外力拉伸曲线。拉伸(黑色)与松弛(灰色)曲线是重合的。发夹解折叠发生在约 14.5 pN 处(标记为 a)。(b) 发夹折叠比例 $P(f)$ 随外力的变化。数据(实心圆点)取自 36 次连续拉伸同一个 RNA 单发夹的实验。实线，二态系统的概率分布随力变化的曲线(见式 6.34)。最佳拟合值 $\Delta F_0 = 79k_BT_r$，$\Delta z = 22$ nm，与图(a)中观察到的 Δz 一致。(c) 外力对 RNA 折叠率的影响。右方显示了不同常力下 RNA 发夹长度随时间变化的轨迹。增大外力会增加解折叠态的比例，减小折叠态的比例。(d) 在不同外力下($f = 14.4$ pN 与 $f = 13.7$ pN)，RNA 发夹处于开放或闭合态的驻留时间的直方图。实线是对数据的指数函数拟合(见式 6.31)，给出了折叠与解折叠的速率常量。当 $f = 13.7$ pN 时，分子主要处于折叠态，$k_{open} = 0.9 \, s^{-1}$，$k_{fold} = 8.5 \, s^{-1}$。当 $f = 14.4$ pN 时，解折叠态占优势，$k_{open} = 7 \, s^{-1}$，$k_{fold} = 1.5 \, s^{-1}$。[摘自 Liphardt, J et al.，2001. Reversible unfolding of single RNA molecules by mechanical force. Science，**292**，Issue 5517，733－737/AAAS. 图像蒙 J. Liphardt 惠赠。获 AAAS 许可使用。]

进而控制发夹折叠的概率 $P(f)$。但是，如果通过改变外力可以容易地操纵 ΔF，而

且我们能够将外力的强度调整为临界值[这时 $P(f) \approx \dfrac{1}{2}$]，并通过力反馈保持外

力的大小，就可能看到发夹在两个态间"跳跃"。

实际上，差不多在开始 RNA 解折叠计划一年以后，我们已经能够看到这个预期的行为[图 6.10(c)]。我们欣喜若狂地把 RNA 跃迁的结果展示给那天晚上在伯克利物理楼每一个能遇到的人，之后便开始更仔细地研究这个过程，看看施加更大的外力如何让系统的平衡偏向更为舒展的解折叠形式。当力略微小于临界值，分子主要处于较短的折叠态，只是偶尔漂移到长的解折叠态[图 6.10(c)，下方曲线]。当力保持在 14.1 pN 时，分子处于每个态的时间大致相等（≈1 s）。最终，在 14.6 pN，结果颠倒了：发夹更多时间处于伸展的、解折叠形式，而较少的时间处于短的折叠形式。因此，简单地改变外力而实时控制折叠反应的热力学与动力学是可能实现的。唯一遗留的问题是跃迁的统计学。在固定力情况下，RNA 跳跃过程可以简单地用单位时间跃迁概率常数来刻画吗？极为可能，因为驻留时间的直方图可以用简单的指数函数拟合[图 6.10(d)和式 6.31]。

思考题 6I

使用图 6.10 中的数据与图释，比较两个不同力情况下的折叠与解折叠速率，检查与式 6.35 的符合程度。即，找出这些速率之间的某种不包含 ΔF_0 的组合（我们不能预先知道 ΔF_0），然后代入实验数据，检查计算结果在多大程度上与你的预测相符合。

当首次面对一个复杂的过程，尽可能地尝试剥离更多的细节是很自然的（通常是你唯一能做的事）。无论如何，这样的简化无疑是有风险的——丢掉细节后的近似是否确实足够好？在目前的情况下，简单的二态模型看起来与观测拟合得非常好，（到目前为止）我们还没有发现 RNA 发夹系统有任何行为迫使我们更换更精细的模型。

更多细节 见 Liphardt, *et al*., 2001 及在线补充材料。

小 结

回到本章的焦点问题。我们发现系统的可利用能量（可用于做机械功或其他有用功的部分）一般小于总能量。机械效率指这些可利用能量实际上有多少能够转变为功（其余部分转变为废热）。我们得到一个可利用能量的精确度量，称为自由能。

本章相当抽象，但这正是其普适性之所在。接下来我们将看到这些抽象原则得以实现的种种令人着迷的细节，即在活体细胞内的具体展现。第 8 章将着眼于自组织现象，第 9 章将发展大分子力学，第 10 章将审视分子马达如何工作。所有这些生物物理进展都基于本章所引入的思想。

关键公式

● 熵：从含有 M 个字母的字母表中选取 N 个字符组成的随机、无关联的字符串，

其无序度为 $I = K\ln\Omega$ 比特,其中 $\Omega = M^N$,$K = 1/\ln 2$(式 6.1)。

　　对一个非常长的消息,如果预先知道字符的出现频率 P_j,则无序度减小为 $-KN\sum_{j=1}^{M} P_j \ln P_j$(香农公式)(式 6.3)。例如,$P_1 = 1$,所有其他 $P_j = 0$,那么平均每字符的无序度为零,即这个消息是完全可预测的。

　　假如一个物理系统能量为 E 的可能状态有 $\Omega(E)$ 个。一旦系统达到平衡,它的熵定义为 $S(E) = k_B \ln\Omega(E)$(式 6.5)。

- **温度**:温度定义为 $T = \left(\dfrac{dS}{dE}\right)^{-1}$(式 6.9)。如果一个系统在孤立状态下达到平衡,然后与另一个系统热接触,那么 T 描述了第二个系统从第一个系统获取能量的能力("能量可获得性")。如果两个系统的 T 相同,将不会有能量的净交换(热力学第零**定律**)。

- **压强**:一个封闭子系统的压强可以定义为 $p = T\dfrac{dS}{dV}\Big|_E$(式 6.15)。正如 T 为"能量可获得性",可以将 p 想象为子系统的"体积不可获得性"。

- **Sakur-Tetrode**:体积为 V、包含 N 个分子、总能量为 E 的一箱理想气体的熵为 $S = Nk_B \ln[E^{3/2}V]$(式 6.6)加上一个与 E 和 V 无关的项。

- **统计假说**:一个受到若干宏观约束的足够大的孤立系统,经过足够长的时间后会演化到平衡态。平衡态不是某个特殊的微观态,而是微观态的某个概率分布。这个分布是无序性(熵)最大的分布,也就是说,在给定的约束条件下,这个分布体现了对具体微观态最大程度的不确知(要点 6.4)。

- **热力学第二定律**:突然释放任何内部约束(例如,打开一个内部的通道)都将产生一个新的分布,这个新分布对应于在更大状态空间中的最大无序。因此,新平衡态的熵至少也与原来的熵一样大(要点 6.11)。

- **效率**:如果以非受控方式一次性解除系统所受的较大约束,则该过程的自由能转换效率极低。如果以逐步、受控的方式解除很多小的约束,则这一过程的效率极高(要点 6.20)。

- **二态系统**:假如一个子系统只有两个允许态(异构体),能量差异为 ΔE。那么处于这两个态的概率分别为(式 6.25)

$$P_1 = \frac{1}{1 + e^{-\Delta E/k_B T}},\ P_2 = \frac{1}{1 + e^{\Delta E/k_B T}}。$$

如果两个态间存在势垒 $\Delta E^{\ddagger}$。子系统初始处于高能态,则它单位时间跃迁到低能态的概率 k_+ 正比于 $e^{-\Delta E^{\ddagger}}/k_B T$;如果子系统初始处于低能态,则单位时间跃迁到高能态的概率 k_- 正比于 $e^{-(\Delta E + \Delta E^{\ddagger})}/k_B T$。对一个复杂但可以有效简化为二态的系统,用 ΔF 或者 ΔG 替代 ΔE,可以得到类似的公式(式 6.35)。

　　如果我们制备有两种异构形式的分子集合,使其在两个态上的分布 N_i 不同于平衡分布 $N_{i,\text{eq}}$,那么分布将按指数规律趋向平衡分布:$N_i(t) = N_{i,\text{eq}} \pm A e^{-(k_+ + k_-)t}$(式 6.30)。其中 A 是一个由初始条件决定的常数。

- **自由能**:考虑一个密封的系统 a,物质不能进入也不能离开,其体积固定。如果让 a 与温度为 T 的平衡大系统 B 热接触，B 将始终保持于同一温度的平衡态（a 很小而不能影响它），但 a 将达到新的平衡，使其亥姆霍兹自由能 $F_a = E_a - TS_a$ 最小（要点 6.14）。如果 a 不是宏观系统，我们用 $\langle E_a \rangle$ 替代 E_a，并对 S_a 使用香农公式（式 6.32）。

如果系统 a 还可以与大系统交换体积（例如推动大系统），大系统的压强为 p。那么 a 将使它的吉布斯自由能 $G_a = E_a - TS_a + pV_a$ 最小（式 6.16）。如果化学反应发生在水中，V_a 基本保持不变，那么 F_a 与 G_a 的差别基本上也只是一个常量。

- 能均分：如果一个子系统的势能是 kx^2 形式（也就是理想弹簧）的和，那么当系统处于平衡态每个位移变量平均分配热能 $\frac{1}{2}k_B T$（思考题 6F）。

- 配分函数：与温度为 T 的热库 B 热接触的系统 a 的配分函数为 $Z = \sum_j e^{-E_j/k_B T}$（式 6.33）。自由能可以表达为 $F_a = -k_B T \ln Z$。

延伸阅读

准科普：

关于统计物理学的基本思想：Feynman，2017，第 5 章；Ben-Naim，2010；Lemons，2013.

中级阅读：

很多书都给出了类似本章的讨论，例如：Phillips，2020；Schroeder，2000；Feynman *et al.*，1996，第 5 章；Ben-Naim，2014.

量子统计力学：Widom，2002.

关于热机：Feynman *et al.*，2010a，§ 44.

关于光镊：Jones *et al.*，2015；van Mameren *et al.*，2011；Bechhoefer & Wilson，2002.

高级阅读：

统计物理：Callen，1985，第 15—17 章。

关于麦克斯韦妖：Leff & Rex，1990；Phillips，2020.

二态系统的例子：DNA -阻遏物系统，Finzi & Gelles，1995.

6.1' 拓展

（1）通信工程师也对数据流压缩感兴趣。他们称 I 为每条消息的"信息量"。这个定义有一个与直觉相反的性质，即随机消息序列携带最多的信息！本书将称 I 为无序度；而"信息"这个词只使用日常的含义。

（2）均匀的概率分布给出最大无序，这里给出另外一个更精致的证明。我们将重复前面的推导，但这次使用拉格朗日乘子法。在更复杂的情况中，这个技巧是不可缺少的。（关于这个方法更多的介绍，可以见 Shankar，1995。）引入一个新的参数 α（拉格朗日乘子），给 I 增加一个新项。这个新项就是 α 乘以我们要附加的约束（所有 P_i 的和为1）。最后，让修改过的 I 独立地对所有 P_i 及 α 求极值：

$$0 = \frac{\mathrm{d}}{\mathrm{d}P_{j_0}}\Big[-\frac{I}{NK} - \alpha\Big(1 - \sum_{j=1}^{M} P_j\Big)\Big] \text{ 及 } 0 = \frac{\mathrm{d}}{\mathrm{d}\alpha}\Big[-\frac{I}{NK} - \alpha\Big(1 - \sum_{j=1}^{M} P_j\Big)\Big]$$

$$0 = \frac{\mathrm{d}}{\mathrm{d}P_{j_0}}\Big[\sum_{j=1}^{M} P_j \ln P_j - \alpha\Big(1 - \sum_{j=1}^{M} P_j\Big)\Big] \text{ 及 } 1 = \sum_{j=1}^{M} P_j.$$

仿照正文中的讨论，可知，

$$0 = \ln P_{j_0} + 1 + \alpha;$$

我们再次得到所有的 P_i 都相等的结论。

6.2.1' 拓展

（1）为什么需要统计假说？多数人开始都会认为，与所有其他物体的距离超过几英里且与外部辐射屏蔽的一个单独的氦原子不是一个统计系统。例如，这个孤立原子有确定的能级。这正确吗？如果让原子处于一个激发态，它会在一个随机选择的时刻衰变。理解这个现象的一条途径是认为即使一个孤立的原子也要与一个永远存在的、弱的真空随机量子涨落相互作用。没有一个物理系统可以与世界的其他部分完全隔离。

我们通常不认为这个效应可以使这个原子变为统计系统，因为相对于真空的涨落能，原子的能级间隙是非常宽的。类似地，近邻原子间相隔 1 m 的 10 亿个氦原子的系统也有很宽的能级间隙。但是如果这 10 亿个原子凝聚为一滴液氦，能级将会劈裂为亚能级，典型情况下能级间隙将比原来的原子能级缩小 10 亿倍。系统对环境的影响会立刻变得非常敏感。

对原子个数为 N_{mole} 量级的宏观样品，环境敏感性将更为极端。如果将 1 克液氦置于一个绝热烧瓶中，我们也许能够在长时间不蒸发这个意义上让其保持"绝热"。但我们不可能使它与足以影响其微观态的环境随机涨落相隔离。因此，从第一原理确定微观态的细致演化是没有希望的。这个性质就是体相与单原子的关键区别。我们因此需要一个新的原则来得到一些对体相样品的预测能力。为达到这个目的，我们可以使用统计假说，看它能否给出实验可检验的结果。关于这个观点的更多讨论可见 Callen，1985，§ 15 - 1。

（2）统计假说当然不像牛顿定律那样不可动摇。第（1）点中已经提及"统计的"与"确定性的"系统的划分是模糊的。此外，即使一个宏观系统可以在可达微观态的某些子集之内快速跃迁，在合理的时间尺度上它仍难以遍历所有允许态，这称为非遍历行为。例如，磁铁的一个孤立磁畴不能自发改变它的磁化方向。我们将在讨论中忽略可能出现的非遍历行为，但是蛋白质的错误折叠，如被认为是造成羊瘙痒病等神经疾病的元凶朊病毒，就可能提供相反的例子。此外，已经发现化学上相同的单分子酶可以长时间处于催化活性显著不同的子态。尽管这些酶不停地受到周围水分子的撞击，但这些撞击似乎还不足以摇动它们，使其离开这些具有不同"个性"的态。即便能行，该过程也进行得非常缓慢。

 6.2.2′ 拓展

（1）Sakur-Tetrode 公式（式 6.6）更详细的推导见 Callen，1985，§16-10。

（2）式 6.6 还有另外一个关键性质：S 是广延量。这意味着如果一个箱子有两倍的分子数量、两倍的体积、两倍的总能量，则熵也加倍。

思考题 6J

（a）证明这个论断（假设 N 很大）。

（b）证明理想气体熵密度为

$$S/V = -ck_B[\ln(c/c_*)].\qquad(6.36)$$

其中 $c = N/V$ 依然是数密度，c_* 是只与每分子平均能量有关而与体积无关的常量。

在计算（a）的过程中，你会注意到分母中的因子 $N!$ 是得到所需结果的关键；在人们了解这个因子之前，熵明显不是一个广延量，这曾经使他们非常迷惑。

（3）如果对高维球面积的结果存在怀疑，可以用如下方法计算。首先，让我们兑现前文的一个承诺（见高斯分布归一化的例子），计算 $\int_{-\infty}^{+\infty} dx\, e^{-x^2}$。将这个未知数称为 Y。解决这个问题的技巧是用两种不同的方法计算表达式 $\int dx_1 dx_2\, e^{-(x_1^2+x_2^2)}$。一方面，表达式恰好就是 $\int dx_1 e^{-x_1^2} \times \int dx_2 e^{-x_2^2}$，也就是 Y^2。另一方面，因为被积函数只与二维矢量 x 的长度有关，在极坐标下这个积分更为容易。我们可以简单地用 $\int r dr d\theta$ 替换 $\int dx_1 dx_2$。很容易对 θ 进行积分（因为被积函数不包含 θ），积分式变为 $2\pi \int r dr$。这两个表达式是一回事，比较可得 $Y^2 = 2\pi \int r dr e^{-r^2}$。这个新的积分很容易计算。代换变量 $z = r^2$，得到结果为 $\frac{1}{2}$，因此 $Y = \sqrt{\pi}$，与第 3 章给出的结果相同。

着手处理球体的问题时，应注意上面式子里的因子 2π 是单位圆的周长，我们可以将其看作二维空间中"球体"的表面积。同样，现在也用两种方式来求 $\int_{-\infty}^{+\infty} \mathrm{d}x_1 \cdots \mathrm{d}x_{n+1} \mathrm{e}^{-\boldsymbol{X}^2} [\boldsymbol{X} = (x_1, x_2, \cdots, x_{n+1})]$。一方面，它就是 Y^{n+1}，但它也等于 $\int_0^\infty \mathrm{e}^{-r^2}(A_n r^n \mathrm{d}r)$，$A_n$ 就是我们要求解的 n 维超球体的表面积。把这个式子中的积分部分记作 H_n。利用 $Y = \sqrt{\pi}$，得到 $A_n = \pi^{(n+1)/2}/H_n$。

我们已经知道 $H_1 = \dfrac{1}{2}$。下面考虑

$$-\frac{\mathrm{d}}{\mathrm{d}\beta}\bigg|_{\beta=1} \int_0^\infty \mathrm{d}r\, r^n \mathrm{e}^{-\beta r^2} = \int_0^\infty \mathrm{d}r\, r^{n+2} \mathrm{e}^{-r^2}$$

（再次利用式 3.14 中的技巧）。右边就是 H_{n+2}，对左边做变量代换 $r' = \sqrt{\beta}\, r$，得到 $-\dfrac{\mathrm{d}}{\mathrm{d}\beta}\bigg|_{\beta=1}[\beta^{-(n+1)/2} \times H_n]$。所以 $H_3 = H_1$，$H_5 = 2H_3$。一般而言，对于任意奇数 n，有 $H_n = \dfrac{1}{2} \times \left(\dfrac{n-1}{2}\right)!$。代入前面关于球面积 A_n 的公式并利用 $n = 3N-1$ 得到式 6.6 中的第一个因子。（请思考 n 为偶数的情况。）

（4）为什么式 6.6 中需要普朗克常量 $\hbar$ 呢？在式 6.5 中并没有出现这一常量。事实上，当从纯数学模型引申到物理模型时，我们可能需要出现多个有量纲的常量。解释 $\hbar$ 出现的一种途径是在经典物理学中，位置和动量是连续变化的有量纲量。由于"可达微观态的数目"正好对应着"位置-动量"空间中的一块体积，所以它是有量纲的。但是你不能对一个有量纲的数取对数！所以需要通过有量纲数 $\mathbb{L} \times \mathbb{M} \mathbb{L} \mathbb{T}^{-1}$ 来除以我们的表达式。普朗克常量就是这样一个数。

量子力学对这一问题可以给出更深刻的解释。在量子力学中，系统可达微观态是分立的，我们可以采用最粗略的方法计算它们的数目。与"位置-动量"空间中的体积相对应的态的数目，因测不准原理而涉及 $\hbar$，因此 $\hbar$ 出现在熵里。

（5）6.2.2 小节说明了在 Sakur-Tetrode 公式中为何会出现修正因子 $1/N!$。但这个因子有点矫枉过正了，实际上它只是在经典物理范围内近似精确。为理解这一点，你可以考虑三个全同玻色子，每个粒子都具有三种状态（例如，自旋为 -1、0、$+1$）。按照公式 6.6 给出的态计数的方法，总共有 $3^3/3! = 9/2$ 个态。状态数是非整数，这显然是荒谬的。实际上这个系统共有 10 个状态。原计数方法的错误之处在于对 $(+1, +1, +1)$ 这样的态修正过头了，这个态只有一个，并不需要 $1/3!$ 这样的修正因子。对于求和项中三个粒子状态均各不相同的项，原方法中的修正因子的确是正确的。在经典极限下，即气体处于高温稀薄状态（能量高但密度低）或者我们直接考虑 $\hbar \to 0$ 的情况（用极细密的网格来划分相空间），这样的项都将占主导，此时用 $1/N!$ 这样的近似因子来做修正就是合适的。

（6）我们在表述统计假说时必须小心，因为概率分布函数的形式依赖于所选择的确定态的变量。为准确表述统计原理，必须明确只有当选择一组特定的变量时，平衡态对应的概率分布才是均匀的。

为正确地选择变量，记住平衡态被假设为概率分布不随时间变化的状态。利用力学上的一个漂亮结果（刘维尔定理）：一个小区域 $\mathrm{d}^{3N}\boldsymbol{p}\,\mathrm{d}^{3N}\boldsymbol{r}$ 在 $\boldsymbol{r}$-$\boldsymbol{p}$ 空间中可

以随时间演化成另一个具有相同体积的新区域（在这个空间选取其他坐标，如(v_i, r_i)则没有这一性质）。可以推知，如果某一时刻概率分布是一个常数乘以$d^{3N}\boldsymbol{p}\,d^{3N}\boldsymbol{r}$，在以后的时间内它将具有相同的形式。这样的分布适合于描述平衡态。

 6.3.2' 拓展

（1）T的定义（式6.9）与传统的温度概念有何联系呢？我们可以通过水银温度计来定义温度，记录水的沸点和冰点的位置并做100等分。这并不是一个基本原则。如果采用酒精温度计做同样的操作，分割点并不一致，因为液体的膨胀略有非线性。采用理想气体的膨胀会更好，但事实是这些标准中的任何一个都依赖于特定材料的性质——它们并不是普适的。而式6.9是普适的，并且我们也已看到当采用这种方式来定义温度时，任意两个大系统（不仅限于理想气体）在同一温度值T达到平衡态。

（2）在思考题6B中，你会发现复制一个孤立系统将会使其熵加倍。事实上，熵的广延性比这个例子所展示的更普遍。考虑两个有弱相互作用的子系统，如两个孤立箱子组成的系统通过小的非隔绝区域相互接触。状态的总能量基本上由每个箱子的内部自由度所决定，所以微观态的计数方式实际上与箱子互相独立时一样，因此熵也具有可加性，即$S_{\text{tot}} \approx S_A + S_B$。即使在大系统中间引入一个虚构的墙，因为被分开的两半只在边界处交换能量（及粒子、动量等），所以可以被看作仅具有弱相互作用。如果每个子系统足够大，面积-体积比足够小，那么总能量也同样由每一个子系统内部自由度所决定，并且除了固定总能量（和体积）的限制以外每个子系统在统计上是近似独立的，因此总的熵仍然是两独立部分的和。更一般地，在一个宏观系统中，熵是熵密度与体积的乘积，正如在思考题6J已经看到的无相互作用的（理想）气体的极限情况。

更准确的说法如下：宏观系统按定义可视为由大量子系统组成，每一个都包含很多内部自由度并且与其他子系统具有弱相互作用。上一段简要地讨论了为何这种系统的熵是广延量。对这一重要问题的更多讨论见 Landau & Lifshitz，1980，§2，§7。

 6.4.2' 拓展

你可能会问为什么宇宙起源于一个如此高度有序的状态，即远离平衡的状态。不幸的是，将热力学应用于整个宇宙是十分棘手的。首先，宇宙永远不会到达平衡态：当$t \to \infty$时，它将坍塌或至少形成黑洞。但是黑洞的比热是负的；因此它永远不会处于平衡态！

就我们的目的而言，只需理解地球的熵为何增加即可。地球始终与高温热源（太阳）、低温热汇（外太空）接触，因而总远离热平衡，这种不均衡的温度分布是一种有序的形式。这就是（大多数）地球生命得以形成的根源。

6.6.1′拓展

（1）我们在推导要点 6.23 时隐含地假设只有 a 的可达态的概率分布依赖于温度，可能状态本身及它们的能量假设与温度无关。如在 1.5.3 小节中所提到的，态以及它们的能级（原则上）来源于量子力学，超出了本书的范围。我们只需知道的确存在一系列可达状态。

（2）怀疑者会问为什么我们可以忽略式 6.22 中的高阶项。回答这个问题需回到 6.2.2′ 小节中的一个备注：宏观系统的无序是广延量。如果让系统 B 的尺度加倍，式 6.22 中的第一个展开系数 S_B 也加倍，第二个展开系数 dS_B/dE_B 保持不变，但是下一项 $\frac{1}{2}(d^2S_B/dE_B^2)$ 将减小至一半。类似地，当 B 的尺寸 L_B 远大于 L_a 时，这一项将小到可忽略不计。实际上，展开式每一项系数都比前一项多了一个量级约为 L_a/L_B 的因子，而后者极小，因此级数是递减的。

那么，这是否会把有意义的项连带扔掉了呢？我们是否应该在式 6.22 的第一项就截断？不行：若取式 6.22 的指数函数，则第一项对应的指数函数是常数，对系统 a 的概率分布作归一化时将被消掉。所以第二项实际上是最主要的。

由于这一点非常重要，我们可以再从另一个略微不同的角度来描述。系统 B 是宏观的，所以可将它等分成 $M = 1\,000$ 个小系统，每一小系统本身都是宏观的并与其他小系统及系统 a 有弱相互作用。我们知道这些小系统极有可能等分 E_B，因为它们完全一样并处于同一温度。因此，每个小系统有相同的可达微观态数目，

$$\Omega_i = e^{S_i/k_B} = \Omega_{0,\,i}\exp\left(\frac{\delta E}{M}\frac{dS_i}{dE_i} + \cdots\right) \quad i = 1,\, \cdots,\, M。$$

这里 $\delta E = E_{tot} - E_a$，$\Omega_{0,\,i}$ 是当子系统 i 能量为 E_{tot}/M 时可达微观态的数目，省略号代表含有 $\frac{1}{M}$ 更高次幂的项。微分 dS_i/dE_i 就是 $1/T$ 并与 M 无关，所以我们可以将 M 取得足够大以保证在第一项后截断泰勒展开系数。因此，系统 B 的所有的态数目为 $(\Omega_i)^M$，确实是一个常数乘以 $e^{\delta E/k_B T}$，我们就回到了要点 6.23。

（3）能均分公式不适用于量子统计物理，因为那些激发能超过热能的模式将会被"冻结"而不能参与能均分。历史上，这个观点是理解黑体辐射的关键，并因此产生了量子理论本身。

 6.6.3′拓展

（1）在式 6.32 中定义的熵 S_a 不能简单与 S_B 相加得到系统的总熵，因为我们不能假设 a 与 B 是弱相互作用。（a 可能不是宏观的，因此表面能不一定比内部能量小。）

但是假如 a 本身是宏观系统（但仍然比 B 小），E_a 的波动可以忽略，那么我们可以略去 $\langle E_a\rangle$ 中表示求平均值的符号。此外，所有具有此能量的微观态是等概率的，故 $-\sum_{j=1}^{\Omega} P_j \ln P_j = (\sum_{j=1}^{\Omega} P)(\ln P^{-1}) = 1 \times \ln[(\Omega_a)^{-1}]^{-1} = \ln\Omega_a$，$S_a$ 就

简化为通常的形式，即式 6.5。因此对于宏观子系统的特殊情况，在 6.6.3 小节中得到的式 6.32 也可以简化为前面的公式（要点 6.14）。

（2）吉布斯自由能（式 6.16）可以推广到微观子系统，即

$$G_a = \langle E_a \rangle + p\langle V_a \rangle - TS_a 。 \tag{6.37}$$

（3）式 6.32 给出了在均匀温度下，具有非均匀密度 $c(\boldsymbol{r})$ 的理想气体自由能的一个重要公式。（例如，重力等外力作用在气体上。）假设一个装有 N 个分子的容器，每个分子都能自由移动但具有势能 $U(\boldsymbol{r})$。把空间划分成许多小体积元 Δv。那么任意一个分子中心位于 $\boldsymbol{r}$ 处小体积内的概率为 $P(\boldsymbol{r}) = c(\boldsymbol{r})\Delta v/N$。式 6.32 给出了每个分子的自由能为 $F_1 = \sum_{\boldsymbol{r}}[c(\boldsymbol{r})\Delta v/N]\{U(\boldsymbol{r}) + k_B T \ln[c(\boldsymbol{r})\Delta v/N]\}$。（我们可以忽略动量，它们只是作为一个常量加在 F_1 上。）再乘以 N 就得出总自由能。

思考题 6K

（a）证明存在某个常量 c_* 使得

$$F = \int \mathrm{d}^3\boldsymbol{r}\, c(\boldsymbol{r})\{U(\boldsymbol{r}) + k_B T \ln[c(\boldsymbol{r})/c_*]\}, \tag{6.38}$$

为什么无需关心这个常量的数值？

（b）将其中熵的部分与思考题 6J 对孤立系统的结果进行比较。哪一个结果更易于推导？

习　　题

6.1　吹牛

传说中的伐木工人保罗·班扬常常砍伐树木,但是有一次他想多种经营,开了他自己的锯木厂。历史学家说:"锯木机不是生产出木材,而是吞进成堆的木屑并重新做成了圆木。他们很快就发现了问题之所在:一个技术员把所有的部件都装反了。"

我们能否以热力学第二定律为基础反驳这个故事?

6.2　热平衡过程中的熵变化

考虑两箱理想气体。两个箱子与外界以及它们相互之间是绝热的。每个箱子体积均为 V,含有 N 个分子。箱子 1 的初始温度为 $T_{i,1}$,箱子 2 的初始温度为 $T_{i,2}$。(下脚标"i"表示"初态",而"f"则表示"末态"。)初始的总能量是 $E_{i,1} = N\frac{3}{2}k_B T_{i,1}$ 和 $E_{i,2} = N\frac{3}{2}k_B T_{i,2}$。

现在让两个箱子之间热接触但仍与外界绝热。正如在式 6.10 中所论证的,我们知道它们最终将达到同一温度。

（a）这个温度是多少?

（b）证明总熵 S_{tot} 的变化为

$$k_B \frac{3}{2} N \ln \frac{(T_{i,1} + T_{i,2})^2}{4 T_{i,1} T_{i,2}}。$$

（c）证明熵的变化总是 $\geqslant 0$。$\Big($提示:令 $X = \dfrac{T_{i,1}}{T_{i,2}}$ 并将熵表示为 X 的函数。以 X 为自变量,画出熵变化的函数曲线。$\Big)$

（d）在某种特定的环境下,S_{tot} 的变化将是零。请指出是什么情形,并解释原因。

6.3　摇摆鸟

摇摆鸟玩具[*]把鸟喙浸到一杯水里,然后抬起头直到表面的水蒸发,再次将鸟喙浸入水中并重复这一循环。关于其内部机制,你仅需知道它会在每一次循环之后回到初始状态。这里没有上紧的发条,也没有内部燃料供消耗。你甚至可以给这个玩具粘上一个小单向齿轮并利用它做一点机械功,比如提升小块重物。

（a）做这个工作的能量来自何处?

（b）初看起来,(a)的答案可能与热力学第二定律矛盾。解释一下为什么并不矛盾?（提示:这个装置与第 1 章中讨论的那种系统相似?）

---

[*]　译注:原文为 Bobble Bird,新版改为 Dunking Bird。这个玩具的另一个英文名字是 Drinking Bird,饮水鸟。

6.4 有效的能量储存

6.5.3 小节讨论了一个能量转换机器。在一些简单系统中也可以发现类似的情况，如储能装置。在分子世界中的任何这类装置由于黏滞阻力都将不可避免的损失能量。想象在黏稠液体中用恒定外力 f 推动一个球。当球移动时，它压缩一个弹簧（图 6.11）。根据胡克关系，弹簧抵抗压缩的力为 $f = kd$，k 是弹簧常量 *。当这个力与外力平衡时 $d = f/k$，球停止运动。

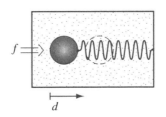

图 6.11 一个简单的能量存储装置。一个装有黏滞液体的盒子内有一个弹性元件（弹簧）和一个小球，小球的运动与黏滞拖曳方向相反。

在整个过程中，施加的外力是恒定的，从这一点看外力做的功为 $fd = f^2/k$。但是对胡克关系积分表明弹簧储存的能量为 $\int_0^d f(x)\mathrm{d}x = \frac{1}{2}kd^2$，或 $\frac{1}{2}f^2/k$。余下的功转变成了热。的确，在途经 0 到 d 的每一处 x，外力的一部分用于压缩弹簧而其余部分用于克服黏滞摩擦。

不仅如此，我们也不能重新得到所有储存的弹簧势能 $\frac{1}{2}f^2/k$，因为在弹簧松弛时，仍会由于摩擦而损失能量。假如突然将外力减小到小于 f 的另一个值 f_1。

（a）求出球将移动的距离，以及它抵抗外力所做的功。我们将后者称作从储存能量中恢复的"有用功"。

（b）f_1 取何值时上述有用功为最大？证明：即使在这个最有利的条件下，输出的有用功也仅占储存能量的一半，即 $\frac{1}{4}f^2/k$。

（c）怎样能使这一过程更为有效？（提示：考虑要点 6.20。）

6.5 原子极化

假设有大量处于外磁场的无相互作用的原子（气体）。你可以认为每个原子只能处在两个状态中的某一个，两状态的能量差为 $\Delta E = 2\mu B$，与磁场强度 B 有关。这里 μ 是正常量，B 也是正的。如果原子处于低能态，令每个原子的磁化为 $+1$，如果原子处于高能态，令每个原子的磁化为 -1。

（a）求出整个样品的平均磁化强度，它是以外加磁场 B 为自变量的函数。（注：使用双曲三角函数形式，可以用 ΔE 表达你的答案。如果你了解这些函数，

---

* 另外一个胡克关系出现在第 5 章，其中抵抗剪切形变的力正比于剪切形变的大小（式 5.14）。

不妨试用这种方法。)

（b）讨论当 $B \to \infty$ 和 $B \to 0$ 时解的行为，为什么你的答案是合理的？

6.6 内耳

赫兹佩思（A. J. Hudspeth）及合作者在研究内耳的信号传导时发现了一个惊人的现象。图 6.12(a)显示了一束从感觉细胞中突出的硬纤维（称为硬纤毛）。当周围的内耳液移动时，纤维会摇摆。其他显微照片揭示出有一些纤细的弹性细丝（称为顶端连接）将纤维与同束中的其他近邻纤维相连[示意图 6.12(b)中的波浪线]。

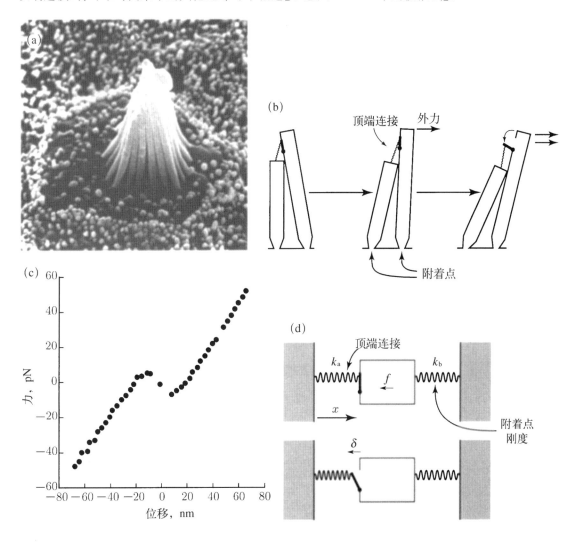

图 6.12(扫描电镜显微照片;图解;实验数据;图解) （a）从听觉纤维单元中突出的硬纤毛束。（b）将硬纤毛束推向右侧会引起相邻两束硬纤毛的相对运动，进而将它们之间相连的丝状结构（顶端连接）拉伸开来。在位移足够大时，顶端连接会打开一个"活板门"。（c）纤维束响应位移所产生的力。f 取正值时对应(b)中向右的力，x 取正值对应向右的位移。（d）硬纤毛的力学模型。左边的弹簧代表顶端连接，右边的弹簧代表硬纤毛与毛细胞主体连接的附着点的刚度。两弹簧施加的合力为 f。这个模型假设 N 个单元是并联的。[(a)数据图蒙赫兹佩思惠赠。(c)数据摘自 Martin, *et al*., 2000。]

实验通过一个微玻璃光纤拨动硬纤毛束来测量的力-位移的关系。一个反馈电路保持硬纤毛束一端有固定的位移，并返回维持这个位移所需的力。令人吃惊的是实验给出了如图 6.12(c)所示的复杂曲线。弹簧的刚度 $k = \dfrac{\mathrm{d}f}{\mathrm{d}x}$ 是一个常量（与 x 无关）。图示表明在大弯曲时硬纤毛束的行为近似于一个简单的弹簧，但在中间区域，它的刚度为负值！

为解释他们的观察结果，实验者假设在顶端连接的一端有一个活板门［如图 6.12(b)中波浪线的右上方］，并假设活板门是一个二态系统。

（a）定性说明这个假设如何能帮助我们理解这些数据。

（b）特别地，请解释为什么曲线中的突起部分是圆滑而不是尖锐的。

（c）在实际操作中，纤维束并非夹紧固定，其位移是任意的，受到周围液体流动所施加的力的作用。在施加外力为 0 时，曲线有三种可能的位移，约在 -20、0 和 $+20$(nm)处。但实际上，我们将永远不能观测到这三个数值中的某一个。是哪一个？为什么？

6.7 🅣能量涨落

图 6.2 暗示了两个热接触的宏观子系统的相对能量涨落在平衡态时是很小的。计算 E_A 均方差与其平均值的比值，证明这一结论。［提示：如图，假设两个子系统是完全相同的。计算联合系统处于一侧能量为 E_A、另一侧能量为 $E_{\mathrm{tot}} - E_A$ 的微观态的概率 $P(E_A)$，用一个恰当的二次函数 $A - B\left(E_A - \dfrac{1}{2}E_{\mathrm{tot}}\right)^2$ 拟合峰值附近的 $\ln P(E_A)$。用这个近似形式估算均方差值。］

6.8 🅣朗之万函数

本题讨论一个与习题 6.5 略有不同的情况：系统不是只取两种分立的状态值，而是有一个连续的单位矢量 $\hat{\boldsymbol{n}}$，可以指向空间中任意方向。它的能量是一个常量加上 $-a\hat{\boldsymbol{n}} \cdot \hat{\boldsymbol{z}}$，或者 $-an_z = -a\cos\theta$。这里 a 是具有单位能量的正常量，θ 是 $\hat{\boldsymbol{n}}$ 的极角。

（a）求出指向矢 $\hat{\boldsymbol{n}}$ 的概率分布 $P(\theta, \varphi)\mathrm{d}\theta\mathrm{d}\varphi$。

（b）计算该系统的配分函数 $Z(a)$ 和自由能 $F(a)$，由此计算 $\langle n_z\rangle$。（这个答案有时被称作朗之万函数。）求出高温极限下的行为并说明你的答案是合理的。

6.9 🅣门控柔量

（接习题 6.6）我们可以定性地为图 6.12 中的系统建立如下模型。把硬纤毛束看作 N 个并联的弹性单元。每个单元有两个弹簧：其中一个的弹簧常量为 k_a，平衡位置为 x_a，代表丝状顶端连接的弹性。另一个弹簧的特征参量为 k_b 和 x_b，代表了硬纤毛在细胞上附着点处的刚度(由一束肌动蛋白丝提供)。见图 6.12(d)。

　　第一个弹簧上附着一个铰链部分("活板门")。当铰链处于开启状态时,附着点相对于它在铰链关闭时(在硬纤毛体上)的位置有一个向左的偏移 δ。活板门自身是二态系统,跃迁到开启状态时的自由能变化为 ΔF_0。

　　(a) 导出铰链闭合时施加在硬纤毛上的净力为 $f_{\text{closed}}(x) = k_a(x - x_a) + k_b(x - x_b)$。把它写成更为紧凑的形式 $f_{\text{closed}} = k(x - x_1)$,利用前面的量给出 k 和 x_1 的有效值。对活板门处在开启状态的情况给出类似结果。

　　(b) 总的力 f_{tot} 是 N 项之和。其中 $P_{\text{open}}N$ 项对应于活板门的开启状态;其余 $(1 - P_{\text{open}})N$ 对应于关闭状态。为了利用式 6.34 求开启概率,我们需要知道系统两个状态之间的自由能差 $\Delta F(x$ 设为定值)。这个差值是一个常量 ΔF_0 加上弹簧 a 能量之差。给出 $\Delta F(x)$ 的表达式。

　　(c) 综合你的答案,用未知参量 N、k_a、k_b、x_a、x_b、δ 和 ΔF_1 表达力 f_{tot},其中 $\Delta F_1 \equiv \Delta F_0 + \frac{1}{2} k_a \delta^2$。这里涉及很多参量,但其中某些之间有固定组合。证明你的结果可以写成如下形式

$$f_{\text{tot}}(x) = K_{\text{tot}}x + f_0 - \frac{Nz}{1 + \mathrm{e}^{-z(x - x_0)/k_B T}},$$

并用上面的参量求出 K_{tot}、f_0、z 和 x_0。

　　(d) 赫兹佩思和合作者用这个模型拟合他们的数据以及其他一些已知的事实。他们发现 $N = 65$,$K_{\text{tot}} = 1.1\,\mathrm{pN\,nm^{-1}}$,$x_0 = -2.2\,\mathrm{nm}$,$f_0 = 25\,\mathrm{pN}$。利用这些值,画出(c)的函数曲线。将 z 从 0 开始增大,当其试探值为多少时给出的曲线与数据接近?

　　(e) 他们还估计出 $k_a = 2 \times 10^{-4}\,\mathrm{N\,m^{-1}}$。利用这个值和(d)中的结果求 δ。你得到的结果合理吗?

6.10　单摆振动

　　考虑一个摆长为 1.2 m、摆球质量为 0.4 kg 的单摆。当它在室温下与周围空气达到热平衡时,它不是处于绝对静止,而是不停地做着热运动。它的平均平动动能是多大(单位取为焦耳)?由于热运动而偏离平衡位置的均方位移有多大(单位取为米)?将你的答案与原子的尺度做一下比较。

6.11　一维搜索

　　假设某种蛋白分子可以在 DNA 上滑动,例如,蛋白分子中含有一个孔,而 DNA 正好从中穿过。这个图像可用来描述细菌调控蛋白在不脱离 DNA 的情况下如何寻找其特异性结合位点。假设蛋白在 DNA 上做一维扩散,扩散系数为 D。

　　(a) 假如你能够追踪蛋白在 DNA 上的位置,但精度只有一个碱基对(0.34 nm)。从某个初始时刻开始,经过时间 t 后,这个蛋白分子距离初始位置 100 碱基对(在实验精度内)的概率是多少?

　　(b) 计算经过时间 t 后蛋白扩散的距离大于 100 碱基对的概率。假设 DNA

本身无限长。

（c）下面讨论另一种情况。假设蛋白可从 DNA 上解离。一旦解离，则沿 DNA 扩散（扩散系数为 D）。一旦与 DNA 结合，则保持静止。结合态与解离态之间的自由能之差是 $\Delta G = G_{unbound} - G_{bound}$。将蛋白在 DNA 上的位置记为 x，计算蛋白的均方位移 $\langle x^2 \rangle$，将其表达为时间 t 的函数。

6.12 🅣 光学力 *

要解答本题，你需要具备一点电动力学或光学的背景知识。

§6.7 介绍了光镊装置，本题将对其物理原理作一点讨论。假设功率为 1 mW 的激光在真空中（在水中也可作类似讨论）聚焦为一个半径为 1 μm 的光斑。

（a）估算光斑处的电场强度 E，单位取为伏特每米。

（b）将半径为 0.5 μm 的介电小珠置于光斑旁。作为粗略近似，可以将小珠视为电偶极子 $p = PV$，P 是电极化强度，V 是小珠的体积。进一步可近似认为 $P \approx \varepsilon E$，ε 取为真空介电常量 ε_0。估算一下电偶极子 p 的大小。

（c）将（a）的答案除以光斑的半径，由此可估算电场 E 的最大梯度。计算当介电小珠横向进入光斑时所受到的最大光学力。

6.13 🅣 磁镊

要解答本题，你需要具备一点磁学的背景知识。

另一种能产生精细的力的装置是磁镊。在感兴趣的分子上连接一个直径为 1 μm 的顺磁小珠，小珠能够被外磁场所操控。图 6.13 给出了这一装置的标定数据，其中使用的磁珠质量为 10^{-13} g。

（a）仔细看一下图（a）中近似直线的部分。用直尺量量，估计一下这部分的斜率。在这个区域，你可以将磁化强度表达成磁感应强度的线性函数。在本题中你可以一直使用这个近似。

（b）再看一下图（b）中 $z = 2$ mm 到 4 mm 之间的部分。将这部分视为直线，即，可认为 $B(z) = B_0 e^{-z/z_0}$。用直尺量一下这个部分，由此估计 B_0、z_0。

（c）做一点简单的推导，将磁珠所受力表达为它到磁极的垂直距离 z 的函数。利用（a）、（b）的结果估算这个力。仿照图 6.13（b），作出力关于 z 的半对数曲线图。在你的图中，力的合适标度最好取多大？

---

* 译注：本题要求对光镊横向力的物理起源及其量级进行讨论。如果只做简单粗估，你可以尝试将光阱电磁波处理为平面波，同时将小珠处理为电偶极子。对于常见光镊系统，光斑大小、激光波长以及小珠尺寸往往相当，因此上述两种处理其实都不是恰当近似，不能据此给出定量结论（精确计算需要更高等的电磁波理论，例如 Generalized Lorenz-Mie theory）。不过，如果只关心光镊横向力的大致数量级，则上述近似仍然是可用的。

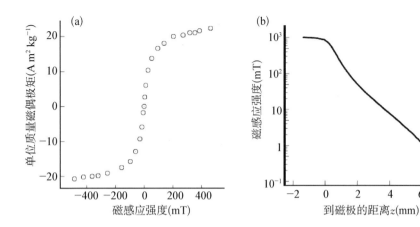

图 6.13（实验数据） 磁镊的标定数据。（a）磁珠材料在磁场诱导下产生的磁偶极矩（每单位质量），它是磁感应强度（单位为毫特斯拉 mT）的函数。（b）磁场强度随 z（到磁极的垂直距离）变化的函数关系（半对数作图）（数据由 T. Lionnet、V. Croquette 提供）。

第 7 章　细胞内的熵力

第 6 章表明,恒温系统中所有"交易"都使用自由能 $F = E - TS$ 作为唯一的"通货"。不可逆过程为此提供了特别好的说明。例如,自由下落的石块将其引力势能转化为动能,其机械能 E 没有净变化。然而,如果它落入泥地里,其有序运动的动能将不可逆转化为热,使 E 进而使 F 降低。类似地,墨汁在水中扩散以使其熵最大化,这导致 S 升高而 F 降低。更一般地,如果能量和熵同时改变,与热源接触的宏观系统会相应地发生变化以降低其自由能,即使

- 该变化增加了能量(但 TS 增加得更多),或者
- 减少了熵(但 E/T 减少得更多)。

在本科一年级物理课中,某状态变量变化时势能的变化称为机械力。更精确地写为

$$f = -\,\mathrm{d}U/\mathrm{d}x.$$

6.5.2 小节将这个等式从熵力的最简单类型即气体压强出发,推广到了统计系统。我们发现,气体施加的力可以看成是 $-F$ 对(封住气体的)活塞位置的导数。本章将详细阐述熵力概念,并把它推广到与生物学联系更紧密的情况。比如,第 2 章断言酶和其他分子机器惊人的特异性源于它们表面的精确形状,以及表面及其作用对象之间的短程物理相互作用。本章将探讨几种此类熵力的起源,包括静电作用、疏水作用以及排空作用。像通常那样,我们将以可控实验来定量验证由公式导出的结论。

本章焦点问题

生物学问题：细胞内部充满液体,此状态得以维持的原因何在? 膜如何逆着某种压强梯度方向推动液体?

物理学思想：渗透压是熵力的一个简单例子。

---

§7.1　熵力的微观解释

接触新思想之前,先简要回顾一下理想气体定律。我们已经从力学的角度理解了压强公式 $p = k_{\mathrm{B}}TN/V$(3.2.1 小节)。现在要用配分函数重新计算这个结

果——这对研究本章后面的静电力和第 9 章的单分子拉伸是一个很好的热身。

7.1.1　定容方法

假设一个气体腔与恒温 T 的大物体发生热接触。理想气体被限制在器壁长度为 L 的立方体容器中,其中 N 个质量为 m 的粒子相互独立地运动。总能量即是分子动能之和再加上一项代表分子内能的常量。

自由能公式的例题(6.6.3 小节)提供了一个由配分函数计算系统自由能的简便方法。实际上,在这种情况下,配分函数的普遍公式(式 6.33)变得非常简单。为了确定系统的状态,必须给出每个粒子的位置 $\{r_i\}$ 和动量 $\{p_i\}$。因此,应该对所有可能的 $r_1, \cdots, p_N$,即所有可能状态求和。因为位置和动量是连续变量,求和可改写成积分:

$$Z(L) = C \int_0^L d^3 r_1 \int_{-\infty}^{\infty} d^3 p_1 \cdots \int_0^L d^3 r_N \int_{-\infty}^{\infty} d^3 p_N e^{-(p_1^2 + \cdots + p_N^2)/(2mk_B T)} \quad . \quad (7.1)$$

不要混淆了矢量 p_i(动量)和标量 p(压强)!积分上下限表示 r_i 任一个分量都从 0 到 L。C 包括每个分子的因子 $e^{-\epsilon_i/k_B T}$,其中 ϵ_i 是分子 i 的内能。对理想气体,这些因子都是定值,因此 C 是一个常量,我们无需知道其数值。(在第 8 章中,为了研究化学反应,我们会允许分子内能变化。)自由能公式例题给出 $F(L) = -k_B T \ln Z(L)$。

式 7.1 似难以计算,但真正需要的只是腔体体积改变时自由能的<u>变化量</u>,因为熵力是自由能的导数(见式 6.17)。为了得到压强的量纲(力/面积或能量/体积),需要计算 $-dF(L)/d(L^3)$。通过重排,我们看到式 7.1 中大部分积分仅是常量,

$$Z(L) = C \left(\int_0^L d^3 r_1 \cdots \int_0^L d^3 r_N \right) \left[\int_{-\infty}^{\infty} d^3 p_1 e^{-p_1^2/(2mk_B T)} \cdots \int_{-\infty}^{\infty} d^3 p_N e^{-p_N^2/(2mk_B T)} \right]$$

与 L 的关联来自前 $3N$ 项的积分上限,这些积分的每一项就等于 L。因此 Z 是一个常量乘以 L^{3N},进而 $F(L)$ 是一个常量加上 $-k_B T \ln L^3$。这个结论是合理的:在理想气体中,总势能是一个常量(粒子不变化,而且不存在相互作用),总动能也一样 $\left(\text{即} \frac{3}{2} k_B T N\right)$。因此理想气体自由能 $F = E - TS$ 是一个常量减去 TS。于是再次得到已知的事实,即熵是一个常量加上 $N k_B \ln L^3$(见理想气体熵的例子,6.2.2 小节)。对自由能求微分重新得到理想气体定律:

$$p = -\frac{dF}{d(L^3)} = \frac{k_B T N}{V} \quad . \quad (7.2)$$

7.1.2　定压方法

对以上论述稍作改造即可用于大分子拉伸的情况(第 9 章)。让我们固定压强找出相应的平衡<u>体积</u>,而不是固定 V 找到相应的 p。为此,请想象一个带滑动活塞的圆筒,而不是一个固定体积的盒子。活塞的面积 A 固定,而其位置 L 可变。力 f 向内推活塞,因此系统机械势能相应的是 fL。气体分子的可达体积为 AL。

我们感兴趣的是给定外力下的平均值 $\langle L \rangle$，可按如下方式计算：先让 L 乘以某指定状态的概率，然后让这个乘积对所有可能状态求和。

玻尔兹曼分布给出了特定位置和动量的概率

$$P(\boldsymbol{r}_1, \cdots, \boldsymbol{p}_N, L, \boldsymbol{p}_{\text{piston}}) = C_1 \exp\left[-\left(\frac{\boldsymbol{p}_1^2 + \cdots + \boldsymbol{p}_N^2}{2m} + \frac{\boldsymbol{p}_{\text{piston}}^2}{2M} + fL\right)/k_B T\right]. \tag{7.3}$$

上式中，m 和 M 分别是气体分子和活塞的质量，$\boldsymbol{p}_{\text{piston}}$ 是活塞的动量。

我们希望计算 $\int L \times P(L, \cdots)$。如同任意概率分布一样，$P$ 也是归一化的[*]，因此它在整个状态空间上的积分等于 1。可以把要求的量写成

$$\langle L \rangle = \frac{\int L \times P(L, \boldsymbol{r}_1, \cdots) \mathrm{d}^3 \boldsymbol{r}_1 \cdots \mathrm{d}^3 \boldsymbol{p}_N \mathrm{d}\boldsymbol{p}_{\text{piston}} \mathrm{d}L}{\int P(L, \boldsymbol{r}_1, \cdots) \mathrm{d}^3 \boldsymbol{r}_1 \cdots \mathrm{d}^3 \boldsymbol{p}_N \mathrm{d}\boldsymbol{p}_{\text{piston}} \mathrm{d}L}. \tag{7.4}$$

在式 7.4 中引入分母是为了方便，因为在分子和分母间的大部分积分可以直接约掉，C_1 也一样，最后得到

$$\langle L \rangle = \frac{\int_0^\infty \mathrm{d}L e^{-fL/k_B T} L^N \times L}{\int_0^\infty \mathrm{d}L e^{-fL/k_B T} L^N}. \tag{7.5}$$

(a) 请验证式 7.5 等于 $(N+1)k_B T/f$。（提示：分部积分可使式 7.5 的分子在形式上更接近于分母。）

(b) 请说明 (a) 中得到的结果实质上就是理想气体定律。（提示：注意，由于 N 非常大，所以 $N+1 \approx N$。）

下面介绍另外一种表达形式。利用微分号和积分号互换的技巧[**]，式 7.5 能紧凑地写成 $\langle L \rangle = \mathrm{d}[-k_B T \ln Z(f)]/\mathrm{d}f$，这里 $Z(f)$ 是气体加活塞系统的配分函数。用 pA 替代 f，V/A 替代 L，得到

$$\langle V \rangle = \mathrm{d}[-k_B T \ln Z(p)]/\mathrm{d}p = \mathrm{d}F(p)/\mathrm{d}p, \tag{7.6}$$

其中 p 是压强。

Ⓣ 在 7.1.2′ 小节介绍了热力学共轭变量对的概念。

---

[*] 见 3.1.1 小节。
[**] 见式 3.14。

§7.2 渗透压

7.2.1 平衡渗透压遵循理想气体定律

现在转到渗透压问题(图 1.3)。用膜将一个刚性容器隔成两个腔,一侧是纯水,另一侧是含有 N 个溶质粒子的体积为 V 的溶液。溶质可以是从单个分子(糖)到胶粒尺度的任何物质。假设膜能让水但不能让溶质透过。一个形象的例子是超细筛,它的孔很小,以至于溶质粒子不能通过。当该系统达到平衡时,测量可知糖一侧具有较大的流体静压(图 7.1)。下面将定量预测该压强。

也许有人会认为上述情况应该比前面研究过的理想气体复杂得多。毕竟,溶质分子总是和水分子挤在一块,应该考虑流体力学等诸多因素。但在仔细检查过 7.1.2 小节的讨论后,我们发现那里的讨论也同样适用于渗透压问题。虽然溶质和水分子间存在强烈的相互作用,水分子之间同样如此,但是在稀溶液中,溶质分子间相互作用不是很强,因此任一微观态的总能量均不受溶质分子位置的影响。更准确地说,对溶质分子位置的积分由较大区域主导,在这些区域中任意两个分子都不足以接近到产生明显的相互作用。(就像理想气体定律对稠密气体失效一样,这个近似对浓溶液也不成立。)

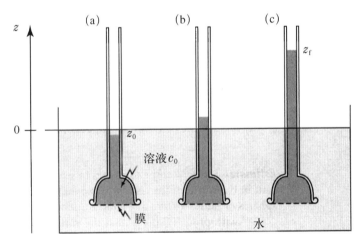

图 7.1(示意图) 渗透压实验。(a)半透膜紧绷在盛有浓度为 c_0 的糖溶液的杯状导管口上,导管插在纯水中。初始时刻,糖溶液延伸到杯颈部的高度 z_0 处。(b)渗流导致导管中的液面开始上升,直到(c)达到平衡高度 z_f。最终平衡态的压强是最后的高度 z_f 乘以 $\rho_m g$,ρ_m 是溶液的质量密度。

因此,对稀溶液,就像推导式 7.2 一样,可以先对所有溶质粒子的位置作积分 $\int d^3 r_1 \cdots d^3 r_N$ 得到 V^N。V 是溶质分子可到达的部分腔体体积(图 1.3 右侧)。因为膜对水分子完全无影响,配分函数其他部分不再依赖于 V,所以对所有水分子动量和位置求和只对 Z 贡献了一个常量因子,如式 7.2 所示此因子不必考虑。

图 1.3 中的平衡渗透压 p_{equil} 因此可由理想气体定律给出:

$$p_{\text{equil}} = ck_BT. \quad 范托夫关系 \tag{7.7}$$

此处 $c = N/V$ 是溶质分子数密度。p_{equil} 是为了达到平衡而作用在溶质一侧单位面积上的力。

上面的讨论适用于图 1.3 所示的情况，在那里我们或多或少地人为假定了装置外面没有空气，因此也没有大气压强。在图 7.1 所示更普遍情况下，再次得到关系式 7.7，但这一次是膜两侧的压强差。因此 $\Delta p = z_f \rho_m g$，这里 z_f 是流体柱的最终高度，ρ_m 是溶液质量密度，g 是重力加速度。在这个例子中，我们推断流体柱的平衡高度正比于其中的溶质浓度。

范托夫关系可解释第 1 章提出的一条神秘经验，即渗流机最大功公式（式 1.7）。请再次思考图 1.3(b)。假设溶剂流动直至右侧（有溶质的）体积加倍。在整个渗透流过程中，活塞一直带着负载。为了从系统中提取最大功，连续调整负载使流动总是处于几乎停止的状态。

> **思考题 7B**　对式 7.7 积分，求出活塞对负载所能做的最大总功。与式 1.7 比较，求出比例常数 γ 的值。

估算　我们需要做一些估算来说明渗透压在细胞世界中是否真有意义。假设细胞内含有半径约 10 nm 的球蛋白，其浓度达到某一程度，比如 30% 的细胞体积被蛋白占据（即，体积分数 ϕ 等于 0.3）。对红细胞这并不是一个不切实际的描述，因为红细胞充满了血红蛋白。为了得到式 7.7 中的浓度 c，假定 0.3 等于单位体积蛋白数目乘以单个蛋白质的体积：

$$0.3 = c \times \frac{4\pi}{3}(10^{-8}\text{ m})^3. \tag{7.8}$$

因此 $c \approx 7 \times 10^{22}\text{ m}^{-3}$。为了把它表述成更常用的单位，记住一摩尔每升对应的浓度是 $N_{\text{mole}}/(10^{-3}\text{ m}^3)$。称 1 mol/L 的溶液为 1 摩尔的溶液，定义符号 M = mol/L。本书中摩尔一词是阿伏伽德罗常数（见 1.5.1 小节）的同义词，于是 $c = 1.2 \times 10^{-4}$ M，即该溶液浓度为 0.12 mM[*]。

因此，如果将红细胞悬浮在纯水中，阻止水流进细胞所需压强将等于 $k_BT_rc \approx 300$ Pa。这当然远小于大气压（10^5 Pa）。但它对细胞来说是否算大呢？

假设细胞直径 $R = 10\,\mu\text{m}$。净内压会在细胞膜上产生张力，即在膜各部分间产生拉力。想象膜表面上存在一条线，线左边单位长度的膜用一定的力拉另一侧的膜，这个力称为表面张力 Σ。单位长度上的力与单位面积上的能量具有相同单位；的确，要把膜从 A 拉伸到更大的面积 $A+dA$，我们必须做功。如果画两条紧挨的、长度为 l 的平行线，则将它们的间距 x 增加到 $x+dx$ 所做的功等于 $(l\Sigma) \times$

---

[*]　本书假定稀溶液公式总是可用的，因此不区分摩尔和摩尔浓度。

dx。该功同样地等于 $\Sigma \times dA$，$dA = ldx$ 是面积的变化。相似地，球状细胞从半径 R 拉到 $R+dR$ 将使面积增加 $dA = (dR)\dfrac{dA}{dR} = 8\pi R dR$，消耗的能量为 $\Sigma \times dA$。

一旦膜进一步伸展消耗的能量与受压的内部发生膨胀时自由能的减少达到平衡，细胞的延展就会停止。后一部分自由能就是 $pdV = p\dfrac{dV}{dR}dR = p4\pi R^2 dR$，它与 $\Sigma \times 8\pi R dR$ 平衡可得到表面张力

$$\Sigma = Rp/2。\quad \text{杨-拉普拉斯公式} \qquad (7.9)$$

代入上面估计的 p，得到 $\Sigma = 10^{-5}\,\text{m} \times 300\,\text{Pa}/2 = 1.5 \times 10^{-3}\,\text{N m}^{-1}$。该力基本上足以撕开真核细胞膜，从而将细胞摧毁。由此可见，渗透压对细胞的影响极为显著。

在小溶质（如盐）存在时，这种情况更严重。双层膜对钠和氯离子几乎是不可穿透的。每立方米浓度为 1 M 的盐溶液含有近 10^{27} 个离子，比上例中的蛋白分子多一万倍！实际上，你不可能用纯水来稀释红血球细胞；在低的外部盐浓度下，它们会爆裂，即溶胞。很明显，为了避免溶胞，活细胞必须精确地调节内部溶质的浓度。第 11 章还会继续讨论这一事实。

7.2.2　渗透压使大分子之间产生排空力

从图 7.2 中可以清楚看到，细胞内非常拥挤。不仅如此，不同尺度的物质形成层级结构，从巨大的核糖体到糖到微小的单个离子（图 2.4）。这种层级结构会导致令人惊讶的熵效应，称为排空作用或分子拥塞现象。

考虑容器中有两大块固体（"绵羊"），同时装有数密度为 c 的大量较小物体（"牧羊犬"）的悬浮液。（不可否认，这是一个不同寻常的牧场，其中牧羊犬的数量远多于绵羊。）我们会发现牧羊犬趋向于把羊赶在一起，这是一种和大块物体间任何直接吸引毫无关系的纯粹熵力。

朝仓昌（S. Asakura）和大沢文夫（F. Oosawa）在 1954 年发现了一个重要事实，即每个大块物体被一个厚度等于小粒子半径 R 的排空区包围着：小粒子的中心不能进到这个带里。图 7.3 勾画了这一图像。当有小粒子存在时，两个面积为 A 的表面相互靠近。排空区的出现减小了小粒子的可达体积，因此消除排空区将增加小粒子的熵，从而降低其自由能。

现在让这两个表面靠近。如果它们的表面匹配，那么当它们接近时，其排空区会合并且最终消失［图 7.3(b)］。相应自由能的减少会导致产生一个驱动表面接触的熵力。当这两个表面接近到小粒子直径 $2R$ 范围内时，上述效应才开启，因为排空效应是短程的。即使两个表面形状并不精确匹配，但只要在小粒子尺度上仍近似匹配，它们之间就会有排空作用。比如，当两个大球相遇时（或当一个大球碰到一堵墙时），只要它们的半径远大于 R，它们的排空区就会缩小，这是因为在小球看来它们组合起来就像平的一样。

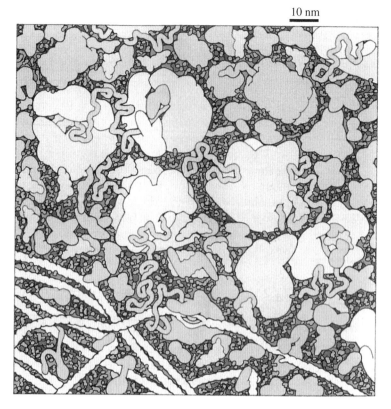

图 7.2(依据结构数据的手绘图) 拥挤的大肠杆菌内部。为清楚起见,图中略去了水分子。底部展示了一条 DNA 分子正在被转录成信使 RNA,后者又立即被核糖体翻译成新的蛋白分子(图示最大物体)。在核糖体之间分布着形状、尺寸各异的大量蛋白分子,它们或是正在分解小分子而获取能量,或是正在为细胞的生长及维持而合成新的分子。(由 D. S. Goodsell 绘制。)

我们也可用与压强相关的概念解释排空效应。图 7.3(b)显示一个小粒子企图进入缝隙却被弹开。这可以想象成在缝隙的进口处有一层半透膜,除水外其他粒子都无法进入。该虚拟膜两侧的渗透压把水吸出这个缝隙,因此迫使两个大粒子发生接触。这个压强是单位体积的自由能变化(式 7.2)。当两个表面接触时,它们之间的排空区体积从 $2RA$ 缩小到 0。用排空区的压强降低量 ck_BT 乘以体积变化,得出

$$(\Delta F)/A = ck_B T \times 2R。 \tag{7.10}$$

单个大粒子周围薄层的重排看似并不重要,但是排空作用的总效应却可能相当显著(见习题 7.5)。

丁斯莫尔(A. Dinsmore)及合作者给出了排空作用一个清晰的实验证明(图 7.4)。他们制备了一个囊泡,其中含有溶液及一个半径约四分之一微米的大颗粒。在某次实验中,溶液包含了半径为 0.04 μm 的小颗粒悬浮物,而另一次实验中则没有这些小颗粒,其他条件均相同。在小心控制实验条件去掉大颗粒之间所有的其他相互作用(如静电力)之后,他们发现了一个戏剧性效应:只需"牧羊犬"

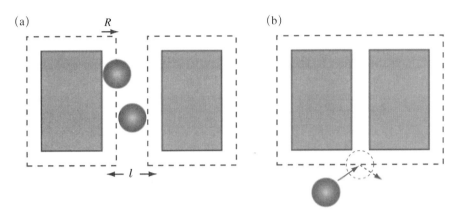

图 7.3(示意图) 排空作用的物理起源。(a) 两个形状匹配、面积均为 A 的表面开始时相距 l，大于悬浮粒子半径的两倍。每个表面被厚度为 R 的排空区包围着(虚线)。(b) 当表面接近到小于 $2R$，两排空区合并，同时它们的总体积减小。

小颗粒与大颗粒共存，这种状态本身就足以使得后者在大部分时间里紧贴于泡壁。通过分析大颗粒出现在壁上的时间比例，实验测得粒子附在泡壁时减少的自由能，并定量证实了估算式 7.10(对弯曲表面要做适当修正)。

将上述图像中的绵羊用大分子代替，牧羊犬用高分子线团或小的球状蛋白代替。类比可知，小物体的存在确能有效地帮助大分子找到彼此的特异性识别位点。举个例子，引入牛血清白蛋白(BSA，一种蛋白)或聚乙二醇(PEG，一种高分子)可帮助脱氧血红蛋白和其他大蛋白粘在一起，使它们的可溶性降低约 10 倍。葡聚糖或 PEG 也能稳定复合物使之不易受热分解，例如，加入 PEG 能使 DNA 的熔解温度增加若干度(见第 9 章)，而且还能使蛋白复合物的结合增加一个或多个量级。从上述所有例子中我们看到一个贯穿始终的普遍主题，即一个反应过程自由能变化 ΔF 的熵部分 $-T\Delta S$ 与能量部分是可以相互转化的。任一项变化均可以影响反应的平衡点(见 6.6.4 小节)。

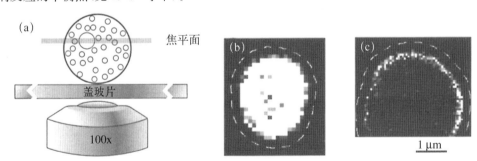

图 7.4(示意图；实验数据) 测量排空作用的一个实验。(a) 实验装置。通过显微镜观察刚性球泡的中心平面，泡内装有一个半径 0.24 μm 的聚苯乙烯球("绵羊")。(b) 2 000 次观测给出的大球中心位置的直方图。在本例中，溶剂中不含更小的物体。为显示球在某位置被发现的频率，图中没有使用直方条的高度表示频率而是用各位置处斑点的颜色深浅来表示。较亮的阴影代表更频繁发现球的位置。虚线描绘了刚性球泡的实际边缘，球心离此边缘不小于球半径。(c)的条件和(b)相似，只是刚性球泡内装有更小的、半径为 0.04 μm 的小球("牧羊犬")悬浮液，其体积分数大约为 30%。虽然"牧羊犬"在光学上不可见，但它们使"绵羊"在大部分时间里紧贴在器壁上。[(b, c)蒙允翻印自 Dinsmore, AD, Wong, DT, & Yodh, AG, *Phys. Rev. Lett.* 80，p. 409 (1998) 图 1B, C © 1998 American Physical Society. doi.org/10. 1103/PhysRevLett.80.409 图像蒙 A. Dinsmore 惠赠。]

如同牧羊犬可驱使绵羊之间达到最佳接触，拥塞效应也能加速反应。如 PEG 或 BSA 等"拥塞试剂"的出现能使肌动蛋白丝的自组装速率或不同酶的活性增加几个数量级。从自由能的角度可以解释这个结果，因为熵对 F 的贡献降低了组装的活化势垒（见 6.6.2 小节）。实际上，一些细胞装置，比如大肠杆菌中的 DNA 复制系统，在体外不加入拥塞试剂就不能工作。如同我们的简单物理模型所预言的，精确选择何种拥塞试剂并不太重要，真正重要的是它相对于组装分子的尺度及数密度。

趋向无序状态的过程也能同时驱动有序事物的组装，这看似矛盾。但你得记住牧羊犬比绵羊的数量多得多。如果少许大分子的组装可以释放出一些空间而有利于许多较小分子，那么系统的整体无序度将上升而非下降。同样的，我们将会在后面见到另一种熵力，即疏水相互作用如何辅助蛋白分子高度有序地折叠或驱动双层膜由基本单元开始组装。

§7.3　超越平衡：渗透流

7.2.1 小节关于渗透压的论述涉及一些非常普遍的论据，我们看到了它们的有效性、优美性以及局限性。我们也得到了一个与事实相符的定量预言（见习题 7.2）。但是，为什么应该有压降？压强是一个真正的牛顿力，力是动量的转移速率，而 7.2.1 小节仅仅讨论了熵（或无序）却没有提及动量。那么，力究竟源自何处？序的改变如何转变成动量流的呢？

我们在理想气体定律的例子中碰到过相似的情况。幸好在第 3 章已经给出了一个虽不太普遍但非常具体的论述，因此 §7.1 通过抽象讨论得出的结论才会让人信服。我们需要抽象观念以有效地处理种种复杂情况，否则细节知识常容易使重点模糊。但只要可能，我们也应该寻求具体的图像，哪怕它们非常简单。因此，本节将重新审视渗透压概念，在范托夫关系的基础上发展出一个简化的动力学观点。作为额外收获，我们也将了解非平衡流，并可将其用于第 11 章和第 12 章关于离子转运的研究。更普遍地，这些讨论将为理解多种自由能转换器打下基础。比如，第 10 章将运用这些想法解释大分子机器如何产生力。

7.3.1　对布朗运动"整流"导致渗透力的产生

图 1.3 中渗透压提供了推动活塞在圆筒中运动的力。归根结底，这个力必须来自隔开两个腔体的膜，因为只有膜相对于圆筒是固定的。实验上，人们见到当膜推流体时它就会拱起，而这反过来推动活塞。因此，我们真正需要理解的是膜为什么及怎样施力于（传递动量到）流体。

为使讨论变得具体，我们需要做许多简化假设。其中有一些只是近似，而另一些能通过仔细控制实验使之基本上成立。比如，假设膜对溶质粒子完全不可穿透。这样的膜称为半透膜；"半"表示水分子完全能通过这样的膜。另外，假定流体（如水）是完全不可压缩。最后，可照常假设任何量沿 x 和 y 方向都没有变化。

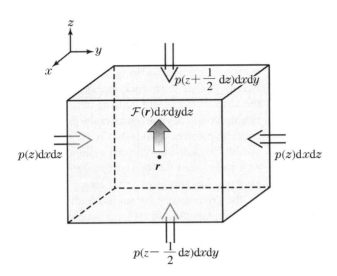

图 7.5(示意图)　作用在一个液元上的力。密度为 $\mathcal{F}(r)$ 的外力作用在液元质心 $r=(x, y, z)$ 上。假设力密度及其导致的压强 p 均不依赖于 x、y 坐标。流体的压强从盒子的六面往内推。x 和 y 方向上的净压力为零,但是对于 z 方向的力平衡,存在一个并非无足轻重的前提条件。

　　想象受外力(如重力)直接作用的流体。例如,游泳池中水。它的压强随深度增加,这是因为在平衡时,每一个流体单元必须向上推才能平衡上面流体柱的重量,因此有

$$p(z) = p_0 + \rho_{\mathrm{m}} g \times (z_0 - z)。 \tag{7.11}$$

这里 p_0 是大气压,$z_0 - z$ 是深度,$\rho_{\mathrm{m}} g$ 是单位体积的重量(力)(一个类似的表达式见式 3.22)。更一般地,作用在流体上的力可以不是常量。考虑中心在 $r=(x, y, z)$ 处的小立方流体,令 $\mathcal{F}(r)$ 是沿 $+z$ 方向作用在 r 处单位体积上的外力。立方体上的力平衡要求压强不能是常量而必须随高度变化(图 7.5):

$$\left[-p\left(z+\frac{1}{2}\mathrm{d}z\right) + p\left(z-\frac{1}{2}\mathrm{d}z\right) \right]\mathrm{d}x\mathrm{d}y + \mathcal{F}(z)\mathrm{d}x\mathrm{d}y\mathrm{d}z = 0。 \tag{7.12}$$

令 $\mathrm{d}z$ 很小,根据导数定义给出力学平衡条件(此处也称为流体静力学平衡) $\mathrm{d}p/\mathrm{d}z = \mathcal{F}(z)$。取力密度 $\mathcal{F}$ 为常量 $-\rho_{\mathrm{m}} g$ 并解之,我们再次得到了特例式 7.11。

　　想象流体中的胶体粒子悬浮系统,其数密度为 $c(z)$。假设力 $f(z)$ 沿 z 方向作用在每个粒子上,这个力依赖于粒子位置。(这种情况的一个形象的例子是,流体中有两块由电池连着的多孔平行金属板,带电粒子除了在板之间会感受到力外,其他地方都为零。)

　　在低雷诺数区域,惯性效应可以忽略(见第 5 章),因此作用在每个粒子上的力正好被流体的黏滞阻力平衡。粒子反过来往回推流体,因此向它传递了外加的力。所以,即使力没有直接作用在流体上,它也产生了平均力密度 $\mathcal{F}(z) = c(z)f(z)$ 和相应的压强梯度:

$$\frac{\mathrm{d}p}{\mathrm{d}z} = c(z)f(z)。 \tag{7.13}$$

每个粒子上的力反映了其势能梯度：$f(z) = -dU/dz$。比如，密不透风的墙产生一个势能接近无穷大的区域，接近墙时力会无限增加从而推开任何粒子。约定远离膜时 $U \to 0$ [图 7.6(b)]。

式 7.13 有明显的问题：只有一个方程，但有两个未知函数，$c(z)$ 和 $p(z)$。幸运的是，我们对 c 有一定的了解：在平衡态时，由玻尔兹曼分布可知，它是一个常量乘以 $e^{-U(z)/k_B T}$，而且这个常量就是在远离膜的零力区域的浓度 c_0。沿 z 方向的力密度是 $(c_0 e^{-U/k_B T})(-dU/dz)$，它可以重新写成 $c_0 k_B T \dfrac{d}{dz}[e^{-U(z)/k_B T}]$。根据式 7.13，此式就是 dp/dz：

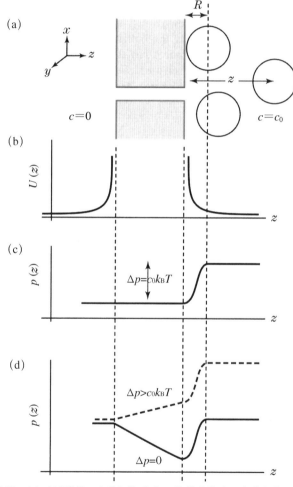

图 7.6(示意图) （a）半透膜的一个形象模型，即一堵带孔的墙。孔道很小以至于悬浮粒子不能通过。（b）当颗粒靠近膜时受到来自膜的沿 z 向的力 $-dU/dz$，U 是单粒子的势能。（c）平衡时，孔道内（前两条虚线间）的压强 p 是常量。在粒子浓度减少的区域中 p 下降。（d）实线：如果膜两侧的压强维持相同值，穿过孔道的渗透流会以某个速率持续下去以使得通道两端的压差（来自黏滞阻力）与渗透压的升高相抵消。虚线：为制造逆渗透，外力维持的压强落差必须大于平衡状态时的落差值[图(c)所示]。流体将逆着常规渗透流方向，这一点也体现在孔道内压强分布上，即与渗透流压强曲线（实线）的倾斜方向恰好相反。

$$\frac{\mathrm{d}p}{\mathrm{d}z} = k_\mathrm{B} T \frac{\mathrm{d}c}{\mathrm{d}z}.$$

从膜通道到零力区域对该方程作积分可证明 $\Delta p = c_0 k_\mathrm{B} T$。更一般地，

半透膜两侧的平衡态压强差等于 $k_\mathrm{B} T$ 乘以膜两侧的零力区
域的溶质浓度差。　　　　　　　　　　　　　　　　　　　　(7.14)

我们已经重新得到了范托夫关系(式 7.7)。然而，和 7.2.1 小节的讨论相比，这里的考虑更加细致。

Gilbert：现在我明白力产生的真实机制了。如果膜对溶质粒子不可穿透，那么当这些粒子接近膜时，就会从膜上反弹回来。因为存在黏滞摩擦力，粒子运动会带走水，因此水也从膜上离开。又因为水分子能够通过膜上的孔，所以同时会有一些水从另一侧冲过膜。这就是渗透流。为了阻止它，反向压强是必须的。

Sullivan：等一下。即使当粒子是<u>自由的</u>(没有膜)，它们的布朗运动也会扰动周围的流体！你的论述怎么用来解释渗透情况呢？

Gilbert：的确如此，但是你提到的效应是随机的，平均效应为零。相反，膜对溶质粒子只会施加向右的力，而绝不会是向左的力。这个力的净值非零。因此它的效应是整流了附近粒子的布朗运动。也就是说，产生了沿某个方向的净运动。

Sullivan：就如同免费得到某种物品。

Gilbert：并非如此，"整流"是要付出代价的：为了做有用功，活塞必须移动，因此增加了含溶质部分的体积。正如(抽象的)要点 6.19 指出的，这种变化必然以付出有序性为代价。

Gilbert 此刻正好把一个手指放在了净动量流传入液体的位置(即半透膜)处。粒子不断地从右边而不是从左边撞击图 7.6(a)中的膜。膜被迫提供向右的冲击。每次冲击输送一些动量，这些冲击的总效应非零。它们引导流体穿过孔道，直到平衡为止。

> 现在假设膜的两边都有粒子，其浓度分别为 c_1 和 c_2。假定 $c_1 > c_2$。重新绘出图 7.6，找出在这种情况下的范托夫关系的形式。

**思考题
7C**

以上讨论表明"渗透压"一词的确容易产生误导。假设将一块糖扔到一杯水里，不久就形成一杯浓度为 $c(r)$ 的高度非均匀的糖水。但是各处压强 $p(r)$ 仍然是常量，并不等于范托夫关系所预测的 $k_\mathrm{B} T c(r)$。毕竟，渗透压可以很大。一旦流体内部突然产生这么大的压强差，整个流体可能会陷入剧烈的运动中。但实际上流体很平静，而且溶质是通过扩散散布开来的。

这种推理方式当然太过简单，其破绽在于预设了浓度梯度自身以某种方式引起压强梯度。但事实上，必须有力作用才可能导致压强差(见式 7.12)。因此，只有当存在物理实体(半透膜)施力于溶质粒子时，渗透压才可能表现出来。当没有这样的物体时——比如只是将一块糖扔到水里——则根本不存在力，从而也不会

产生压强梯度。类似地,在图 1.3 所示的实验中,开始时根本就没有渗透压。只有当溶质分子碰巧从开始的糖块扩散到膜时,膜才会开始"整流"它们的布朗运动,并因此向它们及流体传递力。

7.3.2 渗透流与力致渗透定量相关

7.3.1 小节指出膜会推开粒子,这反过来使得粒子将液体从膜上拖走,从而留下一个低压带。这个带就是排空区,见图 7.6(c) 的实曲线。

现在假设没有外力加到图 1.3(a) 中的活塞上,因此两侧无净压强差,毕竟压强是单位面积上的力,活塞两侧间的净压强差为零。(更接近现实的情况是,每一侧都有大气压,但仍然没有压差。) 这与范托夫关系不是相互矛盾吗? 并非如此,范托夫关系给出的不是真正的压强,而是阻止渗透流可能需要的压强,即系统达到平衡所需的压强差。当然也可以维持一个比 $c_0 k_B T$ 小的压强差,那么渗透力的确会把水从 $c = 0$ 一边通过孔拖到 $c = c_0$ 的一侧。此过程即渗透流。

图 7.6(d) 的实线概括了该情况。在平衡时,整个孔里液压曾经是常量 [图 7.6(c)],但现在不再是了。仿造前面对哈根-泊肃叶关系的讨论(见式 5.18)可知,要产生大小为 p/L 的单位长度上的压降,所需流量应为 Q。这个流量使得对应的压降恰好满足范托夫关系。这也适用于逆渗透(见 1.2.2 小节):如果用单位面积上大于 $c_0 k_B T$ 的力反向推动自然渗透流,那么为适应这个外加压强差,流将反向。图 7.6(d) 中虚线显示的正是这种情况。

以上讨论可用一个公式来概括。首先注意到,即使当膜两侧只有纯水,推动一个活塞时也会产生流。因为孔一般都很小并且流很慢,我们期望这个现象有一个达西型定律,即渗水率公式(见 5.3.4 小节)。如果单位面积上有固定的孔密度,可以预计体积通量(单位时刻通过的体积)正比于外加压强和面积。那么相应的体积通量是 $j_v = -L_p \Delta p$,这里 L_p 称为膜的滤过系数,它是常量(见习题 4.10 和 5.3.4 小节)。前面的讨论暗示存在一个渗水率公式的推广,它可以同时包括受驱流和渗透流:[*]

$$j_v = -L_p(\Delta p - (\Delta c) k_B T)。 \quad 穿过半透膜的体积通量 \quad (7.15)$$

式 7.15 在受驱渗流和渗透流两个看似不同的现象之间建立了一个定量联系。若施加零外力,那么渗透流以 $j_v = L_p k_B T \Delta c$ 流量行进。在这种情况下,单位面积的熵力 $(\Delta c) k_B T$ 恰好平衡了单位面积的摩擦阻力 j_v / L_p。当增加反向压强时,体积流减慢,当 $\Delta p = (\Delta c) k_B T$ 时降为零,然后在更大的 Δp 下反向,即给出了逆渗透。

式 7.15 实际上优于把膜视为含圆柱孔道的硬墙这一过于刻板的模型,后者仅是早期为使讨论更具体而引入的。正如 $k_B T$ 把力驱动的输运过程和熵驱动过

---

[*] 有些书在写这公式时引入缩写 $\Pi = c k_B T$,且称 Π 为"渗透压"。我们为了避免复杂的措辞,简单地记该量为 $c k_B T$。

程联系在一起,此公式体现了与爱因斯坦关系(式 4.16)相似的精神。

  7.3.1′ 小节将提到膜对水和溶质都有某种程度可透性的更一般的情况。

§7.4 溶液中的静电力

至此,我们在溶质粒子相互作用可忽略这一假设下对渗透力进行了研究。对不带电荷的糖分子,这是合理的。但是,接下来会看到,细胞内物质间的静电作用可以非常大。本节将介绍混合力,它们部分源于熵,部分源于能量。

7.4.1 静电作用对细胞的正常功能至关重要

生物膜和其他大分子(如 DNA)常被说成是"带电的"。这一术语常引起混淆。物质不是必须是电中性的吗? 让我们回想一下为什么一年级物理课程中会有这种提法。

例题: 考虑一个悬浮在空气中的半径为 $R = 1\,\mathrm{mm}$ 的雨滴。从这个水滴中 1% 的水分子里各移走一个电子要做多少功?

解答: 移走一个电子会留下带电的水分子。这些带电水分子因为要相互远离而迁移到水滴表面,因此形成一个半径为 R 的电荷壳。在一年级物理课中曾提及这样一个壳的静电势能是 $\frac{1}{2}qV(R)$,或 $q^2/(8\pi\varepsilon_0 R)$。在这个公式中,$\varepsilon_0$ 是描述空气性质的常量,即真空介电常量。附录 B 给出 $e^2/(4\pi\varepsilon_0) = 2.3\times10^{-28}\,\mathrm{J\,m}$。水滴上的电荷 q 等于水分子数密度、水滴体积、质子电荷的乘积再乘以 1%。平方得到

$$\left(\frac{q}{e}\right)^2 = \left[\frac{10^3\,\mathrm{kg}}{\mathrm{m}^3}\frac{6\times10^{23}}{0.018\,\mathrm{kg}}\times\frac{4\pi}{3}(10^{-3}\,\mathrm{m})^3\times0.01\right]^2 = 1.9\times10^{36}。$$

再乘上 $2.3\times10^{-28}\,\mathrm{J\,m}$ 并除以 $2R$ 得到大约 $2\times10^{11}\,\mathrm{J}$。

两千亿焦耳是很大的能量——肯定远远大于 $k_{\mathrm{B}}T_{\mathrm{r}}$! 宏观物体的确是电中性的[它们满足"体电中性(bulk electroneutrality)"的条件]。但是在纳米世界里事情有所不同。

> 对水中半径 $R = 1\,\mu\mathrm{m}$ 的水滴重复该计算。注意水的介电常量 ε 比上例中空气的约大 80 倍;换句话说,水的相对介电常量 $\varepsilon/\varepsilon_0$ 大约是 80。对水中 $R = 1\,\mathrm{nm}$ 的物体再次重复该计算。
>
> **思考题 7D**

介质中带电体所携带的能量简称自能或者玻恩自能（以此纪念提出者马克斯·玻恩）。

由此可见，热运动把一个中性分子分离成带电部分是可能的。比如，把一个类似 DNA 的酸性大分子放到水中，分子上一些松散附着的原子可能漂走而留下它们的一些电子。此时，剩下的大分子带净负电荷：DNA 变成一个负大分子离子，此即 DNA 电离的含义。失散的原子带正电，它们称为平衡离子，因为它们的净电荷平衡（中和）了大分子离子。正离子也称为阳离子，因为它们会被吸引至阴极；相应地，大分子离子也称为阴离子。

平衡离子会扩散开来，因为它们不受化学（共价）键束缚，其次通过扩散它们自身的熵增加了。第 8 章将讨论哪部分会分开，即部分电离的问题。现在我们只研究完全电离的大分子离子这一简单特例。这种情形非常有趣，（部分地）因为 DNA 通常几乎是完全电离的。

离开大分子离子的平衡离子面临着一个两难处境。如果它们离大分子太近，则解离不会得到太多熵。但是如果太远，为了挣脱大离子上相反电荷的束缚，又必须消耗很多能量。因此平衡离子需要在最小能量和最大熵的竞争之间达成妥协。本节将证明，对很大的扁平大分子离子，平衡离子选择的妥协方式是以"离子云"的形式悬浮在大离子表面附近。在完成思考题 7D 后，你就不会惊讶于此云层的厚度可以达到几个纳米。在远离平衡离子云的地方来看，高分子离子显现电中性。因此，其他向它靠近的高分子离子只有在距离小于两倍云层厚度时才会感受到吸引或排斥。这和真空中带电平板附近的电场完全不同，在后一种情况下，电场根本不会随着距离的增加而减少！[*] 简言之，

> 在真空中静电相互作用是长程的。但在溶液里，屏蔽效应减少了相互作用的有效范围，通常降到 1 nm 左右。　　　　　　　　　　(7.16)

下面讨论平衡离子云的形成，通常也称为扩散电荷层。它与留在带电大分子离子表面上的电荷一起在离子周围形成双电层。上一段说明了带电高分子离子上的力有混合特性：它们部分源于静电，部分源于熵。当然，若我们能使热运动停止，此扩散层会塌缩到高分子离子上而使它呈电中性，因而根本不会有力。从下面的力的表达式中就能看出这一点。

在计算扩散电荷层的性质之前，下面的几点补充说明可能有助于理解相关的生物学背景。

静电斥力可阻止大分子结块　你身体的每个细胞都包含多种生物大分子。分子之间存在很多吸引相互作用，例如排空力或者范德瓦尔斯力，这些力使得大分子倾向于粘连在一起。如果分子真的粘成一团沉积在细胞中，而与水分子发生分离，这对细胞来当然是不利的。同样的问题也困扰着胶体悬浮系统（如颜料）制造业。大自然避免这种结块灾难的一种有效方法是让所有胶体颗粒都带上同号电荷，人类也模仿了这一思路。在细胞中，绝大多数大分子都是带负电的，因此的确会相互排斥。

---

[*] 见式 7.20。

特异性结合　溶液中静电力的短程性质(见要点 7.16)对细胞来说至关重要,这是因为:

- 大分子离子只有在相互靠近时(距离通常小于大分子的尺寸)才能感受到对方。而且,即使两者已经靠拢,也只有紧邻的表面单元之间能感受到对方。因此,

- 当它们足够接近时,一个分子表面上正负电荷氨基酸的**精细分布模式**(而不是整体带电量)能被另一个分子明确感受到。

第 2 章已经提及,这是细胞能有条不紊地维持其内部无数生化反应的核心原因。大分子可能会在整个细胞中游荡并相互碰撞,但只有那些形状和电荷分布都精确匹配的分子才能发生结合。这种惊人的特异性源于:

即使一对匹配电荷之间的静电力较弱(能量为 $k_B T_r$ 量级),
大量这类相互作用的叠加足够导致两个分子之间产生牢固的结
合,只要两者的形状和带电基团的分布都精确匹配。　　(7.17)

注意,要使两个匹配表面结合,仅使它们相互靠近还不够,两者还必须具有合适的相对取向。我们称这种结合为立体定向结合。

简言之,为理解大分子识别这一对细胞运转最为关键的事实,我们需要先理解带电表面附近平衡离子云的性质。

ATP 的能量　你可能常听人提及 ATP 是细胞中的能量通货,因为它包含"高能化学键",这些键在断裂时会"释放能量"。但这听起来有点矛盾,因为通常情况下形成化学键是能量降低的过程,因此化学键断裂需要消耗能量。

要理解这一点,请先回顾一下纯水中带电离子的玻恩自能,它正比于电量平方,在盐溶液中也有类似结论[*]。因此,如果一个电量为 $-4e$ 的小分子分解成电量为 $-e$ 及 $-3e$ 的两片,由于 $(-4)^2 > (-1)^2 + (-3)^2$,其静电自能会降低。如果这份减少的能量能够抵消化学键重排所耗费的能量,则 ATP 分子水解就能释放出净能量[**]。

上述情况有点像核反应释放的能量。在核反应中,短程吸引相互作用(核力)与长程静电相互作用发生竞争。如果一个铀核能形变且分离足够远以至于越过活化能垒,那它完全分解为两个碎片(各带约原初电荷的一半)将大大降低其总能量。

磷脂双层膜是绝缘体　请注意玻恩自能正比于 $1/\varepsilon$。这说明当离子从高介电环境(例如水溶液,$\varepsilon \approx 80\varepsilon_0$)转移到低介电环境(例如油这类非极性介质,$\varepsilon \approx 2\varepsilon_0$)时,静电自能会有一个陡增。在水-油界面处,离子会更倾向于待在水侧,尽管不存在任何物理屏障阻止其向油侧转移。用油性物质构成的几个纳米厚的薄层(例如磷脂双层膜的中部是由烃链构成的),会对带电离子跨膜过程造成一个非常高的势垒,从而阻止其在膜两侧的水环境之间来回穿越。按 4.6.1 小节的说法,离子在脂双层中的分配系数很小,因此其渗透率很低。

---

[*]　见习题 7.17。

[**]　还有一个可能原因是量子共振效应使得共价键能量降低,ATP 水解产物因此而获得的键能降低可能远甚于 ATP 分子的键能降低。

7.4.2 高斯定律

在处理含移动带电离子的统计系统之前，先回顾一下关于固定电荷系统的一些思想。还记得图 7.7 中所示的平面形状的电荷分布如何产生电场 $\mathscr{E}$ 的吗？图示为一个表面带均匀负电荷（密度为 $-\sigma_q$）的薄片，紧挨着铺展开的正电荷层，其体电荷密度为 $\rho_q(x)$。因此，σ_q 是单位为 $\mathrm{C\,m^{-2}}$ 的正常量；而 $\rho_q(x)$ 是单位为 $\mathrm{C\,m^{-3}}$ 的正函数，它沿 y 和 z 方向保持为常量，沿 x 方向的电场分量记为 $\mathscr{E}$。

带负电薄片上的电场是指向 $-\hat{x}$ 方向的向量，因此函数 $\mathscr{E}(x)$ 处处为负值。薄片表面的电场强度正比于表面电荷密度：

$$\mathscr{E}\,|_{\text{surface}} = -\sigma_q/\varepsilon. \quad \text{带电表面处的高斯定律} \tag{7.18}$$

上式中，介电常量 ε 和出现在思考题 7D 的是同一常量，在水中其值大约是空气或真空中的 80 倍 *。当离开表面时，电场变弱（绝对值较小的负值）：负电层仍然吸引着正电粒子，但是这个吸引因为介入其间的正电离子的排斥而被部分抵消了。任意两邻近点的电场强度差即是式 7.18 所示电场强度的变化，这个变化量可计算如下：在过这两点的平面（垂直于 x 方向）上取相对的两单位面积元，求出它们之间的空间中的电荷量然后按式 7.18 即可算得所求差值。记两点的位置 $x \pm \frac{1}{2}\mathrm{d}x$。因为这对单位面积电荷密度就等于 $\rho_q(x)\mathrm{d}x$（图 7.7），所以有

$$\mathscr{E}\left(x + \frac{1}{2}\mathrm{d}x\right) - \mathscr{E}\left(x - \frac{1}{2}\mathrm{d}x\right) = (\mathrm{d}x)\rho_q(x)/\varepsilon. \tag{7.19}$$

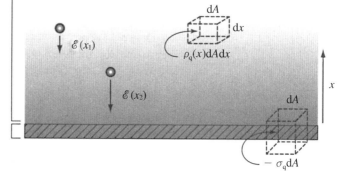

图 7.7(示意图) 电荷的平面分布。带负电荷的薄片（底部，影线部分）紧挨着与之中和的带正电荷的自由平衡离子层（上部，阴影部分）。图中未以个体形式显示平衡离子，渐变的暗色表示它们在各处的平均密度。下方的虚线盒围出了一片表面，它包含总电荷 $-\sigma_q\mathrm{d}A$，$\mathrm{d}A$ 是横截面积，$-\sigma_q$ 是表面电荷密度。上方的虚线盒含有电荷 $\rho_q(x)\mathrm{d}A\mathrm{d}x$，$\rho_q(x)$ 是平衡离子电荷密度。任一点的电场 $\mathscr{E}(x)$ 等于该处检验粒子上的静电力除以其电荷。对所有位置 x，电场均指向 $-\hat{x}$ 方向。因为在 x_1 和 $x=0$ 之间的正电荷排斥层比在 x_2 和 $x=0$ 之间的排斥层更厚，所以 x_1 处的场比 x_2 处弱。

---

* 对本书中称为 ε 的量，许多书采用符号 $\epsilon\epsilon_0$。这是一个易混淆的符号，因为此时 $\epsilon \approx 80$ 是无量纲的，而 ϵ_0（即本书中的 ε_0）确实有量纲。

换句话说，

$$\frac{d\mathscr{E}}{dx} = \frac{\rho_q}{\varepsilon}. \qquad \text{体相高斯定律} \tag{7.20}$$

7.4.3 小节将用这个关系求得表面外任意位置的电场。

 7.4.2′ 小节把前面的讨论与更一般的高斯定律形式联系起来。

7.4.3　带电表面外包围着可与之中和的离子云

平均场　现在回到与溶液中离子相关的问题。一个典型的例子是考虑一块负电荷密度为 $-2\sigma_q$ 且两边都是水的薄板，比如，带负电的细胞膜。你可能想诱导 DNA 进到细胞里（如在基因疗法中）。因为 DNA 和细胞膜都是带负电的，你必须知道它们的排斥力有多大。

一个等价的稍微简单一点的情形是一块仅一侧有水、电荷密度为 $-\sigma_q$ 的固体表面[图 7.8（a）]。为了简单，假设自由的正电平衡离子是单价的（如钠离子 Na^+）。也就是说，每个平衡离子携带单位电荷 $q_+ = 1.6 \times 10^{-19}$ C。在真实细胞里，会有来自周围盐溶液额外的两种荷电离子。带负电荷的称为同伴离子，因为它们与表面有相同的电荷。我们将暂时忽略同伴离子（见 7.4.3′ 小节）。

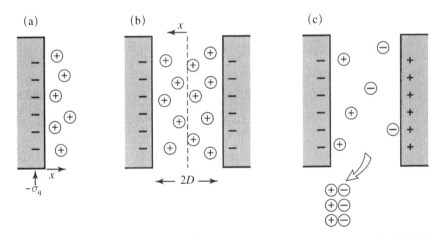

图 7.8(示意图)　表面附近的平衡离子的行为。（a）面电荷密度为 $-\sigma_q$ 的表面外的平衡离子云。(b) 当两块同荷表面靠近时，它们的平衡离子云开始被挤压。(c) 当两块异荷表面接近时，它们的平衡离子云被释放，并且熵增加。

一旦试图计算存在可移动离子时的电场，立即就会遇到一个困难：不像在一年级物理学中的那样，离子分布并非事先给定；相反地，必须由我们自己找出来。不仅如此，静电力是长程的。因此，这个未知的离子分布依赖于每个离子受到的力作用,而后者不仅和该离子的最近邻,而且还和其他许多离子相关! 你怎能奢望为这样复杂的系统建立模型呢?

让我们尝试一下,看能否化被动为主动。如果每个离子和其他许多离子相互作用,也许能按如下方式解决这个问题,即认为每个离子的运动不依赖于其他离子的具体位置,但受到它们的平均电荷密度即$\langle \rho_q \rangle$所产生电势的影响。我们称这个近似电势$V(x)$为平均场,而这种方法为平均场近似。如果每个离子都感受到了其他许多离子,那么$V(x)$在其平均值附近的相对涨落就会很小(图4.3),这个方法就是合理的。为了简化符号,可以去掉平均标记。从现在起,ρ_q指平均密度。

泊松-玻尔兹曼方程　我们想求得平衡离子浓度$c_+(x)$。假设固体表面浸在纯水中,因此远离表面处$c_+ \to 0$。平衡离子在x处的静电势能为$eV(x)$。因为将离子视为在一个固定势场$V(x)$中相互独立地运动,所以平衡离子密度$c_+(x)$由玻尔兹曼分布给出,即$c_+(x) = c_0 e^{-eV(x)/k_B T}$,其中$c_0$是一个常量。你可以把任何常量加到势能中,因为这种改变不会影响电场$\mathcal{E} = -\,\mathrm{d}V/\mathrm{d}x$。为方便起见,选择常量使得$V(0) = 0$,因此$c_+(0) = c_0$,未知常量$c_0$就是平衡离子在表面处的浓度。

不幸的是,我们还不知道$V(x)$。为了求得它,利用高斯**定律**的第二种形式(见式7.20),取ρ_q等于平衡离子密度乘以e。已知在x处的电场是$\mathcal{E}(x) = -\,\mathrm{d}V/\mathrm{d}x$,这给出了泊松方程

$$\mathrm{d}^2 V/\mathrm{d}x^2 = -\,\rho_q/\varepsilon。 \tag{7.21}$$

给定电荷密度,由泊松方程就能解出电势。电荷密度由玻尔兹曼分布$ec_+(x) = ec_0 e^{-eV(x)/k_B T}$给出。

这看起来似乎是一个鸡和蛋的问题(图7.9):一方面,需要利用平均电荷密度ρ_q去计算势能V,但同时又需要V以得到ρ_q(遵从玻尔兹曼分布)! 幸运的是,少量的数学计算就能让我们摆脱这样的困境。图7.9的每个箭头分别代表了两个未知量即ρ_q和V的一个方程。为找到这两个未知量,只需同时解这些方程。(在推导式7.13的范托夫关系时,我们碰到了同样的问题,而且使用了同样的解决方法。)

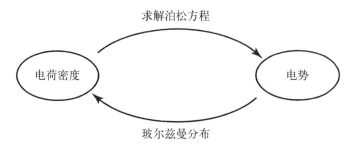

图7.9(图表)　找出平均场解的策略。泊松方程或玻尔兹曼分布都不能单独决定电荷分布,但可以通过同时求解这两个方程(含两个未知量)而得到。

在继续计算之前,先对以上公式稍作整理。首先定义重新标度后的无量纲势能$\overline{V}$:

$$\overline{V}(x) \equiv eV(x)/k_B T。 \tag{7.22}$$

联合玻尔兹曼分布与泊松方程,可得如下方程:

$$\frac{\mathrm{d}^2\,\overline{V}}{\mathrm{d}x^2} = -\frac{e^2 c_0}{k_B T \varepsilon}\,\mathrm{e}^{-\overline{v}}。$$

对变量 x 作无量纲化,可进一步简化此方程的形式。

令 $\bar{x} = x/A$,A 是具有长度量纲的常量。求出 A 的表达式,使得上述方程简化为如下形式:

思考题 7E

$$\boxed{\frac{\mathrm{d}^2\,\overline{V}}{\mathrm{d}\bar{x}^2} = -\,\mathrm{e}^{-\overline{v}}。\quad \text{泊松-玻尔兹曼方程}} \tag{7.23}$$

容易看出,这个方程两边都是无量纲的。

泊松-玻尔兹曼方程的解　对上述问题当然可以用计算机数值求解,但幸运的是我们也可以解析求解。我们需要先猜测一个试探函数,它的二阶导数等于它的指数函数的负值。x 幂函数的对数就具有这样的性质。但我们不能选择 $\overline{V}(\bar{x}) = \ln \bar{x}$,因为它在薄板表面上发散。不过,可以尝试一个略微不同的函数形式 $\overline{V}(\bar{x}) \overset{?}{=} B\ln(1+(C\bar{x}))$,$B$、$C$ 都是待定常量。可以看出,这个函数必定满足 $\overline{V}(0)=0$,并且无论 B、C 取何值,它也满足下面列出的边界条件(2)。

边界条件　正如任何微分方程一样,仅方程 7.23 本身无法确定任何特解。实际上这个方程有一族通解,我们需要选择那些满足某些边界条件的解。对于此处讨论的情况,相应的边界条件应该取为:

(1) $\overline{V}(0)=0$。无论 β、γ 的值如何选取,试探解都必须满足这个条件;

(2) 无穷远处无电荷存在,因此电场强度应该为零,即 $\mathrm{d}\overline{V}/\mathrm{d}\bar{x} \to 0$。我们的试探解自动满足这个条件。

将前面猜测的试探函数代入方程 7.23 中,可以确定出满足上述边界条件的解,由此得到 $B=2, C=1/\sqrt{2}$。

但是,我们的计算并没有完成,试探解还需要满足另一个条件,即需要符合给定的表面电荷密度。按照高斯定律(公式 7.18)的表面形式 $\mathrm{d}V/\mathrm{d}x\big|_{\text{表面}} = -\sigma_q/\varepsilon$,可知

$$\frac{\mathrm{d}\,\overline{V}}{\mathrm{d}\bar{x}}\bigg|_{\text{表面}} = \frac{eA\sigma_q}{k_B T \varepsilon}, \tag{7.24}$$

σ_q 是一个正数,因此表面电荷密度为 $-\sigma_q$。常量 A 可参看思考题 7E。

例题:　如何确保上述表达式的符号是正确的?

解答:　我们知道,越靠近带负电的物体,电势 V 越低。当平衡离子靠近荷电表面时,它感受到的电势能 eV 会一直降低,因此它们是被表面所吸引的。将离子到表

面的距离记为 x，当离子接近表面时 V 会下降，这就意味着 $\mathrm{d}V/\mathrm{d}x > 0$。因此公式 7.24 的符号是正确的。

目前看来我们似乎陷入了大麻烦，因为我们已经完全确定了试探解中的所有待定参数，似乎没有余地要求这个解满足更多约束条件（式 7.24）。幸好事实并非如此。注意到常量 A 中包含的参数 c_0 并非事先给定的。我们给定的只是表面电荷密度，而平衡离子云的密度是由式 7.24 所确定的。将试探解以及 A 的表达式带入式7.24，得到

$$\frac{k_\mathrm{B}T}{e}\left(\frac{\varepsilon k_\mathrm{B}T}{e^2 c_0}\right)^{-1/2}2^{1/2} = \frac{\sigma_\mathrm{q}}{\varepsilon}。$$

由此可确定参数 c_0 的值。

> **思考题 7F**
>
> （a）证明：$c_0 = \sigma_\mathrm{q}^2/(2\varepsilon k_\mathrm{B}T)$。
>
> （b）证明：用原始坐标 x 表达的静电势的表达式为
>
> $$V(x) = \frac{k_\mathrm{B}T}{e}2\ln(1+x/x_0), \tag{7.25}$$
>
> $x_0 = 2\varepsilon k_\mathrm{B}T/(e\sigma_\mathrm{q})$。检查这些物理量的单位是否正确。
>
> （c）计算平衡态时离子的浓度分布 $c_+(x)$。计算单位面积上平衡离子的总数 $\displaystyle\int_0^\infty \mathrm{d}x\, c_+(x)$，证明整个体系的确是电中性的。

值得指出的是，表面电荷密度升高会导致平衡离子云变薄（x_0 减小），使得表面附近的离子浓度升高。

上面得到的解有时称为古依-查普曼层，x_0 称为古依-查普曼长度。这个解在纯水中带电平面的邻域内是合理的*。从这个数学表达式还可以得出如下若干物理结论。

首先，从思考题 7F 中我们确实看到面外形成了一个厚度约为 x_0 的扩散层。7.4.1 小节已从物理的角度论证过，为了获得熵，平衡离子宁愿花费一些静电势能。更确切地说，平衡离子从周围环境中吸取了一些热来支付所需的能量，能做到这一点正是因为自由能中熵部分的增大会多于静电能部分的升高。如果让热运动停止（即 $T\to 0$），那么能量项将占优势，这个古依-查普曼层就会塌缩。从数学角度可看出这一点，即，层厚度 $x_0\to 0$。

为了从平坦表面解离，平衡离子必须付出多少静电能呢？将该层想象成距离表面 x_0 处的平坦电荷片。这两个电荷片形成了一个平板电容器。这样一个面积

---

* Ⓣ 或更现实地，这个解对于浓度足够低盐溶液中的强带电表面是合理的，见 7.4.3′ 小节。

为 A 的电容器存储了静电能 $E = q_{tot}^2/(2C)$。此处 q_{tot} 是被分开的总电荷,本例中取为 $\sigma_q A$。平板电容器的电容由下式给出:

$$C = \varepsilon A/x_0。 \tag{7.26}$$

结合前面的公式,可估计出纯水中孤立带电表面单位面积上存储的静电能密度:

$$E/(\text{面积}) \approx k_B T(\sigma_q/e)。 \quad (\text{无盐离子情况下的静电自能}) \tag{7.27}$$

这个值是合理的,它表示环境为每个平衡离子提供了约 $k_B T$ 的能量,这份能量就存储在形成的扩散层中。

这个量很大吗?完全解离的双层膜每个脂分子头部基团可以带一个单位的电荷,因而表面数密度约为 $|\sigma_q/e| = 0.7\ nm^{-2}$。那么半径 $10\ \mu m$ 的球状囊泡携带自由能 $\approx 4\pi(10\ \mu m)^2 \times (0.7/nm^2)k_B T_r \approx 10^9\ k_B T_r$。它相当大!在 7.4.5 小节我们将见到这些存储着的能量是怎样被利用的。

为简单起见,前面的计算假设了解离表面是浸在纯水中的。然而,在真实细胞中,细胞溶胶是电解质即盐溶液。在这种情况下,平衡离子在无穷远处的密度不是零,而且原来在表面上的平衡离子以逃逸方式获得的熵较小。因此,扩散电荷层比式 7.25 给出的更靠近表面。也就是说,

$$向溶液中加盐会使扩散层收缩。 \tag{7.28}$$

 7.4.3′ 小节解出了盐溶液中一个带电表面的泊松-玻尔兹曼方程,得到了德拜屏蔽长度的概念,给出了要点 7.28 的定量表述形式。

7.4.4 同荷表面相斥源于所携离子云的压缩

现在已经知道带电表面附近的状态,那么我们可以进一步计算出溶液中带电表面之间的熵力。图 7.8(b) 展示了这种系统。有人可能倾向于认为:"很明显,两个带负电的表面将会排斥。"不过,请稍等一下:每个表面,连同它的平衡离子云一起,确是电中性的物体!如果我们能使热运动停止,可移动的离子将回到表面上,因而表现为电中性。因此,同荷表面间的排斥只能以另一种形式出现,即表现为熵效应。当表面间距小于其古依-查普曼长度 x_0 的两倍时,它们的可扩散平衡离子云将受到挤压,随后它们会以渗透压来抵抗进一步压缩。下面给出细节。

为简单起见,继续假设周围水中没有外加的盐,因此除了从表面上解离出来的平衡离子外,不再有其他离子[*]。这一次从两个表面间的中央平面开始度量

---

[*] ⓣ 这一假设具有一定普适性。即使存在盐,如果表面高度带电,所得结果也会是精确的,因为在这种情况下,古依-查普曼长度比德拜屏蔽长度来得小(见 7.4.3′ 小节)。

距离，则这两个平面位于 $x = \pm D$ 处[图 7.8(b)]。假设每个表面的电荷密度为 $-\sigma_q$。选择 V 中的常量项使得 $V(0)=0$，因此参数 $c_0 = c_+(0)$ 是中央平面的待定平衡离子浓度。$V(x)$ 相对中央平面是对称的，因此式 7.25 不再成立。我们仍猜测解的形式为对数函数，但这次尝试 $\overline{V}(\overline{x}) = B\ln\cos(C\overline{x})$，其中 B 和 C 都是未知常量。当然，这个试探解必须是对称的，而且在中央平面即 $\overline{x} = 0$ 处等于零。

剩下的过程是熟悉的。把这个试探解代到泊松-玻尔兹曼方程(式 7.23)给出 $B = 2$ 和 $C = 1/\sqrt{2}$。在 $x = -D$ 处的边界条件还是式 7.24。给试探解加上边界条件，由此得出的条件是：

$$\tan(D\beta) = \frac{1}{\beta}\frac{\sigma_q e}{2\varepsilon k_B T}，\text{其中}\ \beta \equiv \left(\frac{c_0 e^2}{2\varepsilon k_B T}\right)^{\frac{1}{2}}。 \tag{7.29}$$

给定表面电荷密度 $-\sigma_q$，求解式 7.29 得到作为间距 $2D$ 函数的 β，则要求的解是

$$\overline{V}(x) = 2\ln\cos(\beta x)，\text{或}\quad c_+(x) = c_0(\cos\beta x)^{-2}。 \tag{7.30}$$

像预期的那样，电荷密度在平面附近是最大的，势能在中心处最大。

下面计算平面间的作用力。检查图 7.8(b)，此情况本质上和排空作用相反[图 7.3(b)]：在后一种情况下，粒子不允许出现在间隙里，而现在电中性要求它们出现在间隙里。这两种情况下都有某种力作用在单个粒子上以约束它们的布朗运动，然后力通过流体传到约束表面，由此产生一个压降，它等于 $k_B T$ 乘以零力区之间的浓度差(见要点 7.14)。在本问题中，零力区域是两表面之外部和中央平面($\text{因为那里的}\ \mathcal{E} = -\dfrac{dV}{dx} = 0$)。相应的浓度分别是 0 和 c_0，因此表面上单位面积的排斥力就是

$$\boxed{f/\text{面积} = c_0 k_B T。\quad \text{无盐离子情况下同荷表面的排斥力}}$$

$$\tag{7.31}$$

上式中，$c_0 = 2\beta^2\varepsilon k_B T/e^2$，$\beta(D, \sigma_q)$ 是式 7.29 的解。你可以数值求解式 7.31(见习题 7.10)，但是图解定性地表明当平面间距减少时 β 增加(图 7.10)，因此排斥压强如预期的也将随之增加。

思考题 7G　利用类似的作图法，定性讨论 β 如何随表面电荷密度而变化(设 D 为定值)。

注意到因为 β 有复杂的温度依赖关系，前面得到的力并不是简单地正比于绝对温度。这意味着压强并不是一个纯熵效应(像式 7.10 的排空作用的那样)，而是一个混合效应：平衡离子层反映了熵和能量要求之间的平衡。就像在 7.4.3 小节

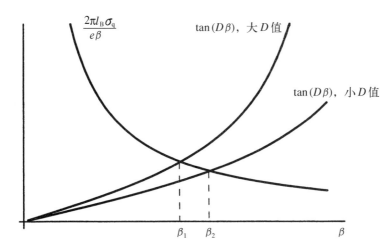

图 7.10(数学函数) 式 7.29 解的图示。这个示意图显示了函数 $\sigma_q e/(2\varepsilon k_B T\beta)$,以及函数 $\tan(D\beta)$ 在平面间距 $2D$ 取两个不同值时分别对应的情况。上升和下降曲线交叉处的 β 就是想要的解。图示表明,较小平面间距给出的解 β_2 比较大间距给出的(β_1)来得大。较大的 β 反过来意味着中央平面处有较高的离子浓度和更大的排斥压强。

末尾所提及的那样,往溶液中加盐的定性效应是使该平衡偏离熵的一方,因此使表面上的扩散层收缩并缩小了相互作用的范围。

这个理论是成立的(图 7.11)。在习题 7.10 中,你将要用该理论和实验做一个仔细的对比。但是现在,我们感兴趣的是一个简单的例子。

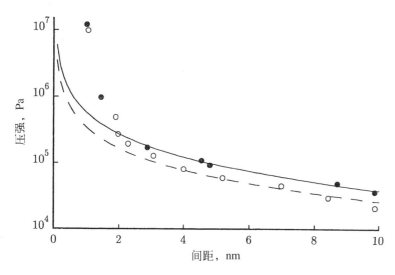

图 7.11(实验数据及其拟合) 水中两个带正电荷表面之间的排斥压强。表面是含有摩尔分数浓度为 5% 或 10% 磷脂酰甘油(分别对应空心和实心)的卵磷脂双层膜。曲线是通过式 7.29 及式 7.31 的数值解对这些数据作单参数拟合而得到的。拟合参数是表面电荷密度 σ_q。虚线显示了密度为 $e/(24\ nm^2)$ 时对应的解,实线对应于更高电荷密度(见习题 7.10)。当间距小于 2 nm,表面开始接触,静电力以外的其他力开始出现。大于 2 nm 时,纯粹的静电理论就能很好地拟合数据。而且正如预期的那样,带电油脂密度越大的膜其有效电荷密度越大。(数据摘自 Cowley, *et al.*, 1978。)

7.4.4′小节通过对自由能求导直接得出了静电力。

7.4.5 平衡离子释放导致异荷表面相吸

现在考虑两个带相反电荷表面靠近的情形[图7.8(c)]。无需细细推敲，用前面建立的思想我们就能定性地理解这样的表面在溶液中会相互吸引。当两表面从无穷远处开始接近时，每个表面对另一个表现出零净电荷密度。与空气中两块平面间始终相互吸引不同，这里没有长程力。然而当表面接近时，平衡离子对将从平面间流出，同时保持系统电中性。这些释放出来的平衡离子对全部离开间隙并因此获得熵，因而降低自由能，驱使表面结合到一起。如果电荷密度相等并且电性相反，这个过程将进行下去，直至表面紧密地接触在一起，再无任何平衡离子留下。在这种情况下，不存在分离的电荷，间隙里也不会留下平衡离子。因此式7.27估计的所有自能都被释放。我们已经估算出这个能量是相当大的，这意味着形状匹配的两个表面间的静电结合可能非常强。

§7.5 水的特殊性质

假设做色拉时你已经把油和醋完全混合起来，接着电话响了。当你回来时，发现混合物已经分离开来。分离并不是由于地球引力引起的，在太空船中色拉调味品也会分开（稍微慢点）。这可能会使我们迷惑不解，从而草率地宣布这是第二**定律**的反例。然而，迄今已有的知识已足以使我们在原先的框架内提出其他假设：

(1) 为了获得更低的总能量（就像1.2.1小节中水凝结例子），也许某种吸引力能把水分子拉在一起（将油驱散）。由此释放出来的能量可能以热的形式逃逸而增加了外界的熵，也许这个能量大得足以驱动此分离。

(2) 也许大量小油滴融合引起的熵减少会被更大的熵增加所补偿，后者来自一些更小更多的物体，就像在排空作用中那样（7.2.2小节）。

事实上，许多混合液体自发分开，必然是因为如第(1)点所述的能量原因。水的特殊之处在于它对油的排斥非同寻常地强，而且有非同寻常的温度依赖关系。7.5.2小节将论证这些特殊的性质起源于一个额外的机制，如第(2)点所述。[事实上，某些碳氢化合物在和水混合时的确放出能量，因此第(1)点不能解释为什么它们不愿混合。]然而在深入讨论前，我们首先需要了解一些关于水的知识。

7.5.1 液态水含有松散的氢键网络

氢键 水分子由一个大的氧原子和两个小的氢原子组成。原子没有很公平地分享它们的电子：所有电子在绝大部分时间内驻留在氧原子上。类似水这样的电荷分布永远不均的分子称为极性的。几乎处处中性的分子称为非极性的。常见的非极性分子包括烃链,如油和脂肪的成分(2.2.1 小节)。

　　水分子的第二个关键属性是它的形状是弯曲、非对称的:我们可以画一个穿过氧原子的平面,使得氢原子都位于这个平面的同一侧。非对称性意味着外电场倾向于使水分子对齐,部分地抵消了热运动使它们取向随机化的趋势。微波炉就利用了这种效应。它施加一个振荡电场,该电场振动食物中的水分子。摩擦效应接着把这种振动转变成热。总结上述内容,水分子是一个偶极子,而且这些偶极子对齐(或"极化")的能力使得液态水是一种高度可极化的介质。(水的极化率也是其介电常量 ε 值较大的原因;见 7.4.1 小节。)

　　存在很多极性小分子,它们中大部分是偶极子,而水属于特别的一类。首先注意到水分子中每一个氢原子只有一个电子。只要它丢失了那个电子,氢最后必然如同一个裸露的质子一样,其物理尺度远小于任何中性的原子。当与点电荷的距离 r 趋向零时,该电荷周围的电场按 $1/r^2$ 的规律变大,因此在水分子上,这两个很小的正点电荷都被强电场包围着。这个效应是氢特有的:其他任何一种和氧结合的原子都保有其余的电子,这样一个剥去部分电子的原子虽然携带着与质子相同的电荷 $+e$,但是它的电荷分布更广,因此更加弥散,且拥有的电场比氢原子电场弱。

　　因此,每个水分子有两个明显的正电荷点,氧原子与它们分别所连连线之间是一个确定角度 104°。这个角与从四面体中心向两个顶点连线的夹角几乎相同(图 7.12)。分子会设法把自己转到恰当位置,使它的每个正电荷点直接指向另外某个分子的"背面"(和氢原子相对的带负电区域),并尽可能远离后者的两个正电荷点。氢原子附近的强电场使得这个相互作用强于普通的两电偶极子间的相互吸引力,该电场使分子彼此排列起来。

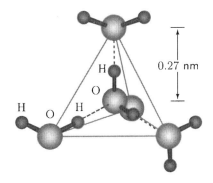

图 7.12(示意图)　冰晶体中水分子的四面体排列。在液态水中,水分子周围的最近邻分子的排列与此相似,只是因为热运动而产生了一些随机性。小棍表示化学键,虚线指示氢键。为加强视觉效果,显示了四面体的虚构灰线轮廓。图中心的氧原子带两条虚线(一条藏在氧原子的后面),它们的取向尽可能地偏离氧原子到其自身两个氢原子的指向。

　　一个分子中的氢原子能和另一个分子中的氧原子以一种特定的方式作用,这个想法是由化学家刘易斯(G. Lewis)的学生(本科生!)哈金斯(M. Huggins)在 1920 年首先提出的。刘易斯把这种相互作用命名为氢键或 H 键。

就像前面提到的,在液态水样品中,每个分子都试图同时把它的两个氢原子指向其他分子的背面。最佳排列方式是把水分子放在一个四面体结点的点上。图 7.12 显示了一个中心水分子及其四个最近邻的水分子。中心分子的两个氢原子直接指向近邻的氧原子(顶部和右前),而两个近邻(左前和后面)把各自的氢原子指向它的背面。当温度降低使热扰动变得不太占优势时,分子会固定形成一个完美的晶格即冰晶。为了帮助你想象这个晶格,把你的躯干想象成氧原子,手想象成氢原子,脚想象成其他氢原子的连接位点。你的腿以 104° 分开站着,手臂也以同样的角度分开并转体 90°。现在你就是水分子了。找许多朋友采取同样姿势,规定每人用每只手抓住其他人的脚踝(在零重力下这样做更方便)。这样你们就形成了一块"冰晶"。

X 射线晶体衍射技术揭示冰的确具有图 7.12 所示结构。每个氧原子被四个氢原子包围着,其中两个在距离 0.097 nm 处,相当于一个共价键;另两个在距离 0.177 nm 处,其距离太长,不是一个共价键,但又比我们期望的氧和氢原子的半径之和 0.26 nm 来得短。这实际上反映了氢原子被剥夺了电子云这一事实,它的尺度实际上为零。[人们经常看到被引用的水中"H 键长度"为 0.27 nm。这实际上指的是氧原子间的距离,即图 7.12 中棍和虚线的长度和。]

两个水分子间 H 键处于最优构型时的吸引能介于真正的(共价)化学键和任两个分子的普通吸引能之间,这就是为什么给它一个单独的名称"H 键"。更精确地说,当两个分立的水分子(在蒸汽中)聚到一块时,能量变化约 $-9k_BT_r$。作为比较,任意两个中性小分子的范德瓦耳斯吸引力强度通常只有 $(0.6\sim1.6)k_BT_r$,而共价键强度在 $(90\sim350)k_BT_r$ 间变化。

液态水的氢键网络 当温度超过 273 K 时,如图 7.12 所示的 H 键网络无法继续承受热扰动,冰就融化了。然而,由于 H 键的存在,即使液态水也还是保留了部分有序性。这是在形成晶格的能量驱动和趋向无序的熵驱动之间达成的妥协。因此可以想象,水不再是一个完整的四面体网络,而是许多小的这种网络碎片的集合。通过移动、断开、重新连接等方式,热运动不断地搅动着这些碎片,但是每个水分子的邻居看起来大概仍像图示那样。实际上,在室温下,每个水分子保留了它的大部分 H 键(平均起来,在任意时刻保留了原来 4 个中的 3.5 个)。因为每个水分子仍保留了 H 键的大部分,而且这些键比小分子间的普通吸引来得强,我们预料液态水会比其他不能形成 H 键的小分子的液体更难解开成独立分子形式(水蒸气)。的确如此,水的沸点比小分子碳水化合物乙烷高 189 K。另一种能以羟基形成单个 H 键的小分子甲醇,其沸点比水(每个分子两个 H 键)的沸点低 36 K。简而言之,

> 水分子的内聚力大于那些不能形成 H 键的小分子的内聚力。

$$(7.32)$$

溶液中大分子自身各部分以及分子之间都通过氢键相互作用 当分子中含有任一种电负性原子(特别是氧、氮或氟),并且有氢原子直接与之共价结合时,则分子之间会产生氢键。不仅水,在第 2 章中描述过的很多分子都能通过 H 键

相互作用。然而,我们不能直接应用刚才在水环境中给出的 H 键强度的估计值。假设一个大分子的两部分起初直接接触并形成了一个 H 键(比如,图 2.11 所示 DNA 碱基对中的两个碱基)。当分开这两部分时,它们的 H 键消失。但两个中的每一个会立即和周围的水分子形成 H 键以得到部分补偿! 实际上,在水中打开单个 H 键所消耗的净自由能一般只有约$(1\sim 2)k_B T_r$。然而,因为水中其他参与竞争的相互作用也很弱,因此 H 键仍然是很有意义的。比如,像任何静电效应一样,由于周围水的介电常量很高,偶极子的相互作用被削弱了(见思考题 7D)。

尽管氢键的强度不大,然而在水环境中它们对稳定大分子的形状和组装均非常重要。事实上,正是 H 键较弱的强度和短程特性使得它有利于形成大分子相互作用。假设两个物体需要几个弱键来克服使它们分开的热运动趋势。那么,H 键的短程性意味着,只有当物体的形状和结合位点的分布精确匹配时才能形成多个 H 键。例如只有碱基和它的互补碱基恰当配对(图 2.11)时,H 键才会使 DNA 双螺旋的碱基对维系在一起。§9.5 将表明。尽管 H 键强度较弱,它们在大分子中可以通过协同性产生大尺度结构特性。

 7.5.1′ 小节给出了上面所描绘的 H 键图像的更多细节。

7.5.2 氢键网络影响小分子在水中的可溶性

非极性小分子的溶剂化 按 7.5.1 小节的描述,液态水处于能量和熵相互制衡的复杂状态。有了这一图像,我们就能大致了解水如何响应并反过来影响其他浸入其中的分子。

评估水和其他分子相互作用的一种方法是测量该分子的溶解度。水的亲和力有高度选择性,某些物质可和它随意混合(如过氧化氢 H_2O_2),有些极易溶解(如糖),然而有些几乎完全不溶解(如油)。例如,纯水和一小块糖接触时,所得平衡溶液中糖的浓度将高于油滴与水达到平衡时的浓度。这一现象可以解释成油分子进入水中所需自由能代价大于糖分子所需的(6.6.4 小节把不同状态的占有概率和自由能差联系起来了)。

为了理解这些差异,首先请注意,与水自由混合的过氧化氢有两个氢原子结合在氧原子上,因此该分子能完全参与到水的 H 键网络中。所以,把一个 H_2O_2 分子引入到水中几乎不会扰乱这个网络,因而也不会产生大的自由能成本。相反,构成油的烃链因为自身是非极性的(7.5.1 小节),它们不能提供 H 键结合位点。看来首先应该假设,包围一个非极性入侵者的水分子层会丢失一些能量上有利的 H 键,从而为引入油分子付出能量代价。事实上,水比这还要聪明。水分子在这个入侵者周围会形成一个笼状结构,它们仍维持着彼此之间的氢键,键的取向几乎就是原先在四面体中的方向(图 7.13)。所以,当引入一个极小的非极性物体时,每个水分子维持的 H 键平均数目不会减少很多。

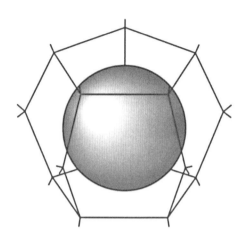

图 7.13(示意图)　由 H 键结合而成的水分子的笼状结构,以水分子为顶点的多面体包围着一个非极性物体(灰球)。从每个顶点伸出的四条线表示指向另外四个水分子,这四个水分子和该顶点上的水分子以 H 键结合。不应该把这个理想化的结构当成一成不变的描述,因为在液态水中一些 H 键总是会被打断。事实上,这个图展示了在不损坏 H 键情况下包住一个小的非极性内含物的一种可能几何结构。

　　但是能量最小化并不是纳米世界唯一法则。为形成图 7.13 所示的笼状结构,周围水分子已经放弃了一些取向自由度:当自身四个 H 键结合位点中的任意一个面向非极性物体时,水分子无法同时维持原有的 H 键数目。因此,围绕非极性物体的水分子必须做出选择,要么牺牲 H 键而静电能增加,要么保留它们而熵相应地丧失。对任何一种情况,自由能 $F = E - TS$ 都会上升。这个自由能成本就是非极性分子在室温下水中弱溶解度的起源,通常称为疏水效应。

　　由于非极性分子进入而引起的水结构变化(疏水溶剂化)极其复杂,要想得到类似 7.4.3 小节对静电效应所做的那样的直接理论分析非常困难。因此我们不能轻率地预言水会选择刚刚提到的两种极端情况中(保留氢键或维持高熵)的哪一个。不过,至少在某些情况下,可以从以下事实作出推测,即从室温开始加热系统时,某些非极性分子在水中变得更加不可溶(图 7.14)。首先,这个观察看起来让人吃惊:增加温度难道<u>不</u>利于混合吗? 但是,考虑到每个进入水的溶质分子因为在水中漫游而增加了自由度,从而得到了一些熵;而周围的几个水分子丢失了一些取向自由度,例如形成一个笼状结构。这样,溶解更多的溶质会导致熵的净减少。升高温度会使这个代价增大,因此溶质在溶液中更难以保持溶解状态。简而言之,<u>图 7.14 所示的溶解度趋势意味着,自由能代价中有一项极大的熵成分</u>。

　　更一般地,仔细的测量证实,在室温下熵项 $-T\Delta S$ 主宰着任何非极性分子在水中溶解的自由能代价 ΔF。能量变化 ΔE 实际上可能是有利的(负的),但它总是被熵代价超过。例如,当丙烷(C_3H_8)溶解在水中时,总自由能变化是平均每分子 $+6.4k_BT_r$,熵贡献是 $+9.6k_BT_r$,而能量部分是 $-3.2k_BT_r$。(在室温下,疏水效应熵特性的进一步证据来自水结构的计算机模拟。模拟显示,在非极性表面外,水的两个 O—H 键的确被迫平行于这个表面。)

　　氢键的短程性暗示 H 键网络只会对围绕非极性分子的第一层水分子有扰动。

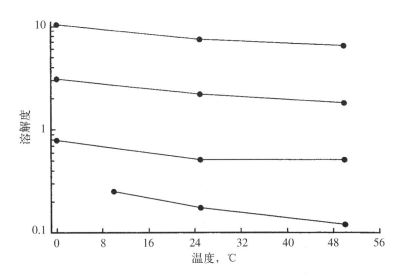

图 7.14(实验数据)　非极性小分子在水中的溶解度与温度的函数关系的半对数作图。纵轴给出了当水达到与非极性分子液体之间的平衡时，溶质在水中的质量百分比。从上往下，丁醇(C_4H_9OH)，戊醇($C_5H_{11}OH$)，己醇($C_6H_{13}OH$)，庚醇($C_7H_{15}OH$)。注意溶解度随着链长的增加而减小。（数据摘自 Lide，2020。）

因此，产生一个界面的自由能代价应该正比于它的**表面积**，从实验上看这也是大概正确的。比如，烃链的溶解度随着链长增加而下降(图 7.14)。取一个丙烷分子进入水中的自由能代价，除以其近似表面积(约 $2\ nm^2$)，得到单位面积的自由能代价约为 $3k_BT_r\ nm^{-2}$。

极性小分子的溶剂化　前面讨论了能和水形成 H 键并自由混合的分子如过氧化氢，以及非极性分子如丙烷，并作了比较。**极性**小分子的溶剂化处于这两个极端情况之间。像碳水化合物一样，它们不和水形成 H 键。因此在很多情况下，它们的溶剂化会引起不利的熵变。然而，与碳水化合物不同的是，它们和水有静电相互作用：周围的水分子能把自身的负电一侧指向该分子的正电部分，同时远离该分子的负电部分。这样导致的静电能量减小可以补偿熵的损失，因此使得极性小分子在室温下是可溶的。

非极性的大物体　图 7.13 所示的笼状结构理论只对内含物足够小的情况才有效。考虑一块无穷大平面的极端例子，如湖的表面，它是空气和水的界面。因为空气也破坏 H 键，本身可以看成是一块疏水物质。空气-水界面的表面张力约 $0.072\ J\ m^{-2}$。很明显，对表面上的任一水分子而言，它的四个 H 键不可能同时维持其在四面体中的取向！因此，大块非极性物体进入水中的疏水代价含有相当大的能量成分，这反映了 H 键的破坏。不过，大物体情况下疏水效应的量级和小分子情况并没有很大差别：

把前面得到的单位面积上的自由能代价换算成单位 $J\ m^{-2}$，并和测量得到的油-水表面张力 Σ 作比较，Σ 约等于 $0.04\sim0.05\ J\ m^{-2}$。

思考题 7H

非极性溶剂　虽然本节重点关注水中的溶剂化现象，但是将其与非极性溶剂（如油）或双层膜内部的情况作一比较也是很有意义的。油没有 H 键网络，外来分子的溶解度取决于静电（玻恩）自能。极性分子更喜欢留在水中，在那里由于水的高介电常量，它的自能减小了（见 7.4.1 小节）。这种分子转移到油中会引起大的能量升高，因而是不利的。相反，非极性分子没有这样的偏好，所以更容易转到类油的环境中。当研究脂类双层膜的渗透性时（图 4.13），我们看到过这种现象：脂肪酸如己酸和它们的烃链在膜中比在极性分子如尿素中更容易溶解（因此渗透性能更好）。

 7.5.2′ 小节将会给出疏水效应的更多细节。

7.5.3　水使非极性物体之间产生熵吸引

7.4.5 小节描述了一个非常普遍的作用机制：

（1）一个孤立物体（如带电表面）呈现某个平衡状态（如平衡离子云），该状态是熵和能量两方面达到最佳折中的产物。

（2）扰动这个平衡态（如引入带相反电荷的表面）能解除某个约束（电中性），因此允许自由能减少（通过释放平衡离子）。

（3）自由能变化支持这个扰动，因此产生了一个力（表面吸引力）。

排空力提供了一个更简单的例子（见 7.2.2 小节），其中被解除的约束体现为当两个表面结合到一起时排空带体积会减小。

根据相同的考虑，考兹曼（W. Kauzmann）在 1959 年建议道，为了减少暴露在水中的非极性总表面，任何两个在水中的非极性表面将倾向于结合在一起。因为疏水溶剂化的代价大部分源于熵，所以必然有相应的力即疏水相互作用，驱赶表面靠向一处。

导出一个定量可预测的疏水相互作用理论并不容易，但是从前面的描述中可以得到一些简单的定性结论。首先，疏水效应显著的熵特性暗示着，当从室温开始加热系统时，疏水相互作用应该增强。例如，部分地受单体疏水倾向的驱动，微管可通过不断向末端追加单体的方式进行体外组装，该过程的确受温度控制，因为升高温度增加了微管形成的机会。与排空作用相似，疏水效应能利用熵使有序度呈现出表观的增加（自组装），实现这一点的方式实际上是以一类更小更多的物体（在此情况下是水分子）产生一个更大无序度增量来作为代价。疏水作用通常只包括水分子的第一层，因此它与排空效应一样是短程的。我们把疏水相互作用加到短程弱相互作用的清单内，它们对于大分子间的特异相互作用都是极为重要的。第 8 章将指出疏水相互作用是驱动蛋白质组装的主导力量。

小　结

回到焦点问题。我们已经看到溶质的浓度如何可能引起穿膜水流，而这带有潜在的致命后果。第 11 章将展开这条线索，显示真核细胞如何应对这个渗透威胁，甚至把它转化成某种优势。我们从渗透压开始，把这条思路推广到部分源于熵的力，如静电和疏水相互作用，它们部分地决定了分子间识别的关键特异性。

更广泛地，细胞世界中熵力无处不在。仅举一例，你的每个红细胞都有一个粘在其质膜上的高分子网络。红细胞经多次挤压通过毛细管后能弹回碟形形状，这种非凡的能力可能源于这个高分子网的弹性性质——第 9 章将说明高分子受拉伸时的弹性反抗力是熵力的另一例子。

关键公式

● 渗透：半透膜是一片薄的、被动的隔离物，它只允许溶剂而不是溶质通过。对某一侧溶质分子的数密度为 c 而另一侧为零的稀溶液，为阻止溶剂渗透流所需的跨膜的压强差等于 ck_BT（式 7.7）。

　　实际的压强差 Δp 可能和这个值不同。此时，在净热力学力 $\Delta p-(\Delta c)k_BT$ 的方向上产生一个流。如果这个力足够小，那么溶剂的体积通量将是 $j_v = -L_p[\Delta p-(\Delta c)k_BT]$，这里滤过系数 L_p 是膜的一项属性（式 7.15）。

● 排空效应：当大粒子和较小半径 R 的颗粒（如球状蛋白和较小的高分子）混合时，较小的颗粒能把大颗粒推到一起，以使小颗粒自身的熵最大。如果两个表面精确匹配，则相应地单位接触面积上的自由能减少为 $\Delta F/A = ck_BT \times 2R$（式 7.10）。

● 高斯：假设在 $x=0$ 处有一个电荷密度 $-\sigma_q$ 的平面，而且在 $x<0$ 没有电场。那么高斯**定律**给出表面正上方沿 x 方向的电场为 $\mathscr{E}|_{surface} = -\sigma_q/\varepsilon$（式 7.18）。

● 泊松：电势服从泊松方程，即 $d^2V/dx^2 = -\rho_q/\varepsilon$（式 7.21），$\rho_q(r)$ 是 r 处的电荷密度，ε 是介质，比如水或空气的介电常量。

● 比耶鲁姆长度：$l_B = e^2/(4\pi\varepsilon k_BT)$（式 7.42）。这个长度描述了用能量 k_BT 能把两个同荷离子推到多近。在室温的水中，$l_B = 0.71$ nm。

● 德拜屏蔽长度：单价盐溶液（如浓度为 c_∞ 的 NaCl）的屏蔽长度是 $\lambda_D = (2e^2c_\infty/\varepsilon k_BT)^{-1/2}$（式 7.35）。在室温下，屏蔽长度是 0.31 nm$/\sqrt{[NaCl]}$（对如 NaCl 那样正负电荷比为 1∶1 的盐成立），或 0.18 nm$/\sqrt{[CaCl_2]}$（2∶1 的盐），或者 0.15 nm$/\sqrt{[MgSO_4]}$（2∶2 的盐），这里 $[NaCl]$ 是摩尔浓度（单位为 M）。

延伸阅读

准科普：

关于细胞中的静电学：Gelbart, *et al.*, 2000.

关于水的性质：Ball，2000.

关于表面张力：L. Trefethen，Surface tension in fluid mechanics，web. mit. edu/hml/ncfmf. html.

中级阅读：

关于排空力：Ellis，2001.

关于渗透流：Benedek & Villars，2000a，§ 2.6.

关于水的物理化学：Ben-Naim，2009；Dill & Bromberg，2011；Franks，2000；Tinoco, Jr., *et al*.，2014；van Holde, *et al*.，2006.

关于溶液的静电学：Grodzinsky，2011；Dill & Bromberg，2011.

蛋白质稳定性及构象的静电模型：Bahar, *et al*.，2017，§ 3A，§ 9C.

高级阅读：

关于排空力：Dupuis, *et al*.，2014；Parsegian, *et al*.，2000.

关于静电屏蔽：Landau & Lifshitz，1980，§ 78，§ 92.

关于疏水效应：Israelachvili，2011；Southall, *et al*.，2002.

7.1.2′拓展

（1）将 fL 项加到式 7.3 上的原因有一个更规范的说法，即它等价于从等容系综过渡到等压系综的"勒让德变换"。

（2）式 7.6 和更早讨论过的相应公式之间存在对称性：

$$p = -\, \mathrm{d}F(V)/\mathrm{d}V \quad （式\ 7.2）；\quad \langle V \rangle = \mathrm{d}F(p)/\mathrm{d}p \quad （式\ 7.6）。$$

像 p 和 V 这样对称出现在这两个公式中的成对量，称为热力学共轭变量。

实际上，这两个公式并非完美对称的，因为一个涉及 V 而另一个涉及 $\langle V \rangle$。为了理解这个不同，注意第一个式子依赖于熵力的表达式 6.17，而这个公式的推导涉及宏观系统。这实际上是说"活塞极有可能处于此位置……"在宏观系统中，不需要在一个变量的期望值和一次特定观察的测量值之间做区分。相反，式 7.6 即使对微观系统也是正确的，因此需要指明所预言的是期望值。第 9 章分析单分子拉伸实验时，式 7.6 正是我们所需要的。

7.3.1′拓展

（1）7.3.1 小节的讨论做了一个隐含的假设。因为实际情况与它相当一致，我们力求把它讲清楚。为了防止渗透流明显地扰动膜两边的浓度，我们假设了滤过系数 L_p 足够小渗透流足够慢的情况。因此才能继续用 7.2.1 小节对平衡态的论述来找到 Δp。更一般地，渗透流流速是 Δc 的幂级数，而我们只计算了它的第一项。

（2）即使膜对溶质不是完全不可穿透的，渗透效应也会出现，真实的膜的确允许溶剂和溶质同时通过。在这种情况下，压强差和浓度差扮演的角色不再像在式 7.15 中的那样简单了，虽然它们还是相关的。当两者产生的力都很小时，我们可以预料存在一个结合了达西定律和菲克定律的线性响应关系：

$$\begin{pmatrix} j_\mathrm{v} \\ j_\mathrm{s} \end{pmatrix} = -\,P \begin{pmatrix} \Delta p \\ \Delta c \end{pmatrix}. \tag{7.33}$$

这里 P 称为渗透率矩阵[*]。P_{11} 是滤过系数，而 P_{22} 是溶质渗透率 $\mathcal{P}_\mathrm{s}$（见式 4.21）。非对角矩阵元 P_{12} 描述了渗透流，也就是说，由浓度差驱动的溶剂流。P_{21} 描述了"溶剂拖曳"效应：溶剂被机械外力挤过膜时带走了一些溶质。

所以，半透膜对应于 $P_{22} = P_{21} = 0$ 的特例。除此以外，如果系统是平衡的，那么上式中两个通量都为零，因此式 7.33 可简写为 $P_{11}\Delta p = -P_{12}\Delta c$；对半透膜，7.3.1 小节的结论变成 $P_{12} = -L_\mathrm{p} k_\mathrm{B} T$。

更一般地，昂萨格（L. Onsager）在 1931 年从基本的热力学论据出发，证明了溶剂拖曳总是和溶质渗透性相关，即 $P_{12} = k_\mathrm{B} T(c_0^{-1} P_{21} - L_\mathrm{p})$。曼宁（Manning）在 1968 年给出了一个和本章分析相似的运动学模型。

---

[*] 9.3.1 小节回顾了矩阵概念。

7.4.2′ 拓展

7.4.2 小节中的公式是一般形式的高斯**定律**的特例,该定理即如下公式

$$\int \mathscr{E} \cdot \mathrm{d}\boldsymbol{A} = \frac{q}{\varepsilon}。$$

在这个公式中,积分是对任何封闭曲面。符号 $\mathrm{d}\boldsymbol{A}$ 代表了一个有向的曲面面积单元;它定义为 $\hat{\boldsymbol{n}}\mathrm{d}A$,这里 $\mathrm{d}A$ 是单元面积,$\hat{\boldsymbol{n}}$ 是向外的垂直于该单元的向量。q 是曲面围住的总电荷。把这个公式用到图 7.7 所示的两个虚线盒区域,可以分别得到式 7.20 和式 7.18。

7.4.3′ 拓展

式 7.25 的解有一个让人烦恼的特征:远离表面时电势会趋向无穷大!虽然像电场和浓度分布这样的物理量确实有良好的行为,但这个反常仍暗示我们丢失了一些东西。首先,当然没有大分子真像一块无穷大的平面。然而更重要和更有趣的是,我们忽略了以下事实,即任何真实溶液里至少有一些同伴离子,而且周围水中的盐浓度 c_∞ 永远不会精确为零。

相比于引入未知参数 c_0 再回头去确定它,我们宁愿选择 $V(x)$ 中的常量使得远离表面时 $V \to 0$;平衡离子和同伴离子的玻尔兹曼分布分别写成

$$c_+(x) = c_\infty \mathrm{e}^{-eV(x)/k_\mathrm{B}T} \text{ 和 } c_-(x) = c_\infty \mathrm{e}^{-(-e)V(x)/k_\mathrm{B}T},$$

相应的泊松-玻尔兹曼方程是

$$\frac{\mathrm{d}^2 \overline{V}}{\mathrm{d}x^2} = -\frac{1}{2}\lambda_\mathrm{D}^{-2}\big[\mathrm{e}^{-\overline{V}} - \mathrm{e}^{\overline{V}}\big], \tag{7.34}$$

同前文,$\overline{V} = eV/k_\mathrm{B}T$,$\lambda_\mathrm{D}$ 定义为

$$\boxed{\lambda_\mathrm{D} \equiv (2e^2 c_\infty/(\varepsilon k_\mathrm{B}T))^{-1/2}。\quad \text{德拜屏蔽长度}} \tag{7.35}$$

若食盐溶液浓度取为 $c = 0.1\,\mathrm{M}$,则屏蔽长度约 $1\,\mathrm{nm}$。

式 7.34 的解不是初等函数(它们称为椭圆函数),但是,对孤立表面的情况我们再次幸运地得到如下简单结果。

思考题 7I

检验

$$\overline{V}(x) = -2\ln\frac{1 + \mathrm{e}^{-(x+x_*)/\lambda_\mathrm{D}}}{1 - \mathrm{e}^{-(x+x_*)/\lambda_\mathrm{D}}} \tag{7.36}$$

是该方程的解。在该公式中,x_* 是任意常量。(提示:为了书写方便,定义新变量 $\zeta = \mathrm{e}^{-(x+x_*)/\lambda_\mathrm{D}}$,用 ζ 改述泊松-玻尔兹曼方程。)

在使用式 7.36 之前,还要加上表面边界条件。由式 7.24 可得出下式并可确定出 x_*,

$$e^{x*/\lambda_D} = \frac{2\varepsilon k_B T}{e\lambda_D \sigma_q}(1+\sqrt{1+(e\lambda_D\sigma_q/(2\varepsilon k_B T))^2})\,. \qquad (7.37)$$

> 假设我们只想求得距离小于某个固定值 x_{max} 时的答案。证明在足够低的盐浓度(足够大的 λ_D)时,式 7.36 变成一个常量加上前面的结论式 7.25。此时,λ_D 必须多大呢?
>
> **思考题 7J**

现在考虑和生物学更相关的限制条件:保持盐浓度不变的条件下考察长距离的情况。正是在这种情况下,前面的结论(式 7.25)表现出了反常行为。当 $x \gg \lambda_D$,式 7.36 简化为

$$\overline{V} \to -(4e^{-x_*/\lambda_D})e^{-x/\lambda_D}\,. \qquad (7.38)$$

也就是说,

> 在电解质溶液里,带电表面外的电场因受屏蔽从而在德拜长度 λ_D 以远的距离上以指数方式衰减。 (7.39)

要点 7.39 和式 7.35 证实了一个早就预料到的事实:增大 c_∞ 使屏蔽长度变小,从而缩减了扩散电荷层,并由此减小了静电作用的有效范围(要点 7.28)。

在弱带电表面(小 σ_q)的特殊例子中,式 7.37 给出 $e^{-x_*/\lambda_D} = \pi l_B \lambda_D \sigma_q/e$;因此电势简化为

$$V(x) = -\frac{\sigma_q \lambda_D}{\varepsilon}e^{-x/\lambda_D}\,. \qquad \text{弱带电表面外的电势} \qquad (7.40)$$

式 7.38 及式 7.40 中指数前的因子之比有时称为电荷重正化参数:在很大的距离处,任何表面都会看起来像一个弱电荷表面,只是电荷密度必须"重正化"为 $\sigma_{q,R} = (4\varepsilon/\lambda_D)e^{-x_*/\lambda_D}$。只有当引入的物体进入强场区域时,表面上真实电荷的效应才会变得明显。

当加入盐时,电荷层的厚度不再无限制地生长(就像在无盐的情况,式 7.25),并且电荷层变得更薄。更准确地说,当它达到德拜长度时,它就停止了生长。那么,弱带电表面存储的静电能大概就等于一个间隙宽度为 λ_D 而不是 x_0 的电容所具有的能量。重复 7.4.3 小节末尾的论述,可得到单位面积上存储的能量是

$$E/\text{面积} \approx \frac{\sigma_q^2 \lambda_D}{2\varepsilon}\,. \qquad \text{(外加盐离子时弱带电表面具有的静电能)} \qquad (7.41)$$

7.4.4′ 拓展

导出式 7.31 的最终关键步骤看起来太老套了。为何不用对任何熵力都可行的计算方法，即对自由能求导，来计算该力呢？当然可以。让我们计算平衡离子＋表面系统的自由能。固定每个表面的电荷密度 $-\sigma_q$，但两个表面的间距 $2D$ 可变[图 7.8(b)]。那么表面间的力就是 $pA = -\mathrm{d}F/\mathrm{d}(2D)$，这里 A 是表面面积，和式 6.17 中的那样。本节中我们定义一个特征长度，称为比耶鲁姆长度，如下

$$l_B \equiv \frac{e^2}{4\pi\epsilon k_B T} \tag{7.42}$$

首先我们注意到泊松-玻尔兹曼方程的一个重要属性（式 7.23）。两边乘以 $\mathrm{d}\overline{V}/\mathrm{d}x$，可以把方程重新写成

$$\frac{\mathrm{d}}{\mathrm{d}x}\left[\left(\frac{\mathrm{d}\overline{V}}{\mathrm{d}x}\right)^2\right] = 8\pi\, l_B\, \frac{\mathrm{d}c_+}{\mathrm{d}x}\,.$$

积分该方程给出一个更简单的一阶方程：

$$\left(\frac{\mathrm{d}\overline{V}}{\mathrm{d}x}\right)^2 = 8\pi\, l_B(c_+ - c_0)\,. \tag{7.43}$$

为了确定积分常数，注意到在中央平面处的电场为零，那里 $c_+(0) = c_0$。

接下来计算间隙里单位面积上的自由能密度。思考题 6K 中已经得到了一个非均匀气体（或溶液）的自由能密度。我们所求的自由能就是这个量的积分，加上分别位于 $x = \pm D$ 处的两个带负电平面之间的静电势能[*]：

$$F/(k_B T \times \text{面积}) = -\frac{1}{2}\frac{\sigma_q}{e}[\overline{V}(D) + \overline{V}(-D)] + \int_{-D}^{D} \mathrm{d}x\left(c_+ \ln\frac{c_+}{c_*} + \frac{1}{2}c_+\overline{V}\right)\,.$$

在这个公式中，c_* 是一个常数，它的值会从最后的答案中去掉（见思考题 6K）。

该表达式可以进一步简化。首先注意到 $\ln(c_+/c_*) = \ln(c_0/c_*) - \overline{V}$，因此方括号中的项是 $c_+\ln(c_0/c_*) - \frac{1}{2}c_+\overline{V}$。第一项是一个常数乘以 c_+，因此它的积分是 $2(\sigma_q/e)\ln(c_0/c_*)$。为了简化第二项，运用泊松-玻尔兹曼方程可写出 $c_+ = -(4\pi l_B)^{-1}(\mathrm{d}^2\overline{V}/\mathrm{d}x^2)$。接下来做分部积分，得到

$$F/(k_B T \times \text{面积}) = 2\frac{\sigma_q}{e}\left[\ln\frac{c_0}{c_*} - \frac{1}{2}\overline{V}(D)\right] +$$

---

[*] 注意在 $\overline{V}$ 上加任何常数，这个公式都不变，因为根据电中性积分 $\int c_+\,\mathrm{d}x = 2\sigma_q/e$ 是一个常数。为了理解第一项和最后一项出现因子 $\frac{1}{2}$ 的原因，想象电量为 q_1 和 q_2 的两个点电荷。它们在间距为 r 时的势能是 $q_1 q_2/(4\pi\epsilon r)$（加上一个常数）。这是 $q_1 V_2(r_1) + q_2 V_1(r_2)$ 的一半。（同样，因子 $\frac{1}{2}$ 也出现在静电自能的例题里。）

$$\frac{1}{8\pi l_B} \frac{d\overline{V}}{dx} \overline{V} \Big|_{-D}^{D} - \frac{1}{8\pi l_B} \int_{-D}^{D} dx \left(\frac{d\overline{V}}{dx}\right)^2 .$$

为计算上式中的边界项,可以用式 7.24 在 $x = -D$ 的边界条件及另一平面上相对应的边界条件,最终结果等于 $-(\sigma_q/e)\overline{V}(D)$。

为了计算剩余的积分,注意到式 7.42,该积分可写成 $-\int_{-D}^{D} dx(c_+ - c_0)$ 或 $2[Dc_0 - (\sigma_q/e)]$。联合这些结果给出

$$F/(k_B T \times \text{面积}) = 2Dc_0 + 2\frac{\sigma_q}{e}\left[\ln\frac{c_0}{c_*} - \overline{V}(D) - 1\right]$$

$$= \text{常数} + 2Dc_0 + 2\frac{\sigma_q}{e}\ln\frac{c_+(D)}{c_*} .$$

平面处的浓度可以从式 7.42 和式 7.24 找到:

$$c_+(D) = c_0 + (8\pi l_B)^{-1}(d\overline{V}/dx)^2 = c_0 + 2\pi l_B(\sigma_q/e)^2 .$$

为了简化上述表达式,令 $\gamma = 2\pi l_B \sigma_q/e$, $u = \beta D$, $\beta = \sqrt{2\pi l_B c_0}$ 同前文。除了 γ 外,u 和 β 都依赖于间隙宽度。有了这些缩写,上式可写成

$$F/(k_B T \times \text{面积}) = 2Dc_0 + \frac{\gamma}{\pi l_B}\ln\frac{c_0 + \gamma^2/(2\pi l_B)}{c_*} .$$

现在可以计算这个表达式对间隙宽度的导数,同时保持 σ_q(因此 γ)不变。由此得到

$$\frac{p}{k_B T} = -\frac{1}{k_B T}\frac{d[F/(k_B T \times \text{面积})]}{d(2D)} = -c_0 - \left(D + \frac{\gamma}{2\pi l_B c_0 + \gamma^2}\right)\frac{dc_0}{dD} .$$

最后一项需要计算

$$\frac{dc_0}{dD} = \frac{d}{dD}\left(\frac{u^2}{D^2 2\pi l_B}\right) = \frac{u}{\pi l_B D^3}\left(D\frac{du}{dD} - u\right) .$$

为了找到 du/dD,可以将边界条件(式 7.29)写成 $\gamma D = u \tan u$,对其微分有

$$\frac{du}{dD} = \frac{\gamma}{\tan u + u\sec^2 u} = \frac{\gamma u}{D\gamma + u^2 + (D\gamma)^2} .$$

至此已经足够了。在习题 7.11 中,你将完成这个计算以直接推导出式 7.31。从热力学出发的一个更深刻的推导参见 Israelachvili,2011,§ 12.7。

7.5.1′ 拓展

(1) 7.5.1 小节的讨论认为,水分子周围的电场源自相对于一个弥散负电荷云(氧原子)有所偏离的两个正点电荷(裸质子)。这样的电荷分布当然会产生一个永久电偶极矩,而水确实是高度极化的。不过,我们仍然在 H 键相互作用和普通的偶极相互作用之间作了一个区分。这种区分可用数学的语言表述,即水分子

的电荷分布拥有更高的多极矩（超过偶极矩）。这些较高的多极矩产生高强度并随距离快速衰减的场。

作为比较，丙酮（指甲油去除剂 CH_3—CO—CH_3）有一个氧原子结合到它的中心碳原子上。氧原子夺去了碳的部分电子，留下带正电但并非全裸的碳原子。相应地，丙酮有一个偶极矩，但它不是形成 H 键的强短程场。确实如此，丙酮的沸点虽然高于相似的非极性分子，但是比水的沸点低 44 K。

（2）7.5.1 小节中对 H 键的描述根源于经典的静电学，因此它还不是全部事实：H 键本质上也是部分共价的（量子力学的）。比如说，在某个—OH 基团中的氢和另一个氧之间形成 H 键，实际上也拉伸了原有—OH 基团中的共价键。最后，我们曾相当随意地将 H 键的接受位点描述成水分子的"背面"，而实际上它有比这种描述更苛刻的定义：分子实际上非常倾向于让它所有的四个 H 键都指向如图 7.12 所示四面体的四个顶点方向。

（3）冰晶体结构（图 7.12）有另一个重要而且普遍的特性。在图示的每个 H 键上，两个氧在氢的两侧，三者共线（即 H 键和相应的共价键是共线的）。相当普遍的一点是氢键的方向性：如果氢和参与成键的其他原子不在一条线上，则必然付出相当大的结合自由能代价。H 键的这一额外属性使得它们在提供大分子结合特异性方面更加有用。

（4）列在章末的书籍给出了关于液态水非凡特征的更多细节。

 7.5.2′拓展

（1）术语"疏水"会引起混淆，因为它似乎暗示油"怕"水。实际上，由于任何分子间的范德瓦耳斯吸引力，油和水分子相互吸引；油-水混合物比油和水分别飘浮在真空中有更低的能量。但是水分子自身的吸引比对油的吸引更强（即，它的未扰动的 H 键网络相当稳定），所以它仍然趋向于驱逐非极性分子。

（2）考兹曼在他关于疏水效应的先驱性工作中对 7.5.2 小节关于可溶性的论述给出了一个更精确的形式。图 7.14 显示，当温度升高超过室温时，至少某些非极性分子的可溶性下降。勒夏特列原理（后面将讨论，8.2.2′节）暗示，对这些物质，因为升高温度迫使溶质从溶液中析出，这就意味着其逆过程溶质溶解是释放能量的。对一个进入水中的分子，因为它能到达一个更大的空间，因此其平动熵的变化总是正的。如果水自身的熵变化也是正的，那么 ΔF 的每项都会有利于溶剂化，我们就能溶解任意多的溶质。然而情况并非如此。所以，这些溶质的溶剂化必然引起水产生一个负的熵变化。

习   题[*]

7.1 "渗入式"学习

(a) 你正在做草莓脆饼。你切碎草莓,然后撒上磨成粉的糖。一小会儿后,草莓看起来变得鲜美多汁了。为什么会这样呢? 水从哪儿来?

(b) 英语国家流行一句短语"learning by osmosis"。解释一下这个短语犯了什么技术性错误,即为什么"learning by permeation"也许更好地描述了想要表达的想法。[**]

7.2 普费弗实验

范托夫的理论基于普费弗(W. Pfeffer)的实验。下面是一些普费弗在 1877 年得到的原始数据,显示了当温度 $T = 15℃$ 时,为阻止纯水和蔗糖溶液之间跨亚铁氰化铜膜渗透流所需的压强:

糖浓度[g/(100 g 水)]	压强(mmHg)
1	535
2	1 016
2.74	1 518
4	2 082
6	3 075

(a) 把这些数据的单位转换成 m^{-3} 和 Pa(蔗糖的摩尔质量约 342 g mol^{-1}),把它们画在图上,看能得到什么样的结论。

(b) 普费弗也测量了温度的影响。在一个固定浓度(1 g 蔗糖)/(100 g 水)下他发现:

温度(℃)	压强(mmHg)
7	505
14	525
22	548
32	544
36	567

同样把这些数据转换成国际单位制,作图并给出结论。

---

* 习题 7.4 蒙惠允改编自 Benedek & Villars, 2000b。

** 译注:本书正文中同时出现了 osmosis, permeation 这两个词。按照中文翻译惯例,将它们统一译为"渗透"。但在英文日常用语里,这两个词的意义确有不同。本题就是考察读者对这个差异的理解。

7.3 实验中的隐患

尝试制造人造红细胞。为了形成半径 10 μm 充满血红蛋白的球状袋子，已设法得到纯的双层油脂膜。首次进行实验时，你不慎把这些"细胞"转移到纯水中，它们立即爆裂，泄漏出里面的东西。最后，你发现把它们转移到 1 mM 的盐溶液中就可以防止爆裂，"细胞"变成球状并且充满了血红蛋白和水。

（a）如果 1 mM 效果不错，那么 2 mM 会一样好吗？当你尝试后者的时候会发生什么事？

（b）第二次你决定不再用盐，因为这会使溶液导电。那么，用多少摩尔浓度的葡萄糖就可以代替盐呢？

7.4 用渗透压估算分子量

第 5 章讨论了用离心机估算大分子的重量，但这个方法不总是最方便的。

（a）通常认为，在人体温度 303 K 下，血浆蛋白的渗透压约为 28 mmHg（这个单位在附录 A 中定义）。已经测得血浆蛋白的质量密度在 60 g L^{-1} 左右。假设稀溶液极限成立，用这些数据估计血浆蛋白的平均摩尔质量 M，以 g/mol 作为单位。

（b）毛细血管膜的滤过系数有时引为 $L_p = 7 \times 10^{-6}$ cm s^{-1} atm^{-1}。如果以 Δp 的压强差在膜的两边加水，那么得到水的体积通量是 $L_p\Delta p$。假设正常人在毛细血管内外保持大致的渗透平衡，但在一个特别个体里，由于营养不足，血浆蛋白已经被耗掉了 10%。假设敞开的毛细血管总面积是 250 m^2 左右，那么总共会有多少流体滞留在组织间隙里（以 L/d 计）？为什么饥饿孩子的腹部总是肿胀的？

7.5 排空作用的估算

7.2.1 小节谈及一个典型的球蛋白半径为 10 nm。细胞中这类蛋白的浓度很高，例如可假设它们占了内部体积的 30%。

（a）想象细胞内部的两块大的扁平物体（表示两个大的有互补表面的大分子复合物）。当这两块平面物体相互靠近到小于某一个距离时，它们会感受到一个有效的排空作用，并因此更加靠近。这个排空力正是由周围这些更小的蛋白悬浮物导致的。画一个图，假设当表面相互接近时，它们是平行的。估计出这个力开始出现时的距离。

（b）如果接触面积是 10 μm^2，当表面黏合时，估算出减少的总自由能。你可以忽略表面之间任何其他可能的相互作用。和以前一样，假设范托夫（稀悬浮液）渗透压关系仍然适用。相对于 $k_B T_r$，这项自由能还重要吗？

7.6 氢键对水的影响

根据 7.5.1 小节，一个液态水分子和它邻居的 H 键的平均数目在 3.5 左右。假设这些键是维持液态水的主要作用，而且每个 H 键形成时降低约 $9k_B T_r$ 能量。利用这些知识，估算出水气化热的数值（见问题 1.6），然后将你的预测和测量值比较。

7.7 ⓣ弱电荷极限

7.4.3 小节考察了一个浸在纯水中可电离的表面。这个表面电解成一个带负电的平面和一个带正电的平衡离子云。然而,真实细胞和其他物质一道浸在盐溶液里,外部既有平衡离子又有带负电的同伴离子。7.4.3′节曾给出了这种情况的一个解,但是在数学上很复杂。这里给出一个更加简单的近似分析。

我们不准备直接解式 7.34,而是考虑表面电荷密度很小的情况。此时,表面上的电势 $V(0)$ 和无穷远处的值相差不大,而在前面我们曾将它取为零。(更精确地,无量纲组合 $\overline{V}$ 在任何地方都远远小于 1。)用 $\overline{V}$ 的幂级数展开式的前两项来近似式 7.34 的右边项,由此所得的近似方程容易求解。请解出它,并解释式 7.35 中所定义的 λ_D。

7.8 ⓣ扩散导致熵增

假设在 $t = 0$ 时刻制备了浓度 $c(\boldsymbol{r})$ 非均匀的溶液。(比如将一滴墨汁加到一杯水中而不混合它。)这个初始态的自由能不是最小值,因为它的熵不是最大。我们知道,扩散最终会抹去初始的有序。

7.2.1 小节指出,对稀溶液情况,熵对浓度的依赖关系和理想气体熵一样。因此系统的熵 S 是熵密度对 $\mathrm{d}^3\boldsymbol{r}$ 的积分(式 6.36),再加上一个可忽略的常量。用已知的关于 c 的时间导数,计算一个孤立系统熵 S 的时间导数,并对此进行讨论。〔提示:在这个问题中,你可以忽略整体的(对流的)水流动。你也可假设在腔边界上的浓度总是为零,墨汁从中心蔓延开来而不会碰到壁上。〕

7.9 ⓣ另一个平均场理论

本题的目的是应用弗洛里(P. Flory)开创的平均场近似来定性理解图 4.8(c) 中的实验数据。

注意这个图给出了一个贴在("被吸附在")二维表面上的无规线团 DNA 的平均尺度,DNA 可视为二维自回避无规行走。为了给这样一个行走建模,我们首先回顾一下无约束的(非自回避的)无规行走。注意到式 4.28 已经给出了从原点出发而结束于位置 $\boldsymbol{r}$ 周围面积 $\mathrm{d}^2\boldsymbol{r}$ 内的 N 步路径的数目(见 4.6.5′节讨论的一个近似)。利用要点 4.5(b),这个数等于 $\mathrm{e}^{-r^2/(2NL^2)}\,\mathrm{d}^2\boldsymbol{r}$ 乘以一个归一化因子,这里 L 是步长。为了找出一个普通随机行走的均方位移,我们对每条允许路径做相同加权并以此计算平均值 $\langle \boldsymbol{r}^2 \rangle$。因此,答案可写成

$$\langle \boldsymbol{r}^2 \rangle = -\frac{\mathrm{d}}{\mathrm{d}\beta}\bigg|_{\beta=(2NL^2)^{-1}} \left(\ln \int \mathrm{d}^2\boldsymbol{r}\, \mathrm{e}^{-\beta r^2} \right) = 2L^2 N。 \qquad (7.44)$$

这是个熟悉的结论(见前面式 4.6 的讨论)。

但是我们并不想对每一条允许路径等同地加权,对那些自交叉的路径应该加上一个玻尔兹曼分布形式的罚分。弗洛里用一个简单的方法估算了这个因子。

自回避的效应是把高分子线团膨胀到一个比纯粹无规行走更大的尺度。这种膨胀也增加了线团的平均首末端距，所以可以把这个线团想象成一个球形链滴，它的半径是一个常数 C 乘以它的首末端距 $r = |\boldsymbol{r}|$。这样一个链滴的面积是 $\pi(Cr)^2$。在这个近似下，首末端距为 r 的一类路径导致的高分子链段的平均表面密度是 $N/(\pi C^2 r^2)$。

可以理想化地认为这个被吸附的高分子线团具有均匀的表面链段密度，并假设每个高分子链段有一个碰到其他链段的概率，这个概率正好依赖于链段密度 *。如果每个链段占有表面面积 a，那么一个面积单元被占的概率是 $Na/(\pi C^2 r^2)$。N 个链单元中任一个落在某一已占区域上的概率由相同的表达式给出，所以被占两次的面积单元数目等于 $N^2 a/(\pi C^2 r^2)$。总能量罚分 V 等于这个数乘以每次交叉的能量罚分 ϵ。记 $\bar{\epsilon} = \epsilon a/(\pi C^2 k_{\mathrm{B}} T)$，得到估计式 $V/k_{\mathrm{B}} T = \bar{\epsilon} N^2/r^2$。

引入玻尔兹曼权重因子 $e^{-V/k_{\mathrm{B}} T}$ 改写式 7.44。为具体起见，取 $L = 1\,\mathrm{nm}$ 和 $\bar{\epsilon} = 1\,\mathrm{nm}^2$，温度取为室温。用数值软件求出修正积分的值，对固定的链段长度 L 和重叠罚分 $\bar{\epsilon}$，找出 $\langle r^2 \rangle$ 与 N 之间的函数。用双对数坐标作图显示你的答案，并证明对大 N，$\langle r^2 \rangle \to$ 常量 $\times N^{2\nu}$。求出指数 ν 并和实验数据比较。

7.10 ⓣ带电表面

固定电荷密度 σ_{q}，用数值软件求解式 7.29 以找出 β 与平面间距 $2D$ 之间的函数关系。为具体起见，取 σ_{q} 等于 $e/(20\,\mathrm{nm}^2)$。现在用式 7.31 把答案转换成力，与图 7.11 作比较。对若干其他 σ_{q} 值重复上述过程，（粗略地）从中选出某个值，使其能最佳拟合图示的间距大于 2 nm 的上方曲线。如果这个表面完全解离，它应该是每 7 nm^2 有一个电荷。它是完全解离的吗？

7.11 ⓣ表面力的直接计算

完成 7.4.4′ 小节的推导，导出式 7.31。

7.12 溶解度

葡萄糖分子和苯分子具有相近的尺寸，且都是不解离的环状碳氢化合物，但葡萄糖比苯更容易溶解在水中。正文中已经指出这其中的部分原因是葡萄糖是极性分子，而苯不是。另一方面，苯远比葡萄糖更容易气化。你能解释这背后的物理根源吗？

7.13 微吸管技术

红细胞被部分拉入（或吸入）一根微吸管的场景，可以用图 7.15 这样的卡通图来展示。要研究表面张力 Σ 对于膜性质的影响，你需要知道 Σ 的确切数值。本

---

* 这个估计方法相当于用平均场近似取代实际的自交叉构象，这和 7.4.3 小节介绍的平均场在思路上相近。

题中你将会通过调节微吸管的吸力来做到这一点。

将微吸管内部的细胞膜半球帽部分的半径记为 R_1，管外的球形部分的半径记为 R_2，膜被吸入微吸管中的长度记为 L。微吸管内部的压强为 p_1，外部的压强为 $p_2 > p_1$。假设整个系统处于平衡，因此膜上的表面张力均匀分布（膜泡内部的压强也是均匀的）。利用这些已知物理量，导出表面张力的表达式。

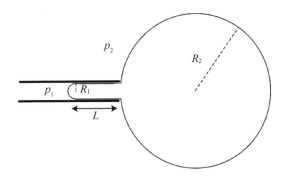

图 7.15　习题 7.13 中的实验装置的几何示意图。

7.14　柱坐标系中的平衡离子

正文中 7.4.3 小节讨论了带电平板附近平衡离子的分布问题。文中指出这些平衡离子不会逃逸到无穷远处，因此在平板附近的离子浓度不会是零。

理解这一结论的一个途径是考察一个带电表面（电荷面密度 $\sigma_q < 0$）附近的单个离子（电荷为 $e > 0$）。假设初始时刻这个离子到表面的距离不超过 a。如果离子能够到达距离表面更远的 R 处，则它的熵将增加 $k_B \ln(R/a)$。但它同时又要克服表面吸引而付出静电能，大约为 $e(R-a)\sigma_q/\varepsilon$。因此，其总的自由能改变量近似等于 $\Delta F \approx e(R-a)\sigma_q/\varepsilon - k_B \ln(R/a)$，当 R 很大时这个量也会随之增大。因此，为了达到自由能最小，离子不会跑到无穷远而是在表面附近徘徊。

（a）对于半径为 b、单位长度带电为 κ 的无穷长带电圆柱，仿照上述思路，判断平衡离子能否跑到无限远处？

（b）将你的结论用于 DNA，其中每个碱基对含有 2 个带负电的磷酸基团。

7.15　排空作用

在本题中你将要研究被大量小球（N_S 个，半径为 a_S）包围的两个大球（半径为 a_L）之间的排空相互作用。当大球靠拢至表面相距小于 $2a_S$ 的时候，小球无法进到大球之间的区域，排空作用就会显现。假设小球在整个流体中的体积占比为 φ_S。

关于图 6.4 所示系统的例题给出了理想气体在其体积改变 ΔV 时其自由能的改变量

$$\Delta F \approx -Nk_B T \frac{\Delta V}{V} \tag{7.45}$$

V 是系统的体积,且 $\Delta V \ll V$。

根据图 7.16(b),写出小球可达体积的改变量的表达式,以及相应的自由能减少量 $\Delta F(r)$ 的表达式,它是两大球球心之间距离 r 的函数。你的答案中只应该包含 r、φ_S、$k_B T$、a_S、a_L 等物理量,V、N 之类的广延量则不应该出现。

(a) 取 $a_L/a_S = 8$ 及 $a_L/a_S = 16$,在同一张图上画出 $\Delta F/(\varphi_S k_B T)$ 对 r/a_L 的函数关系曲线。请留意当小球尺寸改变时排空作用的强度和范围会如何改变。

(b) 对(a)的答案求导并取负,由此可以了解排空力的特点。

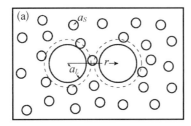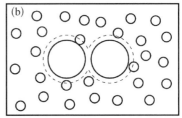

图 7.16　**计算排空力的示意图。**(a) 小球的中心无法进入虚线所示的包含大球的球形区域,其半径为 $a_L + a_S$。(b) 当两个大球的排空区发生重合时,小球将获得更多的可达体积,本图中 $r \approx 2a_L + a_S$。

7.16　石鱼的毒素

石鱼中含有一种能在细胞膜上形成小孔的蛋白毒素。当红细胞悬浮于 150 mM 氯化钠溶液中并添加这种毒素时,细胞会发生溶胞(如果不添加毒素,则细胞不会溶胞)。若细胞悬浮于含有 150 mM 氯化钠与 30 mM 惰性高分子的混合溶液中,添加毒素时细胞是否溶胞将取决于高分子的摩尔质量。表 7.1 给出了一系列实验的结果。请对以下问题给出可能的解释:

(a) 向 150 mM 氯化钠溶液中添加毒素时,细胞为什么会发生溶胞?

(b) 向 150 mM 氯化钠 ＋ 30 mM 高分子溶液体系中添加毒素,当高分子的摩尔质量为 1 000、1 500、2 000 g/mol 时细胞仍然发生溶胞,但当分子量升高到 3 000 或 10 000 时则不发生溶胞。为什么?

(c) 表中最右边一列前四项显示,当分子量升高时,细胞完全溶胞的时间也变长了。为什么?

表 7.1　**实验结果汇总**(见习题 7.16)(摘自 Chen, *et al.*, 1997。)

高分子的摩尔质量, g mol^{-1}	尺寸(溶液中高分子的直径),nm	添加毒素时细胞是否溶胞?	细胞 100% 溶胞所需时间,min
0	—	是	3
1 000	1.8	是	4
1 500	2.2	是	4.5
2 000	2.6	是	10
3 000	3.2	否	—
10 000	5.0	否	—

7.17 ⓣ 平衡离子云

要解答本题,请先完成习题 7.7。

考虑位于单价盐离子溶液(例如氯化钠)中的一个带电量为 $q = ze$、半径为 a 的球形大分子。通过习题 7.7 我们已经知道当静电势满足 $|V(r)| \ll k_B T/e$ 时,泊松-玻尔兹曼方程可以线性化为德拜-休克尔形式。在球坐标系中,这个形式可表述如下:$\frac{1}{r} \frac{d^2}{dr^2}(rV(r)) = \frac{1}{\lambda_D^2} V(r)$,$\lambda_D$ 是德拜屏蔽长度。

(a) 请说明以下边界条件是合理的:$V(r \to \infty) \to 0$,$-\frac{dV}{dr}\Big|_{r=a} = E_r = \frac{q}{4\pi\varepsilon a^2}$,$E_r$ 是球体表面处电场强度。

(b) 求解 $V(r)$,表达为 λ_D、a、q 的函数。

(c) 大分子附近盐离子分布的电荷密度可表示为 $\rho_q(r) = -\varepsilon \frac{1}{r} \frac{d^2(rV(r))}{dr^2}$。利用(b)的答案计算这个密度,证明其对全空间的积分正好等于 $-q$。

(d) 想象球形大分子表面从 $q = 0$ 开始逐渐增加电荷 dq' 直至 q 的充电过程。计算整个过程所需付出的总功,即大分子及周围平衡离子云的总的静电能。

(e) 稀盐溶液中蛋白分子的溶解度一般来说随着离子强度的增大而增大。请利用(b)的答案对此作出定性解释。

7.18 ⓣ 低电荷密度

回顾 7.4.4 小节中方程的解,计算其在表面电荷密度极低情况下的极限值。证明两板之间的平衡离子云密度几乎处处均匀,且等于板上电荷总量除以板件间隙的总体积。在这种情况下,平衡离子很像理想溶液,它们对板施加的压强可用范托夫关系来预测。

第 8 章 化学力和自组装

第 7 章中展示了能量转换装置如渗透池(图 1.3)或热机(图 6.5)如何利用浓度差或温度差产生机械力。虽然生物体确实会利用这类自由能形式,但是最重要的能量储存途径还是化学能。本章将说明化学能只是自由能的另一种形式,可与其他形式的能量相互转化。为此,只需将每个分子中存储的确定势能加到自由能的基本公式 $F = E - TS$ 的第一项中即可。由此,我们将明白化学势如何驱动磷脂双层膜和细胞骨架细丝的形成。

本章焦点问题

生物学问题:处于均匀混合溶液中的分子机器如何汲取有用功? 它是否像热机、涡轮或渗透池那样,必须工作于温度、压强或者浓度不同的两个区域之间呢?

物理学思想:即使是完全混合的溶液,也可以含有处于远离平衡浓度的多种分子。偏离平衡态就能产生化学力。

---

§8.1 化学势

细胞活动并不依靠温度梯度,而是靠消耗食物并排出废物。另外,分子机器产生的"有用功"可能用于化学合成而不是做机械功。

简言之,我们所感兴趣的机器同外界既交换能量又交换分子。为了理解化学力,本章首先研究与大系统接触的小的子系统是如何与之分享各种分子的,这里暂时忽略不同种类分子间相互转化的可能性。

8.1.1 μ 描述粒子的可获得性

我们推广第 6 章的公式来处理双系统 A 和 B 间既交换能量又交换粒子的情况。照例从理想气体着手。先设想一个孤立体系,例如一个装有 N 个无相互作用气体分子且体积固定的孤立盒子,系统的熵记为 $S(E, N)$。接下来,考虑包含多种分子的情况,相应的分子数记为 N_1, N_2, $\cdots$,或统称为 N_α,其中 $\alpha = 1, 2, \cdots$。

根据式 6.9 把处于平衡状态的系统温度定义为 $\dfrac{1}{T} = \dfrac{\mathrm{d}S}{\mathrm{d}E}$。然而,需要特别指明

微分是在 N_α 固定的情况下进行的，即 $\dfrac{1}{T} = \dfrac{\mathrm{d}S}{\mathrm{d}E}\Big|_{N_\alpha}$。（要理解这个形式的含义，请花点时间回顾 4.5.2 小节的内容。）因为我们要研究那些获得和失去分子的体系，我们也将需要考虑对 N_α 的导数

$$\mu_\alpha = -T\,\dfrac{\mathrm{d}S}{\mathrm{d}N_\alpha}\Big|_{E,\,N_\beta,\,\beta\neq\alpha}\,。 \tag{8.1}$$

称 μ_α 为化学势。在这里我们对某一个 N_α 进行微分，保持系统总能量 E 和其他分子数 $N_\beta (\beta \neq \alpha)$ 不变。注意分子数是一个无量纲量，因此 μ 具有能量量纲。

正如 6.3.2 小节所述，你应当能证明：相互之间能够进行粒子和能量交换的两个宏观子系统最终将满足 $T_A = T_B$ 和化学势关系：

$$\boxed{\mu_{\mathrm{A},\,\alpha} = \mu_{\mathrm{B},\,\alpha}\,。 \qquad \textbf{宏观系统的平衡条件}} \tag{8.2}$$

当满足式 8.2 时，我们称这个系统处于化学平衡。如同 $T_A - T_B$ 提供了能量转移的熵力一样，$\mu_{\mathrm{A},\,\alpha} - \mu_{\mathrm{B},\,\alpha}$ 提供了 α 类粒子净转移的熵力。这个规律是研究 0℃ 水和冰共存的恰当工具：平衡状态下，水的各相化学势 μ 必须相等。

式 8.1 隐藏着一个很微妙的问题。到现在为止，我们一直忽略了一个事实：每个分子具有一定的内能 ϵ，例如化学键的键能（见 1.5.3 小节），因此总能量可以表示为动能和内能之和 $E_{\mathrm{tot}} = E_{\mathrm{kin}} + N_1\epsilon_1 + \cdots$。对于理想气体，粒子保持不变，其内能是定值：对总能量 E 只有一个常量贡献，可以被忽略。然而，本章中必须考虑内能，它在化学反应时将发生改变。必须注意到化学势的定义（式 8.1）是在包括内能在内的总能量不变情况下进行微分。

为了理解这一点，我们要计算理想气体的化学势并且了解 ϵ 是如何进入表达式的。前面得到理想气体熵的表达式（见理想气体熵例题）是很有用的出发点，但是记住那里的 E 仅含有动能项 E_{kin}。

> **思考题 8A**
>
> 为理解式 8.1，我们先在保持动能不变的情况下计算理想气体 S 对 N 的导数。设 N 很大，可得
>
> $$\dfrac{\mathrm{d}S}{\mathrm{d}N}\Big|_{E_{\mathrm{kin}}} = k_{\mathrm{B}}\,\dfrac{3}{2}\ln\left[\dfrac{1}{3\pi}\dfrac{m}{\hbar^2}\dfrac{E_{\mathrm{kin}}}{N}\left(\dfrac{V}{N}\right)^{2/3}\right]。$$

为完成对 μ 的推导，需要将上述表达式中在 E_{kin} 不变时求导改为在总能量 E 固定时求导。如果先把一个分子注入原有体系同时使 E_{kin} 保持不变，然后提取与此分子内能相等的动能，这个过程的净效应是保持粒子数改变 $\mathrm{d}N = 1$ 的同时总能量 E 不变。因此需要从思考题 8A 中减去一个修正项。

例题：按照上面的步骤，证明理想气体的化学势具如下形式

$$\mu = k_B T \ln(c/c_0) + \mu^0(T). \qquad \text{理想气体或稀溶液的化学势}$$

(8.3)

上式中

$$\mu^0(T) = \epsilon - \frac{3}{2} k_B T \ln \frac{m k_B T}{2\pi \hbar^2 c_0^{2/3}}. \qquad \text{(理想气体)} \qquad (8.4)$$

$c = N/V$ 是粒子数密度，c_0 是常量(称为参考浓度)。

解答：从数学上看，本题要求我们从思考题 8A 的结果中减去 $\epsilon \dfrac{\mathrm{d}S}{\mathrm{d}E_{\mathrm{kin}}}\Big|_N$。根据能均分定理 E_{kin}/N 等于 $\frac{3}{2} k_B T$，结合式 8.1 可得

$$\mu = \epsilon + k_B T \ln c - \frac{3}{2} k_B T \ln\left[\frac{4\pi}{3} \frac{m}{(2\pi\hbar)^2} \frac{3}{2} k_B T\right].$$

此式在形式上出现了带量纲量的对数。为使每一项都有明确的物理意义，我们在式中分别加上和减去一个 $k_B T \ln c_0$，于是就得到式 8.3 和式 8.4。

我们称 $\mu^0(T)$ 为在温度 T 时相对于参考浓度的标准化学势。化学家将无量纲量 $\mathrm{e}^{(\mu-\mu^0)/k_B T}$ 称为活度。根据式 8.3 可知理想气体活度近似为 c/c_0。

式 8.3 对稀溶液和低密度气体也成立，和渗透压的讨论中一样(§7.2)，两种情况下的熵表达式是一样的。但是对于溶液里的溶质来说，$\mu^0(T)$ 不再由式 8.4 描述。此时 $\mu^0(T)$ 反映如下事实：由于溶剂(水)分子并不是稀释的，因此溶剂分子之间以及溶剂与溶质分子之间的吸引不能忽略。然而，对于某些化学物质可以测量出其标准化学势，采用一定参考浓度，式 8.3 仍然是成立的。通常不必为溶剂相互作用的细节煞费苦心，只需把 μ^0 视为一个唯象的量，就可直接从化学用表中查取其数值。

对于气体来说，标准浓度是在一个大气压和 0℃ 的条件下获得的，1 摩尔约占 22 升。但是在本书中，我们基本上只考虑水溶液而不是气体。水溶液的标准浓度为 *$c_0 = 1\,\mathrm{M} = 1\,\mathrm{mol/L}$，若以摩尔为单位，任意分子 X 的浓度可记为 $[X] \equiv c_X/(1\,\mathrm{M})$。$[X] = 1$ 的溶液称为摩尔浓度为 1 的溶液。

可以将式 8.3 推广到另一种情形，即每个分子不仅具有 ϵ 还具有与其位置相关的额外势能 $U(z)$，例如质量 m 的粒子在重力场中的势能 $U(z) = mgz$，其中 z 是粒子所处的高度。另一个重要的例子是带电粒子在静电场中的势能 $U(z) = qV(z)$。我们可以简单地将式 8.3 中的 μ^0 替换为 $\mu^0 + U(z)$。(考虑带电情况时，有时称广义的 μ 为电化学势。)据此修改式 8.3 并利用平衡条件(式 8.2)，可知平衡状态下 $c(z)\mathrm{e}^{qV(z)/k_B T}$ 在电解质溶液各处具有相同的值，这个结论与大家熟知的

---

* 有一些特例——见 8.2.2 小节给出了一些特例。

能斯特关系(式 4.26)等价。

总而言之,本节中我们找到一个量 μ 来描述粒子的可获得性,恰似 T 描述了能量的可获得性一样。对于稀薄系统,它可以分解为简单依赖于浓度的一项,以及与浓度无关且依赖于分子内能的一项 $\mu^0(T)$。更一般地,我们给出了这种可获得性的基本定义(式 8.1)和相应的平衡条件(式 8.2),无论系统稀薄与否,这都是普遍适用的。这种普适性非常重要,因为细胞内的环境完全不是稀释的,相反地,它异常稠密(图 7.2)。

化学势随浓度的增加而增加(更多的分子可被获取),而且具有较多内能的分子其化学势也较大(内能高的系统更倾向于将能量以热的形式释放到外界,从而增加外界的无序度)。简言之,

> 某种分子若具有很大浓度 c 或者很高内能 ϵ,则能高效地参与
> 化学反应。 (8.5)

化学势(式 8.3)正是描述了这种参与程度。

 8.1.1′小节将介绍关于化学势的更高等的处理方法及化学势与量子力学的联系。

8.1.2 玻尔兹曼分布可推广到含粒子交换的情况

以下将直接重复 6.6.1 小节的分析,小系统 a 与较大的系统 B 之间保持平衡,我们暂时仍然假设粒子之间不能相互转换。鉴于 a 可能不是一个宏观体系,N_a(a 中的粒子数)的相对涨落可以很大,因此不能利用式 8.1 和 8.2 计算 N_a,只能给出系统 a 在各种可能状态 j 的概率分布 P_j。另一方面,宏观系统 B 在平衡时 N_B 的相对涨落很小。

设子系统 a 的状态 j 具有能量 E_j 和粒子数 N_j,不考虑 B 发生变化,我们希望求出 a 处于状态 j 的概率。

> **思考题 8B**
>
> 证明在平衡状态下
> $$P_j = \mathcal{Z}^{-1} e^{(-E_j + \mu N_j)/k_B T},$$
> (8.6)
> 其中巨正则配分函数 $\mathcal{Z}$ 是归一化因子,$\mathcal{Z} = \sum_j e^{(-E_j + \mu N_j)/k_B T}$。(提示:利用6.6.1小节的结论。)

这个概率分布有时被称为吉布斯分布或巨正则分布,它是玻尔兹曼分布的推广(见式6.23)。我们再次看到系统 B 的许多细节是无关紧要的,该分布仅与温度和化学势两个量有关。

由此可见,μ 越大系统越可能包含较多的粒子,这表明将 μ 理解为从 B 中获得

粒子的能力是合理的。容易得出与思考题 6G 及紧接着的例题中的自由能表达式（6.6.3 小节）类似的结论，但我们并不需要它们。（计入分子迁移时的体积改变效应也并不困难，见习题 8.8。）

§8.2 化学反应

8.2.1 化学力均衡导致化学平衡

现在让我们转向化学反应。首先考虑比较简单的情况，分子只有两种不同的状态（或异构体）$\alpha = 1, 2$，它们只是自由能不同，不妨设 $\epsilon_2 > \epsilon_1$。而且假定两种状态间几乎不存在自发转换，因此可以把它们视为不同种类的分子，从而可以设想一个烧杯（系统 B）包含想要的分子数 N_1 和 N_2，且数目不会改变。

设想系统还带有一个"转换器"（称为子系统 a），一种类型的分子进入其中转换（或异构化）为另一种分子。（可以先把这种子系统看成分子器件，例如酶，后面再将类似的分析推广应用于任意化学反应。）

假设第二种分子进入转换器转换成第一种分子而后离开，子系统 a 的状态前后保持不变。由于能量守恒，系统 B 的总能量也保持不变，但此时 B 中比原来少 1 个第二种分子，多 1 个第一种分子，其中内能差 $\epsilon_2 - \epsilon_1$ 以热能的形式存储在系统 B 中。

物理规则并不排斥逆反应的发生，通过从周围环境汲取相应的能量，类型 I 能够进入电话亭自发地转换为类型 II。

Gilbert：显而易见，在现实生活中，能量不可能自发地由热运动转化为任何一种有效势能，正如石头不能自己从泥坑里飞起来一样。

Sullivan：但是单个分子的转化可以是任意方向的，如果一个反应可以正向进行，则它也可以逆向进行，至少是偶尔为之，还记得那些野牛吧（图 6.8）。

Gilbert：当然，我的意思只是每秒钟转化至低能态的净粒子数目必须是正的。

Sullivan：我们已经知道事情并非必然如此，只要以减少（系统）有序度作为代价。例如渗透池能够汲取环境的热能从而举起重物[图 1.3(a)]。

Sullivan 真是一语中的。上述讨论及定义式 8.1 均意味着当化学反应将分子 I 变为分子 II 时，熵变[*]为 $(-\mu_2 + \mu_1)/T$。满足 $\mu_1 > \mu_2$ 的情况下，热力学**第二定律**保证沿此方向存在净的宏观流。因此将化学势的差异视为导致异构化的"化学力"是合理的。上面提到的情况中 $\epsilon_1 < \epsilon_2$，但注意 ϵ 只是化学势的一部分（式 8.3），如果低能异构体的浓度足够高（或者是高能异构体的浓度足够低），仍然可以使 $\mu_1 > \mu_2$，从而存在 I→II 的流！事实上，有些自发反应就是吸热的。以处理扭伤的冰袋为例，其中的填充物自发地从外界吸收热能然后转换到能量更高的状态。

---

[*] 注意，μ 被定义为总能量固定情况下的导数。这至关重要，否则 $(-\mu_2 + \mu_1)/T$ 描述的将是一个不可能的能量不守恒过程。

Sullivan 所说的"以减少有序度作为代价"意味着什么？最初系统内第一种分子数目远远多于第二种,这是某种有序状态,允许异构体之间的转化就如同将两个等容且装有不同数目气体分子的箱子连接在一起,每种气体在两个箱子内的分子数迅速达到相等,由此使有序度降低。即使要利用该过程来推动涡轮对外界做功,它也能迅速完成。做功的能量来自环境的热能,但是热能向机械功的转化需要以系统从非平衡态向平衡态过渡时的无序度增加为代价。类似地,本例中如果处于状态Ⅰ的粒子数远大于处于状态Ⅱ的粒子数,则存在熵力推动沿Ⅰ→Ⅱ方向的转换,即使这是一个"爬坡"过程,即沿着增加粒子所储存的化学能的方向进行。随着反应的进行,粒子Ⅰ被消耗(即 μ_1 减少),同时粒子Ⅱ的量增加(μ_2 增加),直至 $\mu_1 = \mu_2$,反应停止。换句话说,

$$\text{化学平衡是化学力达到平衡的状态。} \tag{8.7}$$

更普遍地,如果体系还受到机械力或静电力的作用,平衡状态必须满足包括化学力在内的所有驱动力净值为零这一条件。

这些内容似曾相识。6.6.2 小节就曾经指出能量差为定值 ΔE 的两种粒子处于平衡状态时的浓度关系为 $c_2/c_1 = e^{-\Delta E/k_B T}$(式 6.24)。对此式两边取对数可知,对于稀溶液这恰好就是条件 $\mu_2 = \mu_1$。如果这两"种"粒子各含有很多内部状态,则 6.6.4 小节的讨论是适用的,只需以这两种粒子的内部自由能差替代 ΔE。由于化学势包含内部熵和浓度依赖项,因此平衡判据依然是 $\mu_2 = \mu_1$。

对化学力另有一个有用的解释。至此我们讨论的皆为一个孤立体系在一步反应前后熵的变化,想象系统分为子系统 a(其中的分子发生异构化)和 B(包围 a 的试管),要求孤立体系 a+B 的熵增加。但是通常 a+B 与外界环境有热接触,例如实验室里一个在试管内发生的反应。在这种情况下 a+B 与外界有热能交换以使温度保持不变,其熵变不再是 $(-\mu_2 + \mu_1)/T$。但是反应方向仍由 $\mu_2 - \mu_1$ 的值决定。

例题：按照 6.5.1 小节的思路,请证明：当恒温密封试管中的反应每发生一步时,系统 a+B 的亥姆霍兹自由能 F 的变化等于 $\mu_2 - \mu_1$。

解答：假设密封试管与一个恒温(T)热库接触,1 个类型Ⅰ分子异构化为类型Ⅱ分子。这个过程向外界输出热量 ΔE。因为 B 以及外界热库都是宏观的,且都维持恒温 T,因此有

$$\Delta S_{\text{试管}} = \left.\frac{dS_{\text{试管}}}{dN_2}\right|_{E, V} - \left.\frac{dS_{\text{试管}}}{dN_1}\right|_{E, V} - \Delta E \left.\frac{dS_{\text{试管}}}{dE}\right|_{N, V}$$

即

$$\Delta F_{\text{试管}} = -\Delta E - T\left(\frac{-\mu_2 + \mu_1 - \Delta E}{T}\right) = \mu_2 - \mu_1$$

类似地,对于一个与恒压(p)大气接触的开放试管,证明其中反应每进行一步,相应的吉布斯自由能 G 的变化等于 $\mu_2 - \mu_1$。

思考题 8C

8.2.1′ 小节将把上述讨论与高等教材中使用的记号联系起来。

8.2.2 ΔG 可作为化学反应方向的统一判据

8.2.1 小节表明，由异构反应的平衡条件 $\mu_1 = \mu_2$ 出发可以重新得出第 6 章的一些内容。与那里的讨论相比，现在的视角具有很多优点：

（1）6.6.2 小节的分析是具体的，它仅适用于稀溶液（如美洲野牛的例子）。相比之下，平衡条件 $\mu_1 = \mu_2$ 是普适的：它只是热力学第二**定律**的另一种表述。如果 μ_1 大于 μ_2，则 Ⅰ → Ⅱ 的净反应增加系统的熵。平衡即是熵不再继续增加的状态。

（2）异构体之间的相互转换当然非常有趣，但是化学中有趣的问题远多于此。现在的视角使我们可以推广由特例得到的结论。

（3）注意到活化势垒 $\Delta E^{\ddagger}$ 不包含在平衡条件里，8.2.1 小节中的分析提供了通向更深刻结论的线索。对于 8.2.1 小节开头提到的"转换器"，一般说来，"转换器"里发生了什么完全不重要。在那里我们没有提及这一点，只是指出"转换器"本身的初末两态没有差别这一事实。

事实上，"转换器"可能根本不存在：只要反应足够缓慢以使得初始浓度 c_1 和 c_2 可明确测定，即使对于溶液中的自发反应，以上关于平衡态的结论也是成立的。

氢的燃烧　下面重点研究第（2）点。氢的燃烧是大家熟悉的化学反应：

$$2H_2 + O_2 \rightarrow 2H_2O。 \tag{8.8}$$

视其为一个涉及三种理想气体的反应。室温下的一个孤立盒子中包含一份氧分子和摩尔数两倍于此的氢分子。用火花引发化学反应后，盒中余下水蒸气以及少量的氢和氧。现在我们问：还剩多少没有反应的氢呢？

平衡是体系总熵 S_{tot} 最大的状态，要求熵的所有导数为零，于是无论反应向左（或向右）进行一步 S_{tot} 均不变。因此，为了找到这个平衡位置，先求出一步反应的变化，然后令其为零。

由于原子不会被产生或消灭，向右的一步反应将产生两个水分子并消耗一个氧分子和两个氢分子。定义 ΔG 为：

$$\Delta G \equiv 2\mu_{H_2O} - 2\mu_{H_2} - \mu_{O_2}。 \tag{8.9}$$

根据这个定义，式 8.1 表明一个孤立反应盒体系总的熵变为 $\Delta S_{\text{tot}} = -\Delta G/T$。在平衡状态，要求 $\Delta S_{\text{tot}} = 0$。思考题 8C 给出 ΔG 的另一种解释，即一个开放反应器的自由能变化。从这个等价的角度来看，令 $\Delta G = 0$ 即要求吉布斯自由能极小。

氧气、氢气和水蒸气在通常条件下都可以近似地看成理想气体。因此可利用式 8.3 化简式 8.9 并且引入平衡条件

$$0 = \frac{\Delta G}{k_B T} = \frac{2\mu_{H_2O}^0 - 2\mu_{H_2}^0 - \mu_{O_2}^0}{k_B T} + \ln\left[\left(\frac{c_{H_2O}}{c_0}\right)^2 \left(\frac{c_{H_2}}{c_0}\right)^{-2} \left(\frac{c_{O_2}}{c_0}\right)^{-1}\right]。$$

将上式中的浓度无关项写在一起,称为反应的平衡常数:

$$K_{eq} \equiv e^{-(2\mu_{H_2O}^0 - 2\mu_{H_2}^0 - \mu_{O_2}^0)/k_B T}。 \tag{8.10}$$

采用这种记法,平衡条件成为

$$\frac{(c_{H_2O})^2}{(c_{H_2})^2 c_{O_2}} = K_{eq}/c_0。 \quad (平衡状态下) \tag{8.11}$$

上式左侧称为反应商。为方便起见定义平衡常数的对数形式:

$$pK \equiv -\log_{10} K_{eq}。 \tag{8.12}$$

式 8.11 只是热力学第二**定律**的另一种表述,但包含了一些有用的东西:平衡的条件就是浓度的某种组合(反应商)必须等于一个与浓度无关的常量(平衡常数除以参考浓度)。

具体到我们讨论的情况(氢气和氧气反应产生水蒸气),可以表述得更加清晰明了:

> **思考题 8D**
>
> (a) 根据例题(8.1.1 小节)所得气体化学势,证明平衡常数为
>
> $$K_{eq} = \left[e^{(2\epsilon_{H_2} + \epsilon_{O_2} - 2\epsilon_{H_2O})/k_B T}\right] \times \left\{c_0 \left[\frac{2\pi\hbar^2}{k_B T} \frac{(m_{H_2O})^2}{(m_{H_2})^2 m_{O_2}}\right]^{3/2}\right\}。 \tag{8.13}$$
>
> (b) 检查上式中的量纲。

式 8.13 表明反应平衡常数依赖于参考浓度 c_0 的选取。(事实上这是必然的,因为平衡时反应商的值不依赖于 c_0。)

平衡常数也依赖于温度,这主要体现在式 8.13 的指数因子上。由此,我们得到与异构化相同的行为(见式 6.24):

● 在低温情况下由于第一个因子是一个很大的正数的指数,它将会变得很大,根据式 8.11 可知平衡倾向于完全是水的状态。

● 在高温情况下,第一个因子近似于 1,式 8.11 表明必然有大量未反应的氢和氧。力学角度的解释是,水分子通过热碰撞而分解的速度与水分子形成的速度一样快。

例题: 物理化学书上给出室温下式 8.8 的平衡常数为 $e^{(457\,kJ/mol)/k_B T_r}$。如果在 24 m³ 的房间里最初有 2 000 mol 的氢和 1 000 mol 的氧,当反应达到平衡时还剩余多少反应物呢?

解答: 利用式 8.11,令 x 为没有反应的 O_2 的摩尔数,则在末态有 $2(1\,000-x)$ mol 的 H_2O 和 $2x$ mol 尚未反应的 H_2。考虑到计算气体标准自由能改变时取参考浓度为 1 mol/24 L,式 8.11 给出

$$\left[\frac{2(1\,000-x)\,mol}{24\,m^3}\right]^2 \frac{24\,m^3}{x\,mol}\left(\frac{24\,m^3}{2x\,mol}\right)^2 = e^{(457\,kJ/mol)/(2.5\,kJ/mol)} \frac{0.024\,m^3}{mol}。$$

由于反应在能量上是有利的,所以几乎所有反应物都将被耗尽。x 非常小,可将左边分子上的 $(1\,000-x)$ 近似取为 $1\,000$。因此 $x=(1\,000^3\,e^{-457/2.5})^{1/3}$,或 3.4×10^{-24}。这就是说,只有两个氧分子没有反应!

一般反应　考虑一个非常一般的包含 k 个反应物和 $m-k$ 个生成物的反应:

$$\nu_1 X_1+\cdots+\nu_k X_k \rightleftharpoons \nu_{k+1}X_{k+1}+\cdots+\nu_m X_m。$$

ν_k 称为反应的化学计量系数。定义

$$\Delta G\equiv-\nu_1\mu_1-\cdots-\nu_k\mu_k+\nu_{k+1}\mu_{k+1}+\cdots+\nu_m\mu_m,\qquad(8.14)$$

ΔG 是反应前进一步的自由能变化,或

> 如果一个化学反应中 ΔG 是一个负值,则反应将正向进行,如果是正值则反应将逆向进行。　　　　(8.15)

要点 8.15 表明我们称 ΔG 为驱动化学反应的净化学力是正确的。平衡是反应在两个方向都没有净改变的状态,即 $\Delta G=0$。如前,可有效地将 ΔG 分解为浓度无关的项,即反应的标准自由能改变

$$\Delta G^0\equiv-\nu_1\mu_1^0-\cdots+\nu_m\mu_m^0\qquad(8.16)$$

与浓度相关项之和。采用标准浓度 $c_0=1\,\mathrm{M}$ 定义 μ^0,给出式 8.11 的普遍形式:

$$\frac{[X_{k+1}]^{\nu_{k+1}}\cdots[X_m]^{\nu_m}}{[X_1]^{\nu_1}\cdots[X_k]^{\nu_k}}=K_{eq}\quad K_{eq}\equiv e^{-\Delta G^0/k_BT}。\qquad(8.17)$$

质量作用规则(平衡态)

上式中,$[X]$ 表示 $c_X/(1\,\mathrm{M})$。

对于水溶液,即使由 8.1.1 小节气体化学势例题中所得 μ^0 的公式不再适用,但只要是稀溶液,式 8.17 仍然成立,我们只需查出水溶液中 μ^0 的值来算出 ΔG^0。

思考题 8E　事实上,化学书通常列出的不是 μ_α^0 而是 $\Delta G^0_{f,\alpha}$,后者是在标准条件下基本组分生成分子 α 的自由能。用这些值取代式 8.16 中的 μ_α^0 该式仍成立,理由何在?

思考题 8F　化学书有时候以 kcal/mol 作为 ΔG 的单位,则式 8.17 可方便地记为 $K_{eq}=10^{-\Delta G^0/(??\mathrm{kcal/mol})}$。请添上缺少的数字。

生物化学中的特殊约定　生物化学家在使用 $c_0 = 1\,M$ 这个约定时有一些特别的例外：

- 对于包含任何溶质的稀释水溶液，水浓度大约都是 $55\,M$。因此，我们取这个值为水的参考浓度。于是式 8.17 中的 $[H_2O]$ 被替换为 $c_{H_2O}/c_{0,\,H_2O} = c_{H_2O}/(55\,M) \approx 1$。根据此约定，即使水参与了化学反应，我们也可以从质量作用规则中略去这个因子。

- 类似地，对于反应中包含氢离子（质子，或 H^+），我们取其参考浓度为 $10^{-7}\,M$。当反应在 pH 中性值下进行，这等价于略去因子 $c_{H^+}/c_{0,\,H^+}$（见 8.3.2 小节）。

在任何情况下，记号 $[X]$ 都是指 $c_X/(1\,M)$。

参考浓度的选择对反应的标准自由能改变及平衡常数的数值有影响。使用前面所述的特殊约定时，我们记相应的值为 $\Delta G'^0$ 和 K'_{eq}（换算后标准自由能变和换算后平衡常数）以避免混淆。

请特别留意，不同场合定义标准量可能采用附加的特殊约定，标准条件有时也特指温度（25℃）和压强（$10^5\,Pa$，约为 1 个大气压）。

事实上，将离子（例如 H^+）视为孤立对象有一点过于简化，我们已经从第 7 章得知在向诸如水这样的溶剂中引入任何外来分子将干扰邻近溶剂分子的结构，形成一个较大的边界有些模糊的复合物，不严格地称之为水合离子。当我们提到离子例如 Na^+ 时就是指这整个复合物，其标准化学势 μ^0 包含组装整个复合物所需的自由能。特别地，水中的质子总与邻近的某个水分子结合得尤其紧密，即使这并非共价结合。化学家仍把这种复合物视为一个整体，即水合氢离子 H_3O^+。通常写 H^+ 实际上就是指 H_3O^+。

打破平衡　另外一个著名的结论现在就一目了然了：假定初始浓度不满足式 8.17，例如可能在平衡状态时加入了一点 X_1，于是化学反应将正向进行——换句话说，就是沿着部分抵消所做改变的方向进行——从而使式 8.17 重新满足，系统的熵也随之增加。化学家将第二定律的这种表述形式称为勒夏特列原理。

我们实际上已经将平衡条件（式 8.2）推广到了存在分子间转化的系统。处于平衡的系统中含有几种物质，则每一种的化学势在整个系统中都必须是一个常量，但是由于可能发生的分子间转化导致了附加的平衡条件：

> 当一个或多个化学反应在实验过程的时间尺度上能快速达
> 到平衡时，平衡就意味着所有 μ_α 之间存在联系，即每个相关反应
> 各自对应着一条质量作用规则（式 8.17）。　　　　　　(8.18)

几点附注　本小节的讨论掩盖了热平衡和力学平衡的一个重要区别。假定将一架钢琴缓慢地放在一个大弹簧上，钢琴压缩弹簧向下移动，同时弹簧储存了一定量的弹性能。在某一位置，钢琴所受的重力和弹簧的弹力相等，于是所有物体都是静止的。但是在统计平衡中，没有物质是静止不变的。处于平衡状态的渗透池里的水分子仍然连续不断地穿过中间的半透膜；异构体 I 继续转变为异构体 II，反之亦然。统计平衡是指任意宏观量均不存在净流动。（在讨论野牛的平衡时我们就看到过这一点，见 6.6.2 小节。）

我们实际上已经触及了本章的焦点问题。要点 8.18 中的关于反应速率的警告提醒我们，在室温下氢气和氧气的混合物本质上可以永远不在平衡状态，氢的自发氧化反应的活化势垒是如此之高以至于只能达到一个表观平衡，而式 8.11 不再成立。这种对完全平衡的偏离表现为存储的自由能，它随时可以根据需要加以利用，如燃烧氢气驱动汽车。

 8.2.2′小节给出了一些关于自由能变化和质量作用规则的更详细的要点。

8.2.3 复杂平衡的动力学解释

复杂的反应对应复杂的动力学机制，但对其平衡态的理解都相同。得出这一结论的过程多少有些令人吃惊。考虑一个假想的反应，两个双原子分子 X_2 和 Y_2 化合反应生成两个分子的 XY：$X_2 + Y_2 \rightarrow 2XY$。乍看上去好像很简单，任意一个 X_2 分子碰撞一个 Y_2 分子的频率是与 Y_2 的数密度 c_{Y_2} 成正比的。于是总的碰撞数即这个数值乘以 X_2 的分子总数，后者也是一个常量（体积）乘以 c_{X_2}。

在低浓度时有一定比例的碰撞能够越过活化势垒，这听起来是合理的。因此，可以得出正向反应速率（单位时间的反应）r_+ 也正比于 $c_{X_2} c_{Y_2}$ 的结论，逆反应也一样：

$$r_+ \overset{?}{=} k_+ \, c_{X_2} c_{Y_2} \text{ 且 } r_- \overset{?}{=} k_- \, (c_{XY})^2 。 \qquad (8.19)$$

上式中 k_+ 和 k_- 是反应速率常量。这与我们在二态系统中定义的量（6.6.2 小节）是相似的，只是量纲不同：式 8.19 表明 $k_\pm$ 的单位为 $s^{-1}M^{-2}$。通常将速率常量写在反应方程对应的箭头附近：

$$X_2 + Y_2 \underset{k_-}{\overset{k_+}{\rightleftharpoons}} 2XY 。 \qquad (8.20)$$

令这两个速率相等 $r_+ = r_-$，可知在平衡状态 $c_{X_2} c_{Y_2} / (c_{XY})^2 = k_-/k_+$，或者

$$\frac{c_{X_2} c_{Y_2}}{(c_{XY})^2} = K_{eq} = 常数 。 \qquad (8.21)$$

这看起来很不错，至少表面上和式 8.17 所得的结论相同。

不幸的是，根据式 8.19 的导出逻辑预测反应速率通常得到完全错误的结果。例如在浓度值的一个较大的范围内，将 Y_2 的浓度增加一倍对正向反应几乎没有影响，而将 c_{X_2} 加倍则会使速率变为原来的四倍！这个实验结果可以总结为（对我们的假想系统）此反应是 Y_2 的零级反应和 X_2 的二级反应，这说明正向反应速率正比于 $(c_{Y_2})^0 (c_{X_2})^2$，而上面我们将两者都简单地看成一级的了。

到底是怎么回事？问题出在我们假定事先知道反应机制，即一个 X_2 碰到一个 Y_2 然后互换一个原子，反应过程一步完成。事实可能相反，反应包含难以发现

的第一步和紧接着的两个快过程：

$$X_2 + X_2 \rightleftharpoons 2X + X_2 \quad (\text{第一步,慢过程}),$$
$$X + Y_2 \rightleftharpoons XY_2 \quad (\text{第二步,快过程}),$$
$$XY_2 + X \rightleftharpoons 2XY \quad (\text{第三步,快过程}). \tag{8.22}$$

其中的慢过程称为瓶颈过程或限速过程。这个限速过程制约着总速率,此时的浓度依赖关系为$(c_{Y_2})^0(c_{X_2})^2$。每个反应机制(式 8.20 和式 8.22)在逻辑上都是可能的,需通过实验的速率数据进行甄别。

这些事实是否破坏了质量作用规则即式 8.19 的动力学解释？很幸运,没有。关键在于化学平衡时,式 8.22 的每一个基元反应都必须<u>分别</u>处于平衡状态,否则某些物质如反应物 X_2 或中间产物 XY_2 等将会不断地堆积起来。将原始的速率分析分别应用到每一步得到在平衡状态

$$\frac{(c_X)^2 c_{X_2}}{(c_{X_2})^2} = K_{\text{eq, 1}} c_0, \quad \frac{c_{XY_2}}{c_X c_{Y_2}} = \frac{K_{\text{eq, 2}}}{c_0}, \quad \frac{(c_{XY})^2}{c_{XY_2} c_X} = K_{\text{eq, 3}}.$$

将上面三个式子相乘又得到整个反应的质量作用规则,即 $K_{\text{eq}} = K_{\text{eq, 1}} K_{\text{eq, 2}} K_{\text{eq, 3}}$：

$$\text{反应中间过程的详情对总体平衡是不重要的。} \tag{8.23}$$

这种说法听起来有些熟悉,它的另一种说法就是前面已经提及的"在转换器里发生了什么对平衡并不重要"(8.2.2 小节)。

8.2.4 原生汤处于化学失衡状态

早期地球是一块不毛之地,有大量的碳、氢、氮、氧(尽管不是像现在这样自由散布于大气中)、磷和硫。有机化合物能否自发形成呢？查看一下在大气压下接近人体比例($C：H：N：O=2：10：1：8$)的原子混合所生成的重要生物分子的平衡浓度。我们乐观地假设温度为 500℃ 以利于高能量分子的形成。通常得到的是低能量、低复杂度的分子 H_2O、CO_2、N_2 和 CH_4,然后是摩尔分数等于 1% 的氢分子和摩尔分数为 10^{-10} 的乙酸等等。在分子诞生的序列清单中,第一个真正有意思的生物分子是乳酸,其平衡摩尔分数为 10^{-24}！丙酮酸等在列表中更为靠后。

显然,式 8.17 给出的自由能和平衡常数之间的指数关系必须引起重视。这是非常陡的减函数。如今生物圈内生物分子的浓度没有一处是近平衡的。这是第 1 章所提难题的一个更精炼的表述：<u>生物分子的产生必然依赖某个富含自由能的能源的能量转化</u>。最终的自由能源其实就是太阳[*]。

§8.3 解离

在深入讨论之前,让我们尝试用已经得到的结论解释一些基本化学现象。

---

[*] 如同第 1 章提到的,热海洋火山口周围的生态系统是这个普遍规则的例外。

8.3.1 离子键和部分离子键容易在水中解离

岩盐（氯化钠）是"难熔的"：当放在平底锅里加热时它不会蒸发。为了弄明白这个事实，首先必须知道氯具有很高的电负性。也就是说，一个孤立的氯原子虽然是电中性的，但倾向于结合一个电子形成 Cl$^-$ 离子，这是因为 Cl$^-$ 离子的内能显著低于中性原子的内能。另一方面，一个孤立钠原子释放一个电子（成为 Na$^+$ 离子）内能不会有很大的增加。故当一个钠原子碰到一个氯原子，钠的一个电子完全转移给氯产生的联合体能够降低净内能。因而岩盐晶体完全是由 Na$^+$ 和 Cl$^-$ 组成，它们靠静电吸引能维系在一起。为了估算此能量，将式 1.9 中的 qV 写为 $e^2/(4\pi\varepsilon_0 d)$，其中 d 为典型离子半径。取 $d \approx 0.3\,nm$（岩盐晶体的原子间距），则拆开一个 NaCl 分子需要超过一百倍的热运动能。因此只有在几千度的时候岩盐才开始升华。

但在室温下，将同样的 NaCl 晶体置于水中，它将迅速解离。不同之处就在于水溶液中存在一个附加的因子 $\varepsilon_0/\varepsilon \approx 1/80$，于是此时分开离子所需的能量与 $k_B T_r$ 相当。当离子对离开块状固体并在水中漫游时，由此导致的熵增克服了需消耗的适量自由能，总的自由能变化对溶解状态是有利的。

不止离子盐一种物质易溶于水，很多其他的分子不需要解离就溶解了。例如，糖和酒精都易溶于水。虽然它们的分子没有净电荷，但同水分子一样是有正、负极之分的极性分子。极性分子至少可以部分地加入水的氢键网络，因此将其引入纯水时几乎没有疏水能耗。此外，破坏正极和相邻分子负极之间吸引（偶极相互作用）的能耗被与水分子形成类似结构获得的能量抵消。由于混合有利于熵增，不难理解极性分子在水中都高度可溶 *。事实上，基于这个原因，可以预言像乙醇那样具有强极性羟基（或—OH）的任意小分子应该可溶于水，通常也正是如此。另一个具有此效应的例子是氨基（—NH$_2$），比如甲胺分子上的氨基。另一方面，非极性分子如碳氢化合物由于具有高的疏水能耗而难溶于水。

本书不会发展量子力学工具来预测一个分子是否会解离为极性组成部分，但这并非严重的局限。离子基团在水中的解离并无惊人之处，它不过是另一种简单的化学反应，可用本章发展的普通理论处理。

8.3.2 酸和碱的强度反映其解离平衡常数

7.4.1 小节讨论了大分子解离（分开）成一个大分子离子和很多小的平衡离子时在其表面形成的扩散电荷层。那里的分析假定单位面积内具有常量的电荷 σ_q 且通常是解离的，但这个假设并不总成立。下面从小分子开始，对解离问题做一般讨论。

水分子是一种小分子，其解离反应为

$$H_2O \rightleftharpoons H^+ + OH^-。 \tag{8.24}$$

由 8.3.1 小节讨论可知这种类型的反应并非不可能，但水分子的解离比 NaCl 需

---

* 我们仍然可预期糖不会像丙酮等非极性小分子那样易于蒸发，因为蒸发只是破坏分子间偶极吸引相互作用，而不是置换为其他相互作用。

要更多的能量。相应地,式 8.24 的平衡常数尽管不可忽略,但是非常小。实际上,对纯水 $c_{H^+} = c_{OH^-} = 10^{-7}$ M。(这些数字可以通过测量纯水的导电性得到,见 4.6.4 小节。)由于 H_2O 的浓度基本不变,质量作用规则给出水的解离平衡常数是离子浓度的乘积,定义为:

$$K_w \equiv [H^+][OH^-] = (10^{-7})^2 \text{。} \quad \text{室温下水的离子积} \quad (8.25)$$

假如现在打破这个平衡,例如加入一些盐酸。由于 HCl 远比水容易解离,故此扰动使 H^+ 的浓度较纯水有所升高。但反应式 8.24 仍可进行,因此不管向系统加入什么,新的平衡必须满足质量作用规则。因此,羟基(OH^-)的浓度必须**降低**以保证式 8.25 成立。

如果加入的是一些氢氧化钠(碱液),NaOH 也是易解离的,故该扰动增加了 OH^- 的浓度,则 $[H^+]$ 的浓度必须相应地降低。换句话说,加入的 OH^- 使原本就少的 H^+ 变得更少。化学家定义溶液的 pH 值来描述这两种情况

$$pH = -\log_{10}[H^+], \quad (8.26)$$

这是一个类似于 pK 的定义(式 8.12)。

至此,我们已经看到

- 根据式 8.25,纯水的 pH 值等于 7,这个值也被称为中性 pH 值。
- 加入 HCl 时 pH 值降低,pH 值小于 7 的溶液称为酸性的。若任一原本中性的物质溶于水产生酸性溶液,则称其为酸[*]。
- 加入 NaOH 时 pH 值增加,pH 值大于 7 的溶液称为碱性的。若任一原本中性的物质溶于水产生碱性溶液,则称其为碱。

很多有机分子的行为与 HCl 相似,故它们被称为酸。如羧基—COOH 的解离

$$-COOH \rightleftharpoons -COO^- + H^+ \text{。}$$

比较常见的此类酸有醋(乙酸)、柠檬汁(柠檬酸),以及 DNA(脱氧核糖核酸)。DNA 解离成为大量可移动的电荷和一个大分子离子,后者每碱基对带两个负电。然而,与盐酸不同,所有有机酸都只是部分解离。例如醋酸解离的 pK 值为 4.76,而强酸如磷酸(H_3PO_4)为 2.15。1 mol 醋酸溶于 1 L 水将产生大量中性的 CH_3COOH 和一定量的 H^+(见习题 8.5),说明醋酸是弱酸。

任意直接或间接地消耗 H^+ 的分子都将提高溶液的 pH 值。例如,另一种常见的碱性基团是氨基—NH_2,它可以直接与质子发生反应

$$-NH_2 + H^+ \rightleftharpoons NH_3^+ \text{。} \quad (8.27)$$

典型的例子是氨 NH_3,它只是结合一个氢原子的氨基。我们已经看到其他碱(如碱液)间接地吞噬质子,它们释放羟基使反应式 8.24 逆向进行。碱液可分为强碱和弱碱,这

---

[*] 对酸和碱还有其他定义。

取决于其解离平衡常数(例如 $NaOH \rightleftharpoons Na^+ + OH^-$)或缔合常数(例如反应式 8.27)。

设想在纯水中加入等量的 HCl 和 NaOH。此时从酸得到的 H^+ 数目和从碱得到的 OH^- 数目相同，故$[H^+]=[OH^-]$仍成立。由式 8.25 给出$[H^+]=10^{-7}$，或 pH＝7! 这是怎么回事? 实际上，外源的 H^+ 和 OH^- 相互中和成为水，剩余的其他离子在水中形成食盐溶液 $Na^+ + Cl^-$。[也可以通过强碱和弱酸($NaOH$ 和 CH_3COOH)混合得到中性溶液，只是酸的量要远多于碱。]

8.3.3　蛋白质带电状态随环境改变

第 2 章曾将蛋白质描述为氨基酸单体的线性链。每个氨基酸(脯氨酸除外)包含一个相同的基团$-NH-\overset{\overset{\textstyle H}{|}}{\underset{\underset{\textstyle R}{|}}{C}}-CO-$构成蛋白质主链，以及一个各异的基团 R(称为侧链)共价结合于中心碳原子上。由此产生的聚合物是一条残基链，其精确序列由细胞基因组中编码相应蛋白质的信息所确定。残基之间以及残基和水分子之间的相互作用决定蛋白质的折叠，而折叠蛋白质的结构决定其生物功能。

简言之，蛋白质异乎寻常地复杂，怎样能从如此复杂的系统得出简单结论呢?

某些氨基酸，例如天冬氨酸和谷氨酸，像有机酸一样由羧基释放出 H^+。有些氨基酸，如赖氨酸和精氨酸，其碱性侧链与溶液中的 H^+ 离子结合。因此相应的解离反应包含质子转移：

$$酸性侧链：-COOH \rightleftharpoons -COO^- + H^+$$
$$碱性侧链：-NH_3^+ \rightleftharpoons -NH_2 + H^+。$$

$$(8.28)$$

上式左边是质子化形式，右边是去质子化形式。

每类残基 α 都有去质子反应的特征平衡常数 $K_{eq,\alpha}$，这些值一般列在书中，其取值范围从酸性最强的 $10^{-3.7}$(天冬氨酸)至碱性最强的 $10^{-12.5}$(精氨酸)。残基 α 被质子化的实际概率将由 $K_{eq,\alpha}$ 和周围液体的 pH 值决定。记这种概率为 P_α，例如 $P_\alpha = [-COOH]/([-COOH]+[-COO^-])$。结合平衡条件$[-COO^-][H^+]/[-COOH]=K_{eq,\alpha}$，可得

$$P_\alpha = \frac{1}{1+K_{eq,\alpha}/[H^+]} = \frac{1}{1+K_{eq,\alpha}10^{pH}}。$$

利用式 8.12 可以很容易地将它改写为

$$P_\alpha = (1+10^{x_\alpha})^{-1}，其中\ x_\alpha = pH - pK_\alpha。\qquad 质子化概率$$

$$(8.29)$$

于是水溶液中酸性残基的平均电荷为$(-e)(1-P_\alpha)$。类似地，碱性残基的平均电荷为 eP_α。由反应式 8.28 可直接看到在两种情况下平均电荷都随 pH 值的升高而降低。

实际上,蛋白质中不带电残基和带电残基间是<u>互相影响</u>而不是完全独立的。因此,式 8.29 意味着一个残基的解离度是局域 pH 值减去此残基 pK 值的普适函数。式 8.29 表明当局域 pH 值恰好等于解离 pK 值时该残基将有一半的机会处于质子化状态。

尽管我们不清楚残基附近的 pH 值,但是可以想象它会随着环境 pH 值的上升而上升。例如用滴定法测量蛋白质溶液,逐步滴入碱(设初始为强酸溶液)。开始 $[H^+]$ 很高且很多残基是质子化的,因此酸性残基呈中性,碱性残基带正电,从而整个蛋白质带正电。pH 值增加则 $[H^+]$ 降低,导致式 8.28 的每个反应都向右进行并且使蛋白质的净电荷减少。但是最初,只有最强的酸性残基(具有最低的 pK 值)响应。为什么? 注意到普适函数 $(1+10^x)^{-1}$ 仅在 $x=0$ 附近迅速从 1 向 0 衰减,在其他地方都近似为常数,因此在 pH 变化较小时只有 pK 值与 pH 值近似的残基响应,而碱性残基在强酸变为弱酸的过程中仍是完全质子化的。

在滴定过程中,每种残基依次从质子化状态变为去质子化状态,直到变成强碱环境后连碱性最强的残基最终也交出了它们的质子。此时,蛋白质的净电荷完全反号。根据反应式 8.28 可知,现在酸性残基带负电而碱性残基是中性的。对大的蛋白质,这种电荷改变会更大,例如滴定法能使核糖核酸酶的质子化数目变化达到 30 左右(图 8.1)。

8.3.4 电泳可灵敏地测量蛋白质组成

虽然 8.3.3 小节的分析比较粗略,但确实解释了实验数据(图 8.1)的一个关键定性事实:在某个临界 pH 值环境中,蛋白质呈有效电中性。这一点的 pH 值和整个滴定曲线是蛋白质的指纹特征。

4.6.4 小节解释了给盐溶液加上电场如何使其中的离子迁移。类似的方法可用于蛋白质等<u>高分子离子</u>溶液。球状蛋白质的黏性摩擦系数 ζ 比小分子离子的大得多(根据斯托克斯公式,式 4.14),但是作用于蛋白质上的净驱动力很大:它是每个离子基团受力的总和。高分子离子在电场中的迁移称为电泳。

电泳迁移的速度公式比盐水导电公式 $q\mathscr{E}/\zeta$ 复杂得多。但无论如何,可以料想不带净电荷的物质电泳速度应为零。8.3.3 小节讨论了每种蛋白质存在特定 pH 值环境使其净电荷为零(该值称为蛋白质的等电点)。若滴定越过该点,蛋白质的运动将会减慢直至停止,然后<u>反向</u>运动。可以利用这种性质分离蛋白质的混合物。

不仅每种蛋白质具有特征的等电点,给定蛋白质的每个突变体亦如此。一个著名的例子是导致镰状细胞贫血的缺陷蛋白。1949 年鲍林与合作者历史性地发现镰状细胞贫血患者的红细胞含一种有缺陷的血红蛋白。现在我们知道该缺陷位于血红蛋白的 β 珠蛋白链上,它与正常的 β 珠蛋白的差异仅是单氨基酸突变,即第 6 位上的谷氨酸替换为缬氨酸。这个微小的变化(β 珠蛋白链共有 146 个氨基酸)足以在分子表面产生一个黏性(疏水)位点。突变分子在红细胞内部聚集成由 14 条螺旋链相互缠绕而形成的坚硬纤维,使细胞呈病名所述的镰刀状。变形的红细胞挤进毛细血管并招致损伤,最终被身体消除,从而导致贫血。

当时 β 珠蛋白序列尚未知晓,但鲍林与合作者仍然查明了疾病的根源在单个分子。他们的理由是,如果变化前后的氨基酸具有不同的解离常数,血红蛋白稍

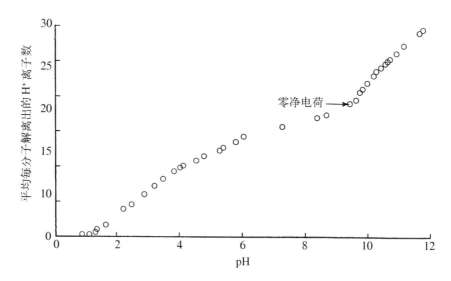

图 8.1(实验数据) 核糖核酸酶的质子化状态依赖于环境溶液的 pH 值。图中箭头指示净电荷为零的点,纵轴为 25℃时平均每分子解离的 H⁺ 离子数目,因此曲线显示了溶液 pH 值从酸性区变至碱性区时蛋白质的去质子化过程。(数据摘自 Tanford,1961。)

经化学修饰就会在滴定曲线上出现微小差别。将正常的和镰状细胞的血红蛋白分离后,他们确实发现,尽管滴定曲线非常相似,但是两种蛋白质的等电点相差大约五分之一个 pH 单位(图 8.2)。差异量的符号正是以缬氨酸替换谷氨酸后所应

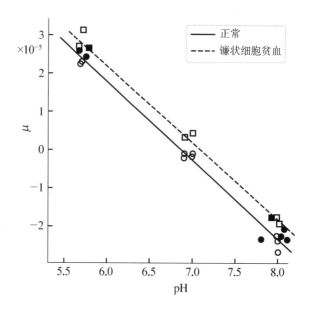

图 8.2(实验数据) 鲍林等人的原始实验数据表明,正常细胞和镰状细胞各自的血红蛋白的电泳迁移率不同。实验中血红蛋白与一氧化碳结合,在不同的 pH 值下测其迁移率 μ[单位:(cm/s)/(V cm⁻¹)]。圆圈:正常血红蛋白。方块:镰状细胞血红蛋白。(实心符号表示实验中存在连二亚硫酸离子的情况,空心符号则恰恰相反。)

预期的：在图示的 pH 值范围内，正常蛋白比缺陷蛋白带更多的负电，这是因为

● 正常蛋白多一个酸性（带负电的）残基。

● 谷氨酸残基 p$K = 4.25$，因此在图示的 pH 值范围内都处于解离状态。

　　从其他的物理性质看，这两个分子是相同的，例如鲍林及合作者发现它们具有相同的沉降和扩散系数。但是，等电点的不同已足够区分这两个分子。更有意思的是，图 8.2 说明在 pH 值为 6.9 时，正常蛋白和缺陷蛋白带相反的电荷，故它们在电场中的运动方向相反。（在习题 8.7 中将看到这种差别足以用于分辨蛋白质。）

 8.3.4′小节将提及更高等的电泳理论。

§8.4　两亲分子的自组装

　　第 2 章的图展示了细胞内各种复杂的机器，它们都是由其他复杂机器所构成。这种安排符合细胞只能由其他活细胞产生的事实，但也留给我们最初生命物质起源的问题。细胞最基本的结构，即各种隔开内外的膜，能由合适的分子依靠化学力自组装产生。本节开始阐述化学力，尤其是疏水作用，如何导致自组装。

　　细胞会在恰好需要的时候突然产生一些特征结构（如有丝分裂过程中拉开染色体的微管），接着又突然消失掉。于是我们会问，"如果自组装是自动进行的，那么是什么机制控制它的突然启动和关闭呢？"8.4.2 小节将提供一个可能的答案。

8.4.1　两亲分子降低水–油界面的张力从而形成乳状液

　　§7.5 解释了色拉调料中水油分离的原因（相互分离必然使有序性增加）：水分子虽然同油分子相互吸引，但是没有水分子之间的吸引强，因此油-水界面会扰乱氢键网络，水滴只能以聚集的方式来降低总的界面面积。有人相对于酸酱油更喜欢蛋黄酱。但是蛋黄酱基本上也可视为水、油尚未分离的混合物。那么，它们的区别在哪里？

　　一个区别是蛋黄酱含有少量的鸡蛋。鸡蛋是一个含有很多不同大小分子的复杂系统。但是，即使非常简单的纯净物质都可以使小油滴稳定地长时间悬浮于水中。通常称这种物质为乳化剂或表面活性剂，用这种方法获得的稳定悬浮液称为乳化液。特别重要的是一类被称为洗涤剂的简单分子和更精细的细胞膜的磷脂分子。

　　表面活性剂的分子结构揭示了其工作原理。图 8.3 给出了一种强效洗涤剂十二烷基硫酸钠（SDS）的结构，分子的一端是疏水的烃链，另一端是极性的离子。由截然不同的两部分熔合形成的这类结构的分子称为两亲分子。这两部分在油水混合物中通常分别移至（或"分配到"）油相和水相。但是这种分离并不是随意的，两部分仍由化学键牢牢地绑在一起。当加入油-水混合物时，表面活性剂分子

(a)

H₃C

(CH₂)₁₁

O

O — S — O

O⁻ Na⁺

(b)

丙三醇（甘油）

H₃C — (CH₂)ₙ — C — O — CH₂

H₃C — (CH₂)ₙ — C — O — CH₂

胆碱

疏水尾部

CH₂ — O — P — O — CH₂ — CH₂ — N⁺ — CH₃

磷酸基

亲水头部

图 8.3(结构图示) 两类两亲分子。(a) 十二烷基硫酸钠(SDS)，一种强效洗涤剂。一条疏水的非极性尾端(顶部)化学连接到亲水的极性头部(底部)。在溶液中，Na⁺ 离子会发生解离。这种类型的分子形成胶束(图 8.5)。(b) 卵磷脂类分子的结构。两条疏水尾端(左部)化学连接到一个亲水头部(右部)。这种类型的分子形成双层膜(图 8.4)。

能自发地移至油-水界面并将两端置于合适位置(图 8.4)，极性端置于水中，而非极性端置于油中。加入足够的表面活性剂可在整个界面形成一个单分子层(即单层膜)，使油相和水相之间不存在任何直接接触。

在蛋黄酱中，鸡蛋的相关成分是磷脂(卵磷脂)。它将进入油-水界面以使自身的自由能极小，同时使界面能降低到不再发生液滴快速聚结。(其他美味，例如蛋黄酱沙司，就是利用这个原理。)往希腊茴香烈酒、法国茴香酒、中东亚力酒这类饮料中加水的时候，它们会从清澈变为浑浊。这是因为酒中溶解了一种油性成分茴芹，而它是不溶于水的。一旦加水稀释，就会形成乳液，发生光散射，导致变浑。

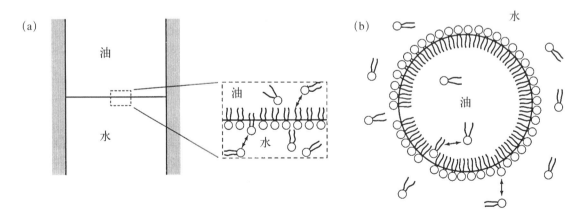

图 8.4(示意图) (a) 加入少量的表面活性剂后形成的稳定油-水界面。虽然有部分表面活性剂分子溶解于油和水中，但是它们大多数迁移到油-水边界上，如插图所示。(b) 表面活性剂形成的乳状液：情况与(a)相似，但是只加入了几滴油。

你可以通过一个简单实验观测加入少量肥皂溶液时表面张力如何减小。小心地将一个用缝纫线制成的环浮于水面上，用一块肥皂接触被细线包围的水面。解释一下发生了什么。

可以亲自观察一下一滴洗涤剂到底能够覆盖多大的区域。或等价地，一滴洗涤剂可以被稀释到什么程度，还能改变几平方厘米水面的表面张力。类似地，少量洗涤剂可以包住油形成足够小的稳定亲水小滴，后者易于被水冲掉，从而清除大块油污。

8.4.2　临界浓度时发生的胶束自组装

水中稳定的油滴可能是美味的或有用的，但是还不能被定性为"自组装"结构。这些油滴具有不同的尺寸（即多分散的）且通常没有结构。熵力能促使形成与细胞内所发现的构造更相似的结构吗？

为了回答上述问题，先从另一个问题开始。由 8.4.1 小节可知在纯水中表面活性剂分子将处于困境，没有可以容身的分界面。它们是否只好将疏水尾部暴露于水中从而付出一定的能量代价吗？

图 8.5 给出第二个问题的答案是"否"。在溶液中洗涤剂分子可以组装形成胶束，即由几十个分子组成的一个球。这样，分子的非极性端彼此相邻，而不是处于水中。即使按此方式排列，每个分子失去了部分位置和取向自由度，这种构型也是有利于熵增的（见§7.5）。

图 8.5 的一个重要特征就是形成的胶束具有一个确定的"最优"尺寸。这是因为如果有过多两亲分子，则势必会有一些被完全包在胶束内部，它们的极性端同周围水环境分离开来。但是两亲分子太少的话（例如，只有一个分子），尾部不能被有效地包住。两亲分子能够自发组装成分子尺度的、大小固定的物体。驱动组装的化学力不是共价键的形成，而是一些更温和的作用，即疏水效应，一种熵力。

早在 1913 年，麦克贝恩（J. McBain）在研究肥皂液的定量物理性质时就推断出存在可明确界定的胶束。他提出，通过测量放入溶剂的肥皂量（确保其不会从溶液中沉淀出来），可获知溶液中溶解的肥皂分子总数。另外，可以测量渗透压并利用范托夫关系（式 7.7）直接得出溶液包含多少独立运动微粒。对于很稀的溶液，麦克贝恩等人发现其渗透压和普通的盐（如氯化钾）的情形一样（图 8.6 空心符号所示），如实地反映了两亲离子的总数目（图 8.6 左部实心符号所示）。但是这种相似性终止于一个可明确定义的点，称为临界胶束浓度（critical micelle concentration 或 CMC）。超过这个浓度，可独立运动微粒占所有离子的比例迅速下降（图中右部的实心符号所示）。

麦克贝恩据此得出结论：浓度超过 CMC 时，实验中的分子不再像处于普通溶液中那样散布于各处。但是，它们也不像酸酱油中的油滴那样，聚集形成一个独立的体相，而是自发组装为比分子大但仍算是微观的中间尺度的物体。每种

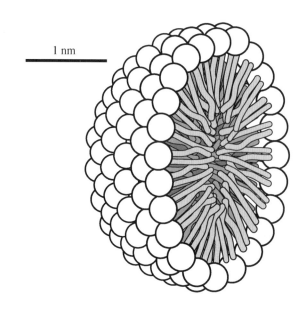

1 nm

图 8.5(示意图)　胶束。它们的烃链均包埋于胶束内部,其密度与液态油密度大约相同。

两亲分子在不同的极性溶剂中具有特征的 CMC 值。这个值在高温下显著降低,因此反映了疏水相互作用在形成聚合体过程中的重要作用(见 7.5.2 小节)。麦克贝恩的结论并没有被立即接受。但是最终,随着一些物理量(例如,导电性)被发现在与渗透压相同的临界浓度处都会发生剧烈的变化,化学界才逐步认同了他的观点。

可以用一个简化的模型来解释麦克贝恩的实验。假定实验中用的肥皂,即油酸钾,完全解离成为钾离子和两亲油酸基团。根据范托夫关系,钾离子对渗透压产生贡献,但是两亲油酸根离子却被假定为处于单离子状态及 N 离子聚集态的热力学平衡。其中 N 是一个未知参数,需要从实验数据定出,下面将看到它的值仅仅为数十的量级。这证明我们关于胶束是尺度介于分子和宏观世界之间的物体的图像是正确的。

下面给出详细分析。将质量作用规则(式 8.17)应用于反应(N 单体)$\rightleftharpoons$(单聚集体),则溶液中自由单体浓度 c_1 和胶束浓度 c_N 存在关联,满足

$$c_N/(c_1)^N = \hat{K}_{\mathrm{eq}}, \tag{8.30}$$

其中 $\hat{K}_{\mathrm{eq}}$ 是此模型中第二个未知参数。($\hat{K}_{\mathrm{eq}}$ 为分子聚集反应的无量纲平衡常数,等于 K_{eq} 除以 $(c_0)^{N-1}$。)于是所有单体的总浓度为 $c_{\mathrm{tot}} = c_1 + N c_N$。

例题：试求溶液中两亲分子总浓度 c_{tot} 与未聚集分子的浓度数 c_1 之间的关系。
解答：

$$c_{\mathrm{tot}} = c_1 + N c_N = c_1(1 + N\hat{K}_{\mathrm{eq}}(c_1)^{N-1})。 \tag{8.31}$$

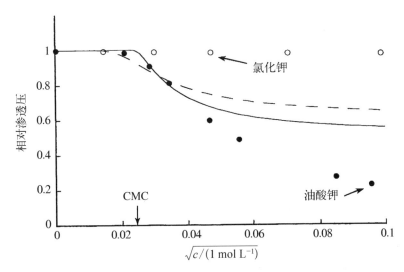

图 8.6(实验数据及其拟合) 能形成胶束的物质与普通盐的渗透行为的比较。相对渗透压定义为实际渗透压除以具有相同离子数的完全解离的理想溶液的渗透压。为了强调低浓度行为,横轴为 $\sqrt{c/(1 \text{ mol L}^{-1})}$,$c$ 是溶质的浓度。实心符号代表油酸钾(一种肥皂)的实验数据,空心符号是完全解离的盐(氯化钾)的实验数据。实线是从正文中理论模型得出的结论(式 8.34 取 $N=30$ 和临界胶束浓度为 1.4 mM)。作为对比,虚线是 $N=5$ 的理论结果。$N=30$ 的曲线正确地给出相对渗透活性在 CMC 处的尖锐拐点,但是在浓度较高的部分则不是很相符,部分原因是我们忽略了表面活性剂分子的头部基团并非完全解离的事实。(数据摘自 McBain,1944。)

这就是答案。不过,将 $\hat{K}_{\text{eq}}$ 换为用 CMC 即 c_* 来表述则会显得更有意义。定义 c_* 为半数单体处于自由状态而另外半数组装成胶束时 c_{tot} 的值。换句话说,当 $c_{\text{tot}} = c_*$ 时,$c_{1,*} = N c_{N,*} = \frac{1}{2} c_*$。代入式 8.30 可得

$$\left(\frac{1}{2N} c_*\right)\left(\frac{1}{2} c_*\right)^{-N} = \hat{K}_{\text{eq}}. \tag{8.32}$$

解得 $N\hat{K}_{\text{eq}} = (2/c_*)^{N-1}$ 代入式 8.31,可得

$$c_{\text{tot}} = c_1 [1 + (2c_1/c_*)^{N-1}]. \tag{8.33}$$

一旦选定参数 N 和 c_* 的值,可以解式 8.33 并把 c_1 写成溶液中表面活性剂分子总量 c_{tot} 的函数。虽然此方程没有简单的解析解,但是可以研究其极限行为。当浓度很低时,$c_{\text{tot}} \ll c_*$,第一项起主导作用,因此 $c_{\text{tot}} \approx c_1$,即几乎所有表面活性剂分子都是独立存在的。一旦浓度大于 CMC,则第二项将起主导作用,此时可得 $c_{\text{tot}} \approx N c_N$,此时基本上所有表面活性剂分子都是以胶束形式存在的。

现在可以来计算渗透压了。钾离子的贡献为 $c_{\text{tot}} k_{\text{B}} T$,而两亲分子的贡献在形式上则与式 8.33 相似,但有一个关键的区别:每个胶束只能视为一个微粒,而不是 N 个。

思考题 8H	证明：此模型的总渗透压相对于 $2c_{\text{tot}}k_BT$ 的值（即两者之商）为

$$\frac{1}{2}\left[1+\frac{1+N^{-1}(2c_1/c_*)^{N-1}}{1+(2c_1/c_*)^{N-1}}\right]。 \tag{8.34}$$

为了利用此公式，数值求解式 8.33，并将 c_1 写为 c_{tot} 的函数，然后代入式8.34 得到以两亲分子总浓度表述的相对渗透活度。从图 8.6 中的实验数据，可知应取 c_* 在 $1\,\text{mM}$ 左右；图示的拟合选取 $c_* = 1.4\,\text{mM}$。图中给出两条拟合曲线：最佳 拟合（实线）对应于 $N = 30$，而虚线所示的较差拟合表明 N 值大于 5。

显然，要想获得实验中胶束尺寸的较精确估计值需要更为详尽的理论，但是 我们可以从图 8.6 得到一些启发。首先，从几何包装的角度出发可假定"最优"胶 束尺寸 N 满足很窄的分布，由此可定性解释胶束的突然形成。实际上，如果两个、 三个乃至多个单体也能作为完整胶束的中间聚集体而稳定存在，则根本无法解释 胶束转变的急遽性。换句话说，很多单体必须相互协作形成胶束，这种协同作用 减少了随机热运动的影响，导致转变的急遽性。在后面的章节里我们会重新讨论 这个问题。若没有协同作用，则曲线将不再是突然地而是缓慢地下降。

§8.5 题外话： 关于数据拟合

图 8.6 给出了一些实验数据（实心点）和一个纯数学函数（实线）。此类图示表 明物理模型的确抓住了真实系统的某重要特征。读者通常都是看看曲线是如何 将数据点串连起来，然后点头认可，不去深入思考关于实验或者模型的详情。有 鉴于此，发展一套严格的方法来评估（或建立）数据的拟合是很重要的。

显然，图 8.6 中实线所采用的模型仅在一定程度是正确的。首先，实验数据 显示相对渗透活度可以降到 50% 以下。上节提到的简化模型无法解释这个现象， 因为在那里假设所有的两亲分子仍然是完全解离的，即对 K^+ 而言可视为理想溶 液。但实际上对胶束溶液导电性的测量表明胶束形成时解离度将会下降。可以 简单地通过假设胶束具有一个未知的解离度 α，然后选取某个值（$\alpha < 1$）使理论曲 线下移与实验数据相符。为什么没有这样做呢？

在给出答案之前，先来考虑图 8.6 所绘的内容。上节的模型有两个未知参 数，每个胶束包含的分子数 N 和临界胶束浓度 c_*。绘图时，调节它们的值以符合 实验数据的两个总体视觉特征：

- 数据在约 $1\,\text{mM}$ 处有一个弯折点。
- 越过弯折点后，数据开始以一定的斜率减小。

仅凭曲线与数据接近这一事实还不能使人过目难忘，毕竟我们是调节两个参数来 匹配两个视觉特征。图示的真正科学内涵来自两点事实：

- 基于协同作用的简单模型可以定性理解在简单两体缔合反应中未曾发现的突 然弯折现象的存在。普通弱酸（例如醋酸）的渗透活度作为浓度的函数不存在这样的弯折,因为其解离度和对应的相对渗透活度是随浓度而逐渐降低的。

- 这里采用的拟合参数数值与其他紧密相关的已知事实相符。例如,$N = 30$ 意味着胶束非常小而不能散射可见光,事实正是如此,胶束溶液是透明的,而不是乳浊液。

由此看来,引入一个特别的解离参数以改进图 8.6 中的拟合只不过是流于表面:诚然,第三个自由参量足以匹配数据的另一个视觉特征,但那又如何呢? 简言之,

> 模型对数据的拟合必须满足以下条件,才会给出一些有意义的信息,
> (a) 一个或几个拟合参数再现了实验数据的几个独立特征,或
> (b) 数据点的实验误差异常小,由拟合参数重建出的数据的误差处于这个范围内,或
> (c) 根据数据得到的拟合参数值同其他独立测得的事实相符。

$$(8.35)$$

下面是一些具体例子:(a) 图 3.7 与分子运动速度的整个分布一致,其中没有任何可调参数;(b) 第 9 章图 9.5 对异常精确的数据给出了较好的拟合;(c) 图 8.6 中的弯折点符合我们关于自组装起因的想法。

诚然,在例(c)中可通过实验数据拟合得到第三个参数 α,也可同时尝试建立一套关于解离的静电学理论,看它是否能够成功预测 α 的值。但是图 8.6 提供的数据远不足以支持如此强的解释。虽然已有精细的统计学工具可用于判定从一组数据能得到何种结论,但这样的判断多数流于主观。无论如何,必须牢记,模型越精细,需要的数据支持越多。

§8.6 细胞内的自组装

8.6.1 双层膜可由双尾两亲分子自组装而成

8.4.2 小节始于一个难题:两亲分子在纯水环境中如何恰当安置其疏水尾部? 那里给出的答案(图 8.5)是它们可以组装成为小球。但是这种解决方案并非总是可行。为了形成球状,每个表面活性剂分子必须呈锥状,其亲水头部必须比尾部宽。更精确的表述是,为了形成胶束,N 个表面活性剂尾部围出的体积 $N v_{\text{tail}}$ 必须与 N 个头部形成的表面积 $N a_{\text{head}}$ 相协调。虽然某些分子如 SDS 适于此种排布,但对双尾两亲分子如卵磷脂(缩写为 PC,图 2.14 和图 8.3)并不适用。我们尚未窥尽大自然的智慧! 实际上,另一种包装策略即双层膜,也能将疏水尾部相对排放。彩图 2 是 PC 形成的双层膜的剖面图。为了看懂这张图,想象这两列分子在纸面内上下方向以及垂直于纸面方向延伸形成双层结构。两层中央是一个二

维面，将图的左半部分和右半部分分割开来。

思考题 8I

(a) 假设 N 个两亲分子包装成一个半径为 R 的球形胶束，求出 a_{head}、v_{tail}、R 和 N 之间的两个关系，将它们合并成一个关系式，其中只含 a_{head}、v_{tail} 和 R。

(b) 又假设两亲分子包装成厚度为 $2d$ 的平面双层膜，试求 a_{head}、v_{tail} 和 d 之间的关系。

(c) 对上述任一种情况，假定两亲分子烃端可能的最大伸长为 l，试求对 a_{head} 和 v_{tail} 产生的几何限制。

(d) 为什么单尾部两亲分子倾向于形成胶束，而双尾两亲分子倾向于形成双层膜？

在细胞中出现的双链两亲分子一般属于一类称为磷脂的化学物质。大自然选择磷脂双层膜作为最常用细胞结构组分的几点理由如下：

- 双链磷脂（如 PC）自组装成为双层膜的倾向强于单链表面活性剂（如 SDS）形成胶束的倾向。原因很简单，两条链的疏水端暴露在水中所需的能量是一条链的两倍。这个疏水溶剂化自由能 ϵ 作为量度自组装的化学动力，以指数形式出现在平衡常数进而出现在 CMC 中。$e^{-\epsilon/k_B T}$ 和 $e^{-2\epsilon/k_B T}$ 相差很大，因此磷脂的 CMC 很小。即使在周围环境磷脂浓度极低的情况下，膜也能不被分解。

- 类似地，因为如彩图 2 所示平面结构的任何边缘均可使烃链暴露于水中，所以磷脂膜自动形成闭合包。这样的包，或者叫双层膜泡，几乎不存在尺寸限制。可以直接生成真核细胞尺寸的、半径为 10 μm 的"巨型"膜泡，这比膜的厚度大了数千倍。巨型膜泡是由数以千万计的磷脂分子组成的自组装结构。

- 磷脂并不是特别奇异的或者复杂的分子。对细胞来说合成它们相对简单，类磷脂分子作为迈向生命起源的一步甚至可以源于非生物（非生命过程）。实际上，双层膜可以由陨石上的类磷脂分子形成（图 8.7）！

- 磷脂分子的几何结构限制了膜的厚度。厚度又影响双层膜的渗透性（见 4.6.1 小节）、电容（利用式 7.26）及基本的力学性质（下文将提及）。选择使膜厚度恰为几纳米的分子链长能使上述所有膜属性均取有利的值，即大自然实际上选取的数值。例如，膜对带电溶质（离子）的渗透率很低，因为这种分子在油中的分配系数较低（4.6.1 小节）。总之，双层膜很薄，难以被分开，几乎不透过离子。

- 与三明治不同，双层膜是流动的。磷脂分子之间没有特别的化学键相连，只存在尾部对水的"疏水效应"。因此，分子在膜上可以自由扩散。这种流动性使由膜包被的细胞可以改变其形状，例如变形虫蠕动或红细胞挤进毛细血管。

- 由于疏水作用的非特异性本质，膜易于接受嵌入物，因此可以作为细胞（图 2.20）的入口甚至是胞内的厂房（见第 11 章）。跨膜物体只需被设计成一个疏水中部连接两个亲水末端的模式，熵力会自动将其插入邻近的膜内。此原理带给

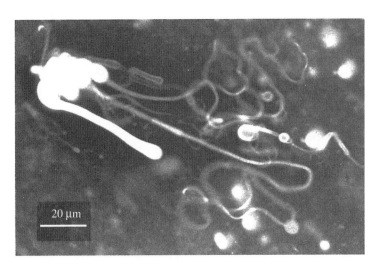

图 8.7(显微照片) 壬酸形成的双层膜结构。壬酸发现于陨石中,是可形成双层膜的脂肪酸的一种。囊泡经荧光染料若丹明染色。(数字图像蒙 D. Deamer 惠赠。)

我们一个技术上的意外收获,即膜结合蛋白的分离(图 8.8)。

双层膜的物理性质是一个广泛的课题,我们仅仅介绍对膜的一个重要力学属性弯曲刚度的估计。

双层膜自由能最低的状态为平坦表面。因为其两层之间是镜像对称的(彩图 2),故没有向任一方向弯曲的趋势。而由于每一层都是流动的,因此对以前的弯曲构型不存在记忆(对照从自行车轮胎剪下的一片,它仍然是弯曲的)。简言之,尽管不是不能使双层膜变形弯曲(事实上,它必须弯曲以形成闭合包),但弯曲必须消耗一些自由能。我们将估算其大小。

彩图 2 显示弯曲将使得膜上某一侧的极性头部之间被拉开,最终允许水分子

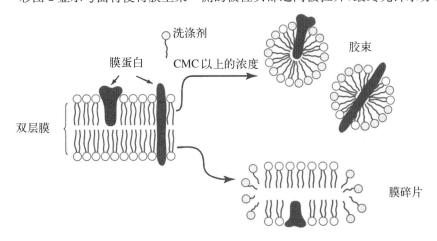

图 8.8(示意图) 洗涤剂(由阴影头部和一条尾巴组成)使整合膜蛋白(黑块)溶解的原理。右上:在高于临界胶束浓度时,洗涤剂溶液可与磷脂(白色头部和两条尾巴构成)和膜蛋白共同形成胶束。右下:洗涤剂可以通过聚集在大的膜片外缘使之稳定(否则大膜片将自组装形成闭合囊泡)。

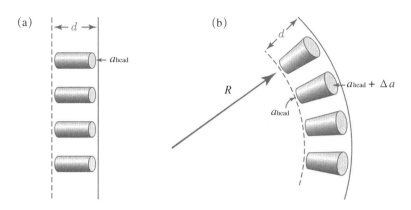

图 8.9(示意图) 双层膜的弯曲。d 是膜厚度的一半。圆柱形表示单个磷脂分子(另一层磷脂在虚线的另一侧,未显示)。(a) 松弛的平面膜构象中每个头部基团占据其平衡面积 a_{head}。(b) 将膜缠绕在半径为 R 的圆柱上使外层的头部基团分散从而占据面积 $a_{head} + \Delta a$,其中 $\Delta a = a_{head} d/R$。

进入非极性内核。换句话说,每个极性头部基团通常占据一定的几何面积 a_{head},对此最优值的偏离 Δa 将导致能量消耗。为了得到单层膜情况下能量消耗的数学表达式,假设其具有级数展开:$\Delta F = C_0 + C_1 \Delta a + C_2 (\Delta a)^2 + \cdots$。系数 C_0 是一个常数,可舍去。由于自由能在 $\Delta a = 0$ 时取极小值,C_1 项的贡献将抵消另一单层相应的贡献。对小形变,更高阶项(包括 C_3)很小,可忽略。记仅剩的一项的系数为 $\frac{1}{2}k$,则单层膜的自由能消耗为

$$平均每磷脂分子的弹性能 = \frac{1}{2}k(\Delta a)^2 。 \tag{8.36}$$

弹性能等于形变的平方,这就是胡克关系(见 5.2.3 小节)。此关系式中弹性系数 k 是膜的固有性质,上式在 Δa 远小于 a_{head} 时成立。为了应用此式,假设用一小片膜包围一个半径 R 远大于膜厚度 d 的圆柱(图 8.9)。考察此图可知弯曲膜时外层被拉伸了 $\Delta a = a_{head} d/R$。因此我们预期头部基团具有形如 $\frac{1}{2}k(a_{head} d/R)^2$ 的弯曲弹性能消耗内层膜上的头部基团也有相同的压缩能耗。由于膜是双层的,单位面积头部基团的数目为 $2/a_{head}$。引入符号 $\kappa \equiv 2kd^2 a_{head}$(弯曲刚度),则上面的讨论可以归结为:

$$将一个双层膜弯成半径 R 的圆柱时,单位面积耗费的自由能$$
$$为 \frac{1}{2}\kappa/R^2,其中 \kappa 是膜的固有参数。因此 \kappa 具有能量量纲。 \tag{8.37}$$

将膜弯曲成半径为 R 的球面碎片时,由于每个头部基团在两个方向被拉伸,故 Δa 是要点 8.37 中的两倍,所消耗的能量为四倍。此时单位面积消耗的自由能为 $2\kappa/R^2$,将膜弯成球形囊泡所需的总弯曲能为 $8\pi k$。这是一个非常重要的结论:球面的总弯曲能与球半径无关。

为了弄清楚双层膜弯曲自由能的重要性(要点 8.37),需要估算 κ 的数值。首

先考虑处于油-水界面的单层膜,将其弯成曲率半径 R 与烃链长度 l_{tail} 可比拟的球凸,使头部之间散开而将尾端暴露在水中。如此大的扰动将导致与油-水界面张力可比拟的单位面积疏水自由能耗 Σ。双层膜相应的能耗大约是这个值的两倍。

现在有两个球面碎片弯曲自由能的表述,$2\kappa/(l_{\text{tail}})^2$ 和 2Σ,令它们相等就可以估算出 κ。取典型值 $\Sigma \approx 0.05 \ \text{J/m}^2$ 和 $l_{\text{tail}} \approx 1.3 \ \text{nm}$ 可得估计值:$\kappa \approx 0.8 \times 10^{-19} \ \text{J}$。这个估计是粗糙的,但是与二豆蔻酰磷脂酰胆碱(DMPC)的实验测量值 $\kappa = 0.6 \times 10^{-19} \ \text{J} = 15 k_{\text{B}} T_{\text{r}}$ 相差并不大。因此 DMPC 球形囊泡的总弯曲能 $8\pi\kappa$ 约为 $400 k_{\text{B}} T_{\text{r}}$。

κ 的测量值给出一个启示。假设选取一个面积为 A 的平面膜并制成褶皱(洗衣板)状,即弯曲为一系列相连的半径同为 R 的圆柱片。这种构型消耗的自由能为 $\frac{1}{2}\kappa A/R^2$。相应于常见的 $10 \ \mu\text{m}$ 大小的细胞,取 A 为 $1\,000 \ \mu\text{m}^2$,可知当 R 小于 $10 \ \mu\text{m}$ 时弯曲能耗远远超过 $k_{\text{B}} T_{\text{r}}$,故磷脂双层膜可因其刚性而避免由热运动导致的自发褶皱。同时,整体形变所需的总弯曲能量(例如,细胞蠕动所需的能量)仅几百个 $k_{\text{B}} T_{\text{r}}$,即这种形变只需消耗几十个 ATP 分子(见附录 B)。由此可见,磷脂双层膜的刚性恰好处于对生物有利的范围内。

并非仅有细胞是由双层质膜包被的。细胞内诸多细胞器也是分立的隔间,它们通过双层膜相互分开。细胞某一部分(细胞"工厂")合成的产品由双层膜泡这种特殊的"货柜"送达目的地;待消化成简单形式的复杂食物分子,也存放在其他的囊泡中。第 12 章将介绍神经元如何被另一神经元通过突触释放神经递质而激活,而神经递质被使用之前就是储存在双层膜囊泡里的。总之,自组装的双层膜普遍存在于细胞内部。

 8.6.1′小节将介绍这些思想的一些细节。

8.6.2 展望:大分子的折叠和聚集

蛋白质折叠 2.2.3 小节针对细胞如何将基因组中的静态一维数据翻译成功能性三维蛋白质这一问题给出了一个看似简单的答案,其主要思想如下:基因组决定了氨基酸残基序列,残基之间存在相互作用,这种物理作用与序列一起确定了唯一的、正确的折叠态,称为天然构象态。经过进化而存留下来的蛋白质序列都具备有用的功能性天然构象。本章和第 7 章论及的某些观点能使我们对蛋白质折叠驱动力的来源有所了解。

环境的微小扰动(例如,改变温度、溶剂或 pH 值)就能够破坏蛋白质天然构象,使蛋白质变性。1929 年吴宪提出变性实际上就是蛋白质解折叠,由"刚性结构的规整排布变成柔性开放链的非规则弥散排布"。根据这种观点,解折叠显著地改变蛋白质的结构并且破坏其功能,而不需要破坏化学键。实际上,一旦恢复生理条件，也就恢复了驱使构象到达原折叠态的力平衡。例如，安森(M. Anson)和米尔斯基(A. Mirsky)证实变性的血红蛋白按这种方式可以重新折叠到与初始形式具有相同物理性质和功能的态。这就是说，(简单)蛋白质的折叠是一个自发过程，由蛋白质和环境溶液自由能降低的结果所驱动。这类实验中以安芬森(C. Anfinsen)及其合作者的工作最具说服力，他们在 1960 年指出，对于很多蛋白质，

- 蛋白质序列完全确定其折叠结构，以及
- 天然构象态是自由能极小的状态。

生理条件下折叠蛋白质的热力学稳定性与第 4 章介绍的无规行走形成鲜明对比，那里的讨论指出自由链可呈现极多的构象，因此蛋白质折叠从熵的角度看极为不利。除了固定蛋白质主链形成特定的构象，折叠还倾向于固定每个氨基酸的侧链并因此付出更多的熵代价。显然，必须获得更多的自由能以克服熵的损失，从而驱动蛋白质折叠。这是一个精妙的平衡：在体温下，驱动折叠的净化学力很少超过 $20k_BT_r$，而后者不过是几个氢键的自由能。

是哪些力驱动折叠？7.5.1 小节已经提到氢键对大分子稳定的作用。考兹曼在 20 世纪 50 年代提出疏水相互作用是驱动蛋白质折叠的热力学力的主要部分。20 种常见氨基酸的每一种都可赋予一个表征疏水性的特征数值。考兹曼认为多肽链自发折叠类似于胶束形成，将其疏水残基包在内部，与外界的水分开。事实上，后来获得的结构数据证实了这种观点，蛋白质的大多数疏水残基在天然构象(正确折叠)中的确倾向于位于分子内部*。另外，对不同物种的相似蛋白的研究表明，即使它们的氨基酸序列构成千差万别，但是内核残基的疏水性几乎不变——它们在分子进化过程中是"保守的"。类似地，可以通过替换天然蛋白质序列中的特定残基合成新的人造蛋白。这种点突变实验发现，当替代残基和原始残基具有很不相同的疏水性时蛋白质结构变化很大。

考兹曼还发现了蛋白质变性的一个显著热学特性。不仅高温 ($t > 50℃$) 可使蛋白质解折叠，低温 ($t < 20℃$) 亦然。热变性直观上可类比于固体的熔化，但冷变性则十分新奇。考兹曼指出疏水作用在温度降低时被削弱(见 7.5.3 小节)，因此低温变性现象表明这种相互作用在稳定蛋白质结构中的重要性。考兹曼还注意到当蛋白质被移入非极性溶剂也会发生变性，因为此时疏水作用不再存在。最后，加入浓度极低的表面活性剂(例如，1%的 SDS)也可以使蛋白质解折叠。通过类比膜的溶解可以解释上述现象(图 8.8)：表面活性剂可以屏蔽多肽链的疏水区域，因此降低它们相互靠近的倾向。鉴于这些及其他的原因，疏水作用被认为是驱动蛋白质折叠的主导力。

其他作用也可以辅助确定蛋白质的结构。如 8.3.3 小节提到的带电残基，它们具有玻恩自能，倾向于位于折叠蛋白质的表面，相比于被包在内部，它们更喜欢与外部强极性的水接触(见 7.5.2 小节)。带正电的残基将寻求与带负电的残基结合，而排斥其他正电残基。尽管这些相互作用也很显著，但可能不如疏水作用那么重要。例如，当滴定某种蛋白质使其总电荷为零时，人们发现其稳定性对盐浓

---

* 后面我们将看到违反这个规则的一些例子，它们对于蛋白间的黏结极其重要。

度的依赖并不强,尽管盐可以削弱静电作用。

聚集　除了提供驱动折叠的<u>分子内</u>作用力,疏水作用还提供分子间的作用力,使相邻大分子粘在一起。7.5.3 小节提到微管的例子,微管蛋白单体就是通过这种方式聚在一起。8.3.4 小节给出的另一个例子即镰状细胞贫血,就主要是由于缺陷血红蛋白分子有害的疏水聚集造成的。细胞甚至可以根据自身的需要来启动或终止高分子的聚集。例如,血液中含有一种称为血纤蛋白原的结构蛋白,它们通常漂浮在血液中。一旦血管受伤,某种酶就会被激活从而切掉血纤蛋白原分子的一部分,使一个疏水片断暴露出来。这种被截短的蛋白质称为血纤蛋白,它们会随后聚集形成某种类似脚手架的基底以利于血液凝结。

疏水聚集不仅仅局限于蛋白质-蛋白质相互作用的情形。第 9 章将澄清疏水作用也是稳定 DNA 双螺旋结构的关键。每个碱基对形如一个平盘,两面都是非极性的,因此 DNA 链的相邻碱基对被黏结起来并形成堆积结构。此外,疏水作用对抗体与相应抗原的黏合也有帮助。

8.6.3　厨房之旅

经历了前面这段漫长而充实的旅程,现在让我们再转移到厨房开始下一段行程。

食品科学不仅带来了耗资万亿美元的工业,也精确地体现了本章的部分观点。例如,思考题 5A 将牛奶形象地视为脂肪在水中形成的悬浮液。而实际上,牛奶远远复杂于此。除了脂肪和水,牛奶包含两类蛋白质,即凝乳(酪蛋白复合物)和乳清(主要是由 α 乳清蛋白和 β 乳球蛋白组成)。在鲜牛奶中,酪蛋白复合物自组装成为半径约 50 nm 的胶束。由于静电排斥胶束将保持相互分离的状态(见 7.4.4 小节),因此牛奶是流体。但是,环境的微小变化就可以导致胶化,使胶束凝固(聚集)成为凝胶(图 8.10)。对于酸奶的情形,细菌[如保加利亚乳酸杆菌(*Lactobacillus bulgaricus*)和嗜热链球菌(*Streptococcus thermophilus*)]在生长过程中产生废料乳酸(或者,也可以手工加入酸,例如柠檬汁)。H^+ 离子浓度的持续增加降低了酪蛋白胶束的有效电荷(见 8.3.3 小节),并因此削弱原有的静电排斥。这个变化使平衡向聚集的方向倾斜。当牛奶的 pH 值由通常的 6.5 降低至 5.3 以下时,酪蛋白开始凝结,它们形成的网络又将束缚住脂肪球[*]。

鸡蛋提供了蛋白复合物的另一个例子。每个蛋白分子是一条由化学键连接的氨基酸长链。由于通常的烹调温度无法提供足以破坏肽键的能量,因此,大多数烹饪操作并不破坏这条链的一级结构(序列)。另一方面,通常认为蛋白质在 37℃ 以下的水溶液中才具有活性,或者说,只有在这种情况下,蛋白质才会采取精心"设计"过的有功能的天然构象。当环境变化(与空气接触或烹饪)后,蛋白质就会发生变性。

图 8.11 示意性地描绘了实际发生的过程。升高温度将使精确折叠的天然结构转化为无规线团。一旦链被打开,链上的各种带电残基和疏水残基,先前主要

---

[*]　脂肪球本身是稳定而不易聚集的。在鲜牛奶中,它们被两亲分子膜包住形成乳浊液(图 8.4)。

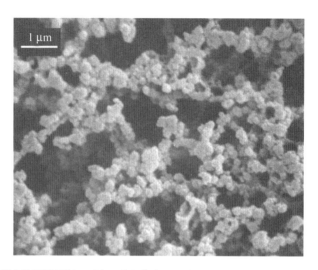

图 8.10(扫描电镜显微照片) 酸奶。由细菌产生的酸导致酪蛋白胶束(图中直径 0.1 μm 的球)聚集成网状结构。脂肪球(未显示)则要大得多,在鲜牛奶中其直径可达 1~3 μm。(数字图像蒙 M. Kalab 惠赠。)

是与链内别处的其他残基相互作用,现在则会与其他链上那些残基结合。如此这般,形成一个交叉结合的网络。网络的孔隙可以束缚水分子,最终形成凝胶,即煮熟的鸡蛋。正如在牛奶中那样,可以预期当鸡蛋中蛋白质变性后,加入酸液将增强其聚集。事实也确实如此。

加热并不是使鸡蛋蛋白质变性发生交联的唯一途径。仅仅将空气挤进鸡蛋产生一个大的接触界面就可以彻底打乱蛋白分子的疏水相互作用。鸡蛋蛋白(如伴清蛋白等)的"表面变性"是使雪芳派(chiffon pie)和慕思(mousse)结构稳定的原因:解折叠蛋白质将其疏水残基面向气泡而亲水残基面向水排列从而形成网络。这种网络不仅同所有两亲分子一样降低空气-水界面的张力(见 8.4.1 小节),而且因为蛋白质分子是长链,不同于简单的两亲分子,因此还起到稳定气泡排布的作用。其他蛋白质(如卵黏蛋白和球蛋白等)起辅助作用,它们把鸡蛋变得很黏从而使初始泡沫的损耗变缓,使伴清蛋白有时间形成网络。另外,如卵清蛋白等也具有维持气泡的作用,只是需要先加热使其变性,这些蛋白质是支撑蛋白甜饼和蛋奶酥这些点心的坚固结构的关键。像这样对不同蛋白质所扮演的角色——进行梳理的工作可通过分离蛋白质并对单种或其组合分别进行研究的方

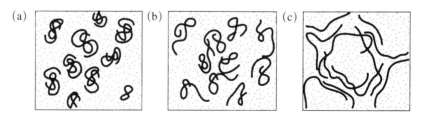

图 8.11(示意图) 煎蛋过程中的物理学。(a) 天然构象的蛋白质。(b) 加热后散开形成无规线团。(c) 相邻线团之间相互作用形成弱键,产生可俘获水分子的网络。

式来完成。

鸡蛋也可用作乳化剂,例如前面介绍的制作奶油沙司。制备这种沙司是要十分小心的,配料的一点小偏差都会将很好的乳状液变成凝胶废品。迷信和民间传说在此课题上常有所发挥,声称这与顺时针或逆时针搅拌有关等等。这种解释多数经不起严谨的科学检验。而经过仔细的研究,即便中学生也能发现,只需加入卵磷脂这种在保健食品商店就可买到的双尾磷脂分子,就能很容易地将做失败了的蛋黄酱沙司重新做好。在学习了 8.4.1 小节之后,这看来已不是一个令人吃惊的结论。

小　结

回到本章的焦点问题。我们已经看到活化势垒如何将能量锁在分子内,使其缓慢释放以致其速度可忽略。装有很多这种分子的烧杯或许无法做太多事,但是它远离平衡态,因此可以做有用功。引入单个分子进入或者离开一个系统时引起的自由能变化(即化学势 μ)这一概念,可以使此表述定量化。μ 的表达式表明,就决定化学反应的方向而言,能量和熵扮演相反的角色。并且,这一表达式也将化学力和本书中的其他熵力统一起来。第 10 章和第 11 章将把我们的研究从一般化学反应推广到机械化学和电化学反应,后者能移动处于静电场中或负载一定力的物体从而做有用功。这些反应以及促成反应发生的酶,构成细胞机能的核心部分。

关键公式

● 化学势:假定能量为 E,具有 N_1 个粒子 1,N_2 个粒子 2,…的系统,其可能的状态数为 $\Omega(E, N_1, N_2, \cdots)$。那么第 α 种粒子的化学势为(式 8.1)

$$\mu_\alpha = -T \frac{\partial S}{\partial N_\alpha}\Big|_{E, N_\beta, \beta \neq \alpha}$$

μ_α 描述了该种粒子与外界发生交换时的“可获得性”。如果 μ_α 在两个系统中相等,那么将不存在净交换(式 8.2)。

对理想气体或其他独立粒子集合(例如,稀溶液),$\mu = k_B T \ln(c/c_0) + \mu^0$(式 8.3)。其中 c 是数密度,c_0 是约定的参考浓度。μ^0 依赖于温度和参考浓度的选取但是与 c 无关。对处于外电场中的带电粒子,须在 μ^0 中加入 $qV(x)$,以得到电化学势。

● 巨正则系综:若一个小的子系统与温度和化学势分别为 T 和 $\mu_1, \mu_2, \cdots$ 的热源接触,它处于微观状态 i 的概率为(式 8.6)

$$Z^{-1} e^{-(E_i - \mu_1 N_{1, i} - \mu_2 N_{2, i} \cdots)/k_B T}。$$

这里 Z 是归一化因子(配分函数),而 E_i 和 $N_{1, i}$,…为子系统所处态 i 的能量和粒子数。

- 质量作用规则：考虑稀溶液中 ν_1 个 X_1 分子，ν_2 个 X_2 分子……反应生成 ν_{k+1} 个 X_{k+1} 等产物。记 $\Delta G^0 = -\nu_1\mu_1^0 - \cdots + \nu_{k+1}\mu_{k+1}^0 + \cdots$，而 ΔG 是以 μ 代替相应的 μ^0 来定义的一个类似的量。于是平衡时浓度满足（式 8.17）

$$\Delta G = 0，或 \frac{[X_{k+1}]^{\nu_{k+1}} \cdots [X_m]^{\nu_m}}{[X_1]^{\nu_1} \cdots [X_k]^{\nu_k}} = K_{\mathrm{eq}},$$

其中 $[X] \equiv c_X / (1\,\mathrm{M})$ 和 $K_{\mathrm{eq}} \equiv e^{-\Delta G^0 / k_{\mathrm{B}}T}$。反应中浓度的比值称为反应商。如果它不等于 K_{eq}，体系就不是处于平衡状态，反应沿着趋向平衡的方向进行。

注意 ΔG^0 和 K_{eq} 的定义均依赖于参考浓度的选取，式 8.17 中选定参考浓度均为 $1\,\mathrm{M}$。通常方便地定义 $\mathrm{p}K = -\log_{10} K_{\mathrm{eq}}$。

- 化学力：如果上述的 ΔG 不等于零，则它导致化学力。$\Delta G < 0$ 驱动反应正向进行，反之逆向进行。
- 酸和碱：水溶液的 pH 值为 $-\log_{10}[\mathrm{H}^+]$。纯水的 pH 值反映了 H_2O 的自发解离程度。尽管水分子浓度为 $55\,\mathrm{M}$，但它几乎是完全非解离的：$[\mathrm{H}^+] = 10^{-7}$。
- 滴定：蛋白质的每个残基 α 各自具有解离的 pK 值。当周围溶液的 pH 值等于残基的 pK 值时其质子化概率 P_α 等于 $\frac{1}{2}$，其他情况下为（式 8.29）

$$P_\alpha = (1 + 10^{x_\alpha})^{-1}，其中 x_\alpha = \mathrm{pH} - \mathrm{p}K_\alpha.$$

- 临界胶束浓度：本书的模型中，两亲分子的总浓度 c_{tot} 与未参与聚集的分子浓度 c_1 之间满足关系 $c_{\mathrm{tot}} = c_1[1 + (2c_1 / c_*)^{N-1}]$（式 8.33）。其中临界胶束浓度 c_* 是当半数两亲分子参与形成胶束时的总浓度，其值反映了自组装的平衡常数。

延伸阅读

准科普：

关于食物的物理化学：McGee *et al.*，2004；This，2006.

中级阅读：

关于生物物理化学：Atkins & de Paula，2011；Dill & Bromberg，2011；Tinoco, Jr. *et al.*，2014；van Holde *et al.*，2006.

关于电泳：Benedek & Villars，2000b，§ 3.1D.

关于自组装：Israelachvili，2011；Safran，2003.

关于来自太空的类磷脂分子以及生命起源：Deamer，2011.

高级阅读：

关于物理化学：Atkins *et al.*，2019.

关于膜物理学：Phillips *et al.*，2012.

关于蛋白结构：Bahar *et al.*，2017.

8.1.1′拓展

（1）式 8.1 中 μ 的定义是对分子数 N 求导，而在化学教科书中采用的是对"物质的量" n 求导。见 1.5.4′小节对单位的讨论。

（2）气体化学势的例题（8.1.1 小节）讨论了将 E_{kin} 固定时的微分转化为 E 固定时的微分。该操作可正规、简明地表述为

$$\frac{\partial S}{\partial N}\Big|_E = \frac{\partial S}{\partial N}\Big|_{E_{kin}} - \epsilon \frac{\partial S}{\partial E_{kin}}\Big|_N。$$

（3）我们一直将 ϵ 看作某种形式的势能，如同有一个弯曲的弹簧在分子内部。措辞严谨的人会强调，根据不确定原理，化学键能包含势能和动能两部分。的确如此。是什么能使我们将这些能量混为一谈，而将其统称为键能？根源在于，量子力学指出任意静止的分子均有一个能量确定且有限的基态。任何额外的由质心运动产生的动能和外场导致的势能都可由经典公式给出并与这个内能简单相加。这正是我们可以在分析中采用经典理论的简单结论的原因。

（4）复杂分子可具有很多能量相当的低能态，ϵ 将包含一个部分反映各低能态占据概率的温度依赖项，但是我们并不直接使用 ϵ，而采用总是依赖于温度的量 μ^0。因为生命组织处于恒温环境，所以这样做影响一般不大。你只需将 μ^0 看作一个唯象参量即可。

 8.2.1′拓展

除了式 8.1，化学势 μ 还有其他等价的定义。例如，一些高等教材采用思考题 8C 的结论

$$\mu = \frac{\partial F}{\partial N}\Big|_{T,V} = \frac{\partial G}{\partial N}\Big|_{T,p}。$$

化学势的另外两个表述为 $\frac{\partial E}{\partial N}\Big|_{S,V}$ 和 $\frac{\partial H}{\partial N}\Big|_{S,p}$，其中 H 为焓。本书之所以选择式 8.1 作为讨论的出发点是为了强调熵在确定反应方向中的关键作用。

 8.2.2′拓展

（1）细胞生物学感兴趣的溶液通常都不是稀的。此时，一个反应的平衡点仍然由第二**定律**决定，但在写下质量作用规则（见 8.1.1 小节）时必须以活度代替浓度 $[X]$。研究离子溶液（盐）时，稀溶液公式尤其有问题，因为在公式中忽略了离子间的静电相互作用（事实上也忽略了所有其他相互作用）。由于静电相互作用是长程作用，当浓度上升时，忽略静电相互作用较之忽略其他相互作用会更早地产生严重问题。见 Landau & Lifshitz, 1980，§ 92 的讨论。

（2）作为勒夏特列原理的一个实例，考虑平衡常数的温度依赖性（见思考题 8D）。将外界热量注入封闭体系会升高其温度（对外界而言，热能变得更易获得）。

这个变化使平衡向着反应中能量较高的一侧偏移，因此系统吸收热能，使系统实际的温度上升要小于无反应发生时的升温。换句话说，该反应部分地消除了最初的热扰动。

 8.3.4′拓展

8.3.4 小节中对电泳的讨论非常初级，其完整的理论十分复杂。入门材料请参考 Benedek & Villars，2000b，§3.1D；更详细的研究见 Viovy，2000。

 8.6.1′拓展

（1）正文中讨论膜弹性能的逻辑可以用更熟悉的普通弹簧的例子加以理解。我们知道，在小形变情况下，弹簧弹性能的形式是 $U = \frac{1}{2}k(\Delta x)^2$，$\Delta x$ 是弹簧相较于松弛状态被拉伸的长度。对能量求导数，可得到弹性力 $f = -k(\Delta x)$，即胡克关系（可与式 5.14 对比）。

（2）8.6.1 小节讨论了为何双层膜倾向于形成平面状的。严格来说，这个说法只适用于人造的纯脂双层。真实细胞质膜的内外两层的组分差异巨大，因此导出方程 8.36 级数展开式中的线性项并不一定自动抵消。这意味着零曲率并不是自由能的最小点，换句话说，膜具有朝某侧自发弯曲的倾向。

（3）此外还需考虑一个实际因素：膜弹性还包含了双亲分子尾部（不仅仅是头部）形变的贡献。但这一点不会改变弯曲弹性能的一般函数形式。

习　题

8.1　凝结

（a）在 8.6.3 小节介绍了向牛奶或鸡蛋中加入酸怎样引起蛋白质凝结（聚集），其机理是蛋白质有效电荷降低从而使它们之间的排斥作用相应减小。加入盐亦可引起凝结，而糖则不可以，试解释这些现象。

（b）干酪制作出现早于公元前 2300 年。后来的（始于古罗马时代）干酪生产者采用一种不用酸或盐的牛奶凝结法。改为用蛋白水解（蛋白质分解）酶（凝乳酶）来切除 κ 酪蛋白分子的强带电片段（残基 106—169），试解释其诱导凝结的机制并找出与 8.6.2 小节的关系。

8.2　异构化

本书中以野牛作为二态系统的例子（图 6.8）可能有点凭空捏造的味道。生物化学中一个比较实际的例子是磷酸化葡萄糖分子从其 1-P 到 6-P 的异构反应（图 8.12），自由能变化 $\Delta G^0 = -1.74$ kcal/mol。试求葡萄糖-P 这两种异构态的平衡浓度比率。

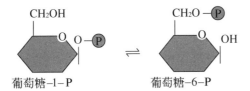

$$
\begin{array}{ccc}
\text{CH}_2\text{OH} & & \text{CH}_2\text{O} \text{—} \boxed{P} \\
\end{array}
$$

葡萄糖–1–P　　　　　葡萄糖–6–P

图 8.12（分子结构图示）　葡萄糖-P 的异构化。

8.3　pH 值与温度

纯水的 pH 值并不是一个普适常数，而是与温度相关的：在 0℃ 为 7.5，而在 40℃ 其值为 6.8。试解释此现象并指出此解释在数值上的合理性。

8.4　*F* 和 *G* 的区别

（a）考察一个分子从气体进入水溶液的化学反应。在一个大气压下，每个气体分子所占的体积约为 24 L/mol，而在溶液中仅约为单个水分子所占体积即 $1/(55 \text{ mol/L})$。试估算 $(\Delta V)p$ 的值，并将结果以 $k_B T_r$ 为单位表示出来。

（b）考察在水溶液中两个分子化合形成一个分子的反应。将估算值 $(\Delta V)p$ 与（a）比较并解释为什么在这类反应中通常对 *F* 和 *G* 不加以区分。

8.5　简单解离

在 8.3.2 小节给出醋酸解离的 p*K* 值为 4.76。假定在 10 L 水中溶解 1 mol 这种弱酸，试求所得溶液的 pH 值。多少分数的醋酸分子被解离。

8.6　无机磷酸盐的离子化态

第 2 章认为磷酸(H_3PO_4)在水中电离产生 HPO_4^{2-}，这有点过于简化。事实上，平衡时存在所有四种可能的质子化态，即从包含三个 H 到一个都没有。三个级联的质子去除反应具有如下 pK 值：

$$H_3PO_4 \xrightleftharpoons{pK_1 = 2} H_2PO_4^- \xrightleftharpoons{pK_2 = 7} HPO_4^{2-} \xrightleftharpoons{pK_3 = 12} PO_4^{3-}。$$

人体血液 pH 值约为 7.4，试求此时所有四种质子化态的相对数目。

8.7　电泳

在本题中，你将对蛋白质电泳迁移速率的典型值作粗略估算。

（a）将纯水中蛋白质视为带净电荷 $q = 10e$、半径 3 nm 的球。如果加上 $\mathscr{E} = 2$ V cm^{-1} 的电场，则蛋白质受力 $q\mathscr{E}$。求漂移速度并解出数值[*]。

（b）8.3.4 小节的实验中，鲍林及其合作者采用 4.7 V cm^{-1} 的电场持续作用 20 小时。正常和缺陷血红蛋白在这种情况下将移动不同距离，从而形成两条带。试求出带有单位电荷差异的两类分子所形成的带之间的距离，并评估此实验的可行性。

8.8　🅣 巨正则配分函数

回顾 8.1.2 小节。

（a）类比普通自由能（见式 6.32），定义巨势为

$$\Psi_a = \langle E_a - \mu N_a \rangle - TS_a。 \tag{8.38}$$

请证明思考题 8B 所示的分布使温度为 T、化学势为 μ 的子系统 a 的巨势取最小值。

（b）试证 Ψ 的极小值等于 $k_B T \ln \mathcal{Z}$。

（c）选做题：真正酷爱学习的人，请将（a）和（b）的结论推广至存在能量和粒子交换以及体积变化的系统（见 6.5.1 小节）。

8.9　水牛不回跳

图 6.8 可能看起来有点怪异，毕竟分子并不是水牛。不过，这幅图还是有指导意义的。下面我们来具体考虑一群可在两个不同构象之间发生异构化的分子。这两个构象具有不同的内能，在图 6.8 中就对应着水牛在重力势场中的两个不同状态。

先考虑单头水牛或单个分子。它为什么会跌落到更低的能级？在水牛的例子中，你可能会说"是重力将它拉下来的"。但是，请想想一个理想弹性小球从峭

---

[*] 🅣 实际上，人们常采用盐溶液（缓冲液）代替纯水。这时需要更仔细地考虑粒子电荷的屏蔽作用（见 7.4.3$'$ 小节），因此，相应的结果比此处的答案多出一个额外的因子 $(3/2)(\lambda_D/a)$。

壁跌落到理想刚性地面时会发生什么。小球一定会回弹到原先的高度,然后再次下落,如此周而复始。它可以轻易地跳到峭壁顶。然而在现实世界中,水牛(或分子)绝不会表现出这种行为,它们倾向于下落并停留在那里。

　　(a) 请用第 6 章的思想解释为什么存在这个差异。

　　(b) 考虑一群牛(或分子),它们与一个具有恒定非零温度的热库接触。利用(a)的答案,并假设牛群非常大,你可以构造一个热平衡态,其中总有一些个体处于峭壁顶。这与 8.2.1 小节、特别是与方程 8.3 有何关系?

8.10　反应-扩散方程

　　4.6.1 小节讨论了在一根长管中的扩散输运,我们发现溶解在其中的物质的粒子数密度 $c(x)$ 呈现出定态分布,它是一个线性函数,在长管的两端等于给定值。特别是当两端的密度相等时,$c(x)$ 变成一个常量,系统中不存在净流,这个定态就变成了平衡态。

　　假设管中还存在一个化学反应,能够清除掉溶解的物质。为简单起见,可假设每个可溶分子在 dt 时间内会以概率 $k\,dt$ 消失,k 是常量。因此,即使密度分布处处均匀,它也会以 $dc/dt = -kc$ 的速度改变。

　　(a) 如果密度分布并非处处均匀,请写出 dc/dt 满足的方程(又称为反应-扩散方程)。

　　(b) 假设分子密度在 y、z 方向上始终为常量,只在 x 方向上变化,在 $x = -L$,$+L$ 的两端为给定值。如果两端的密度都等于 c_0,计算管内的定态密度分布以及两端的粒子流。与纯扩散情况(见 4.6.1 小节)进行比较。

　　(c) (b)的答案对应于平衡态解吗?

8.11　等电点

　　氨基酸在溶液中能以各种不同的质子化状态存在,主要是因为它们具有羧基(—COOH)或氨基(—NH$_2$)。例如,在中性 pH 环境中,甘氨酸上的这两种化学基团都带电,因此总体上呈现电中性。在低 pH 条件下,羧基可获得一个质子从而被中和,这个质子的 pK=2.35。在高 pH 条件下,氨基失去一个质子从而变成中性,这个质子的 pK=9.78。计算甘氨酸的等电点,即,使得其净电量为零的pH 值。

8.12　🅣扩散控制的输运过程

　　本题承接习题 8.10。4.6.2 小节给出的例子并不现实,没有细胞能够持续不断地移除到达细胞外膜的每个氧分子。在本题中你将对这个模型做一点改进,为更接近真实情形,我们做如下假设:

　　1. 细胞膜紧内侧和紧外侧的氧浓度相同(膜具有很高的通透性)。

　　2. 细胞为球形,其内部均匀分布着某种酶,它们以某个未知速率 k 消耗氧分子。

　　3. 氧在细胞内、外的扩散系数相等。

正文中分析的例子相当于 $k \to \infty$ 的极限情况。当 k 有限时，那里的分析对细胞外氧扩散依然成立，但边界条件将不再是 $c(R) = 0$。

在细胞内部，向内的氧分子流仍然是 $I(r) = (4\pi r^2)D \times \mathrm{d}c/\mathrm{d}r$，但不再与 r 有关。事实上，当扩散达到定态时，每个球壳的净流量必须与氧分子的消耗速率达到平衡，即，$I(r + \mathrm{d}r) - I(r) = (4\pi r^2)kc(r)\mathrm{d}r$。

(a) 写出定态下细胞内 $c(r)$ 所满足的微分方程。〔提示：这个方程是你在习题 8.10 中找出的那个方程的三维版本。〕

(b) 当 $k = 0$ 时，$c =$ 常数$/r$ 是方程的解。当 $k \neq 0$ 时，你通过习题 8.10 已经知道一维情况下的解是指数形式。而在本例中，你可以尝试将解写成 $r^\beta e^{\alpha r}$ 的形式，其中 α、β 是待定常数。你所写出的二阶方程存在着两个这样的解，但只有它们的某种组合才是满足 $r = 0$ 处边界条件的真正解。请求出这个解。

到此为止，如果 k 的具体数值未给出，那么关于氧分布你就无法了解更多了。不过，我们可以合理地假设细胞内部处处都需要氧。例如这个细胞可能是一个缺乏主动输运系统的细菌，于是其内部氧的分布就不至于太不均匀。

(c) 如果细胞中心的氧浓度至少是细胞膜处氧浓度的一半，请写出 k、D、R 所需满足的条件。你可以数值求解上述方程，也可以猜一下近似解。

考虑 4.6.2 小节中的例子，假设 $c_\infty \approx 0.2\ \mathrm{mol\ m^{-3}}$、$D \approx 10^{-9}\ \mathrm{m^2\ s^{-1}}$，细胞所需消耗的氧流量为 $I_\infty \equiv I(\infty) = (0.001\ \mathrm{mol\ kg^{-1}\ s^{-1}}) \times (4\pi R^3/3) \times (10^3\ \mathrm{kg\ m^{-3}})$。

(d) 上面求得的胞内氧分布与你在 4.6.2 小节例题中求得的胞外氧分布的解可以衔接起来，写出这个衔接条件，表达成 R、k 的函数。其中哪些 (R, k) 满足 (c) 中的条件？〔提示：解答 (c) 的一个简便方法是令 $x \equiv R\sqrt{k/D}$，然后给出 x 满足的不等式。要回答 (d)，可以将 R 表示为 x 的某个函数，然后求出与 x 的极限值对应的 R 的极限值。〕

(e) 与 4.6.2 小节例题所给出的答案相比，(d) 的答案是否要更严谨一点？

第Ⅲ部分

分子、机器、工作机制

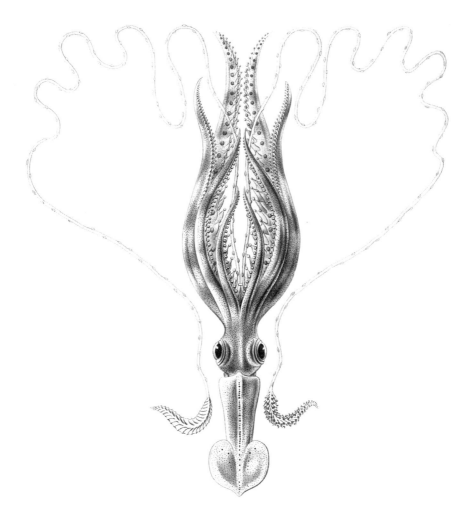

乌贼(*Chiroteuthis veranyi*)，摘自《自然界的艺术形式》(恩斯特·海克尔，1900)。它的总长度可以达到 130 cm。第 12 章将介绍乌贼在神经科学诞生过程中扮演的关键角色。

第 9 章　大分子的协同变构

前面几章为理解不同的分子力和分子过程提供了一些启示,但同时各章为这些力或过程勾勒的图像却也展示出了某种不一致性。一方面,单个小分子的运动是混乱的,从而产生了诸如布朗运动之类的现象。只有在处理大量分子时,我们才能期望出现可预测的确定性行为,例如,一滴墨汁的扩散或自行车轮胎里的空气压力。另一方面,第 2 章展示了许多精心构造的单个大分子,这些大分子都是为可靠地完成特定功能而制造的。那么,哪种图像正确——大分子是像气体分子,还是像桌子椅子呢?

确切地说,我们想知道,这些由弱相互作用维系内部结构的单个分子如何在热运动的情况下仍能保持其结构完整性并且发挥功能。解开这个谜团的关键就是协同现象。

在第 8 章中我们介绍了协同作用,说明了正是协同作用使得分子的胶束化转变更为急遽。本章将进一步拓展这一分析,以加深对大分子作为机械力和化学力之间的媒介角色的理解。§9.1 研究外力如何影响大分子的构象,首先考虑简单模型,在此基础上再考虑单体间的协同倾向,即每个单体都倾向于和其近邻的行为相一致。第 6 章的一些思想和 §7.1 用于计算熵力的配分函数将会非常有用。§9.5 将讨论化学环境的变化引起的转变。最后几节将扼要说明,对于蛋白质别构这种具重要生物学意义的急遽的状态转变现象,由简单模型系统得到的结论将有助于我们对其作定性理解。

本章焦点问题:
生物学问题: 为什么蛋白质通常不会因热涨落而分解? 细胞生物学书上的卡通图显示,蛋白质在执行功能时会在特定的构象之间快速切换。松软的残基链的行为真是这样吗?
物理学思想: 协同作用使得大分子及其聚集体的转变行为更加急遽。

---

§9.1　高分子的弹性模型

导读　以下几节介绍关于 DNA 弹性的几个物理模型。9.1.2 小节首先构造并证明 DNA 作为弹性杆的物理图像。弹性杆模型虽然在物理上很简单，但在数学上对其分析却是复杂的。因此，我们将从"自由连接链"模型开始（9.1.3 小节），通过一系列简化的模型予以处理。§9.2 介绍单分子的机械变形（拉伸）方面的实验数据，并且用自由连接链模型来解释这种变形。§9.4 指出自由连接链模型所忽略的主要特征是聚合物相邻部分之间的协同作用。为了克服这个缺点，9.4.1 小节引入了一个简单的模型，即"一维协同链"。随后的几节将刻画协同性的数学方法应用于高分子内部的结构转变，例如螺旋-线团转变。

图 2.15 显示了 DNA 分子的一部分。该分子具有异常精细的结构：原子相互结合形成碱基，碱基通过氢键形成配对，碱基对通过共价键连接到由磷酸和糖基构成的外侧骨架上。从某些方面看来，这幅动人的图画甚至还向读者撒了一个小谎：它没有传达出这样的事实，即大分子是动态的，其中每个化学键都在不停地伸缩，并且杂乱、短暂地与其他分子发生相互作用，而后者在该图中并未画出（例如其周围的水分子，它们通过氢键形成网络）。要为这种巴洛克式结构的力学性质寻求简单的解释似乎是毫无希望的。

不过，在放弃寻求对 DNA 分子力学性质的简单描述之前，不妨先了解一下该分子的各种长度级别。粗略地说，DNA 是一个柱状分子，直径为 2 nm。它由一叠大致扁平的盘（碱基对）组成，每个盘厚约 0.34 nm。但是一个 DNA 分子（例如你的一条染色体中的 DNA 分子）的总长度可以达到 2 cm，即 1 000 万倍于其直径。甚至微小病毒，如 λ 噬菌体，都有长达 16.5 μm 的基因组，仍远远大于直径。我们可以预料，在如此大的尺度下，DNA 分子的行为可能不十分依赖于其结构细节。

9.1.1 为什么物理学能有效描述物质世界

上述预期有很多先例。比如，工程师在设计桥梁时就不需要解释钢材的具体原子结构（尽管钢材的确是由原子构成的）。相反，他们把钢材作为连续体处理，这种连续体具有一定的抗变形能力，这种能力由两个数字表征（称为体积模量和剪切模量，见 5.2.3 小节）。类似地，第 5 章中对流体力学的讨论也未提及水分子的详细结构以及它的氢键网络等。相反，我们再次用两个数字即质量密度 ρ_m 和黏性系数 η 来概括水的若干性质，这些性质与大于几纳米的空间尺度上的物理学有关。其他任何牛顿液体，即使具有根本不同的分子结构，只要这两个唯象参数的数值与水的相当，就会具有和水一样的流动行为。这两个例子都显示出贯穿于整个物理学中的一个深刻主题，即：

> 对于一个由大量的全同成分组成且存在局域相互作用的系统，当我们在比其组分大得多的尺度上研究它时，问题通常能得到极大简化：只需几个有效自由度即可描述该系统的行为，而且只涉及几个唯象参数。

（9.1）

正是因为桥梁和水管比铁原子和水分子大得多，才使得连续介质弹性理论和流体力学取得成功。

　　许多物理理论都是通过有计划地利用要点 9.1 而获得的。为阐明这一原理，下面将另举几个例子，然后我们运用它来处理本章感兴趣的问题。

　　要点 9.1 的另一个表述方式是：大自然按空间尺度划分为不同的结构层次，而每个层次与更低层次的几乎所有细节都是无关的。毫不夸张地说，正是这一原则解释了物理学事业究竟何以可能。从物理学史来看，有关物质结构的思想先是从分子发展到原子，接着是质子、中子、电子，进一步到组成质子和中子的夸克，也许还将走到更深的物质结构层次。如果在取得任何进展之前都需要理解所有深层次的结构，那么这个事业根本不可能起步！相反，虽然已知物质是由原子构成的，但如果必须将桥梁（或星系）看作是原子的集合的话，我们将根本无法理解它们的结构。每一个新的空间尺度上都会出现简单的规律，这就是在 1.2.3 小节和 6.3.2 小节叙述过的"涌现性"。

　　连续介质弹性　在弹性理论中，我们假定一节钢梁是一个连续的物体，而忽略掉它是由原子组成的这一事实。为描述钢梁的形变，设想将它分成小块，比如 $1\,\mathrm{cm}^3$ 大小的小块（远远小于钢梁而远远大于原子）。我们用钢梁在未应变（平直）的状态下各小块的位置来标记每一小块。当钢梁加上载荷时，可以通过给出每个小块相对于其近邻的位置变化来描述载荷所引起的形变，而这比枚举每个原子的位置需要的信息量要少得多。如果形变不是太大的话，可以假定单位体积的弹性能正比于这一形变大小的平方。（胡克关系，见 5.2.3 小节。）这个关系里的比例常量正是要点 9.1 所述的唯象参数的例子。这个情形中有两个比例常量，既可以是固体的拉伸，也可以是其剪切。我们可以试图从原子间基本的相互作用力来预测这两个常量的数值，但同样也可以把它们取为实验中测定的数值。只要能用一个或几个唯象参数来刻画一种材料，我们就可以通过少量测量来确定这些参数的值并由此得出许多可证伪的预言。

　　流体力学　一种流体的流动性质也可以只用几个数值量来刻画。各向同性的牛顿流体，例如水，不能记住其原来（未变形时）的形状。不过，在第 5 章中我们看到流体会抵抗某些运动。同样，把流体分成假想的宏观小块，等效的自由度即为每个小块的速度。相邻的小块按照黏滞力的规律相互拉动（见式 5.4）。这一规律中的常量即黏度系数 η 将力和形变速率联系起来，它正是描述牛顿流体的一个唯象参数。

　　膜　双层膜所具有的性质既像固体也像流体（见 8.6.1 小节）。不像钢或薄的铝箔，膜是一种流体，它并不记忆分子在其平面内的排列，所以不能抵抗持续的剪切力。但也不像溶解在一滴水中的糖分子那样，而是更倾向于排列成连续的平面片层——其抗弯曲能力是其内禀的唯象参量（见要点 8.37）。我们再次看到，只要膜形状的曲率半径远大于其分子尺度，那么只需一个常量即弯曲刚度 κ，即可充分地刻画分子之间复杂的作用力。

　　小结　上述例子说明要点 9.1 是广泛适用的规律，但对其应用范围也存在某些限制。例如，蛋白质链中的各个单元就不完全相同。这使得寻找蛋白质最低能量状态的问题要远远复杂于诸如一罐全同弹子球最低能量态的问题。简言之，若某些物理思想有助于理解问题，我们理当加以运用；但如果它们不再适用，就得非常小心。对以下各节介绍的物理系统，简单模型就能给出有效的描述，并至少能定性地阐明一些复杂问题。

 9.1.1′小节将进一步讨论唯象参量的思想和要点9.1。

9.1.2 细长杆的弹性可用四个唯象参量刻画

现在回到DNA。要在远大于其直径的长度上描述DNA，需要哪些唯象参量呢？设想握着一根园艺软管的两端。假设这软管的自然状态是直的，其长度是L_{tot}。你可以用手施加力和力矩来使之偏离这一几何形状。考虑这根杆的一小段，它起初处于到一端距离为s的位置，长度为ds。我们可以用以下三个量来描述这一小段的变形（图9.1）：

- 拉伸率$u(s)$（即延展形变）描述软管片段长度的变化比率：$u = \Delta(ds)/ds$。拉伸率是一个无量纲的标量（即没有空间方向的量）。
- 曲率矢量$\boldsymbol{\beta}(s)$（即弯曲形变）描述软管的单位切向矢量沿其弧长的变化：$\boldsymbol{\beta} = d\hat{t}/ds$。因此，曲率矢量量纲是$\mathbb{L}^{-1}$。
- 扭曲密度$\omega(s)$（即扭曲形变）描述软管上每个小单元相对于其相邻的单元绕软管轴线转动的程度。例如，如果保持一小段软管平直而将其两端扭转过一个相对角度$d\phi$，那么$\omega = d\phi/ds$。扭曲密度是一个标量，量纲为$\mathbb{L}^{-1}$。

思考题
9A　证明这三个量都不依赖于所选小单元的长度ds。

拉伸率、曲率矢量和扭曲密度是局域量（描述某一特定位置s附近的形变），但

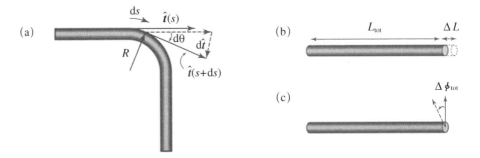

图9.1(示意图)　细弹性杆的形变。(a) 曲率矢量$\boldsymbol{\beta} = d\hat{t}/ds$的定义，通过细杆上一段圆弧部分加以说明。参数$s$是沿着杆的轮廓线长度（也叫弧长）。杆上某点处的切向矢量$\hat{t}(s)$经一段距离被平移到附近一点（虚箭头），并同后者的切向矢量$\hat{t}(s+ds)$相比较。这两个矢量的差$d\hat{t}$沿径向指向圆心，其大小为$d\theta$，或ds/R。(b) 拉伸率的定义。对于均匀拉伸杆，$u = \Delta L/L_{tot}$。(c) 扭曲密度的定义。对均匀扭转的杆，$\omega = \Delta\phi_{tot}/L_{tot}$。

它们同软管的整体形变相联系。例如软管总的轮廓线长度(好比一只小虫沿软管从一端爬到另一端所经过的距离)等于 $\int_0^{L_{tot}} ds[1+u(s)]$。注意参数 s 给出的是软管上从一端到给定点的未拉伸时的轮廓线长度,所以它总是在 0 到 L_{tot} 之间,L_{tot} 是未拉伸的软管的总长度。

对 DNA 而言,可以认为拉伸率描述长为 N 个碱基对的 DNA 短片段的轮廓线长度偏离其自然长度(或松弛长度)(0.34 nm)$\times N$ 的程度(图 2.15)。而曲率矢量描述了每个碱基对平面相对其前一个碱基对平面倾斜的程度。为了使扭曲密度直观化,首先注意到溶液中松弛的双螺旋 DNA 每一圈完整的螺旋包含约 10.5 个碱基对。于是可以认为扭曲密度描述的是一个碱基对相对于其前一个碱基对转过的角度 $\Delta\psi$ 减去这一角度在松弛的 DNA 中对应的值。确切地说,

$$\omega = \frac{\Delta\psi}{0.34\ \text{nm}} - \omega_0,\ \text{其中}\ \omega_0 = \frac{2\pi}{10.5\ \text{bp}}\frac{1\ \text{bp}}{0.34\ \text{nm}} \approx 1.8\ \text{nm}^{-1}。$$

根据要点 9.1,可以写出改变圆柱形软管(或任意的细长弹性杆)形状所需消耗的弹性能 E。同样,把细长杆任意分成长度为 ds 的小片段,则 E 是各个位置 s 处的小片段形变的弹性能 d$E(s)$ 之和。类比于胡克关系,可以认为在形变很小的情况下 d$E(s)$ 应该是这些形变的二次函数。可能的最一般的表达式是

$$\text{d}E = \frac{1}{2}k_B T[A\boldsymbol{\beta}^2 + Bu^2 + C\omega^2 + 2Du\omega]\text{d}s。\tag{9.2}$$

唯象参数 A、B 和 C 的量纲分别是 L、L^{-1} 和 L,D 无量纲。物理量 $Ak_B T$ 和 $Ck_B T$ 分别称为温度 T 时杆的弯曲刚度和扭曲刚度。为了方便,把这些量以 $k_B T$ 为单位表达出来,即引入弯曲驻留长度 A 和扭曲驻留长度 C。其余常量 $Bk_B T$ 和 $Dk_B T$ 分别叫做拉伸刚度和扭曲-拉伸耦合系数。

式 9.2 似乎遗漏了一些可能的二次项,例如扭曲-弯曲交叉项。但是,能量必须是标量,而 $\boldsymbol{\beta}\omega$ 是矢量,因此这类项因其几何性质而不能出现在能量表达式中。

在某些情形中,式 9.2 可以进一步简化。首先,许多高分子是由单体通过化学单键构成的。单体可以绕这些键旋转,从而抹去了任何有关扭曲变量的记忆,即消除了扭曲弹性,因此 $C = D = 0$。在其他情况下(例如在 §9.2 中将要研究的情况),高分子可以绕某个附着点自由旋转,这使得扭曲变量不受限制,于是在分析中可以舍去 ω。注意到拉伸刚度 $Bk_B T$ 具有力的量纲,我们可以再做一个简化。如果以远小于这个值的力拉伸高分子,则相应的拉伸率 u 小到可以忽略,分子可看作是不可延展的杆,即有固定长度的杆。有了这些简化,我们就能得到高分子的一个单参量唯象模型,其弹性能表示为

$$E = \frac{1}{2}k_B T\int_0^{L_{tot}} \text{d}s\, A\boldsymbol{\beta}^2。\qquad\text{简化的弹性杆模型}\tag{9.3}$$

式 9.3 描述的是由弹性材料构成的不可拉伸的细杆。有些作者把它称为克

拉特基-波罗德或虫链模型（尽管真的虫子是高度可伸缩的）。对于图 2.15 所示的复杂分子来说这当然是一个过分简化的方法！不过 §9.2 将显示，这一方法也为 DNA 的力学拉伸提供了一个精确定量的模型。

 9.1.2′ 小节将提及有关 DNA 弹性模型的一些更精细的要点。

9.1.3　高分子以熵力抵抗拉伸

自由连接链　4.3.1 小节提出一个高分子可以看成一条链，它具有自由相连的 N 个链节，并在一定的溶液条件下取无规行走构象。考查式 9.3 即可验证此图像的正确性。设想将杆弯曲成半径为 R 的四分之一圆（图 9.1 及其说明）。长度为 $\mathrm{d}s$ 的每一段弯过角度 $\mathrm{d}\theta = \mathrm{d}s/R$，曲率矢量 $\boldsymbol{\beta}$ 指向内侧，大小为 $|\boldsymbol{\beta}| = \mathrm{d}\theta/\mathrm{d}s = R^{-1}$。根据式 9.3，总的弯曲弹性能量就是杆的弯曲刚度的一半，乘以这个四分之一圆的长度，再乘以 $\boldsymbol{\beta}^2$，即

$$\text{弯曲 90° 所消耗的弹性能} = \left(\frac{1}{2}k_{\mathrm{B}}TA\right)\times\left(\frac{1}{4}2\pi R\right)\times R^{-2} = \frac{\pi A}{4R}k_{\mathrm{B}}T.$$

$$(9.4)$$

注意当 R 增加时上式变小。换句话说，弯曲 90° 所消耗的能量可以随意小，只要其半径足够大。特别地，当 R 远远大于 A 时，弯曲所消耗的弹性能同热运动能量 $k_{\mathrm{B}}T$ 相比可以忽略！换句话说，

> 浸入液体中的任何弹性杆，如果其轮廓线长度远超其弯曲驻
> 留长度 A，那么它将因热运动而随机弯曲。　(9.5)

要点 9.5 指出，只要两个单元相距远大于 A，则它们将随机地指向不相关的方向。这一结果正说明了把 A 叫做"弯曲驻留长度"这一名称的合理性：只有在距离小于 A 的范围内分子才能记住自己的指向*。

细胞中的一些结构元件非常刚硬，因而能抵抗热运动引起的弯曲（图 9.2）。但大部分生物高分子的弯曲驻留长度远小于其总长度。虽然高分子在一个单体的尺度上刚性很大，但在远大于 A 的尺度上是柔的，因此可合理地将其视为由笔直的小链段完全自由地连接而成的链。我们将等效链段长度 L_{seg} 取为该模型的唯象参量。（许多书把 L_{seg} 叫做库恩长度。）L_{seg} 与 A 的地位可认为是大致相当的。因为 A 本身未知，所以可以用 L_{seg} 描述这个模型而不会失去任何预测能力**。由此得到的模型叫做自由连接链（freely jointed chain）或 FJC 模型。§9.2 将证明，

　＊　对于二维弹性体来说情况很不同，例如对于膜。在 8.6.1 小节中我们已发现将一块膜弯曲成如半球面所消耗的弹性能量是 $4\pi\kappa$，这是一个独立于半径的常量。所以膜在远大于其厚度的尺度上其平面特征并不迅速消失。

　＊＊　Ⓣ 9.1.3′ 小节证明准确的关系式是 $L_{\mathrm{seg}} = 2A$。

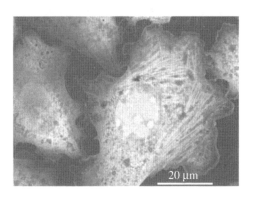

图 9.2(湿样品扫描电子显微图)　细胞内的肌动蛋白束。每个肌动蛋白束的弯曲驻留长度远大于单条肌动蛋白丝的弯曲驻留长度。蛋白束是直的,没有因热运动而弯曲,因为它们的弯曲驻留长度大于细胞的直径。(数字图像蒙 A. Nechushtan & E. Moses 惠赠。)

对于 DNA,$L_{\text{seg}} \approx 100$ nm。普通高分子如聚乙烯的直链段的长度要小得多,通常小于 1 nm。因为 L_{seg} 的值反映分子的弯曲刚度,所以 DNA 经常被叫做"刚性"或半柔性高分子。

FJC 模型是比它更为基本的弹性杆模型(式 9.3)的简化形式。稍后我们将改进它使其更为真实。但至少它能体现要点 9.5 的思想,而且我们将看到,与完全的弹性杆模型相比,它在数学上更容易求解。

总之,本章将把高分子的构象当作步长为 L_{seg} 的无规行走来研究。在介绍与这个模型相关的数学内容之前,首先来看能否在日常经验中找到一些定性支持这一模型的证据。

橡胶弹性　初看起来,自由连接链模型不像一个很可行的高分子弹性模型。想象拉这条链的两端,直到它几乎完全展开,然后再松开。如果换作曲别针串成的链,放手后它仍将保持平直。但由许多高分子链组成的橡皮筋在拉伸接着放松后却要回复原状。为什么会如此不同呢?

由曲别针组成的宏观链区别于高分子的关键之处在于,热运动能量 $k_{\text{B}}T$ 对于宏观曲别针可以忽略,但对于纳米尺度的大分子单体来说却有显著影响。现在设想把曲别针链拉直后放在振动着的桌子上,它会获得比 $k_{\text{B}}T$ 大许多倍的撞击能量,因此,随着链的形状逐渐变为无规行走状态,其两端将自发地相互靠近。这种情况下,必须在链的两端施加恒定轻柔的拉力才能阻止这种缩短,正如必须施加恒力才能保持橡皮筋处于拉伸状态一样。

我们可以使用第 6 章和第 7 章里的思想来理解被拉伸的高分子的回缩倾向。长度为 L_{tot} 的一条高分子长链包含有几百个(或几百万个)单体,具有巨大数量的可能构象。如果没有外力拉伸,这些构象的绝大多数是球形的团状,其首末端距 z 的均方(根)值远小于 L_{tot}(见 4.3.1 小节)。高分子取这些线团构象是因为只有一种平直形式而线团形式却有许多。于是,如果保持两端分开一个固定的距离 z,当 z 增加时熵将减小。根据第 7 章,必有一个熵力来抵抗这样的拉伸。这就是为什么拉伸的橡皮筋会自发地回缩,即

橡皮筋受拉伸时产生的回缩力源于熵。　　　　　　　　（9.6）

所以被拉伸的高分子的回缩会增加无序度,就像理想气体的膨胀,后者也增加无序度并做功(见热机例子)。在上述两种情形中,必然降低的不是高分子弹性能 E 而是自由能 $F = E - TS$。即使 E 因链弯曲而稍微增加,熵的增加仍能将其抵消且还有余额,因而使系统趋于无规线团状态。这个过程中自由能的降低可以用来做机械功,例如将纸团从房间的一边扔向另一边。

做这个功的能量来自何方? 在研究 1.2.2 小节中的热机和习题 6.3 时我们已经碰到过一些类似的情形了。与那些情形相同,拉伸橡皮筋所做的机械功必须从周围环境的热运动能量中提取。但是,这种无序能量向有序能量的转变不是为热力学第二**定律**所禁止的吗? 事实上并非如此,因为高分子本身的无序度因为回缩而增加了,橡皮筋可视为自由能转换器。(习题 9.4 中的实验将有助于确认这一预言,对高分子弹性的熵力模型也提供了一个支持。)

实际上有可能基于橡皮筋来造一台热机吗? 当然可以。要实施这个想法,首先注意高分子弹性的熵起源所带来的一个令人惊讶的结果。如果因拉伸而增加的自由能来自熵的减小,那么公式 $F = E - TS$ 就意味着拉伸所消耗的自由能依赖于温度。所以,处于拉伸状态的橡皮筋的张力将随着温度的升高而增大。也就是说,如果在橡皮筋上施加的力是固定的,那么当加热橡皮筋时它将收缩,即它的热膨胀系数为负。这一点与其他物体(例如钢)完全不同。

要使热机能利用这一事实,我们需要一个类似于图 6.6 所示那样的循环过

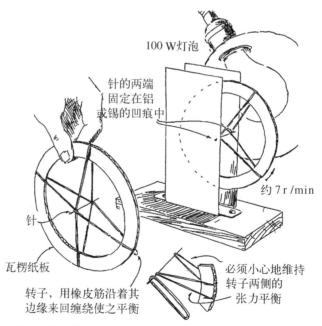

图 9.3(工程示意图) 橡皮筋热机。转盘一侧的数条橡皮筋依次被灯泡加热,因此产生收缩。转盘的另一边由金属片罩着,橡皮筋在这里冷却。这样导致不对称收缩,使轮子失去平衡并转动。转动的轮子把热的橡皮筋带到遮挡区使其冷却,同时冷的橡皮筋进入热区,在那里发生轻微收缩,于是轮子就连续转动起来。(摘自 Stong, 1956。)

程。图 9.3 给出一个简单方案。

本章的其余部分将会发展一些更复杂的方法来理解高分子的行为。而本节指出了相对简单的事实,即主要针对理想气体发展出来的统计物理学思想实际上有着更为广泛的应用。甚至不用写出任何方程式,这些想法已经使我们对看似不同的系统(橡皮筋热机)有了直接了解,而从这个系统得到的知识也适用于活细胞。当然,你的身体不是由橡皮筋热机或任何其他种类的热机提供能量的。但是,理解高分子弹性的熵起源对于理解细胞力学仍是重要的。

 9.1.3′ 小节给出的计算表明,弯曲刚度实际上定下了一个长度尺度,在这一尺度之外,随机变化的杆的切向量不具有相关性。

§9.2　单个大分子的拉伸

9.2.1　DNA 单分子的力-伸长曲线可以测定

要计算自由能 $F(z)$ 作为高分子链的首末端距 z 的函数,需要用到一些数学知识。在此之前,先来看一些已有的实验数据。

为获得清晰的图像,我们从拉伸由亿万高分子链缠绕而成的橡皮筋,转到以微小且精确可知的力拉伸单个高分子的实验。史密斯(S. Smith)、芬齐(L. Finzi)和巴斯塔曼特(C. Bustamante)于 1992 年完成了这一艰巨任务。随后的一系列实验提高了数据的质量,也扩展了所探测的力的范围,得到了图 9.4 所示的图像。这类实验一般是从已知长度的 DNA 分子(例如 λ 噬菌体 DNA)开始。一端固定在一个载玻片上,另一端固定在一个微米大小的小珠上,而这个小珠由光镊或磁镊来拉动(见 §6.7)。

图 9.4 显示出五个不同的区域,定性描绘了随着施于分子的力变大而出现的不同行为:

(A) 在拉力很低即 $f < 0.01\,\mathrm{pN}$ 时,分子仍是一个无规线团,其首末端的均方距离由式 4.17 上方的公式给出,即 $L_{seg}\sqrt{N}$。对于一个含 10 416 个碱基的分子,图 9.4 显示这一距离小于 $0.3L_{tot}$(在那个公式中,L 实际上等于链段长度除以 $\sqrt{3}$)。于是,$L_{seg}\sqrt{L_{tot}/L_{seg}} < 0.3L_{tot}$,即 $L_{seg} < (0.3)^2 L_{tot} \approx 319\,\mathrm{nm}$(实际上,$L_{seg}$ 将被证明远小于这一上限——它接近 100 nm)。

(B) 在较大力的区域,相对伸长在接近 1 时开始变得平坦。在这一点,分子几乎被拉直。9.2.2 到 9.4.1 小节将讨论 A 区和 B 区。

(C) 在力大于约 10 pN 时,DNA 分子的长度实际已经超过其松弛状态下的总的轮廓线长度。9.4.2 小节将讨论这一"内禀延展"现象。

(D) 在大约 $f = 65\,\mathrm{pN}$ 时,图中出现了一个显著的跳跃,分子突然伸长到其松弛长度的 1.6 倍。9.5.5 小节将简略讨论这一"过拉伸转变"。

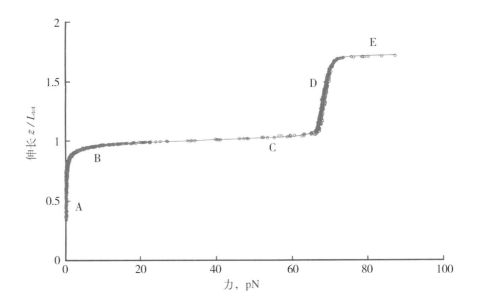

图 9.4（实验数据及其拟合） 由 10 416 个碱基组成的 DNA 分子在高浓度盐溶液中的拉力 f 与相对伸长 z/L_{tot} 之间的函数关系图。标记为 A、B、C、D 和 E 的区域在正文中有相应描述。伸长量 z 可通过拍摄连在分子两端的珠子的位置来测定，力通过双光束光镊仪出射光的动量改变来监测（见 §6.7）。L_{tot} 是 DNA 分子在松弛状态下的轮廓线长度。z/L_{tot} 在分子开始延展时变得大于 1，这时力为 20 pN。实线显示的是把 9.4.1′小节和 9.5.1 小节的方法结合在一起的理论模型给出的结果。（实验数据蒙史密斯惠赠；理论模型及其拟合蒙 C. Storm 惠赠。）

（E）更大的拉力仍给出弹性行为，直到最终分子断开。

9.2.2　二态模型可定性解释小拉伸力情况下 DNA 的行为

自由连接链模型可以帮助我们理解图 9.4 的 A 区。我们希望计算做热运动的弹性杆对外施加的熵力 f。这看起来可能令人气馁。受拉伸的杆不断受到周围水分子的布朗运动的撞击，特别是在垂直于其轴线的方向上受到冲击力。这些冲击力在一定程度上都使链两端靠向一处，因而如果将两端距离固定为 z，则对聚合物维持了一个恒定的张力。如何计算这个力呢？

幸运的是，前面处理其他熵力的经验指明了如何避免对每个随机冲击做具体的动力学计算：当系统处于热平衡时，第 7 章显示用配分函数方法来计算熵力更为容易。为了使用 7.1.2 小节发展的方法，我们需要仔细比较一下自由连接链和密闭圆筒内理想气体所施熵力之间的深刻相似之处：

● 气体与外界热接触，分子链亦然。

● 气体受外力挤压，而分子链受外力拉伸。

● 气体分子内部的势能 U_{int} 独立于气体体积。分子链也有固定的内部势能，例如链节可视为能自由地指向任意方向而不消耗内部势能。在这两个系统中动能都是由环境温度来确定的，因此也独立于约束条件，但提供外力的装置的势能 U_{ext} 都会改变。

在高分子拉伸系统中,随着链缩短,U_{ext} 会升高:

$$U_{\mathrm{ext}} = \text{常量} - fz, \tag{9.7}$$

这里 f 是外界所施加的拉伸力。总的势能 $U_{\mathrm{int}} + U_{\mathrm{ext}}$ 正是计算系统配分函数时所需要的。

以上分析极大地简化了我们的任务。按照推导式 7.5 的方法,现在可以计算给定 $+\hat{z}$ 方向上的拉伸力 f 时分子链首末端距的平均值。

为简化起见,本节对一维情况进行计算。($9.2.2'$ 小节将这一分析扩展到三维情形。)于是每个链节有一个二态变量 σ,当它指向前方时(沿着外力)σ 取 $+1$,而当指向后方时(逆着外力)σ 取 -1。总伸长 z 就是这些变量之和:

$$z = L_{\mathrm{seg}}^{(1\mathrm{d})} \sum_{i=1}^{N} \sigma_i \text{。} \tag{9.8}$$

(上角标"1d"提醒我们这是"一维"FJC 模型里的等效链段长度。)某一给定构象 $\{\sigma_1, \cdots, \sigma_N\}$ 出现的概率由玻尔兹曼因子给出:

$$P(\sigma_1, \cdots, \sigma_N) = Z^{-1} \mathrm{e}^{-(-fL_{\mathrm{seg}}^{(1\mathrm{d})} \sum_{i=1}^{N} \sigma_i)/k_{\mathrm{B}}T} \text{。} \tag{9.9}$$

这里 Z 是配分函数(见式 6.33)。平均伸长即是式 9.8 对所有构象的加权平均值,即

$$\langle z \rangle = \sum_{\sigma_1 = \pm 1} \cdots \sum_{\sigma_N = \pm 1} P(\sigma_1, \cdots, \sigma_N) \times z$$

$$= Z^{-1} \sum_{\sigma_1 = \pm 1} \cdots \sum_{\sigma_N = \pm 1} \mathrm{e}^{-(-fL_{\mathrm{seg}}^{(1\mathrm{d})} \sum_{i=1}^{N} \sigma_i)/k_{\mathrm{B}}T} \times \left(L_{\mathrm{seg}}^{(1\mathrm{d})} \sum_{i=1}^{N} \sigma_i \right)$$

$$= k_{\mathrm{B}}T \frac{\mathrm{d}}{\mathrm{d}f} \ln\left[\sum_{\sigma_1 = \pm 1} \cdots \sum_{\sigma_N = \pm 1} \mathrm{e}^{-(-fL_{\mathrm{seg}}^{(1\mathrm{d})} \sum_{i=1}^{N} \sigma_i)/k_{\mathrm{B}}T} \right] \text{。}$$

这个公式看似难以对付,但如果注意到对数函数的自变量是 N 个独立的相同因子的乘积,便不难得到:

$$\langle z \rangle = k_{\mathrm{B}}T \frac{\mathrm{d}}{\mathrm{d}f} \ln\left[\left(\sum_{\sigma_1 = \pm 1} \mathrm{e}^{fL_{\mathrm{seg}}^{(1\mathrm{d})} \sigma_1/k_{\mathrm{B}}T} \right) \times \cdots \times \left(\sum_{\sigma_N = \pm 1} \mathrm{e}^{fL_{\mathrm{seg}}^{(1\mathrm{d})} \sigma_N/k_{\mathrm{B}}T} \right) \right]$$

$$= k_{\mathrm{B}}T \frac{\mathrm{d}}{\mathrm{d}f} \ln(\mathrm{e}^{fL_{\mathrm{seg}}^{(1\mathrm{d})}/k_{\mathrm{B}}T} + \mathrm{e}^{-fL_{\mathrm{seg}}^{(1\mathrm{d})}/k_{\mathrm{B}}T})^N$$

$$= NL_{\mathrm{seg}}^{(1\mathrm{d})} \frac{\mathrm{e}^{fL_{\mathrm{seg}}^{(1\mathrm{d})}/k_{\mathrm{B}}T} - \mathrm{e}^{-fL_{\mathrm{seg}}^{(1\mathrm{d})}/k_{\mathrm{B}}T}}{\mathrm{e}^{fL_{\mathrm{seg}}^{(1\mathrm{d})}/k_{\mathrm{B}}T} + \mathrm{e}^{-fL_{\mathrm{seg}}^{(1\mathrm{d})}/k_{\mathrm{B}}T}} \text{。}$$

考虑到 $NL_{\mathrm{seg}}^{(1\mathrm{d})}$ 正是总长度 L_{tot},上述实际上证明了

$$\boxed{\langle z/L_{\mathrm{tot}} \rangle = \tanh(fL_{\mathrm{seg}}^{(1\mathrm{d})}/k_{\mathrm{B}}T) \text{。一维 FJC 模型中力与伸长的关系}}$$

$$\tag{9.10}$$

> **思考题**
> **9B**
> 如果你还没有做过习题 6.5,请现在试一下。解释为什么它在数学上和我们刚解决的问题是相同的。

　　由式 9.10 求出 f。所得结果显示,<u>维持一个给定伸长所需要的力正比于绝对温度</u>。这个特点正是任何纯粹熵力的标志,例如理想气体的压力或渗透压,在9.1.3 小节我们已预料到了这一点。

　　式 9.10 中的函数可看成是如下两个重要极限情况的内插函数:

● 在力很大时,$\langle z \rangle \to L_{\text{tot}}$。这一行为正是对一个柔软的不可延展杆的预期:一旦被拉直,便不能再拉得更长。

● 在力很小时,$\langle z \rangle \to f/k$,其中 $k = k_{\text{B}}T/(L_{\text{tot}}L_{\text{seg}}^{(1\text{d})})$。

第二点意味着,

> 在小伸长情况下,高分子的行为就像弹簧,也就是说它服从
> 胡克关系 $f = k\langle z \rangle$。在 FJC 模型中,等效弹簧常量 k 正比于温度。

$$(9.11)$$

图 9.5 给出了 DNA 分子拉伸的实验数据以及式 9.10 中的函数(上方曲线)。该图显示取 $L_{\text{seg}}^{(1\text{d})} = 35\,\text{nm}$ 可使曲线通过第一个数据点。虽然一维自由连接链模型正确地捕捉到了数据的定性特点,但很显然,在所显示的整个力的范围内它并不能在定量上很好地符合实验数据。考虑到我们对弹性杆模型中所包含的物理原理所做的粗略的数学处理,这一点便不是特别意外了。以下几节将改进分析,简化的弹性杆模型(式 9.3)最终能很好地解释实验数据(见图 9.5 上的深黑色曲线)。

 9.2.2′ 小节计算了三维自由连接链模型。

---

§9.3　本征值速成

　　§9.4 将出现的部分数学方法超出了本科一年级的微积分。好在对于我们的目标来说,仅仅几个事实就足够了。

9.3.1　矩阵和本征值

　　我们通过一个熟悉的例子来处理这个抽象课题。回想一下细杆在黏性液体中被拖曳的受力图(图 5.8)。如该图所示,假设细棒的轴线指向方向 $\hat{t} = (\hat{x}-\hat{z})/\sqrt{2}$。令 $\hat{n} = (\hat{x}+\hat{z})/\sqrt{2}$ 为垂直于轴线的单位矢量。

　　5.3.1 小节指出,如果速度 v 的方向沿着 $\hat{t}$ 或 $\hat{n}$,则阻力将平行于 v,但在这两个

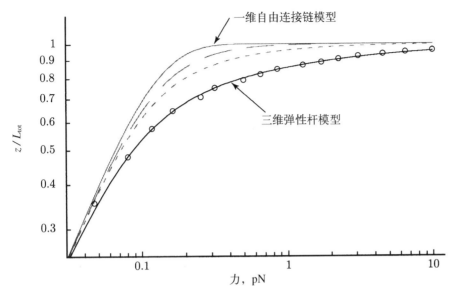

图 9.5(实验数据及其拟合)　在浓度为 10 mM 的磷酸盐缓冲溶液中以较小的拉力 f 拉伸 λ 噬菌体 DNA,图示为力与相对伸长 z/L_{tot} 总的双对数曲线。图中的点是相应于图 9.4 上 A—B 区的实验数据。曲线显示了正文中讨论的各种理论模型。为便于比较,所有模型中 L_{seg} 的值已调整到使所有曲线在力很小时相一致。上方曲线:一维自由连接链(式 9.10),$L_{seg}^{(1d)} = 35$ nm。长虚线:一维协同链[见思考题 9H(b)],其中 $L_{seg}^{(1d)}$ 取为 35 nm,而 γ 很大。短虚线:三维模型(思考题 9O),$L_{seg} = 104$ nm。通过实验数据点的深黑色曲线:三维弹性杆模型(9.4.1′小节),$A = 51$ nm。(实验数据蒙 V. Croquette 惠赠;也可参见 Bouchiat, *et al*., 1999。)

方向上的黏性摩擦系数 $\zeta_\perp$ 和 $\zeta_\parallel$ 并不相等:后者通常是前者的 2/3。对于中间方向,阻力是正比于速度平行分量的平行分力与正比于垂直分量的垂直分力的线性叠加:

$$\boldsymbol{f} = \zeta_\parallel\,\hat{\boldsymbol{t}}(\hat{\boldsymbol{t}}\cdot\boldsymbol{v}) + \zeta_\perp\,\hat{\boldsymbol{n}}(\hat{\boldsymbol{n}}\cdot\boldsymbol{v}) = \zeta_\perp\left[\frac{2}{3}\,\hat{\boldsymbol{t}}(\hat{\boldsymbol{t}}\cdot\boldsymbol{v}) + \hat{\boldsymbol{n}}(\hat{\boldsymbol{n}}\cdot\boldsymbol{v})\right]。 \quad (9.12)$$

这一公式确实是 $\boldsymbol{v}$ 的分量 v_x 和 v_z 的线性函数:

> **思考题 9C**
>
> 运用前面的 $\hat{\boldsymbol{t}}$ 和 $\hat{\boldsymbol{n}}$ 的表达式证明
>
> $$\begin{Bmatrix} f_x \\ f_z \end{Bmatrix} = \zeta_\perp \begin{bmatrix} \left(\dfrac{1}{3}+\dfrac{1}{2}\right)v_x + \left(-\dfrac{1}{3}+\dfrac{1}{2}\right)v_z \\ \left(-\dfrac{1}{3}+\dfrac{1}{2}\right)v_x + \left(\dfrac{1}{3}+\dfrac{1}{2}\right)v_z \end{bmatrix}。$$

因为这种表达式频繁出现,我们引入一个简化写法:

$$\begin{Bmatrix} f_x \\ f_z \end{Bmatrix} = \zeta_\perp \begin{bmatrix} \left(\dfrac{1}{3}+\dfrac{1}{2}\right) & \left(-\dfrac{1}{3}+\dfrac{1}{2}\right) \\ \left(-\dfrac{1}{3}+\dfrac{1}{2}\right) & \left(\dfrac{1}{3}+\dfrac{1}{2}\right) \end{bmatrix} \begin{Bmatrix} v_x \\ v_z \end{Bmatrix}。 \quad (9.13)$$

虽然式 9.13 只是前面公式的简化，还是值得对其作一点更广泛的讨论。两个矢量之间的任何线性关系可以写成 $f = Mv$，符号 M 表示一个矩阵，即一个矩形的数组。在本例中，我们仅对 $\hat{x}$ 和 $\hat{z}$ 两个方向感兴趣，所以相应的矩阵是 2×2 阶的：

$$M \equiv \begin{bmatrix} M_{11} & M_{12} \\ M_{21} & M_{22} \end{bmatrix} 。$$

M_{ij} 表示矩阵第 i 行第 j 列上的元素。像式 9.13 那样，将一个矩阵放在矢量左边，这表示一种运算，即对矩阵 M 的任一行依次取其矩阵元并乘以矢量 v 相应位置上的元素，然后将各乘积项加和得到矢量 f 的相应元素：

$$Mv \equiv \begin{bmatrix} M_{11}v_1 + M_{12}v_2 \\ M_{21}v_1 + M_{22}v_2 \end{bmatrix} 。 \tag{9.14}$$

现在的关键问题变成了：给定矩阵 M，哪些特殊的 v（如果存在的话）在按上述运算后变成平行于自身的矢量？对于式 9.13 中的例子我们已经知道了答案：该处的矩阵本身即被构造成具有两个特殊的轴向矢量 $\hat{t}$ 和 $\hat{n}$，这两个矢量在经矩阵变换后方向不变，长度变换系数为相应的黏性摩擦系数，即分别为 $\frac{2}{3}\zeta_\perp$ 和 $\zeta_\perp$。但更为一般的情况下，我们可能无法预先知道这些特殊方向，甚至可能不存在这样的方向。如果对于矩阵 M 存在这样的特殊方向，它们就称为本征矢，相应的乘子叫做本征值[*]。现在让我们尝试求出 2×2 矩阵的这些特殊方向及其本征值。

考虑矩阵 $M = \begin{bmatrix} a & b \\ c & d \end{bmatrix}$。我们想知道是否存在矢量 v_*，它经 M 变换后成为其本身与某数的乘积：

$$\boxed{Mv_* = \lambda v_* 。\quad \text{本征值方程}} \tag{9.15}$$

式子右边表示将矢量 v_* 的每一个元素乘以常数 λ。式 9.15 实际上是两个式，因为左右两边都是具有两个分量的矢量（见式 9.14）。

λ 的值预先并不知道，应该如何求解式 9.15 呢？要回答这个问题，首先注意到，不论 λ 取什么值，该方程总有一个解，即 $v_* = \begin{bmatrix} 0 \\ 0 \end{bmatrix}$。这是一个平庸解。式 9.15 作为未知数 v_1 和 v_2 的两个方程构成的方程组，在一般情形下，只能期望一组解。换句话说，本征方程在一般情况下只有平庸（零）解。但对于某些特定的 λ 值，仍有可能找到其他有意义的解。这一要求正好用来确定 λ。

---

[*] 正如"liverwurst（肝泥香肠）"一词，"eigenvalue（本征值）"是由一个德语单词 eigen（即"适当的"）和一个英语单词组成的复合词。这个术语表达的事实是本征值对 M 所表示的线性变换来说是内禀的。作为对照，当在其他坐标系中表示这个变换时元素 M_{ij} 本身将发生变化。

现在来求本征方程(即 $M=\begin{bmatrix} a & b \\ c & d \end{bmatrix}$ 时的式 9.15)的解,其中 v_1 和 v_2 不同时为零。假设 $v_1 \neq v_2$,于是我们可以把本征值方程中两边同除以 v_1,从而寻求形如 $\begin{bmatrix} 1 \\ \omega \end{bmatrix}$ 的解。式 9.15 所代表的两个方程中的第一个意味着 $a+\omega b=\lambda$ 或 $b\omega = \lambda - a$。第二个方程即 $c+d\omega=\lambda\omega$。将它两边乘以 b,并将第一个方程代入可消去 ω 从而得到

$$bc = (\lambda - a)(\lambda - d).\ (\lambda\ 作为本征值的条件) \qquad (9.16)$$

所以只有对于某些特定的 λ 值即本征值,我们才能找到式 9.15 的非零解,这些解便是所寻找的本征矢。

> (a) 将式 9.16 运用于摩擦阻力问题里出现的矩阵(式 9.13)。求出本征值和相应的本征矢,并确认它们正是你对该例所应预期的结果。
> (b) 对于某些问题,v_1 有可能为零,而在这种情况下不能除以 v_1。重复前面的推导,这一次假定 $v_2 \neq 0$。你应该能再次得到式 9.16。
> (c) 式 9.16 可能无实数解。证明当 $bc \geqslant 0$ 时,它总有两个实数解。
> (d) 进一步证明,当 $bc > 0$ 时,两个本征值将不相同(互不相等)。

思考题 9D

> 接着前面的问题,考虑 2×2 的对称矩阵,即 $M_{12}=M_{21}$ 的矩阵。证明
> (a) 它总有两个实数解;
> (b) 如果两个本征值不相等,则相应的两个本征矢互相垂直。

思考题 9E

9.3.2　矩阵乘法

以下是一个具体的例子。考虑一个运算,它将矢量 v 转过 α 角,并使其长度伸长或收缩一个因子 g。可以证明这一运算是线性的,其矩阵表示是 $R(\alpha,\ g)=\begin{bmatrix} g\cos\alpha & g\sin\alpha \\ -g\sin\alpha & g\cos\alpha \end{bmatrix}$,并且它没有实的本征矢(为什么呢?)。

假设用 R 对矢量 v 运算两次。

> (a) 对任意两个 2×2 矩阵 M 和 N 求 $M(Nv)$(即两次运用式 9.14)。证明你的答案可以写成 Qv,这里 Q 是另一个矩阵,称为 M 和 N 的乘积,或简写为 MN。求出 Q。
> (b) 求出矩阵积 $R(\alpha,\ g)R(\beta,\ g)$,并证明它也可以写成转动和标度因子的某种组合,也就是说,它可以表示为 $R(\gamma,\ c)$,其中 $\gamma,\ c$ 是特定的数。求出 γ 和 c 的值,并说明为什么这个答案是合理的。

思考题 9F

9.3.2′小节概述了如何将上面部分结果推广到高维空间。

§9.4 协同性

9.4.1 转移矩阵方法可以准确处理弯曲协同性

9.2.2 小节粗略分析了 DNA 分子的拉伸行为。为改进这一分析，我们回顾一下迄今已做的一些简化：

- 连续介质弹性杆被视为由完全刚性的链段自由连接而成的链。
- 自由连接链视为一维链来处理（9.2.2′小节讨论三维情形）。
- 我们忽略了这样一个事实，即一条真实的杆不能穿过它自己。

本节考虑以上简化中的第一条*。除了能稍微改进对实验数据的拟合之外，本节的思想尚有多种衍生形式，它们都触及本章开篇"焦点问题"的核心。

由于 DNA 能抵抗弯折，因此一个更好的建模办法是将此链视为由 $2N$ 个具"趋同压力"的更短链段组成的链，而不是 N 个自由连接的链段组成的链。"趋同压力"表示相邻单元具有相同指向的趋势。我们将这样的效应叫做协同耦合（或简称协同性）。在 DNA 拉伸的情形下，协同性只是弯曲弹性的物理根源的代名词，但这一概念也能推广到其他现象上。为了数学上的简便，我们仍为这一想法构造一维模型，称之为一维协同链模型，并对其求解。9.5.1 小节将说明一维协同链的数学方法也适用于另一类问题，即多肽和 DNA 分子的螺旋-线团转变。

仿照 9.2.2 小节，引入 N 个二态变量 σ_i 以描述长度为 l 的链节。不过，不同于 FJC 模型，链本身有一个内部弹性势能 U_{int}：我们假设，当两个相邻的链节指向相反时（$\sigma_i = -\sigma_{i+1}$），相对于它们相互平行的状态而言会引起额外的能量 $2\gamma k_{\text{B}} T$（γ 称为协同参数）。要实现这一想法，可在能量函数中引入一项 $-\gamma k_{\text{B}} T \sigma_i \sigma_{i+1}$。这一项的数值等于 $\pm \gamma k_{\text{B}} T$，取决于相邻的链节同向还是反向。对所有相邻链节对求和，得到

$$U_{\text{int}}/k_{\text{B}} T = -\gamma \sum_{i=1}^{N-1} \sigma_i \sigma_{i+1}。 \tag{9.17}$$

有效链节长度 l 不必等于 FJC 模型中的 $L_{\text{seg}}^{(1\text{d})}$，我们仍将通过实验数据拟合来找到合适的 l 值。

通过计算配分函数（式 7.6），可以把延伸长度 $\langle z \rangle$ 用自由能的导数表达出来。令 $\alpha \equiv fl/k_{\text{B}} T$，$\alpha$ 是一个无量纲的量，量度使一个链节指向正方向所需的能量。运用这个简化写法，配分函数变为

---

* 🅣 9.4.1′小节将同时处理前两条简化。习题 7.9 讨论了自回避效应，对于受到拉力的刚性高分子（如 DNA）来说这是一个微小的效应。本节的讨论将引入另一个简化，即将杆看成无穷长。9.5.2 小节将说明如何计入有限长度效应。

$$Z(\alpha) = \sum_{\sigma_1 = \pm 1} \cdots \sum_{\sigma_N = \pm 1} \left[e^{\alpha \sum_{i=1}^{N} \sigma_i + \gamma \sum_{i=1}^{N-1} \sigma_i \sigma_{i+1}} \right]。 \qquad (9.18)$$

指数上的第一项对应于外加拉力对总能量的贡献 U_{ext}。我们需要计算

$$\langle z \rangle = k_{\text{B}} T \frac{\mathrm{d}}{\mathrm{d}f} \ln Z(f) = l \frac{\mathrm{d}}{\mathrm{d}\alpha} \ln Z(\alpha)。$$

要继续下去，必须处理式 9.18 中的求和。遗憾的是，在 FJC 模型中用过的技巧这一次帮不上忙了：相邻链节之间的耦合阻碍了将 Z 分解成 N 个完全相同的简单的乘积因子。7.4.3 小节里的平均场近似方法也不再适用。幸运的是，物理学家克雷默兹(H. Kramers)和万尼尔(G. Wannier)于 1941 年发现了处理这一难题的一个优美的迂回战术。当时克雷默兹和万尼尔正在研究磁学而不是高分子。他们设想一个由原子组成的链，每个原子是一个小的永磁体，其北极可平行或垂直于外加磁场。每个原子不仅能感受到外加磁场的作用(类似于式 9.18 中的 α 项)，而且还能感受到其近邻产生的磁场的作用(γ 项)。在像钢这样的磁性材料中，耦合作用趋向于使相邻原子具有相同指向($\gamma > 0$)。刚性高分子的弯曲弹性具有相同的效应。磁场问题的解也能用于解决涉及高分子的有趣问题，这一事实作为一个优美的例子表明了简单的物理思想具有广泛的应用价值[*]。

假设只有两个链节，则配分函数 Z_2 只是四项的求和，这四项对应于 σ_1 和 σ_2 分别取各自的两个可能值。

> **思考题 9G**
>
> (a) 证明这一求和可以写成紧凑的矩阵乘积形式，即 $Z_2 = \boldsymbol{V} \cdot (\boldsymbol{T} \boldsymbol{W})$，其中 $\boldsymbol{V}$ 是向量 $\begin{bmatrix} e^{\alpha} \\ e^{-\alpha} \end{bmatrix}$，$\boldsymbol{W}$ 是向量 $\begin{bmatrix} 1 \\ 1 \end{bmatrix}$，而 $\boldsymbol{T}$ 是一个 2×2 矩阵，
>
> $$\boldsymbol{T} = \begin{bmatrix} e^{\alpha+\gamma} & e^{-\alpha-\gamma} \\ e^{\alpha-\gamma} & e^{-\alpha+\gamma} \end{bmatrix}。 \qquad (9.19)$$
>
> (b) 证明对于 N 个链节的系统，配分函数为 $Z_N = \boldsymbol{V} \cdot (\boldsymbol{T}^{N-1} \boldsymbol{W})$。
>
> (c) 🅣 证明对于 N 个链节的系统，中心链节变量的平均值为 $\langle \sigma_{N/2} \rangle$
> $$= \left(\boldsymbol{V} \cdot \boldsymbol{T}^{(N-2)/2} \begin{bmatrix} 1 & 0 \\ 0 & -1 \end{bmatrix} \boldsymbol{T}^{N/2} \boldsymbol{W} \right) / Z_N。$$

就像在式 9.14 中那样，思考题 9G(a)中的记法是如下表达式的简写

$$Z_2 = \sum_{i=1}^{2} \sum_{j=1}^{2} V_i T_{ij} W_j，$$

---

[*]　实际上一块普通磁铁是相互耦合的自旋组成的三维阵列，而不是一维链。相应统计物理问题的精确数学解至今仍然未知。

其中 T_{ij} 是式 9.19 中的矩阵的第 i 行第 j 列元素。矩阵 T 叫做这个统计问题的转移矩阵。

思考题 9G(b) 为这道数学难题提供了一个近乎魔术般的解法。要明白这一点，首先注意到 T 有两个本征矢，因为非对角线元素都是正值［见思考题 9D(c)］。我们把这些本征矢记做 $e_{\pm}$ 而把相应的本值记做 $\lambda_{\pm}$，于是 $Te_{\pm} = \lambda_{\pm} e_{\pm}$。

其他任何矢量都可以展成 e_{+} 和 e_{-} 的组合，例如 $W = w_{+} e_{+} + w_{-} e_{-}$。根据思考题 9G(b) 得到，

$$Z_N = p(\lambda_{+})^{N-1} + q(\lambda_{-})^{N-1}, \tag{9.20}$$

其中 $p = w_{+} V \cdot e_{+}$，$q = w_{-} V \cdot e_{-}$。这是一步重大的简化。对于很大的 N 值，式 9.20 右边的第二项可以忽略，情况将变得更简单，因为一个本征值比另一个大［思考题 9D(d)］，而计算到高幂次时，大本征值的幂将大得多。

现在来完成如下推导：

思考题 9H

(a) 证明本征值为 $\lambda_{\pm} = e^{\gamma}[\cosh\alpha \pm \sqrt{\sinh^2\alpha + e^{-4\gamma}}]$。

(b) 仿照导出式 9.10 的思路，计算 $\langle z/L_{\text{tot}} \rangle = (l/N)\dfrac{\mathrm{d}\ln Z_N}{\mathrm{d}\alpha}$，给出它与拉力 f 的函数关系式。

(c) 利用式 9.20，证明 $\langle z/L_{\text{tot}} \rangle = l\dfrac{\mathrm{d}}{\mathrm{d}\alpha}(\ln\lambda_{+} + N^{-1}\ln(p/\lambda_{+}))$。因此，在大 N 极限下，我们可忽略与 p 有关的项。

(d) 将你的结果表达为拉力 f 的函数。令 $\gamma \to 0$，$l \to L_{\text{seg}}^{(1\mathrm{d})}$，证明你的结果能回到 FJC 模型的结论，即式 9.10。

像通常那样，考查很小的力（$\alpha \to 0$）的情况下解的行为是很有意义的。我们再次发现 $\langle z \rangle \to f/k$，现在弹簧常量为

$$k = k_B T/(e^{2\gamma} l L_{\text{tot}}). \tag{9.21}$$

看来 FJC 模型还算是部分成功的：在力很小时，只要调整 l 和 γ 的值以满足 $le^{2\gamma} = L_{\text{seg}}^{(1\mathrm{d})}$，该模型算出的伸长就与协同链模型给出的具有相同形式。现在的问题是协同链能否比 FJC 更好地拟合大力端的数据。

图 9.5 中的虚线显示的是在思考题 9H 中得到的函数。协同性系数 γ 取得很大，而 $L_{\text{seg}}^{(1\mathrm{d})}$ 保持固定。该图显示协同一维链在一定程度上确实比 FJC 更好地反映了实验数据。

一维协同链模型还不是很符合实际。图中最低的曲线显示三维协同链（即弹性杆模型，见式 9.3）能非常好地拟合实验数据。这一结果有力地证明了将 DNA 分子视为均匀弹性杆的高度简化模型是可行的。只要调节单个唯象参量（弯曲驻留长度 A）即可定量地解释 DNA 分子的相对伸长这一非常复杂的现象（见

图 2.15)。就 9.1.1 小节的讨论而言,这个成功是自然的:它正是由典型热致弯曲半径(≈100 nm)与 DNA 直径(2 nm)两个尺度间的巨大差异所导致的。

 9.4.1′小节求出了完全的三维弹性杆模型的力−伸长关系。

9.4.2　在中等大小外力作用下 DNA 分子展示出线性拉伸弹性

对于图 9.4 所示的从很小到中等大小的力区间(A 和 B)中的数据,我们已获得了一个合理的解释。再看 C 区,当力很大时曲线并不真像不可延展杆模型预言的那样一直保持平坦。相反,DNA 分子实际上在延展,而不仅仅是拉直。换句话说,外力可以引发大分子中的原子发生结构上的重新排列。我们本该预期到这一点——正是因为忽略了延展的可能性,即丢掉了式 9.2 的第二项,才可能得出式 9.3 这一简单模型。现在要重新恢复这一项并由此构造出可延展杆模型,这一点归功于奥迪伊克(T. Odijk)。

为近似描述内禀延展,请注意所施加的拉力有两个效应:链上每个单元仍像以前那样保持拉直状态;但另一方面,现在还被稍微拉长了一些。相对伸长等于一个因子 $1+u$, u 即为 9.1.2 小节所定义的拉伸率。考虑杆上一个直段,初始轮廓线长度为 Δs。在拉伸力 f 作用下,此小段将伸长 $u\times\Delta s$,其中 u 的取值应使能量函数 $k_\mathrm{B}T\left[\frac{1}{2}Bu^2\Delta s-fu\Delta s\right]$ 取极小值(见式 9.2),因此得出 $u=f/(k_\mathrm{B}TB)$。可以近似地认为这个公式对于快速形变着的整个杆也成立,因而杆的每一小段也都按因子 $1+u$ 伸长,所以 $\langle z/L_\mathrm{tot}\rangle$ 就等于不可延展弹性杆链模型的结果乘以 $1+[f/(k_\mathrm{B}TB)]$。

图 9.6 给出了在中等大小拉力下 DNA 分子拉伸的实验数据,内禀延展在小拉伸力时可以忽略不计,所以小拉力的数据先按不可延展杆模型拟合,见图 9.5。接下来,将不可延展杆模型外推到大拉力(对应图 9.4 的 C 区),将所有的实验数据都除以该外推曲线上同一力点对应的延伸长度。根据前面段落,这个相对伸长应为 f 的线性函数。图 9.6 正好证实了这一判断。由图中曲线斜率可知,在这一实验条件下 DNA 分子拉伸刚度的值为 $Bk_\mathrm{B}T_\mathrm{r}\approx1\,400$ pN。

9.4.3　在高维系统中协同作用可导致无限急遽的相变

式 9.21 显示当 γ 很大时,外力引起的分子的拉直转变会变得很急遽(等效弹簧常量 k 变得很小)。也就是说,分子链内相邻单元之间的局域协同相互作用增大了全局转变的急遽性。

在日常三维空间的生活中,我们对协同转变实际上已相当熟悉。设想取一烧杯水,小心地令水保持一个固定的处处均匀的温度,并令其达到平衡。于是,这整杯水要么都是液体,要么都成为固体冰,取决于温度是大于还是小于 0℃。这一急遽转变也可以看作是协同作用的结果。液体水和冰之间的界面存在表面张力,也

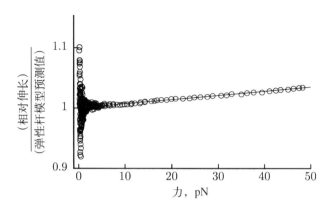

图 9.6(实验数据及其拟合) DNA 分子拉伸的线性作图(对应于图 9.4 中的 C 区)。具有 38 800 个碱基对的 DNA 分子在 pH 值为 8.0 的缓冲溶液中用光镊拉伸。对于拉力的每个值，图中显示了所测得的相对伸长与其预言值(不可伸展弹性杆模型)之间的比值。当大于若干皮牛时，这一比值是所施拉力的线性函数，这一事实意味着 DNA 分子的弹性伸长对拉力有一个简单的响应关系。实线是一条直线，它通过点(0 pN, 1)，而拟合的斜率为 $1/(Bk_BT_r) = 1/(1\,400\;pN)$。(实验数据蒙 M. D. Wang 惠赠；见 Wang, *et al.*, 1997。)

就是在两相之间引入界面所消耗的自由能，正如高分子拉伸转变中在相反指向的区域之间产生一个界面所消耗的自由能 2γ 一样。这种消耗不利于形成水/冰混合状态，从而使冰-水相变得不连续(无限急遽)。

与水/冰系统不同，思考题 9H(b)的答案意味着对一维 FJC 模型而言，无论 γ 多么大，由拉力导致的平直转变不可能是突变的。水的结冰是真的相变，但这样的转变在具有局域相互作用的一维系统中不可能发生。

我们可以定性地理解为什么一维协同链与类似的三维系统在物理上会如此不同。假设杯子里的水温略低于 0℃。当然偶尔会有热涨落将小的冰块转变成水，但这种热涨落的概率受两个因素影响而降低，即，冰块和水的自由能之差以及表面张力能，而后者随小冰块的面积增加而增加。相反地，在一维情形下，无论处于能量上不利状态的区域有多大，其边界总是两个点。就是这一微不足道的差别使得一维情况下样品中总有有限大小的区域处于能量上不利的状态——相变永远不能十分完全，正如高分子中 $\langle z/L_{tot}\rangle$ 永远不等于 1。

§9.5 热、化学或力过程中的开关行为

§9.4 节引入了协同性这个概念来理解外力引起的大分子的急遽结构相变。我们看到协同作用如何使得 DNA 分子从无规线团向直链的转变变得急遽。如果考虑协同性，有效链段长会从 l 一下增长到 $le^{2\gamma}$，我们以此对转变的急遽性作出了简单解释(见式 9.21)。

大分子中的某些重要的构象转变确实是由机械力引起的。例如，人内耳中的毛细胞通过一个机械的离子通道对压力波产生响应。本章的一个主要目的就是理解在热涨落环境中这样的转变如何才能是急遽的。其他大分子发挥功能的途

径是通过改变构象来响应化学变化或热变化,本节也将展示这些转变如何由于自身的协同性变得急遽。

9.5.1　螺旋-线团转变可以用偏振光观察

蛋白质是聚合物,其单体是氨基酸。与 DNA 上巨大的电荷密度导致的均匀自排斥作用不同,蛋白质的氨基酸单体之间有许多种类的吸引和排斥作用。这些相互作用使蛋白质具有稳定、明确的结构。

例如,某些氨基酸序列可以形成右手螺旋结构,即 α 螺旋(图 2.17)。在这一结构中,形成氢键在自由能上的优势超过了分子链的熵促使其采取无规行走构象的趋势。特别地,第 k 个单体羧基上的氧原子与第 $k+4$ 个单体氨基上的氢原子之间可以形成氢键,但条件是分子链呈现图 2.17 所示的螺旋形状*。

于是,一个给定的多肽链是呈现出无规线团还是 α 螺旋(有序)构象,这个问题就归于构象熵和氢键形成之间的竞争。谁将赢得这场竞赛依赖于多肽的组分和它的热力学及化学环境。当环境改变时,螺旋结构和线团结构之间的转变可以惊人地急遽,一块样品可以在几开的温度变化中几乎完全地从一种形式转变成另一种形式(图 9.7)。(要说明为什么这种转变被称作"急遽的",请注意,几开的变化仅意味着微小的、即几开除以 295 K 量级的热运动能变化。)

要观测多肽的构象变化,不必观察单个分子,可代之以观察其溶液相的性质。当研究螺旋-线团转变时,这些变化最明显地体现在溶液对偏振光的作用方面。

假设用一束偏振光穿过圆球状颗粒的水悬浮液,光线将被散射,它将部分地失去原先在传播方向和偏振方向上的处处一致性,从而表现出略低程度的偏振性。这种一致性的减弱可以揭示有关悬浮颗粒密度的信息。但我们不可能发现光的偏振方向的净旋转。这一重要事实可以通过对称性分析来理解。

假设悬浮液把偏振光的偏振方向转过一个角度 θ(图 9.8)。设想另一种溶液,其中每一个原子是前一种溶液的原子的镜像。后一种溶液中的每个颗粒都和前一种溶液中的相应颗粒同样稳定,因为原子物理定律在镜像反演下保持不变。第二种溶液将使入射光的偏振方向旋转 $-\theta$ 角度,即与前一种溶液的旋转作用相反。但是由于球形物体在镜像反演下不变,所以球形物体的随机分布(悬浮液)也是这样。于是我们也可以得出结论即这两种溶液的 θ 角具有相同的值。欲使第二种溶液的旋光性既等于 θ 又等于 $-\theta$,唯一的办法是 θ 等于零,正如前文所述。

现在考虑一种由相同的但不必是球形的分子组成的悬浮液。如果每个分子与其镜像相同(例如水),那么以上分析依然意味着 $\theta=0$,这正是在水中观察到的结果。但大多数生物分子与它们的镜像并不相同,因此被称作手性的(图 1.5)。为了说明这一点,拿一个拔塞钻并按图 2.17 的注释确定它是右手螺旋的还是左

---

*　其他有序的氢键结构也存在,例如 β 片层。本节只讨论那些主要的竞争构象为 α 螺旋和无规线团的多肽。

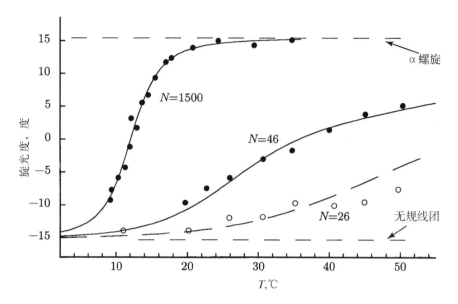

图 9.7（实验数据及其拟合） 聚-[γ-苯甲酸-L-谷氨酸酯]（一种人造多肽）溶解于二氯乙酸和二氯乙烯的混合液中，本图显示这种多肽的 α 螺旋的形成与温度的函数关系。低温时，所有样品呈现出同单体本身类似的旋光性。高温时旋光性改变，标志着 α 螺旋的形成。上方的点：重均长度等于 1 500 个单体的高分子链。中部的点：含 46 个单体的链。下方的圆圈：含 26 个单体的链。纵轴给出旋光度，其数值与处于螺旋构象中的单体比例线性相关。上方曲线显示了大 N 情况（式 9.25 和 9.24），其中参量 ΔE、T_m、γ、C_1 和 C_2 的数值通过与实验数据拟合而得到。下方两条曲线是模型的预测值（9.5.3 小节和 9.5.3′小节），未进一步拟合。（实验数据摘自 Zimm, $et\ al.$, 1959。）

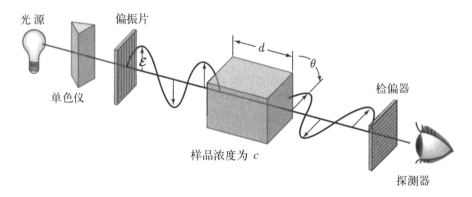

图 9.8（示意图） 用旋光计测量旋光程度。箭头代表从光源射出的光束的电场矢量 $\mathcal{E}$。图中显示当光线穿过样品时，电场方向转过了 θ 角，所示旋转对应于正值 $\theta = +\pi/2$。按惯例，正号意味着当光束在介质中传播时，迎着入射光束的观察者会看到电场作顺时针旋转。观察此图的镜像，会发现旋光度改变符号。（改编自 Eisenberg & Crothers, 1979。）

手螺旋的。接下来在镜子中看这个拔塞钻，会发现其镜像具有相反的螺旋性[*]。这两个形状确实不相同：你不可能通过将拔塞钻两端转过来或采用任何其他方式

---

[*] 但在这样做时不要看你在镜子中的手！毕竟，右手的镜像看起来像左手。

的转动来使镜像和它的原物相重叠。

手性分子的溶液的确能使入射光的偏振方向旋转。此处我们更感兴趣的是，同种化合物也可以有<u>不同手性度</u>的构象（反射不对称性）。所以，尽管组成蛋白质的氨基酸各自可以是手性的，但当这些单体组成 α 螺旋超结构时，蛋白质旋转某些波长的偏振光的能力却可以显著地改变。事实上，

所观测到的多肽溶液的旋光度是处于 α 螺旋形式的氨基酸

单体的所占比例的线性函数。　　　　　　　　　　　　　　(9.22)

于是，观测 θ 就可以测量到多肽从无规线团向 α 螺旋转变的程度。（这一技术被用在食品业中，在那里 θ 被用来监测淀粉被烧熟的程度。）

图 9.7 给出由多蒂(P. Doty)和艾索(K. Iso)获得的一些实验数据，以及用 9.5.3 小节的方法分析得到的结果。这些实验监测了一种人造多肽在升温过程中的旋光度。在温度的一个临界值，旋光度突然从孤立的单体的典型值变成另一个值，标志着 α 螺旋的自组装。

　9.5.1′小节定义了比旋度，这是对溶液旋光能力的更为精确的描述。

9.5.2　螺旋-线团转变可用三个唯象参量描述

本节将遵循 §9.4 的思想为图 9.7 中的数据建立模型，所用方法的基本思想由舍尔曼(J. Schellman)首先提出，而后齐姆(B. Zimm)和布拉格(J. Bragg)对此做了进一步扩充。

带有 α 螺旋的多肽中的每个单体都可视为具有两个状态，用 σ = +1 表示 α 螺旋状态，σ = −1 表示无规线团状态。精确地讲，如果第 i 个单体以氢键同第 $i+4$ 个单体相结合，则取 $\sigma_i = +1$，否则 σ_i 取为 −1。处于螺旋态的单体比例可以表示为 $\frac{1}{2}(\langle\sigma_{av}\rangle+1)$。在这一表达式中，$\sigma_{av}$ 表示当整条链状态取定时 σ_i 对所有单体的平均值，$\langle\sigma_{av}\rangle$ 表示对链的所有允许状态进一步取平均。假设每个单体对总旋光度的贡献只依赖于自身状态。于是总旋光度（图 9.7 中的纵轴）将是 $\langle\sigma_{av}\rangle$ 的线性函数。

图 9.7 中三条曲线所示结果是由三个不同的高分子样品获得的。这三种高分子的平均长度不同，分别在三种不同的条件下合成，每种样品的平均摩尔质量也已定出。我们先从上方那条曲线开始研究，这条曲线是由很长的高分子链的样品获得的。我们需要将 $\langle\sigma_{av}\rangle$ 表示为随温度变化的函数。为获得所需结果，先对 9.4.1 小节中的分析稍作改造，重新按如下方式解释参数 α 和 γ。

描述螺旋延伸的参量　在高分子拉伸问题中，我们假想了一个孤立的热力学系统，它由这种链、周围溶剂和某种提供拉力的外部弹簧组成。于是偏好参量 $2\alpha = 2lf/k_BT$ 描述的是当一个链节由不利方向（向后，σ = −1）转向有利方向（向前，σ = +1）时弹簧势能的减少。外力 f 是已知的，但有效链节长度 l 是要与实验

数据拟合的未知参量。然而，在目前情况下，链节长度是不重要的。当单体与邻近分子形成氢键时，链节变量 σ_i 从 -1 变为 $+1$。但是，参与氢键形成的氢原子和氧原子原先已经和周围的溶剂分子形成了氢键，为了相互键合，它们必须打破已经存在的键，这样就有一个相应的能量消耗。这个转换的能量净改变为 $\Delta E_{bond} \equiv E_{helix} - E_{coil}$，它可以是正的或负的，取决于周围的溶剂环境 *。图 9.7 所示的高分子变构及溶剂化效应两个过程将联合给出 $\Delta E_{bond} > 0$。注意到升温会促使平衡向 α 构象方向进行，你就会明白这一点：勒夏特列原理指出形成螺旋一定会消耗能量（见 8.2.2 小节）。

氢键的形成或断裂也要引起熵的改变，我们称之为 ΔS_{bond}。

当一个单体加入 α 螺旋片段上，这构成了自由能改变的第三项重要贡献。正如 9.5.1 小节提到的，必须将所有中间的弹性链节固定住，分子内氢键才能形成，参与其中的氢和氧原子也才能都处在氢键的短程相互作用之内。每个氨基酸单体都含有两个相关的弹性链节。即使在无规线团状态，由于两侧原子的阻碍，这些链节也不是完全自由的。相反，每个链节只能在三个最可取的位置之间跳变。若要形成 α 螺旋，每个链节必须有自己的特定位置。于是，由 α 螺旋延伸一个单位引起的构象熵改变大约是 $\Delta S_{conf} \approx -k_B \ln(3 \times 3)$，相应自由能的改变为 $+k_B T \ln 9$。

$\Delta E_{bond} > 0$ 的状态似乎很荒谬。如果 α 螺旋的形成在能量上是不利的，而且还会减少该链的构象熵，那为什么在任何温度下螺旋都可能形成呢？正如排空作用的情形（见 7.2.2 小节的结尾部分），当考虑到其中涉及的所有因素后，这道难题也会迎刃而解。确实，α 螺旋的形成会使多肽链的构象熵减少，$\Delta S_{conf} < 0$。但是分子内氢键的形成也会改变周围溶剂分子的熵。如果这一项熵变 ΔS_{bond} 大于零，并足以使熵的净改变 $\Delta S_{tot} = \Delta S_{conf} + \Delta S_{bond}$ 成为正值。由于 $\Delta G_{bond} = \Delta E_{bond} - T \Delta S_{tot}$ 在温度很高时会为负值，所以升温确实可以驱动螺旋形成。在讨论自组装时，也遇到过类似的看似矛盾的疑难：升高温度可以诱导微管蛋白单体组装成微管，尽管它们的熵反而降低了（见 7.5.2 小节）。这个疑难的解决也考虑到了尺寸微小但数量巨大的水分子的熵。

小结一下，我们为描述给定的螺旋-线团转变定义了两个螺旋延伸参数 ΔE_{bond} 和 ΔS_{tot}。我们把有利于螺旋态的倾向定义为 $\alpha \equiv (\Delta E_{bond} - T \Delta S_{tot})/(-2k_B T)$。多肽链的 α 螺旋每增加一个单位，自由能就会改变 $-2\alpha k_B T$。（一些作者把数 $e^{2\alpha}$ 称为系统的传播参数。）所以，

> 螺旋延伸的自由能是多肽温度和化学环境的函数。若 α 为正值，说明延伸螺旋区域在热力学上是有利的。　　　　（9.23）

显然，由第一性原理预测 α 是一个很困难的问题，这涉及氢键网络的物理性质等内容。我们不想尝试这种水平上的推测，但 §9.1 的思想提供了一个替代的方法，即把 ΔE_{bond} 和 ΔS_{tot} 看成两个由实验决定的唯象参数。若能从模型获得不止两个非平庸的可检验的重要推测，那我们就能从中得到一些实质性的东西。实际

---

* Ⓣ 更精确地说，我们正在讨论焓的改变 ΔH，但是在本书中不区分能量和焓（见 6.5.1 小节）。

上,图 9.7 中三条曲线的完整形状就是从这两个数值出发得出来的(还有另一个,稍后会讨论)。

将上面 α 的表达式重排一下会带来方便。引入简化形式 $T_m \equiv \Delta E_{bond}/\Delta S_{tot}$ 得到:

$$\alpha = \frac{1}{2}\frac{\Delta E_{bond}}{k_B}\frac{T-T_m}{TT_m}。 \qquad (9.24)$$

公式中的 T_m 是中点温度,在这一点上 $\alpha=0$,即把螺旋片段延伸一个单位时,自由能不发生改变。

协同参数　至此,每个单体都被看成了独立的二态系统。如果真是这样,那我们的任务就算完成了——习题 6.5 已经给出了二态系统的 $\langle\sigma\rangle$。但是到现在,我们一直忽略了 α 螺旋形成的一个重要的物理学特征:延伸螺旋片段只要求将两个弹性键固定,但是产生螺旋片段首先要求固定第 i 和 $i+4$ 单元之间的所有键,即高分子必须先固定住整个新生螺旋,然后才能形成氢键以获得热力学稳定性。前面引入的数值 $2\alpha k_B T$ 夸大了螺旋片段起始形成时自由能的降低程度。我们定义协同参数 γ,并将形成第一个键时自由能的真实改变记为 $-(2\alpha-4\gamma)k_B T$。(一些书将数值 $e^{-4\gamma}$ 称为引发参数。)

> 按照前面的讨论,粗略估算 γ 的值。

思考题 9I

上面的讨论认为,α 螺旋片段起始生成消耗的额外自由能完全来自熵的改变。正像你在思考题 9I 发现的那样,这个假设暗示着 γ 是一个与温度无关的常数。这虽然有道理,但只是一个近似。然而,我们将会看到它对实验数据的解释是很成功的。

9.5.3　螺旋-线团转变中相关量的计算

N 很大的多肽链　有了 α 和 γ 的定义,我们能够估算一个与可观测的旋光度有关的量,即 $\langle\sigma_{av}\rangle \equiv \langle N^{-1}\sum_{i=1}^{N}\sigma_i\rangle$。用序列 $\{\sigma_1,\cdots,\sigma_N\}$ 来刻画构象并通过玻耳兹曼分布将概率赋予每个这样的序列。对于每个单体,概率中都含有相应的因子 $e^{\alpha\sigma_i}$,当 σ_i 从 -1(未成键)转变为 $+1$(成氢键),它就会改变 $e^{2\alpha}$。另外,我们为 $N-1$ 个连接位置中的每一个都引入因子 $e^{\gamma\sigma_i\sigma_{i+1}}$。因为把一个 $+1$ 引入到一连串 -1 中会产生两个失配,所以起始形成一段 α 螺旋的整个效应应该用因子 $e^{-4\gamma}$ 描述,与前面给出的 γ 的定义相一致。

当 N 很大时,式 9.18 又一次给出需要的配分函数,由此可知 $\langle\sigma_{av}\rangle=N^{-1}\frac{d}{d\alpha}\ln Z$。对思考题 9H 中的结果稍作修正,注意到 $\langle\sigma_{av}\rangle$ 是 θ 的线性函数,得到如下的旋光度公式:

$$\theta = C_1 + \frac{C_2 \sinh\alpha}{\sqrt{\sinh^2\alpha + \mathrm{e}^{-4\gamma}}}. \tag{9.25}$$

在此表达式中，$\alpha(T)$ 由公式 9.24 给出。C_1、C_2 两个常数反映了蛋白分子处于螺旋态或卷曲态时的旋光能力，当然也与蛋白分子浓度、光程长度等因素有关。

> **思考题 9J**
>
> 推导式 9.25 并计算曲线斜率的最大值，即，计算 $\mathrm{d}\theta/\mathrm{d}T$ 并估算中点温度 $T_\mathrm{m} = \Delta E_\mathrm{bond}/\Delta S_\mathrm{tot}$（见式 9.24）。讨论 γ 的作用。

图 9.7 中顶端曲线显示了式 9.25 与多蒂和艾索的实验数据的拟合。标准曲线拟合软件所选出的值如下：$\Delta E_\mathrm{bond} = 0.78 k_\mathrm{B} T_r$，$T_\mathrm{m} = 285\ \mathrm{K}$，$\gamma = 2.2$，$C_1 = 0.08$，$C_2 = 15$。$\gamma$ 的拟合值与思考题 9I 中的估算值在数量级上基本相等。

简化模型对大 N 数据的拟合能力令人鼓舞。但我们要调整五个唯象参数才能使式 9.25 与数据相吻合！这些参数只有四个组合对应着图 9.7 所示 S 形曲线的主要直观性质：

- S 形曲线在纵轴上的总体位置和覆盖范围确定了参数 C_1 和 C_2。
- S 形曲线的水平位置确定了中点温度 T_m。
- 根据思考题 9J 中结果，一旦 C_2 和 T_m 确定，$\mathrm{e}^{2\gamma}\Delta E_\mathrm{bond}$ 也随之由 S 形曲线在中点温度处的斜率确定下来。

实际上，从数据中分别确定参数 γ 和 ΔE_bond 是相当困难的。我们可以在图 9.5 中看到这一点：对应协同参数为零和无穷大的顶部的两条曲线，若调整 l 使它们在原点处具有相同的斜率，则它们是很相似的。类似地，如果固定 γ 为一个特殊值，通过调整 ΔE_bond 达到与数据的最佳拟合，我们会发现，采用 γ 的任何值都会得到表面上很好的拟合。将图 9.7 中顶部的两条曲线与图 9.9(a) 相比，就会理解这一点。事实上，当 γ 取其他值时，只要将 ΔE_bond 取得不切实际就能较好地拟合数据。既然有多种可能得出 S 形曲线，仅仅大 N 情况的实验数据看来并不能真正检验我们的模型。

不过，即使肉眼很难将图 9.9(a) 与图 9.7 中的曲线区分开，它们在形状上的确有一点差别，数值曲线拟合结果说明后者是最佳拟合。为了检验上面的模型，现在必须根据已经得到的模型参数值作一些可证伪的推测，即找到一些情形，其中图 9.9(a) 中 ΔE_bond 和 γ 的不同取值能给出差异极大的结果，这样就可以知道最佳拟合值是否真是最好的。

N 有限的肽链 为了找到需要的新的实验，注意到系统的另一个参数是实验可控的，即以不同的方案合成不同链长的聚合物。一般地，聚合物合成产物是不同长度链的混合物，即多分散性溶液。但只要小心，还是有可能得到很窄的长度分布。图 9.7 给出两种不同的有限 N 值样品的螺旋-线团转变数据。

Gilbert：这些数据明确显示出一个重要的定性效应：短链的中点温度比长链高很多。例如，$N=46$ 的数据对应的中点温度在 35℃ 处（图 9.7 中部的一系列数据点）。因为没有其他自由参数，模型应该能确切预见到这个差异。

Sullivan：很不幸，式 9.18 同样清晰地指出中点总是在 $\alpha=0$ 处，相应的温度是一

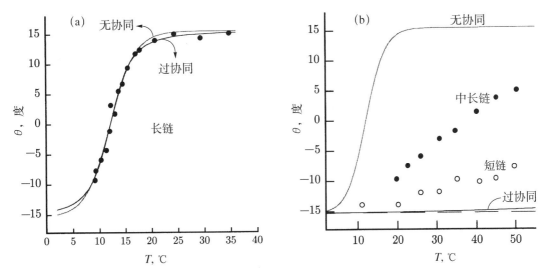

图 9.9（实验数据及其拟合） 协同程度改变后的结果。(a) 实心点：长链样品的实验数据，同图 9.7。黑线：协同参数 γ 定为 2.9（过协同）时的最佳拟合曲线。得到曲线的条件为 $\Delta E_{bond} = 0.20 k_B T_r$，其他三个参数与图 9.7 中的拟合相同。浅色线：$\gamma = 0$（无协同性）时的最佳拟合曲线，此时 ΔE_{bond} 的取值为 $57\, k_B T_r$。(b) 实心和空心圆：中等长度链和短链样品的数据，同图 9.7。两条曲线显示的就是两个模型作出的不成功的推测。顶部曲线：无协同性的模型对链长完全没有依赖性。较低的两条曲线：在协同性很大的模型中，短链受其端点的影响很大，所以它们完全处在无规线团的状态。实线，$N = 46$；虚线，$N = 26$。

个定值 $T_m \equiv \Delta E_{bond}/\Delta S_{tot}$，而它与 N 无关。看来我们的模型对此问题束手无策了。

Gilbert：你是怎样迅速看出这一点的？

Sullivan：这个讨论涉及对称性。假设定义 $\tilde{\sigma}_i = -\sigma_i$。那么，同样可以对 $\tilde{\sigma}_i = \pm 1$ 而不是对 $\sigma_i = \pm 1$ 求和。用这种方法，可得到 $Z(-\alpha) = Z(\alpha)$。它是一个"偶函数"，那么它的导数一定是一个奇函数，所以在 $\alpha = 0$ 处，它等于自己的负值。

Gilbert：数学上倒是不错，但物理上却一塌糊涂！为什么 α 螺旋和无规线团两种构象之间非得存在这种对称性呢？

对 Gilbert 的想法稍作修改后可表述如下。假设一个连续 +1 的片段，始终都从高分子的端点开始并延伸到中间的某点。在这个片段的末端产生一个转接点，为此有一个罚分 $e^{-2\gamma}$。相反，首末两端都在中部的 +1 片段会在两端分别产生一个转接点。但实际上，起始形成一螺旋片段，无论它是否延伸到链的末端，都需要固定几个键。因此配分函数（式 9.18）低估了一端（或两端）一直延伸到链尾的螺旋片段形成时付出的能量代价。对于短链，这样的"末端效应"会更加明显。

现在我们能很容易地接受 Gilbert 的建议并纠正上述对称性问题。在位置 0 和 N+1 处引进假想的单体，但不对它们的值求和，固定 $\sigma_0 = \sigma_{N+1} = -1$。这样，延伸到链尾的 α 螺旋片段仍有两个"转接点"（位置 1 和 N），因此与处于聚合物中部的片段有相同的能量罚分。在两端选择 −1 而不是 +1 打破了上面提到的 ±1 之间的虚假的对称。换句话说，对模型做了这样小的改动之后，Sullivan 令人气馁的结论就不再成立了。下面对此做一些适当的数学处理。

思考题 9K

(a) 利用刚刚提到的修正，重复思考题 9G(a) 的步骤，证明 $N = 2$ 时的配分函数为 $Z'_2 = r \begin{bmatrix} 0 \\ 1 \end{bmatrix} \cdot \mathbf{T}^3 \begin{bmatrix} 0 \\ 1 \end{bmatrix}$，其中 $\mathbf{T}$ 与前面相同，r 是要求的量。

(b) 对思考题 9G(b)（对所有 N）的结果作出相应修正。

(c) 请对式 9.20 作出相应修正。

因为 N 是有限的，我们不能再忽略式 9.20 中的第二项，同样也不能忽略公式中出现的常数 p。因此必须寻找明确的 $\mathbf{T}$ 的本征矢。首先写下简记形式：

$$g_\pm = e^{\alpha - \gamma} \lambda_\pm = e^\alpha \left[\cosh \alpha \pm \sqrt{\sinh^2 \alpha + e^{-4\gamma}} \right].$$

思考题 9L

(a) 证明本征矢可以写为：

$$\mathbf{e}_\pm = \begin{bmatrix} g_\pm - 1 \\ e^{2(\alpha - \gamma)} \end{bmatrix}.$$

(b) 利用 (a)，证明下式成立：

$$\begin{bmatrix} 0 \\ 1 \end{bmatrix} = w_+ \mathbf{e}_+ + w_- \mathbf{e}_-$$

其中 $w_\pm = \pm e^{2(\gamma - \alpha)} (1 - g_\mp) / (g_+ - g_-)$。

(c) Ⓣ 用 $g_\pm$ 表示完整的配分函数 Z'_N。

接下来的计算比较繁琐，但过程是熟知的：利用思考题 9L(c) 的结果可直接计算 $\langle \sigma_{\mathrm{av}} \rangle_N = N^{-1} \dfrac{\mathrm{d}}{\mathrm{d}\alpha} \ln Z'_N$，由此得到图 9.7 中较低的两条曲线[*]。

小结 用模型对大 N 时的数据进行拟合，我们看到了它如何对长肽链的螺旋-线团转变给出了令人满意的解释。但所得结果还不是太让人满意，因为需要调节几个参数才能使模型和数据达到一致。而且，这些数据看来还不足以完全确定模型参数，比如我们最感兴趣的协同参数 γ[图 9.9(a)]。

尽管如此，我们仍一致同意使用从大 N 的数据中得到的 γ 值。由此，无需进一步拟合，就能成功地推测 N 有限时的数据。实际上，模型在有限 N 时的行为对 ΔE_{bond} 和 γ 各自的值很敏感，就像在图 9.9(b) 中看到的：无协同的模型和过协同的模型对大 N 的数据都能给出合理的解释，但糟糕的是在预测 N 有限的曲线时，

---

[*] 在 9.5.3' 小节会讨论一个小的修改。

它们都是失败的。引人注目的是,大 N 情况下的数据似乎对 ΔE_{bond} 和 γ 各自的值毫不敏感,但确实能足够好地确定它们并由此推测 N 有限时的数据。

下面从物理角度解释得到的结果:

(a) 由于两态间的能量差 ΔE 很大或者由于许多类似单元之间的协同性,两态间的转变是很急遽的。

(b) 中等程度协同性导致的转变的急遽程度与大 ΔE 的效果一样,因为 e^{γ} 就出现在斜率的最大值中(见思考题 9J)。对于仅由弱作用(如氢键)维持的分子状态,它们之间急遽转变的关键就是协同性。

(c) 协同性的一个特征是它依赖于系统的大小和维度。　　　(9.26)

在无协同性的情况下,每个单元的行为相互独立[图 9.9(a)、(b)中的淡灰色曲线],所以转变的急遽程度与 N 无关。在有协同性的情况下,若 N 很小,转变的急遽程度会下降[图 9.9(b)中较低的两条曲线]。

 考虑到样品的多分散性,9.5.3′ 小节改进了对螺旋–线团转变的分析。

9.5.4　DNA 也呈现出协同"熔化"

众所周知,DNA 由两条相互盘绕的链组成(图 2.15),通常称为 DNA 双螺旋。每一条都有很牢固的共价键主链。但是,这两条链只是通过互补碱基对间的弱相互作用连接在一起。相互作用强度的分级对 DNA 的功能至关重要:每条链必须严格保持碱基的线性序列,但是细胞又需要经常暂时解开两条链,读取、复制它的基因组。因此,DNA 双链分子的临界稳定性对它的功能来说是很重要的。

既然链间的相互作用很弱,为什么在不被读取的时候,DNA 会保持明确的结构呢? 线索来自以下事实:只需将 DNA 溶液加热到 90℃ 就会使 DNA 分子分成两条链,即"熔化"。其他环境改变,如用非极性溶剂代替其周围的水,也会破坏双链的稳定性。熔化的程度再一次满足一条 S 形曲线,类似于图 9.7,但分子在高温而不是低温时处于无序态。即当温度升高超过特定的熔化点,DNA 结构会经历急遽转变。因为与多肽的 α 螺旋转变具有大致的相似性,一些书也将 DNA 熔化称为一种"螺旋–线团"转变。

为了定性理解 DNA 熔化,我们将两条易架主链看成糖和磷酸基组成的链,而单个的碱基就像手镯上的小饰物一样挂在链上。当双链熔解时,对自由能改变的贡献来自以下几个方面:

(1) 碱基间的氢键断裂。但由于碱基与水分子之间形成新的氢键,因此上述效应不会导致大的自由能改变。

(2) 每条链上扁平的碱基不再像硬币那样整齐地堆积,它们经历了"去堆积"。"去堆积"破坏了相邻碱基对之间在能量上有利的相互作用,如偶极–偶极相互作用和范德瓦耳斯相互作用。

（3）双螺旋 DNA 中两条主链上的平衡离子云（参见 7.4.4 小节）处于紧密压缩状态。当双链"熔化"后，部分平衡离子被释放，从而导致整个体系的熵增加。另外，单链 DNA 比双螺旋链更加柔软，因此当 DNA"熔化"后主链的构象熵也增加了。去堆积后的碱基松散地挂在主链上，由此导致的熵增也有利于自由能减小。

（4）最后，去堆积使碱基的疏水面暴露于水中。

在典型条件下：

- DNA 熔化在能量方面是不利的（$\Delta E > 0$）。这主要反映了对上面（1）和（2）所描述的自由能的贡献。

- 相反，碱基去堆积在熵的方面是有利的（$\Delta S > 0$）。这反映出（3）的贡献远远超过了（4）中熵的贡献。

可见，提高温度确实会促进双链 DNA 熔化，因为 $\Delta E - T\Delta S$ 在高温时变为负值。

现在考虑逆过程，即两条已熔化的 DNA 单链重新结合（又称"退火"过程）。当首个碱基对形成时，其前后没有邻居可将它从水环境中隔离开，因此无法从碱基堆积中获得熵增的好处［见上文第（4）点］。这就导致了非常显著的协同性，即9.5.2 小节所述的急遽转变。

9.5.5 机械外力可以诱导大分子发生协同结构转变

§9.2—§9.4 描述了如何使用机械力以最简单的方式改变大分子的构象，即将它拉直。9.5.1—9.5.4 小节讨论了另一种很有趣的结构重排的情况。可以将这两点结合在一起研究力诱导的结构转变：

> 只要大分子上某两点间的距离在两个不同构象中有差异，那么，对这两点施加外力时，就会改变两种构象之间的平衡。　　（9.27）

要点 9.27 强调了力学化学耦联现象。前文曾利用能量函数的外力部分 $U_{ext} = -fz$（式 9.7）分析分子拉伸，这种简单情况即是耦联现象的一个例子。这一外力项改变了向前和向后指向的单体之间的平衡，即从等概率的情况（力很小时）改变为主要指向前的状态（力很大时）。§6.7 给出了另一个例子，外力改变了单个 RNA 分子的折叠和解折叠状态之间的平衡。下面给出关于要点 9.27 的另外三个例子。

过拉伸 DNA　溶液中的 DNA 在正常情况下所采取的构象称为 B 型 DNA（图 2.15），靠氢键结合的两条链上的碱基对像旋梯的台阶那样堆砌起来。两条链的糖-磷酸主链沿着楼梯的外围蜿蜒盘绕，这说明两条链已经远不是直的。若沿着楼梯向上走一个台阶，沿轴向通过的距离要比分子拉直时相应的值小得多。要点 9.27 暗示在两端拉伸一段 DNA 会改变 B 型和其他"受拉伸"形式之间的平衡，后者的 DNA 主链被拉直了。图 9.4 中的区域 D 显示的就是过拉伸转变。当施加的力达到一个临界值，DNA 将不再呈现 9.4.2 小节研究过的线性弹性行为，而开始在大部分时间内处于一个新的态，长度大约比以前增加了60%。在 λ 噬菌体 DNA 中，f_{crit} 的典型值为 65 pN。转变的急遽程度暗示着高度协同性。

　　DNA 解链　在不断开双链的情况下,有可能将 DNA 的双链撕开。埃斯洛
(F. Heslot)及其合作者通过将 DNA 一端的双链固定在一个机械拉伸装置上,于 1997
年完成了这项工作。他们及后来的工作者发现解开双链的力的范围在 10～15 pN。

　　肌联蛋白解折叠　蛋白质在响应外力时也要经历大尺度的结构转变,例如肌
肉细胞中的肌联蛋白。当肌联蛋白处于天然状态,它包含一系列的球状结构域。
在增加张力的情况下,这个结构域会突然打开,形成与 §6.7 描述的 RNA 发夹类
似的结构,由此产生锯齿形的力-形变关系。若撤销外力,肌联蛋白会恢复原来的
结构,并再次处于待拉伸状态。

§9.6　别构效应

　　至此,本章已着重阐明了最近邻协同性如何使得简单高分子的构象转变变得
急遽。从这些模型系统转到蛋白质要跨越非常大的一步,因为蛋白质主链上远隔
的残基间存在复杂且非局域的相互作用。因此,我们并不准备尝试任何更精细的
计算,而是承认大量弱相互作用的协同效应能够促使生成确定构象并导致它们之
间的急遽转变,然后考察由这一原则导致的某些生物学后果。

9.6.1　血红蛋白与四个氧分子协同结合

　　回到本章的焦点问题,首先考虑一种对你的生命很关键的蛋白质,血红蛋白。
血红蛋白的任务是在与空气接触时结合氧分子,然后在合适的时刻,在远处的某
些组织内释放它们。作为一个最初的假设,可以想象:

- 血红蛋白具有氧分子的结合位点。
- 按照勒夏特列原理(8.2.2 小节),在富氧环境中,结合位点更可能被占据。
- 在贫氧环境中,结合位点被占据的可能性较小。因此,当血红蛋白由红细胞从
  肺携带到组织时,它将如预期的那样,先结合然后再释放氧分子。

当我们使用质量作用规则来定量刻画反应 $Hb + O_2 \rightleftharpoons HbO_2$ 时(符号"Hb"代表
整个血红蛋白分子),上面设想的这一幕简单情节就暴露出问题来了。令
$Y \equiv [HbO_2]/([Hb] + [HbO_2])$ 表示血红蛋白被氧结合的分数比。

> 根据上面的模型,证明 $Y = [O_2]/([O_2] + K_{eq}^{-1})$,其中 K_{eq} 为氧结合
> 反应的平衡常数(见式 8.17)。　　**思考题 9M**

　　通过一组细致的测量,玻尔(C. Bohr,物理学家 Niels Bohr 的父亲)于 1914 年
说明了氧结合合率与溶液中氧浓度(或周围空气的压强)的曲线为 S 形(图 9.10 中的
空心点)。S 形的关键特征是它的拐点,即图形由上凹转为下凹的地方。数据指出
这样一个点在 $c_{O_2} = 8 \times 10^{-6}$ M 左右。但是,不管 K_{eq} 选取何值,思考题 9M 得出
的公式决不会表现出这样的行为。有趣的是,对另一种相关的氧结合蛋白即肌红

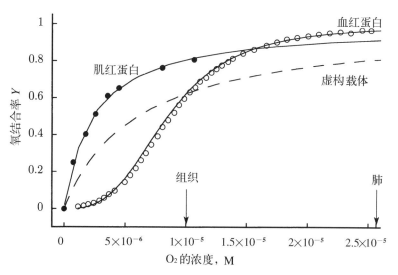

图 9.10（实验数据及其拟合）　氧结合率与氧浓度的函数关系曲线。实心点：肌红蛋白的数据，它只有单个氧结合部位。通过这些点的曲线展示了思考题 9M 中的公式（K_{eq} 值经过合理选择）。空心点：具有四个氧结合部位的人血红蛋白的数据。曲线展示了思考题 9N(a) 中的公式，其中 $n = 3.1$。虚线：一种虚构的、非协同性载体（$n=1$）的氧结合情况，其中 K_{eq} 经调节后与低氧浓度（左箭头）下组织中血红蛋白的相应值相符。因此，高氧水平下（右箭头）虚构载体的饱和度要比真实血红蛋白相应值差得多。（数据摘自 Mills, _et al_., 1976 及 Rossi-Fanelli & Antonini, 1958。）

蛋白，相应的结合曲线却具有简单的质量作用规则所预期的形式（图 9.10 中的实心点）。

希尔（Archibald Hill）于 1913 年为血红蛋白的氧结合找到了一个更成功的模型：血红蛋白能够与若干个氧分子以一种"全有或全无"的方式结合，结合反应变为 $Hb + nO_2 \rightleftharpoons Hb(O_2)_n$。希尔的提议非常类似于胶束形成的协同模型（见 8.4.2 小节）。

思考题 9N

（a）证明希尔模型中 $Y = (1 + K_{eq}^{-1}[O_2]^{-n})^{-1}$。

（b）当 n、K_{eq} 取何值时，该模型会在 Y-$[O_2]$ 曲线中出现一个拐点？

同时用 n 和 K_{eq} 对数据进行拟合，希尔发现正如所预期的那样，对于肌红蛋白最好的拟合给出 $n=1$，但是对于血红蛋白 $n \approx 3$。

在阿代尔（G. Adair）确定血红蛋白为四聚体之后，以上事实从蛋白质结构来看就容易理解了。血红蛋白由四个亚基组成，每一个都类似于一个肌红蛋白分子，特别是每一个都具有它自己的氧结合位点。希尔的结论暗示氧结合到这四个部位的动作是高度协同的。协同性实际上并非是彻底的"全有或全无"，因为 n 的有效值小于结合位点的数目（四个）。然而，结合一个氧分子使得血红蛋白倾向于结合更多。如果每一个结合位点都是独立运转的，我们应当发现 $n = 1$，因为在那种情况下，各位点还不如分散在完全独立的分子上。

协同性对血红蛋白作为氧载体的功能来说肯定是件好事物，因为它使血红蛋

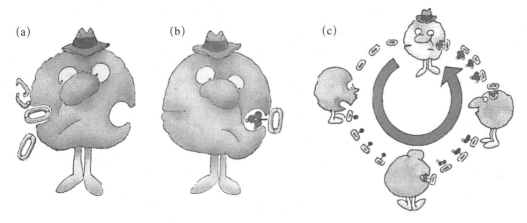

图 9.11(类比)　别构反馈控制。(a) 别构酶拥有一个活性部位(左侧),在该处它催化底物装配成某种中间产物。(b) 当一个控制分子结合到调节部位(右侧)时,活性部位变为非活性。(c) 某合成通路的简化表示。别构酶(顶部、戴软呢帽者)催化合成反应的第一步。它的产物是另一种酶的底物,其他酶也如此。在细胞中,大多数终产物会执行其他任务,但少部分仍然充当起始酶的控制分子。当终产物具有足够的浓度时,它结合到调控部位之上,关闭第一种酶的催化活性。因此,终产物可视为信使,它被带到装配线上第一个工人跟前,告诉他"停止生产"。(卡通图由 Bert Dodson 绘制;摘自Hoagland, *et al.*, 2001。)

白易于在接收和释放氧分子之间切换。图 9.10 显示非协同载体或者在组织中具有过高的饱和性(像肌红蛋白)并因此无法释放足够的氧,或者在肺中具有过低的饱和度(像虚线所示的虚构载体)并因此无法接受足够的氧。此外,血红蛋白对氧的亲和力可以被除氧自身之外的其他化学信号调节。例如,玻尔也发现溶解的二氧化碳或其他酸类(来自血液中,由主动收缩中的肌肉产生)会促进氧从血红蛋白上释放。这种玻尔效应与观察事实相符:在血红蛋白某一位点上结合的 CO_2 分子影响了另一位点上氧的结合,这被称为别构现象。更广泛地说,别构控制对于调控许多生化通路的反馈机制来说是至关重要的(图 9.11)。

这些相互作用令人困惑的方面是四个氧分子(及其他调控分子例如 CO_2)的结合位点并非彼此靠近。的确,佩鲁茨于 1959 年对血红蛋白形状所做的划时代的分析显示,血红蛋白上结合氧的铁原子之间相距 2.5 nm。大分子上相距很远的结合位点之间的相互作用被称为别构作用。最初完全不能想象这种相互作用是如何可能的,因为已知的参与分子识别及结合的主要相互作用毕竟都是短程的。那么,结合位点的占据状态是如何通知到其他部位的?

9.6.2　别构效应常涉及分子亚基的相对运动

别构调控之谜的一条重要线索出现于 1938 年,当时豪罗威茨(F. Haurowitz)比较了血红蛋白在有氧和无氧环境下的结晶,发现它们具有不同的形态:脱氧的蛋白呈鲜红色针状,而有氧时形成的晶体则为紫色盘状。另外,无氧时制备的晶体暴露于空气中时会发生破碎。(肌红蛋白并不表现出这种吓人的行为。)晶体氧化时稳定性的丧失使豪罗威茨想到血红蛋白在结合氧时经历了形状变化。佩鲁茨于许多年后获得的血红蛋白精细结构图确认了这一解释:血红蛋白的四级结构(最高级结构)在氧化形态中发生了改变。

迄今为止，人们已发现了很多别构蛋白，越来越多的技术可用于解析它们的结构。例如，图 9.12 展示了一个由冷冻电镜重构出的某蛋白分子的三维结构（这个蛋白分子机器来自人体细胞，可作为癌症化疗的一个靶分子）。结构数据显示它与 ATP 结合后会发生一个构象变化，由此可给出别构效应的一个简单理解，如下：

- 分子结合到蛋白质的某一位点之上时会使邻域发生形变。例如，这个位点的初始形状并不一定精确地匹配靶分子，但是一次很好的匹配所导致的自由能降低可能足以使得结合位点与分子紧密接触。
- 一个微小的形变可以被由蛋白质亚基排成的类似于杠杆的装置放大，然后通过机械连接传送到蛋白质的其他部分。并且一般说来，形变可以被蛋白质操作利用，类似于熟悉的宏观机器那样。
- 形变通过此法传送到远处的结合位点，调整结合位点的形状并因此调整它对其靶分子的亲和力。

尽管别构作用的这种纯机械图像是高度理想化的，但已经证明它在理解马达蛋白的工作机制上是十分有用的。更一般地说，应当认为这个图像中的机械元素（力、连接）同时也喻示着机械之外的化学机制（比如电荷重排）。

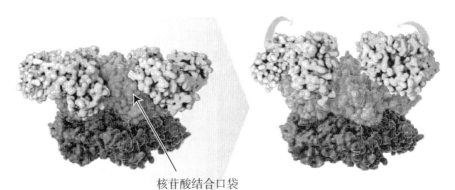

核苷酸结合口袋

图 9.12（根据冷冻电镜数据的重构图） 别构效应的一个直观例子。两幅小图显示的是蛋白分子 p97 的三维结构，这个分子机器可利用 ATP 水解来调控细胞内蛋白质量控制相关的一些底物。p97 分子上有一组核苷酸结合位点（共六个）。左图：当每个位点（其中一个如箭头所指）都结合 ADP 时的蛋白分子构象。右图：当所有位点都结合 ATP（此处实为不可水解的 ATP 类似物）时的蛋白分子构象。当 ATP 深埋入蛋白的一个结构域（中部，深灰色）中时，会导致较远的另一个结构域（上部，浅灰色）发生一次显著的结构重排，从而帮助该分子机器完成其催化功能。该蛋白分子机器实际上还有另一组核苷酸结合位点（也是六个）。在本图所示的两个结构中，这一组位点都结合了 ATP，这些信息未显示在本图中。［摘自 Banerjee, S, Bartesaghi, A, Merk, A, Rao, P, Bulfer, SL, Yan, Y, et al. 2016. 2.3Å resolution cryo-EM structure of human p97 and mechanism of allosteric inhibition. Science (New York, N. Y.), 351(6275), 871‒875. 获 AAAS 许可使用。］

9.6.3 蛋白分子的"天然态"是大量子态的连续分布

本章强调了协同的弱相互作用在导致大分子采取确定结构时所起的作用。然而实际上，说一种蛋白只具有唯一的天然构象过于简化了。尽管天然状态相较于无规线团来说受到了更多的限制，但它仍然包含了大量构象。

图 9.13 总结了奥斯汀（R. Austin）及其合作者关于肌红蛋白结构的一个关键实验。肌红蛋白（简写为 Mb）是一种由 150 个氨基酸组成的球状蛋白。像血红蛋

白那样,肌红蛋白也包含着一个铁原子,它既能与氧(O_2)也能与一氧化碳(CO)相结合。天然构象在结合部位周围有一个"口袋"区域。为了研究 CO 结合的动力学,实验者取一份 Mb·CO 的样品并用一次强闪光使所有的一氧化碳突然解离。在约 200 K 的温度以下,CO 分子仍停留在蛋白质的口袋之中,接近结合部位。监视样品的吸收光谱就可以测量重新结合 CO 的肌红蛋白的分子比例 $N(t)$,它是时间的函数。

　　仿照 6.6.2 小节中的讨论,我们可以首先试着以一个简单二态系统模拟 CO 结合。我们期望未结合肌红蛋白的数目将指数衰减到它的平衡值,服从式 6.30。但这种行为并未被观察到。奥斯汀及合作者提出了相反的意见:

● 每个单独的 Mb 分子确实具有一个简单指数型的再结合概率,表明存在一个 CO 分子重新结合的活化势垒 E。但是,

● 在大块样品中许多 Mb 分子各自处于稍微不同的构象子态。每一子态都具有功能(能够结合 CO),因此可以被认为是"天然的"。但它们都略有差别,比如,每一个都具有不同的结合活化势垒。

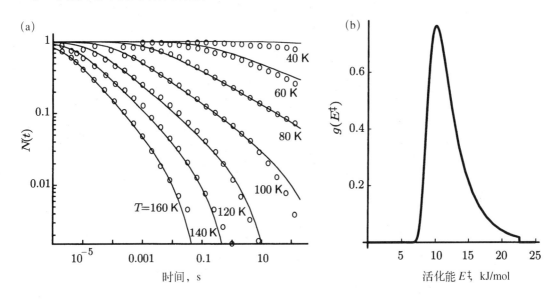

图 9.13(实验数据;理论模型)　快速光致解离后一氧化碳与肌红蛋白重新结合。肌红蛋白悬浮于水与甘油的混合液中以防止凝固。(a) 到 t 时刻尚未重新结合 CO 的肌红蛋白分子的比例 $N(t)$ 与时间 t 的双对数关系图。圆圈:不同温度值 T 对应的实验数据。这些曲线中没有一条是简单指数型的。(b) 样品中活化势垒的分布,仅由(a)中的一个数据集(即 $T=$ 120 K)推得。(a)中所绘曲线全部使用由此数据集拟合出的函数计算而得。除了 $T=120$ K 之外,每一温度对应的曲线均由 9.6.3′小节中的模型所预测。(数据摘自 Austin, *et al.*,1974。)

这一假设做出了一个可检验的预言:从 CO 再结合的数据来推导处于不同子态的概率应当是可能的。更精确地说,应该可以通过研究某一特定温度下的样品来找到活化势垒的概率分布 $g(\Delta E^{\ddagger})\mathrm{d}\Delta E^{\ddagger}$,并由这个函数预测在其他温度下重新结合的时间过程。实际上,奥斯汀及合作者发现了图 9.13(b)中所示的稍宽的分布就可以说明图 9.13(a)中的所有数据。他们断定,给定的一级结构(氨基酸序列)并不意味着会折叠到唯一的最低能态,而更可能是一组三级结构,其中每一个的活

化能略有不同。这些结构是构象子态。由 X 射线衍射重构出的蛋白质结构图一般并不揭示这种丰富的结构：它们展示的是数目最多的那一（或那一小部分）子态［对应于图 9.13(b) 中的峰］。

 9.6.3′小节将给出图 9.13 中所绘的函数的细节。

小 结

本章完成了对一些个案的研究，其中单元之间的弱紧邻耦合导致了单分子纳米世界中各种急遽的相变。诚然，我们几乎没有触及蛋白质表面结构及动力学——前文计算仅涉及具有紧邻协同性的线性链，而细胞生物学最感兴趣的别构耦联效应却包括蛋白质三维结构。但是，如通常那样，我们的目标仅仅是通过简化但明确的模型来阐发"类似的事情究竟是如何能够发生的？"这一问题。

协同性是出现在物理和细胞生物学所有组织层次上的普遍主题。本章只提到了它能使得单个大分子产生明确的别构转变，第 12 章将转向数以千计的蛋白质，即单个神经元中的离子通道之间的协同性行为。每一个通道都在"打开"与"关闭"状态之间急遽转变，转变并不平滑而且是随机的（图 12.17）。它们也都通过对膜电位的影响与邻居进行通信。我们将会看到这样微弱的协同性是如何导致神经冲动的可靠传递的。

关键公式

- 弹性杆：在高分子的弹性杆模型中，杆的一个短片段的弹性能为 $dE = \frac{1}{2}k_B T[A\boldsymbol{\beta}^2 + Bu^2 + C\omega^2 + 2Du\omega]ds$（式 9.2）。这里 $Ak_B T$、$Ck_B T$、$Bk_B T$、$Dk_B T$ 分别为弯曲刚度、扭曲刚度、拉伸刚度和扭曲-拉伸耦合项，而 ds 为片段的长度。（量 A 和 C 也被称为弯曲和扭曲驻留长度。）u、$\boldsymbol{\beta}$ 和 ω 分别为拉伸、弯曲和扭曲密度。假设高分子是不可延展的，并忽略扭曲效应，我们将得到一个简化的弹性杆模型（式 9.3）。这一模型仅保留了弹性能的第一项。

- 受拉伸的自由连接链：一维自由连接链的相对伸长 $\langle z \rangle / L_{tot}$ 是它的平均首末端距离以其未拉伸时的总长度。如果我们以力 f 拉伸链，相对伸长等于 $\tanh(fL_{seg}^{(1d)}/k_B T)$（式 9.10），其中 $L_{seg}^{(1d)}$ 为有效链节长度。FJC 模型所表示的真实分子的弯曲强度决定了有效片段长度 $L_{seg}^{(1d)}$。

- α 螺旋的形成：令 $\alpha(T)$ 为温度 T 下平均每个单体由 α 螺旋转变为无规线团时的自由能变化，它可以用以螺旋和线团形式之间的能量差 ΔE_{bond} 及中点温度 T_m 来表达，即（式 9.24）

$$\alpha(T) = \frac{1}{2} \frac{\Delta E_{bond}}{k_B} \frac{T - T_m}{T T_m}.$$

由此,可以预言多肽链溶液的旋光度为

$$\theta = C_1 + \frac{C_2 \sinh \alpha}{\sqrt{\sinh^2 \alpha + e^{-4\gamma}}},$$

其中 C_1 和 C_2 为常数,γ 描述了转变的协同性(式 9.25)。

● 简单结合:肌红蛋白的氧饱和度曲线的形式为

$$Y = [O_2]/([O_2] + K_{eq}^{-1})$$

(思考题 9M)。血红蛋白则服从思考题 9N 给出的公式。

延伸阅读

准科普:

关于血红蛋白、科学及生活:Perutz,1998.

关于别构效应的发现:Judson,1996.

中级阅读:

关于弹性:Feynman, *et al.*,2010b,§ 38,§ 39.

关于生物大分子的物理性质:Boal,2012;Grosberg & Khokhlov,1994;Howard,2001;Rubinstein & Colby,2003;Sachmann,*et al.*,2002.

蛋白质、别构及协同性:Bahar,*et al.*,2017;Berg,*et al.*,2019;Phillips,2020.

DNA 中的碱基堆积自由能,以及其他能够稳定大分子的相互作用:van Holde *et al.*,2006.

高级阅读:

关于弹性:Landau & Lifshitz,1986;Lautrup,2005.

关于血红蛋白:Eaton,*et al.*,1999;Phillips,2020.

关于 DNA 结构:Bloomfield,*et al.*,2000.

关于 DNA 拉伸:Marko & Siggia,1995.

关于过拉伸转变:Cluzel,*et al.*,1996;Smith,*et al.*,1996.其意义:Konrad & Bolonick,1996.

关于螺旋-卷曲转变:Poland & Scheraga,1970.

9.1.1′拓展

（1）把材料的大量分子细节简化为几个参量，这个想法可能显得太奇特。我们怎么知道仿佛魔术变出来的黏滞力规律（式 5.9）是完整的？为什么不增加更多的项，例如，

$$f/A = -\eta \frac{\mathrm{d}v}{\mathrm{d}x} + \eta_2 \frac{\mathrm{d}^2 v}{\mathrm{d}x^2} + \eta_3 \frac{\mathrm{d}^3 v}{\mathrm{d}x^3} + \cdots ?$$

实际上，通过量纲分析以及考虑到微观世界内在的对称性这个限制，参量个数得以保持很少。

例如考虑刚提到的常数 η_3。它被假定为流体的内禀性质，不依赖于管子的尺寸 R。显然其量纲是 $\mathbb{L}^2$ 乘以普通的黏滞系数的量纲。简单（牛顿）流体的唯一内禀空间尺度是分子间的平均距离 d。（简单牛顿流体的宏观参量并不确定任何空间尺度；见 5.2.1 小节。）于是可以预计，如果 η_3 出现的话，必定大约是 d^2 乘以 η。因为速度的梯度大约是 R^{-1} 乘以 v 本身（见 5.2.2 小节），我们看到 η_3 项不如 η 项重要，两者大约相差一个因子 $(d/R)^2$，这是一个微小的量。

再看 η_2 项，这一项无法写成转动不变的形式，因此根本不可能出现。因为假设牛顿流体在各个方向上都是相同的，根据上述结论，η_2 不能出现在对各向同性牛顿流体的描述中（见 5.2.1 小节）。换句话说，分子层面上的对称性限制了流体模型的等效参量的个数和种类。（更多讨论见 Landau & Lifshitz, 1987；Landau & Lifshitz, 1986。）

以上结论并非普遍适用，事实上它们只适用于各向同性的牛顿流体。在非牛顿流体或复杂流体的情况下（例如，在 5.2.3′ 小节所述的黏弹性流体或手表显示屏里的液晶），它们将被更为复杂的规律所代替。

（2）有些书系统地把要点 9.1 扩展为"广义弹性力学和流体力学"。在具体情形下贯彻这一思想当然涉及一些技巧，如确定使用哪些等效自由度更为合适。粗略地说，如果一个集体变量描述的是对系统的扰动，而该扰动只消耗极少的能量，或在大尺度极限下该扰动的弛豫很慢，则应该使用该集体变量。相应地，这样的扰动对应于低能态的对称性破缺，或对应于守恒律。例如，

● 一根杆的中心轴线在空间中确定了一条直线。一旦将此直线固定于某位置，则会同时丧失在垂直于杆的两个方向上的平移对称（不变）性，但会相应地产生两个集体运动模式，即可以在杆的法平面内使这根杆在这两个方向上弯曲。9.1.2 小节说明了在大尺度上这一弯曲确实只消耗很少的弹性能量。

● 在扩散问题中，我们曾假定扩散的粒子既不能被产生也不能被消灭——它们是守恒的。系统相应的集体变量是粒子密度，根据扩散方程，在很大的空间尺度下，它的确变化缓慢（式 4.20）。

（在软凝聚态物理中这种方法的例子见 Chaikin & Lubensky, 1995。）

（3）要点 9.1 的威力主要来自局域一词。在一个具有局域相互作用的系统中，我们可以这样安排这些作用单元：使其中每一个只与最近的几个邻居相互作用，而整个布局就像一张网，这张网维度不高，一般为两维或三维。例如，立方网

格上的每一个点只有六个最近邻(见习题 1.6)。

要点 9.1 并不严格适用于含有非局域相互作用的问题。事实上,复杂系统的一个定义是,"靠多种非局域相互作用连接在一起的许多非全同元素的集合"。生物和生态组织方面的许多问题确实有这个特征,而比起传统的物理领域,在这方面也确实更难获得一般性的结果。

(4) 9.1.1 小节提及流体膜有一个弹性常量。这个说法过于简单了,实际上通常有两个弯曲弹性常量。8.6.1 小节中讨论的那个常量会使"平均曲率"尽量小,而另一个涉及"高斯曲率"。(要了解更多信息,以及为什么高斯曲率在许多计算中都不予考虑,可参见 Seifert,1997。)

 9.1.2′ 拓展

(1) 严格地说,ω 被称为赝标量。这个贬义的前缀"赝"提醒我们,经过镜面反射,ω 改变符号(试在镜子中观察图 2.17),而一个真正的标量(例如 u)并不改变符号。类似地,式 9.2 的最后一项也是赝标量,它是一个真的标量与一个赝标量的乘积。在 DNA 分子的弹性能量中应该能够找到这样一项赝标量,因为这类分子的结构不具有镜像对称性(见 9.5.1 小节)。实际上,DNA 的扭曲-拉伸耦合已经在控制扭转变量的实验中观察到了。

(2) 在推导连续杆弹性式 9.2 时,我们隐含地使用了量纲分析(见 9.1.1′ 小节),所保留的只是那些含尽可能少的形变场导数的项(即一个也不含)。实际上,因为单链 DNA 的驻留长度并不远大于其单体的尺寸,所以不能由弹性杆模型很好地描述,这种情况下要点 9.1 并不适用。

(3) 在简化弹性杆模型时曾要求所有各项都具有均匀圆柱形杆的对称性。显然 DNA 分子不是这样的物体。例如在分子上任一点 s,在某个方向上弯曲要比在其他方向上容易,而在该方向上的弯曲将压缩图 2.15 中的双螺旋沟。所以,严格地说,式 9.2 仅适用于比螺距 10.5×0.34 nm 更大的尺度上的弯曲,因为在这样的尺度上各向异性被平均掉了。(更多细节见 Marko & Siggia,1994。)

(4) 在 DNA 形变中考虑比二阶更高的能量项是可能的。(也见 Marko & Siggia,1994。)在正常条件下这些项的效应很小,因为 DNA 很大的弹性系数使其局部形变很小。

(5) 不需要也不应该过分按字面意思把弹性杆这一比喻当作对大分子的描述。当弯曲如图 2.15 所示的结构时,确实有一部分自由能消耗在使原子间的各个化学键变形,大致就像弯曲一根钢筋。但还有其他贡献。例如,DNA 带大量电荷——它是一种酸,每个碱基对带两个负电荷。DNA 因带电而成为一种自排斥物体,这一项对弯曲自由能是一个大的实质性贡献。而且,这一贡献依赖于外界条件,例如其周围盐的浓度(见式 7.27)。不过,只要所考虑的长度大于盐溶液的德拜屏蔽长度,我们的唯象观点就依然有效,仍可以简单地把静电效应合并到等效的弯曲刚度的数值中。

9.1.3′ 拓展

（1）将 A 解释为驻留长度，我们可以更加清晰地理解从式 9.2 到相应 FJC 模型的过渡。$\hat{t}(s)$ 是距分子一端轮廓线长度为 s 的位置处平行于杆轴线的单位矢量，我们首先证明对于不受外力的高分子，

$$\langle \hat{t}(s_1) \cdot \hat{t}(s_2) \rangle = \mathrm{e}^{-|s_1-s_2|/A} \text{（证明如下）}。 \tag{9.28}$$

这里 s_1 和 s_2 是分子链上的两个点，A 是出现在弹性杆模型中的常量（见式 9.3）。一旦式 9.28 得到证明，该式就能清楚解释如下命题，即高分子在大于其弯曲驻留长度 A 的距离上，会"忘掉"其主链的方向 $\hat{t}$。

要证明式 9.28，考虑三个点 A、B、C，它们分别位于高分子上曲线长度为 s、$s+s_{AB}$ 和 $s+s_{AB}+s_{BC}$ 三处。我们首先把要求的量 $\hat{t}(A) \cdot \hat{t}(C)$ 同 $\hat{t}(A) \cdot \hat{t}(B)$ 和 $\hat{t}(B) \cdot \hat{t}(C)$ 联系起来。建立一个坐标架 $\hat{\xi}$、$\hat{\eta}$、$\hat{\zeta}$，其中 $\hat{\zeta}$ 轴沿着 $\hat{t}(B)$ 方向。（符号 $\hat{x}$、$\hat{y}$、$\hat{z}$ 表示实验室坐标。）令 (ϑ, φ) 为相应的球面极坐标，取 $\hat{\zeta}$ 为极轴。将单位算符写成 $(\hat{\xi}\hat{\xi} + \hat{m}\hat{m} + \hat{\zeta}\hat{\zeta})$ 可给出

$$\hat{t}(A) \cdot \hat{t}(C) = \hat{t}(A) \cdot (\hat{\xi}\hat{\xi} + \hat{m}\hat{m} + \hat{\zeta}\hat{\zeta}) \cdot \hat{t}(C)$$

$$= t_\perp(A) \cdot t_\perp(C) + (\hat{t}(A) \cdot \hat{t}(B))(\hat{t}(B) \cdot \hat{t}(C))。$$

第一项中的符号 $t_\perp$ 表示 $\hat{t}$ 在 $\xi\eta$ 平面上的投影。把 $\hat{\xi}$ 轴选取在 $t_\perp(A)$ 方向上，可得 $t_\perp(A) = \sin\vartheta(A)\hat{\xi}$，于是

$$\hat{t}(A) \cdot \hat{t}(C) = \sin\vartheta(A)\sin\vartheta(C)\cos\varphi(C) + \cos\vartheta(A)\cos\vartheta(C)。 \tag{9.29}$$

至此我们只涉及了几何学，并未涉及统计物理。现在把式的两边对高分子的所有构象求平均，并像通常那样按玻尔兹曼分布加权。主要结论如下：

- 式 9.29 右边第一项的平均值为零，因为能量泛函式 9.2 与弹性杆朝哪个方向弯曲无关——该式是各向同性的。于是，对于具有某一 $\varphi(C)$ 值的每个构象，都有另一个具相同能量但不同 $\varphi(C)$ 值的构象与之对应，所以对所有构象取平均包含了式 9.29 右边对所有 $\varphi(C)$ 值求积分，而积分 $\int_0^{2\pi} \mathrm{d}\varphi \cos\varphi$ 等于零 *。

- 第二项是两个统计上独立的因子的乘积。A、B 之间片段的形状对杆的弹性能有一个贡献 ϵ_{AB}，并决定着角度 $\vartheta(A)$。B、C 之间片段的形状对能量的贡献为 ϵ_{BC}，而且决定着角度 $\vartheta(C)$。这一构象的玻尔兹曼分布权重可以写成 $\mathrm{e}^{-\epsilon_{AB}/k_B T}$ [不含 $\vartheta(C)$] 与 $\mathrm{e}^{-\epsilon_{BC}/k_B T}$ [不含 $\vartheta(A)$] 的乘积，再乘以既不含 $\vartheta(A)$ 也不含 $\vartheta(C)$ 的其他因子。于是，根据概率的乘法原理，乘积 $\cos\vartheta(A)\cos\vartheta(C)$ 的平均值就等于平均值的乘积。

我们把自关联函数写成 $\langle \hat{t}(s) \cdot \hat{t}(s+x) \rangle$。对于长链这个量并不依赖于起始点 s 的选择。于是前面的推理意味着式 9.29 可以写成

$$\mathcal{A}(s_{AB} + s_{BC}) = \mathcal{A}(s_{AB}) \times \mathcal{A}(s_{BC})。 \tag{9.30}$$

---

* 我们曾使用同一逻辑略去了式 4.3 的中间项。

具有这一特征的函数只能是指数函数,即 $\mathcal{A}(x) = e^{qx}$,其中 q 为某个常量。

要完成对式 9.28 的证明,只需要证明常量 q 等于 $-1/A$。但对于很小的 $\Delta s \ll A$,热运动涨落很难使弹性杆弯曲(见式 9.4)。考虑一段圆弧,当 s 增加 Δs 时,$\hat{t}$ 在 $\xi\zeta$ 平面内转过一个小角度 ψ。也就是说,假设 $\hat{t}$ 从 $\hat{t}(s) = \hat{\zeta}$ 变成 $\hat{t}(s + \Delta s) = \hat{\zeta} + \psi\hat{\xi}/\sqrt{1 + \psi^2}$,后者仍是一个单位矢量。在这种情形下式 9.4 的弹性能可以表述为 $\left(\frac{1}{2} k_{\mathrm{B}} T A\right) \times (\Delta s) \times (\Delta s/\psi)^{-2}$,或 $[A k_{\mathrm{B}} T/(2\Delta s)] \psi^2$。这个表达式是 ψ 的二次函数,而能均分定理(思考题 6F)指出这个量的热力学平均值为 $\frac{1}{2} k_{\mathrm{B}} T$,即

$$\frac{A}{\Delta s} \langle \psi^2 \rangle = 1。$$

对于在 $\xi\eta$ 平面内的弯曲重复这一推理,并记住 ψ 是小量,得到

$$\mathcal{A}(\Delta s) = \langle \hat{t}(s) \cdot \hat{t}(s + \Delta s) \rangle = \left\langle \hat{\zeta} \cdot \frac{\hat{\zeta} + \psi_{\xi\zeta}\hat{\xi} + \psi_{\eta\zeta}\hat{\eta}}{\sqrt{1 + (\psi_{\xi\zeta})^2 + (\psi_{\eta\zeta})^2}} \right\rangle$$

$$\approx 1 - \frac{1}{2}\langle (\psi_{\xi\zeta})^2 \rangle - \frac{1}{2}\langle (\psi_{\eta\zeta})^2 \rangle$$

$$= 1 - \Delta s/A。$$

将这个结果与 $\mathcal{A}(x) = e^{qs} \approx 1 + qs + \cdots$ 比较,的确说明 $q = -1/A$,这最终证明了式 9.28,并且以此说明了 A 是驻留长度。

(2) 为了在弹性杆模型和相应的 FJC 模型之间建立联系,现在考虑弹性杆的首末端距的均方值 $\langle r^2 \rangle$。因为杆在 s 处的小段指向 $\hat{t}(s)$,则 $r = \int_0^{L_{\mathrm{tot}}} \mathrm{d}s\, \hat{t}(s)$,于是

$$\langle r^2 \rangle = \left\langle \left[\int_0^{L_{\mathrm{tot}}} \mathrm{d}s_1\, \hat{t}(s_1) \right] \cdot \left[\int_0^{L_{\mathrm{tot}}} \mathrm{d}s_2\, \hat{t}(s_2) \right] \right\rangle$$

$$= \int_0^{L_{\mathrm{tot}}} \mathrm{d}s_1 \int_0^{L_{\mathrm{tot}}} \mathrm{d}s_2\, \langle \hat{t}(s_1) \cdot \hat{t}(s_2) \rangle$$

$$= \int_0^{L_{\mathrm{tot}}} \mathrm{d}s_1 \int_0^{L_{\mathrm{tot}}} \mathrm{d}s_2\, e^{-|s_1 - s_2|/A}$$

$$= 2 \int_0^{L_{\mathrm{tot}}} \mathrm{d}s_1 \int_{s_1}^{L_{\mathrm{tot}}} \mathrm{d}s_2\, e^{-(s_2 - s_1)/A}$$

$$= 2 \int_0^{L_{\mathrm{tot}}} \mathrm{d}s_1 \int_0^{L_{\mathrm{tot}} - s_1} \mathrm{d}x\, e^{-x/A},$$

其中 $x \equiv s_2 - s_1$。对于一根长弹性杆,第一次积分主要由远离端点的 s_1 的值决定,所以可以把第二次积分的上限换成无穷大:

$$\langle r^2 \rangle = 2A L_{\mathrm{tot}}。\text{(长的未拉伸的弹性杆)} \tag{9.31}$$

再次得到了同一结论,正如对无规行走的简单讨论那样(式 4.4),半柔性高分子的首末端距离的均方值正比于轮廓线长度。

现在计算各链段长度为 L_{seg} 的自由连接链的 $\langle r^2 \rangle$，并与式 9.31 比较。在这种情况下，对 $N = L_{\text{tot}}/L_{\text{seg}}$ 个小段求和：

$$\langle r^2 \rangle = \sum_{i,\,j=1}^{N} \langle (L_{\text{seg}}\hat{t}_i) \cdot (L_{\text{seg}}\hat{t}_j) \rangle$$

$$= (L_{\text{seg}})^2 \Big[\sum_{i=1}^{N} \langle (\hat{t}_i)^2 \rangle + 2\sum_{i<j}^{N} \langle \hat{t}_i \cdot \hat{t}_j \rangle \Big]. \qquad (9.32)$$

按已经熟悉的推理方式，我们看到第二项等于零：对于 $\hat{t}_i$ 与 $\hat{t}_j$ 成某一角度值的任意一个构象，存在另一个相同权重的构象，其 $\hat{t}_i \cdot \hat{t}_j$ 的值正负号相反，因为拉力为零且连接已被假设是自由的。第一项同样简单，根据定义 $(\hat{t}_i)^2 = 1$，得到

$$\langle r^2 \rangle = N(L_{\text{seg}})^2 = L_{\text{seg}}L_{\text{tot}}. \text{（无拉伸的三维 FJC 模型）} \qquad (9.33)$$

比较式 9.33 与式 9.31，我们发现，

> 如果取等效链节长度为 $L_{\text{seg}} = 2A$，自由连接链模型能给出
> 弹性杆的无规线团构象的正确尺寸。 $\qquad (9.34)$

（3）本章把高分子当作全同单元的堆砌物。这样的聚合物叫均聚物，而自然的 DNA 都是杂聚物：它包含了由四种不同碱基组成的字符表写成的信息。但对 DNA 大尺度上的弹性而言，序列的影响相当微弱，这本质上是因为碱基对 AT 和 GC 在几何上是相似的。而且，把序列的影响计入以下各节的结果中并不困难。当把 A 恰当地解释成弹性和内禀无序性的联合效应时，均聚物的这些结果也适用于杂聚物。

🅣 9.2.2′ 拓展

（1）9.2.2 小节讨论中一个主要的不足之处是我们采用了一维无规行走来描述聚合物的三维构象！这一缺陷不难修补。

三维自由连接链有一组单位切向量 $\hat{t}_i$ 可作为它的构象变量，这组单位切向量并不一定沿着 $\pm\hat{z}$ 的方向，它们可以指向任意方向，正如式 9.32 那样。我们按惯例把 r 取作首末端之间的矢量。当外加拉力沿 $\hat{z}$ 方向时，r 将沿着 $\hat{z}$ 的方向。于是首末端之间的距离 z 等于 $r \cdot \hat{z}$，或（$\sum_i L_{\text{seg}}\hat{t}_i$）$\cdot \hat{z}$。（这个公式中的参量 L_{seg} 不同于 9.2.2 小节中的参量 $L_{\text{seg}}^{(1\text{d})}$。）于是类似于式 9.9 的玻尔兹曼分布权重因子为

$$P(\hat{t}_1, \cdots, \hat{t}_N) = Z^{-1} \mathrm{e}^{-(-fL_{\text{seg}}\sum_i \hat{t}_i \cdot \hat{z})/k_{\text{B}}T}. \qquad (9.35)$$

思考题 9O　如果你还没有解出习题 6.9，请现在做。你可以修正思考题 9B 中的结果，得出三维 FJC 模型受力伸长的表达式，然后再求出在小拉力下的极限形式。

你所求出的表达式正是图 9.5 从上往下数的第三条曲线。思考题 9O 的答案说明了为什么这时取 $L_{\text{seg}} = 104$ nm。的确，三维 FJC 模型在一定程度上比式 9.10 更好地给出了对实验数据的拟合。

（2）真实高分子的等效弹簧常量其实并不是要点 9.11 所说的那样严格地与绝对温度成正比，因为弯曲驻留长度本身依赖于温度，因而 L_{seg} 也依赖于温度。等效弹簧常量随温度增加这一定性结论已在实验上观察到（见 9.1.3 小节）。

9.3.2′拓展

9.3.2 小节中的思想可以推广到高维空间。一个 k 维矢量的线性函数可以用一个 $k \times k$ 阶的矩阵 M 来构造，该矩阵的本征值可以按如下方法求出：将 M 主对角线上的矩阵元都减去一个未知常数 λ，并使所得矩阵的行列式等于零。由此得到关于 λ 的条件，即它的某个多项式应为零，这个多项式的根就是 M 的本征值。一个重要的特殊情形是 M 为实对称矩阵。在这种情形下，可以确定存在 k 个线性无关的实本征矢，所以任何其他矢量都可以写成这些本征矢的某种线性组合。的确，在这种情形下，所有本征矢都可以选成相互正交。最后，如果所有矩阵元都是正数，那么必有一个本征值的绝对值大于所有其他本征值的绝对值。这一本征值是正实数，并且是非简并的（Frobenius-Perron 定理）。

9.4.1′拓展

即使一维协同链与实验数据的符合看来要比一维自由连接链稍好一些，但很显然它在物理上仍是一个很不真实的模型，因为该模型假设了一条由笔直链节组成的链，每个链节均以 0° 或 180° 与下一个链节相连！实际上，DNA 分子每一个碱基的指向与邻居几乎相同。但另一方面，我们的确发现一个关键的事实：有效链段长度为数十纳米，远大于一个碱基对的厚度 0.34 nm。这一事实意味着可以将式 9.17 替换成更精确的唯象弹性能公式（式 9.3）。

因此，"所有"需要做的只是由式 9.3 出发计算配分函数，然后模仿推导式 9.10 的步骤以得到三维弹性杆模型的力-伸长关系。所需分析由斋藤信彦（N. Saito）及合作者创始于 20 世纪 60 年代，由马尔科（J. Marko）、西贾（E. Siggia）和沃洛戈茨基（A. Vologodskii）完成于 1994 年。（更多细节可见 Marko & Siggia, 1995。）

不幸的是，完成上面勾勒的计划需要比本书其他部分更多的数学。不过，像图示那样清楚无误的实验数据以及式 9.3 那样优美的模型，的确值得我们坚持下去并对两者进行深入细致的比较。

把弹性杆视为由 N 个长为 l 的离散假想链节组成。现在的问题要比一维链困难得多，因为构象变量不再是离散的两个值 $\sigma_i = \pm 1$，而是描述链节 i 的指向的连续变量 $\hat{t}_i$。因此转移矩阵 T 具有连续下标[*]。为求得 T，仿照式 9.18，可写出固定外力 f 下的配分函数，即

$$Z(f) = \int d^2\hat{t}_1 \cdots d^2\hat{t}_N \exp\left\{ \sum_{i=1}^{N-1} \left[\frac{fl}{2k_BT}(\cos\theta_i + \cos\theta_{i+1}) - \frac{A}{2l}(\Theta_{i,\,i+1})^2 \right] + \right.$$

---

[*]　这一概念可能在量子力学中是熟悉的。这种无限维矩阵有时称为核函数。

$$\frac{fl}{2k_BT}(\cos\theta_1 + \cos\theta_N)\Big\}. \tag{9.36}$$

其中 N 重积分要对所有方向积分，每个 $\hat{t}_i$ 都跑遍整个单位球面。θ_i 为链节 i 的切线与所施外力方向 $\hat{z}$ 之间夹角，换句话说，$\cos\theta_i = \hat{t}_i \cdot \hat{z}$。类似地，$\Theta_{i,\,i+1}$ 为 $\hat{t}_i$ 与 $\hat{t}_{i+1}$ 之间夹角。9.1.3′ 小节指出弯曲的弹性能为 $(Ak_BT/2l)\Theta^2$。因为单独的每个弯曲角都较小，可以更方便地用函数 $2(1-\cos\Theta)$ 代替 Θ^2。注意我们已经把每个力学项都写了两次并除以了 2，这一选择的原因很快就会清楚。

完全像思考题 9G 中那样，可以将式 9.36 改写成某一个矩阵的 $N-1$ 次幂同时左乘、右乘不同的矢量，我们仍然需要矩阵 T 的最大本征值。记住现在的对象具有连续下标值，在这种情况下"矢量" V 实际上是一个函数 $V(\hat{t})$。"矩阵乘积"成为积分

$$(TV)(\hat{t}) = \int d^2\hat{n}\, T(\hat{t}, \hat{n}) V(\hat{n}), \tag{9.37}$$

其中

$$T(\hat{t}, \hat{n}) \equiv \exp\Big[\frac{fl}{2k_BT}(\hat{t}\cdot\hat{z} + \hat{n}\cdot\hat{z}) + \frac{A}{l}(\hat{n}\cdot\hat{t} - 1)\Big]. \tag{9.38}$$

我们看似故意地将力项加倍的原因就是使 T 变为一个对称矩阵，便于应用 9.3.2′ 小节所引用的数学事实。

下面将使用一个简单的技巧，里茨变分近似，来估计最大本征值（见 Marko & Siggia, 1995）[*]。矩阵 T 是实对称的。同样地，它必然具有一组两两正交的本征矢 e_i 作为基，满足 $Te_i = \lambda_i e_i$ 并且本征值 λ_i 为正实数。任意矢量 V 均可用这组基展开，记为 $V = \sum_i c_i e_i$。下面考虑最大本征值的估计值

$$\lambda_{\text{max, est}} = \frac{V(TV)}{V\cdot V} = \frac{\sum_i \lambda_i (c_i)^2 e_i \cdot e_i}{\sum_i (c_i)^2 e_i \cdot e_i}. \tag{9.39}$$

最右端的表达式显然不可能超过最大本征值 λ_{max}。若将 V 选为对应于最大本征值的本征矢 e_0，也就是 $c_0 = 1$ 而其他 $c_i = 0$ 时，上式等于 λ_{max}。

> **思考题 9P**
>
> 假设存在最大本征值 λ_0。证明，当 V 为一个常数乘以 e_0 时，$\lambda_{\text{max, est}}$ 取最大值。[提示：首先尝试 2×2 的情况，这样能明确看到结果。对于一般情况，令 $x_i = (c_i/c_0)^2$，$A_i = (e_i\cdot e_i)/(e_0\cdot e_0)$，$L_i = (\lambda_i/\lambda_0)$，其中 $i \geqslant 1$。证明：除非所有 x_i 都为零，"最大本征值估计值"不可能取得最大值。]

---

[*] 对于这一类最大本征值问题，一种更常规的方法是求得 $\hat{t}$ 的一组两两正交的函数集合作为基，把 $V(\hat{t})$ 用这组基展开，将展开式从某一个大的但有限的项之后截断，在这个截断子空间里计算 T 的值，并用数值软件将其对角化。

为估计 $\lambda_{\max}$，我们需要找到函数 $V_0(\hat{t})$ 使 $\lambda_{\max,\,\text{est}}$ 逼近约束 $\lambda_{\max,\,\text{est}} \leqslant \lambda_{\max}$ 的上限，换句话说，使式 9.39 最大化。对无限维 $V(\hat{t})$ 函数空间，这项任务听来就像大海捞针那样困难。而解决此问题的诀窍在于从物理的角度来选择一族有希望的试探函数 $V_w(\hat{t})$，$V_w(\hat{t})$ 依赖于参数 w。将 $V_w(\hat{t})$ 代入式 9.39 并选择使本征值估计值最大化的 w_* 值。相应的 $V_{w_*}(\hat{t})$ 就是对真实本征矢 $V_0(\hat{t})$ 的最佳近似，对真实最大本征矢的估计是 $\lambda_* \equiv \lambda_{\max,\,\text{est}}(w_*)$。

为选择好的试探函数族 $V_w(\hat{t})$，我们需要稍稍考虑一下 V 的物理含义。思考题 9G(c) 表明一个链节变量的平均值可以通过 $\begin{bmatrix} 1 & 0 \\ 0 & -1 \end{bmatrix}$ 左乘及右乘主导本征矢 e_0 而得到。力为零时，每一个链节应该等可能地指向所有方向，而力较大的时候，它的最可能指向是 $+\hat{z}$ 方向。但在任一情况下，链节都不应该偏向于任何特定的方位角方向 φ。考虑到这几点，马尔科和西贾构建了一族在正前方向上出现峰值、且绕该方向具有旋转对称性的光滑试探函数：

$$V_w(\hat{t}) = \exp[w\,\hat{t}\cdot\hat{z}]。$$

因此，对每一个力 f 的值，我们使用式 9.37 及 9.38 计算式 9.39，然后求出使 $\lambda_{\max,\,\text{est}}$ 最大化的参数 w 的值 w_*，并代入求得 λ_*。

令 $\nu = \hat{t}\cdot\hat{z}$。首先需要计算

$$(\boldsymbol{T}V_w)(\hat{t}) = e^{fl\nu/(2k_BT)}\,e^{-A/l}\int d^2\hat{n}\exp\left[\frac{A}{l}\hat{n}\cdot\hat{t} + \frac{fl}{2k_BT}\hat{n}\cdot\hat{z} + w\hat{n}\cdot\hat{z}\right]。$$

为计算积分，引入简写 $\zeta = w + \dfrac{fl}{2k_BT}$ 和 $\widetilde{A} = A/l$，则被积函数可以写成 $\exp[Q\hat{m}\cdot\hat{n}]$，其中 $\hat{m}$ 为单位矢量 $\hat{m} = (\widetilde{A}\hat{t} + \zeta\hat{z})/Q$，而

$$Q = \|\widetilde{A}\hat{t} + \zeta\hat{z}\| = \sqrt{\widetilde{A}^2 + \zeta^2 + 2\widetilde{A}\zeta\nu}。$$

我们可以使用球坐标 ϑ 和 ϕ 表示积分，其中选取 $\hat{m}$ 为极轴。因此 $\int d^2\hat{n} = \int_0^{2\pi}d\phi\int_{-1}^1 d\mu$，其中 $\mu = \cos\vartheta$，并且积分变成简单的 $\dfrac{2\pi}{Q}(e^Q - e^{-Q})$。

为计算式 9.39 分子的值，我们需要再做一个积分，即对 $\hat{t}$ 积分。这一次选取球坐标 θ, φ 及 $\hat{z}$（选为极轴）。注意到 $\nu \equiv \hat{t}\cdot\hat{z} = \cos\theta$，得到

$$\begin{aligned}
\boldsymbol{V}_w\cdot(\boldsymbol{T}V_w) &= \int d^2\hat{t}\,V_w(\hat{t})(\boldsymbol{T}V_w)(\hat{t}) \\
&= e^{-\widetilde{A}}2\pi\int_{-1}^{+1}d\nu\,e^{\zeta\nu}\frac{2\pi}{Q}(e^Q - e^{-Q}) \\
&= e^{-\widetilde{A}}(2\pi)^2\int_{|\widetilde{A}-\zeta|}^{\widetilde{A}+\zeta}\frac{dQ}{\widetilde{A}\zeta}e^{(Q^2-\widetilde{A}^2-\zeta^2)/(2\widetilde{A})}(e^Q - e^{-Q})。
\end{aligned} \tag{9.40}$$

最后一步中 ν 用 Q 表示出来了。式 9.40 中最后的积分并不是初等函数，但与误差函数作一对照，你就能认出它来（见 4.6.5' 小节）。

思考题 9Q 用试探函数 V_w 计算式 9.39 分母的值。

上面已经估算了试探函数族的本征值，现在我们用数学软件寻找能使该结果最大化的参数值 w 并进而得出 λ_*，后者是 A、l 及 f 的函数。对于普通 DNA（双链），在 $l < 2\,\mathrm{nm}$ 时，答案几乎与 l 无关。遵循导出式 9.10 的分析，最终可得：对于较大的 $N = L_{\mathrm{tot}}/l$，

$$\langle z/L_{\mathrm{tot}} \rangle = \frac{k_B T}{L_{\mathrm{tot}}} \frac{\mathrm{d}}{\mathrm{d}f} \ln(\boldsymbol{W} \cdot (\boldsymbol{T}^{N-1} \boldsymbol{V})) \approx \frac{k_B T}{l} \frac{\mathrm{d}}{\mathrm{d}f} \ln \lambda_*(f). \qquad (9.41)$$

由里茨近似（式 9.41）给出的力-伸长曲线实际上与精确解（见习题 9.7）几乎无法区分。精确解无法用闭合形式写出（见 Marko & Siggia, 1995; Bouchiat, *et al.*, 1999）。然而作为参考，这里给出一个在 $l \to 0$ 的极限下非常接近于精确解的简单表达式：

$$\langle z/L_{\mathrm{tot}} \rangle = h(f) + 1.86h(f)^2 - 3.80h(f)^3 + 1.94h(f)^4,$$

其中

$$h(f) = 1 - \frac{1}{2}\left(\sqrt{\bar{f} + \frac{9}{4}} - 1\right)^{-1}. \qquad (9.42)$$

在这一公式中，$\bar{f} = fA/k_B T$。调节 A 以符合实验数据，由此可给出图 9.5 中所示的实黑线。

9.5.1′ 拓展

旋光度不是分子的内在属性，因为它依赖于溶液的浓度等因素。为弥补这一不足，生物物理化学家用旋转角 θ 除以 $\rho_{\mathrm{m}} d/(100\ \mathrm{kg\ m^{-2}})$，以此来定义比旋度。此处，$\rho_{\mathrm{m}}$ 是溶质的质量浓度，d 是光在溶液中通过的路径长度。图 9.7 中的数据给出的就是比旋度（在钠元素 D 线的波长处）。经过这种标准化处理，三条不同的曲线具有等效的相同单体浓度，故可以直接进行比较。

9.5.2′ 拓展

正文 9.5.2 小节假设最初形成的那段 α 螺旋将耗费额外的自由能，其本质是纯熵代价。由思考题 9I 可知，这个假设意味着 γ 是一个不依赖于温度的常数。这终究只是一个假设，尽管非常合理。不过，图 9.7 显示它的确能非常成功地用于解释实验数据。

9.5.3′ 拓展

(1) 我们的讨论主要集中在多肽链单体之间的氢键相互作用。偶极-偶极相互作用等其他各种相互作用对螺旋-线团转变也是有贡献的。当用模型去拟合数

据时，它们的效应就包含在唯象参数中了。

（2）9.5.2 小节的分析没有考虑真实的高分子样品的多分散性，下面我们对此作一大致修正。

假设样品中含有 X_j 个链长为 j 的链。X_j 所占的分数为 $f_j = X_j / \sum_k X_k$，定义 $N_n \equiv \sum_j (j f_j)$ 为数均链长。另一类平均链长是同样可由试验确定的重均链长 $N_w \equiv (1/N_n) \sum_j (j^2 f_j)$。

齐姆、多蒂和艾索为他们的两个短链样品援引的相关数值是（$N_n = 40$，$N_w = 46$）和（$N_n = 20$，$N_w = 26$）。这两个样品均可视为含有两种等量子序列，子序列长度分别为 k 和 m。选取数值 $k = 55$，$m = 24$ 可以重现第一个样品的数均链长和重均链长。类似地，$k = 31$，$m = 9$ 可作为第二个样品的参数。假设这两种子序列的组成的确如此，则图 9.7 中较低的两条曲线就给出了对思考题 9L(c) 中结果的加权平均值。即使以如此粗糙的方式引入多分散性效应，仍会对数据的拟合有所改进。

9.6.3′ 拓展

奥斯汀及合作者通过如下方法得到图 9.13 中所示的拟合曲线。假设每一个构象子态的再结合速率都服从阿伦尼乌斯速率定律，即 $k(\Delta E^\ddagger, T) = A e^{-\Delta E^\ddagger / k_B T}$，$\Delta E^\ddagger$ 是活化势垒。处于一个给定子态的分子亚群将会以此速率指数弛豫到结合态。假设指前因子 A 在所研究的温度范围内并不强烈地依赖于温度。对活化势垒在 $\Delta E^\ddagger$ 到 $\Delta E^\ddagger + d\Delta E^\ddagger$ 之间的子态，不妨将占据其上的分子的数量记为 $g(\Delta E^\ddagger) d\Delta E^\ddagger$。另外，我们也忽略分布函数 $g(\Delta E^\ddagger)$ 中的任何温度依赖性。

因此，在 t 时刻处于未结合状态的分子比例为

$$N(t, T) = N_0 \int d\Delta E^\ddagger g(\Delta E^\ddagger) e^{-k(\Delta E^\ddagger, T) t}。 \tag{9.43}$$

N_0 是归一化因子，令零时刻时 $N = 1$ 来确定其值。奥斯汀及合作者发现取分布函数 $g(\Delta E^\ddagger) = \bar g(C e^{-\Delta E^\ddagger / (k_B \times 120K)})$，就能拟合 $T = 120K$ 下的再结合数据，其中 $C = 5.0 \times 10^8 \, \text{s}^{-1}$ 而

$$\bar g(x) = \frac{\left[x / (67\,000 \, \text{s}^{-1}) \right]^{0.325} e^{-x/(67\,000 \, \text{s}^{-1})}}{2.76 \, \text{kJ mol}^{-1}}，当 \, x < 23 \, \text{kJ mol}^{-1} 时。 \tag{9.44}$$

（归一化常数已经被吸收到 N_0 里面。）在截断能量 23 kJ mol^{-1} 之上，$g(x)$ 取为零。式 9.44 给出了图 9.13(b) 中所示的曲线。在不同温度下将 $g(\Delta E^\ddagger)$ 代入式 9.43（再结合曲线）给出了图 9.13(a) 中的曲线。

另一种假说认为，样品中的所有蛋白质分子都是全同的，但是每一个都以非指数的方式重新与 CO 结合。奥斯汀及合作者的工作排除了该假说。

习　　题

9.1　大生意

DNA 是带大量电荷的高分子。换句话说，它的中性形式是盐类，在水溶液中会有许多带正电荷的平衡离子离解出来并分布在溶液中。这类带电荷的高分子称为高分子电解质。它在工业上一个很大的应用是作为填充一次性尿布的凝胶。高分子电解质的什么特征使它们特别适合于这一重要的技术呢？

9.2　"弯曲"的几何

按如下方式直接验证式 9.4。考虑在 xy 平面内由 $r(s) = (R\cos(s/R), R\sin(s/R))$ 定义的圆弧（图 9.1）。证明 s 是轮廓线（弧）长度，求出单位切向量 $\hat{t}(s)$ 及其导数，并由此验证式 9.4。

9.3　探寻能量源

自由连接链图像是真实高分子的一个简化物理图像，因为连接处实际上并不十分自由。每个高分子包含了一系列完全相同的单元，这些单元完美地叠成一条直线（或具有直轴线的螺旋）。式 9.2 表明，将这条链弯曲一个角度要花费能量。但是，当橡皮筋缩回时却能对外界做功。如何统一解释这两个事实？定性说明做机械功所需能量的来源。

9.4　橡皮筋热力学

拿一根宽的橡皮筋。贴着你的上唇（留小胡子的人可以使用其他敞开的部位），快速拉伸橡皮筋。保持拉伸状态一会儿，然后迅速放松，并保持与嘴唇的接触。在拉伸、松弛这两个过程中你将感受到迥然不同的热力学现象。

（a）从能量和有序度两方面讨论橡皮筋在被拉伸时发生了什么变化。

（b）类似地，讨论放松橡皮筋时可能发生的变化。

9.5　简化的螺旋-线团转变模型

在本题中，你将处理一个简化的螺旋-线团的协同性转变，即假定转变是无限协同的。也就是说，假定每个多肽分子要么是完全的 α 螺旋，要么是完全的无规线团。本题的目的在于定性地理解图 9.7 所示的实验数据的一个关键特征，即较长的分子链具有较急遽的螺旋-线团转变。假设分子链具有 N 个氨基酸单元。

（a）当改变实验条件时，所观测到的溶液的旋光度 θ 连续地从 $\theta_{\min}$ 变到 $\theta_{\max}$。"全有或全无"的模型如何能解释这一观测事实？

（b）9.5.1 小节提出在多蒂和艾索的实验条件下，

● α 螺旋形式与无规线团形式相比，每个单体具有更高的能量，即 $\Delta E_{bond} > 0$。

● 形成氢键会使溶剂的熵增加，增加量为 $\Delta S_{bond} > 0$。

● 但形成氢键也将使分子的构象熵减小，$\Delta S_{conf} < 0$。

延长螺旋区域所需要的总自由能改变量为 $\Delta G = \Delta E_{bond} - T\Delta S_{bond} - T\Delta S_{conf}$。假设分子结构转变成螺旋状时总自由能改变量简单地是 $N\Delta G$,则 θ 将如何依赖于温度?(提示:求出分子链处于 α 螺旋形式的概率,它是 ΔE_{bond}、ΔS、N 和 T 的函数。画出它与温度 T 的函数关系曲线。不要忘记将求出的概率分布恰当地归一化。确保所求出的公式在很高和很低温度下的极限行为在物理上是合理的。)

(c) 转变的急遽程度与 N 的大小有何关系? 解释所得结果的物理意义。

(d) 因为存在某种末端效应,分子链结构转变时的总自由能改变量并不简单地为 $N\Delta G$。通常假定该效应表现为:对两末端残基而言,仅由氢键生成所导致的自由能净减少并不有利于它们的构象改变。这一效应的物理根源是什么? 重新求出 θ 对温度的依赖关系(仍假设无限协同性)。[提示:按(b)中的提示。]

(e) 继续(d)的讨论考虑末端效应,求出温度 T_m 使 θ 取为 θ_{min} 和 θ_{max} 之间中值。T_m 如何依赖于 N? 这是一个实验可检验的定性预测。将之与图 9.7 相比较。

9.6 ⓣ大力极限

在 9.2.2—9.4.1 小节 DNA 拉伸实验的分析中,出于方便我们做了几处简化。最为明显的是一维情况:每个链节要么指向 $+\hat{z}$,要么指向 $-\hat{z}$,所以连接角要么是 0 要么是 π。真实情况是每个链节都几乎(但不是完全)平行于前一个链节。9.4.1′小节考虑了这一事实,但那里的分析十分困难。在本题中,你将找到适于计算拉伸曲线的大力端行为的一条捷径,所得公式在这一极限下同完全弹性杆模型一致。

在大力极限下,杆的中轴线几乎是直的。于是在距端点为 s 的位置处,杆的切向量 $\hat{t}(s)$ 几乎沿 $\hat{z}$ 方向。令 $t_\perp$ 为 $\hat{t}$ 在 xy 平面的投影,于是 $t_\perp$ 的长度很小。那么

$$\hat{t}(s) = M(s)\hat{z} + t_\perp(s), \tag{9.45}$$

其中 $M = \sqrt{1 - (t_\perp)^2} = 1 - \frac{1}{2}(t_\perp)^2 + \cdots$。省略号表示 $t_\perp$ 的高幂次项。用小变量 $t_\perp(s) = (t_1(s), t_2(s))$ 表示弯曲项 $\boldsymbol{\beta}^2$,结果等于 $(\dot{t}_1)^2 + (\dot{t}_2)^2 + \cdots$。($\dot{t}_i$ 表示 dt_i/ds。)于是杆的任一构象的弹性弯曲能为(见式 9.3)

$$E = \frac{1}{2}k_B TA \int_0^{L_{tot}} ds \left[(\dot{t}_1)^2 + (\dot{t}_2)^2\right] + \cdots。 \tag{9.46}$$

仿照 9.2.2 小节,我们在式 9.46 中加上一项 $-fz$,以便将外拉伸力 f 考虑进去。以下计算中取大 L_{tot} 极限即 $L_{tot} \to \infty$。

(a) 用 t_1 和 t_2 的傅里叶形式重新表示 E。[提示:将 $-fz$ 写成 $-f\int_0^{L_{tot}} ds\,\hat{t}(s) \cdot \hat{z}$ 并利用式 9.45,再用 t_1 和 t_2 表示 $M(s)$。]于是 E 就变成许多无耦合的二次项的和,有点(但不完全)像振动的弦。

(b) t_1 和 t_2 的傅里叶分量的均方振幅是多大?(提示:回忆 6.6.1 小节。)

(c) 求出平均首末端距 $\langle z \rangle / L_{tot}$。利用从(a)中得到的答案将其写成简便形式,然后用(b)的答案进行估算。

(d) 求出将热运动着的弹性杆拉伸到其总长度 L_{tot} 的 $(1-\epsilon)$ 倍所需的力，其中 ϵ 是一个小量。当 $\epsilon \to 0$ 时，f 是如何发散的？将结果与三维自由链（思考题 9O）和一维协同链（思考题 9H）进行比较。

9.7 🇹弹性杆模型的拉伸曲线

取短链节极限 $l \to 0$（弹性杆模型），可以获得三维协同链（见 9.4.1′ 小节）解的一个有用的简化形式。

(a) 从式 9.40 开始。将表达式按 l 的幂展开，保持 A、f 和 w 不变，保留 l^1 和 l^2 项。

(b) 求出本征值 $\lambda_{\mathrm{max,\,est}}$ 作为量 $\bar{f} \equiv Af/k_{\mathrm{B}}T$、变分参数 w 和其他常量的函数表达式。同样，只保留 l 的低幂次项。证明公式

$$\ln \lambda_{\mathrm{max,\,est}}(w) = 常数 + \frac{l}{A}\left(-\frac{1}{2w} + \coth 2w\right)\left(\bar{f} - \frac{1}{2}w\right).$$

第一项不依赖于 f 和 w，所以它对式 9.41 无贡献。

(c) 承认 (b) 的结论。用数值计算软件选出 w 值使 $\ln \lambda_{\mathrm{max,\,est}}$ 最大，结果记为 $\ln \lambda_*(\bar{f})$。计算式 9.41 的值，并画出 $\langle z/L_{\mathrm{tot}}\rangle$ 与 $\bar{f}$ 的函数关系曲线。同时也画出高精度计算结果（式 9.42），并与用里茨变分近似方法得出的答案作一比较。

9.8 🇹弹性杆模型的小力极限

(a) 如果还没有解出习题 9.7，则把其中 (b) 的结果当做已知。考虑小外力 $f \ll k_{\mathrm{B}}T/A$ 的情形，此时可以手工解析地求出最大值。完成这一计算，利用式 9.41 计算相对伸长并解释为什么"必然"获得那样的结果。

(b) 特别地，通过将热涨落的弹性杆在小拉力时的长度与三维自由链模型（思考题 9O）相比较，证实已在 9.1.3′ 节中得到的等式 $L_{\mathrm{seg}} = 2A$。

9.9 🇹扭曲和结构突变

一根拉长的宏观弹簧回缩时将产生 f 大小的力，f 随伸长量 z 线性地增加，即 $f = -kz$。另一个熟悉的例子是扭簧，对于角度为 θ 的扭曲，其抵抗力矩为

$$\tau = -k_{\mathrm{t}}\theta. \tag{9.47}$$

k_{t} 称为扭簧常量。要理解这一公式，请证明 k_{t} 具有能量量纲。

DNA 分子也可以获得扭曲应力。要达到此目的，办法之一是使用一种叫做连接酶的酶，它把一段 DNA 的两端连接在一起。于是，双螺旋 DNA 的两条糖基-磷酸主链就形成了两个独立的闭合的环。每条环都可以弯曲（DNA 有弹性），但彼此不能突破或穿越，因此它们的环绕数是一个固定的"拓扑不变量"。

如果在低浓度时把一些两端开放的全同 DNA 分子连接起来，结果会得到一

些不同类型的环的混合物(拓扑异构体),环的化学成分相同但拓扑结构不同[*]。每个拓扑异构体由一个环绕数 M 来刻画。如果相对于最松弛状态的 DNA 来测量 M,可以认为 M 是在 DNA 分子被连接的那一时刻因扭转而产生的额外圈数。M 可为正也可为负,相对应的总扭转角度为 $\theta = 2\pi M$。我们可以通过电泳把不同的拓扑异构体分开,因为一个"DNA 超螺旋"的形状(例如一个数字 8)比舒展的圆环更紧凑,因而移动得更快。一般情况下,DNA 是一个右手螺旋,每 10.5 个碱基对构成一圈右手螺旋。这一正常构型叫 B 型 DNA。假设按 DNA 的螺旋方向进一步扭转它,即施加扭转力使双螺旋更加紧密(每 J 个碱基转一圈,$J<10.5$)。值得注意的是,虽然 DNA 以复杂的方式对应力作出响应,扭应力和环绕数之间的关系的确具有式 9.47 所显示的线性形式。扭簧常量 k_t 依赖于环的长度,一个典型值是 $k_t = 56k_B T_r / N$,N 是环中的碱基对的数目。

当反向扭转 DNA 时,更为惊人的事情发生了。它不再因为应力而成为超螺旋,而是突变成完全不同的构型,即<u>左手螺旋</u>!这一新的构型称为 Z 型 DNA。在这个转变中并没有化学键断裂。Z 型 DNA 中每 K 个碱基对构成一圈左手螺旋,下文将给出 K 的值。突变成 Z 型要消耗自由能,但也部分地释放了分子其他部分上的扭应力。换句话说,完全打乱局部双螺旋结构可以使许多额外的环绕数转移到那里,而不是作为扭转应变分布于分子的其他部分(相对于 B 型形式双螺旋的小变形)。

某些碱基序列特别易于突变成 Z 型。图 9.14 给出的数据来自一个总长度 N=4 300 碱基对的环。序列的选取使得一个长为 40 碱基对的片段能够在扭应

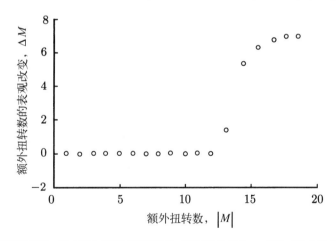

图 9.14(实验数据) 插入闭合 DNA 圆环(质粒 pBR322)的长为 40 碱基对的片段发生 B 型 DNA 向 Z 型 DNA 转变的证据。每个圆圈代表 DNA 的一个特定的拓扑异构体,拓扑异构体在一个叫做二维凝胶电泳的过程中分离。横轴上,每个圆圈的位置根据拓扑异构体的额外扭转数(环绕数)确定,额外扭转数是相对于最松弛形式而言的。所有圆圈都对应于负的环绕数(趋向于解开 DNA 双螺旋)。当环境变化使 B 型突变成 Z 型时,环绕数会呈现出一个表观的改变,纵轴上各点的位置排布显示了这一点。(数据摘自 Howell, *et al.*, 1996。)

---

[*] 高浓度情况下我们也会得到一些二倍长度环。

力超过某阈值时突变成 Z 型。

图中每一个点代表长为 4 300 碱基对的 DNA 环的一个特定拓扑异构体,横轴代表 M 的绝对值,图中只显示了 M 的负值(被称为负超螺旋)。在 M 的某个临界值,这个 40 碱基对的 DNA 片段突变成 Z 型。如前所述,这一转变使得分子的其他部分松弛,然后它在电泳时的行为就好像 $|M|$ 突然减小到 $|M| - \Delta M$。ΔM 就是图上纵轴上的值。

(a) 由图上给出的数据求出转变发生的临界力矩 τ_{crit}。

(b) 求出前面提到的 K 值。也就是说,求出 Z 型 DNA 一个左手螺旋单元所对应的碱基对数目。与公认的值 $K \approx 12$ 作比较。

(c) 从 B 型突变成 Z 型每个碱基对花费多少能量? 这合理吗?

(d) 为什么转变如此急遽?(给出定性回答。)

9.10 变性

下面所列的环境改变中,哪个或哪些通常会增强蛋白分子的折叠? 哪个或哪些会使得蛋白变性(解折叠)? 如果你认为它们"对折叠、解折叠都有影响,视情况而定",请给出简单解释。

(a) 升高温度;

(b) 将周围的水替换为非极性溶剂。

9.11 高分子柔性

考虑两个假想的高分子。A 的驻留长度为 50 nm,B 的驻留长度为 2 nm(其等效链节长度是 A 的 1/25)。想象你用两个微小的钳子,抓住高分子上相距 10 nm 的两点,并迫使其弯折。

(a) 哪个高分子更容易弯折? 为什么?

(b) 哪个高分子更适合作为单链 DNA 的模型? 为什么?

9.12 ⓣ 设计核小体

正文中图 2.8 显示了 DNA 是如何包绕到小的柱状蛋白复合物上形成核小体的。核小体的核心区域包含长度为 146 碱基对的 DNA,它在蛋白复合体上缠绕了 $1\frac{2}{3}$ 圈。要使 DNA 形成如此大幅度的弯曲,需要付出大量弹性能。

原则上,DNA 上磷酸基团之间的静电排斥力有助于其弯曲并缠绕到蛋白复合体上。在这段成环的 DNA 上,一些带负电荷的磷酸基团朝向内侧,被蛋白复合体表面带正电荷的氨基酸所中和。这使得 DNA 上未被中和的、朝向外侧的磷酸基团之间产生静电排斥,从而使 DNA 弯折成所需的环形。要获得更优化的设计,还需要考虑碱基对 AT 比 GC 更容易弯折的事实。

要检验这些想法,假设我们可以将 DNA 的部分磷酸基团进行甲基化,这将移除磷酸基团上的电荷,从而使得 DNA 产生类似上述的弯折。在下列 DNA 序列中,请标出你需要甲基化的磷酸基团:

5′- ATGCAATTGGCCAAATTTGGGCCCAGTC - 3′
3′- TACGTTAACCGGTTTAAACCCGGGTCAG - 5′
要解答本题,你需要认真考虑 DNA 的三维结构。

9.13 🅣黏性回弹

C. M. Ho 及其合作者曾在一次实验中利用流场来拉伸 DNA。这个装置能将长约 10 μm 的 DNA 拉伸至其轮廓线长度。撤去这个流场后,DNA 会缓慢回弹到无规线团的状态。回弹至完全伸展状态的一半所需要的时间大约为 2.5 s。

（a）利用量纲分析,估算在流体中以速度 v 拖动一个直径为 2 nm 的长杆所需的力（表示为单位长度上承受的力）。

（b）使用高分子一维自由连接链模型的熵力的表达式,估算一下当一段 DNA 被显著拉伸时产生的回缩力。

（c）估算 DNA 显著回缩所需的时间,与上述实验测量值比较。

第 10 章　酶与分子机器

生物体对自由能的转化是本书一再强调的主题。例如,第 1 章讨论了动物通过摄入高能分子和排出低能分子,不仅可以产热还可以做机械功。为理解自由能的转化,我们构建了一个尚待证实的概念框架,还列举了一些简单的例子。如:

● 第 1 章介绍了渗流机器(1.2.2 小节),并在第 7 章进行了详细讨论(§7.2)。

● 6.5.3 小节介绍了温差驱动马达。

但是,上述器件都不是化学力驱动的,因此不能与活生物体中发现的马达相媲美。为了分析与生物学更相关的机器,第 8 章指出了化学键能是另一种形式的自由能。化学反应中化学势的改变 ΔG,可被解释成是驱动化学反应的一种力:ΔG 的正负决定了化学反应进行的方向。但是,我们还不能解释分子机器如何利用化学力去促成一桩原本不易达成的交易,比如对负载做机械功。本章的主要目的是,结合力学和化学,揭示分子机器如何扮演自由能经纪人这一角色。

对分子机器的兴趣源于人们意识到细胞的大部分行为和结构都依赖于细胞质内大分子、膜及染色体的主动定向转运。就像交通事故会妨碍城市运转,细胞内异常的分子转运也会导致生物体中的多种疾病。

与分子机器有关的课题相当广泛。本章不是要包罗万象,而是侧重于展示如何借用宏观世界一些熟悉的力学观念,并考虑一项全新的因素(热运动),来获得分子机器大致的工作图像。我们将忽略许多重要的生化细节,而用机械能这种熟悉的概念作为类比来帮助理解自由能这一更一般的概念。

由于某些内容尚未展开,本章叙述的顺序与前几章略有不同。在 §10.2 和 §10.3 概述一些基本原理之后,§10.4 将特别关注真实分子机器中一个非同寻常的家族,即驱动蛋白。驱动蛋白头部的尺寸仅有 4 nm×4 nm×8 nm(比计算机内最小的晶体管还小),由 345 个氨基酸残基组成。实际上,驱动蛋白头部是已知自然界最小的分子马达之一,也许还是最简单的。通过对两个关键实验略微详细的考查,我们将阐明模型与实验之间的相互关系,结构、生化研究以及物理测量之间的紧密结合已揭示了分子发力的诸多细节。

> **本章焦点问题**
> **生物学问题**：分子马达如何将化学能这个标量转化成定向运动这个矢量？
> **物理学思想**：机械化学耦联起源于具有特定倾斜的自由能曲面，这个倾斜由马达及轨道的几何结构所决定。马达在这个自由能曲面上做有偏无规行走。

§10.1　细胞内分子器件概述

10.1.1　术语

分子器件这一术语特指下列两大类单分子(或多分子组合)：

(1) 催化剂：提升化学反应速率。细胞产生的催化剂统称为酶(参见 10.3.3 小节)。

(2) 机器：力学与化学两种过程通过相互之间的耦联，能够主动逆转其中一方的自然进程。这些机器大致可分为：

(a) 耗尽型机器：会耗尽某些内部自由能，渗流机器(图 1.3)是其代表之一。

(b) 循环型机器：能处理某种外部自由能，后者可能来自食物分子、吸收的太阳光、某类分子的跨膜浓度差或静电势差等。这些分子机器每完成一个工作循环后又重回初始状态。6.5.3 小节的热机是这类机器的代表，它工作于两个不同温度的外部热源之间。由于我们对这类机器最感兴趣，因此对它们作了进一步细分：

(i) 马达：将某种形式的自由能转换成线性或旋转运动的能量。本章首先概要地介绍马达，然后集中研究驱动蛋白。

(ii) 泵：产生跨膜浓度差(见第 11 章)。

(iii) 合酶：驱动一个专门合成某个产物的化学反应。其中的 ATP 合酶将在第 11 章讨论。

第三大类分子器件将在第 11 章和第 12 章中讨论：门控离子通道通过改变自身对特定离子的渗透性来感受外部环境并作出反应。

在着手讲述相关数学之前，10.1.2—10.1.4 小节将描述几类在细胞内发现的有代表性的分子机器，以使读者在获得这类机器如何工作的完整图像前有些直观的认识。(§10.5 将主要介绍其他类型的马达。)

10.1.2　酶的饱和动力学

第 3 章提到，一个化学反应，即使有多余自由能释放，也可能由于一个较大的活化势垒而进行得非常缓慢(要点 3.28)。第 8 章又指出，这种情况给细胞提供了一个便利的储能方法。例如，可以把能量储存在葡萄糖或 ATP 之中，直到需要时再释放出来。但是，当需要能量时细胞会发生什么变化呢？一般来说，需要加速许多化学反应的自然速率，实现这一目的的最有效方法是利用一些可重复使用的器件——催化剂。

酶是生物催化剂。大多数酶由蛋白质构成，并时常与另一些小分子(辅酶或辅基)形成复合物。另一类酶包括了由 RNA 组成的核酶。而核糖体(图 2.24)这样的复杂可起催化作用的细胞器,是蛋白质和 RNA 的复合体。

以室温下过氧化氢的分解反应为例,认识一下酶的催化威力。反应方程为 $H_2O_2 \longrightarrow H_2O + \frac{1}{2}O_2$。从自由能角度看,该反应是高度有利的,因为 $\Delta G^0 = -41\, k_B T_r$。但它在纯溶液中进行得非常缓慢:如果过氧化氢的初始浓度为 1 M,则它在 25℃的自发转化速率仅为 $10^{-8}\, Ms^{-1}$。以这样的速率,两周后也只能分解 1%的样品。可是,多种物质可以催化这一分解。例如,加入 1 mM 溴化氢可提升反应速率 10 倍;如果加入过氧化氢酶,浓度也达到 1 mM,反应速率将被提升 1 000 000 000 000 倍!

思考题 10A 计算单个过氧化氢酶每秒能分解的过氧化氢分子数(这是上述内容的另一种表述方式)。

在体细胞内,过氧化氢酶分解的作用对象过氧化氢是另一些酶介反应的产物(过氧化氢酶分解反应有一个出乎意料的后果,即消除了过氧化氢转变为有害自由基的可能性,避免了自由基对细胞的损坏)。

在过氧化氢酶的反应中,过氧化氢被称为酶催化底物,而反应生成的氧气和水被称为酶催化产物。底物浓度的变化速率(此处为 $10^4\, Ms^{-1}$)被称为反应速度。很明显,反应速度与酶的数量有关。为了衡量酶分子本身所固有的催化能力,我们可以将反应速度除以酶的浓度*(上述酶浓度为 1 mM)。可是,这个数值并不完全是酶所固有的,它也反映了底物的可利用程度(浓度)。考虑到大多数酶都展示出饱和动力学,即反应速度随着底物浓度的增加而上升到某一点后趋于平稳,因此可以定义酶的转换数为最大反应速度除以酶浓度。转换数才是酶的一个固有特性,它反映了酶分子在底物足够多时处理底物的固有能力。至于过氧化氢酶,上段给出的数值反映的正是饱和的情况,因此最大转换数就是思考题 10A 获得的数据。

过氧化氢酶的催化速度在所有酶中是最快的。更加典型的例子是延胡索酸酶,它在将延胡索酸水解成 L-苹果酸**的反应中,最大转换数达到 $1\,000\, s^{-1}$ 以上。也许换一种表述方式能给我们留下更深的印象:1 升 1 mM 延胡索酸酶溶液每秒能处理多达 1 mol 的延胡索酸,比类似的酸催化反应快几个数量级。

10.1.3 真核细胞都拥有循环马达

6.5.3 小节的一个重要结论是:自由能转换的进程中包含的可控步骤越小,则转换效率越高。上述结论是针对热机而言,对化学驱动的情况也应该成立,由

---

* 更精确地讲,应该除以活化位点的浓度,即酶浓度与单个酶分子所拥有的活化位点数之积。例如,一个过氧化氢酶有 4 个活化位点,则此处引用的速率实际对应的过氧化氢酶浓度是 0.25 mM。

** 延胡索酸酶在三羧酸循环(第 11 章)中也扮演了一个角色,它劈开一个水分子,并将碎片结合到延胡索酸上,然后再将它转换成苹果酸。

此我们认为：即使是构建最具威力的马达，大自然也会选择将它构建在大量尽可能小的亚单元上。早期对肌肉的研究确实发现了空间尺度越来越小的结构层次（图 10.1）。肌肉的这种由大到小的层次结构先是在光学显微镜发现的，而后又被

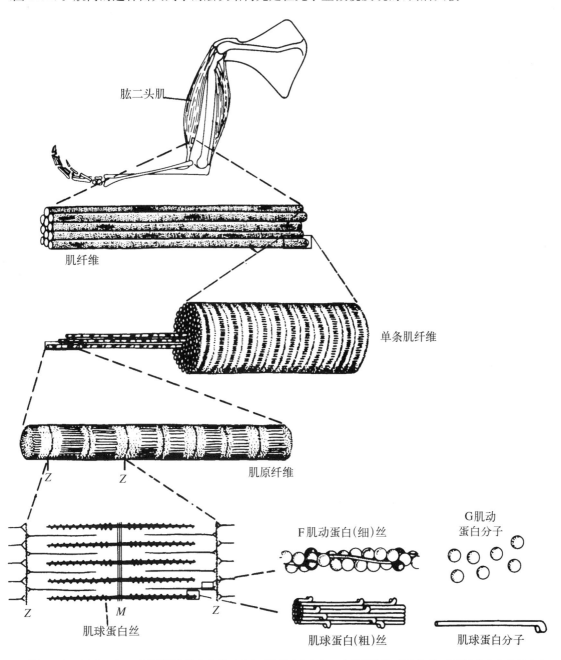

图 10.1(示意图)　在一系列递增的放大倍数下观察到的骨骼肌组织。在肌原纤维（肌肉细胞）中最终的发力者是成束的肌球蛋白束，它们与肌动蛋白细丝交织在一起。一旦激活，肌球蛋白就沿肌动蛋白细丝爬行，同时将后者推向 M 面，因此缩短了肌纤维。（摘自 McMahon，1984。）

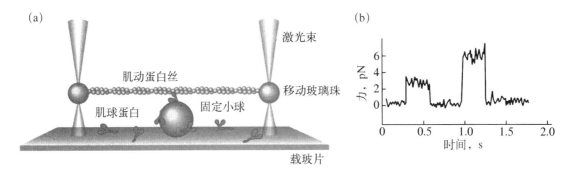

图 10.2(原理图：实验数据)　单个肌球蛋白分子的发力实验。(a) 两个玻璃珠连接在肌动蛋白细丝的两端。用光镊操纵细丝使其处于一个固定小球的正上方，小球上包被了一层肌球蛋白片段。肌球蛋白片段产生的力将细丝拉向一边，并移动两端的玻璃珠，而光镊会产生一个类弹簧力来抵抗这种位移，因此，通过测量细丝的位移便可知道肌球蛋白发力大小。(b) 在 1 μM ATP 溶液中测得的该马达蛋白产生的力，轨迹显示了马达蛋白如何先走动一步然后从细丝脱离。(改编自 Finer, et al., 1994。)

电子显微镜观察到。已经证明，除分子层次以外，其余层次的结构都不是最终的产力者，而是更小层次产力结构的集合。在分子尺度上，我们发现，力起源于两种蛋白质：肌球蛋白(图 10.1 中高尔夫球杆状分子)和肌动蛋白(图 10.1 中球珠状分子)。肌动蛋白会从球状的形式(G 肌动蛋白)自组装成细丝[F 肌动蛋白(图中球珠的扭链结构)]，形成供肌球蛋白吸附的轨道。

　　一系列成功的单分子运动性分析都直接证明了单个肌球蛋白和肌动蛋白是可以发力的。图 10.2 显示其中一个实验的梗概。一个表面粘有少量肌球蛋白分子的小球被固定在玻璃底板上，光镊操纵两端连接在玻璃珠上的一条肌动蛋白丝并使之位于静止的肌球蛋白的正上方。小球表面的肌球蛋白密度很低，每次至多只有一个肌球蛋白结合肌动蛋白丝。当系统加入燃料分子 ATP 时，实验发现，沿着偏离光阱平衡位置的某一确定方向，肌动蛋白细丝会表现出断续的步进行为。如果系统没有 ATP，就没有上述步进行为。马达的这种定向、非随机的运动是在没有任何外界宏观作用力(不像电泳)的情况下发生的。

　　肌肉之所以成了寻找分子马达的首选场所，是由于它能产生宏观的力。当然，其他情况下也会需要别的马达。与肌肉中的肌球蛋白不同，许多其他类型的马达并不以大型团队的方式工作，而是独自产生细微的皮牛顿量级的力。例如，5.3.1 小节叙述了大肠杆菌的移动，一个可转动的鞭毛马达将鞭毛与细菌身体联结起来；图 5.9 显示了该马达是由一系列大分子组装成的，其横截面尺寸只有几十纳米。4.4.1 小节又间接地论证了，在细胞某处合成的蛋白质或其他产物，不可能仅仅通过被动扩散就能到达很远的目的地，而是靠某类"卡车和高速公路"来主动输运。"卡车的货柜"常常是由双层小泡组成，通过电镜可以看到，"高速公路"是一条长长的称为微管的蛋白质聚合物(图 2.18)，因此在货柜与高速公路之间的某处肯定存在一个"引擎"。

　　1985 年，在由先前的肌球蛋白研究工作启发而开展的单分子运动性实验中，人们发现了上述引擎的一个很重要的实例——驱动蛋白。与肌动蛋白/肌球蛋白系统不同,驱动蛋白独自行走在微管上(图 2.19):经常是单个驱动蛋白分子将整个运输囊泡运载到目的地。其他许多有组织的胞内运动,如细胞分裂期间染色体的分离,也暗示了有马达参与克服这种定向运动导致的黏滞阻力,这些马达也属于驱动蛋白家族[*]。

与 DNA 相关的分子机器更为精妙。我们知道,每个细胞的基因蓝本都线性排列在一条长链高分子 DNA 上。细胞必须拷贝(或复制)这个蓝本(为细胞分裂)并转录它(为蛋白质合成)。执行这些操作的一个有效方法是拥有一个单分子读取机器,基因蓝本要穿过机器就得被物理地拉动。拉动一份蓝本的拷贝需要能量,就像磁带放音机需要一个马达拉动磁带穿过读头一样。对应的机器分别是用于 DNA 复制的 DNA 聚合酶和用于基因转录的 RNA 聚合酶(见 2.3.4 小节)。5.3.5 小节已经提及,用于 DNA 聚合的部分化学能必须消耗在亲代 DNA 与子代 DNA 链之间的逆向旋转摩擦上。

10.1.4　耗尽型机器参与细胞移动和结构排布

肌球蛋白、驱动蛋白和聚合酶都是循环马达。只要"燃料"分子够量,它们会无限制地步进下去,而自己的结构丝毫不变。细胞内其他一些定向的非随机运动并不需要这些特性,对它们而言,较简单的一次性的机器就足够了。

易位　某些在胞内合成的产物,必须被转运相当的距离,而且往往得穿过双层膜才能到达目的地,例如线粒体就会将某些在周围细胞质中合成的蛋白质引入其中。另有一些蛋白质需要被推出细胞膜。细胞通过让氨基酸链穿过膜孔的方式来完成蛋白质易位。

图 10.3 显示有助于单向易位的某些机制。马达"燃料"是蛋白质进入右侧环境后经历化学修饰而产生的自由能变化。一旦蛋白质穿越小孔,系统便无需进一步动作:一个耗尽型机器足以完成这种大分子易位。

聚合　许多细胞的运动,并不是靠鞭毛的转动或纤毛的波动(5.3.1 小节),而是向希望运动的方向挤出自己的身体。这种挤出部分在不同的场合下称为伪足、丝足或片状伪足(图 2.9)。为了克服上述运动的黏滞阻力,细胞的内部结构(包括它的肌动蛋白皮质,图 2.2.4)必须支撑在细胞膜上。为了挤出,细胞刺激肌动蛋白细丝在细胞运动前导端生长。静止状态下,单个(或单体)肌动蛋白亚基被束缚在抑制蛋白(一种小分子量蛋白质)上,从而阻止了前者的相互粘合。当细胞需要运动时,可改变胞内的 pH 值来触发肌动蛋白-抑制蛋白复合物的解离,肌动蛋白单体浓度的突然增加会导致它们往现存肌动蛋白细丝的两端装配。我们可以在体外实验中重现这一行为,以证实肌动蛋白的聚合能够以这种方式改变细胞的形状。一个含有微管的类似实验示于图 10.4 中:只需少量微管受触发后组装,就足以撑开一张人造双层膜。

---

[*]　其实,"驱动蛋白"和"肌球蛋白"都是马达分子中的大家族,这两类在人细胞中得到表达的大概各有 40 种。为简短起见,我们在此使用这些术语特指那些在各自家族中被研究得最彻底的成员:肌肉肌球蛋白和"常规"驱动蛋白(即 kinesin-1)。

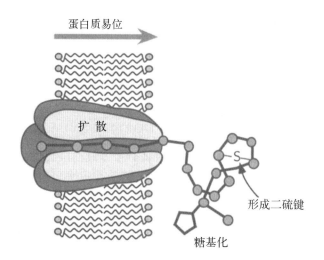

图 10.3(示意图) 蛋白质的穿膜易位。胞外(图中右侧),若干种机制能对蛋白质穿孔的扩散运动进行"整流"(使其定向),例如二硫键的形成和糖基团的结合(糖基化)。另外,细胞内外环境之间的种种化学上的不对称性,也能促使蛋白质链在细胞外卷曲,因而阻止它返回细胞内部。这些不对称性可以是膜两边的 pH 或离子浓度差等等。

寄生生物也能利用肌动蛋白的聚合。最著名的是单核细胞增生利斯特菌(*Listeria monocytogenes*),它触发宿主细胞的肌动蛋白在自己背后成束,从而在宿主细胞质中推进。这个肌动蛋白束与宿主细胞骨架的余下部分缠在一起而保持固定,因此蛋白聚合产生的力可以向前推动细菌自身。图 10.5 显示了这一正在进行中的"可怕"过程。

肌动蛋白丝或微管在聚合时产生力是机械式行为的又一例。单体间的化学结合能转换成了机械力,后者能以细胞膜(或侵入的细菌)为支撑点而做有用功。该机器具有耗尽型机器的性质,因为细丝每生长一次就会变样(更长了)*。

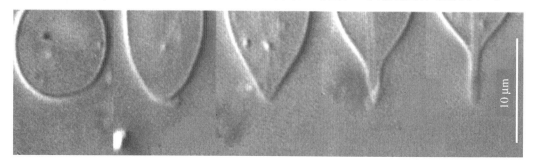

图 10.4(显微照片) 微管聚合导致人造双层膜扩张。数根微管以每分钟约 $2~\mu m$ 的生长速度逐渐使原本球形的小泡变形。[蒙允翻印自 Fygenson, DK, Marko, JF, & Libchaber, A. Phys. Rev. Lett. 79, p. 4498 (1997)中的 Figure 2A. © 1997 American Physical Society. doi.org/10.1103/PhysRevLett.79.4497. 图像蒙 D. K. Fygenson 惠赠。]

---

* 严格讲,活细胞会持续对细丝和微管进行解聚和"再充电"以供将来所需,并以此方式实现肌动蛋白和微管蛋白的循环利用。因此,我们也许不该称其为一次性过程。不过,图 10.4 的确显示了聚合力是以一次性方式产生的。

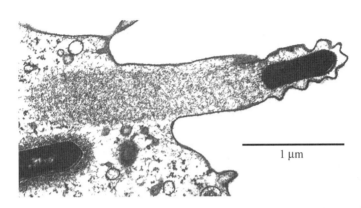

图 10.5(显微照片) 利斯特菌(黑菱形)触发宿主细胞肌动蛋白束某一端聚合,为自身抵达宿主细胞表面提供了动力。细菌后面的长尾是受其激发而装配形成的肌动蛋白丝网络。(摘自 Tilney & Portnoy, 1989。)

§10.2 纯力学机器

下面我们将利用一些熟知的经验来理解新的现象。本节将考察某些日常的宏观机器,并用能量曲面的语言加以描述,同时也发展一些术语。

10.2.1 宏观机器可由能量面描述

图 10.6 显示了三台简单的宏观机器。作用在每台机器上的外力都由重物符号表示。图(a)表示一台简单的耗尽型机器:先将半径为 R 的转轴逆着箭头方向转动,使盘簧储存势能。当释放转轴时,盘簧解旋并增大角位移 θ,机器对负载做有用功。比如,只要 Rw_1 小于盘簧施加的力矩 τ,机器就一直提升重物 w_1。如果整个装置浸入黏性液体,则转动的角速度 $d\theta/dt$ 正比于 $\tau - Rw_1$。

> 解释上段中最后的论断。(提示:回想一下 5.3.5 小节。)
>
> **思考题 10B**

直到盘簧完全解旋后,机器才会停止。

图 10.6(b)显示的循环型机器与(a)类似,这里的"机器"很简单就是中心轴,只要 $w_2 > w_1$,外部能源(重物 w_2)就能驱动外部负载 w_1 逆着其自然方向运动。这时机器充当了经纪人,它将物体的势能降转化为负载的势能升高。当然,我们在此假设了黏滞摩擦足够大,动能可以忽略。

图 10.6(c)的机器复杂些,两个转轴,其角位移分别为 α 和 β。它们通过齿轮啮合,作为最简单的情况,假设齿数比是 $1:1$,则 β 转一圈带动 α 转一圈,反之亦然。与(b)的情况一样,我们也称(c)是循环型机器。

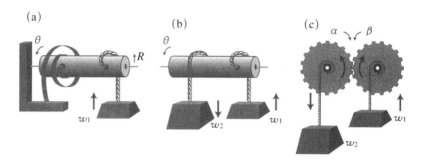

图 10.6(示意图) 三台简单的宏观机器。在每台机器中，重物并不属于机器的一部分。(a) 盘簧施加扭矩 τ 提升重物 w_1，导致角位移 θ 增加。盘簧的两端分别固定在墙上和转轴上，提升重物的绳子绕在轴上。(b) 重物 w_2 的下坠提起重物 w_1。(c) 类似于(b)，但连接重物 w_1 和 w_2 的转轴是由齿轮啮合的，当 w_2 提升 w_1 时，角度变量 α 和 β 均减少。

上述三台小机器也许是太简单了，无需进一步解释。可是，为了以后的应用，先对图 10.6 的每台机器作一点抽象的刻画。

一维能量曲线 图 10.7(a) 是第一台机器的势能图，或称能量曲面。点划线代表弹性势能，加上负载势能（虚线）便是总势能（实线）。总势能随 θ 的增加而减少，曲线处处下倾，所以净力矩 $\tau = -\mathrm{d}U/\mathrm{d}\theta$ 是正的。在黏性介质中，角速度正比于该力矩，因此可以认为该器件是沿能量曲线"下滑"的。

图 10.6(b) 所示是循环型机器，其能量曲线类似于图 10.7(a)。U_{motor} 本是一个常量，但因为还有来自外部驱动重物的贡献 $U_{\text{drive}} = -w_2R\theta$，因此给出的 $U_{\text{tot}}(\theta)$ 曲线与图 10.7(a) 是一样的。

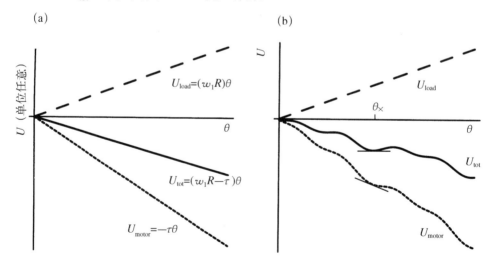

图 10.7(示意图) 图 10.6(a)一维机器的能量曲线，纵坐标标度任意。(a) 下方点划线：盘簧势能 $U_{\text{motor}} = -\tau\theta$。上方虚线：外部负载拥有的势能 $U_{\text{load}} = w_1R\theta$。实直线：总势能 $U_{\text{tot}}(\theta)$，为上述两者之和。由于机械能转变成热能的摩擦耗散，总势能随时间递减。(b) 非理想（轻度不规则）转轴的情形。实曲线：有载情况下，机器将在 $\theta_\times$ 点停止（U_{tot} 在此处有最小值）。点曲线：空载时，机器虽然会在 $\theta_\times$ 点减速，但不会停止。

现实的机器并不是理想的,枢轴的不规则会在势能函数中引入隆起或称"黏着点",要越过该点则必须有外力推动。我们可以用另一个函数 $U_{motor}(\theta)$ [图10.7(b) 的点划曲线]代替理想势能 $-\tau\theta$ 描述这些影响。只要总势能(实线)处处下倾,则机器不会停止。但是,如果势能隆起太大,以至于总势能 U_{tot} (在 $\theta_\times$ 点)形成一个极小值,则机器会停在那里。注意到"太大"的含义是依赖于负载:在上述例子中,空载机器就能越过 $\theta_\times$ 点。尽管如此,空载机器仍不可避免地会减速,因为净力矩 $-dU_{tot}/d\theta$ 在该点非常小,通过检查图 10.7(b)中点曲线的斜率就能明白这一点。

总之,图 10.6 中前面两台机器是沿图 10.7 中的势能曲线下滑的,这些曲线的"高度"(即势能)只依赖于一个坐标 θ,因此被称为是"一维的"。

二维能量曲面　第三台机器含有齿轮。在宏观世界,普遍齿轮组的角度 α 与 β 之间的关联是固定的:$\alpha=\beta$,或更一般地,$\alpha=\beta+2\pi n/N$,N 是每个齿轮的齿数,n 则是任意整数。但是,我们也可以设想两个"橡皮齿轮",在高负载时,它们可以形变甚至相互打滑,这种机器的能量曲面将包含两个独立坐标 α 和 β。图 10.8 是设想的内能 U_{motor} 的能量曲面,齿数 $N=3$。理想的运动应该沿着能量曲面上的任一条"沟",即直线 $\alpha=\beta+2\pi n/3$,n 为任意整数。齿轮组的缺陷仍以能量曲面的隆起表示,即使在同一沟内,齿轮组也不能自由转动。齿轮组打滑可以使机器从一条沟跳跃到下一条,但这种跳跃受到两沟之间能脊的阻碍。齿轮组打滑最容易在沟中的隆起点发生,例如点($\beta=2,\alpha=2$)[图 10.8(b)的箭头所示]。

现在考虑负载力矩 w_1R 和驱动力矩 w_2R 对机器的影响。符号 α 和 β 的定义如下:左侧齿轮顺时针转动时 α 增加,另一个齿轮逆时针转动时 β 增加(图 10.6),驱动力矩的作用是使能量曲面在 α 减小的方向下倾,负载力矩是使能量曲

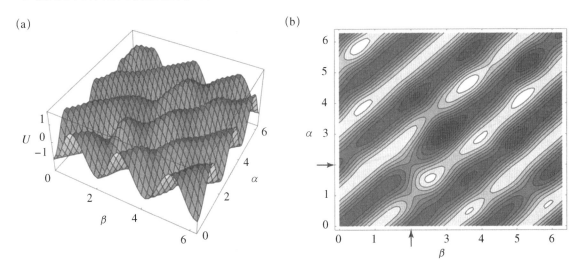

图 10.8(数学函数)　图 10.6(c)齿轮机器的假想势能曲面。机器不带负载或驱动(但稍带些缺陷)。为了清晰起见,设想每个齿轮只有三个齿。(a) 两个水平坐标是角度 α 和 β,纵坐标是势能,标度任意。(b) 等高线图,黑色对角带就是(a)中的沟。对应于主对角带的沟有一个隆起,即浅色斑 $\beta=\alpha=2$(箭头)。

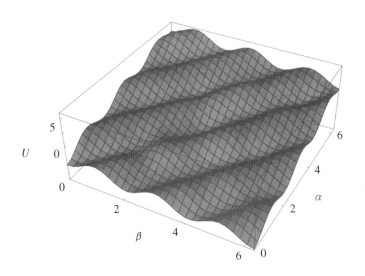

图 10.9（数学函数） 有驱动、有负载时的非理想齿轮机器的能量曲面。能量面与图 10.8 的一样，只是变倾斜了。图中显示的是驱动力矩大于负载力矩的情况。倾斜的能量面会促使机器往图的左前部运动。纵坐标标度任意。中心沟的隆起（$\alpha=2, \beta=2$）在本图所示情况中变成了容易发生"打滑"的位置，处在这种状态点上的机器能够从一条沟跃迁到紧邻的另一条能量较低的沟中。

面在 β 减小的方向（图 10.9）上翘。机器是在一条沟内沿能量曲面下滑的。图中显示的情况是 $w_1 < w_2$，而 α 和 β 均趋向负值。

与一维机器一样，在图示的驱动和负载条件下，跨越隆起点（$\beta=2, \alpha=2$）时，齿轮之间会彼此卡住。降低负载当然能使齿轮之间出现松动。但是，如果是提高驱动力，齿轮组会在该点打滑而越过一个轮齿，从图 10.9 所示中部的沟滑向邻近的靠向读者的沟。这就意味着 α 减少的同时 β 并不减少。

打滑是在一维理想化模型里看不到的一个重要的新现象。很显然，它不利于机器效率的提高，因为消耗了一个单位的驱动能（α 减少）但没有做相应单位的有用功（β 并没有降低），而是全耗散在黏滞阻力上。简而言之，

只要下列情况之一发生，图 10.6(c) 所示的机器就会停止做有用功（停止提升重物 w_1）：

(a) w_1 等于 w_2，机器处于力学平衡（图 10.9 中的沟变水平状），或

(b) 打滑率增大到一定程度。 (10.1)

10.2.2 微观机器能跨越势垒

10.2.1 小节描述的机器是确定性的：噪声或随机涨落对机器的运行没有重要影响。但是，我们要研究的分子机器处在纳米世界，因而受这种涨落的支配。

Gilbert：在微观世界里，某些不可思议的事情是可能发生的。机器在能量面上遭遇一个隆起时不再止步不前，因为很快就会有一个足够大的热涨落到来并推

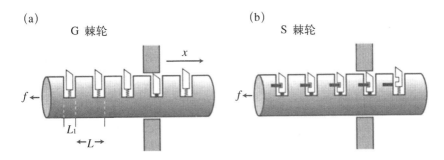

图 10.10（原理图） 两个热激活棘轮。（a）G 棘轮。如图示，一根杆（水平柱）在随机热涨落的驱动下作了一次假想的右向穿"膜"孔（阴影墙）单程旅行。滑动的插销能阻止杆左移，正如它在门锁中的功能一样。杆右移时，插销可以被墙压下直到过墙后弹出。外"负载"由向左作用力 f 来表示。正文解释了该器件不能工作的原因。（b）S 棘轮。插销处于墙左侧时被拴住，到达右侧后被释放。该装置是蛋白质易位（图 10.3）的一个力学类比。

动机器越过隆起。我能轻而易举地发明一个简单装置用热运动来实现蛋白质易位，事实上，我已按照我的名字将该装置命名为 G 棘轮［图 10.10（a）］。它是一个带有一系列斜口插销的轴，这些插销通过小弹簧固定住，并阻止轴的左移。偶尔会有热涨落猛然在轴上推一下，所施能量一旦超过压缩小弹簧必需的能量 ϵ，就能使轴向右跨出一步。

　　Sullivan：这的确令人吃惊。照此看来，你的机器甚至能拖动负载（图 10.10 中所示外力 f）！

　　Gilbert：正是！负载只是将移动速度减慢了一点，因为系统现在必须等待一个能量大于 $\epsilon+fL$ 的热涨落才能右移一步。

　　Sullivan：不过，我有一个问题：对负载所做的功 fL 从何而来？

　　Gilbert：我猜肯定来自引起布朗运动的热能……

　　Sullivan：为什么不将你的轴绕成一个环呢？ 这样的话，你的机器就会不停地转动，并持续对负载做功。

　　Gilbert：你的言外之意是……

　　是的，Sullivan 想要指出的正是：只要 Gilbert 的机器按上述方式工作，它会持续从环境的热运动中提取能量并对外做机械功。这样一个机器会自发地降低宇宙的熵，因此违反了热力学第二**定律** [*]。你不可能不消耗一点别的东西而直接将热能转换成机械能——回想一下 1.2.2 小节有关渗流机的讨论。

　　Sullivan（继续）：我认为你的论述有误。你的装置只能右进，这一点实际上并非显而易见。除非缩进一个插销所需的能量 ϵ 可以与 $k_{\mathrm{B}}T$ 相比拟，否则机器将纹丝不动。可是，如果那样的话，插销有时会自发地缩进——它们会随其他物体一起因热涨落而摆动！而此时如果恰巧有一个热涨落向左推动杆，那么杆就会向左移动。

　　Gilbert：但这岂不是千年一遇的巧合？

---

[*] 很不幸，对于那些不研究热力学的 Gilbert 的赞助商来说，得知这一点为时已晚。

Sullivan：当然不是。作用力将使杆的大部分时间滞留在 $x=0$，L，$2L$，$\cdots$ 之一的位点，在那些位点，插销实际上抵在墙上。假设现在有一个热涨落暂时缩进了碍事的插销。如果杆向右偏一点，作用力会将它拉回到原位。如果杆向左偏一点，插销会在墙下面滑行，而 f 将使杆左进一个行程。也就是说，作用力将杆的随机热运动转化成了左向的步进。如果 $f=0$，则根本不存在任何净运动，无论是向左还是向右。

Sullivan(继续)：但我依然欣赏你的创意。我们作一个小小的修正，如图 10.10(b) 所示的 S 棘轮。在棘轮中，插销在墙的左侧时被锁在下面，一旦运动到右侧就被某种机制释放。

Gilbert：我完全看不出有何益处。插销仍然不会将杆推向右边。

Sullivan：可是它们的确做到了：杆试图向左步进时，插销会作用在墙上，墙对插销会反作用，即通过墙的反弹，插销实现了对布朗运动的"整流"。

Gilbert：可是，这不就是我对 G 棘轮所假设的工作原理吗？

Sullivan：没错，可是某些东西现在正在被消耗：S 棘轮是耗尽型机器，运动时释放了储存在压缩弹簧内的势能。事实上，它就是易位机器(图 10.3)的力学类比，不再违反热力学第二定律。

Gilbert：可是，你对我的装置的批评(即可以反向步进)难道不能用于你的装置？

Sullivan：我们可以将 S 棘轮的弹簧设计得刚性一点，以至于不能自发地收缩，因此左向步进几乎是不可能的。但是，由于这些锁，右向步进仍然是容易的。

10.2.3　应用斯莫卢霍夫斯基方程计算微观机器的工作速率

定性预测　现在让我们给两位主角提供一些数学工具，帮他们澄清争论。图 10.11(a) 和 (b) 分别显示了 G 棘轮空载和有载时的能量曲线，杆的向右运动压缩了弹簧，增加了势能。在 $x=0$，L，$2L$，$\cdots$ 位点，插销刚过隔墙立刻弹出，弹簧的势能耗散成热能。图中的 (c) 和 (d) 分别是 S 棘轮低 (f) 和高 (f') 负载时的能量曲线。每根弹簧压缩时储存的势能为 ϵ。

首先注意到 (d) 与 (b) 定性相似，(a) 又相似于 (c) 和 (d) 之间的特殊情形，即 $f=\epsilon/L$ 的情形。因此，只需分析 S 棘轮，就能同时揭示两种装置中到底发生了什么事。简而言之，Sullivan 已经推断：

(1) 空载 G 棘轮和 $f=\epsilon/L$ 时的 S 棘轮都不会有净运动。

(2) 有载 G 棘轮和 $f>\epsilon/L$ 时的 S 棘轮会向左运动。

(3) 只有 $f<\epsilon/L$ 时的 S 棘轮才会右移。

Sullivan 的推断也隐含了：

(4) 有载 S 棘轮向右步进的速率反映了推动棘轮的能量大于 fL 的概率，这个能量使装置足以跃出图 10.11(c) 所示的势能局部的极小值。向左步进的速率反映了推动棘轮的能量大于 ϵ 的概率对应。

现在从 Sullivan 的第三个推断开始。为了保持问题的简单性，假设 $\epsilon \gg k_B T$。插销一旦弹出就不能自发缩回，即杆不会回退。我们视这种情况下的 S 棘轮为理

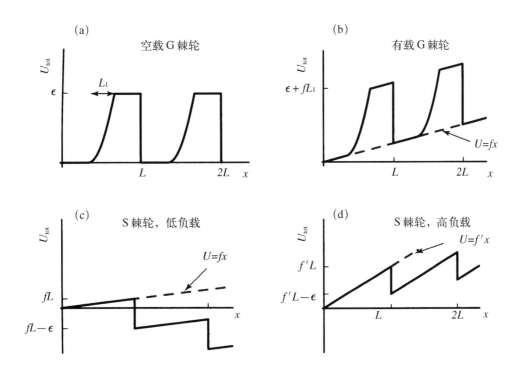

图 10.11(示意图) 能量曲线。(a) 空载 G 棘轮[图 10.10(a)]。推动杆右移,压缩插销中的弹簧,使储存的势能增加 ϵ,与之相应的是 U_{tot} 图的弯曲部分。一旦插销完全缩进,势能变成常量,越过隔墙弹出后,储存势能又回到零。(b) 有载 G 棘轮。杆的右移需要消耗能量抵御外力 f 做功。因此,U_{tot} 曲线相对于(a)是倾斜的。(c) 低负载 f 时的 S 棘轮[图 10.10(b)]。当杆右移时,随着越来越多的插销被释放,势能逐渐减少。(d) 高负载 f' 时的 S 棘轮。下降的步幅仍然是固定的 ϵ,但上升的幅度更大,因此右向的运动需要能量馈入。

想棘轮。首先假设<u>不存在外力</u>,形象地说,能量曲面是一个下倾的梯子,杆在梯级之间以扩散常量 D 自由漂移,从起始位点 $x=0$ 漂到 $x=L$ 所需时间大约为 $t_{step} \approx L^2/(2D)$(见式 4.5),到达 $x=L$ 时,另一个插销会弹出并阻止杆回撤,过程开始重复。平均的净速度是:

$$v = L/t_{step} \approx 2D/L, \quad \text{理想 S 棘轮的空载速度} \qquad (10.2)$$

就像 Sullivan 所宣称的那样,速度大于零。

现在引入负载 f,仍保持理想棘轮的假设。Sullivan 结论的重要前提是杆滞留在空间各点的时间与该点坐标 x 有关,因为负载总是将杆推向一个势能曲面的局部极小点。我们需要寻找杆处在 x 的概率分布 $P(x)$。

数学框架 与任何无规行走一样,单个棘轮的运动是复杂的。第 4 章给出了一个简单的确定性方程描述大量随机运动的平均行为,平均方法忽略了单个随机行为的繁杂细节,揭示了简单的集体行为。我们采用这种方法来描述 M 个相同 S 棘轮的集体行为。为了进一步简化数学表述,考虑仅有几个步进行程(假定 4 个)

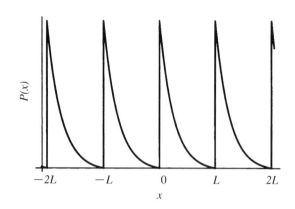

图 10.12(示意图) 在同一位置释放 S 棘轮集合，经过长时间后，它们以不同的概率在不同位点被发现，本图显示了这一概率分布。假设每个棘轮是环状的，所以 $x = \pm 2L$ 指的是同一点(见正文)。为便于说明，图示是理想棘轮的情况(能量差极大，$\epsilon \gg k_B T$)，参见思考题 10C。

的棘轮。可以想象，如果将杆完全弯成一个环，则 $x + 4L$ 与 x 就会处在同一坐标点。(为了避免 Sullivan 对 G 棘轮的批评，可以假设这些插销每转一圈就有某些外部能源来重新使它们复位。)

首先，将 M 个相同的棘轮放在同一位点 $x = x_0$，然后让它们行走一长段时间。最后，棘轮的位置将形成一个概率分布，就像图 10.12 设想的那样。在这个分布中，所有棘轮均堆积在四个势能最小点[$x = -2L$，…，L 处的紧右侧，见图 10.11(c)]，对初始位置 x_0 的记忆都已丢失。也就是说，$P(x)$ 是 x 的周期函数，而且最终也不再随时间变化。

这种描述是我们已经熟悉的，即棘轮的集体行为将达到一个非平衡定态。4.6.1 小节已经遇到过这种态，我们在那里研究了墨水在细管中的扩散行为，该细管连接在两个罐之间，而两罐的墨水浓度不同*。系统运行不久，我们就观测到细管中存在一个稳定的墨水流。该状态不是平衡态，因平衡态要求所有的流量都是零。类似地，在棘轮的情况中，只要对插销进行重新设定的外部能源一直处于可用状态，概率分布 $P(x, t)$ 将趋于与时间无关。这种状态的流(在 $x = 0$ 点右移的净棘轮数)不必为零。

通过以上讨论，问题已经得到简化，只需考虑在空间 x 中呈周期性且与时间无关的概率分布 $P(x, t)$ 即可。下一步就是找出 $P(x, t)$ 服从的方程，并用这两个条件求解它。为此，我们追随能斯特-普朗克公式(式 4.24)的推导过程。

注意到在时间步长 Δt 内，假想棘轮中的每一个都会获得一个或左或右的随机热扰动，除了增加一个外作用力，其余与菲克定律(4.4.2 小节)的推导一致。首先假设系统没有机械力(无负载也无插销)，则我们就能采用类似式 4.19 的推导步骤(图 4.10)：

● 将杆按虚构的单位长度 $\Delta x(\ll L)$ 进行均分。

---

* 稳定的(或准稳定的)非平衡态概念也曾经出现在 4.6.2 小节细菌代谢的讨论中，10.4.1 小节和 11.2.2 小节将再次运用这一有力工具。

- 分布在 $x = a - \frac{1}{2}\Delta x$ 与 $x = a + \frac{1}{2}\Delta x$ 之间的棘轮数为 $MP(a)\Delta x$。在时间 Δt 内,大约有一半是往右步进的。

- 类似地,分布在 $x = a + \frac{1}{2}\Delta x$ 与 $x = a + \frac{3}{2}\Delta x$ 之间的棘轮数为 $MP(a+\Delta x)\Delta x$。在时间 Δt 内,大约也有一半是往左步进的。

- 从左至右跨越 $x = a + \frac{1}{2}\Delta x$ 位置的净棘轮数为

$$\frac{1}{2}M[P(a) - P(a+\Delta x)]\Delta x \approx -\frac{1}{2}(\Delta x)^2 M \left.\frac{\mathrm{d}}{\mathrm{d}x}\right|_{x=a} P(x)。$$

- 最终结果可简化成 $-MD\dfrac{\mathrm{d}P}{\mathrm{d}x}\Delta t$,$D$ 是棘轮在黏性介质中轴向运动的扩散常量。[回顾要点 4.5(b) $D = (\Delta x)^2/(2\Delta t)$]。

现在考虑外力的影响:

- 每个棘轮的漂移受力 $-\mathrm{d}U_{\mathrm{tot}}/\mathrm{d}x$ 的影响,$U_{\mathrm{tot}}(x)$ 是图 10.11(c) 所示的势能函数。

- 这些棘轮在 $x = a$ 点的平均漂移速度

$$v_{\mathrm{drift}} = -\frac{D}{k_{\mathrm{B}}T}\left.\frac{\mathrm{d}}{\mathrm{d}x}\right|_{x=a} U_{\mathrm{tot}}。$$

[为推出此式,将力写成 $-\mathrm{d}U_{\mathrm{tot}}/\mathrm{d}x$ 的形式,并利用爱因斯坦关系(式 4.16)将黏性摩擦系数表达为含 D 的形式。]

- 在 Δt 时间内,从左侧穿过 $x = a$ 的净棘轮数另有一个来源,即 $M \times P(a)v_{\mathrm{drift}}\Delta t$,或 $-(MD/k_{\mathrm{B}}T)(\mathrm{d}U_{\mathrm{tot}}/\mathrm{d}x)P\Delta t$。

上述讨论给出了系统在时间 Δt 内通过某位置时棘轮数的两项贡献,将它们相加并除以时间,得到:

$$j^{(1\mathrm{d})} \equiv 单位时间内通过某位置的净棘轮数$$

$$= -MD\left(\frac{\mathrm{d}P}{\mathrm{d}x} + \frac{1}{k_{\mathrm{B}}T}P\frac{\mathrm{d}U_{\mathrm{tot}}}{\mathrm{d}x}\right)。 \tag{10.3}$$

(在这个一维问题中,通量的恰当量纲是 $\mathbb{T}^{-1}$。)由于概率分布 $P(x)$ 与时间无关,因此要求概率不会在任何位点堆积。这一要求意味着式 10.3 与 x 无关。(一个类似的讨论会把我们引向扩散方程,即式 4.20)。在此前提下,所得结果称为斯莫卢霍夫斯基方程:

$$0 = \frac{\mathrm{d}}{\mathrm{d}x}\left(\frac{\mathrm{d}P}{\mathrm{d}x} + \frac{1}{k_{\mathrm{B}}T}P\frac{\mathrm{d}U_{\mathrm{tot}}}{\mathrm{d}x}\right)。 \tag{10.4}$$

平衡态　现在求式 10.4 具空间周期性的解,并解释它的物理意义。首先,假定势 U_{tot} 本身是周期的:$U_{\mathrm{tot}}(x+L) = U_{\mathrm{tot}}(x)$。这种情况对应于空载 G 棘轮[图 10.11(a)]或 $f = \epsilon/L$ 的 S 棘轮[图 10.11(c)]。

例题： 对上述情况，证明玻尔兹曼分布是式 10.4 的一个解，并求单位时间内流过 x 的净概率，说明此解为什么是合理的。

解答： 假设系统刚达到了平衡态，不存在任何净流动。取 $P(x) = Ce^{-U_{tot}(x)/k_BT}$，这是一个周期的、与时间无关的概率分布（$C$ 为归一化常数）。代入式 10.3，则处处有 $j^{(1d)}(x) = 0$，因此上述 $P(x)$ 确实是斯莫卢霍夫斯基方程的一个无任何净运动的特解。

因为 $j^{(1d)} = 0$，因此 Sullivan 的第一个推断是对的（参见 10.2.3 小节），即空载的 G 棘轮在任一方向都没有净运动。我们也能为 Sullivan 的这一推断寻找物理的证据。实际上，函数 $e^{-U_{tot}(x)/k_BT}$ 在能量最低处达到峰值。因此，只要热涨落不是太大，每个棘轮都会把大部分时间消耗在返回能量最低处的过程中。

超越平衡 玻尔兹曼分布只适用于平衡态的系统。为了了解**非平衡**的情况，我们从理想棘轮入手（能级ϵ很大）。在推导零作用力下的速度估算式 10.2 时，我们已经遇到过理想棘轮。一旦棘轮到达能量曲线某个阶梯的边缘，它就立即落下而不再返回，因此在每级阶梯紧左侧的概率 $P(x)$ 几乎等于零，如图 10.12 所示。

> **思考题 10C**
>
> 验证函数 $P(x) = C[e^{-(x-L)f/k_BT} - 1]$ 在 $x = L$ 处为零。取势能函数 $U_{tot} = fx$，求解斯莫卢霍夫斯基方程，并在 $[0, L]$ 区间仿照图 10.12 绘制相应的概率曲线（C 仍然是归一化常数）。将结果代入式 10.3 求证 $j^{(1d)}(x)$ 处处恒定且大于零。

在理想棘轮的极限情况下，这就证明了 Sullivan 的第三个推断（有载 S 棘轮确实能做右向净运动）。常数 C 的选择应该使 $P(x)$ 适当归一化，其确切数值并不需要。对于 $[0, L]$ 以外的区域，拷贝 $P(x)$ 使其成为周期函数（图 10.12）。

现在求理想 S 棘轮的平均速度 v，首先考虑一下 v 的含义。图 10.12 显示了 M 个棘轮的集合的位置分布。尽管处于每个位置上的棘轮数被设想成不随时间变化的常数，但是那里存在一个净运动，就像我们在研究细管中的准定态扩散时所发现的那样（4.6.1 小节）。为了求得这个净运动，先计算起初落在单周期 $[0, L]$ 内的棘轮数，然后利用式 10.3 获得的概率流 $j^{(1d)}$，计算所有这些棘轮从左至右通过 L 点所需的平均时间：

$$\Delta t = （棘轮数）/（棘轮数 / 时间） = \left[\int_0^L dx MP(x)\right]/(j^{(1d)})。 \quad (10.5)$$

平均速度：

$$v = L/\Delta t = (Lj^{(1d)})/\left[\int_0^L dx MP(x)\right]。 \quad (10.6)$$

归一化常数 C 在此被约去（M 也同样被约去）。

将思考题 10C 的表达式代入式 10.5 得：

$$\Delta t = \frac{1}{Df/k_{\mathrm{B}}T} \int_0^L \mathrm{d}x \left[\mathrm{e}^{-(x-L)f/k_{\mathrm{B}}T} - 1 \right],$$

或

$$v = \left(\frac{fL}{k_{\mathrm{B}}T} \right)^2 \frac{D}{L} \left(\mathrm{e}^{fL/k_{\mathrm{B}}T} - 1 - fL/k_{\mathrm{B}}T \right)^{-1}。 \quad \text{有载理想 S 棘轮的速度}$$

(10.7)

尽管答案有点复杂,但它有一个简单的定性特征:有限。即使我们采用的能量阶梯非常大(理想棘轮),棘轮的速度仍然有限。

> （a）证明零外力时式 10.7 还原到 $2D/L$,与空载理想棘轮的粗略分析一致(式 10.2)。　**思考题 10D**
> （b）证明高负载(但仍然比 ϵ/L 小很多)时,式 10.7 可简化成:
> $$v = \left(\frac{fL}{k_{\mathrm{B}}T} \right)^2 \frac{D}{L} \mathrm{e}^{-fL/k_{\mathrm{B}}T}。 \quad (10.8)$$

在理想棘轮的极限情况下(回撤速率为零),最后的结果也与 Sullivan 的第四个推断吻合(向前步进的速率包含活化能的指数因子)。

尽管只研究了理想棘轮的极限情况,我们还是能猜出更一般的情形。考虑 $f = \epsilon/L$ 的平衡态。在这个平衡点,棘轮前进和回撤的活化势垒是相等的。思考题 10D(b)的结论认为:前进和回撤的速率抵消了,因而没有净运动。此论点正是对平衡态的动力学解释(见 6.6.2 小节)。如果负载较大,$f > \epsilon/L$,则回撤运动的势垒其实比前进运动的势垒小[图 10.11(d)],所以,机器的净运动是向左的。这是 Sullivan 的第二个推断。

小结　当 $f < \epsilon/L$ 时,S 棘轮右行,随着负载逐渐提高并越过临界点 $f = \epsilon/L$,棘轮会逐渐减速并最终反向行进。

尽管 S 棘轮并不真实,但它能够阐明一些适用于任何分子机器的原理:

(1) 分子机器在自由能曲面上是无规行走,而不是确定性滑行。

(2) 它们能够穿越势垒,平均等待时间由指数因子给定。

(3) 它们能够储存势能(这是产生能量曲面的部分因素)而不能储存动能(因为在纳米世界黏性耗散太强,见第 5 章。)

第(3)点与摆钟之类熟悉的宏观机器形成鲜明对比,摆钟的速率受摆锤惯性的控制。在高阻尼的纳米世界,惯性并不是一个决定量,分子马达的速度是由活化势垒控制的。

对棘轮的研究也可以归纳出一些更具体的结论:

(a) 只要结构上是非对称的,热动机器就能将储存的内能 ϵ 转化成定向运动。

(b) 但是仅仅结构上的非对称是不够的：如果热机处于平衡态，它不会运动到任何地方［图 10.11(a)，周期势］。要使它做有用功，必须为它安排一个下倾的自由能曲面把它推离平衡点。

(c) 当提高驱动能ϵ时，棘轮速度不会无限上升。相反，空载棘轮的速度会达到某个饱和值（式 10.7）。 (10.9)

在思考题 10D 中证明了有载时棘轮的极限速度是从空载时的 $2D/L$ 按指数衰减的，这个结论会让你想起阿伦尼乌斯速率定律（3.2.4 小节）。在第 3 章中，我们曾想象单次热"踢动"就能促使分子跨越势垒，从而给出了该定律的一个极其简化的解释。但在有黏性摩擦的介质中，这个一脚踢的过程看起来就像是在蜜糖中举行足球比赛时一次成功的射门！这虽然更加复杂，但通过斯莫卢霍夫斯基方程我们仍然找到了推导大量分子速率定律的正确方法：将过程模型化成沿能量曲面的无规行走，可获得与粗浅论证所给出的相同定性结果。

当面对更加复杂的微观机器，如图 10.6(c)所示的齿轮机器，仍然可以沿用上述观点。我们不再研究沿势能曲面（图 10.9）的滑动，而是在曲面上建立一个二维的斯莫卢霍夫斯基方程，并再次获得与要点 10.1 相似的结论。但是下面各小节不会按此思路展开，而是避开困难的数学问题，寻找一条讨论定性行为的捷径。

10.2.3′ 小节推广了上述讨论，并得到了非理想棘轮的力-速度关系。

§10.3　力学原理的分子实现

§10.2 对纯力学机器的讨论，虽然给出了一些漂亮的公式，也留下了一些问题：

- 不像早先勾画的宏观机器，分子尺度的机器只由一个或数个分子组成。我们的观点适用于单分子吗？
- 面对消耗化学能的循环型机器，还没有合适模型。是否需要一些全新的观念来创立这一模型？
- 最重要的是，如何与实验数据联系起来？

为深入讨论第一个问题，现将前述各章发展起来的有关单分子的一系列观点作一小结。

10.3.1　三个观点

第一，第 6 章为单分子系统构建了相应的统计物理理论。6.6.3 小节证明这样的系统与宏观系统一样,能够而且不必以单向的确定方式趋于自由能最小化。

第二,第 8 章指明化学力无非是自由能的变化,原则上可以与其他形式的能量变化之间相互转化(如 S 棘轮中小插销的释放)。化学力驱动一个反应,其方向由 ΔG 决定,后者既包含了反应的化学计量关系,还与尚未进入反应进程的外界分子的浓度有关。(要点 8.23 简洁地表达了这一结论。)

第三,第 9 章表明,即使是由成千上万个随机热运动的原子组成的复杂大分子,仍然可以被处理成只拥有几个离散态的系统。大分子确实能在这些态之间实现快速跳变,就像一个宏观的照明开关。我们把这种"多稳态"行为的原因归结为诸如氢键之类的大量弱相互作用的协同效应。例如,协同性导致的螺旋-线团转变(9.5.1 小节)或血红蛋白氧吸附(9.6.1 小节)都表现出急剧转变。类似地,同一个大分子和不同小分子的结合具有高度特异性,通过许多带电基团或氢键基团在几何结构上的精确排列所表现出的协同效应,可以将冒名者拒之门外(要点 7.17)。

10.3.2 反应坐标为化学过程提供了方便简化的描述

多稳态的概念(10.3.1 小节中的第三点)多少支持了如下观点,即可用极端简单的动力学图像(或反应图)来描述大量复杂大分子的化学反应,将这些大分子视为在几个确定构象之间跃迁的简单分子。反应图由一些离散的符号(或节点)通过箭头相互连接而成,如第 8 章所述。例如,8.2.1 小节研究的异构化反应可记为 A $\rightleftharpoons$ B。这是一类稀疏连接反应图,也就是说许多节点之间的连接箭头实际上是不存在的,因为对应的反应速率低得可以忽略(图 10.13)。反应在许多情况下只能顺序进行,而极少依反应图的捷径进行。分子动力学的精确计算通常还不能确定反应图的细节,但由类似系统获得的经验数据有时足以对该系统作出大概猜测,然后寻找一些定量的预言来检验上述猜测。

沿着这些反应图的箭头具体发生了什么呢?当分子从一个构象转变到下一个构象,构成分子的原子必须重新排定它们之间的相对位置和夹角。我们可以想象出每个原子的坐标,初始构象和最终构象即是这些坐标构成的多维空间中的点。事实上,这些点是很特殊的,因为原子处在这些坐标时的自由能比处在任何别处时的自由能低很多。这一性质使这些近稳态的点显得比较独特,它们即被选为反应图中的节点。如果我们能到达单个原子的附近并推动它们,则要使分子偏离这些态中任何一个态,都必须对分子做一定的功。事实上,我们只能等待热运动来做这些推动:

图 10.13(反应图) (a) 全连接反应图。(b) 稀疏连接反应图。

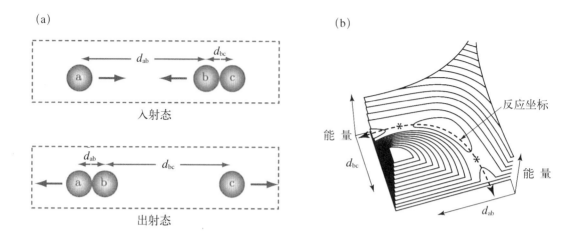

图 10.14(示意图) （a）一个简单的化学反应：一个氢分子将它的一个原子转交给另一个氢原子，$H + H_2 \longrightarrow H_2 + H$。（b）为该反应的假想自由能曲面，假定原子是沿一条直线旅行。虚线是连接(a)中初始和最终构象的极小能量路径，类似于一条山路。反应坐标可认为是沿路径的距离，路径上的最高点称为过渡态。图示中，由于对称性，反应路径中有两个等高的小峰(星号)。［(b)改编自 Eisenberg & Crothers, 1979。］

> 异构化反应反映了分子在其构象空间自由能曲面上的无规
> 行走。 (10.10)

不幸的是，即使是小分子，其构象空间的尺度也令人生畏。作为示例，假设一个极端简单的反应：氢原子 H_a 与一个氢分子碰撞，使氢分子释放一个氢原子 H_b 与它结合。三个 H 原子在空间的相对位置由两两之间的距离描述。假定三个原子处在同一直线上，两个距离 d_{ab} 和 d_{bc} 就能够完全描述其几何构象。图 10.14 显示了反应的能量面示意图。虚线两端点处的能量最小，因为此处两个 H 原子相距为惯常的键长，而第三个 H 原子离得较远。虚线代表了在构象空间将两个能量最小点连接起来的一条路径，该路径使得在能量曲面上的爬行尽可能地少，爬行必须克服的势垒对应于虚线中的两处凸起(图中星号)。

当一个自由能曲面有一条图 10.14 所示明确的山路时，可以把问题近似地看成沿着该曲线的一维行走，并根据所得的一维能量曲线进行处理。化学家将沿路径的距离称作反应坐标，将沿路径的最高点称作过渡态，将该点在曲线中的高度以符号 $\Delta G^{\ddagger}$ 标记。

值得注意的是，反应坐标这一概念的有效性并不局限于简单小分子。即使是由成千上万个原子坐标描述的大分子也常常允许由一两个反应坐标提供的简化描述。10.2.3 小节表明，在一维势能曲线上的无规行走跨越势垒的速率是由一个包含活化势垒的阿伦尼乌斯指数因子控制的，在我们采用的符号中，该因子取 $e^{-\Delta G^{\ddagger}/k_B T}$ 的形式。为了验证一个给定的反应等效于在一维自由能曲线上的无规行走，记 $^*\Delta G^{\ddagger}/k_B T = (\Delta E^{\ddagger}/k_B T) - (\Delta S^{\ddagger}/k_B)$。则反应速率与温度有关

---

* (T) 更精确地说，我们应该用焓代替 $\Delta E^{\ddagger}$。

$$速率 \propto e^{-\Delta E^{\ddagger}/k_{B}T}。 \tag{10.11}$$

大分子之间的很多反应确实服从这一关系(图10.15)。10.3.3节将证明这些观点有助于理解酶的巨大催化能力。

 10.3.2′小节更详细地讨论了能量曲面的概念。

10.3.3 酶与过渡态结合从而催化反应

反应速率受活化势垒的控制,并大致由一个与温度有关的阿伦尼乌斯指数因子给定(见3.2.4小节)。酶虽然提升了反应速率,但仍保留了后者与温度有关这一特性(图10.15)。因此有理由猜测酶的作用就是降低反应的活化势垒。至于它们是如何实现的,至今尚未完全阐明。

图10.16总结了霍尔丹(J. Haldane)在1930年提出的酶催化机理。使用本章的力学语言,把底物分子S设想成一个弹性体,其中一个化学键特别值得关注,以弹簧形式示于图中。底物随机游走直到遇见酶分子E。酶分子被设计成带一个结合位点,其形状与底物S的外形基本但并非完全互补。该位点是由那些能与S形成能量上有利的接触(氢键、静电吸引等)的基团所排成的。

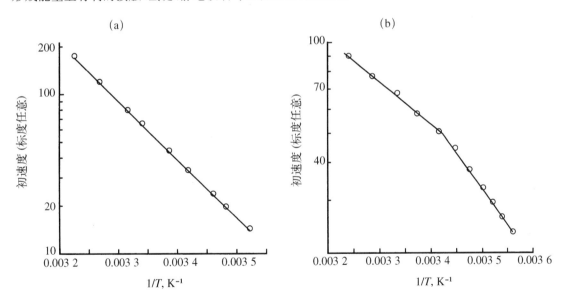

图 10.15(实验数据) 酶的催化速率。(a)反应初速度与温度倒数的半对数关系曲线,数据来自pH值为6.35时延胡索酸酶催化 L-苹果酸盐转化成延胡索酸盐的化学反应。(b)逆反应的数据。前一个正反应符合阿伦尼乌斯速率定律(式10.11),显示为直线。该直线表示函数 $\log_{10} v_{0} = 常数 - (3650 \,\mathrm{K}/T)$,对应一个 $29 k_{B}T_{r}$ 的活化势垒。逆反应显示了两种不同的斜率,温度大于294 K时,可能有另一个反应机制开始起作用。(数据摘自 Dixon & Webb, 1979。)

处在这种情况下的态 E 和 S，可以通过各自的形变以形成更紧密的接触，从而降低了它们的总自由能，并从结合部位的许多弱吸引中获益*。用霍尔丹的话说，费歇尔（E. Fischer）著名的"锁-钥"比喻应该修正成"钥匙并不完全匹配锁，但能使锁产生一定的应变"。结合的复合物称为 ES。由此导致上述特殊键产生形变，使其更逼近断裂点，换句话说，降低了打断该键的活化势垒。然后，ES 将异构化到酶与产物的结合态 EP，这个过程比 S 自发地异构化到 P 快很多。如果产物与酶的结合位点并不十分匹配，则产物很容易脱离，从而使酶恢复到原来状态。该过程的每一步都是可逆的，酶也催化逆反应 P→S（图 10.15）。

现在来看刚刚勾画的小故事如何暗示了活化能的降低。图 10.17(a) 是单分子 S 自发异构化（转化）成 P 的假想自由能曲线（顶部曲线）。假定 S 为了匹配 E 的结合部位而必需的几何形变沿着 S 的反应坐标进行，且在过渡态 $S^{\ddagger}$ 达到最紧密匹配。酶也可以将自己的构象从平常态（最低自由能态）转变到其他态（底部曲线）。这些变化虽然提升了 S 和 E 的自身能量，但是它们部分地会被复合物 ES 中相互作用（或结合）能的快速下降抵消（中部曲线）。将上述三曲线相加便得到了总自由能曲线，在该曲线中形成过渡态 $ES^{\ddagger}$ 的活化势垒被降低了[图 10.17(b)]。

上段中的图像不应该过于当真，因为还没有一个明确的方法能将自由能分成图 10.17(a) 所示的三份独立的贡献。然而，其结论仍然是有效的：

　　　　酶的作用就是降低反应的活化势垒。为达到此目的，酶的特
殊构造使其能与底物过渡态产生最紧密结合。　　　　　　　　　　(10.12)

酶-底物复合物能有效地从结合位点之间的许多弱相互作用中借用一些自由

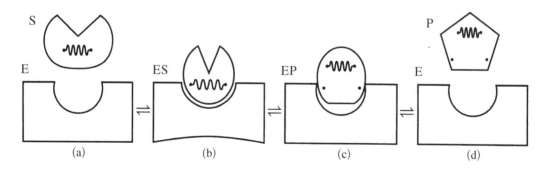

图 10.16(示意图)　酶活性的概念模型。(a) 酶 E 拥有结合位点，该位点的形状以及电荷、疏水性及氢键位点的分布只能近似地与底物 S 匹配。(b) S（或 S 与 E 双方）必须形变才能完美匹配。（其他更剧烈的酶构象变化也是可能的。）底物上的一个键（在 S 中以弹簧表示）伸长到接近它的断裂点。(c) 热涨落能轻易打断 ES 态中伸长的键，从而产生复合物 EP。一个新键（上方的弹簧）形成了，稳定了产物 P。(d) P 态与结合位点并不十分匹配，因此它很容易脱离，从而使 E 恢复到原来状态。

---

*　除了直接的形状变化以外，其他种类的畸变也是可能的，例如电荷重排。本章以形状变化这种力学观点来喻指所有种类的畸变。

能以形成过渡态。要让酶恢复原状,这些借用的能量在产物释放时必须偿还,因此

$$酶不能改变反应的净自由能变化 \Delta G。 \qquad (10.13)$$

酶同时加速正逆反应,而反应的实际方向依然是由 ΔG 决定的,它是由酶以外的其他因素决定的(见要点 8.15)。到目前为止,设想的系统只含单个底物分子。只需一个简单的修正,就能将酶当作一个逐步处理大批 S 分子的循环型机器。当有许

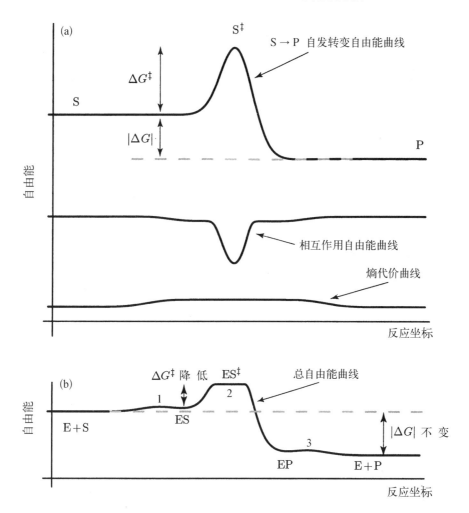

图 10.17(示意图) 对应于图 10.16 的假想自由能曲线。此处想象在一个小的容器中只包含一个酶分子和一个底物分子。(a) 总自由能的不同来源。为了将这三条曲线显示在单张图中,它们都被上下平移了任意单位。顶部曲线:只有越过了大的活化势垒 $\Delta G^{\ddagger}$,底物 S 才能自发转变成产物 P,$\Delta G^{\ddagger}$ 是过渡态 $S^{\ddagger}$ 相对于 S 的自由能差。中部曲线:底物或产物与酶之间的相互作用自由能,包括两部分。一部分来自底物或产物与酶分子结合时很小的能量降低(对应图中小幅度、较大范围的下降区),另一部分来自底物转变到过渡态时较大的能量降低(对应图中较尖锐的下陷区)。(当酶与底物结合时,其自身也会发生形变,从而部分消解了结合自由能。不过,酶的净效应仍然是降低势垒 $\Delta G^{\ddagger}$。)底部曲线:底物与酶的结合会同时减少其平动和转动熵,这会增加额外的自由能代价。当产物从酶分子上释放后,这部分损失的熵又会被找回。(b) 将(a)中三条曲线相加得到的净的自由能曲线。酶能够降低 $\Delta G^{\ddagger}$,但不能改变 ΔG。图中 1、2、3 显示了 3 处自由能垒。

多 S 分子参与反应时，反应的总驱动力包含形式为 $k_B T \ln c_S$ 的熵项，c_S 为底物分子浓度（见式 8.3 和式 8.14）。高 S 浓度的效应就是抬高自由能曲线左端 [图 10.17(b)]，相应地降低甚至消除形成复合物 ES 的任何活化势垒，从而加速了底物与酶的结合。类似地，产物浓度 c_P 的增加会抬高自由能曲线右端，因而减慢甚至阻止了产物的释放。就像任何化学反应一样，一个足够高的 P 浓度甚至可以改变 ΔG 的符号，因而改变总反应的方向（见 8.2.1 小节）。

现在我们看到了一个简单而关键的事实：酶/底物/产物系统所处的状态取决于有多少 S 分子已经被处理成 P。尽管一个循环后酶回到了它的原始状态，但酶每走一整步，系统自由能就降低 ΔG。我们可以通过将反应坐标推广到涉及反应进程的量（如剩余底物分子数 N_S）来确认这一事实。完整的自由能曲线是由图 10.17(b) 所示曲线的大量拷贝组成的，各拷贝依次下移 ΔG 从而构成一条连续的曲线（图 10.18）。事实上，该曲线定性地看起来就像我们研究过的图 10.11(c) 曲线！只需将那图中的势垒 fL 与 $G^\ddagger$ 等同，而且净下降 $fL - \epsilon$ 与 ΔG 等同。简而言之，

> 很多种类的酶分子可以被视作简单的循环型机器，它们的工
> 作原理本质上与一维自由能曲线上的无规行走相同。对于反应
> S→P，机器每前进一步，自由能曲线净下降 ΔG。 (10.14)

要点 10.14 立刻定性回答了一个问题，即为何如此多的酶都展示出饱和动力学（见 10.1.2 小节）。回想一下其中的含义。酶催化反应 S→P 的速率在高 S 浓度时总是趋平，而不像简单碰撞理论所期望的那样与 c_S 成正比。将酶催化视作自由能曲面上的无规行走，由此可以证明饱和动力学正是我们已经获得的结果，即关于理想棘轮速度的结果 [要点 10.9(c)]。底物 S 浓度如果非常大，则自由能曲面的左端将被抬得很高，图 10.17(b) 中从 E＋S 到 ES 的步骤将变为速降过程，因此蛋白酶耗费在非结合态的时间就可忽略不计。但是，当 S 浓度超过某个值之后，对整个反应过程的这种加速效应就会趋向于饱和，如式 10.7 所示。这也很容易理解，因为削去图 10.17(b) 中的第一个隆起，并不会影响到中部的隆起。确实，控制 ES 到 EP 通道的活化势垒对可用的 S 的数目并不敏感，因为在整个过程中结合位点早已经被占据。

我们也发现了能使催化循环基本上不可逆的另一个方法：不是提高 c_S，而是降低 c_P，使能量曲面的右侧下降得陡峭些。这是有道理的——如果系统没有产物，则 E 结合到 P 并将它转化成 S 的速率是零！§10.4 将把上述所有定性讨论变成简单定量的酶催化速率理论，然后将相同的推理应用到分子机器。

要点 10.14 还给出一个重要的定性预言。假设我们发现另一个类似 S 的分子 $\tilde{S}$，后者的松弛态类似于 S 的拉伸（过渡）态。可以想象，$\tilde{S}$ 会比 S 更紧密地与 E 结合，因为这样会获得整个结合能而无需支付任何弹性应变能。鲍林于 1948 年就曾提出，即使在 E 和 S 溶液中加入极少量的过渡态类似物 $\tilde{S}$，也会使酶中毒，因为 E 会始终与 $\tilde{S}$ 紧紧地绑在一起，而不再去催化 S 的形变。当今用于治疗 HIV 感染的

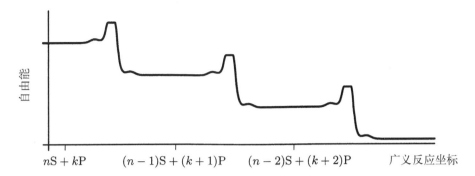

图 10.18(示意图)　将图 10.17(b)复制多份后上下错位衔接而成的自由能曲线,图中显示循环反应的三个步骤。图 10.17 的反应坐标已经被推广并包括酶和底物分子数的变化,曲线把有 n 个底物和 k 个产物的态与 S 减少三个(P 增加三个)的态连接在一起。

蛋白酶抑制剂,其开发原理就是寻求能与 HIV 蛋白酶活化部位结合的过渡态类似物。

　10.3.3′小节提到了酶能被用来推动反应的其他物理机制。

10.3.4　力学化学马达的运动可视为二维能量面上的无规行走

要点 10.14 已经为化学器件(酶)引入了与 10.2.2 小节研究过的微观力学器件相同的概念框架。该图像有助于想象力学化学机器是如何运行的。假设一个酶催化反应,底物处在高化学势 μ_S,而产物处于低化学势 μ_P。另外,该酶还有第二个结合部位,它能将酶吸附到周期"轨道"上,这种情况就像是驱动蛋白(见 10.1.3 小节),该分子马达将 ATP 转化成 ADP 和磷酸盐,并能结合到微管上呈周期性空间分布的位点上。

上面描述的系统有两个净运动的标志,即剩余底物分子数和机器沿轨道的空间定位。马达向任一方向的步进,一般都会要求克服某个活化势垒,例如,沿轨道的步进首先必须从轨道上脱落。为了描述这些势垒,我们引入一个二维自由能曲面,其概念类似于图 10.8,β 代表马达上一个特定原子的空间坐标。假定将 β 固定,然后找出此时马达为完成一个催化步骤所要经历的构象空间中的最容易路径,它应该对应着自由能曲线上当 β 固定时的一个片段。将不同 β 对应的片段拼起来,原则上就得到了这个二维能量曲面。

如果酶不受外力作用,且底物和产物的浓度满足热力学平衡($\mu_S = \mu_P$),则得到一个如图 10.8(a)所示的没有净运动的图像。可是,如果有净化学力和机械力存在,得到的是一个类似于图 10.9 所示倾斜的能量面,酶会运动,就像 10.2.2 小节所叙述的那样! 图 10.9 所示能量曲面的对角沟实现了力学化学循环:

力学化学循环对应于建立在化学反应坐标与空间位移坐标上的自由能曲面。如果自由能曲面在力学(β)方向上无反射对称，且底物和产物浓度之间偏离平衡，循环就能产生一个定向的净运动。　　　　　　　　　　　　　　　　　　　　　　(10.15)

该结论只是重述了要点 10.9(a)和(b)。

图 10.9 代表了一个称为紧耦联的、极端形式的力学化学耦联，其中力学(β)方向的运动几乎总是联系着化学(α)方向的步骤。图中各条沟被很高的势垒隔开，形成明确的边界，从一条沟跳到另一条沟的概率极低。在这种情况下，忽略所有垂直于沟方向的运动是有意义的，实际上我们已经忽略了许多其他构象变量一样[图 10.14(b)]。因此，该系统可以简单地用沿一条沟的单个反应坐标来描述。通过这样简化后，马达确实变得简单了：它仅仅是又一个具有类似于 S 棘轮自由能曲面的一维器件[图 10.11(c)]。

必须记住的是，紧耦联仅仅是一个待检验的假设。实际上，10.4.4 小节将讨论紧耦联对一个马达有效地发挥功能并非是必需的。不过，眼下可以暂时记住图 10.9 提供的关于耦联机制的直观图像。

§10.4　真实酶及分子机器的动力学

真实的酶当然比上节的描述复杂得多。图 10.19 显示了参与新陈代谢的磷酸甘油酸激酶。(第 11 章将讨论该酶参与的糖酵解途径。)酶结合到磷酸甘油酸盐(葡萄糖的修饰片段)，并将它的磷酸基团转移到 ADP 分子上形成 ATP。如果酶结合的是磷酸甘油酸盐和水分子，则磷酸基团就会被转移到水分子上，也就不会产生 ATP。激酶正是为解决这一工程问题而被精心设计出来的，它由两个结构域通过一个柔韧的铰链连接而成。参与反应的某些氨基酸处在它的上半部，而另一些又处在它的下半部。当酶结合到磷酸甘油酸盐和 ADP 时，结合能会促使酶去包裹这些底物。只有此时，所有参与反应的氨基酸才会各自就位。因为酶把水分子屏蔽在其外，反应就可以在内部完成。

简而言之，磷酸甘油酸激酶非常复杂，因为它不仅必须将分子状态的可能变化引向有用的方向，而且要阻止那些流向无用过程的可能性。尽管有这些复杂性，仍然能够从它的结构中看见前几节概述过的一些基本主题。酶本身比它的两个底物结合部位大很多，它紧紧包裹底物，形成数个弱物理联结。对这些弱物理联结的最优排布会迫使底物分子进入某个精确的构象，这个构象可能对应于预期的磷酸基团转移反应中的过渡态。

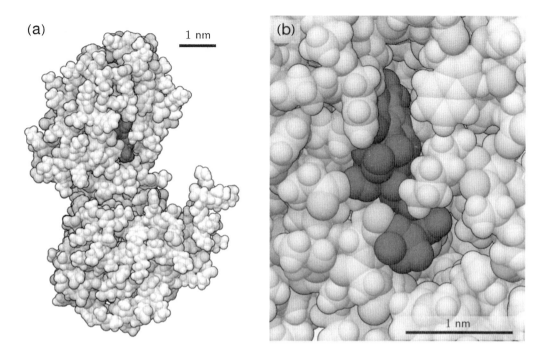

图 10.19(依据原子坐标的结构图) (a)磷酸甘油酸激酶的结构,该酶是由 415 个氨基酸组成的单链。单链折叠成特有的形状:一条柔韧铰链将较大的两叶连接起来,发生化学反应的活化位点处在两叶之间。(b)(a)的特写,显示结合一个 ATP(深灰色部分)的活化位点。该画面所显示的是(a)中从右向左的视角,视野中心置于上叶。酶的若干氨基酸将 ATP 分子包裹在特异位点。在两幅图中,酶的原子显示为浅灰色,ATP 的原子显示为深灰色。(由 D. S. Goodsell 绘制。)

10.4.1 米-曼规则可描述简单酶的动力学

米-曼规则 从 10.2.3 小节我们获得了一些计算自由能曲面上无规行走净速率的经验,发现这种计算可归结为解斯莫卢霍夫斯基方程(式 10.4)并求出适当的准稳态。可是,通常并不知道自由能曲面,而且前面所作的详细分析也集中在单个酶的特殊性上,我们当然愿意先从某些应用非常广泛的经验着手。让我们采用一个极端简化的方法。

首先,考虑初始没有产物或产物极少的情况,产物的化学势 μ_P 是一个大负数。其次,图 10.17(b)第三步 $EP \to E+P$ 是急速步骤,因而可以将这一步处理成单向步进即理想棘轮。此外,还可以作一个相关的简化假设,即 $EP \to E+P$ 的过渡快到可以不必区分 EP 和 E+P,从而可将它们视为一体。最后,假设其他的准定态 E+S、ES 和 E+P 被大的势垒分隔开,则每个跃迁可以作单独处理。假设溶液中底物结合速率由一级反应速率定律给定,即结合速率正比于底物浓度 c_S(见 8.2.3 小节)。

将单个酶分子扔进一个大缸,缸内底物的起始浓度为 $c_{S, i}$,产物的数量可忽略[*]。这个系统是远离平衡的，但不久会进入准定态：底物浓度接近常量而产物浓度几乎为零，因为底物分子数大大超过了酶的数量。酶处于空态的时间所占比例为 P_E，与底物结合在一起的时间所占比例为 $P_{ES} = 1 - P_E$，这些数值几乎不随时间变化。因此，酶以恒定速率来转化底物，这个恒定速率正是我们要求的。

将上述讨论总结为如下化学反应式：

$$E + S \underset{k_{-1}}{\overset{c_S k_1}{\rightleftharpoons}} ES \overset{k_2}{\longrightarrow} E + P。 \tag{10.16}$$

这是一个循环过程：反应式的起始态并不同于终结态，但两个态中酶本身的结构是相同的。这个反应式将速率常量与每个过程联系起来。现在考虑只有一个 E 分子的情况，因此 $E + S \to ES$ 的转换速率是 $k_1 c_S$ 而非 $k_1 c_S c_E$。

在一个短的时间间隔 dt 内，酶处在 E 态的概率 P_E 可按下述三种方式改变：

（1）如果酶起初处于空态 E，单位时间内以概率 $k_1 c_S$ 结合底物并跳出 E 态。

（2）如果酶起初处于酶-底物的复合态 ES，单位时间内以概率 k_2 处理底物、释放产物、并回到空态 E。

（3）酶-底物复合物在单位时间内丢失底物且回到空态 E 的概率为 k_{-1}。

上述讨论可由一个公式表示（要点 6.29）

$$\frac{d}{dt} P_E = -k_1 c_S \times (1 - P_{ES}) + (k_{-1} + k_2) \times P_{ES}。 \tag{10.17}$$

请确认公式两边的单位是否一致。

准定态就是式 10.17 等于零的状态，解之，得到处于态 ES 的概率

$$P_{ES} = \frac{k_1 c_S}{k_{-1} + k_2 + k_1 c_S}。 \tag{10.18}$$

根据式 10.16，单个酶分子制造产物的速率是式 10.18 乘 k_2，如果再乘酶浓度 c_E，就得到了 10.1.2 小节定义的反应速度 v。

针对有一个不可逆步骤的反应（式 10.16），上段概述了初始反应速度与酶和底物的初始浓度之间的关系。定义米氏常量 K_M 和最大速度 v_{max}，

$$K_M \equiv (k_{-1} + k_2)/k_1 \text{ 和 } v_{max} \equiv k_2 c_E。 \tag{10.19}$$

此处 K_M 的单位是浓度，而 v_{max} 是浓度的变化速率。由这些定义，式 10.18 可写成米-曼规则：

$$v = v_{max} \frac{c_S}{K_M + c_S}。 \quad \textbf{米-曼规则} \tag{10.20}$$

---

[*] 即使有许多酶分子，只要其浓度比底物低很多，我们也能预期计算步骤是相同的。严格地说，此处描述的是准定态而非严格定态，因为反应底物一直在被消耗。如果底物数量远多于酶，那我们可以忽略这个效应，从而近似地认为系统处于定态。

米-曼规则揭示了饱和动力学。底物浓度较低时,反应速度正比于 c_S,就像单纯的单步动力学(见 8.2.3 小节)。而底物浓度较高时,酶从酶-底物复合物中逃脱的额外延迟开始修正这个结果: v 继续随 c_S 增加而上升,但不会超越 v_{max}。

先来解释一下描述酶的两个常量 v_{max} 和 K_M。10.1.2 小节定义的最大转换数 v_{max}/c_E 反映了酶的固有反应速度,根据式 10.19,其值恰等于 k_2,确实是单个酶分子的特性。至于 K_M,首先注意到当 $c_S = K_M$ 时,反应速度恰巧是最大速度的一半。假设酶结合底物的速率远比催化速率和底物解离速率快(即 k_1 很大),即使 c_S 较低也足以保证酶处于完全被占用的状态,换句话说,K_M 将会很小。该公式(式 10.19)清楚地证实了这一直觉。

双倒数作图　以上关于催化反应的简化模型得到了一个可检验的结果:只用两个唯象的拟合参数 v_{max} 和 K_M,就可以预言 v 与 c_S 的整个函数关系。该结果的一个代数变换可以测试实验数据是否符合米-曼规则。将 v 对 c_S 作图改成其倒数 $1/v$ 对 $1/c_S$ 作图,这称作双倒数作图。式 10.20 变成:

$$\frac{1}{v} = \frac{1}{v_{max}}\left(1 + \frac{K_M}{c_S}\right). \tag{10.21}$$

即,米-曼规则预言了 $1/v$ 是 $1/c_S$ 的线性函数,其斜率是 K_M/v_{max},截距是 $1/v_{max}$。

尽管完全符合上述假设的简单反应很少,但是许多酶介反应还是明显服从米-曼规则。

例题:　胰腺羧肽酶从多肽分子的一端逐个切除氨基酸残基。表格给出了不同 c_S 时该反应的初始反应速度。在本例模型中,肽只含两个氨基酸。

底物浓度(mM)	初始速度(mM s^{-1})
2.5	0.024
5.0	0.036
10.0	0.053
15.0	0.060
20.0	0.064

用双倒数曲线方法求 K_M 和 v_{max},并验证该反应服从米-曼规则。

解答:　正如米-曼规则所期望的那样,图 10.20(b)确是一条直线,其斜率是 75 s,截距是 12 mM^{-1}s。从上述公式可算出。$v_{max}=0.085$ mM s^{-1} 及 $K_M=6.4$ mM。

米-曼规则之所以具有很强的通用性,关键在于我们所作的某些假设并非必需。习题 10.7 阐明了一个普遍事实:只要最后一步是不可逆的,任何一维单向器件(带有线性顺序步骤的器件)实际上都能导致式 10.20 形式的速率定律。

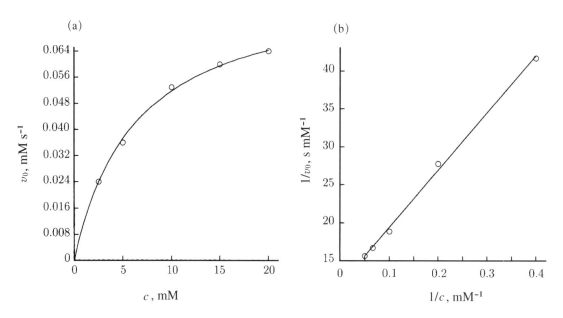

图 10.20(实验数据) （a）胰腺羧肽酶催化反应的反应速度与底物浓度之间的关系曲线。（b）相同数据的双倒数作图（见式 10.21）。（数据摘自 Lumry, *et al.*, 1951。）

10.4.2 酶活性的调节

酶不断创造和摧毁各种分子。为了维持日常运行，细胞必须调节酶的活性。一个策略是通过调控编码该酶的基因来控制酶的生成速率（见 2.3.3 小节）。但是，在某些情况下，这个策略并不够快，细胞因此采用了调节现成酶的转换数的策略。酶的活性因为另一个分子的出现而降低，后者可能结合到酶的底物结合位点，或直接妨碍底物与酶的结合（竞争性抑制，见习题 10.5）。控制分子也可以结合到酶的另一个部位，从而通过别构调控改变底物部位的活性（非竞争性抑制，见习题 10.6）。一个特别精致的安排是一个多酶系列，第一个酶受到最后一个酶的产物的抑制，从而形成一个反馈环（图 9.11）。

10.4.3 双头驱动蛋白可作为紧耦联的理想棘轮

10.3.4 小节指出，一个紧耦联分子马达的动力学更类似于酶的动力学。用自由能曲面（图 10.9）的语言说，就是寻找沿单条沟的一维无规行走，以此来描述底物到产物的连续转化（负 α 方向的运动）及空间中的连续步骤（负 β 方向的运动）这两者的联合过程。如果产物的浓度保持很低，沿 α 的无规行走会有一个不可逆步骤，沿沟的整个运动也将是不可逆的。可预期 10.4.1 小节的分析依然适用，只需作一点修正：因为步进的平均速率依赖于沿沟的自由能曲线，所以它特别依赖于施加的负载（在 β 方向的倾斜），正如 10.2.1—10.2.3 小节所述。简而言之，

对紧耦联分子马达，如果在动力学方面至少有一个不可逆步

骤,那么其运动速度将由米-曼规则决定,参数 $v_{\max}$ 和 K_M 与负载
有关。
$$(10.22)$$

真实的分子马达与 10.2.1 小节设想的齿轮机器相比有某些重要的差异。差
异之一是酶的自由能曲面可能比图 10.9 所示的更加凹凸不平。对步进速率最主
要的限制来自活化势垒,而不是 10.2.1 小节设想的黏性摩擦。另外,没有理由指
望自由能曲面上的沟是图 10.9 所设想的简单对角线。它们更可能是弯弯曲曲地
从一个角落走向另一个角落。某些子步也许顺着近似平行于 α 轴的路径("纯化学
步骤"),沿这样一个子步的能量曲线不受 β 方向倾斜的影响,因此它的速率几乎与
施加的负载无关。另一些子步的路径与 α 轴夹角不为零("力学化学步骤"),它们
的速率对负载比较敏感。

常规(即双头)驱动蛋白形成一个同型二聚体,即两个相同蛋白亚基的结
合体。这种结构使得驱动蛋白沿微管轨道行走时的在位率接近 100%。在位
率是马达在整个工作周期中结合在轨道上而又不能沿其自由滑动所占的时间
比,高的在位率能够使马达即使受到一个反向作用力时也能有效地前进。对
于驱动蛋白来说,获得高在位率的一个方法是协调其两个全同头部交替脱离
轨道,以至于任何时候总是一个头在步进而另一个头附着在轨道上(图
10.21)。

图 10.21(示意图) 双头驱动蛋白定向运动的一个通用模型,即"步行"模型。一个周期后,驱动蛋白二聚体的双头角
色互换,二聚体沿微管(灰色)前进了一步,步长 8 nm。图 10.24 解释了这些符号,并且给出了此图所示各态之间的中间生
化步骤的更多细节。

驱动蛋白还是具有高度持续性的马达,它在脱离微管之前可走许多步(典型的
大约为 100 步)。对于设法研究驱动蛋白的实验者来说,持续性是一个便于研究的
特性。正是这种持续性,使得实验者有可能对单个驱动蛋白拖动的微米尺度玻璃珠
沿微管连续步进的过程进行跟踪。利用光镊和反馈环,实验者还能对玻璃珠施加一
个精确设定的负载,从而研究驱动马达在不同负载时的动力学。

驱动蛋白的高持续及低回退性质意味着两个头部的协调性近乎完美。在图
10.21 中,直到 b 头结合到微管上后,a 头才脱离。这一点非常令人惊讶,因为这两
个头部相距很远,中间只通过柔软的肽链相连接。因此,任何理论模型都必须说
清楚它们之间是如何进行高效通信的。接下来我们就要介绍一个这样的模型(见
卡通图 10.24),对图示每个步骤都会给出明确的说明。

动力学的提示　前面描述的很多结果都基于 1990 年代若干研究组开展的单
分子运动性实验。

使用干涉测量技术,他们分辨出驱动蛋白二聚体拖动半径 0.5 μm 玻璃珠

的每个步骤，发现步长是 8 nm，与驱动蛋白在微管上的两个相邻结合位点的间距恰好吻合，稍后的实验数据示于图 10.22 中。如图示，即使负载很大，驱动蛋白也几乎没有回撤的步骤，用 10.2.3 小节的术语来说，它接近于理想棘轮的极限。

后续实验证明，双头驱动蛋白事实上是紧耦联的：即使在中等大小的负载下，每消耗一个 ATP，驱动蛋白在空间中也都精确地跨出一步。由本小节开篇的讨论，可预料双头驱动蛋白服从米-曼动力学，且参数与负载有关。数个实验小组都证实了该预言（图 10.23）。表 10.1 特别显示了 $v_{\max}$ 随着负载的增加而下降，而 K_{M} 却相反，随负载的增加而上升。

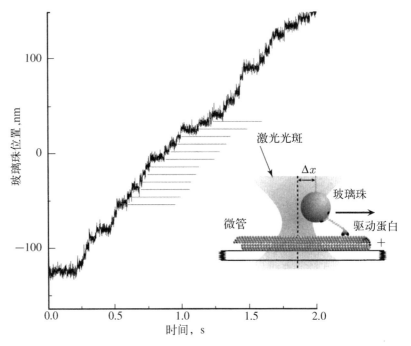

图 10.22(实验数据;示意图) 驱动蛋白运动性分析实验的部分数据。插图：光镊装置拉住半径为 0.5 μm 的玻璃珠以抵抗驱动蛋白的步进（未按比例绘制）。反馈电路会连续移动光镊（灰色沙漏形）来响应驱动蛋白的步进，目的是使玻璃珠离光镊中心的位移 Δx 保持恒定，从而对马达施加一个固定的负载（该流程被称为力钳过程）。曲线：在 ATP 溶液浓度为 2 mM、负载为 6.5 pN 的条件下，玻璃珠的步进运动轨迹。灰色线相邻间隔 7.95 nm，每一条对应于数据中的一个平台。［蒙 Springer Nature 惠允，据 Nature，400，184-189 (1999)，Single kinesin molecules studied with a molecular force clamp，Visscher, K, Schnitzer, MJ, & Block, SM 修改 © 1999。］

表 10.1　固定负载时常规驱动蛋白步进的米-曼氏参数

负载(pN)	$v_{\max}(\mathrm{nm\ s^{-1}})$	$K_{\mathrm{M}}(\mu\mathrm{M})$
1.05	813±28	88±7
3.6	715±19	140±6
5.6	404±32	312±49

（数据摘自 Schnitzer, *et al*., 2000。）

思考题 10E

表 10.1 所列负载仅仅是光镊作用在玻璃珠上的部分,玻璃珠的运动其实还受到另一项阻碍,即黏滞拖曳阻力。分析实验时,是否应该考虑后者呢?

看看这些结果能在驱动蛋白发力机制的细节上揭示点什么。

一个看似合理的驱动蛋白步进模型是,假定 ATP 的结合是纯化学步骤,而紧接着的 ATP 水解和释放反应导致一个前进运动——一个发力冲程。参考图 10.17(b),这即是假设负载仅抬高了第二或第三个活化势垒而对第一个活化势垒丝毫没有影响。从式 10.16 的角度看,负载降低了 k_2 而没有影响 k_1 和 k_{-1}。我们已经知道了这种变化将如何影响动力学:式 10.19 预言了随着负载的增加 v_{max} 下降(如实验观察所示),而 K_M 也下降(与实验观察相反)。因此表 10.1 中的数据排除了这个模型。

由此看来,负载除了减慢水解/运动的联合步骤以外,显然还应该有别的效应。本节后面将介绍一个新模型,它与前面这个失败模型几乎同样简单,但能成功拟合实验数据。为此,我们先来回顾一下结构生物学和生物化学方面的相关研究结果。

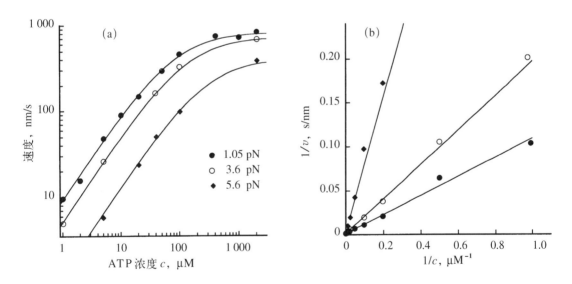

图 10.23(实验数据) (a) 不同负载下(见图例)驱动蛋白步进速度与 ATP 浓度之间的双对数关系图。每个负载的数据均符合米-曼法则,拟合的实曲线参数列于表 10.1。(b) 相同数据的双倒数曲线。(摘自 Visscher, et al. ,1999。)

结构的提示 微管由细长的原纤维组装而成,后者又是由异源二聚体构成(图 10.24、图 2.18)。二聚体由两种亚基组成,其中 β 亚基上有一个驱动蛋白的结合部位,这些部位规则地相距 8 nm 排列着。微管是有极性的,由于所有亚基取向相同,因而整个结构可定义一个"前端"和"后端",称前端为"微管的+极"。因为蛋白质是立体定向结合(两个匹配的结合部位之间必须按特定方式定向),任何被结合的驱动蛋白分子在微管上都会有一个明确的指向。

驱动蛋白二聚体的每个头都有一个微管结合位点和另一个核苷(如 ATP)结合位点。每个驱动蛋白头还有一个被称为颈部连接区的短链(约 15 个氨基酸),颈部连接区依附在较长的链上。驱动蛋白二聚体的两个头通过这些相互缠绕的链连结,其原理示于图 10.24 中。正常情况下两头的间距太短,二聚体不可能横跨在微管的两个结合位点上。但是,由于热运动,颈链也会偶发地处于伸直构象(见第 9 章),从而使两头得以同时结合在微管上。

更深入的结构分析为驱动蛋白马达的运动机制提供了另一个线索。尽管马达分子的两个头部是全同的,而且其化学环境也相同,但它们与微管结合时却处于全然不同的状态。高分辨电镜显示,后随头上通常结合了一个核苷酸,但前导头没有。这种非对称性并不难理解,因为两个头部在微管上的结合取向都相同,这就导致两头部与其上颈链的相对位置关系是不同的:后随头上的颈链倾向于向前撬开后随头,而前导头上的颈链则倾向于向后拖曳前导头。因此,通过别构作用,分子中积蓄的张力就可以使得两个头部上核苷酸结合位点的化学亲和力变得有所差异。

此外,实验还发现两个颈链也处于不同状态。尽管它们都是各自头部与分子茎秆(超卷曲长链区域)之间的连接体,后随头上的颈链通常是停靠(松散结合)在后随头上的,而前导头上的颈链则会更自由地摆动。处于停靠态的颈链有确切的指向(朝向微管的正极),而自由态的颈链则更像是一个熵弹簧*。颈链的这两个状态对于分子马达的运动能力似乎都是必需的。人们对驱动蛋白进行改造,使其颈链永久结合在头部上,发现马达分子无法产生任何步进;而另一种不具有停靠态的变体,仍可步进,但只能产生更小的力。

生物化学的提示 将单个驱动蛋白头、微管、ATP 和 ADP 依次缩写为 K、M、T 和 D,而以 DP 表示水解后的化合物 ADP·P_i。如果没有微管,则驱动蛋白在结合和水解 ATP 并释放 P_i 以后就停下来——被结合的 ADP 的释放速率可以忽略。因此单独的驱动蛋白几乎没有 ATP 酶活性。

清除上述溶液中多余的 ATP,并将 K·D(结合了 ADP 的驱动蛋白)溶液浇在微管上,则情况会有所不同。1994 年哈克尼(D. Hackney)发现,单头(单体)驱动蛋白一结合到微管,就快速释放被结合的 ADP。值得注意的是,哈克尼还发现双头驱动蛋白在结合到微管时只释放了一半被结合的 ADP,而保留了另一半。上述及其他一些生化结果暗示

● 驱动蛋白与 ADP 的结合很强,并且
● 没有结合核苷酸的驱动蛋白与微管的结合也很强,但是
● 复合物 M·K·D 只是弱结合。

换句话说,驱动蛋白头内部的别构相互作用阻碍了它同时与微管和 ADP 分子发生强结合。

---

* 熵弹簧的概念见 9.1.3 小节。

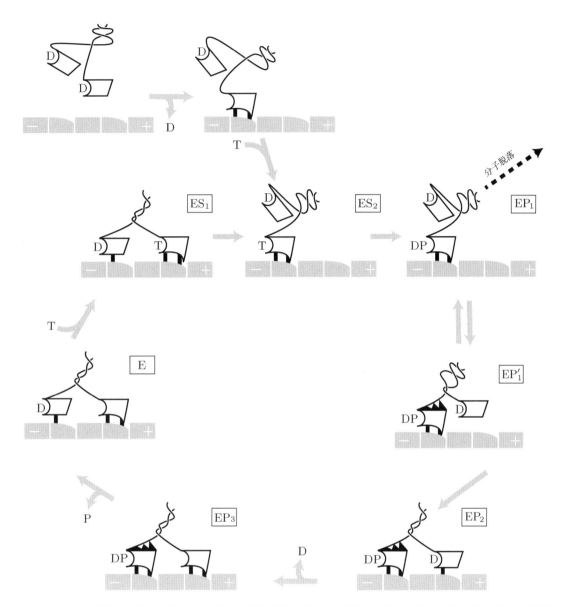

图 10.24(示意图)　常规驱动蛋白一个可能的步进模型的细节。反应环路中的每个步骤在正文里都有描述。模型的某些方面目前仍有争议。图中灰色符号代表微管。强作用键用双竖线表示,弱作用键用单竖线表示。T、D、P 分别表示 ATP、ADP 和磷酸根。异构化步骤 $EP_1 \rightleftharpoons EP_1'$(图右)可认为是快速步骤,因此可假设其处于近平衡态。其他步骤尽管本质上都是可逆的,但都有各自偏好的方向(如图示)。当两个头部同时结合在微管上时,分子内部积蓄了张力(见正文描述)。在 ES_1 到 ES_2 的步骤中,结合了 ATP 的头部并没有发生移动,尽管马达分子总体上会沿着微管向前移动一步。(本示意图来自 Mickolajczyk & Hancock, 2017,这篇论文又是基于早先的很多研究成果。)

值得注意的是,哈克尼等人发现天然(双头)驱动蛋白能快速释放其结合的 ADP 的一半,而保留另一半。这意味着,尽管蛋白的两个单体是全同的,但每次只有一个头保有 ADP,这个有趣的现象可与前文评述相互印证:只有当其中一个头与微管结合时 ADP 才能解离,而如果熵弹簧无法拉伸,则第二个头将无法找到微管上的结合位点。

要探测复合物 K·T 对微管的结合能力是困难的,因为此处的 ATP 分子寿命很短(驱动蛋白很快就劈开了它)。为了克服这个困难,实验者使用了一个类似 ATP 的分子。该分子叫 AMP-PNP,具有与 ATP 相似的形状和结合特性,但是不会被马达劈开,它与驱动蛋白的复合物与微管的结合还是强烈的。

现在我们要指出一个关键的实验事实(由 E. Taylor、S. Gilbert 及合作者于 1998 年观察到)。假设将双头(K·D)$_2$ 溶液浇到微管上,如上所述,有一半 ADP 被释放出来。若加入 ATP,则会促使另一半 ADP 释放！加入 ATP 类似物 AMP-PNP 也是如此,这就表明是核苷酸的结合而不是水解促使了另一头 ADP 的释放。紧结合在微管上的空的驱动蛋白头以某种方式向同伴传达它已结合上了 ATP 这一事实,并刺激另一头释放 ADP。若认为两头连接相当松散,这种协作就很值得注意了。的确,很难想象一个别构作用能够跨越这样一个松软的系统。

本节的余下部分将基于上述惊人的现象来构造一个双头驱动马达"力学-化学耦合"的模型,而后利用这一模型,对马达步进动力学对外力的依赖性给出确切的、可验证的预言。

试探模型的假设 根据前面给出的各种提示,我们可以作如下假设:

A1. 在 M·K·DP 复合物中,驱动蛋白的一条颈链处于停靠态,导致分子茎秆向着微管正极方向位移,蛋白二聚体中的另一个头部(自由头)也随之前移。相反地,在 M·K·T 复合物中,颈链处于自由态(这一点来自结构研究)。

A2. 当颈链停靠后,驱动蛋白的悬空头仍可作一定程度的扩散,直到最终找到另一个结合位点。

A3. 无核苷酸结合的,或者处于 K·T、K·DP 状态的驱动蛋白,都能牢固结合在微管上。未与微管结合的驱动蛋白也能稳定结合核苷酸。弱结合状态 M·K·D 很容易解离为 M+K·D 或 M·K+D。

上述假设 A3 意味着 ATP 水解及磷酸根释放等过程所提供的自由能将部分用于分子的构象转变,使 M·K·T 复合物从一个较深的势阱被拉到一个较浅的势阱。

试探模型的机制 图 10.24 总结了我们提出的机制。开始时(左上方小图)驱动蛋白二聚体从溶液中靠近微管,并将其中一头结合在微管上,同时释放其上结合的 ADP(如哈克尼实验所示)。为方便描述,下面我们对 ATP 水解循环中的各态给出简写命名,用于描述最初结合的那个头部的状态。

E:最左边的小图显示了二聚体蛋白,此时前导头尚未结合到微管上。

ES$_1$、ES$_2$:前导头从溶液中结合了一个 ATP 分子,后随头从微管上脱离。

EP$_1$、EP$_1'$:结合在微管上的头部催化 ATP 水解。随后,其上的颈链向该头停靠,使得悬空头的无规运动具有向前偏移的倾向(见上文假设 A2)。我们假设悬空头与微管的相互作用势较弱,因此它能在两个状态之间来回跃迁(如图示)。

EP_2：连接两个头部的系链具有熵弹性（见第 9 章）。由于结合头上颈链的停靠效应，整个分子躯干向前偏移，悬空头上的系链可能会瞬时拉伸到足够长，以至于悬空头能结合到近邻位点。当然，这种结合是很弱的，可能会反复多次。

EP_3：最终，新的前导头释放了其上的 ADP，并与微管牢固结合。与它连接的系链产生了足够的拉伸，使得整个分子内部积蓄张力。由于两个头部都与微管牢固结合，这个张力并不能使任何一个脱落。

E：上述复合物中的磷酸盐脱落后，系统进入新的状态，从而完成整个水解过程。这个过程不断循环，两个头部的状态不断进行更替（图 10.21）。驱动蛋白二聚体每步 8 nm，消耗 1 分子 ATP。

前面给出的假设保证了游离的驱动蛋白绝不会浪费 ATP，这一点已经在实验中观察到了。按照假设 A3，尽管它的两个头部也能结合并水解 ATP，但反应一次后就停止了，因为反应产物 ADP 将牢牢占据核苷酸结合位点（直到驱动蛋白与微管结合）。

图 10.24 只考虑了那些有利于持续步进的反应步骤。其他反应当然也是可能的。例如，虚线箭头意味着整个分子复合物从微观上脱落，从而结束该次运动。另一个可能是 ATP 结合并被水解，反应产物也得以释放，但分子不产生任何位移（即无效水解）。真实的驱动蛋白必须对这些不利反应进行一定程度的最小化。

大量研究揭示了防止不利反应、促进有效反应的门控机制。例如：
● 如前述，颈链上产生的张力使得头部只能催化所需的反应（通过"头-颈链"别构作用）。
● 这个张力还能加速弱结合的后随头从微管上脱落，但不会导致强结合的前导头脱落。研究马达步进机制的实验很多，下面我们只简单回顾其中一个代表性实验。A. Yildiz 及其合作者对常规驱动蛋白进行了基因突变，使得颈链长度可调。他们发现，如果颈链加长（长于野生型颈链），马达速度会降低。这个倒是符合预期，因为颈链加长意味着熵弹簧的弹性系数降低，因此，由颈链张力引起的后随头脱落的概率会降低[*]。另外，实验也预测给马达施加一个向前的拉力会补偿上述降低的熵弹性力，从而使得马达变异体的速度得以恢复。这一预言也得到了实验证实。

此处的模型显然比 10.2 小节中的 S 棘轮要复杂得多。但是，前面提到的分子马达运动的必要条件[要点 10.9(a)、(b)]，也充分体现在此处的假设中：
● 微管的极性、驱动蛋白与微管之间的空间特异性结合，这些都使得驱动蛋白在微管上有确定取向，确保了所需的空间非对称条件。
● 与 ATP 水解过程的紧耦合使得整个系统处于非平衡状态。（细胞总是将 ATP 水解过程的反应商 $\dfrac{c_{ATP}}{c_{ADP}c_{Pi}}$ 维持在远高于平衡的值。）

---

[*]　见式 9.11。

接下来我们将定量表述上述观点。

动力学预言　除了状态 EP_1、EP_1'，我们将其他态合并成一个单独的态，称为 E^*。为简化模型分析，我们还假设 $EP_1 \Longrightarrow EP_1'$ 是快速平衡的步骤[**]。即，我们假设这个转变过程的势垒很低，因此相对于其他步骤来说，这个转变步骤是快速的，并且这两个态的相对概率接近于平衡态时的值。我们可以将这两个态合并考虑，视为一个复合态。套用反应式 10.16 的说法，在 EP_1 态消耗时间，等效于降低了速率 k_2（向前离开该复合态）。类似地，在 EP_1' 态消耗时间，等效于降低了速率 k_{-1}（向后离开该复合态）。我们还假设产物脱落（从 EP_1' 态回到 E 态）是不可逆过程。

我们想要了解施加一个负载力所带来的影响。力的方向背离微管"＋"极。为此，注意步骤 $EP_1 \longrightarrow EP_1'$，该步骤除了将悬空头向前抛出以外，也将两条连接链移到了一个新的平均位置，向前移动的距离约为 l。有关 l，只知道它大于零，又小于整个步长 8 nm。由于一次步进要克服外部负载做功，因此施加的负载会影响复合态：它将平衡点从 EP_1' 向 EP_1 移动。我们忽略了其他的负载依赖关系，而只考虑这个效应。

现在应用前两段有关米-曼氏参数定义（式 10.19）的讨论，发现负载就像实验观测到的那样会降低 v_{max}，而且也可以升高 K_M，只要保证使 k_{-1} 的上升比使 k_2 的降低来得多。因此利用上述机制，有可能对表 10.1 中的数据作出解释。

为检验该机制，必须弄清它能否模拟出实际数据，即能否选择异构化 $EP_1 \Longrightarrow EP_1'$ 的自由能变化 ΔG 及子步长 l 来解释表 10.1 中的数值。10.4.3′ 小节提供了一些数学细节，一个相当好的拟合确实已被找到（图 10.25）。比简单的数字拟合更重要的发现是：最简单的动力行程模型并不适合这些数据，而一个基于结构和生化提示的几乎同样简单的模型却重新得到了米-曼氏动力学的定性性质，同时也展示了负载的增加使 K_M 升高并使 v_{max} 降低的趋势。

异构化反应平衡常数的拟合值是合理的，它对应的标准自由能变 ΔG^0 约为 $-5k_B T_r$。l 的拟合值约为 4 nm，这也是合理的，因为它只是半步长。

 10.4.3′ 小节给出了步行机制的更多细节，完成了这一分析，并获得了该模型中速度、负载和 ATP 浓度之间的关系。

10.4.4　分子马达在无紧耦联或发力冲程的情况下仍能移动

10.4.3 小节论述了在驱动蛋白机械化学循环的细节深处隐藏着的一个简单机制：双头驱动蛋白是沿着其自由能曲面上的一条沟下滑的。即使这一基本思想的确非常简单，我们依然惊讶于由进化创造出来的实现这一思想的分子机构竟会如此精妙。为了获得高的在位率，驱动蛋白对它的两个头的动作必须作出巧妙的

---

　*　类似地，当我们讨论米氏动力学时，我们也将 EP 及 E＋P 两个状态合并考虑了（见式 10.16）。
　**　M. Schnitzer 及合作者也曾使用过这一假设。有些研究者将其称为快速异构化。

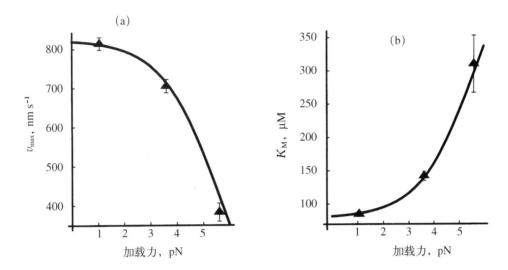

图 10.25(实验数据及其拟合)　驱动蛋白的米-曼参数与负载力之间的关系。点代表的数据来自图 10.23(见表10.1)。曲线(a)表示式 10.31,(b)表示式 10.30,拟合参数由 10.4.3′小节给定。

安排。这样一个复杂的马达如何才能从更简单的马达进化而来呢?

上述问题还可以表述为,"是否存在更简单的发力机制? 该机制或许不如双头驱动蛋白那样有效率或有威力,但可能曾是双头驱动蛋白的进化前体。"事实上,已经发现一种称为 KIF1A 的单头形式的驱动蛋白具有单分子马达活性。冈田康志(Y. Okada)和广川信隆(N. Hirokawa)研究了称为 C351 的这种马达的修饰体。他们用荧光染料对其进行标记,然后观察到它们不断地遭遇微管,与之结合并开始行走的过程(彩图 4)。

冈田康志和广川信隆对运动进行定量测量后断定,C351 像一个扩散棘轮(或叫 D 棘轮)一样运行。不像 G 和 S 棘轮,在这类模型中,运动循环包括一个含有不受约束的扩散运动的步骤。为了取代 S 棘轮中未指明的重新设定插销的执行人,D 棘轮将它的空间运动与化学反应耦联了起来。

单头马达的自由能曲面看起来不像草图 10.9。为了前进,马达必须周期性地从轨道上脱离出来,而一旦脱离,就可以沿轨道方向自由运动。在齿轮机器的比喻中[图 10.6(c)],每一步中两齿轮必须暂时脱离并自由滑动;用能量曲面的语言说,在化学循环中肯定存在某些点(α 的某些值)其能量曲面在 β 方向是平坦的。因此在能量曲面中不存在明确界定的对角沟。这样一个器件怎样才能有净的进程呢?

一个重要的事实是,尽管图 10.9 所示的凹槽型能量曲面对我们的讨论来说很方便(它能有效地产生一维能量曲线),但这样一个结构对于一个净运动来说并不是必需的。要点 10.9(a)、(b)将产生净运动的要求简化成轨道上的空间不对称和某些与空间运动耦联的远离平衡态的过程。原则上,只要能量曲面在化学(α)方向有倾斜且在空间(β)方向不对称,就有希望通过解任意二维自由能曲面上的斯莫卢霍夫斯基方程来揭示净运动的本质。

但是，就像早先提到过的，解二维的斯莫卢霍夫斯基方程（式 10.4）并不容易，何况我们并不知道任何真实马达实际的自由能曲面。为了显示 D 棘轮机制的本质，我们像往常一样构建一个简化的数学模型。在这个模型中，马达拥有一个催化部位来水解 ATP，还有一个部位来结合微管。假定某种别构相互作用以特殊的方式将 ATP 酶的循环耦联到了与微管的结合中：

（1）化学循环是自主的——它并不显著地受到与微管相互作用的影响。马达在 s（"强结合"）和 w（"弱结合"）态之间快速地来回跳动。进入 s 态的马达会等待一段时间 t_s（平均值）后才快速跳到 w 态，而进入 w 态的马达会等待另一段时间 t_w（平均值）后才快速跳回 s 态。（其中一个态对应的核苷酸结合部位是空态，而另一个对应的是 E·ATP 态，如图 10.26 所示。）假定 t_s 和 t_w 均与马达沿微管的位置 x 无关。

（2）但是，马达与微管的结合能却依赖于化学循环的状态。我们特别假定，在 s 态时马达更喜欢处于微管上间距为 8 nm 的一系列特定结合部位上。而在 w 态时，马达对特定空间位置没有偏好——它可以沿微管自由扩散。

（3）强结合态时，马达会感受到一个不对称的（即倾向一方的）势能函数 $U(x)$，x 为马达坐标，这个势可由图 10.26(a) 的锯齿曲线描述，不对称意味着如果颠倒两端位置时，曲线不再一样。我们当然希望是微管的极性结构导致了这样一个非对称势。

在 D 棘轮模型中，认为 ATP 水解自由能完全通过一个假定的别构作用进入马达运动，这个效应交替地将马达粘在最近的结合部位然后又将它撬开。为了简化数学表述，假设马达在 s 态有足够的时间寻找一个结合部位，然后与之结合并待在那里直至切换到 w 态。

现在看看上述三个假设如何导致了图 10.26 左侧子图所示的一个定向运动。与 10.2.3 小节一样，假设一个由许多马达-微管系统组成的集合，每一个都起始于位点 $x=0$[图 (b1) 和 (b2)]。过一段时间后，寻找马达处在各位点 x 的概率密度分布 $P(x)$。在零时刻，马达快速地从 s 跳到 w。然后沿 x 自由扩散[图 (c1)]，因此其概率分布是中心在 x_0 的高斯分布[图 (c2)]。等待平均时间 t_w 后，马达快速跳回到 s 态。这时，它突然发现自己被强烈地吸向周期间隔的结合部位，因此快速地沿着 $U(x)$ 的梯度漂移到势的第一个最小点，此时 D 棘轮的概率分布如图 10.26(d2) 所示。其后循环重复。

一个关键事实是：一次循环过后，马达的平均位置相对于起始位置发生了偏移，部分偏移可能来自构象变化，即类似于肌球蛋白和双头驱动蛋白的"发力冲程"偏移。令人惊讶的是，即使没有任何发力冲程也存在着一个净偏移！为了理解这一点，看看图 10.26 及其图注，图 (c2) 中曲线的黑灰部分表示处于初始位置而又将重新结合到微管 $x=0$ 的所有马达数量。马达没有产生步进的概率是这部分曲线下的面积 P_0。曲线的两个侧面部分，中灰色和浅灰色分别代表马达重新结合到微管时位置偏移了 $+L$ 和 $-L$ 的概率。此时，曲线下面的这两部分面积不再相等：$P_1 \neq P_{-1}$。相比于 $x=-L$ 的吸引区，马达更可能扩散到 $x=L$ 的吸引区，这是因为前者的边界离起始点更远。

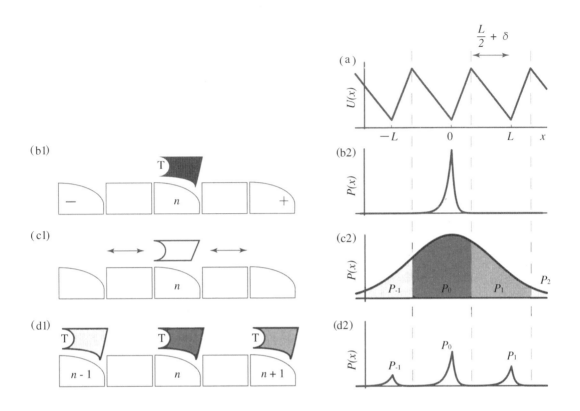

图 10.26(示意图;草图) 单头驱动蛋白运动性的扩散棘轮(D 棘轮)模型。左侧:结合的 ATP 由 T 表示,ADP 和 P_i 分子没有显示。其他符号与图 10.24 一样。(b1)起初,驱动蛋白单体强结合在微管的第 n 个部位。(c1)在弱结合状态,驱动蛋白可以沿微管方向自由漂移。(d1)当驱动蛋白重新进入强结合态时,它最可能重新结合到原部位,也有可能重新结合到下一位点(右侧),而最不可能结合到前一位点(左侧)。相关的概率由阴影程度代表。右侧:(a) 强结合态(s 态)的不对称周期势,它是微管轨道坐标 x 的函数。势能最小点并不处在两个最大值正中,而是有 δ 的偏移,其空间周期是 L(微管的 $L=8$ nm)。(b2)系统准平衡时马达处在 s 态的概率分布,马达被限制在势最小值 $x=0$ 附近。马达现在突然切换到 w 态(弱结合态)。(c2)(纵坐标标度已变)马达切换到 s 态前处在 w 态的概率分布。黑灰色区域代表初始系综里将返回到微管结合部位 $x=0$ 处的所有马达数量,这部分曲线下的面积为 P_0。中灰色区域代表将落在 $x=L$ 的位点的马达数量,对应的面积为 P_1。左侧和右侧的浅灰色区域面积分别是 P_{-1} 和 P_2。(d2)(纵坐标标度已变)马达切回 w 态之前处在 s 态的概率分布。来自图片(c2)的各个区域的 P_k 都塌缩为尖钉状,由于 $P_1 > P_{-1}$,平均位置会稍向右移。

扩散棘轮模型预言了单头分子马达能产生净运动,我们确实发现:即使没有构象改变来驱动马达在 x 方向上运动,它的确也产生了一个净运动。模型也作了某些实验预言。首先,扩散棘轮能够后退[*],P_{-1} 不为零。而且,如果在化学循环之间马达能扩散很长距离的话,P_{-1} 确实可以很大。事实上,每次循环造成的位移相互之间是无关的,但概率分布 $\{P_k\}$ 相同。4.1.3 小节分析了这样一个无规行走的数学表示,其结论用于现在的情形就可以表述为

扩散棘轮每步的净步进为 uL,此处 $u = \langle k \rangle$。总位移的方差

---

[*] 与习题 4.1 比较。

（展布的均方值）与循环次数呈线性关系，每个循环增加 $L^2 \times$ variance(k)。 (10.23)

在该模型中，每步间隔时间 $\Delta t = t_s + t_w$，因此可预测恒定的平均速度 $v = uL/\Delta t$ 及 x 方差增加的恒定速率

$$\langle (x(t) - vt)^2 \rangle = t \times \frac{L^2}{\Delta t} \times \text{variance}(k)。$$ (10.24)

冈田康志和广川信隆用单头结构的驱动蛋白 C351 检验了上述预言。尽管光镊 $0.2 \ \mu\text{m}$ 的测量分辨率太低，不能分辨马达的每个步骤，图 10.27(a) 还是显示了 C351 经常作净后退运动，这与常规的双头驱动蛋白不同［图(b)］。初始结合 t 时间后的位置分布 $P(x, t)$ 显示了扩散棘轮模型的主要特性。就像式 10.24 所预言的那样，随着方差稳定地增加，平均位置也平稳地移动到较大的 x 值。相反，双头驱动蛋白显示了均匀的运动，其方差几乎不增［图(b)］。

为了使这些定性的观察更加显著，图 10.27(c) 画出了观察到的均方位移 $\langle x^2(t) \rangle$，根据式 10.24，我们希望该变量是时间的二次函数，即 $(vt)^2 + t(L^2/\Delta t) \times$ variance(k)。图形显示了数据很吻合这个函数。冈田康志和广川信隆推断：尽管单体驱动蛋白不能紧耦联，但它的净运动可以由扩散棘轮模型作出预测。

为了把注意力集中在扩散部分，减去 $(vt)^2$ 项，单头与双头驱动蛋白的巨大差异就被揭示出来。图 10.27(d) 显示了两者都服从式 10.24，但 C351 的扩散常量大得多，反映了单头驱动蛋白松耦联的特征。

在结束本小节之前，让我们再回到最初的问题：分子马达怎样才能从较简单的祖先进化而来？我们确实已经看到，成为一个马达的最低要求是多么简单：

● 它必须周期性地处理某些像 ATP 这样的底物以产生一些脱离平衡态的涨落。
● 反过来，通过别构相互作用，这些涨落必须与对另一蛋白的亲和性耦合起来。
● 这后一个蛋白必须是非对称的多聚体轨道。

不难设想 ATP 酶如何通过遗传重组来获得一个特殊的蛋白质结合位点，而所要求的别构耦联自然地源于这样一个普遍事实，即蛋白质的所有部分缠在一起。我们确实已经知道了真核细胞内有一类相关的酶，即 GTP 结合蛋白（或 G 蛋白），它们扮演了多种胞内信使的角色，包括视网膜感光过程中的一个关键步骤。G 蛋白的结合目标是类似微管蛋白的聚合蛋白。由此看来，假设它们就是最初的原始马达是合理的。有趣的是，G 蛋白确实展现出与驱动蛋白和肌球蛋白相近的结构，这或许暗示着它们从同一个祖先演化而来。

 10.4.4′ 小节对该模型作了一些定量分析，并与实验数据进行了对比。

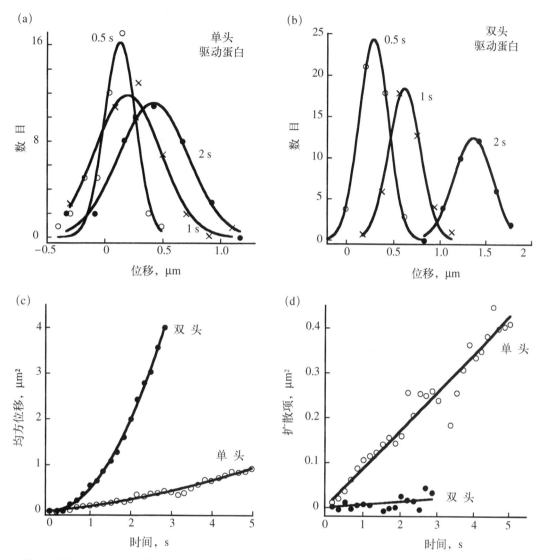

图 10.27（实验数据） 单头驱动蛋白分子的运动分析。（a）单头驱动蛋白 C351 的数据。曲线画出了三个不同时刻马达离初始结合位置的位移 x 的分布。实曲线显示了每组数据最好的高斯分布拟合。请注意，即使在 2 s 时刻，仍有相当多的单头驱动蛋白在做净后退运动。（b）来自常规双头驱动蛋白的与（a）同类型的数据。没有发现分子的后退运动。（c）均方位移 $\langle x^2(t) \rangle$ 与时间的函数关系，空心圈代表单头驱动蛋白，实心圈代表双头驱动蛋白。曲线显示了对预言的无规行走规律的最佳拟合（见正文）。（d）（c）中数据减去 $(vt)^2$ 项（见正文）以后获得的数据及拟合。（数据摘自 Okada & Hirokawa, 1999。）

§10.5 展望：分子马达种种

新的分子机器不断被发现。表 10.2 列举了一些已知的例子。还有一类机器是逆着电化学梯度跨膜输运离子的，这些"泵"将在第 11 章扮演关键角色。

小　结

回到本章的焦点问题。本章已经揭示了分子器件将化学能转变成有用机械功的两个简单要求：为产生定向运动，马达和轨道必须是非对称的，而且必须与一个有额外自由能产生的能源联系起来，如一个远离平衡的化学反应。下一章将介绍另两类分子机器，离子泵和转动的 ATP 合酶。

机械化学马达可以将化学自由能转变成机械功。燃料和废物的相对浓度常常不处于平衡态，类似于驱动 6.5.3 小节热机的温差。令人惊讶的是，本章介绍的马达能在物质完全混合的单个密闭腔内工作，而热机必须处在热库与冷库之间的交汇处。如果在燃料自发转换为废物的过程中存在活化势垒，那么即使完全混合的溶液也存在一堵将燃料与废物隔开的无形的墙，就像河上的水坝。换句话说，燃料和废物之间的确没有达到平衡。马达就像是处在坝上的水力发电厂：它提供了一个通往低自由能状态的低势垒途径。即使分子要沿途做功，它们最终也会冲向那条途径，就像水会涌着去驱动水电厂的涡轮。

表 10.2　蛋白分子马达举例

马　达	作用对象	能　源	运动方式	功　　能
细胞骨架马达				
驱动蛋白	微管	ATP	线性	有丝分裂，胞内输运
肌球蛋白	肌动蛋白	ATP	线性	肌肉收缩，胞内输运，细胞张力
动力蛋白	微管	ATP	线性	纤毛拍打，胞内输运，有丝分裂
聚合马达				
肌动蛋白	无	ATP	伸展/收缩	细胞蠕行
微管蛋白	无	GTP	伸展/收缩	有丝分裂
发动蛋白	膜	GTP	挤压	内吞，囊泡出芽
G 蛋白				
延伸因子 EfG	核糖体	GTP	杠杆	肽酰- tRNA 和 mRNA 在核糖体内的运动
旋转马达				
F_0 马达	F_1 ATP 酶	$\Delta[H^+]$	转动	ATP 合成
细菌鞭毛	肽聚糖	$\Delta[H^+]$	转动	推进
核酸马达				
聚合酶	DNA/RNA	ATP	线性	模板复制
解旋酶	DNA/RNA	ATP	线性	DNA 双链的解旋
噬菌体门马达	DNA	ATP	线性	病毒 DNA 包装
染色质重塑蛋白	核小体	ATP	复杂	使核小体滑动或脱落

（参见 Vale，1999。）

细胞拥有的分子马达数量是惊人的。本章没有企图包罗自然界的整个创造，而是再次关注于以下这个更实际的问题："这类事件究竟是如何可能发生的?"我们甚至也没有企图要综览许多漂亮的实验结果。更确切地说，本章的目的是立足于较简单的已知现象，简要地构建一些清晰的数学模型，展示真实马达实验中观察到的某些行为。这些概念上简单的模型是一些更细致的理解所必须依靠的框架。

关键公式

- 理想棘轮：理想棘轮（即含有一个不可逆步骤）没有负载时前进的速率 $v = L/t_{\text{step}} = 2D/L$（式 10.2）。
- 斯莫卢霍夫斯基：假设一个粒子在势能曲线 $U(x)$ 上做布朗运动，在定态（不必是平衡态）发现粒子位于 x 的概率 $P(x)$ 是式 10.4

$$0 = \frac{\mathrm{d}}{\mathrm{d}x}\left(\frac{\mathrm{d}P}{\mathrm{d}x} + \frac{1}{k_{\text{B}}T}P\frac{\mathrm{d}U}{\mathrm{d}x}\right),$$

在适当边界条件下的一个解。
- 米-曼规则：假设催化反应

$$\text{E} + \text{S} \underset{k_{-1}}{\overset{c_{\text{S}}k_1}{\rightleftharpoons}} \text{ES} \overset{k_2}{\longrightarrow} \text{E} + \text{P}。$$

当底物 S 的供给量比酶 E 的供给量大很多时，就能获得一个稳定的非平衡态。此时反应速度（底物浓度 c_{S} 的变化速率）是 $v = v_{\text{max}}c_{\text{S}}/(K_{\text{M}} + c_{\text{S}})$（式 10.20），饱和速度 $v_{\text{max}} = k_2 c_{\text{E}}$，米氏常数 $K_{\text{M}} = (k_{-1} + k_2)/k_1$（式 10.19）。

延伸阅读

准科普：
关于酶：Falkowski, 2015；Hoffmann, 2012.

中级阅读：
关于酶：Berg, *et al.*, 2019；Phillips, *et al.*, 2012；Voet, *et al.*, 2016.
关于化学动力学：Dill & Bromberg, 2011；Tinico, Jr., *et al.*, 2014.
反馈控制机制的普遍性：Alon, 2019；Nelson, 2015.
从肌动蛋白/肌球蛋白直到肌肉的知识：McMahon, 1984.
关于棘轮：Bahar, *et al.*, 2017, Ch 4；Feynman, *et al.*, 2010a, §46.
关于分子马达及其他机器：Berg, *et al.*, 2019；Howard, 2001；Steven, *et al.*, 2016；Zocchi, 2018.
分子马达建模：Kolomeisky, 2015.

高级阅读：
克雷默兹理论：Amir, 2021；Kramers, 1940.
关于分子马达的抽象理论主要来自四个研究组的工作。以下是他们的代表性综述文章：Astumian, 1997；Jülicher, *et al.*, 1997；Magnasco, 1996；Mogilner,

et al.，2002.

关于肌球蛋白、驱动蛋白、G 蛋白的一般知识：Vale & Milligan，2000. 驱动蛋白颈链的作用：Andreasson，*et al.*，2015；Hancock，2016；Liu，*et al.*，2017.

关于聚合棘轮、易位棘轮：Borisy & Svitkina，2000；Mahadevan & Matsudaira，2000；Prost，2002。囊泡内部含有正在生长的微管时的形状，可参见 Powers，*et al.*，2002。

关于鞭毛马达：Nirody，*et al.*，2017.

10.2.3′拓展

（1）严格讲，式 10.2 的 t_{step} 应该被计算成一个无规行走者从反射墙 $x=0$ 处释放后到达吸收体位置 $x=L$ 所需的平均时间。幸运的是，该时间可由公式 $t_{\text{step}}=L^2/(2D)$ 给定，而我们在导出式 10.2 时也使用了这个朴素的公式！（参见 Berg，1993，式 3.13。）

（2）斯莫卢霍夫斯基（M. Smoluchowski）在 1912 年左右预见了本章提出的许多要点，有些书将式 10.4 称为福克尔-普朗克方程；另一些书则为一个同时含有位置和动量的相关方程保留了斯莫卢霍夫斯基这个术语。

（3）式 10.7 只适用于理想棘轮的极限。为了研究 S 棘轮在一般非平衡态的情况，首先得求式 10.4 在区间 $(0, L)$ 内且 $\mathrm{d}U_{\text{tot}}/\mathrm{d}x=f$ 时的普适解，即 $P(x)=C(b\mathrm{e}^{-xf/k_{\text{B}}T}-1)$，其中 C 和 b 为任意常数。对应的概率流是 $j^{(1\text{d})}=MfDC/k_{\text{B}}T$。

为了确定未知常数 b，下面不失一般性地证明函数 $P(x)\mathrm{e}^{U_{\text{tot}}/k_{\text{B}}T}$ 在势的任何不连续点的两端必须有相同的值[*]。式 10.3 两边乘 $\mathrm{e}^{U_{\text{tot}}(x)/k_{\text{B}}T}$ 得

$$\frac{\mathrm{d}}{\mathrm{d}x}(P\mathrm{e}^{U_{\text{tot}}/k_{\text{B}}T})=-\frac{j^{(1\text{d})}}{MD}\mathrm{e}^{U_{\text{tot}}/k_{\text{B}}T}。$$

将此式两边从 $L-\delta$ 到 $L+\delta$ 积分，其中 δ 是一个小量，则近似有

$$P(L-\delta)\mathrm{e}^{U_{\text{tot}}(L-\delta)/k_{\text{B}}T}=P(L+\delta)\mathrm{e}^{U_{\text{tot}}(L+\delta)/k_{\text{B}}T}, \tag{10.25}$$

另一修正项在 $\delta\to 0$ 时为零，已略去。因此，$P(x)\mathrm{e}^{U_{\text{tot}}(x)/k_{\text{B}}T}$ 在 L 处是连续的。

将式 10.25 作为在 $x=L$ 点的解的条件，应用周期假设 $P(L+\delta)=P(\delta)$，得到

$$P(L-\delta)\mathrm{e}^{fL/k_{\text{B}}T}=P(0+\delta)\mathrm{e}^{(fL-\epsilon)/k_{\text{B}}T}$$

$$b(\mathrm{e}^{-fL/k_{\text{B}}T}-\mathrm{e}^{-\epsilon/k_{\text{B}}T})=1-\mathrm{e}^{-\epsilon/k_{\text{B}}T}$$

或

$$b=\frac{\mathrm{e}^{\epsilon/k_{\text{B}}T}-1}{\mathrm{e}^{(-fL+\epsilon)/k_{\text{B}}T}-1}。$$

类似于式 10.5 的推导，我们发现

$$\Delta t=\frac{MC}{j^{(1\text{d})}}\left(-\frac{b}{f/k_{\text{B}}T}(\mathrm{e}^{-fL/k_{\text{B}}T}-1)-L\right)。$$

因此

$$v=\frac{L}{\Delta t}$$

$$=-\frac{D}{L}\left(\frac{fL}{k_{\text{B}}T}\right)^2\left[\frac{fL}{k_{\text{B}}T}-\frac{(1-\mathrm{e}^{-\epsilon/k_{\text{B}}T})(1-\mathrm{e}^{-fL/k_{\text{B}}T})}{\mathrm{e}^{-fL/k_{\text{B}}T}-\mathrm{e}^{-\epsilon/k_{\text{B}}T}}\right]^{-1}。 \tag{10.26}$$

---

[*]　$P(x)$ 本身是不连续的。例如例题给出了 $P(x)\propto\mathrm{e}^{-U(x)/k_{\text{B}}T}$，当 $U(x)$ 不连续时，它也不连续。

该公式可以证明 Sullivan 的所有四个推断都是正确的。

(a) 当负载接近热力学失速点 $f = \epsilon / L$ 时棘轮如何运动？

(b) 式 10.26 在 $f \to 0$ 时会怎样？就像 Sullivan 第三点所隐含的，棘轮如何才能往右移动？公式 $j^{(1d)} = MfDC/k_B T$ 连同式 10.6 是否暗示着当 $f \to 0$ 时 $v \to 0$？

(c) 求高驱动 $\epsilon \gg k_B T$ 时速度的极限值，并与式 10.7 的结果比较。

(d) 求 $\epsilon \gg fL \gg k_B T$ 时的极限值，并评论 Sullivan 的第四个推断。

（4）对图 10.12 进行的物理讨论是微妙的，其思路的一个等价表述也许对我们有帮助。棘轮不再绕成一个环，而是假想成笔直且无限长，则概率分布就不会是周期的，且与时间有关，$P(x)$ 看起来像是一个大隆起（或包络线函数），并带有图 10.12 形状的尖刺。包络函数以速度 v 漂移而各尖刺依然保持相距 L。为了与 10.2.3 小节的讨论保持联系，可以设想站在包络函数的顶点，系统经过长时间演化后，包络将变得非常宽广，顶部也变得很平坦。因此 $P(x, t)$ 近似是周期的且与时间无关。早先推导斯莫卢霍夫斯基方程的分析，此时可用于求平均运动速度。

 ## 10.3.2′ 拓展

（1）能量曲面的最终源泉是量子力学。对于孤立单分子（即处于气态）的情况，能够明确计算自由能，处理电子的量子力学就够了。因此，在 10.3.2 小节的讨论中，措词"原子位置"可以被解释为"原子核的位置"。可以设想将所有原子核钉在某些特殊位点，计算电子的基态能，再加上原子核之间的相互静电能，就获得了系统的能量曲面。这种方法被称为玻恩–奥本海默近似。例如它可以用来计算图 10.14 所示的能量曲面。

对溶液中的大分子，普遍使用的是更唯象的方法。在这里，试图用只包含大分子本身的原子之间的经验作用势，代替周围水分子所带来的复杂效应（疏水相互作用等）。

比上述更繁复的许多计算方法已经被开发出来，但是，相当普遍的策略是将化学反应理解成本质上是经典的无规行走，这一策略对许多生化过程被证明是成功的。（一个例外是视网膜对单光子的探测，因为它本质上是量子力学过程。）

（2）或许你已经注意到了，从 10.2.3 小节到 10.3.2 小节的过程中能量这个词转变成了自由能。为了理解这个转变，首先必须注意到一个复杂分子可能拥有许多关键路径，且每个路径都能完成同一个反应，而不是图 10.14 所示只有一条路径。在此情况下，反应速率应该乘路径数 N，我们可以等效地用有效势垒 $\Delta E^{\ddagger} - k_B T \ln N$ 代替势垒 $\Delta E^{\ddagger}$，如果将第二项解释成过渡态的熵（且忽略能量与焓之间的差异），发现反应确实是受 $\Delta G^{\ddagger}$ 而非 $\Delta E^{\ddagger}$ 控制的。我们也确实知道两个复杂态之间的平衡（二态系统跃迁）是受两态之间的自由能差控制的（6.6.4 小节）。

应该采用自由能的进一步的证据是因为已经知道了关于反应速率的如下事实。假设反应只包含结合一个自由分子这样一个单步过程，可预期反应速率将随溶液中此种分子浓度的增加而上升。如果考察在自由能曲面上的一个随机行走，从现有的图像中也能得到相同的结论。为了看清这一点，注意到该分子在被结合时从溶液中被提走了，因此它的初始熵 S_{in} 对 $\Delta G^{\ddagger} = \Delta E^{\ddagger} - TS^{\ddagger} - (E_{\text{in}} - TS_{\text{in}})$ 有正面的贡献，降低了阿伦尼乌斯指数因子 $e^{-\Delta G^{\ddagger}/k_{\text{B}}T}$，从而减慢了预期的反应速率。如果被结合的分子在溶液中本就非常稀，则由于结合而损失的熵将会很大，就像已知的那样，反应必然会进行得很慢。（反应分子为易于结合而定向时的熵损失也会减慢反应。）

更加定量地说，在低浓度时，单分子的熵是 $S_{\text{in}} = -\mu/T = -k_{\text{B}}\ln c + $ 常量（见式 8.1 和式 8.3），因此它贡献给指数因子的是一个乘积常数 c，这恰恰是一个熟悉的表述，即简单结合反应符合一阶速率定律（见 8.2.3 小节）。

10.2.3 小节讨论了分子尺度的器件，如果其自由能曲面的平均倾斜度为零，就不会产生净运动。但在第 8 章中也看到了，如果化学反应的 ΔG 是零，则反应也不会有任何进展，这从另一个角度说明，自由能而非原始能量才适于构造能量面。（如果要更多地了解这一要点，见 Howard，2001，附录 5.1。）

（3）简单地忽略构象空间中垂直于两个亚稳态之间关键路径的其他所有方向，这过分简化了。在这些方向上肯定存在着漂移，它们本身对于熵等有一定贡献。消去这些因素的实际程序包括配分函数对这些方向求和，并以此求出自由能，本质上与 §7.1 的方法相同。导出的自由能函数常常被称为平均力势。

除了调整自由能曲面外，将描述大分子及其周围水的坐标减至一个或两个的数学步骤对简化问题而言也有着良好的效果。许多被消除的自由度都处于热运动中，且都与我们保留的那个反应坐标相互作用。因此，来自它们的所有贡献不仅产生了沿反应坐标的随机运动，而且也阻碍了定向运动。也就是说，正是这些被消除的自由度产生了阻尼，爱因斯坦关系描述的就是这个效应（见 Grabert，1982）。克雷默兹于 1940 年指出这个阻尼可以很大，且对溶液中的复杂分子来说，通过斯莫卢霍夫斯基方程计算反应速率比旧的艾林（Eyring）理论更完整。他在特殊情况下（中等阻尼）重现了艾林模型的早期结论，然后将它推广到低阻尼和高阻尼的情况。

 10.3.3′ 拓展

（1）10.3.3 小节的讨论集中在酶-底物复合物的最低自由能态的一种可能形式，其中底物的几何形状已经改变到与其在过渡态中的构象接近。图 10.28 显示了另两种形式，酶也能改变底物的状态并加速反应的进程。

（2）沿自由能曲面无规行走的物理图像（要点 10.14）也有助于理解底物浓度

极低情况下发生的新现象。在这种情况下，底物分子结合到 E 所需时间会有很大的随机起伏，我们把这些起伏理解成跳出图 10.17 第一个隆起所需的时间。由于这个隆起在 c_S 很低时变得很大，因此它对过程随机程度的贡献与通常的那个（图中中部隆起）同等重要。

（3）要点 10.12 有助于我们理解为何酶通常都比底物分子要更大。典型的情况是底物结合位点只占酶分子表面积的百分之几。部分原因是我们希望底物分子（而不是酶分子）在结合的时候发生形变（如图 10.16）。相对形变的程度依赖于酶和底物分子的弹性性质。为了让酶分子赢得这场角力，它必须得足够大，才能容纳足够多的弱相互作用，在维持整体结构完整性的同时又导致结构转变的协同性。

 ### 10.4.3′ 拓展

（1）正文提及了驱动马达的步进模型。更确切地说，常规驱动蛋白的运动模式是"非对称步进"（可参见 Asbury, *et al.*, 2003；Kaseda, *et al.*, 2003；Yildiz, *et al.*, 2004）。

（2）正文中提及的电镜工作来自 Liu, *et al.*, 2017。更早的重要工作可参见 Rice, *et al.*, 1999。构造不同颈链长度的驱动蛋白变体的单分子实验研究可参见 Yildiz, *et al.*, 2008。其他内容可参见 Hancock, 2016。关于颈链无法停靠的分子变体的实验，可参见 Budaitis, *et al.*, 2019。

（3）10.4.3 小节结尾的讨论简化了驱动蛋白的反应图，在那里曾用下式代替了图 10.24[*]：

$$\mathrm{E} \underset{k_-}{\overset{c_{\mathrm{ATP}}k_+}{\rightleftharpoons}} \mathrm{EP_1} \overset{\text{平衡}}{\rightleftharpoons} \mathrm{EP_1'} \cdots \overset{k_n}{\longrightarrow} \mathrm{E}_\circ$$

设想 E 以正比于 c_{ATP} 的速率自发异构化成 $\mathrm{EP_1}$，而不将 ATP 作为反应的参与者明显写出。（某些作者称 $c_{\mathrm{ATP}}k_+$ 组合为准一级速率常量。）点号代表被忽略的其他可能步骤，最后步骤（ATP 水解和 $\mathrm{P_i}$ 的释放）照常认为是完全不可逆的，就像 10.4.1 小节所作的那样。

与 10.4.1 小节相同，首先注意到，每个驱动蛋白头必须处于 E、$\mathrm{EP_1}$ 及 $\mathrm{EP_1'}$ 三态之一。其次假定后两态之间处于近平衡态。平衡常数反映了内在的自由能变化 ΔG^0 与依赖外力的项 fl 之和（见 §6.7）。最后，尽管态 E 与其他两个态并不处于平衡，仍假设整个反应处于准定态。同时求解如下三个方程，得到三个未知概率 P_{E}、$P_{\mathrm{EP_1}}$ 和 $P_{\mathrm{EP_1'}}$：

$$1 = P_{\mathrm{E}} + P_{\mathrm{EP_1}} + P_{\mathrm{EP_1'}} , \text{（归一化）} \tag{10.27}$$

$$P_{\mathrm{EP_1}} = P_{\mathrm{EP_1'}} \, \mathrm{e}^{(\Delta G^0 + fl)/k_{\mathrm{B}}T} , \text{（近平衡）} \tag{10.28}$$

---

[*] 习题 10.7 展示了拥有一个快速异构化步骤的酶促机制的另一个示例。

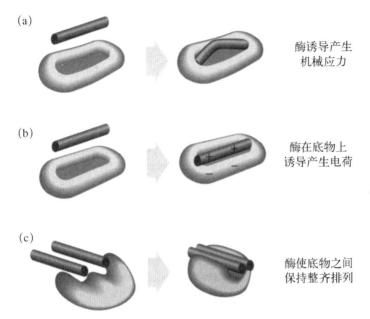

图 10.28(示意图) 酶协助反应的三种机制。(a) 酶可以给底物施加机械力。(b) 酶可以通过改变底物的离子环境来改变底物的反应活性。(c) 酶可同时抓住两个底物分子,使其在需要形成一个连接键时可以形成精确的空间定位,从而减少反应中自由势垒的熵部分。所有这些受诱导产生的对底物状态的正常分布的偏离,都可认为是某种形式的应变,它推动底物使其更接近过渡态。(改编自 Karp,2002。)

$$0 = \frac{\mathrm{d}}{\mathrm{d}t} P_{\mathrm{E}} = -c_{\mathrm{ATP}} k_+ P_{\mathrm{E}} + k_- P_{\mathrm{EP_1}} + k_n P_{\mathrm{EP_1'}} 。 (准定态) \qquad (10.29)$$

解之得

$$v = k_n \times (8\ \mathrm{nm}) \times \left[\frac{k_-\ \mathrm{e}^{(\Delta G^0 + fl)/k_{\mathrm{B}}T} + k_n}{k_+\ c_{\mathrm{ATP}}} + \mathrm{e}^{(\Delta G^0 + fl)/k_{\mathrm{B}}T} + 1 \right]^{-1} 。$$

对于任意固定的负载 f,该表述就是米-曼形式(式 10.20),类似于式 10.19 给定的与负载有关的参数

$$K_{\mathrm{M}} = \frac{1}{k_+} \frac{k_-\ \mathrm{e}^{(\Delta G^0 + fl)/k_{\mathrm{B}}T} + k_n}{\mathrm{e}^{(\Delta G^0 + fl)/k_{\mathrm{B}}T} + 1} \qquad (10.30)$$

和

$$v_{\mathrm{max}} = k_n \times (8\ \mathrm{nm}) \times \left[\mathrm{e}^{(\Delta G^0 + fl)/k_{\mathrm{B}}T} + 1 \right]^{-1} \qquad (10.31)$$

图 10.25 显示了表 10.1 的动力学数据,随同上述函数给出了实曲线,参数选择如下:$l = 3.7\ \mathrm{nm}$,$\Delta G^0 = -5.1 k_{\mathrm{B}} T_{\mathrm{r}}$,$k_n = 103\ \mathrm{s}^{-1}$,$k_+ = 1.3\ \mu\mathrm{M}^{-1}\mathrm{s}^{-1}$,及 $k_- = 690\ \mathrm{s}^{-1}$。

施尼策尔及合作者实际上用一组比上述大的数据比较了他们的模型,包括固定 c_{ATP} 时速度与负载之间的关系测量,发现同样符合得很好。但是,他们的模

型并不是唯一符合实验数据的模型,迄今已出现了很多更完善的模型。

 10.4.4′拓展

(1) C351 并不是自然界存在的马达,它是经人工修饰后具有某些便于实验观测的特性的马达。我们将它视为比常规驱动蛋白更简单的一类自然分子机器的代表。

(2) 正文中最初先假设概率密度函数是围绕单个值 $x_0 = 0$ 处的单峰分布,然后对其进行可能的平移 kL,构造更复杂的函数。平移后的密度函数不再是单峰分布了,但我们的推导仍然有效。当马达前进 n 步后,下一步的概率密度分布将具有多个峰(位于 L 的整数倍处),即 $P_{n+1}(x) = \sum_k p_k P_n(x-kL)$。换句话说,每一步的概率密度分布是上一步密度分布与一组定值 p_k 之间的卷积。因此,正文中给出了 $\langle x \rangle_{n+1} = \langle x \rangle_n + kL$。类似地,$x$ 的方差也需要增加一项,即 $L^2 \times k$ 的方差,见要点 10.23。

(3) 冈田康志和广川信隆也解释了他们拟合的数值,并表明它们是合理的(参见 Okada & Hirokawa, 1999)。他们的数据(图 10.27)给出了 140 nm s^{-1} 的平均速度 v 和 88 000 nm^2 s^{-1} 的方差增加速率。要解释这些结果,必须把它们与未知的马达分子变量 δ、t_s、t_w 及马达在弱结合态时沿微管方向漂移的一维扩散常量 D 联系起来。

图 10.29 再次显示了弱结合态结束时的概率分布。如果近似认为弱结合态开始时概率分布呈尖锋形,则曲线恰恰是由扩散方程(式 4.28)的基本解给定。为了求得 P_k,必须计算图 10.26 各阴影区域的面积,再计算 $\langle k \rangle$ 及 variance(k)。数值上作此计算并不难,但还有一个更简捷的方法。

将横坐标分成 L 宽的几个区间(图 10.29 所示实线)。假设 $D t_w$ 比 L^2 大很多,以至于在每个弱结合期间马达能扩散好几个区间,则 $P(x)$ 在图的中心区间

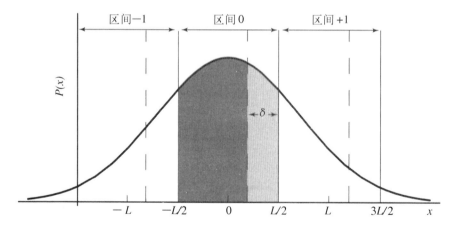

图 10.29(示意图) 扩散棘轮平均步进速率的计算图解。实线界定的区间在正文中已经讨论过。虚线的意义与图 10.26 右侧的虚线意义一致,它们标志着势的最高点,或称"分水岭"。因此,位于两个相邻虚线之间的马达将被吸引到处于这些虚线之间的势能最小点(0, L, $2L$, …)。例如,区间 0 部分的黑灰色区域的马达将被吸引到 $x=0$ 处,而浅灰色区域的马达将被吸引到 $x=L$。[为了清晰起见,区间的宽度被夸大了。实际计算时,假定了概率分布 $P(x)$ 在每个区间大致是常数。]

$[-L/2, L/2]$ 接近常数。当我们从中心往外挪时，$P(x)$ 将减少，但在诸如 $[L/2,$ $3L/2]$ 的每个区间内仍可视为常数。首先关注中心区间，处在 $[-L/2, L/2-\delta]$（图 10.29 黑灰色区域）的马达将返回结合部位 $x=0$，而处在 $[L/2-\delta, L/2]$（浅灰色区域）的马达将到达 $x=L$。该区间内马达的平均位置将漂移

$$\langle k \rangle_{\text{区间}0} = \frac{P(0)((L-\delta) \times 0 + \delta \times 1)}{P(0) \times L} = \frac{\delta}{L}。$$

> **证明**：对中心在 $\pm L$ 的两个侧翼区间内的马达，其平均位置漂移 $\langle k \rangle_{\text{区间}\pm 1} = \delta/L$。类似地，求出其他成对区间相应的 $\langle k \rangle_{\text{区间}\pm i}$。

思考题 10G

我们已经把整个 x 范围分成了许多区间，在每个区间内马达的平均位置漂移了相同的 δ/L，因此马达每步的总平均位移 u 也是 δ/L。根据要点 10.23，可知 $v \equiv uL/\Delta t = \delta/\Delta t$。也可以利用要点 10.23 证明，每个循环 x 的方差增量恰巧等于扩散幅度 $2Dt_w$。

实验条件下，每个马达的 ATP 水解速率是已知的 $(\Delta t)^{-1} \approx 100\ \text{s}^{-1}$。将实验数据代入有

$$140\ \text{nm s}^{-1} \approx \delta \times (100\ \text{s}^{-1}) \quad \text{和} \quad 88\,000\ \text{nm}^2\ \text{s}^{-1} \approx (100\ \text{s}^{-1}) \times 2Dt_w，$$

得到 $\delta = 1.4\ \text{nm}$ 及 $Dt_w = 440\ \text{nm}^2$。第一个值给出了驱动蛋白-微管结合的非对称度，该值比结合部位的尺寸稍小了些，但也是合理的。第二个值证明先验假设 $Dt_w \gg L^2 = 64\ \text{nm}^2$ 的确成立。最后，生化研究表明弱结合态的平均持续时间 t_w 约为几个微秒，因此 $D \approx 10^{-13}\ \text{m}^2\ \text{s}^{-1}$。该扩散常量与另一些沿线性多聚体被动运动的蛋白质的测量值一致。

(4) 对单头马达施力是很难的（相比双头马达而言）。不过对应于紧耦联情况的速度计算（式 10.26）倒是有指导意义。当马达在 w 态的反向漂移与非对称势导致的前向净运动相等时，马达就会失速。

马达失速的条件会不会与"食物"分子的化学势有关呢？此问题涉及定义扩散棘轮模型时所作的第一个假设，即水解循环不受微管结合的影响。这个假设在化学上是不现实的，但如果 ΔG 比步进所做的机械功大很多时，这却是一个不错的近似。如果 ATP 的化学势很小，则该假设失效，因为马达耗费在强结合态和弱结合态的时间 t_s 和 t_w 与处在沿轨道上的位置 x 关联起来了。马达落在 kL 的概率 P_k 将不再简单地由扩散曲线下的面积给定（图10.26），对于较小的 ΔG，失速力也将变小。

更一般地，假设一个粒子沿非对称的势能曲面扩散，并时常受到外部机制的推动。只有当外部推动恰好对应于一个非平衡过程时，粒子才会有净运动。这样的扰动会有纯布朗运动所没有的时间关联。有些作者用术语关联棘轮或闪烁棘轮来代替扩散棘轮，目的是要强调这方面的物理意义。（还有一些相关文献的术语包括布朗棘轮、热棘轮和熵棘轮。）

习　　题 [*]

10.1　复杂过程

图 10.30 显示了萤火虫的闪烁频率与环境温度的关系。（昆虫并不维持一个固定的体温。）对该关系提出一个简单的解释，总结出一个量化的结论，并对答案的数值合理性进行讨论。

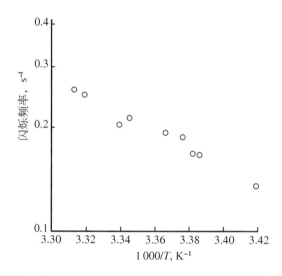

图 10.30(实验数据)　萤火虫闪烁频率的半对数图，它是温度倒数的函数。(摘自 Laidler，1972。)

10.2　肌肉构造中的标度

图 10.1 勾画了脊椎动物的骨骼肌组织。假设所有或大或小的动物拥有的肌肉组织在微观层次上都是相似的，较粗的肌纤维只不过拥有更多平行的肌原纤维，而较长的肌纤维则由更长的肌原纤维(更多拷贝首尾相连)组成。

肌球蛋白丝的每一端(图左底部)一般有大约 100 个肌球蛋白分子往同一个方向发力。在生理条件下，每个肌球蛋白分子能施加的力约为 5.3 pN。假定所有肌球蛋白分子同时与轨道结合时发力，就会在丝上得到力的上限。在松弛的肌肉中，每个肌球蛋白丝的截面积约为 1.8×10^{-15} m²。

(a) 利用这些数据，估算人体的肱二头肌能产生多大的力，结果合理吗？

(b) 作一个粗略的近似，动物无论大小在几何上都是相似的，也就是说，大动物的身体尺寸可以从小动物的身体尺寸通过一个统一的标度变换而得到。哪个动物更可能将相当于自身重量的物体顶在头上？答案与你所知道的有关蚂蚁和大象的知识相符吗？

---

[*]　习题 10.7 及 10.8 蒙惠允改编自 Tinoco Jr.，*et al.*，2014。

10.3　拯救 Gilbert

Sullivan 提出了一个对 G 棘轮的可能修正,在此我们提出另一个修正,称之为 F 棘轮。

设想图 10.10 中的杆向右伸展很远,一直进到另一个充满温度为 T' 的气体的腔中,杆的末端装有一块板并处于此腔的中部。气体分子从该板弹开时会随机推动杆。假设 T' 大于棘轮部分的温度 T。

（a）假设外力 $f = 0$。F 棘轮会有净运动吗? 如果有,沿哪个方向?（提示:设想 T 等于绝对零度的情况。）

（b）回想 Sullivan 对 G 棘轮的批评:"你不能将你的轴绕成一个环吗? 要是那样的话,你的机器会不停地转动,于是违反了热力学第二**定律**。"图 10.31 显示了这样一个器件。此处左侧的单向机制是一根弹簧("棘爪"),它阻止了非对称齿轮的逆向转动。在这种情况下如何理解 Sullivan 的上述评论呢?（提示:首先回顾一下6.5.3小节。）

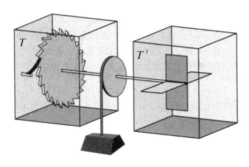

图 10.31(示意图)　F 棘轮,想象的马达。两个腔的温度分别维持在 T 和 T'。右侧的腔含有气体,气体的热运动驱动连接轴,轴传递的运动又被左侧腔中的装置"整流",甚至还能提升一个挂在皮带上的重物。（改编自 Feynman, *et al*., 2010a。）

10.4　离子泵的力能学

教科书常引用的 ATP 水解自由能值为 $\Delta G'^0 = -7.3 \text{ kcal/mol}$（图 2.12）。第 11 章介绍的分子机器每消耗一个 ATP 做有用功 $14k_B T_r$。使用下述数据解释这一差异,典型的胞内浓度是[ATP]$= 0.01$（即 $c_{ATP} = 10 \text{ mM}$）,[ADP]$= 0.001$,及 [P_i]$= 0.01$。

10.5　竞争性抑制

10.4.2 小节将竞争性抑制描述成控制酶活性的一种策略,例如蛋白酶抑制剂治疗 HIV 使用的就是这种策略。在这个机制里面,抑制分子 I 与酶 E 的活化位点结合,阻止了它再去处理底物。

（a）请写出反应 I+E ⇌ EI 的质量作用规则表达式,平衡常数设为 $K_{eq, I}$。

（b）重复 10.4.1 小节中米-曼规则的推导,现在的 E 可以处于三态中的任一态: $P_E + P_{ES} + P_{EI} = 1$。证明反应速度能写成

$$v = v_{\max} \frac{c_S}{\alpha K_M + c_S}. \qquad \text{（竞争性抑制）} \qquad (10.32)$$

此处 α 是要求的量，它包含未受抑制时的酶参数（K_M 和 $v_{\max}$）、$K_{eq,\,I}$ 和抑制剂总浓度 c_I。

（c）假设底物浓度 c_I 取定，测量反应初始速度与底物浓度之间的关系。对 c_I 的两个不同取值进行上述测量，并把两组数据画成双倒数曲线。如果 I 是竞争抑制剂，请对两曲线的特征加以描述。

（d）乙醇和甲醇是两个相似的小分子。甲醇是毒性的：肝的乙醇脱氢酶会将它转化成甲醛，后者能导致失明。虽然肾最终会将甲醇从血液中提走，但是其速度还不够快，因此还不能避免它的危害。为什么甲醇中毒治疗程序中包括连续数小时的乙醇静脉滴注？

10.6　反竞争性抑制

为了说明反竞争抑制*，调整酶动力学米-曼规则的推导（10.4.1 小节）。即要求基本反应

$$E + S \underset{k_{-1}}{\overset{c_S k_1}{\rightleftharpoons}} ES \overset{k_2}{\longrightarrow} E + P \, ,$$

再加上第二个反应（与图 10.13 相比较），

$$ES + I \underset{k_{-3}}{\overset{c_I k_3}{\rightleftharpoons}} ESI 。$$

此处 E 是酶，S 是底物，P 是产物，ES 为酶-底物复合物。抑制剂 I 是第二底物，并且与 E 同样是足量的。I 能结合到酶-底物复合物 ES 并形成死端复合物 ESI，由于别构相互作用，后者处理不了底物。可是，ESI 总是会自发解离回 ES+I，酶也恢复活性。这个死端分支减慢了反应。像往常一样，假定有一个大的 S 库，起初也没有产物，且酶的数量很少。

（a）根据 c_S、c_I、总的酶浓度 $c_{E,\,tot}$ 及速率常数，求定态反应速率 v。

（b）保持 $c_{E,\,tot}$ 和 c_I 不变，分析 v 对 c_S 的依赖关系。答案能表示成米-曼函数形式吗？此处的 $v_{\max}$ 和 K_M 是 c_I 的函数。

（c）不考虑（b）的答案。求出当 $c_{E,\,tot}$ 和 c_I 固定时的饱和值。解释答案的合理性，与习题 10.5 进行比较。

10.7　🅣米-曼动力学的推广

在本问题中，你会发现米-曼公式实际上比正文所讨论的应用更广泛。

---

* 🅣非竞争抑制才是更现实的情形，反竞争抑制只是一种数学简化。完整的讨论参见 Nelson & Cox, 2017。

在胰凝乳蛋白酶催化肽(短蛋白片段)的水解反应中,把酶的原始状态表示成 E—OH,目的是为了强调残基上的一个关键羟基。一般用符号 R—CONH—R′ 表示肽,中心原子 CONH 表示一个特殊的肽键(图 2.13),R 和 R′ 分别表示肽键左右侧的任何物质。

酶的作用机制如下:首先在酶 E—OH 与我们称之为 S 的肽底物 R—CONH—R′ 之间快速形成非共价键(E—OH · R—CONH—R′),然后,E—OH 释出一个氢并共价地结合到半个肽,再打断与另一半肽的连接键,使后者得到释放。最后剩下的酶-肽复合物将劈开一个水分子,使 E—OH 恢复原形,并释放肽的又一半:

$$\text{E—OH} + \text{S} + \text{H}_2\text{O} \xrightleftharpoons{\text{平衡}} \text{E—OH} \cdot \text{S} + \text{H}_2\text{O} \xrightarrow{k_2} \text{E—OCO—R} + \text{NH}_2\text{—R}' + \text{H}_2\text{O}$$

$$\xrightarrow{k_3} \text{E—OH} + \text{R—CO}_2\text{H} + \text{NH}_2\text{—R}'$$

就像最后箭头所表示的那样,假定最后一步是不可逆的。

假设第一级反应足够快速以至于实际上是处在平衡态,$c_{\text{E—O} \cdot \text{S}}/c_{\text{E—OH}} = c_{\text{S}} K_{\text{eq}}$,平衡常数为 K_{eq}。利用 $c_{\text{E—OCO—R}}$ 的定态假设证明上述方案的总反应速度具有米-曼形式。根据参数 K_{eq}、速率常量 k_2、k_3 和酶的总浓度 $c_{\text{E, tot}}$ 求有效米氏常量和最大速度。

10.8 ⓣ转化酶

前面讨论了酶抑制的两种决然不同的方式:竞争和反竞争。更一般地说,非竞争抑制机制指的是任何不服从习题 10.5 的机制。转化酶水解蔗糖时,小分子尿素的加入可以抑制其逆反应。当酶浓度 $c_{\text{E, tot}}$ 取定时,人们对含 2 M 尿素和无尿素的溶液样品分别测量了反应初始速度与蔗糖初始浓度之间的关系:

c_{sucrose}(M)	v(没有尿素)(M/s)	v(有尿素)(M/s)
0.029 2	0.182	0.083
0.058 4	0.265	0.119
0.087 6	0.311	0.154
0.117	0.330	0.167
0.175	0.372	0.192
0.234	0.371	0.188

作相应的双倒数曲线并确定尿素抑制是否是竞争性的,并给出解释。

10.9 机器的梦想

尽管图 10.32 没有配任何文字说明,但已足够让人联想到很多事情。现在,请从分子器件的角度来思考本图。一个纳米尺度的机器真能够如图所示,使一个大分子变得更加有序，而无需消耗任何能源或其自身不发生任何改变吗？如果可能，你能在生物学中找到一个真实的例子吗？

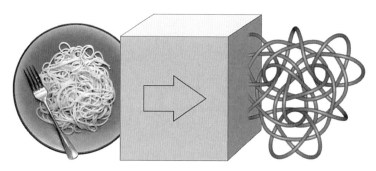

图 10.32 （隐喻）

10.10 超灵敏开关

在本题中，你会看到细胞的信号系统在不利用第 8、9 章讨论的协同机制的情形下，是如何产生出急遽变化的响应曲线的。假设酶 E 能将底物 A 转化为产物 B，同时也能通过另一条反应通路将 B 转化为 A（E 称为双功能酶）。

AE、BE 是酶与底物的复合物。假设 E 与 A、B 的结合位点不同，并且互不干扰。换句话说，单个分子 E 就可以促成 A、B 之间的相互转化。于是，从数学上看，这就等价于存在两个单功能的酶 E_1、E_2，它们分别催化上图中的上、下反应通路，并满足 $[E_1]+[AE_1]=[E_2]+[BE_2]\equiv E_{tot}$。

为简化起见，假设这两个反应通路的米氏常量相等，即 $K_{M1} = (k_{-1} + k_f)/k_1 = K_{M2} = (k_{-2} + k_r)/k_2$。

初始时刻，$[A] = A_{tot}$，$[B] = 0$。不同于单个米氏反应，本例中一条反应通路持续补充 A 而另一条持续消耗 A，从而达到真正的定态[*]。

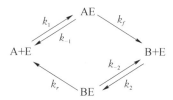

（a）假设 $A_{tot} \gg E_{tot}$，求出定态时的 $[A]$。

（b）你会发现（a）的答案并不依赖于 E_{tot}。但我们又知道当 $E_{tot} = 0$ 时 $[B]$ 始终为零。如何解释这个看似的矛盾？

（c）利用（a）的答案，画出 $[A]/A_{tot}$ 与 $\ln(k_f/k_r)$ 之间的函数关系图，请对 $K_{M1}/A_{tot} = K_{M2}/A_{tot} \ll 1$ 以及 $K_{M1}/A_{tot} = K_{M2}/A_{tot} \gg 1$ 两种极限情况分别讨论。（假设无论 k_f/k_r 如何变化，$K_{M1} = K_{M2}$ 始终成立。当 $k_f \ll k_{-1}$ 及 $k_r \ll k_{-2}$ 时，这个近似是合理的。）

---

[*] 你可以想象一下，其中一条通路与某个驱动力耦合（例如 ATP 水解），这将导致上述反应图中产生不为零的环流。不过，这一具体机制与求解本题无关。

10.11　三态反应

假设三态之间的跃迁动力学可以用下图来表示。

此处 $k_{\pm i}$ 是速率常量(单位为 s^{-1})。

(a) 假设这个系统能达到平衡态,则图中六个速率常量就不能是完全任意的,它们必须服从某个约束关系。请写出这个约束。

(b) 如果 $k_{-1}=k_{-2}=k_{-3}=0$,那么这个系统会达到定态吗? 给出你的解释。

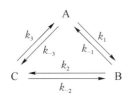

10.12　光镊的标定

本章描述的好些实验都用到了光镊来操控微小的物理对象。这个装置利用了介电体(玻璃或塑料小珠)总是移向强电场区[激光聚焦形成的光斑(或称光阱)的中心]这一倾向。小珠表面通常镀有一层抗体,感兴趣的分子通过抗体-抗原相互作用连接到小珠上。为确定对分子所施加的力的大小,必须对装置进行标定。

作为一个合理的近似,你可以将光阱视为一个胡克弹簧,即,小珠所受的回复力正比于其中心离某个参考位置(光斑中心)的距离。在本题中,你将学会如何确定光阱的等效弹簧系数 k。为简化起见,我们只考虑小珠沿某个方向的运动。

(a) 将光阱中心记为 $x=0$。测量小珠位置随时间的变化,记为函数 $x(t)$。如何利用这个函数[图 10.33(a)]以及能均分定理来测量 k?

不幸的是,由于用来观测小珠位置的光学显微镜的相对位置会发生缓慢漂移,(a)中的方法精度非常有限。一个更好的测量 k 的方法是利用小珠的布朗运动特性。第一步是从观测到的 $x(t)$ 函数出发来计算所谓的自关联函数,即

$$C(s) \equiv T^{-1} \int_0^T \mathrm{d}t\, x(t)x(t+s)。$$

此处 T 表示很长的时间(与观测时间相当),积分表示做时间平均。接下来的步骤是用一个包含 k 参数的理论模型来拟合函数 $C(s)$。

(b) 当 $|s|$ 很大时,小珠在 t 及 $t+s$ 时刻的位置就变得无关了。你能猜出 $C(s)$ 的极限值 $C(\pm\infty)$ 是多大吗?

(c) 要理解 $s\to 0$ 时 $C(s)$ 的特征,请先考虑相对量 $T^{-1}\int_0^T \mathrm{d}t\,(x(t+s)-x(t))^2$。当 s 很小时,这个量只包含小珠的布朗运动,而与光阱存在与否无关。从无规行走的理论出发,你可以算出这个量在小 s 情况下的行为,经过适当变换,即可知道 $C(s)$ 在 $s\to 0$ 时的特征。

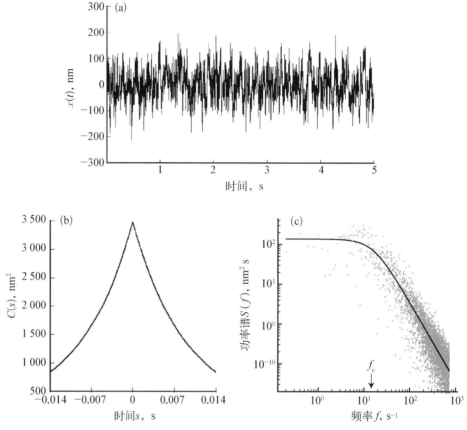

图 10.33 (**实验数据**)　(a) 半径为 $0.58\ \mu m$ 的石英小珠在光阱中做布朗运动的时间轨迹。(b) 从类似于(a)的时间轨迹数据计算得出的自关联函数。(c) 从(a)计算得出的功率谱（双对数作图）。图中曲线从平台区转变为近似直线的下降区，"转折频率"为 $f_c \approx 16\ s^{-1}$，平台区高度约为 $S(0) \approx 110$ $nm^2 s$。〔数据由 J. van Mameren，C. Schmidt 提供。〕

（d）具有上述特征的一类常见函数是 $C(s) = Ae^{-B|s|}$。细致分析表明本例中小珠的自关联函数的确具有这种形式，当调节 A、B 两个参数时，它可以用来拟合实验数据。利用(b)、(c)的答案推导 A、B 的表达式，由此可获知小珠和光阱的哪两个性质呢？

（e）利用图 10.33(b)，估计光阱的弹簧系数。

（f）🅣实际操作中更常见的是计算与 $C(s)$ 对应的单边功率谱，即，$S(f) \equiv$ $2 \int_{-\infty}^{+\infty} \mathrm{d}s\, C(s) e^{2\pi \mathrm{i} f s}$，$f = \omega/2\pi$ 代表频率（每秒的周数），$\mathrm{i} = \sqrt{-1}$ 为虚数单位。计算与(d)中 $C(s)$ 对应的 $S(f)$，作图并与图 10.33(c)比较。〔注意：图中提及的"转折频率" f_c 定义为 $S(f)$ 峰值的一半处所对应的频率。〕

10.13 🅣系链颗粒的运动

如果你还没有完成习题 10.12，那么请先浏览一下。同一理论在实验中的另一个很好的应用是系链颗粒的运动。在这个技术中,小珠不是被光阱俘获,而是被一条由单根 DNA 构成的"链"系住。系链的另一端绑定在显微镜的载玻片上,大致平行于 xy 平面。观测并记录小珠的运动。小珠在 x 方向上的位置随时间变化的观测值看上去非常像图 10.33(在定量的水平上)。图 10.34 显示了系链小珠 x 坐标的概率分布以及自关联函数。更精确地说,本图显示了半径为 $R_{bead} = 240$ nm 的小珠的中心位置,而系链则是由长度为 $L_{tether} = 3\,500$ 碱基对的 DNA 构成。

在本题中,你需要编写简单程序,对小珠的运动作一点计算机模拟,看看你能在多大程度上复现图 10.34 中的实验数据。假设小珠在 x、y、z 三方向上的运动是独立无关的,因此你可以忽略 y、z 方向的运动而只关注 $x(t)$。你还可以忽略小珠和载玻片之间的碰撞,因为这只会导致 z 方向的力。而小珠在 x 方向上受到的力包括了它与水分子的碰撞以及系链所施加的回复力(朝向 $x=0$ 处)。假设这个回复力服从胡克定理,$f = -kx$。

模拟的思路与正文第 4.6.3 小节导出能斯特公式的逻辑相同。我们将时间划分成很多小片段 Δt。在每个时间步中,小珠的空间位移步长为 Δx,它含有一个随机(扩散)分量以及一个确定分量。根据自由布朗运动理论,随机分量服从高斯分布,其均方位移为 $2D\Delta t$。确定分量则由弹簧回复力导致,取决于漂移 f/ζ。根据爱因斯坦关系以及斯托克斯公式,这里的 D、ζ 都与小珠半径有关。至于弹簧系数,你可以使用正文中思考题 9O 的答案,取力-拉伸曲线中低力端的部分。另外,可近似认为 $L_{tot} \approx L_{tether} + R_{bead}$,DNA 的等效链节长度可取为 $L_{seg} \approx 100$ nm。

(a) 选择一个合适的 Δt 以确保平均位移步长小于小珠的整体运动。通过模拟产生足够多的步骤以覆盖实验中记录的 600 s 数据,作出小珠位置分布的直方图,调节参数 L_{seg} 使其与图10.34(a)吻合。

(b) 从你的模拟数据中计算出自关联函数,调节水的有效黏度 η,使其与图10.34(b)吻合。你可能需要多次调节 L_{seg} 和 η 才能使结果与实验数据相符。

(c) 如果 L_{seg}、η 的最佳拟合值与你的预期不合,请解释其中可能的原因。

10.14 Ⓣ动力学整流

正文中强调指出了酶不能改变一个反应的自由能变(要点 10.13),而后者是决定反应方向的驱动力(要点 8.15)。然而,在本题中你将会看到,尽管存在着上述热力学约束,酶也能使得反应更偏向某个方向。

考虑一个简单的单步异构化反应,$S \underset{k_-}{\overset{k_+}{\rightleftharpoons}} P$。假设这个反应的自由能变为零,因此平衡态时 $c_{S,eq} = c_{P,eq} \equiv \frac{1}{2}c_{tot}$。根据第 6.6.2 小节所阐述的思想,正、反方向的速率常量必须相等,即 $k_+ = k_- \equiv k$。

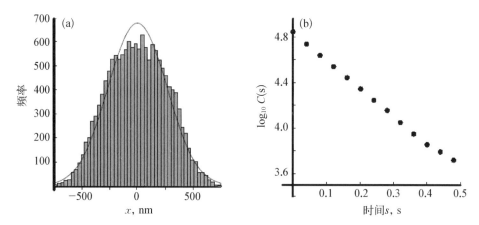

图 10.34（实验数据） 系链颗粒在 600 s 内的运动。(a) 小珠 x 方向坐标值的频率分布图。这个分布基本上是高斯的。作为比对，曲线显示了具有相同均方位移的高斯分布。(b) 小珠运动的自关联函数 $C(s)$（半对数作图）。本图展现了与图 10.33(b) 相同的定量特征。［数据由 L. Finzi, C. Zurla 提供。］

（a）当反应偏离平衡时（$c_S \neq c_P$），令 $Q = [\mathrm{S}] - \frac{1}{2}C$，$[\mathrm{S}] \equiv c_S/(1\mathrm{M})$，$C \equiv c_{\mathrm{tot}}/(1\mathrm{M})$。$\dot{Q} \equiv \mathrm{d}Q/\mathrm{d}t$ 表示反应速率。写出 $\dot{Q}$ 与 Q 之间的关系式，证明 $\dot{Q}$ 对 Q 的作图相对于零点是反对称的。换句话说，从动力学角度看，没有哪个反应方向优于另一方向。

现在，向这个系统中添加一个酶分子 E。仿照正文中的化学反应式 10.16，可写出下式：

$$\mathrm{E} + \mathrm{S} \underset{k_{-1}}{\overset{c_S k_1}{\rightleftharpoons}} \mathrm{F} \underset{c_P k_{-2}}{\overset{k_2}{\rightleftharpoons}} \mathrm{E} + \mathrm{P}, \qquad (10.33)$$

其中 F 代表酶与底物的复合物。假设这个酶催化反应只有一个反应坐标，相应的自由能曲面用图 10.35 表示。由此，可将各个反应速率常量表示为

$$k_1 = r e^{-\alpha}/(1\mathrm{M}), k_{-1} = r e^{-(\alpha-\gamma)}, k_2 = r e^{-(\beta-\gamma)}, k_{-2} = r e^{-\beta}/(1\mathrm{M})$$

其中 r 是量纲为 T^{-1} 的常量。

假设反应达到定态。酶分子处于复合物状态（F）的时间占比为 p，其他时间则处于非结合态（E）。净反应速率为 $\dot{Q} = -k_1[\mathrm{S}](1-p) + k_{-1}p$。

（b）计算 p，将其表达为 $[\mathrm{S}]$、$[\mathrm{P}]$、γ、$g \equiv e^{-\beta+\alpha}$ 的函数。

（c）计算 $\dot{Q}$，将其表达为 Q、α、γ、c_{tot}、g 的函数。

（d）（c）的答案非常复杂。为简单起见，我们只考虑一个特殊情况 $g = 1$。这个例子有什么特别之处呢？你所得的答案又有什么特殊的性质呢？

（e）对于任意的 g，计算 $[\mathrm{P}] \to 0$ 时的 $\dot{Q}$。证明在这种极限情况下米-曼规则成立。

（f）所谓的"整流比"可定义为 $A = (-\dot{Q}|_{Q=c_{\mathrm{tot}}/2})/(\dot{Q}|_{Q=-c_{\mathrm{tot}}/2})$。请解释一下为什么叫这个名字？对上述模型，计算相应的 A。

（g）对于本题开头提到的看似矛盾的问题，请结合上述答案进行解释。

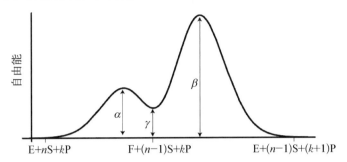

图 10.35（示意图） 假想的反应（式 10.33）所对应的自由能曲面，取标准反应条件（$c_S = c_P = 1M$）。S、P、E、F 分别表示底物、产物、酶以及酶-底物复合物。初态和终态的自由能相等，因此有 $\Delta G = 0$。本图是正文中图 10.17(b) 的简化版本。

第 11 章　嵌膜机器

第 12 章将讨论神经脉冲,即沿神经纤维传导从而生成复杂意识结构的电信号。为此,有必要在本章首先阐明活细胞如何产生电。第 4 章讨论能斯特公式时回避了这个问题。不过,我们至此已经对分子机器有了一个全面了解,所以能够从自由能转换的角度来深入讨论这一问题。我们将看到,在主动离子泵的精确生化特性得以澄清之前,间接的物理讨论如何引导人们发现这类不寻常分子机器。这个事实可能使人想起另一段历史,在用化学方法认定遗传分子就是 DNA 的许多年以前,马勒、德尔布鲁克和他们的同事已经利用物理实验和思想刻画了遗传分子的本质(3.3.3 小节)。只要物理和生化两方面的研究人员彼此交流,加强协作,生命科学将继续结出丰硕的果实。

本章焦点问题

生物学问题:细胞胞质溶胶的成分与胞外液体成分有很大区别,为什么穿过质膜的渗透流没有使细胞涨破(或收缩)呢?

物理学思想:分子机器对离子的主动泵送能够维持一个非平衡的渗透调节态。

---

§11.1　电渗效应

11.1.1　"古老"的历史

把科学划分成不同的学科是当代社会的一个失误。历史上,在生物电现象的研究与理解电的物理本质的宏伟计划之间有过很活跃的交流。例如,本杰明·富兰克林于 1752 年做了一个著名实验,验证了闪电其实就是一个巨大的电火花,这一验证激起了对电的更加一般的推测和实验。由于缺乏精密的测量仪器,当时的科学家很自然地把目光集中于电在活生物体内的功能上,实质上就是把活生物体当仪器使用。物理学家冯·哈勒(Albrecht von Haller)和加尔瓦尼(Luigi Galvani)发现:用物理方法产生并储存在电容器内的电可以用来刺激动物肌肉强烈收缩。加尔瓦尼于 1791 年发表了他的观察结果,并推测肌肉有可能也是一个电源。最终,他推断,即使没有电容器,只要在肌肉的两点插入两个电极,也应该能引起肌肉抽搐。

伏打(Alessandro Volta)不接受上述结论,他认为肌肉只是被动地接收电信号而不产生电。为了解释加尔瓦尼的无电容实验,他认为在任何电解质中两种不同的金属间均可能产生静电势,不管这种电解质是否有生命。为了证明这一点,他于 1800 年发明了一种完全无生命的电源,仅仅是在装有酸的浴槽内插入两片不同的金属板,伏打的器件——伏打电池——决定性地推动了我们对物理学和化学的理解。作为一项技术,伏打的器件也应该赢得长寿奖:汽车、手电筒等家电中的所有电池都是伏打电池。

但伏打对于生命过程也可能直接产生电的观点拒绝得太快了。11.1.2—11.2.3 小节将叙述电的产生是如何发生的,讨论的依据是那些来之不易的实验事实。继加尔瓦尼之后又过了数十年,内科医生杜波依斯·雷蒙德(E. DuBois Reymond)才于 19 世纪 50 年代发现活体蛙皮两侧维持着高达 100 mV 的电势差。细胞膜是只有数纳米厚的电绝缘体这一概念在 1923 年以前只是一种推测,弗里克(H. Fricke)当时利用式 7.26 定量地计算出细胞膜的电容,并由此估算出细胞膜的厚度。

为了了解静息膜电位的来源,首先回到第 4 章有关离子渗透膜的话题。

11.1.2　离子浓度差产生能斯特势

图 4.14 显示盛有溶液的容器置于两个带电平板之间,后者在溶液中产生恒定的外加电场。4.6.3 小节计算了平衡态的浓度分布曲线,并由此推算出容器两端之间的离子浓度变化(式 4.26)。我们注意到,为了维持容器两端显著的离子浓度差,所施加的电势差应与大多数活细胞的跨膜静电势差相当。由 §7.4 的观点出发,就能明白为什么 4.6.3 小节的结果应该与细胞有所关联。

图 11.1 展示一个很有趣的物理现象,一个长直圆筒状不带电的膜把整个空间分成两部分,内外两个电极可以测量跨膜静电位。该图所示装置可以用来模拟从神经细胞体凸出的长细管,即轴突。我们可以基本依图示在活体神经轴突中插入针状细电极,并把它们连接到一个放大器上。历史上,正是在头足类生物中发现了足够大的神经轴突以至可以进行这种精巧操作后,关于神经脉冲的系统研究才得以开展。例如,乌贼(*Loligo forbesi*)的"巨"轴突直径长达 1 mm,比人体一般轴突直径 5~20 μm 大很多。

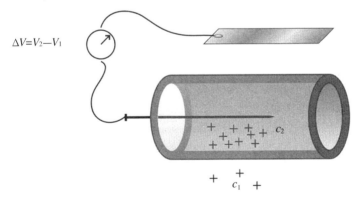

图 11.1(原理图)　膜电位的测量。如图所示,内部阳离子体积浓度 c_2 比外部的 c_1 大很多。因为电中性,阴离子浓度呈相同分布(未显示),左边的符号代表伏特计。

上述两部分空间都装有盐溶液，为了简便起见，采用单价盐，例如氯化钾。假定膜对 K^+ 可以少量渗透而对 Cl^- 完全不渗透（实际上，乌贼的轴突膜对 K^+ 的渗透性是对 Cl^- 的两倍），暂时忽略水的渗透流（见 11.2.1 小节）。设想在细胞膜内外使用不同浓度的盐溶液：在内、外空间离膜较远的地方盐浓度都是均匀的，内外分别为 c_2 和 c_1，如图 11.1 所示，并假设 $c_2 > c_1$。

令 $c_+(r)$ 表示在膜内距轴心 r 处的 K^+ 浓度，系统达到平衡后，膜附近的 $c_+(r)$ 不再均匀，Cl^- 浓度 $c_-(r)$ 也一样不均匀[图 11.2(a)]。为了理解膜电位的来源，必须首先解释这些平衡态的浓度分布曲线。

渗透离子 K^+ 面对这样一个两难处境。一方面，它们可以通过跨膜消除现存的浓度差来增加自己的熵。情况的确如此，浓度差一直降到某一点时此过程才会停止。另一方面，不能渗透的伙伴 Cl^- 不停地通过静电引力往回召唤它们。根据整体电中性要求[*]，在远离膜的两侧，K^+ 和 Cl^- 浓度应该相等，因此只有少数 K^+

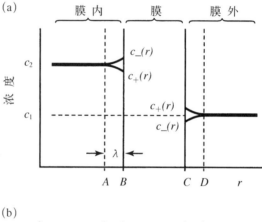

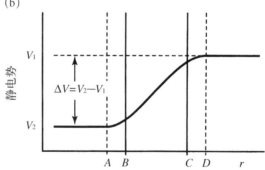

图 11.2（示意图） （a）图 11.1 膜附近的浓度分布曲线。半径 r 代表离轴心线的距离。根据电中性原则，膜外无穷远处（$r \to \infty$）正负离子浓度 $c_\pm$ 必须相等，其公共值 c_1 就是外部盐浓度。类似地，胞内深处 $c_+ = c_- = c_2$。图示情况中假设了只有正离子可以渗透，因此某些正离子的泄漏抬高了膜外厚为 λ 的薄层内的 c_+，同时也降低了膜内薄层内的 c_+。由于负离子必须远离带负电的细胞，膜外薄层内的 c_- 会下跌，膜的疏水区（B 和 C 之间的区域）内的离子浓度几乎为零。（b）由（a）的电荷分布所引起的静电势 V。平衡态时，ΔV 等于各种渗透离子（此处为正离子）的能斯特势。

---

[*] 7.4.1 小节指出，要破坏体相电中性需要消耗巨大能量。

实现了跨膜，且也不会走很远：它们穿越了膜内薄层后就已经筋疲力尽，因而只能紧贴在膜外的薄层内[见图 11.2(a)中的 c_+ 曲线]。

图 11.2 所示行为正是在 7.4.3 小节对静电相互作用的研究中就应该预料到的。为了看清两者的联系，首先考虑图 11.2 中 C 点右边的区域。该区域是盐溶液与负电"体"接触区。这个负电"体"是由膜和图 11.1 所示的圆筒内部组成，它之所以带负电是由于部分正离子已经跨膜逃逸。按照图 7.8(a)所示，与负电体接触的溶液会形成一个中和正电层。图 11.2 中所示 C 与 D 之间的区域，其厚度 λ 大约类似于我们讨论双电层中的 x_0（式 7.25）*。然而，与图 7.8(a)不同的是：现在溶液中同时拥有可以移动的正负电荷，因此，抬高 K^+ 离子浓度的薄层同时也降低了 Cl^- 离子浓度。因为图中 C 点左侧的负电区域是排斥阴离子的。双方作用的结果是在膜外侧产生了一个正电层。

在膜的内侧，情形完全相反。此处，盐溶液所面对的是一正电体，即图 11.2 中 B 点右侧部分。因此存在一个 K^+ 较少而 Cl^- 相对较多的区域，该区域就是膜内侧的负电层。

现在可以考虑求解跨膜静电位了。方法之一是根据图 11.2(a)所示的电荷密度解高斯定律（式 7.20）得到电场强度 $\mathcal{E}(x)$，然后再积分求出 $V(x)$。也可以从物理直观出发来思考该问题[图 11.2(b)]。假设将一个正的检验电荷从膜外（从图的右侧）带入内部。开始时，由于检验电荷左侧的净电荷是零，对检验电荷不存在作用力，因此检验电荷的势能是恒定的。可是，一旦检验电荷在 D 点进入外层电荷云，它就开始受到 C 点左侧负电体的吸引。因此，其电位开始下降。越是深入，它感受到的电荷越多，电位曲线的斜率也随着上升。

假设膜本身是不带电的，膜内部也只暂时含有极少量的渗入离子。那么，当检验电荷穿膜时，它会感受到来自 B 点左侧电荷的一个恒定的指向内部的吸引力，因此其势能在跨越 B 点之前线性下降，然后在筒内电中性区域又趋于平稳。

图 11.2(b)的势能曲线 $V(r)$ 是对上述两段叙述的总结。

假设电荷密度为 $\rho_q(r) = e[c_+(r) - c_-(r)]$，其中 $c_\pm$ 如图 11.2(a)所示。设 $V(r)$ 是相应高斯定律的解，对其作定性描述，证明其变化趋势与图 11.2(b)所示一致。	**思考题 11A**

假设 $c_2 > c_1$，膜只允许 Cl^- 渗透而不允许 K^+ 通过，重复上述讨论。结论会有什么不同呢？	**思考题 11B**

为了确定电势差 $\Delta V = V_2 - V_1$ 的大小，可以用一个调压电池代替图 11.1 中

---

* Ⓣ 更恰当地说，类似于德拜屏蔽长度 λ_D（式 7.35）。

的伏特计，并升高电压使系统电流恰好为零，则整个系统的渗透离子处于平衡态。如果将离子电量 q 写成质子电量 e 乘一个整数 z（离子的化合价），离子浓度必须服从玻尔兹曼分布：$c(x) = 常量 \times e^{-zeV(x)/k_B T}$。对此取对数，并对膜内外情形进行计算，则重新得到能斯特关系[*]：

$$平衡时 \quad \Delta V = \mathcal{V}^{\text{Nernst}}，其中$$

$$\Delta V \equiv V_2 - V_1 \quad 及 \quad \mathcal{V}^{\text{Nernst}} \equiv -\frac{k_B T}{ze}\ln\frac{c_2}{c_1}。 \tag{11.1}$$

按 8.1.1 小节的语言，能斯特关系表明，（任何）渗透离子的电化学势在平衡态时必定是处处均一的。

注意到等式 11.1 中的 z 只是渗透离子的离子价（此处是 +1）。本小节只讨论仅钾离子可渗透的情况，该问题中的另一不可渗透离子并不服从能斯特关系，也不应该服从这一关系，因为它并未处在平衡态。如果突然在膜上开孔，则不可渗透的 Cl^- 会喷涌而出，而 K^+ 却不会，因为调节电池提供的左向电场力恰好平衡了导致 K^+ 扩散的熵力。类似地，在思考题 11B 中你已经发现，将两种离子的角色互换，膜两侧的平衡态电势差的符号也随之颠倒。简言之，

> 能斯特势只是细胞希望达到的状态，它不必是真实的细胞膜电位。并且，对于不同种类的离子，能斯特势也是不同的。

 11.1.2′小节对离子穿膜渗透给出了进一步的讨论。

11.1.3　唐南平衡产生静息膜电位

11.1.2 小节给出了一个简单结论：

> 能斯特关系给出了可渗透离子处于平衡态时的跨膜势，即为了阻止由离子跨膜浓度差引起的渗透流而施加的外电压。 (11.2)

本节将讨论一个略显复杂的问题，即系统存在两种以上离子的情况。这个问题与活细胞有关，因为活细胞内往往有数种重要的小渗透离子。为了简化讨论，只考虑三种小离子，其浓度为 c_i，下标 i 可代表 Na^+、K^+ 和 Cl^-。

细胞内充满了蛋白质、核酸等呈负电性的大分子。这些大分子几乎是不渗透的，因此我们可以预期存在着类似图 11.2 的情况及由此产生的膜电位。但是，与只有两种离子的简单情形不同，此时各离子的体积浓度不再由各自的初始浓度和电中性条件自动决定：如果只是为了保持电中性的话，细胞在输入 Na^+ 的同时可以排出 K^+ 或拉入 Cl^-。情况究竟如何呢？

所有受限（不可渗透）大分子总电荷密度的典型值 $\rho_{q,\text{macro}}$ 相当于浓度为

---

[*] 4.6.3 小节已讨论过能斯特关系。

125 mM 的多余负电荷。正如 11.1.2 小节所说,为了降低细胞的总自由能,小离子将跨膜渗透。假设细胞处在离子浓度为 $c_{1,i}$ 的无限大的液浴中(这种情况类似于大海中的海藻细胞或人体血液中的细菌)。与 $\rho_{q,\,macro}$ 一样,这些浓度可以指定并保持恒定,示例性数值如 $c_{1,\,Na^+} = 140$ mM,$c_{1,\,K^+} = 10$ mM,$c_{1,\,Cl^-} = 150$ mM。这些数值是合理的,因为它符合胞外溶液电中性的要求:

$$c_{1,\,Na^+} + c_{1,\,K^+} - c_{1,\,Cl^-} = 0。$$

而胞内容积有限,因此浓度 $c_{2,i}$ 并不固定,是要求的未知量。此外,膜电位差 $\Delta V = V_2 - V_1$ 是第四个未知量。因此,需要寻找四个方程来求解这四个未知量。首先,胞内体积浓度的电中性要求

$$c_{2,\,Na^+} + c_{2,\,K^+} - c_{2,\,Cl^-} + \rho_{q,\,macro}/e = 0。 \qquad (11.3)$$

(12.1.2 小节将会更详细地讨论电中性的问题。)其他三个方程反映的是同一个静电势函数对每种离子的影响。因此,平衡态时各种渗透离子分别以相同的 ΔV 值达到能斯特平衡:

$$\Delta V = -\frac{k_B T}{e}\ln\frac{c_{2,\,Na^+}}{c_{1,\,Na^+}} = -\frac{k_B T}{e}\ln\frac{c_{2,\,K^+}}{c_{1,\,K^+}} = -\frac{k_B T}{-e}\ln\frac{c_{2,\,Cl^-}}{c_{1,\,Cl^-}}。 \qquad (11.4)$$

为了求解式 11.3 和式 11.4,首先注意到后者可以被重写成吉布斯-唐南关系:

$$\text{平衡时} \quad \frac{c_{1,\,Na^+}}{c_{2,\,Na^+}} = \frac{c_{1,\,K^+}}{c_{2,\,K^+}} = \frac{c_{2,\,Cl^-}}{c_{1,\,Cl^-}}。 \qquad (11.5)$$

例题:
(a) 在上述关系中,为什么氯离子的比例关系相对于其他离子是颠倒的?
(b) 利用本节给出的示例性数值 $c_{1,i}$ 和 $\rho_{q,\,macro}$,求 $c_{2,i}$ 和 ΔV。

解答:
(a) 氯离子的电荷与钾离子或钠离子的正相反,这种情况导致式 11.4 中氯离子项多了一个负号。对公式取指数时,此负号导致了倒数。
(b) 令 $x = [Na^+] = c_{2,\,Na^+}/1$ M。利用式 11.5 和给定的 $c_{1,i}$,重新用 x 来表示 $c_{2,\,K^+}$ 和 $c_{2,\,Cl^-}$。再代入式 11.3 并两边乘 x 得

$$\left(1 + \frac{0.01}{0.14}\right)x^2 - 0.15 \times 0.14 - 0.125x = 0。$$

解该二次方程得 $x = 0.21$,则 $c_{2,\,Na^+} = 210$ mM,$c_{2,\,K^+} = 15$ mM 和 $c_{2,\,Cl^-} = 100$ mM。由式 11.4 可得 $\Delta V = -10$ mV。(附录 B 给出 $k_B T_r/e = \frac{1}{40}$ V。)

上面建立的平衡称为唐南平衡,ΔV 称为系统的唐南势。

我们已经找到了一条现实的途径使细胞能维持一个跨膜的永久(静息)静电位,该静电位可简单地认为是一些带电的大分子被隔离在胞内这一事实造成的。该电位的典型值确实有数十毫伏。维持该唐南势并不需要消耗能量——这是平衡态、自由能最小态的一个特征。我们也注意到:如果只是为了满足电中性条件,

只需使得 c_{2,Na^+} 比胞外的值大而其他两个浓度内外一样即可。但这样的态并不是自由能最小态,而是所有可利用渗透离子共同中和 $\rho_{\mathrm{q,macro}}$ 的态。

§11.2 离子泵送

11.2.1 真核细胞膜电位的观测值暗示这些细胞远离唐南平衡

钠离子异常 要解释静息膜电位,唐南平衡看来是一个极有吸引力的机制。但只要稍加思考便会发现问题。现在回到 11.1.2 小节开头被搁置的跨膜渗透流问题。大分子的数量并不是很多,它们对渗透压的贡献可以忽略。但小离子的数目远远超过大分子,其形成的渗透压就大得多。为计算上述唐南平衡例题的渗透压,累加所有离子的贡献:

$$\Delta c_{\mathrm{tot}} = c_{2,\mathrm{tot}} - c_{1,\mathrm{tot}} \approx 25 \text{ mM}_\circ \tag{11.6}$$

上式结果的符号表明:模型细胞内部的小离子数目比胞外更多。为阻止向内的渗透流,膜必须维持内压 $25 \text{ mM} \times k_{\mathrm{B}} T_{\mathrm{r}} \approx 6 \times 10^4$ Pa,但从 7.2.1 小节可知:真核细胞在比此值小得多的压力下就会溶胞(破裂)!

以上推导当然很粗略,因为完全忽略了其他不带电溶质(如糖)的渗透压。但有一点是肯定的:唐南平衡方程给出了同时满足电渗平衡和电中性的唯一解。但没有理由认为此解<u>也</u>必须恰好满足小渗透压的要求!要维持唐南平衡,你的细胞必须足够坚韧。事实上,植物、海藻、真菌细胞及细菌由带硬壁的双层质膜包被,因此它们能够抵挡很高的渗透压。植物组织也正是利用了这种源自渗透压的刚性作结构支撑,而一旦植物脱水它们就会变得柔软。(回想一下吃老芹菜的情形。)但是人体细胞没有这种硬壁,那为什么它们没有被渗透压挤破呢?

表 11.1 列出了一个特殊细胞真实的(测量的)跨膜浓度差。根据唐南平衡可预言,胞内阴性大分子离子的存在将导致 $c_{2,\mathrm{Na}^+} > c_{1,\mathrm{Na}^+}$、$c_{2,\mathrm{K}^+} > c_{1,\mathrm{K}^+}$、$c_{2,\mathrm{Cl}^-} < c_{1,\mathrm{Cl}^-}$ 及 $\Delta V < 0$。这些预言非常直观:胞内的阴性大分子离子趋向于推出渗透阴离子而拉进渗透阳离子,但表中的数据表明四个预言中的<u>第一个就是非常错误的</u>。根据吉布斯-唐南关系,热力学平衡时最后一列的所有项应该是一样的,而事实上只有钾离子和氯离子近似服从这个预言;另外,测得 $\Delta V = -60$ mV 的膜静息电位也大约等于两者各自的能斯特势。但是,对钠离子而言,吉布斯-唐南关系失效了,甚至对 K^+ 也不是完全定量吻合的。

表 11.1 乌贼巨轴突内外离子浓度的近似值

离 子	化合价 z	胞内 $c_{2,i}$(mM)	相互关系	胞外 $c_{1,i}$(mM)	能斯特势 $\mathcal{V}_i^{\mathrm{Nernst}}$ (mV)
K^+	$+1$	400	$>$	20	-75
Na^+	$+1$	**50**	$<$	**440**	**$+54$**
Cl^-	-1	52	$<$	560	-59

第二行数据表明"钠离子异常":钠离子的能斯特势与 -60 mV 的实际膜电位相去甚远。包括 DNA 等大分子离子在内的其他离子使得细胞内、外整体上都呈中性。

总结：

> 钠离子的能斯特势不但与实际的膜电位 ΔV 极性相反，而且其值也大出很多。 (11.7)

所有动物细胞(不只是乌贼轴突)都有这类钠离子异常现象[*]。

这种反常现象的一个可能解释是：钠离子及其他失调离子在实验时间尺度内可能不只是简单地渗透，所以它们无需服从平衡关系。而此处讨论的却是稳态或静息态电势，这意味着所涉及的观测"时间尺度"是无限的，即任何渗透最终都会促使细胞趋于唐南平衡。这与实际观察的抵触或许就可视为对上述解释的一个支持。当然，真正的关键之处是，我们有可能直接测量钠离子透过轴突膜的能力。下一节将阐明这种渗透能力尽管很小，但不可忽略。

于是，我们只好推断：活细胞中的离子并非处于平衡态。但是，这个局面是如何造成的呢？平衡态并不是活的而是死的。静息的细胞持续地燃烧食物正是为了抵御趋于平衡的趋势！如果维持一个非平衡离子浓度的代谢成本相对于其他方式的细胞能量预算是合理的，那就没有理由不这么做。毕竟其收益是可观的。我们已经看到，维持静电渗透平衡会给细胞施加很大的内压，使之爆裂或至少不再脉动。

观察神经细胞放入冰箱后的反应或许能对我们理解上述推断给出一些启示。将细胞冷却到冰点使其停止代谢，细胞会突然失去维持非平衡钠离子浓度差的能力。另外，停止代谢的细胞也失去了控制内部体积或渗透调节的能力，而一旦正常条件得到恢复，细胞代谢将重新开始，胞内钠离子也会开始减少。看来，上述推断是正确的！

某些遗传缺陷也能影响渗透调节，例如，患有遗传性球形红细胞增多症的患者，其红细胞的质膜比正常红细胞的质膜更容易被钠离子渗透。受损害的细胞必须比正常细胞更努力地工作才能将更多的钠离子泵出。因此，它们倾向于渗透膨胀，这导致脾脏反过来将它们摧毁。你瞧，熵力也是可以致命的。

下文提要　本节引出了两道谜题：一方面，真核细胞维持着一个远离平衡的钠离子浓度差，而另一方面，它们并没有遭受唐南平衡所预见的巨大渗透压。原则上，只要细胞能够利用代谢能量持续地跨膜泵送钠离子而不再让系统处于平衡态，上述两问题都可以被解决。这种主动泵送能够产生一个非平衡稳态。

作一个力学类比。假如你去拜访朋友，在花园中看到一座喷泉(图 11.3)，水源是高处的水塔。水从高处往下流的过程中将自己在水塔中的势能转化成了动能。你期待着水塔最终会流干而喷泉也会停止，但这种事情从未发生，因此你就开始怀疑你的朋友利用一个泵再加一些外部能源使水实现了循环。此时的喷泉就处在一种稳定但非平衡的态[**]。

---

[*]　许多细菌、植物和真菌都表现出质子浓度反常，参见 §11.3。

[**]　类似地，10.4.1 小节讨论的酶的定态是通过底物和产物的非平衡浓度表现出来的。在 4.6.1 小节、4.6.2 小节、10.2.3 小节和 10.4.1 小节也遇见过这种准稳定的非平衡态。

图 11.3(类比)　如果水被持续地泵入高处的水池,喷泉最终会达到一个非平衡定态。否则,喷泉会进入准定态,一直到水池干枯为止。

　　回到细胞的情况,我们要探讨与此相似的假设,即细胞必须以某种方式利用其代谢来维持一个远离平衡的静息离子浓度。为定量表述这个假定(确定它是否正确),下面重新回到跨膜转运问题(见 4.6.1 小节和 7.3.2 小节)。

11.2.2　欧姆电导假设

　　为了研究非平衡定态,首先注意到能斯特势不必等于实际的跨膜电位差,正如数值 $(\Delta c)k_B T$ 不必等于实际的压力差 Δp(7.3.2 小节)。如果实际的跨膜压力差不等于 $(\Delta c)k_B T$,则存在一个跨膜的水流。类似地,如果电势差不等于某些离子的能斯特势,这些离子会处于非平衡态并将渗透,因而会产生一个净电流。这种情况下,由式 11.1 确定的各离子的电势不必彼此相等。

　　为了强调这种区别,式 11.1 引入 $\mathcal{V}_i^{\text{Nernst}}$(读作"离子 i 的能斯特势"),精确表示为 $-[k_B T/(ez_i)]\ln(c_{2,\,i}/c_{1,\,i})$,保留符号 ΔV 代表实际的电位差 $V_2 - V_1$。正负号约定为:驱动阳离子进入细胞的熵力对应着正的能斯特势。

　　先前的经验(4.6.1 小节和 4.6.4 小节)使我们预期跨膜离子流是耗散的。因此,至少在净驱动力不太大的情况下,流与力成正比关系。而且,根据要点 11.2 可知,当 $\Delta V = \mathcal{V}_i^{\text{Nernst}}$ 时作用在离子 i 上的净驱动力将会消失。因此总力是能量项 $z_i e\Delta V$(来自电场)与熵项 $-z_i e\mathcal{V}_i^{\text{Nernst}}$(来自离子的扩散趋势,能消除一切浓度差)之和[*]。这正是我们能从渗透流(7.3.2 小节)和化学力(8.1.1 节气体化学势的例

---

* 作用在离子上的净驱动力等效于电化学势差 $\Delta \mu_i$(见 8.1.1 小节)。

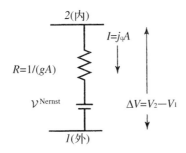

图 11.4(电路图)　在欧姆假设(式 11.8)前提下,面积为 A、单位面积电导为 g 的小片膜的电学特性可用等效的电路模型来表示。这片膜被等效为一个电位差为 $\mathcal{V}^{\text{Nernst}}$ 的电池(—┤├—)串联一个阻值为 $R = 1/(gA)$ 的电阻(—Ｗ—)。对于阳离子($z > 0$)而言,正的能斯特势意味着胞外离子浓度较大;此时熵力会推动离子依图上行(进入细胞),而正的外作用势 ΔV 效果正相反,推动阳离子下行(排出细胞)。平衡态指的是这两个力平衡的状态,即 $\mathcal{V}^{\text{Nernst}} = \Delta V$,则净电流 I 为零。电流流向胞外时被认为是正。

子)的研究中预料到的行为。

简而言之,我们期望

$$j_{\text{q}, i} = z_i e j_i = (\Delta V - \mathcal{V}_i^{\text{Nernst}}) g_i。欧姆电导假设 \qquad (11.8)$$

按惯例,离子流 j_i 的数值就是离子 i 在单位时间内跨过单位面积膜的离子数,电荷流 $j_{\text{q}, i}$ 是离子流乘以单个离子的电荷 $z_i e$。正负号的规定为:如果流向胞外,则 j 为正。式 11.8 的比例常量 g_i 被称为膜对离子 i 的单位面积电导。它总是正的,其单位 * 为 $\text{m}^{-2}\,\Omega^{-1}$。乌贼的静息轴突膜单位面积总电导的典型值大约为 $5\ \text{m}^{-2}\,\Omega^{-1}$。

式 11.8 只是欧姆定律的另一形式。为了明白这一点,只需注意:通过面积膜片的电流 I 等于 $j_q A$,如果只有一种离子可以渗透,则式 11.8 给出的跨膜电位差为 $\Delta V = IR + \mathcal{V}^{\text{Nernst}}$,此处 $R = 1/(gA)$。第一项为欧姆定律的正常形式,第二项对应于图 11.4 所示与电阻串联的固定电压为 $\mathcal{V}^{\text{Nernst}}$ 的电池。这个虚拟电池的端电压就是离子 i 的能斯特势。

可是,我们必须牢记,式 11.8 适用的膜欧姆电阻行为的区域是很有限的。首先,式 11.8 只是 $\Delta V - \mathcal{V}_i^{\text{Nernst}}$ 幂级数展开的第一项。因为钠离子远离其平衡浓度差(见表 11.1),因此,除了对认识细胞静息态电特性给出一个定性指导以外,不能指望式 11.8 给出更多。另外,比例"常量"g_i 也不会总是常量,它也可能与离子浓度等环境变量和 ΔV 本身有关。因此,只有当 ΔV 和离子 i 的浓度都接近静息值时,才能使用式 11.8。至于其他情况,可以允许单位面积电导变化,例如写成 $g_i(\Delta V)$。本节将只考虑稍偏离静息态的情况,12.2.4 小节将探讨更一般的情形。

---

*　神经科学家利用同义词西门子(Siemens)(符号 S)表示欧姆的倒数,一个较老的同义词是姆欧(符号 ℧)。本书不会采用它们,而是写成 Ω^{-1}。注意:单位面积电导的单位与体相电解液电导率 κ 的单位是不同的(4.6.4 小节),后者的单位为 $\text{m}^{-1}\,\Omega^{-1}$。

单位面积电导 g_i 与离子的渗透率 $\mathcal{P}_s$（见式 4.21）有关。

思考题 11C 假设膜内外某种离子浓度几乎相等，求单位面积电导和这种离子对膜渗透率之间的关系。讨论你的结果为什么是合理的。[提示：记住 $c_{1,\,i} - c_{2,\,i}$ 是很小的，你可以利用小 ϵ 展开式 $\ln(1+\epsilon) \approx \epsilon$。]

注意各种离子的单位面积电导 g_i 未必完全相同。正如半透膜对水分子而非离子有通透性，不同离子的跨膜电导也有差异。不同离子具有不同尺寸，因此它们穿过不同离子通道时遭遇的阻碍也是不同的。如果某种离子是不渗透的（像 11.1.2 小节设想的系统中的 Cl^-），则它的浓度不必服从能斯特关系。可是，非渗透离子参与形成整个系统的电中性状态，因此对决定平衡膜电位确有重要作用。

 11.2.2′ 节提到了膜电导的欧姆行为的非线性修正。

11.2.3 主动泵送既维持了定态膜电位又避免了巨大渗透压

回到表 11.1 的钠离子异常问题。为了用式 11.8 研究非平衡稳态，需要区分膜对各种离子的单位面积的电导值 g_i。数个小组在 1948 年左右进行了这种测量，方法是膜的一侧使用放射性元素标记的钠离子而另一侧使用通常的钠离子。在各种外加跨膜势及离子浓度条件下，他们测量了跨膜放射性渗漏。采用这种技术，可以将钠离子流与其他离子流区分开来[*]。这些实验的结果表明，神经和肌肉细胞在接近静息的条件下，确实表现出欧姆行为（参见式 11.8）。相应的钾离子、氯离子和钠离子电导是可以测量的。霍奇金（A. Hodgkin）和卡茨（B. Katz）发现，对于乌贼轴突，

$$g_{K^+} \approx 25 g_{Na^+} \approx 2 g_{Cl^-}。 \qquad (\text{静息值}) \qquad (11.9)$$

钠离子的电导虽小但不能忽略，不能取为零。

根据 11.2.1 小节，钠离子电导不为零就意味着细胞静息态并非处于平衡态。乌辛（H. Ussing）和泽拉恩（K. Zehran）在 1951 年确实发现：两侧具有相同溶液的活体蛙皮（即膜电位 ΔV 维持在零），仍然可以转运钠离子，甚至当式 11.8 中的净力为零时。很明显，式 11.8 必须附加一项以描述钠离子主动泵送。我们所能考虑的最简单修正是

$$j_{Na^+} = \frac{g_{Na^+}}{e}(\Delta V - \mathcal{V}_{Na^+}^{Nernst}) + j_{Na^+}^{pump}。 \qquad (11.10)$$

---

[*] 另一个方法是利用特殊的神经毒素（一类抑制剂）关闭其他离子的渗透。

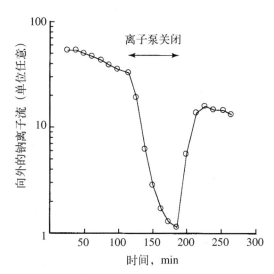

图 11.5(实验数据)　　乌贼轴突受电刺激后向外流出的钠离子流。实验开始时,轴突充有放射性的
钠离子,被置于普通海水中。神经元受刺激后发放大量动作电位,此后监测逸出的放射性离子。在箭
头代表的时间段中,轴突暴露在毒素二硝基酚中,暂时关闭了钠离子的泵送。然后将毒素用新鲜海水
冲刷掉,离子泵又自发恢复了运行。横轴所示时间从轴突结束电激开始;对数刻度的纵轴表示带有放
射标记的钠离子离开轴突的速率。(数据摘自 Hodgkin & R. Keynes, 1955。)

修正的欧姆定律的新增项对应的是图 11.4 中平行于电路元件的电流源。如果这
个电流源要将钠离子"往上"推(逆着它们的电化学势梯度),它必须做功。这个新
增项将膜的内外侧区分开来:如果是正的,则表明膜向胞外泵送钠离子,做那部分
功所需要的自由能来自细胞的新陈代谢。

　　1955 年,霍奇金和凯恩斯(R. Keynes)开展了一项更详细的研究,表明钠离子
并不是唯一被主动泵送的离子,朝向胞内的部分钾离子的跨膜流也依赖于细胞的
代谢。令人感兴趣的是,霍奇金和凯恩斯发现,即使是正常的细胞,一旦胞外的钾
离子耗尽,细胞往外泵送钠离子的活动也随即停止,由此可认为离子泵将一种离
子的渗透与另一种离子的输运耦联起来。霍奇金和凯恩斯还发现,在单个活的神
经细胞中(图 11.5),代谢抑制剂(例如二硝基酚)能够同时可逆地阻止钠离子和钾
离子的主动泵送,而不改变离子流中被动的欧姆部分。而且,即使细胞代谢处在
停止状态,只要向胞内注入储能分子 ATP,泵送就会恢复。

　　简而言之,上述结论都指向一个假设:

　　　　　嵌在细胞膜内的特定分子机器水解 ATP,并利用由此产生的
　　　　部分自由能把钠离子泵到胞外,同时泵入钾离子以部分抵消由于
　　　　泵出钠离子而引起的电荷损失。　　　　　　　　　　　　(11.11)

只有胞内存在钠离子和 ATP 且胞外有钾离子时,泵才能运转,如果其中之一被切
断,细胞就会慢慢恢复到平衡态离子浓度。

　　考虑到 1955 年还没有发现任何特定的膜组分能完成这一工作,要点 11.11 已
经是对膜离子泵的一个相当详细的描述了。很显然,某些东西正在泵送这些离
子。但是活细胞膜中有成千上万的跨膜蛋白,因此要找到这个离子泵是很困难

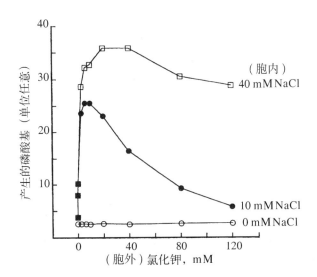

图 11.6(实验数据) 由钠-钾离子泵催化的 ATP 水解速率,它是胞内钠离子浓度和胞外钾离子浓度的函数。纵轴给出的是一定时间间隔内所产生的无机磷的量。数据显示,只要钠离子或钾离子消失,ATP 的消耗即 P_i 的生产就会停止。(数据摘自 Skou,1957。)

的。然而,生理学家斯科(J. Skou)在 1957 年从螃蟹腿神经细胞中分离出了具有 ATP 酶活性的一种跨膜蛋白。通过控制溶液中的离子含量,斯科发现,为了水解 ATP,该酶同时需要钠离子和钾离子。霍奇金和凯恩斯在研究整个神经轴突(图 11.6)时也曾发现过相同的行为。斯科指出该酶对钠离子和钾离子分别有不同的结合位点。基于这个及其他一些理由,他正确地猜测该酶就是期待中的钠离子泵。

后来的实验也证实了斯科的猜测。很显然,可以制备一个纯磷脂双层膜,引入纯化的泵蛋白,再加入必要的离子和 ATP,然后观察蛋白在膜中的自组装及在这个完全人造的系统中运行的情况。

泵的 ATP 酶活性取决于泵送的离子这一事实给出了一个重要暗示：泵是一个紧耦联的分子机器,这个机器在无效循环中只浪费了微量 ATP。后来的研究证明:事实上,在较大的 ATP 浓度变化范围内,泵总是维持着钾离子流的大小为钠离子流的三分之二这样一个关系。换句话说,泵对钠离子和钾离子施行的是耦联输运。我们可以把这个机器想象成一个特殊的旋转门,一旦其内侧面的三个 Na^+ 结合位点被占据,它就把这些离子推到膜外(使之易位),再将它们释放。此后,其外侧面的两个 K^+ 结合位点被占据。最后,使钾离子易位并在胞内释放它们,然后开始新一轮循环。因此,每经历一次循环,机器就能向膜外泵送一个单位净电荷,于是称这个泵是生电的 *。这类特殊的膜泵或主动转运器属于细胞内最重要的分

---

* 图 2.21 简化了钠-钾离子泵,每种离子只画出了一个结合部位。不生电的泵应该有 $j_{K^+}^{pump} + j_{Na^+}^{pump} = 0$。这种行为的一个例子是胃上皮细胞中出现的 H^+/K^+ 互换器,每循环一次,它把两个质子转运到胞外(帮助胃液呈酸性)同时输入两个钾离子。

子机器。

　　在肯定斯科发现的 ATP 酶确实（部分地）是负责维持静息膜电位之前，我们尚需证明，上面提议的泵送过程至少在能量方面也是合理的。

例题：将 ATP 水解自由能与维持离子泵运转一个周期所需的能量成本作一比较。

解答：将一个钠离子泵送到胞外既要支付静电能 $-e\Delta V$，又要为提高系统的有序度支付自由能（因为跨膜钠离子浓度差增高了），能斯特势测量的就是后者。参考表 11.1，则将一个钠离子泵送到胞外所需支付的总自由能为

$$-e(\Delta V - \mathcal{V}_{\mathrm{Na}^+}^{\mathrm{Nernst}}) = e(60\ \mathrm{mV} + 54\ \mathrm{mV}) = e \times 114\ \mathrm{mV}.$$

向胞内泵送一个钾离子所需支付的总自由能相应地

$$+e(\Delta V - \mathcal{V}_{\mathrm{K}^+}^{\mathrm{Nernst}}) = e[-60\ \mathrm{mV} - (-75\ \mathrm{mV})] = e \times 15\ \mathrm{mV},$$

也是正的。因此，离子泵运转一个周期的总成本是 $3(e \times 114\ \mathrm{mV}) + 2(e \times 15\ \mathrm{mV}) = 0.372\ \mathrm{eV} = 15 k_{\mathrm{B}} T_{\mathrm{r}}$。（单位 eV，或电子伏特，在附录 A 中有定义。）另一方面，ATP 水解大约能释出 $19 k_{\mathrm{B}} T_{\mathrm{r}}$（见习题 10.4）。可见这种泵是相当高效的，只有 $4 k_{\mathrm{B}} T_{\mathrm{r}}$ 转化成了热能。

　　离子泵的发现有助于理解表 11.1 所列数据。钠-钾离子泵将一个单位净正电荷泵送到膜外，这必然驱使胞内的电位从钠离子的能斯特势向钾离子的能斯特势下降。每次循环从细胞中移出一个具有渗透活性的离子，其净效果部分抵消了由唐南平衡导致的膜内外离子分布的不平衡（式 11.6）。

　　为了定量研究泵送，首先必须注意到活细胞处在稳态，因为它要无限期地维持其电位和离子浓度（只要它还活着）。因此任何离子都不能有净流，否则某种离子会在某处堆积并最终改变其浓度。每种离子要么是不渗透的（像胞内的大分子），要么处于能斯特平衡，要么被主动泵送。这些被主动泵送的离子（简化模型中的 Na^+ 和 K^+）必须使各自的欧姆渗漏完全与主动泵送速率相匹配。我们的模型假设：$j_{\mathrm{K}^+}^{\mathrm{pump}} = -\frac{2}{3} j_{\mathrm{Na}^+}^{\mathrm{pump}}$ 及 $j_{\mathrm{Na}^+}^{\mathrm{pump}} > 0$，因为约定正 j 是流向胞外的。简而言之，对于定态，$j_{\mathrm{Na}^+} = j_{\mathrm{K}^+} = 0$ 必然成立，或

$$j_{\mathrm{K}^+}^{\mathrm{pump}} = -j_{\mathrm{K}^+}^{\mathrm{Ohmic}} = -\frac{2}{3} j_{\mathrm{Na}^+}^{\mathrm{pump}} = -\frac{2}{3}(-j_{\mathrm{Na}^+}^{\mathrm{Ohmic}}).$$

　　在此模型中，Cl^- 能渗透但不能被泵送，所以它的能斯特势必须与静息膜电位相符合。从表 11.1 中的数据可知，其能斯特势确实与实际膜电位 $\Delta V = -60\ \mathrm{mV}$ 符合得较好。对于钠离子和钾离子而言，上述段落暗示它们对应于离子流欧姆部分的比例是 $-\frac{2}{3}$，则欧姆假设（式 11.8）可表述为

$$-\frac{2}{3}(\Delta V - \mathcal{V}_{\mathrm{Na}^+}^{\mathrm{Nernst}}) g_{\mathrm{Na}^+} = (\Delta V - \mathcal{V}_{\mathrm{K}^+}^{\mathrm{Nernst}}) g_{\mathrm{K}^+}.$$

求解 ΔV 得

$$\Delta V = \frac{2g_{Na^+} \times \mathcal{V}_{Na^+}^{Nernst} + 3g_{K^+} \times \mathcal{V}_{K^+}^{Nernst}}{2g_{Na^+} + 3g_{K^+}} \qquad (11.12)$$

将表 11.1 中的能斯特势和测得的电导间关系(式 11.9)代入,得 $\Delta V = -72\ \mathrm{mV}$。现在可以把我们的预言与实际静息电位(约 $-60\ \mathrm{mV}$)作一比较。

上述模型在解释观测到的膜电位方面还算不错。当至少有一种渗透离子(钠离子)远离平衡时,我们对膜电导仍使用了欧姆(线性)假设(式 11.8),这导致了部分误差。不过,我们至少定性解决了一个矛盾:由式 11.12 所预言的膜电位正如实验所观察到的,居于钠离子与钾离子的能斯特势之间,并且与后者更接近。式 11.12 确实证明了

> 单位面积电导最大的离子种类在决定定态膜电位时起最主
>
> 要的作用。即,与不易渗透的离子的能斯特势($\mathcal{V}_{Na^+}^{Nernst}$)相比,静息
>
> 膜电位更接近于最易渗透的被泵送离子的能斯特势($\mathcal{V}_{K^+}^{Nernst}$)。(11.13)

当改变膜任意一侧的离子浓度时,所预测的 ΔV 的变化趋势同样可由实验加以验证。

更有趣的是,如果膜能够将对钾离子的传导优势突然切换到对钠离子的传导优势,则要点 11.13 能够预言,跨膜电位会从接近 $\mathcal{V}_{K^+}^{Nernst}$ 的一个负值突然切换到接近 $\mathcal{V}_{Na^+}^{Nernst}$ 的一个正值。而事实上,第 12 章会阐明,在一个神经脉冲期间,所测得的膜电位确实发生了符号翻转,其值也接近 $\mathcal{V}_{Na^+}^{Nernst}$。但是这一预测看来毫无价值——不是吗?因为可以肯定,膜对各种可溶性物质的渗透率永远是固定不变的,这是由膜的物理结构和化学组分所决定的——真是这样吗?第 12 章将回到这个问题上来。

 11.2.3′ 小节给出了更多有关主动离子泵送的说明。

§11.3　作为工厂的线粒体

正如第 10 章研究的驱动蛋白,钠-钾离子泵也要靠燃料分子 ATP 驱动,而其他分子马达也要消耗 ATP(在某些情况下可能是其他核苷三磷酸)。人体日常运行需要大量 ATP,据估计每天需要高达 6×10^{25} 个 ATP 分子,而所有的能量都源自食物。这么多 ATP 分子重达 50 kg,但你无需携带这整个重量:每个 ATP 分子每分钟都能被循环很多次,它只是自由能的携带者。

真核细胞内的 ATP 合成也涉及主动离子泵送,但不是钠离子或钾离子。食

物氧化(称为呼吸)的最后一个步骤是跨膜泵送质子。下述 4 小节将描述这个由质子梯度驱动 ATP 合成的非常重要的分子机器。

11.3.1 母线和传动轴将能量分配到工厂各处

第 10 章使用机器这一术语,特指那些仅由少数几个部件组成、专门从事某一工作的相对简单的系统。人类最早期的技术确实也属于这一类,如转动一根曲轴和一条绳子把水从井底提上来。

随着技术的发展,把承担不同分工的机器松散地集合成一个工厂就成为现实需求。这种工厂很灵活:它可以根据需要重新组装,个别机器可以被置换而丝毫不影响整个运作。另外,某些机器可以专职于输入能量,并将其转化成一种能量通货供其他机器使用,后者则制造终端产品,或同样输出其他形式的能量货币。

想象一家 1820 年左右的一个工厂。工厂用水轮将水的重力转化成驱动轴上的力矩,驱动轴通向磨坊各处并把机械能分配给与之联动的各种机器。后来,电力技术的发明产生了一种更加灵活的能量货币,即导线内电子的势能。有了这个系统,化学能(如煤中的)到电能的初始转换就可以发生在离工厂(耗能用户)数公里的地方。在工厂内,电力分配可以由母线(busbar)来完成。母线是贯穿建筑物内部且与各种机器搭接的粗汇流线。

图 11.7 勾画了一类能为汽车提供氢能源的工厂。一些诸如煤之类的高能底物从左边进入,一系列的转换把输入的自由能转变成了便于输运的电子势能(电子本身是可以再循环的)。在工厂内,母线把电力分配到一系列电解电池中,后者

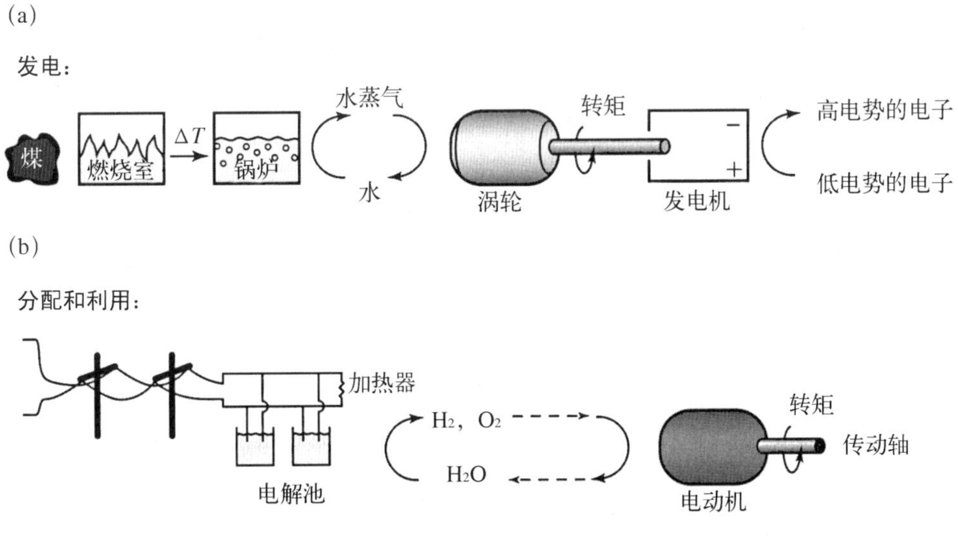

(a)

(b)

图 11.7(示意图) 一个想象的工业流程。(a) 燃烧化学燃料,最终在两条电线之间产生了电子的静电势差。在该图右侧以外,电势差是靠两电线间的电绝缘(此处为空气)来维持的。(b) 在工厂内,电势被用来驱动一个"爬坡"的化学过程,即把低能分子转化成储存较多化学能的分子,后者再被装载到汽车上用于产生力矩并做有用功。如果需要,部分电子势能可以通过跨接在电线之间的电阻("加热器")直接转换成热能。

能把低能水分子转化为高能的氢和氧。把氢罐装到汽车,后者燃烧氢(或直接转化为电力)并作有用功。在冬天,部分电力可直接流经电阻,不做机械功而用于加热厂房,从而获得了一个舒适的工作环境。

下一小节将讨论线粒体的活动与上述工业流程之间的类似关系。

11.3.2 呼吸作用相关的生化知识

我们想研究的整个生化过程是一个氧化反应。这个术语最初是指用化学方法把氧添加到其他物质中。你也确实在不停吸入氧,把它添加到含碳和氢的高能化合物中,并呼出低能量的 H_2O 和 CO_2。然而,为了鉴定个别的次级反应是氧化反应还是其反向过程还原反应,化学家发现有必要推广氧化这一概念。这一推广的关键是:当氧获得额外的电子时,其内能会大大降低。第 7 章就曾提及,水分子中氢原子的电子几乎完全被氧原子剥夺。$2H_2 + O_2 \longrightarrow 2H_2O$ 反应中,氢的燃烧就是把氢原子上的电子移走而使其氧化。

更一般地说,从一个原子或分子上移走一个电子的任何反应均被称作该原子或分子的"氧化"。因为化学反应既不能产生也不能消灭电子,所以以任何氧化反应都必然伴随着将电子等效地加到某种物质的另一个反应,即还原反应。例如,燃烧氢气时氧本身就被还原了。实际上,把一个中性氢原子加到任何物质中去的反应都被认为是还原反应。

有了这个术语,可以来考察一下发生在食物上的种种过程。食物消化的早期步骤是把复杂的脂肪和糖分解成葡萄糖之类的简单小分子,后者被输运到身体的各个细胞。葡萄糖一旦进入细胞,就会在细胞质内糖酵解。我们不会详细研究糖酵解,尽管每个葡萄糖酵解时确实产生了少量的 ATP(两个 ATP)。我们最感兴趣的是糖酵解把葡萄糖劈成两个丙酮酸分子(CH_3—CO—COO^-),丙酮酸是另一种高能小分子。

在厌氧细胞内,糖酵解基本上已经是氧化过程的结尾。丙酮酸只是一堆废品,它通常被转化成乙醇或乳酸并排放到胞外,因此每个葡萄糖分子只留下两个 ATP 作为代谢的有用产物。早在约 18 亿年前,地球大气中没有自由氧,生物体必须以这种厌氧代谢来设法应付缺氧环境。甚至现在,剧烈的运动也会局部地耗尽肌肉细胞的氧气供应,使肌肉细胞转入厌氧模式,导致了乳酸的集结。

但是,在有氧的情况下,细胞可以从每个葡萄糖分子上合成出大约 30 多个 ATP。1948 年,肯尼迪(E. Kennedy)和莱宁哲(A. Lehninger)发现这种合成地点就在线粒体内(图 2.6)。线粒体执行了一个被称为氧化磷酸化的过程:它摄入并氧化由糖酵解产生的丙酮酸,并把这个在能量上有利的反应与将一个磷酸基团结合到 ADP(将 ADP"磷酸化")的不利反应耦联起来。

线粒体被一个可以渗透大部分小离子和小分子的外层膜包裹着。外膜的内侧叠着一层褶皱的内膜,后者所包被的内容物称为线粒体基质,基质中含有 DNA 闭环及其转录设备,这与细菌类似。内膜的内侧密集地镶嵌着在电子显微镜下才可以观测到的圆球形颗粒[图 2.6(b)所示],它们就是 ATP 合酶,11.3.3 小节将对其展开讨论。

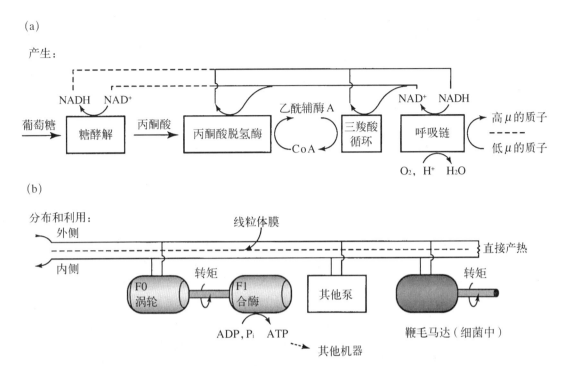

图 11.8(示意图)　线粒体活动的概述,此图强调了与图 11.7 的相似性。(a) 糖的代谢产生质子跨线粒体内膜的电化学势差,为简单起见,用"NADH"同时代表载体分子 NADH 和 FADH$_2$。虚线代表输入到线粒体内的间接过程。(b) 质子反过来驱动许多分子机器,其中一种能合成 ATP(平均每个葡萄糖分子合成 28 个 ATP)。(大肠杆菌之类的细菌有一套类似的机制用以驱动它们的鞭毛马达。不过,线粒体没有鞭毛。)

图 11.8 粗略地展示了包括氧化磷酸化在内的几个步骤,而氧化磷酸化正是本节和下节将要讨论的。此图用于强调线粒体与图 11.7 所示的简单工厂的相似性。

丙酮酸脱羧　氧化磷酸化的第一个步骤发生在线粒体的基质中。通过一个叫丙酮酸脱氢酶[图 2.4(m)]的巨型酶复合物,从丙酮酸中脱去羧基(COO),并把它氧化成 CO_2。丙酮酸的剩余部分是乙酰基 CH_3—CO—,它借助一个硫原子与一个叫辅酶 A(缩写 CoA)的电子受体结合在一起,形成乙酰辅酶 A。像前面提到的那样,一个还原反应必然伴随着碳原子的氧化。丙酮酸脱氢酶复合物将该氧化反应与一个特定的还原反应,即载体分子烟酰胺腺嘌呤二核苷酸(NAD$^+$)的还原反应紧紧偶联在一起。总反应式为

$$CH_3-CO-COO^- + HS-CoA + NAD^+ \longrightarrow$$

$$CH_3-CO-S-CoA + CO_2 + NADH, \tag{11.14}$$

将两个电子(和一个质子)加到 NAD$^+$ 生成 NADH。糖酵解时每个丙酮酸还会产生另一个 NADH,但是该 NADH 并不直接进入呼吸链(图 11.8 中的虚线所示)。

三羧酸循环　氧化磷酸化的第二个步骤也发生在线粒体的基质中,一个酶催化循环反应进一步氧化上一步骤产生的乙酰辅酶 A 中的乙酰基,并恢复辅酶 A 的活性。与该氧化反应相对应,另有三个 NAD$^+$ 被还原为 NADH,另一个载体分子

黄素腺嘌呤二核苷酸(FAD)也被还原成 $FADH_2$。总反应式为，

$$CH_3—CO—S—CoA + 2H_2O + FAD + 3NAD^+ + GDP^{3-} + P_i^{2-} \longrightarrow$$

$$2CO_2 + FADH_2 + 3NADH + 2H^+ + GTP^{4-} + HS—CoA, \qquad (11.15)$$

因此，总共有八个电子(和三个质子)加到了载体 FAD 和 NAD^+ 上，同时也产生一个能量与 ATP 相当的 GTP。反应的这一部分被称为三羧酸循环。

思考题 11D
证实反应式 11.15 是严格配平的。

小结 反应式 11.14 和 11.15 完全氧化了丙酮酸，因为丙酮酸的三个碳原子最终都被氧化成了二氧化碳。相反地，4 个载体分子 NAD^+ 和 1 个 FAD 分别被还原成 NADH 和 $FADH_2$。考虑到葡萄糖酵解时已经产生了 2 个丙酮酸和 2 个 NADH，因此每个葡萄糖共产生 10 个 NADH 和 2 个 $FADH_2$。每酵解一分子葡萄糖形成两分子 ATP，比两个三羧酸循环所产生的能量还要多一些。

11.3.3 线粒体内膜在化学渗透机制中用作汇流母线

储存在还原载体分子中的化学能如何才能被用来合成 ATP 呢？早期试图解决这个难题所遇到的困难是不能确定反应的确切化学计量。不像反应式 11.14 那样每输入一个丙酮酸就能产生一个 NADH，呼吸作用产生的 ATP 数目似乎是一个无法确定的整数。这个困难直到化学渗透机制的发现才得到解决，该机制由米切尔(Peter Mitchell)于 1961 年提出。

根据化学渗透机制，ATP 合成通过一个能量传输系统间接地被耦联到呼吸作用上。因此，可以把这个过程分解为能量的产生、传输和利用，就像在一个工厂内的情况一样(图 11.8)。

产生 线粒体中最终的氧化反应(呼吸作用)是

$$NADH + H^+ + \frac{1}{2}O_2 \longrightarrow NAD^+ + H_2O。 \qquad (11.16)$$

($FADH_2$ 也经历了一个类似的反应。)这个反应的标准自由能变* $\Delta G'^0_{NAD} = -88k_BT_r$，而推动反应式 11.16 的酶复合物会把该反应与 10 个质子跨线粒体内膜的泵送运动耦联起来。因此氧化反应所释放的总自由能部分被 10 个质子的跨膜电化学势差所抵消(参见 8.1.1 小节)。

思考题 11E
(a) 按照泵力能学例题(11.2.3 小节)的思路，求跨线粒体内膜的质子电化学势差。利用下列实验数据：基质 pH 值与外部 pH 值之间

---

* 实际 ΔG 甚至比 $\Delta G'^0$ 大，因为反应物的浓度并不等于标准状态的值。不过我们还是会使用这里给定的值作大致参考。

的差 $\Delta\mathrm{pH}=1.4$,以及相应的跨膜静电势差 $\Delta V\approx-0.16\,\mathrm{V}$。

(b) 求得的电化学势差通常会表述为质子动势(p. m. f.),后者被定义为 $(\Delta\mu_{\mathrm{H}^+})/e$。计算质子动势,将它表述成以伏特为单位的形式。

(c) 计算 1 个 NADH 分子的氧化与 10 个质子输运相耦联的总自由能 $\Delta G'^0_{\mathrm{NAD}}+10\Delta\mu_{\mathrm{H}^+}$。由此能预测该反应正向进行吗?要确证这一点,你还需要哪些信息?

传输 在正常条件下,线粒体内膜对质子来说是不可渗透的,因此通过泵出质子,线粒体形成了一个分布在整个内膜表面的电化学势差。不可渗透膜起着把两条电力线隔离的电绝缘作用:它维持着线粒体内外的电位差。任何其他嵌膜机器都可以利用这个表示为 $\Delta\mu$ 的剩余自由能做有用功,就像工厂内的任何机器可以沿汇流母线搭接一样。

利用 化学渗透机制需要的另一个分子机器是嵌在内膜的 ATP 合酶。这些机器允许质子返回线粒体内,但同时把质子转运耦联到 ATP 合成。在细胞环境中,ATP 水解大约产生 $20k_{\mathrm{B}}T_{\mathrm{r}}$ 的 ΔG_{ATP}(见附录 B)。这个值大约是在思考题 11E 中求得的质子 $|\Delta\mu|$ 的 2.1 倍,因此推断每合成 1 个 ATP 至少得有 2.1 个质子跨膜返回线粒体内,而实际数值接近 3。另一个质子可能用在了将 ADP 和 $\mathrm{P_i}$ 拉入以及将 ATP 推出线粒体的主动转运器上。前文曾提到,每氧化 1 个 NADH 将有 10 个质子被泵出线粒体外,因此可预期每个 NADH 可合成 10/(3+1)即大约 2.5 个 ATP,该值确实接近生化实验测得的计量关系。另一个相关分子 $\mathrm{FADH_2}$ 在氧化时还会平均产生 1.5 个 ATP。因此,1 个葡萄糖分子氧化产生的 10 个 NADH 和 2 个 $\mathrm{FADH_2}$ 最终产生了 $10\times2.5+2\times1.5=28$ 个 ATP 分子。

加上直接由糖酵解产生的 2 个 ATP 和由三羧酸循环产生的 2 个 GTP,大约总共有 32 个 ATP 或 GTP 来自单个葡萄糖分子的氧化。这个数值只是一个上限,因为我们假定了整个呼吸/合成系统非常高效(很小的耗散损失)。值得注意的是实际的 ATP 产量很接近这个极限,表明氧化磷酸化机器是相当高效的。图 11.9 对本节提出的机制作了总结。

 11.3.3′小节对 ATP 的生成有更多的说明。

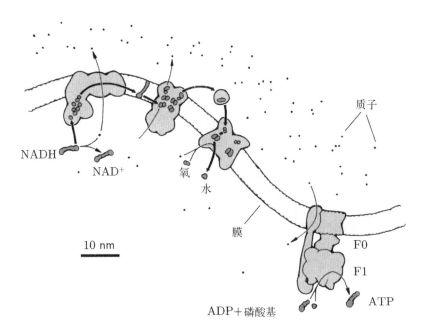

NADH

NAD⁺

氧

水

膜

质子

10 nm

F0

F1

ATP

ADP+磷酸基

图 11.9(依据结构数据的手绘图) 氧化磷酸化机制。电子从 NADH 出发并沿一系列载体(黑点)依次传递,最终被水中的氧原子接收。图示的两个膜结合酶把这个过程耦联到了跨线粒体内膜的质子泵送上,如横截面部分所示,质子通过 F0F1 复合物(右侧)回流,该复合物合成 ATP。对这个拥挤系统更实际的描绘参阅图 2.20。(由 D. S. Goodsell 绘制。)

11.3.4 化学渗透机制的验证

若干精妙的实验证实了化学渗透机制。

能量的产生和利用是相互独立的 科学家专门设计了数个实验,证明了氧化和磷酸化这两个过程几乎是独立进行的,它们之间的唯一联系是具有同一个跨线粒体内膜的电化学势差 $\Delta\mu$。例如,在没有食物来源的情况下,通过制备酸性的外部溶液,人为地改变 $\Delta\mu$ 就能诱导 ATP 在线粒体内的合成。在没有光照的环境中,类似的情况也会在叶绿体中发生。事实上,外部的静电位能够直接施加到细胞膜两侧来启动另一个质子驱动马达——参见本章的"题外话"一节。

在一个更精细的实验中,拉克(E. Racker)和斯托克尼厄斯(W. Stoeckenius)组装了一个完全人工的系统,他们把人工双层磷脂膜和一个从细菌中获得的光驱动质子泵(菌紫红质)结合起来。该膜泡暴露于光照中会产生 pH 值梯度。拉克再把从牛心脏中获得的 ATP 合酶加入他的制备物中。尽管组分的来源不同,但这个联合系统在光照下却合成了 ATP,这个结果再次强调了 ATP 的合成只与电化学势差 $\Delta\mu$ 有关,而与呼吸循环的任何其他方面无关。

膜相当于电绝缘体 在不损伤各个嵌膜蛋白的前提下,把线粒体膜撕成碎片(比如用超声波)是可能的。由于形成双层膜边缘需要支付很高的疏水溶剂化自由能(见 8.6.1 小节),所以这些碎片通常会重新组装成闭合泡。但是,如果添加一种洗涤剂，就能阻止这种重组装。这种洗涤剂是一种单链两亲分子，它通过形成一圈胶束状的镶边来保护膜的边缘（图 8.8）。如果这些碎片来自线粒体的内膜，则它们能继续氧化 NAD^+ 但却失去了合成 ATP 的能力。根据化学渗透机制，这种功能丧失是可预料的：在膜的碎片中，电子的传输系统"短路"了，被泵送到一侧的质子能够简单地扩散回来。

类似地，任何一类膜通道蛋白，或其他能够传送质子的脂溶性化合物的引入，都会对线粒体膜造成短路，从而切断 ATP 的生产。与图 11.7 所示的电热器类似，这个短接电路把呼吸作用产生的化学能直接转变成了热能。当某些动物需要直接将食物转化成热量时（例如在冬眠期），其"褐色脂肪"细胞的线粒体内就启用了这套机制。

ATP 合酶的运转　我们已经看到，一个精妙的酶促装置实现了 NADH 的氧化及其相关的质子泵送。相比之下，ATP 合酶显得特别简单。如图 11.10(a) 所示，合酶由两个分别被称为 F0 和 F1 的单元组成。F0 单元（图中 a、b 和 c 元件）通常嵌入线粒体内膜上，而 F1 单元（图中 α、β、γ、δ 及 ε）则凸出在基质中。因此，电子显微图片显示从膜内侧凸出来的圆形纽扣状部分就是 F1。它们是在 20 世纪 60 年代由费尔南德斯-莫兰（H. Fernandez-Moran）和拉克发现并分离出来的。他们发现分离状态的 F1 能催化 ATP 水解。这个结果似乎很荒谬：负责 ATP 合成的线粒体怎么会具有 ATP 水解酶活性呢？

为了解开这一谜团，首先必须记住酶不可能改变化学反应的方向（见要点 8.15 和要点 10.13）。化学反应的方向是由 ΔG 决定，与酶的存在与否无关。酶要推动一个爬坡化学反应（ATP 合成的 $\Delta G_{F1} > 0$）的唯一方法是把该反应与某个下坡过程（$\Delta G_{F0} < 0$）耦联起来，且总过程也是下坡的（$\Delta G_{F1} + \Delta G_{F0} < 0$）。因此 F1 单元肯定以某种方式与 F0 单元耦联在一起，而镶嵌在膜内的 F0 是由质子跨膜电化

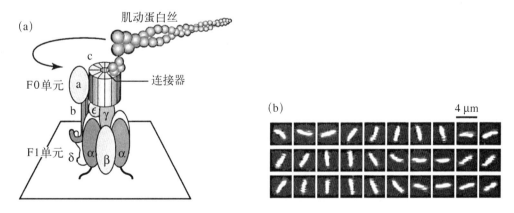

图 11.10(示意图；连续多帧显微视频)　F0 质子涡轮 c 环转动的直接观察。(a) 一个完整的来自大肠杆菌的 ATP 合酶(F0 和 F1 两部分)被固定在玻璃底板上，一条带有荧光标记的细长肌动蛋白丝固定在 ATP 合酶上。(b) 连续多帧视频显示了在 5 mM ATP 溶液中肌动蛋白细丝的转动。画面由第一行开始，从左至右，这些画面显示肌动蛋白细丝是逆时针转动的。（摘自 Wada, *et al.*, 2000。）

学势差驱动的。通过分离 F1 单元，实验人员无意中解除了这个耦联，从而将 F1 从合酶转化成了水解酶。

1979 年，博耶(P. Boyer)提出 F0 和 F1 都是转动分子机器，彼此通过一个传动轴机械地耦联在一起。根据博耶的假设，可以将 F0 设想成是一个质子"涡轮"，由质子的化学势差驱动，同时给 F1 提供力矩。博耶还概述了一个机械化学过程，通过该过程，F1 可以将转动耦联到化学合成。15 年后，沃克(J. Walker)及合作者找到了 F1 的精细原子结构[如图 11.10(a)]，从而给出了博耶模型的具体形式。图中标有 a、b、α、β 和 δ 的元件彼此之间保持位置固定，而 c、γ 和 ε 相对于前者是转动的。每当传动轴 γ 经过 β 亚基时，F1 单元就催化 ATP 和 ADP 互换。通过转动方向可以判定是合成还是水解发生了。

尽管图 11.10(a)所示的静态原子结构很有启发性，然而这类结构并没有建立起一部分相对另一部分运动的图像。F1 作为转动机器的可视证据来自木下一彦(K. Kinosita Jr)、吉田贤右(M. Yoshida)及其合作者具有独创性的实验观察，图 11.10 显示的是第二代此类实验的一个例子。

F1 的直径小于 10 nm，远低于光学显微镜所能观察到的极限。为了克服这个困难，实验者将一个长长的硬肌动蛋白丝粘在 c 元件上，如图 11.10(a)所示。他们用荧光染色剂标记该细丝，并将 α 和 β 亚基固定在玻璃底板上，因此 c 元件的相对转动会带动整个肌动蛋白丝。最后所得的运动图像显示：如果没有 ATP，马达的运动是随机的(布朗的)，即没有净过程；反之，如果加入 ATP，它会朝一个方向转动，转速可达每秒约 6 转。这个转动是非均匀的，通过降低 ATP 浓度使 F1 减速便能显示出步长为 120°的断续转动行为，这个步长可以从马达结构中看出的：F1 的结构显示三个 β 亚基均匀分布在一个圆周内。(请与图 10.22 的驱动蛋白的步进作一比较。)图 11.10 所示实验使用的是整个 F0F1 复合物而不只是 F1，证实了 F0 与 F1 之间是刚性连接的。

从低雷诺数流的观念出发，上述实验可以用来估算 ATP 水解产生的力矩(或合成 ATP 所需要的力矩)。实验者发现：在 ATP 溶液中，1 μm 长的肌动蛋白丝每秒大约转 6 圈，即角速度是 $2\pi \times 6$ rad/s。5.3.1 小节指出：如果水流作用在杆的侧面，则细杆受到的黏性阻力正比于杆的速度 v 和水的黏滞系数 η，当然也与杆的长度成比例。通过对厚度与肌动蛋白细丝相同、长度为 1 μm 的硬杆的详细计算，木下一彦及其合作者得到了一个恒定的比例关系：

$$f \approx 3.0\eta Lv \text{。} \tag{11.17}$$

思考题 11F

式 11.17 给出了以速度 v 拖动杆所需的力，但我们需要的是作用在杆一端使其以角速度 ω 旋转的力矩。

(a) 由式 11.17 计算这一力矩。并估算长 1 μm、转速每秒 6 转时所需的力矩。

(b) 肌动蛋白丝每转动三分之一周，F1 马达必须做多少功？

更精确地说,上面引用的转速是在下述条件下实现的：$c_{ATP}=2$ mM，$c_{ADP}=10\ \mu$M 及 $c_{P_i}=10$ mM。

思考题
11G

(a) 求上述条件下 ATP 水解的自由能变化 ΔG(回忆一下 8.2.2 小节和习题 10.4)。

(b) 每水解一个 ATP 就会使 γ 亚基转动三分之一周。F1 将化学自由能转化为机械功的效率有多高？

因此,F1 在 ATP 水解酶模式下运行时是一个高效的能量转换器。而在自然状态下,F1 也同样高效地运行于 ATP 合酶的模式下(把由 F0 提供的机械能转化为生产 ATP 的化学能),从而使有氧代谢整体高效。

11.3.5　展望：细胞在其他场合下也利用化学渗透耦联

§11.2 将跨膜离子泵送描述成一个能调节下列目标的实际需求,
- 将大分子隔离在细胞区室内,以便它们在受控的化学环境完成各自的工作;
- 使各大分子呈负电性,以防止结块灾难(见 7.4.1 小节);及
- 维持渗透平衡或进行渗透调节,以避免过高的内部压力(见 11.2.1 小节)。

这条逻辑链可以很好地解释为什么离子泵首先得到了进化,因为它面对的是物理环境造成的挑战。

但是,进化就像修补匠,一旦某个机制进化到可以解决某个问题,则该机制可以被暂时征用于某些完全不同的需求。离子泵暗示了细胞静息稳态并非平衡态,因而也不是自由能最小态。静息态像一个充电电池,把可用自由能分布在整个膜上。我们应该把离子泵想象成一个"点滴式充电器",它能随时弥补"漏电"所造成的电量损失,从而使电池始终保持带电状态。11.3.3 小节就描述了这样一种装置所能执行的一个有用的细胞功能,它使得镶嵌在线粒体膜中的机器之间能进行有用能量的传输。事实上,化学渗透机制如此通用以至于在细胞生物学中会反复出现。

细菌和叶绿体中的质子泵送　第 2 章提到了另一类在细胞中产生 ATP 的细胞器官——叶绿体。这些细胞器捕获阳光并利用自由能来跨膜泵送质子。这之后的整个过程类似于 11.3.3 小节所述,即质子梯度驱动一个类似于线粒体 F0F1 的复合物"CF0CF1"。

细菌也维持着一个跨膜的质子梯度。一些细菌通过摄取并代谢食物来驱动质子泵,尽管这里的质子泵比线粒体的简单,但两者之间存在关联。其他如嗜盐的盐沼盐杆菌(*Halobacterium salinarium*),还含有一个称为菌紫红质的光驱动泵。此外,如果不考虑质子梯度来源这一问题,细菌的 F0F1 合酶与线粒体和叶绿体的非常相似。这种建立在分子层次上的高度同源性,有力地支持了线粒体和叶绿体均起源于自生(独立生存)菌的理论。不过在历史上某个时期,它们明显地形成了与其他细胞的共生关系,而后逐渐丧失了独立生存的能力,比如都丢失了某

些基因组。

其他的泵 细胞拥有一大批主动泵，有些是由 ATP 驱动：如将 Ca^{2+} 泵送到胞外的钙离子泵（ATP 酶），在神经脉冲传输中起着重要作用（见第 12 章）。其他泵则是将某种分子逆着其梯度方向的推动与另一种分子顺着其梯度方向的转运耦联起来。例如，乳糖通透酶允许质子进入细菌细胞，但必须以携带一个糖分子为代价。像这样两个耦联运动沿同一方向的泵一般称为同向转运泵；与此相对的另一类将反向输运耦联在一起的泵便称为反向转运泵。钠-钙离子交换器就是一个例子，它利用钠离子的电化学势梯度迫使钙离子到动物细胞外（参见习题 11.1）。

鞭毛马达 图 5.9 显示的鞭毛马达是另一类搭接在大肠杆菌电力母线上的分子机器。与 F0 一样，这类马达把质子的电化学势差转化为机械力矩。5.3.1 小节描述了该力矩是如何转化为定向泳动的。鞭毛马达转速高达每秒 100 转，而每转一圈大约要消耗 1 000 个质子。本章的"题外话"会描述一个典型实验，后者直接证明了质子动势（p. m. f.）与马达输出力矩之间的关系。

§11.4 题外话："给鞭毛马达加电"

作者为 H. C. Berg 和 D. Fung。

鞭毛旋转马达是由流向胞内的质子或钠离子驱动的，大肠杆菌利用的是质子。如果胞外介质的 pH 值低于胞内介质的，则质子通过扩散流向胞内。如果外部介质的静电势高于内部介质的，则质子将由一个跨膜静电场驱动流入胞内。我们认为，用一个诸如实验室电源之类的外部电压源给鞭毛马达加电是有指导意义的[*]。大肠杆菌相当小，直径不到 1 μm，长约 2 μm。我们希望在其内膜上施加电压，但它被细胞壁和多孔的外膜包裹，因此，想把微吸管插入胞内是很困难的，但是我们可以把细胞吸入微吸管内。

首先在青霉素类似物头孢氨苄溶液中培植细胞，这道程序抑制了膜隔过程（细胞分裂时中央新胞壁的形成），因此细胞没有分裂而是一直生长，变成了像蛇一样的丝状。然后，把惰性标记（正常尺寸的死细胞）结合到鞭毛上。用一根具有极窄瓶颈结构的玻璃微吸管 [如图 11.11(a)] 将"蛇"的一半吸入管内，如图 11.11(b) 所示。微吸管内含有化学药品离子载体，它能促使管内细胞对离子渗透，如图虚线所示。电压钳的一个电极被置放在外面的介质中，而另一极被放置在微吸管内。实验开始时，两电极间电路的最大电阻是管外膜，管内流体及管内膜的电阻相对来说要小得多。因此，正如所希望的，几乎所有电压都降在了管外膜上。然而，流经两电极间的大部分电流漏在了整个管外细胞的周围，所以我们无法测到流经鞭毛马达（或其他膜离子通道）的电流。这也正是电压钳的特点，它只是确保电路维持一个特定的电势差，而无论输出

---

[*] 实际上，我们使用的是电压钳；见 12.3.1 小节。

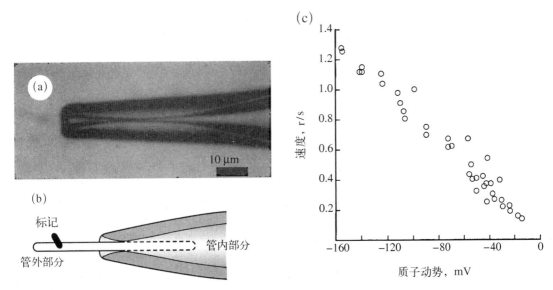

图 11.11(显微照片;示意图;实验数据) 证明鞭毛马达是依靠质子动势运转的实验。(a)用于研究细菌鞭毛马达的微吸管尖端。(b)吸入部分细菌体的微吸管。虚线代表在管内被化学透化处理的细胞壁部分。(c)鞭毛马达转速与跨膜(含马达的膜部分)质子动势之间的关系。质子动势包含跨膜 pH 差值以及膜电位的贡献。[(a)图承蒙 H. C. Berg 提供;参见 Fung & Berg,1995。]

电流多大。

当调高电压钳的输出电压时,惰性标记转动较快,而调低电压时,标记的转动会变慢。一旦电压调得太高(超过约 200 mV),则马达就会烧毁。而正常情况下,马达角速度与外加电压成线性比例关系,这一结果是令人满意的。这时如果改变外加电压极性,马达会先反转几圈,然后就不动了。如果再次把电压极性改回来,马达要等待数秒以后才开始启动,然后步进式加速,每一步花费的时间相等。显然,施加反向电动势时,马达的各个发力元件——我们认为有八个,就像八缸汽车发动机——要么被阻止了转动,要么脱离了马达。若恢复最初的电动势,它们会一个接一个地被重新激活或重回原处!这种自修复现象是原先没有料到的。

这个实验的最大困难是:离子载体在促使管内细胞膜对离子渗透后,很快也会促使管外膜对离子渗透,因而破坏了这个样品。尽管还可以为此做一点修正工作,但也只能维持几分钟。我们仍在努力寻找一种只使管内膜渗透离子的更好方法。

更详细的情况:参见 Blair & Berg,1988 和 Fung & Berg,1995。

小 结

回到本章焦点问题。本章概要地介绍了细胞如何主动调节内部的组分,从而也控制自身体积。我们一直循着发现细胞膜内离子泵的足迹,这个过程在某些方面使我们联想到 DNA 的发现(第 3 章):在直接分离出离子泵前数年,一个绝妙的间接推理肯定了离子泵的存在。

我们又讨论了离子泵的第二个用途，从细胞呼吸途径到 ATP 合成机器的自由能传输。下一章会介绍它的第三个用途：离子泵会产生一个非平衡态，在这个态中过剩自由能分布在整个细胞膜上。我们将会看到另一类分子器件，电压门控离子通道，如何将这个"带电"膜转化为一种可兴奋介质（即神经轴突的静息态）。

关键公式

● 吉布斯-唐南关系：如果几种离子都能渗透同一层膜并达到平衡，则它们的能斯特势必须彼此一致（如果有外加电势差，则它们都必须与其一致）。假设这些离子是钠离子、钾离子和氯离子，并令 $c_{1,i}$ 和 $c_{2,i}$ 分别代表离子 i 胞外和胞内的浓度，则（式 11.5）

$$\frac{c_{1,\ \mathrm{Na^+}}}{c_{2,\ \mathrm{Na^+}}} = \frac{c_{1,\ \mathrm{K^+}}}{c_{2,\ \mathrm{K^+}}} = \frac{c_{2,\ \mathrm{Cl^-}}}{c_{1,\ \mathrm{Cl^-}}}。$$

● 泵：主动离子泵的作用是把一个与 ATP 有关的电流源施加到膜上。欧姆假说给出 $j_{\mathrm{Na^+}} = \frac{g_{\mathrm{Na^+}}}{e}(\Delta V - \nu_{\mathrm{Na^+}}^{\mathrm{Nernst}}) + j_{\mathrm{Na^+}}^{\mathrm{pump}}$（式 11.10），此处 $j_{\mathrm{Na^+}}$ 是钠离子流、$g_{\mathrm{Na^+}}$ 是膜对钠离子的电导、$\nu_{\mathrm{Na^+}}^{\mathrm{Nernst}}$ 是能斯特势，而 ΔV 为实际的跨膜电位差。

延伸阅读

准科普：

相关历史：Hodgkin, 1992；Lane, 2005.

中级阅读：

§11.2 的讲法主要参考了 Benedek & Villars, 2000b。也可参见 Katz, 1966。

一般知识：Friedman, 2008；Luckey, 2014.

很多生物化学及细胞生物学的教材都详细介绍了呼吸过程的生化性质，例如 Berg, *et al.*, 2019；Karp, *et al.*, 2016；Nelson & Cox, 2017；Nicholls & Ferguson, 2013；Voet, *et al.*, 2016.

关于化学渗透机制：Alberts, *et al.* 2019；Atkins & de Paula, 2011.

离子转运、细胞体积控制及肾功能的建模：Hobbie & Roth, 2015；Hoppensteadt & Peskin, 2002；Keener & Sneyd, 2009.

高级阅读：

关于离子泵：Läuger, 1991；Skou, 1989.

关于 F0F1：Boyer, 1997；Noji, *et al.*, 1997；Oster & Wang, 2000.

11.1.2′ 拓展

（1）为了理解膜中电荷密度很小的原因，先看一下渗透是怎样进行的：

（a）有些渗透穿过通道进行，而这些通道所占的体积只是整个膜体积的很小部分。

（b）有些渗透则是通过将离子溶解在膜物质中进行的。由于膜本身的介电常量很小（见 7.4.1 小节），离子在膜中的玻恩自能很大，所以对应的分配系数很小（见 4.6.1 小节）。

（2）如果把膜渗透形象地看成是穿过膜通道的扩散，可以更明确地得出式 11.1。将 4.6.3 小节的讨论用于膜通道，得到

$$V_2' - V_1' = -\frac{k_B T}{ze} \ln \frac{c_2'}{c_1'}。$$

此处 V' 和 c' 指通道入口处（图 11.2 中的直线 B 或 C 处）的电位和密度。对于电荷层自身两表面间的电位差，我们能写出类似的公式，如 $V_2 - V_2' = -[k_B T/(ze)]\ln(c_2/c_2')$。把三个式子相加即可得到式 11.1。

读者不应拘泥于这一直观图象。事实上，能斯特关系并不涉及膜的渗透率，这就意味着任何扩散转运过程会给出相同的结果。

11.2.2′ 拓展

11.2.2 小节提到：如果 $\Delta V - \mathcal{V}_i^{Nernst}$ 不是一个小量，则欧姆行为存在非线性修正。每种离子的电导确实都具有独特的电流-电压关系，有些是高度非线性的（或称整流的），另一些则是线性的。一个非线性的电流-电压关系的简单例子是高曼-霍奇金-卡茨（Goldman-Hodgkin-Katz）公式。（例子参见 Berg, 1993 的附录 C。）

11.2.3′ 拓展

（1）将表 11.1 的每一列相加，结果似乎表明即使在考虑离子泵的情况下，也存在一个很大的离子跨膜的渗透不平衡。然而，我们必须记住，尽管表格列举的离子对于胞外流体（基本上是海水）来说已相当完整，但胞质溶胶中仍有许多其他主动渗透溶质没有被列举在表格中。只要主动泵送能维持胞内低钠离子浓度，则所有胞内溶质的总和仍能平衡胞外的盐。而如果主动泵送停止，则胞内钠离子浓度会上升，并导致水向胞内流动。

（2）我们可以用一个人为的外加电场代替 ATP 来驱动钠-钾离子泵。即使是一个振荡场（其平均值为零）也会导致一个定向钠离子流及反向钾离子流：泵正是利用这种非平衡外部电场来"整流"离子受热激发后跨越势垒的运动，就像分子马达的扩散棘轮模型（10.4.4 小节）。（参见 Astumian, 1997；Läuger, 1991。）

11. 3. 3′拓展

11.3.3 小节提到了丙酮酸和 ADP 输入线粒体基质以及 ATP 的输出都是通过线粒体膜内特殊转运器进行的。详细内容参见 Berg, *et al.*, 2019。

习　题 *

11.1　心力衰竭

肌细胞正常情况下维持的胞内钙离子浓度很低。12.4.2 小节将讨论胞内 $[Ca^{2+}]$ 的微小增长如何导致细胞收缩。要维持这个低浓度，肌细胞必须主动泵出 Ca^{2+}。心肌细胞所使用的泵是一个反向转运泵（见 11.3.5 小节）：它把钙离子的泵出与钠离子的输入耦联起来。

药物哇巴因抑制了钠-钾离子泵的活性。你认为这种药物能被广泛用来治疗心力衰竭的原因是什么？

11.2　电化学平衡

假设有一片细胞膜被吸在微吸管末端，该膜对碳酸氢根离子 HCO_3^- 是渗透的。A 侧拥有一个浓度为 1 M 的很大的碳酸氢根离子源，B 侧碳酸氢根离子源的浓度是 0.1 M。现在在膜两侧连接一个跨膜恒电压 $\Delta V = V_A - V_B$。

（a）要维持平衡（没有净离子流），ΔV 应有多大？

（b）假设 $\Delta V = 100\ mV$，则碳酸氢根离子流会流向哪一侧？

11.3　液泡中的平衡

下面给出一组海藻（Chaetomorpha）的数据。胞外流体是海水，质膜（外层细胞膜）把细胞质与外界隔开。另一层膜（液泡膜）又把细胞质与胞内的另一细胞器液泡分离开来；参见 2.1.1 小节。在这个问题中，除了下列离子外，假设系统不存在其他小离子：

离 子	液泡 c_i (mM)	细胞质 c_i (mM)	胞外 c_i (mM)	$\mathcal{V}_i^{Nernst}$（质膜）(mV)	$\mathcal{V}_i^{Nernst}$（液泡膜）(mV)
K^+	530	425	10	?	-5.5
Na^+	56	50	490	$+57$	?
Cl^-	620	30	573	-74	$+76$

（a）表格给出了某些离子的两种跨膜能斯特势，请补上所缺的值。

（b）表格没有列出细胞质中不可渗透大分子造成的电荷密度 $\rho_{q, macro}$。请问 $-\rho_{q, macro}/e$ 是多少 mM？

（c）实际测得跨液泡膜电位差为 $+76\ mV$。哪种（或哪些）离子必须被主动跨液泡膜泵送？沿哪个（或哪些）方向？

（d）假如选择性关闭液泡膜离子泵，但是细胞代谢继续维持所列细胞质中各离子的浓度，则系统会弛豫到跨液泡膜的唐南平衡。液泡中各离子浓度大约是多

---

* 习题 11.3 蒙惠允改编自 Benedek & Villars, 2000b。

少？最终的唐南膜电势又是多大？

11.4 🅣 趋向唐南平衡的弛豫过程

如果离子泵被突然关闭，膜的静息稳态（11.1.3 小节）会发生变化。

（a）表 11.1 表明：静息态钠离子远离平衡态。假设膜的单位面积总电导是 $5\,\Omega^{-1}\mathrm{m}^{-2}$，各离子电导之间的比例由式 11.9 给出，求这些离子单位面积的电导。

（b）利用欧姆假设，求泵关闭后钠离子所引起的初始电流。假设巨轴突的直径为 1 mm，将你的答案换算成单位时间沿巨轴突流经单位长度的电荷量。

（c）计算单位长度轴突内所有钠离子携带的总电荷。如果胞内的钠离子浓度与胞外固定的钠离子浓度相等，则相应的值又是多少？

（d）把（c）求得的两个值相减并除以（b）求得的值，就能估算泵关闭后钠离子达到平衡所需的时间尺度。

（e）第 12 章将会指出，一个神经脉冲波形完全通过轴突上任意给定点的时间约为 1 ms。与（d）中估算的时间尺度作一比较。

11.5 为什么是钠离子？

为什么动物细胞经常利用钠离子作为共转运物来驱动营养物向胞内转运？

11.6 电导率

设想你制备了一份含有氯化钠的稀溶液。氯化钠几乎可以完全解离成钠离子和氯离子。你测得这份溶液的电导率是 $0.01\,\Omega^{-1}\,\mathrm{m}^{-1}$。你的同事制备了另一份含氯化镁的稀溶液，其中镁离子的浓度与你的溶液中钠离子的浓度相等。那么，你同事的溶液的电导率应该是多大呢？

11.7 电导的符号

11.2.2 小节曾指出，欧姆电导假设中的比例常量 g_i 对任意离子种类 i 均为正。如果方程 11.12 含有的两个 g_i 中有一个为负，那么这个方程就不可能成功预测定态膜电位。通过本题，你将会了解 $g_i > 0$ 的根本原因。

设想一个腔体包括两个区室（1 和 2），中间用一层膜隔开。初始时刻膜两侧离子 i 的浓度给定，跨膜电位通过外接电池维持恒定（提供能源）。将这个腔体与电池视为一个子系统 a，它与温度为 T 的热库 B 保持热接触。根据方程 11.8，如果 $\Delta V - \mathcal{V}_i^{\mathrm{Nernst}} \neq 0$，离子就会发生跨膜迁移。当带正电荷的离子从高电位区移向低电位区时，外接电池就会因为推动离子而消耗能量。这部分能量最终会变成热并从腔体传到热库。与此同时，由于一个区室获得离子，而另一个失去离子，导致整个腔体的熵发生改变。

（a）计算子系统 a 的能量变化速率。

（b）计算子系统 a 的熵变化速率。

（c）结合（a）、（b）的答案，计算子系统 a 的亥姆霍兹自由能的变化速率。

(d) 从上述解答推断 g_i 的符号。

11.8 波恩自能能垒

7.4.1 小节中的例子给出了电介质中一个离子的静电自能的表达式。设想一个携带着完全解离基团的氨基酸(例如精氨酸)正准备跨膜。这个基团所携带的电量为单位电荷,电荷展布区域的半径大约为 0.25 nm。

(a) 计算氨基酸从水中(介电常量为真空的 80 倍)转移到膜的油性内部(介电常量为真空的 2 倍)时其静电自能的变化量。与尺寸相当的不带电分子相比,这个氨基酸跨膜的速度会慢多少?

(b) 某些真菌能分泌出离子载体缬氨霉素。这种抗体能使附近的细胞反常地摄入过量钾离子,从而扰乱其功能。缬氨霉素具有笼状结构,其中心口袋内分布着带负电的氧原子(整个分子呈中性),因此能与钾离子 K^+ 结合。结合(a)的答案,按相似的逻辑推测一下这种结构是如何加速 K^+ 跨膜的。

11.9 外排泵

某些癌细胞能抵抗化疗,原因是它们能过量生产某种特殊的外排泵,这种蛋白机器位于细胞膜上,能将抗癌药泵出细胞外。目前还无人知道这些分子泵在我们的细胞中究竟有何功能,不过有一个理论认为它们有助于细胞清除毒素。

假设单个外排泵将药物分子泵出细胞外的速率(每秒泵出的分子数目)是 $k_p c_{in}$,k_p 为速率常量,c_{in} 是细胞内部的药物浓度。假设细胞是半径为 R 的球,细胞膜上有 N 个外排泵,药物分子对膜的渗透率为 P。$t=0$ 时刻在细胞外突然添加药物,浓度达到 c_{out}。之后细胞内药物浓度随时间变化,写出其与时间之间的函数关系。假设胞外空间足够大,c_{out} 维持为定值。当 P、k_p、c_{out} 取极限值时情况会如何?

11.10 另一个药物分子泵

某哺乳动物细胞带有一种膜蛋白 Mdr,能将药物分子 X 泵出细胞外。Mdr 的功能可用如下的简单动力学模型来描述:

$$X_{in} + Mdr \underset{k_{-1}}{\overset{c_{X,in}k_1}{\rightleftharpoons}} X \cdot Mdr \overset{k_2}{\longrightarrow} X_{out} + Mdr,$$

这里 X_{in}、X_{out} 分别表示细胞内、外的药物分子。$X \cdot Mdr$ 表示药物与 Mdr 结合的中间态。图中分子的浓度分别记为 $[X_{in}]$、$[X_{out}]$、$[Mdr]$、$[X \cdot Mdr]$。注意,Mdr 是膜蛋白,因此不可能在细胞内部均匀分布。不过,在本题中你无需考虑这些细节,仍然可以使用 $[Mdr]$、$[X \cdot Mdr]$ 这样的描述。假设 $[Mdr]_{tot}$、$[X_{out}]$ 维持恒定。药物对膜的渗透率是 P(当膜上不含分子泵时)。细胞体积为 V,表面积为 A。

(a) 写出定态时 $[X_{in}]$ 的表达式。

(b) 讨论 $k_1 \ll k_{-1} + k_2$ 时的极限情况。

11.11　壁膜间隙

大肠杆菌细胞的膜被分为两层，内膜及外膜(图 5.9)。这两层膜之间的水环境称为壁膜间隙。外膜上有一些孔，能允许摩尔质量不超过 $500\ \mathrm{g\ mol^{-1}}$ 的小分子通过。

当大肠杆菌被添加至含 50 mM 氯化钠的溶液中时(其他离子的浓度可忽略)，研究发现其壁膜间隙中的钠离子浓度是细胞外钠离子浓度的 2.75 倍，即

$$\frac{[\mathrm{Na^+}]_{\mathrm{peri}}}{[\mathrm{Na^+}]_{\mathrm{out}}} = 2.75。$$

假设钠离子是自由的(即，未与任何其他分子结合)，大肠杆菌细胞在整个溶液系统中的体积占比可忽略。上述比例关系对于活细胞或死细胞(无代谢活性)都成立。

(a) 对于壁膜间隙中的钠浓度高于胞外钠浓度的原因，请给出可能的定性解释。

(b) 如果在细胞外溶液中添加少量氯化镁，$[\mathrm{Mg^{2+}}]_{\mathrm{out}} \ll [\mathrm{Na^+}]_{\mathrm{out}}$。那么，壁膜间隙中镁离子浓度与胞外镁离子浓度的比例最终会达到多大？这里仍然假设镁离子是自由的。

(c) 假设在胞外溶液中添加浓度为 50 mM 的氯化钾。壁膜间隙中钾离子浓度与胞外钾离子浓度之比会达到多大？

第 12 章　神经冲动

　　霍奇金(Alan Hodgkin)、赫胥黎(Andrew Huxley)和卡茨(Bernard Katz)在发表于《生理学杂志》(*Journal of Physiology*)的五篇系列文章中,给出了关于细胞膜何时及如何传导离子的实验结果。在最后一篇文章中,霍奇金和赫胥黎给出了离子跨越具有电活性细胞膜的实验数据,提出了关于神经脉冲传播机制的假说,对实验数据用模型进行了拟合,计算并预言了与实验相吻合的神经脉冲波形与波速。许多生物物理学家认为这一工作是把物理学思想与工具应用于生物学问题所能得到的最为华美、最卓有成效的篇章之一。

　　从本书的诸多主题出发来思考这一问题,我们看到活细胞所能付出的"有用功"不仅可用于机械收缩,而且还可能用于计算。第5章介绍过单个大肠杆菌如何通过简单决策来游向食物。为了进行更复杂的计算,多细胞生物在进化中不得不造就了专门的细胞系统:神经元。与肌细胞一样,神经元参与食物代谢,并局部地降低生物体的无序性。不过,它们的工作并非产生有组织的机械运动,而是通过多种途径加工信息以使生物体从中获益。为了让读者对神经元如何处理这些任务有所认识,本章将着眼于信息处理过程中的一个基本前提即信息传递。

　　我们常听到把人脑看作计算机而把单个神经细胞当作"导线"的比喻性描述,但是稍作考虑就会发现这样的比喻并不十分贴切。举例来说,与电话线不同,神经细胞浸泡于导电介质中并且与介质之间的绝缘性能较差。在同样条件下,由于阻抗的作用(耗散的一种形式),普通导线中传导的信号会急遽衰减。相反,即使你体内最长的神经细胞也能忠实地传输信号而不会产生强度或者波形上的损失。从第1章我们知道了解答这一佯谬的大致思路:活生物体通过持续不断地消耗能量来对抗耗散。我们想要知道神经细胞是如何来实现这一策略的。

　　本章所包含的历史细节比本书中其他大部分的章节要多出几分。这样做的目的在于向读者展示,针对上述各问题的严密生物物理测量如何揭示出了另一类值得关注的分子器件即电压门控离子通道的存在性,而数年之后组成这些器件的特异蛋白才得以鉴定。

本章焦点问题

生物学问题： 尖锐的信号脉冲如何能在漏电电缆上远距离传输？

物理学思想： 细胞膜电导的非线性使细胞膜成为可兴奋介质，这类介质能使信号持续再生从而传输开去。

§12.1 关于神经冲动的问题

导读 在 §11.1 中，我们确认了主动离子泵是活细胞跨膜静息电位产生的根源。在 §12.1 中，我们尝试使用这些概念来理解神经冲动问题，得到一个线性电缆方程(式 12.9)。但该方程没有类似于行波型脉冲的解，表明细胞静息态性质中一些不可见的重要物理要素缺失了。在 §12.2 中将讨论电压门控正是所缺失的物理要素，然后说明对线性电缆方程的一种改进(式 12.22)是怎样抓住一些关键特征的。§12.3 定性勾画了霍奇金和赫胥黎的完整分析及作为其预言并随之被发现的分子器件：电压门控型离子通道。最后，§12.4 简述了迄今为止用于描述信息传输的思想如何引导人们理解神经系统的计算以及系统与外界的交互面等问题。

某些神经元的轴突被一层称为髓鞘的绝缘分子包围。在本章中，我们只研究那些没有此结构的神经元(即无髓轴突神经元)。然而，通过适当的修正后，本章所给出的分析依然适用于有髓轴突。

12.1.1 动作电位的现象学

在 2.1.2 小节中我们曾经讨论过神经元的大致形态及连接特性。神经元的功能可以概括为如下三个过程：

● 接收上游细胞的输出信号(通常来自轴突末梢)，作为自身的输入刺激(接收方通常是树突)；

● 计算并生成恰当的输出信号；

● 输出信号(神经脉冲)沿轴突传输。

§12.2 和 §12.3 将讨论上述最后一个过程的一些细节；§12.4 将简要讨论其余两个过程。(神经元的第四种活动——突触性能的调节——也将在 12.4.3 小节中提到。)

图 12.1(a)给出了一个用来检验神经脉冲传输的实验示意图。将测量装置安放到轴突不同的固定位置上。在轴突受到刺激之后，所有装置都对膜电位 ΔV 随时间的变化过程进行测量。轴突可以附着到一个活细胞上，也可以是孤立的。外部刺激可按如图所示的方式人工施加，也可以通过突触得自其他神经元。图 12.1(b)是一次此类实验的结果的草图。在实验中，通过刺激电极向轴突内部迅速注入正电荷或移出负电荷。两者都能使得轴突上某一点的膜电位达到一个比静息电位高的水平(即更接近于零电位)，我们称该刺激使膜去极化。随后关闭外电流源，膜电位可以回复到静息电位。

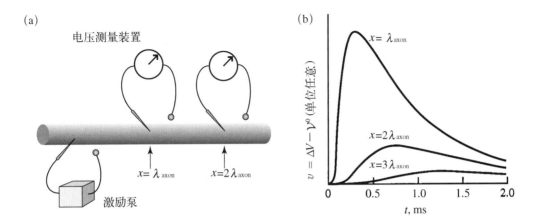

图 12.1(示意图)　(a) 电生理学实验示意图。在轴突(以圆柱体表示)上某一点施加刺激,在远离刺激点的不同位置上测量刺激引起的响应。(b) 对一个极短的弱去极化电流脉冲的响应。纵轴代表相对于静息电位的差值。对超极化脉冲的响应与对去极化脉冲的响应看起来相似,只需将曲线在垂直方向上翻转即可(图中未给出)。在较远位置上观察到的脉冲比在较近位置上观察到的要弱,脉冲展得更宽,而且脉冲到达时间滞后。距离单位 λ_{axon} 的定义在式 12.8 中给出。v^0 表示 Δv 的静息值。

　　图 12.1(b)中的曲线表明对弱去极化刺激而言,某一点上膜电位的变化可传播到附近区域,距离越远则响应越小。而且,传播不是瞬时完成的。另一要点是峰高与刺激强度成比例,我们称这样的响应是分级的[图 12.2(a)]。对于一个使 V 更负、使膜超极化的反向刺激,产生的响应定性上与弱去极化产生的响应相同,只需将图 12.1(b)上下颠倒即可。

　　图 12.1(b)所显示的行为称为电紧张,或者称为被动传播。被动传播不是"神经脉冲":信号在几毫米的距离上就几乎完全消失了。然而,当我们尝试更强的去极化刺激时,一些更有趣的事情发生了。图 12.2(a)给出了这类实验的结果。图中曲线描述了靠近刺激位置的某点在不同刺激强度下的响应特性。

　　图 12.2(a)中较低的 9 条轨迹对应于小的超极化刺激或去极化刺激。这些曲线再次展示了分级响应的特征。然而,当去极化刺激强度超过大小约为 10 mV 的阈值之后,轴突的响应突然出现了非常显著的变化。正如图 12.2(a)中顶部的两条轨迹所显示的那样,这样的刺激可以触发一个巨大的响应,称为动作电位。在过阈值的情况之下,膜电位出现了突然升高。图 12.2(b)概要说明了电势如何达到峰值(典型的变化值为 100 mV),然后又迅速下降。图中纵坐标标度是不严格的。

　　动作电位就是被称作神经脉冲的行为。类似于图 12.1(a)所示的实验给出了轴突电响应(或称电生理学)中一些值得注意的特征:

- 动作电位是"有或无"响应,而不是分级响应。这即是说,只有当膜去极化强度跨越阈值之后,动作电位才会出现。亚阈值刺激得到的是电紧张,这种情况下在远离刺激位置的地方没有任何响应。与此不同,过阈值刺激将产生激发信号的行波,其峰值电位与初始刺激的强度无关。
- 动作电位沿轴突以恒定的速率传播[图 12.2(b)],其传播速率范围在 0.1~

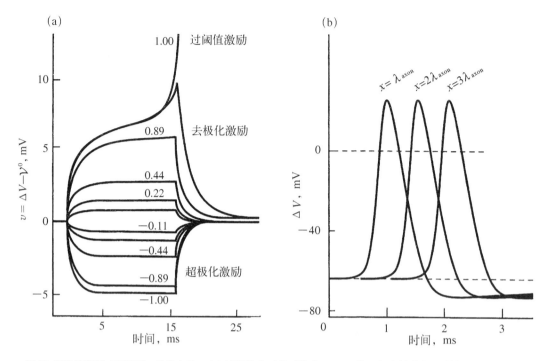

图 12.2（实验数据；示意图） 动作电位。(a) 螃蟹轴突对长时脉冲(15 ms)注入电流的响应。纵轴表示靠近刺激位置某一点上的膜电位，它们以静息膜电位值为基准测量而得。下方曲线记录的是对超极化激励的响应，上方曲线对应于去极化激励。阈值强度已经被人为设定为 1.0，各曲线上标记的均是相对于阈值的强度值。顶部曲线刚好超过了阈值，并且显示了动作电位的起始。(b) 在到刺激位置距离不同的三个位置上(对照图 12.1)对超过阈值的去极化激励响应的草图。脉冲的时间过程(波形)呈现出固定的形式；每一条曲线由它前面曲线平移得到，这反映了传播速率是恒定的。注意在动作电位下降后，它会暂时低于静息电位(用下方虚线表示)，然后缓慢上升。这种现象称为后超极化；参见图 12.6(b)。[(a)数据摘自 Hodgkin & Rushton，1946。]

120 m/s 之间。这一速率与铜导线中信号的传播速率相比就相形见绌了(大约每 3 ns 传播 1 m，比轴突中的传播速率快 10 亿倍)。

- 如图 12.2(b)所示，在不同位置测量动作电位的响应过程，其峰值电位的大小与到刺激位置的距离无关，这与超极化或亚阈值刺激的衰减行为不同。单独一个刺激就足以将动作电位信号传输到最长轴突的末端。

- 事实上，距离刺激位置不同位置处的动作电位随时间的变化过程完全一样[图 12.2(b)]。也就是说，在传播过程中动作电位的波形保持不变，而且波形是"定型的"(与刺激无关)*。

- 在动作电位传输之后，膜电位事实上出现了轻微的过度回复，比静息电位要负几毫伏，然后再缓慢恢复。这一行为称为后超极化。

- 在动作电位传输之后的一个特定的不应期，神经元比处于静息态的时候要更难

---

* Ⓣ 这一陈述须要稍作限制。在靠近刺激位置的地方，因为膜电位将更快达到阈值，所以越强的刺激将引起越快的初始去极化。当动作电位沿轴突传播时，这些差别就会消失，正如对超极化刺激的整个响应都会消失一样。

以被激发。

在§12.2和§12.3中,我们的任务是要使用一个简单的物理模型来定性地解释动作电位的这些非比寻常的特征。

12.1.2　细胞膜可视为电路网络

图示法　在11.2.2小节,使用一年级物理课中的电路图符号[图12.3(a)],我们描述了小膜片的电学性质。在详细说明该图之前,有必要停下来先回忆一下与该图相似的电路图中各元件的意义,以及为什么它们可以用于我们的问题。

图中包含"导线"、一个电阻符号和一个电池符号。像这样的电路图实际上隐含了诸多假定:

(1) 在任何一个电路元件中都没有显著的净电荷堆积:由元件符号一端流入的电荷数总是与由另一端流出的电荷数相等。类似地,

(2) 流入三条导线的接合点的总电流为零。

(3) 同一导线两端的静电势相同,任何相互连接的导线的静电势相同。

(4) 在经过一个电池符号之后,电势改变一个固定的值。

(5) 在经过一个电阻符号之后,电势改变量为 IR。

我们将把上述假设中的头两条称作基尔霍夫第一定律。由于电荷堆积通常会导致高昂代价即产生巨大静电势能,所以在一般电路中不会出现这种情况。同样,在细胞环境中把电荷分隔在微米尺度的区域中是很耗费能量的(参见习题12.2关于静电自能的例子)。

本节的剩余部分将对图12.3(a)进行修改扩充,使得它能够更真实地描述静息膜[图12.3(b)]。

可视为管道的电路　在图12.3(a)中仅有的导线就是连接电阻和电池之间的部分。所以由前面所列的第(3)—(5)条可知,电势跃变 ΔV 来自两个部分的贡

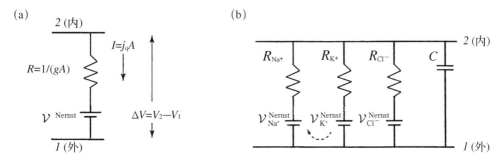

图 12.3(电路图)　对应于面积为 A 的一小块细胞膜片的离散元件模型。(a) 此图即图11.4,供参考比较。图中电池符号(—┤├—) 的方向反映了正文中符号约定:$\mathcal{V}_i^{\text{Nernst}}$ 为正值表示电池上方导线的电势高于下方导线的电势。(b) 一个更接近于实际情况的模型。三种代表性离子可以出入细胞,它们分别是 $i = \text{Na}^+,\ \text{K}^+$ 和 Cl^-。每一种离子具有自己的电阻 $R_i = 1/(g_i A)$(用符号—\/\/\/—表示)和熵驱动力 $\mathcal{V}_i^{\text{Nernst}}$。电容 $C = \mathcal{C} A$(用符号—┤├—表示)在本节稍后的部分讨论。虚箭头描绘了由表11.1所预期的回路电流方向。第11章里所描述的钠-钾离子泵的效果在本图中没有考虑,参见正文。

献，即 $\Delta V = IR + \mathcal{V}^{\mathrm{Nernst}}$。这就是欧姆假设(式 11.8)。

与电子线路的类比看来对描述膜是有用的。但是，图 12.3(a)所描述的是仅有一种离子的行为，就像是你在一年级物理课上学习电路时一样，只考虑一种载流子：电子。我们的情况多少有所不同：这里至少有三种载流子(Na^+、K^+ 和 Cl^-)，它们的数目都是固定的。并且，膜对于不同离子的电导率也不相同(可参看式 11.9)。似乎应当起草一个具有三种不同导线的电路图，就像家中把冷、热水管分开那样。

幸运的是，我们还没有必要走到如此极端的地步。首先应当注意到静电势 V 只有一个。任何带电离子其单位电荷所感受到的力是一样的，即 $-\mathrm{d}V/\mathrm{d}x$。其次，所有带电离子不只是感受到相同的电势，而且它们对电势的贡献方式也完全相同。因此，在电荷重排时耗费的总静电能所反映出来的只是净电荷的空间分离，而无需去区分电荷种类之间的差异。例如，将一定数量的钠离子注入一个细胞，同时将相同数量的钾离子抽出该细胞(或注入相同数量的氯离子)。这一过程未造成净的电荷空间分离，所以不需要消耗静电能。

因此，在起草电路图时，可以把不同元件对应的导线融合起来，就像细胞质不区别对待不同离子那样。我们可以把这些导线看作是一种管道，在共同的"压力"(电势 V)作用之下，不同种"液体"(代表不同离子)的混合物流淌于其中。基尔霍夫第一定律此时对应于对"液体体积"的约束，流入(总流量)与流出的液体必须相同。当考虑膜的时候，我们的导线应当分成一些不同的分支，它们对混合物中的不同离子具有不同的电阻。进一步，每一种液体都由不同的熵力(不同的能斯特电势)来驱动。我们通过把膜绘制成一个复合对象来同时反映这些事实，其中分别代表不同离子的电阻-电池对并联在一起[图 12.3(b)]。请注意，该图所示的三种能斯特电势不必相同，而根据前面第 3 点假定可知，两条水平导线之间的三个并联分支的电压应取相同值，表示为：

$$\Delta V = I_i R_i + \mathcal{V}_i^{\mathrm{Nernst}}。 \tag{12.1}$$

此处，像以往一样，$\Delta V = V_2 - V_1$ 是膜内电势相对于膜外电势的值，$R_i = 1/(g_i A)$ 是电阻，而 $I_i = j_{\mathrm{q},\,i} A$ 是流经面积为 A 的小膜片上的电流。离子由内向外流动时该电流值取为正。

准定态近似 图 12.3(b)描述了离子在熵力和静电力驱动之下的跨膜扩散效应。然而，此图忽略了膜生理的两个重要特征。其中之一(门控离子电导率)对现在的讨论还不是必需的，我们会在后边的小节中将其添加进来。另一个被忽略的要素是离子的主动泵送。这个忽略是在本章后续部分要一直使用的近似，因此让我们先花点篇幅来说明这个近似的合理性。

在图 12.3(b)中所勾勒的情形不可能是一个真正的定态(见 11.2.2 和 11.2.3 小节)。离子耗散流(图中用虚线表示)在所有三种离子都达到唐南平衡之前会一直改变钠和钾的浓度。平衡态满足式 12.1，其中所有电流为零 *。为了找到真正

---

    * 在这种情形，式 12.1 退化为吉布斯-唐南关系，即式 11.4。

的稳态,我们不得不安置一个额外的元件,钠-钾离子泵。设定钠和钾的扩散流等于它们被泵送的量,这样就给出了定态(式 11.12)。

想象一下我们由稳态开始,然后迅速关闭泵。离子浓度将开始退回到唐南平衡时的数值,不过这一过程进行得相当缓慢(见习题 11.4)。事实上,这种过程对膜电位的即时影响被证明是相当小的。关闭离子泵之后瞬时的跨膜电位值以符号 $\mathcal{V}^0$ 来标记(这是准定态的值)。为了得到它的值,注意到每一种离子流 $j_{q,i}$ 不必各自为零(而真正的定态中必须各自为零)。不过,为了避免电荷在细胞中的聚集,它们的总和仍必须为零。因此由欧姆假设(式 12.1)给出

$$\sum_i (\mathcal{V}^0 - \mathcal{V}_i^{\text{Nernst}}) g_i = 0。 \tag{12.2}$$

例题:求出在关闭离子泵后瞬间的跨膜电位值 $\mathcal{V}^0$,假定初始离子浓度由表 11.1 中给出,而且单位面积的相对电导率由式 11.9 中给出。与在 11.2.3 小节中所估算出的稳态电位值作比较。

解答:把式 12.2 中各项求和,并且除以 $g_{\text{tot}} = \sum_i g_i$,得到弦电导公式:

$$\mathcal{V}^0 = \sum_i \frac{g_i}{g_{\text{tot}}} \mathcal{V}_i^{\text{Nernst}}。 \tag{12.3}$$

估算得出 $\mathcal{V}^0 = -66\ \text{mV}$,与式 11.12 给出的真实定态电位值 $-72\ \text{mV}$ 仅相差几毫伏。

事实上,使用哇巴因之类的药物,可以选择性地关闭某些离子泵。正如本例题所示,哇巴因对静息电位的直接影响的确很小(小于 5 mV)。

总之,式 12.3 是描述静息电位差(式 11.12)的一个近似 *。式 12.3 描述的是关闭细胞上离子泵之后瞬间的准定态(慢变过程),而不是真正的定态。我们发现这两种方法得到大致相同的膜电位。更一般而言,式 12.3 给出了定态表达式的一个关键要素:具有最大单位面积电导率的离子促使 ΔV 接近于它的能斯特电位(与要点 11.13 比较)。而且,一个神经细胞在其离子泵关闭之后还可以传输数百个动作电位。这两个事实都启发我们:就研究动作电位的目的而言,可完全忽略离子泵并考察作用于慢变准定态的快变干扰,以此来合理地简化我们的膜模型。

电容器 在图 12.3 中还包含尚未提及的电子元件:电容器。该元件表示允许一定量的电荷流向细胞膜两侧而不产生真正的跨膜电流。为了在物理上理解这一物理效应,回到图 11.2(a)。设想所有两种离子都不能渗透过膜,但是外电极提供了电位差 ΔV。该图表明当电位差 ΔV 不为零的时候,大小为 $(c_+ - c_-)e$ 的净

---

* (T) 事实上,因为它们都依赖于欧姆假设即式 11.8,所以是十分粗糙的近似。

电荷密度如何在膜一侧聚集（以及在另一侧出现相应的损失）*。随着 ΔV 的升高，集结的电荷等效于一个流入细胞溶质的净电流及在膜另一侧从外部液体流出的电流。在这一过程当中没有任何电荷真正地流过了膜。分离开的总电荷数与 ΔV 之间的比例系数称为电容 C：

$$q = C(\Delta V)。 \tag{12.4}$$

Gilbert：等一等，难道电中性［见 12.1.2 小节假定(1)(2)］不是要求电荷不能在任何地方集聚起来的吗？

Sullivan：是的，不过再看看图 11.2(a)：在紧靠膜外侧的区域出现了净电荷，而在紧靠膜内侧的区域却失去了等量的电荷。所以在虚线之间的区域中的净电荷数正如电中性所要求的那样保持不变。当内外区域都被考虑到的时候，看起来就像有电流流过膜！

Gilbert：我还是不太明白。图中两条虚线之间的部分整体上可能是电中性的。可是由左面虚线到膜中央的部分，或者膜中央到右边虚线的部分不是电中性的。

Sullivan：没错。事实上，在 11.1.2 小节中说明了正是由于电荷的分离才引起了跨膜电位。

Gilbert：那么，电中性是错还是对呢？

Gilbert 应当记住关于基尔霍夫第一定律的讨论中的一个要点。在微米尺度区域中维持电荷的不均匀需要耗费巨大的静电能，因而实际上是不容许的。但就像例题所说明的那样，在纳米尺度上静电自能的消耗是可以接受的，膜的厚度正好处于纳米尺度。应用电容这一概念，可以将电荷不均匀分布所要求的能量包含进我们所讨论的问题中。我们认定在整个轴突中的电流必须保持平衡，但是在膜的紧邻处却不必如此，这与以下定性观测等价，即相对于细胞膜（纳米尺度的物体）电容来说，轴突（中等尺度的物体）自身的电容可以忽略不计。

电阻上的电压与电荷流速（电流）成正比，与此不同，式 12.4 说明跨膜的 ΔV 与流动的电荷总量（电流的积分）成正比。把该方程对时间求微分可以得到更为有用的形式：

$$\frac{d(\Delta V)}{dt} = \frac{I}{C}。 \quad \text{电容电流} \tag{12.5}$$

到目前为止，本节已经考虑了定态或者准定态的情形，在这两种情况之下，膜电位不随或者几乎不随时间变化。式 12.5 说明了为什么在这种情形之下我们可以忽略电容的效应：左边为零。在下一节我们将讨论诸如动作电位之类的瞬变现象，那时电容将扮演关键角色。

---

* 实际上，对膜电容的更主要贡献来自其内部绝缘介质的极化（组分类脂分子的烃链尾部）；参见习题 12.3。

把两并联电容器与电池连接,因为相互连接的导线具有相同的电位[见 12.1. 2 小节中的第(3)条],所以两并联电容的 ΔV 值与单独一个电容的时候相同,它们存储的电量是单个同种电容器所存储的两倍(式 12.4 的效果加倍)。换句话说,这样的两个电容器等效于一个电容加倍的电容器。把这一结果用于细胞膜,我们看到小膜片的电容正比于其面积。所以 $C = A\mathcal{C}$,此处 A 是膜片面积,$\mathcal{C}$ 是组成膜的材料的特征常量。我们将把单位面积电容 $\mathcal{C}$ 作为测量得到的唯象参数。对细胞膜,其典型值为 $\mathcal{C} \approx 10^{-2}$ F m^{-2},更简洁地可以记为 $1\ \mu$F cm^{-2}。

总之,我们现在有了一个用于描述单块小膜片电性质的简化模型,可以通过图 12.3(b) 来表述。这个模型依赖于欧姆假设。小膜片一词提示了模型中已隐含假设在整个膜上 ΔV 大小是均一的,在前面的理想化电路图 12.3(b) 中,两条水平导线暗含了这一结果。模型涉及了几个用于描述膜的唯象参数(g_i 和 $\mathcal{C}$)以及用于描述内外离子浓度的能斯特势($\mathcal{V}_i^{\text{Nernst}}$)。

12.1.3　从膜的欧姆电导行为到无行波解的线性电缆方程

本章很长,并且有很多符号。为了便于读者阅读,表 12.1 总结了这些符号,其中某些已经出现过,其他的定义见后。

表 12.1　本章用到的符号(也可参见附录 A)

符号	含　义
$V_2(x, t)$	细胞内部电位
V_1	细胞外部电位。在我们的模型中设为 0,因此 $\Delta V = V_2 - V_1 = V_2$
$\widetilde{V}(t)$	行波波形
$\mathcal{V}_i^{\text{Nernst}}$	第 i 类离子的能斯特势。它们的加权平均给出了准定态电势 $\mathcal{V}^0$(式 12.3)
$v(x, t)$	去极化电位(ΔV 减去 $\mathcal{V}^0$)。其两个特殊的不动点的值标记为 v_1, v_2(图 12.9)
$\bar{v}(t)$	无量纲化(重标度)后的行波波形
I_x	轴突中的轴向(向右为正)电流
I_r	轴突中的径向(向外为正)总电流
$j_{\text{q}, r}$	轴突中跨膜的径向电流密度(单位面积上的电流)。$j_{\text{q}, i}$ 是第 i 类离子的贡献
g_i	第 i 类离子的跨膜电导(单位面积上)。g_{tot} 是所有种类离子的总电导
$R_i = (Ag_i)^{-1}$	面积为 A 的一小片膜的电阻

尽管前一节的膜模型建构在一些扎实依据(比如能斯特关系)之上,但它也含有若干其他假设,后者仅仅是方便进一步研究的工作前提(如欧姆假设,式 11.8),而且其分析仅限于小膜片或是膜电位沿轴突纵向一致的更大一些的膜片。本小节将去掉上述限制中的最后一个,以便探讨具有**非均匀**膜电位的欧姆膜。我们将发现在这样的膜中,外部刺激能够被动地传播,给出类似于图 12.1(b) 所描绘的行为。稍后的小节将说明为了理解神经冲动[图 12.2(b)],我们有必要重新审视欧姆假设。

如果电位沿轴突纵向不均匀，则电流将沿轴向流动（在 x 方向，与轴突平行）。到目前为止，我们都忽略了这一可能性，而只考虑沿径向的流动（在 r 方向，穿越膜）。以图 12.3 为例，轴向流对应于贯穿于上下两条导线中的电流 I_x。我们将采用下面的规则：正离子沿 $+\hat{x}$ 方向流动时 I_x 取为正。正如在推导弦电导公式 12.3 时所假定的那样，如果 I_x 不为零，则径向净电流不必为零。因此，我们首先应该推广此结果。

思考题 12A 说明图 12.3(b) 中的三组电阻-电池对可以等价地被单个电阻-电池对所取代，其等效电导率为 $g_{tot}A$，电池电动势 $\mathcal{V}^0$ 由式 12.3 给出。

使用上面所讨论的电阻-电池模块形式，现在可以把轴突表示为由这种相同模块构成的链。每一个模块表示膜的一段圆柱状片段（图 12.4）。电流可以通过内部液体（代表轴突的细胞质或者轴质，由上面一条水平线表示）或者通过包绕的胞外液体（由下面一条水平线表示）沿轴向流动。极限 $dx \to 0$ 意味着把膜当作由无限多个模块单元构成的链，即一个由电阻、电容和电池构成的分布式网络。

为了探讨这样的网络在图 12.1 所示的刺激下的行为，我们分四个步骤来讨论：

(a) 先找出图 12.4 中各电路元件的数值；

(b) 将图中的关系用方程表示出来；

(c) 解方程；

(d) 解释所得的解。

(a) 数值 为了得到轴向电阻 dR_x，回忆学过的知识：一段液体圆柱在轴向上的电阻正比于圆柱体的长度除以横截面积，或 $dR_x = dx/(\kappa\pi a^2)$，式中 κ 是液体的电导率（见 4.6.4 小节）。轴质的电导率可以通过实验测出。对乌贼轴突，实验中得到的数值是 $\kappa \approx 3\ \Omega^{-1}m^{-1}$，大致就是相应盐溶液的预期值（见习题 12.5）。

为了简化数学形式，令外部液体电阻等于零：$dR' = 0$。因为在圆柱形轴突之外，载流区域的截面积远比圆柱内部截面积 πa^2 要大得多，所以这样的近似是合理的。我们可方便地认为轴突之外的区域处于"短路"状态从而具有相同的电位，因此能将其设为零，即 $V_1(x) = 0$。于是，膜电位差就是 $\Delta V(x) = V_2(x)$。

包围该轴突片段的膜的电阻 R_r 就是总电导率的倒数。根据思考题 12A，它等于 $(g_{tot} \times 2\pi a dx)^{-1}$，式中 g_{tot} 是 g_i 之和。正如在 11.2.2 小节中所提到的，乌贼轴突的典型值约为 $5\ m^{-2}\Omega^{-1}$。

最后，12.1.2 小节指明了膜电容是 $dC = (2\pi a dx) \times C$ 并且引用了一个典型值 $C \approx 10^{-2}\ F\ m^{-2}$。

(b) 方程 为了得到描述外部刺激传播的方程，我们写下轴突的一个圆柱形片段 [图 12.4(a)] 的电中性条件。此条件说明：流入片段末端的净电流 $I_x(x) - I_x(x+dx)$，必须与径向流出轴质的电流抵消。径向电流等于渗透过膜的总电荷

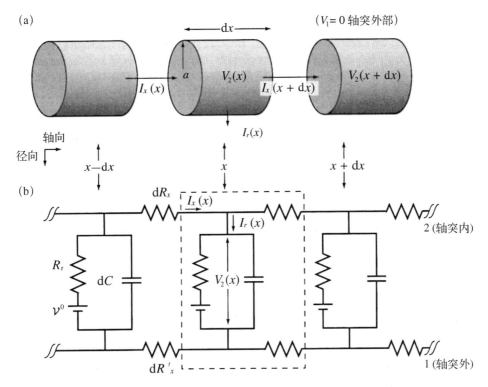

图 12.4(示意图：电路图) 轴突的分布式(电路)元件模型。把轴突当作是由完全相同的模块组成的一条链，按照沿轴突的位置 x 来标记它们。(a) 每个模块均可视为一个长度为 dx，半径为 a 的圆柱体片段。每一圆柱段的表面积为 $dA = 2\pi a dx$。(b) 模块整体可看作是一个电网，每一个模块包括一个电动势为 $\mathcal{V}^0$ 的电池(注意这一准定态电势是负的)。大小为 $R_r = 1/(g_{tot} dA)$ 的"径向"电阻对应于离子被动跨膜，与渗透性相对应的电容为 $dC = \mathcal{C} dA$。"轴向"电阻 dR_x 和 dR'_x 分别对应轴突内部和外部的流。我们引入近似 $dR'_x = 0$，因此底部整条水平导线具有一个共同的电位，将它记为零。"径向"电流 $I_r(x) = j_{q,r}(x) \times dA$，反映了在位置 x 处离开轴质的所有种类离子的净电荷[图(b)中向下的流动]；轴向电流 I_x 代表自左向右流入轴质中的总电流[图(b)中上部的水平导线]。$V_2(x)$ 代表轴突内部的电位(因为外部电位记为零，所以这个值就是膜两侧的电位差)。

速率即 $2\pi a dx \times j_{q,r}$，加上膜上电荷的集聚速率，$(2\pi a dx) \times \mathcal{C} \dfrac{dV_2}{dt}$（见式

12.5）。所以

$$I_x(x) - I_x(x+dx) = -\frac{dI_x}{dx} \times dx = 2\pi a\left(j_{q,r}(x) + \mathcal{C}\frac{dV_2}{dt}\right)dx。 \quad (12.6)$$

本方程是一个好的出发点，但我们仍然无法求解它：这是一个含有三个未知函数的微分方程。这三个未知函数分别是 $V_2(x, t)$、$I_x(x, t)$、$j_{q,r}(x, t)$。首先，让我们消去 I_x。

在轴突上某一点的轴向电流正好等于一个很短距离上的电势降除以轴向电阻 dR_x：

$$I_x(x) = -\frac{V_2\left(x + \frac{1}{2}dx\right) - V_2\left(x - \frac{1}{2}dx\right)}{dx/(\pi a^2 \kappa)} = -\pi a^2 \kappa \frac{dV_2}{dx}。$$

为了理解负号的意义，注意到如果假设向右移动时电势升高，则正电荷将向左移动。将这一结果代入式 12.6，得到关键公式：

$$\pi a^2 \kappa \frac{\mathrm{d}^2 V_2}{\mathrm{d}x^2} = 2\pi a\left(j_{q,\,r} + \mathcal{C}\frac{\mathrm{d}V_2}{\mathrm{d}t}\right). \quad \text{电缆方程} \tag{12.7}$$

（电缆方程也用来描述当导线或"电缆"部分被盐水浴短路时信号的传输。）

下一步，我们用电位来表示膜电流。利用思考题 12A 中 $j_{q,\,r} = (V - \mathcal{V}^0)g_{\text{tot}}$，令 v 代表内部电位与准稳态电位之间的差值，即

$$v(x,\,t) \equiv V_2(x,\,t) - \mathcal{V}^0 \text{。}$$

我们可以把电缆方程写成更为紧凑的形式。定义轴突的空间常量和时间常量为

$$\lambda_{\text{axon}} \equiv \sqrt{a\kappa/2g_{\text{tot}}}; \qquad \tau \equiv \mathcal{C}/g_{\text{tot}} \text{。} \tag{12.8}$$

（核实一下，这些表达式分别具有长度和时间量纲。）用这些记号可写出

$$\lambda_{\text{axon}}^2 \frac{\mathrm{d}^2 v}{\mathrm{d}x^2} - \tau \frac{\mathrm{d}v}{\mathrm{d}t} = v\text{。} \quad \text{线性电缆方程} \tag{12.9}$$

式 12.9 是电缆方程的一种特别形式，蕴涵有额外的欧姆假设（参见思考题 12A）。正如所期待的那样，这是一个只有一个未知量即 $v(x)$ 的微分方程。它具有线性微分方程令人愉悦的特征（所有项对 v 都是线性的），而且我们对其中的某些东西十分熟悉：它几乎但不完全是扩散方程（式 4.20）。

(c) 解 事实上，只需通过变量代换 $w(x,\,t) = \mathrm{e}^{t/\tau}v(x,\,t)$ 就可以在电缆方程与扩散方程之间建立完全的联系。线性电缆方程可化为

$$\frac{\lambda_{\text{axon}}^2}{\tau} \frac{\mathrm{d}^2 w}{\mathrm{d}x^2} = \frac{\mathrm{d}w}{\mathrm{d}t}\text{。}$$

我们已经知道此方程的一些解。应用 4.6.5 小节的结果，发现该电缆对局域脉冲的响应是

$$v(x,\,t) = \text{常量} \times \mathrm{e}^{-t/\tau} t^{-1/2}\, \mathrm{e}^{-x^2/(4t\lambda_{\text{axon}}^2/\tau)} \text{。} \quad \text{（被动传播解）} \tag{12.10}$$

事实上，因为扩散方程没有行波解，所以线性电缆方程也没有行波解。

一些数值结果是有启发性的。使用示例数值 $a = 0.5\,\text{mm}$，$g_{\text{tot}} \approx 5\,\text{m}^{-2}\Omega^{-1}$，$\mathcal{C} \approx 10^{-2}\,\text{F m}^{-2}$，$\kappa \approx 3\,\Omega^{-1}\text{m}^{-1}$〔见步骤(a)〕，得到

$$\lambda_{\text{axon}} \approx 12\,\text{mm},\ \tau \approx 2\,\text{ms} \text{。} \tag{12.11}$$

(d) 解释 看来我们的轴突模型在传输脉冲时表现很糟糕！除了没有行波解之外，阈值的行为也不存在，而且刺激在传输了大约几厘米之后就消失殆尽了。毫无疑问，具有这种神经元的长颈鹿要移动脚步就会有麻烦。然而，目前所得的

结论并不完全就是一场灾难。模型的确对电紧张给出了一个合理的解释(被动传播,12.1.1 小节)。式 12.10 的确重现了图 12.1 所勾画的行为。而且,像所有线性方程的解一样,我们得到了刺激的分级响应。遗憾的是,模型对非比寻常的动作电位响应没有给出任何提示(图 12.2b)。

§12.2 动作电位的简化模型

12.2.1 难题

§12.1 开篇导读所述的思路,本节将引入一种简化形式的电压门控物理机制,然后说明它如何提供一条途径把我们带出眼下的僵局。本章在导论部分提到了如下关键问题,对该问题的解答将引导我们到达所欲寻找的机制:细胞世界是一个在电学阻抗意义上(式 11.8)高度耗散的系统,正如力学摩擦(第 5 章)的情形,那么信号如何才能没有衰减地传播呢?

在 §11.1 中我们发现了解答这一难题的端倪。活细胞内的离子浓度处于远离平衡的状态(11.2.1 小节)。当一系统未处于平衡态时,其自由能就不是极小值,此时该系统就可以对外做有用功。"有用功"可以指分子机器的活性,但是更一般而言,还包括对信息的处理,例如神经冲动。总之,处于静息态的细胞膜就像一只盛满浓度处于非平衡态的 ATP 和 ADP 溶液的烧杯那样,随时静待运作。

简言之,我们希望见到具有连续展布的过剩自由能的系统在存在耗散的情况下如何承载行波。线性电缆方程不能给出这种行为,不过回顾一下该方程就不难发现其中的原因了:只要我们定义 v 为 $V - V_0$,V_0 的值就完全从方程中抹去了!这是任何一个线性微分方程的典型行为(称为线性方程的叠加性)*。显然,要把静息电位与传播的微扰联系起来,就必须在电缆方程中注入某种非线性。

12.2.2 力学类比

我们可以想象细胞能在动作电位通过后以某种方式利用存储于膜上的自由能来维持"再生"动作电位,并恰好补足耗散掉的能量,使传输中的波保持其大小而不至于消失掉。这说来容易,但实际上并不易看清这奇迹般的过程是如何真正自动地、可靠地运作起来。在进入数学推导之前,我们需要对所寻求的机制作一直观类比。

图 12.5 所示类似于你在五金商店看到的装饰线条。这种装饰线条的截面形状类似于一个圆体字母 w。让装饰线的长轴与地面平行,但是使其截面倾斜,这样其中的一条沟就会比一条要高。将两条沟的沟底高度之差称为 Δh。

假定把一条长的柔性链放入较高的一条沟中,并且把整个系统都浸入黏性液体中。拉住链的两端,施加一个轻微的张力。原则上,链可以越入较低的一个沟

---

* Ⓣ 事实上,线性方程也可以有行波解,描述真空中光传播的方程就是线性的。但在线性、耗散介质中不存在行波,例如光线在充满烟雾的房间中就将衰减并消失。

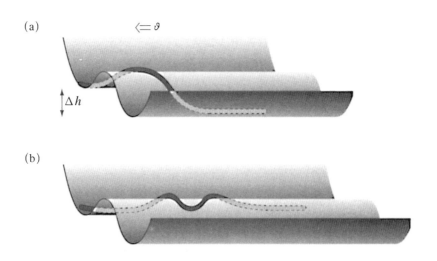

图 12.5(示意图)　动作电位的力学类比。一条重链被置于一个倾斜的槽中，两个槽的高度差大约是 Δh。(a) 一个孤立的局部弯折将以恒定速率 ϑ 向左运动：后继链段单元自上部槽中抬升，滑过沟脊，降落到下部的槽中。(b) 如果扰动大于阈值，可以产生一对弯折。之后，这两个弯折彼此反向地传播。

中来降低其重力势。两条沟的高度差意味着单位链长上存储有一定量的势能。为了释放这一能量，链首先必须爬升，这一上升过程需要消耗能量。并且，链不能够马上跳过势垒，它必须首先弯折。施加在链上的张力会阻碍链的弯折。所以，链在上面一个沟中维持稳定状态。即便轻微摇晃这个装置使得链有些摇摆，它仍然会待在上面那条沟中。

　　下一步假定在放置链的时候先将左端放在较高的沟槽中，放置了一半之后再使其跨过沟脊，把剩余的部分放到较低的沟中[图 12.5(a)]。先固定住链，然后在零时刻放开。我们会看到链在两条沟之间的跨接部分以均匀的速率 ϑ 向左滑过。每一秒钟都有固定长度 $\vartheta \times 1\,\mathrm{s}$ 的链段在下滑部分重力的牵引下经过沟脊滑到右面。这一系统所显示的就是行波行为。

　　链段每秒钟都从存储的重力势能释放出固定的能量。这些能量被用于克服摩擦导致的能量损失（耗散）。

思考题 12B

(a) 假定链的线质量密度是 $\rho_{\mathrm{m,\,chain}}^{(\mathrm{1d})}$。求出重力势能释放的速率。

(b) 链运动速率正比于 ϑ，所以阻滞摩擦力也正比于 ϑ。令总阻滞力为 $\gamma\vartheta$，此处 γ 为一常数。求出机械功转变为热能的速率。

(c) 如何定出行波速率 ϑ？

　　最后，我们再次将整条链置于较高的槽中。这一次我们抓住链的中部，将其放在沟脊上，然后放开任其运动[图 12.5(b)]。如果跨过沟脊的部分太少，如图示，则重力和张力都倾向于将链拉回初始状态：尽管在停下来之前，扰动将会传播开，但是不会出现行波。然而，如果开始时跨过沟脊的链段足够多，那么在放开链之后,我们将能够看到两个行波由中点开始反向传播开来。

这个思想实验已经定性地展示出了 12.1.1 小节中所描绘的动作电位的特征。链的高度大体上表述了离子浓度相对于平衡的偏离,摩擦则代表了电阻。我们看到了具有连续势能分布且带耗散的动力学系统如何能够表现出可兴奋介质的行为,即倾向于以激发行波这一可控方式来释放能量。

- 波需要一个阈值激发。
- 对于亚阈值激发,系统做出迅速衰减的扩散式响应。
- 相似地,具有"错误"符号的任意强度的刺激将导致衰减的响应[如在图 12.5 (b)中把链朝着更高的槽的方向提起]。
- 过阈值刺激产生受激行波。远程响应强度与激发强度无关。尽管我们尚未证明,但是可以合理地认为波具有固定不变的形式(与激发的类型无关)。
- 行波以恒定的速率运动,你可以在思考题 12B 中发现速率由所存能量的密度和耗散(摩擦)之间的平衡来决定。

要获得一个以膜电生理学(见 §12.2 和 §12.3)的可靠实验事实为依据的动作电位的数学模型,必定还会遇到大量技术细节。尽管异常困难,但霍奇金和赫胥黎最终还是发现了动作电位的机制。这一机制与图 12.5 所示的原理基本一致:

当来自邻接部分的刺激超过阈值时,轴突膜的每一部分依次由抵抗变化的状态[如图 12.5(a)中弯折左侧的链段]进入放大变化的状态(紧接弯折部分的右侧链段)。　　　　(12.12)

尽管具有启发性,我们的力学模型与动作电位之间尚有天渊之别:它预言了耗尽式行为,即链上不能传播第二次波。与此相反,动作电位是自限的:传输中的神经脉冲在耗尽可资利用的能量之前能够使自己停下来,使神经元还可以传输更多的神经脉冲(在一个短暂的不应期之后)。即使杀死一个神经细胞,或暂时阻断其代谢,它的轴突在耗尽所存储的自由能之前仍可以传导成千个动作电位。这一特性是必需的,因为离子泵缓慢充电的各静止期之间,神经细胞仍然需要具备传输迅速爆发的神经冲动的响应能力。

从膜可兴奋特性的更多细节出发,下面各节将探讨一个简化的耗尽型动作电位模型。在 §12.3 将回到真实动作电位如何自限的问题。

12.2.3　动作电位简史

在指出活细胞能够维持静息电位之后,杜波依斯·雷蒙德还对神经冲动做了系统研究。在 1866 年前后,他指出了神经冲动以恒定速率沿轴突传播。这一现象背后的物理原理则一直是完全模糊的。

似乎可以自然地假定细胞内的某些过程负责神经脉冲的运送。例如当微管沿轴突的平行排列有可能被看到时,大部分生理学家就会假设它们与输运相关。然而在 1902 年,伯恩斯坦(Julius Bernstein)经过一系列紧张的思考后,最终推翻了上述假定的可能性,而且确定了神经冲动发生在细胞质膜上。

伯恩斯坦正确地猜测到了静息膜对钾是选择性渗透的。§11.1 的讨论说明细胞膜电位必须在 $\mathcal{V}_{K^+}^{\text{Nernst}} = -75$ mV 附近，这一数值与观测值大致一样。伯恩斯坦提出在神经冲动期间，细胞膜对所有离子暂时是高度可渗透的。这一行为使得膜可以迅速达到一个没有跨膜电位差的新平衡态。伯恩斯坦的假设解释了静息电位的存在、符号与大小，以及所观察到的现象，即增加膜外钾浓度，可以改变静息电位使其趋于零。伯恩斯坦的假设也大致解释了在神经冲动过程中所观察到的去极化现象。

霍奇金是较早转到基于膜动作电位的图像上来的学者。他分析道：如果离子跨膜对于传输机制来说是重要的而不仅是一个附加效应，那么改变膜外液体的电学性势必将影响到动作电位的传输速率。事实上，霍奇金在 1938 年发现增加外部电阻率能使脉冲的传播速率变慢，而降低它（通过沿轴突方向放置导体）则几乎使速率倍增。

对伯恩斯坦假说的细致检验则必须等到电子学技术的进步方有可能。这些技术提供了测量信号必需的速度和敏感度。最终，科尔（K. Cole）和柯蒂斯（H. Curtis）在 1938 年成功地通过实验说明了活细胞的总体膜电导率在神经冲动过程中确实发生了巨大变化。这正是伯恩斯坦所提出的。通过将微玻璃毛细电极插入轴突，霍奇金和赫胥黎小组与柯蒂斯和科尔小组也独立设法测量出了处于神经冲动中的 ΔV。两个小组都发现了令人惊异的事情：与伯恩斯坦预想的趋于零不同，膜电位暂时地改变了符号，如图 12.6(b) 所示。看来以伯恩斯坦的诱人想法来

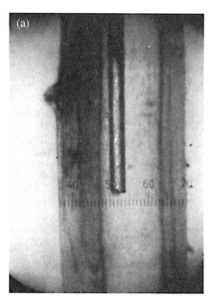 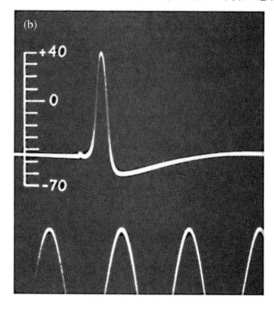

图 12.6（显微照片：示波器轨迹） 霍奇金和赫胥黎在 1939 年获得的具有历史意义的结果。（a）在巨轴突内插入一根记录电极（玻璃毛细管）。从图中可清楚看到，轴突位于刻度 47 和 63 之间（轴突本身也被置于一个更大的玻璃管中）。水平标尺的一个刻度等于 33 μm。（b）轴突内外两侧之间的动作电位和静息电位。在轨迹之下给出的是时间标记，每 2 ms 显示一个参考脉冲。纵向标尺给出了内电极得到的动作电位，以毫伏为单位。外部海水电位值取为零。请注意膜电势在几百微秒内改变一次符号，同时也应注意在电势值恢复到静息电位值之前的过冲，即后超极化。

圆满解释这些实验似乎是不可能的。

如图 12.6(b)所示,更进一步的实验数据揭示了一个奇异的事实:峰值电位(在图中大约为+40 mV)远离钾的能斯特电位,而与钠能斯特电位相去不远(表 11.1)。这一发现提供了一个诱人的办法来拯救伯恩斯坦选择性透过的思想:

> 如果膜可以快速地由选择性渗透钾离子转变到主要渗透钠离子,则膜电位将由钾能斯特电位跳变为钠能斯特电位,这就可以解释所观察到的极化反转(见式 12.3)。   (12.13)

要点 12.13 的确是一个可证伪的假设。它预言了外部钠浓度的变化,也就是钠能斯特电位的变化,将改变动作电位的峰值。

正在这一激动人心的时刻,迫于战争的需要,英国的非军事科学研究被迫中断了数年。1946 年,卡茨拾起了这条线索。他准备好了轴突,这一次外部液体被不含钠的溶液所取代[*]。尽管这一变化并未改变轴突内部,而且也的确没有过多改变静息电位,卡茨却发现:除去了外部的钠也就完全地抹杀了动作电位。这正是要点 12.13 所预言的结果。稍后,霍奇金和卡茨更详细地说明了:将外部钠浓度降低至正常浓度的若干分之一,这时峰值电势将下降(图 12.7),反之则上升。所有这一切都与能斯特电位定量符合。抽干异常溶液,代之以正常溶液,则正常的动作电位也随之恢复,如图 12.7 所示。

霍奇金和卡茨随后又设法定量测得在一个动作电位过程中单位面积膜上的电导率变化。按照目前的估计,g_{Na^+} 将增加到其静息值的 2 000 倍。也就是说,静息电导关系(式 11.9)发生瞬间转变,g_{K^+}、g_{Cl^-} 不变,但

$$g_{Na^+} \text{ 从} \approx 0.08 g_{Cl^-} \text{ 变为} \approx 160 g_{Cl^-} \text{。} \quad \text{(在动作电位峰值处)} \quad (12.14)$$

这是一个激动人心的结果,但是膜的渗透率如何作出恰当的变化呢?膜又是如何知道在适当的时候对各部分依次作出调整,从而产生定型的行波呢?12.2.4—12.3.2 小节将关注这些问题。

12.2.4 动作电位随时间变化的过程提示了电压门控假说

前面小节已经预示了下面的内容。我们必须抛弃欧姆假设,即认为所有膜电位都固定不变的想法,转而考虑一些更有趣的性质:膜电位的瞬时反转反映了 g_{Na^+} 的快速升高(式 12.14 而不是式 11.9),因此主导 g_{tot} 的因素瞬间从钾变为钠。弦电导公式(式 12.3)则说明了这一改变驱使膜电位偏离钾能斯特电位而靠近钠能斯特电位。由此导出了动作电位暂时性的反向极化特征。

实际上,电缆方程十分直接地说明了在神经冲动中欧姆假设将失效。我们知

---

[*] 在此实验及溶液有所差异的别的实验中,引入一些其他溶质使总的跨膜渗透压达到某个特殊的值是很重要的。

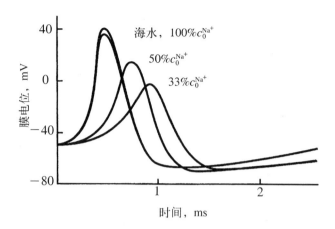

图 12.7（实验数据） 钠在动作电位电导中所起的作用。顶部的一条曲线来自乌贼轴突，它在被放入低钠溶液之前处于正常海水中。中部曲线：外部钠浓度降低到了海水钠浓度的一半。下部的曲线中，钠浓度则是海水中的三分之一。（顶部另一条曲线的测量是在外部溶液恢复为海水之后做的。）数据说明动作电位峰值紧随钠的跨膜能斯特电位而变化，这一实验观测支持了轴突膜钠电导率的突然升高导致动作电位这一观点。（数据摘自 Hodgkin & Katz, 1949。）

道动作电位是一个保持波形并以某一速率 ϑ 运动着的行波。对于这样的行波，一旦了解了其波速及其空间某固定点随时间变化的行为，则其整个历史 $V_2(x, t)$ 就完全知道了 *，这是因为 $V_2(x, t) = \tilde{V}[t - (x/\vartheta)]$，此处 $\tilde{V}(t) \equiv V_2(0, t)$ 是如图 12.6(b) 中所示的曲线。因此，根据微分链式求导法则得到

$$\frac{dV_2}{dx} = -\frac{1}{\vartheta}\frac{d\tilde{V}}{dt'}\bigg|_{t' = t - (x/\vartheta)},$$

此处我们不再假设电流密度 $j_{q, r}$ 满足欧姆关系，而是从测量到的 ϑ 及膜电位的时间变化函数 $\tilde{V}(t)$ 来推测 $j_{q, r}$ 的值。重新整理电缆方程（式 12.7），可得：

$$j_{q, r} = \frac{a\kappa}{2\vartheta^2}\frac{d^2\tilde{V}}{dt^2} - c\frac{d\tilde{V}}{dt}。 \tag{12.15}$$

将式 12.15 用于测量到的动作电位随时间变化的过程［如图 12.8(a) 所示］，得到相应膜电流随时间变化的过程［图 12.8(b)］。无需任何计算，我们可以用图解方式来理解这一结果。注意到膜电流在图(a)中的拐点处的行为格外简单（标记为 1、3 和 5 的虚线），在这些点处，式 12.15 中的第一项为零，而且电流的符号与 $\tilde{V}(t)$ 斜率的符号相反。类似地，在图(a)中的极值处（标记为 2 和 4 的虚线），我们发现式 12.15 的第二项消失了：如图(b)所示，这时电流符号就是 $\tilde{V}(t)$ 在该点处曲率的符号。在这些提示之下，我们可以得到从 0 号点到 6 号点处 $j_{q, r}$ 的符号，连接这些点给出图(b)所示的曲线。

比较图 12.8 中两个图可知在动作电位进行过程中所发生的事情。开始时

---

* 回想一下把行波比喻为"地毯下的蛇"的图像［图 4.12(b)］。

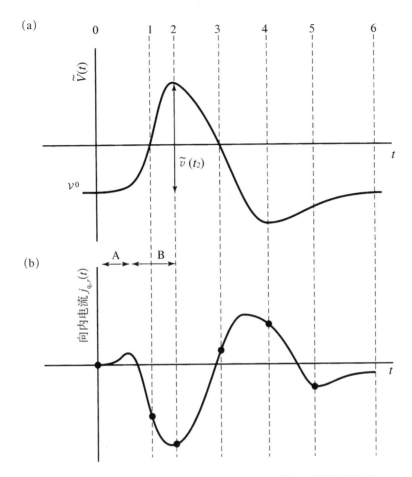

图 12.8(示意图) 用于推测膜电流的动作电位轨迹。(a) 该草图显示的是在固定点 $x = 0$ 处测量的膜电位 $\tilde{V}(t)$。$\tilde{v}(t)$ 是膜电位与静息值$\mathcal{V}^0$ 之间的差值。图中虚线指示正文中所讨论过的 6 个特殊时刻。(b) 使用式 12.15,由(a)重构出总的膜电流。欧姆阶段 A 让位给阶段 B。在阶段 B,膜电位持续上升,但是电流下降,之后反向。这是一个非欧姆的行为。(改编自 Benedek & Villars, 2000b。)

(阶段 A),膜电位的确满足欧姆假设:细胞内电位从静息电位值开始上升,从而引起一个向外的电流通量,这一情形正好与包含三个电池-电阻对的例子所计算出的结果一致(思考题 12A)。但是当膜被去极化约 10 mV 电压时,一些离奇的事情发生了(阶段 B):电位持续上升,而净电流降低。

考虑到膜对不同离子渗透性切换的事实,要点 12.13 实际上给出了理解电流反转所必需的关键因素。只要实际电势差 V 偏离由弦电导公式(式 12.3)所给出的"目标值",总会有净电流跨膜流动。但是目标值自身也依赖于膜电导率。如果不同离子的电导率突然偏离其静息值,则目标电位值也将突然改变。如果目标值由比 V 更小切换到更大,则膜电流将改变符号。因为目标值由渗透性最好的离子的能斯特电位所主导,所以可以假设膜对钠的渗透率在动作电位期间突然改变,以此来解释电流反转。

到目前为止,我们几乎只是在重复要点 12.13。为了更进一步,必须理解是什么导致了钠电导率的上升。因为这一上升是在膜已经显著去极化之后才开始的（图 12.8，阶段 B），所以霍奇金和赫胥黎建议道：

> 膜去极化这一事件自身就是触发钠电导率上升的原因。 （12.16）

也就是说，他们认为膜上一些未知的分子器件允许钠离子以某个依赖于膜电位的电导率通过。要点 12.16 引入了正反馈的概念：去极化开启了钠离子门，这一过程反过来又促进了去极化的程度。被增强的去极化开启更多的钠离子门，如此反复循环。

实现要点 12.16 最简单的方法就是保留欧姆假设，但是需要对它做些修正，即假设膜的每个电导率可依赖于 V_2：

$$j_{q,\,r} = \sum_i (V_2 - \nu_i^{\text{Nernst}}) g_i(V_2). \quad \text{简化电压门控假说}$$

(12.17)

在这一式子中，电导率 $g_i(V_2)$ 是膜电位的一个未知函数（但已知它为正）。式 12.17 就是我们建议用来替代欧姆假设式 11.8 的电导表达式[*]。

尽管我们还不知道出现在式 12.17 中电导率的精确形式，但是这个方程仍然包含了丰富内容。例如，方程表明如果在改变离子浓度的同时固定 V_2，则膜的离子电流仍然具有欧姆假设的特性[与 $\ln(c_1/c_2)$ 呈线性关系]。然而，现在膜电流是 V_2 的一个非线性函数，这一事实是下面分析中的关键。

在着手把式 12.17 合并到电缆方程之前，让我们从本书其他的相关背景出发对该方程作一点理解。正电荷沿电场方向运动，在这个过程中电场对电荷做功。当它们克服周围水的黏滞阻力漂移时，这些能量便以热的形式被耗散掉。电荷的这一迁移运动具有削减电场的净效应：有序能量（存储于电场中）退化为了无序能量（热能）。但是图 12.8(b) 中所示的阶段 B 显示了离子向细胞内的运动，即向电势升高的方向运动。驱动它们所需的能量只可能来自其环境中的热能。热能果真能够转变回有序形式的（静电）能量吗？前面的章节已经讨论过，只要该过程降低了系统自由能，这种并不直观的能量转换形式就是可能的。而事实上，轴突在初始状态时具有过剩自由能，它的过剩自由能是以非平衡的离子浓度形式存在的。在第 11 章中已经确认，上述过剩自由能的根源是细胞代谢，而能量储存是通过跨膜的离子泵进行的。

注意到式 12.17 意味着电导率是随电位同步变化的。12.2.5 小节将说明这一简化的电导率假设是怎样解释动作电位中的许多现象的。12.3.1 小节中将描述霍奇金和赫胥黎是如何设法测量出电导率函数，以及如何被迫对简化电位门控假设做出修正的。

---

[*] 式 11.8 中出现的符号 ΔV 等于此处简化模型中的 V_2[参见 12.1.3 小节(a)]。

12.2.5 从电压门控机制到具有行波解的电缆方程

现在,我们可以回到在讨论线性电缆方程(12.2.1 小节)时遇到的难题了,即动作电位似乎没有办法通过离子泵获得存储在轴突膜之上的自由能。如何才能获得两者之间的必要耦合? 上一节为此提出了一个方案,即简化的电压门控假说。然而,对 12.2.3 小节结尾处提出的问题依然没有给出答案。在动作电位沿轴突传播的过程中,是谁来协调各处钠电导率整齐序贯地升高呢? 对这一问题做出完整的回答在数学上是相当复杂的。§12.3 将定性描述该问题,而本节将使用一个简化形式,以便实际地求解一个方程,力求对完整答案的概貌先有所了解。

让我们回到力学类比:一条链逐步由高处的沟移动到低处的沟中[图 12.5(a)]。12.2.2 小节讨论了这一系统能够产生具有恒定速率和波形的行波。现在,我们必须把这些思想移植到轴突的情形,并且进行数学上的处理。

要点 12.12 指出促使后续链段跨越势垒所需的力来自前面的链段。这与 12.2.4 小节对轴突的描述相似。在那里我们指出,虽然静息态也是膜的一个稳定的稳态,但:

- 一旦一个膜段去极化之后,它的去极化就会向邻近的膜段传播开。
- 一旦邻近膜段遭受去极化的强度超过 10 mV,前面小节中所述的正反馈就开始介入,触发一个强去极化,而且
- 此过程不断反复,最终覆盖整个去极化区域。　　　　(12.18)

我们先只考虑初始时刻向内的钠离子流。原则上,一个细致的模型应该采用实验测得的钠电导函数 $g_{Na^+}(v)$ [图 12.9(a)中的虚线]。为简单起见,此处我们采用一个在数学上更为简单的函数作为替代,即

$$g_{Na^+}(v) = g_{Na^+}^0 + Bv^2 \text{。} \tag{12.19}$$

上式中 $g_{Na^+}^0$ 代表单位面积静息电导率。我们把它和其他电导率相加求和,称其为 g_{tot}^0。B 是正值常数。式 12.19 体现出电导在去极化时升高这一关键特征,并且正如电导率所应该满足的那样,它总是正的。

通过膜的总电流就是钠的贡献加上其他离子的欧姆项:

$$j_{q,r} = \left[\sum_i (V_2 - \mathcal{V}_i^{Nernst}) g_i^0 \right] + (V_2 - \mathcal{V}_{Na^+}^{Nernst}) Bv^2 \text{。} \tag{12.20}$$

和思考题 12A 一样,式 12.20 中第一项可以重写为 $g_{tot}^0 v$。令 H 表示常数 $\mathcal{V}_{Na^+}^{Nernst} - \mathcal{V}^0$,我们可以把最后一项重写为 $(v-H)Bv^2$,从而得到

$$j_{q,r} = v g_{tot}^0 + (v-H) Bv^2 \text{。} \tag{12.21}$$

图 12.9(b)帮助我们直观地理解模型所表现出来的行为。在电流随去极化强

度变化的曲线中有三个重要的点，即膜电流 $j_{q,r}$ 为零的地方．式 12.21 说明了这些点是一个三次代数方程的根．将它们记为 $v = 0$、v_1、v_2，这里 v_1 和 v_2 分别等于 $\frac{1}{2}\left(H \mp \sqrt{H^2 - 4g^0_{\text{tot}}/B}\right)$．在弱去极化时（$v$ 接近于 0），钠渗透率保持为小量，所以方程 12.21 中的最后一项可以忽略．在这种情况下，正如所期待的那样，一个正的小量 v 导致小的正（向外的）电流，即处于欧姆区（图 12.8 中阶段 A）．向外的电流趋向于将 v 拉回零．然而，进一步增加 v 的值会开启电压门控的钠通道，最终使 $j_{q,r}$ 削减至零，通过 v_1 点之后则降至零以下．现在，向内的净电流趋于使 v 升高，引发正反馈，即雪崩效应．v 变为另一根 v_2^*，而不是返回零．在 v 比较大时，当作用于所有离子的指向外的强静电力克服了钠离子受熵驱动向内漂移的趋势之后，我们再次得到一个正的（向外的）电流．

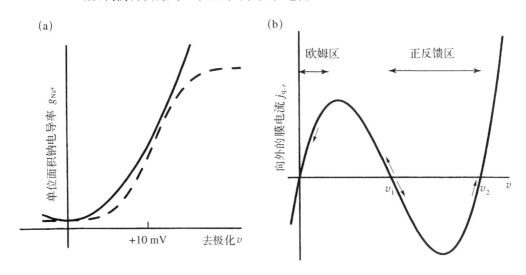

图 12.9（示意图） 电压门控假设．(a) 虚线：轴突膜对钠离子的电导率 g_{Na^+}．曲线随膜电位自静息电位值（$v=0$）增加而上升．实线：钠的膜电导率的简化形式（式 12.19）．这一简化形式抓住了虚线的特性，即随 v 的增加而上升，并且为正．(b) 由(a)中电导率模型（式 12.21）得出的电流-电压关系．特殊值 v_1、v_2 参见正文中定义．图中箭头指示了在三个不动点附近作扰动时电流的变化趋势．

总而言之，上述模型显示了阈值行为：很小的去极化扰动最终会返回 $v = 0$，但是大于阈值的去极化扰动将稳定在另一个不动点 v_2．下面的分析将重复 12.1.3 小节中由(b)开始的步骤[步骤(a)不变]．

(b′) 方程 我们首先将式 12.21 代入电缆方程（式 12.7）．作一点代数运算可得 $v_1 v_2 = g^0_{\text{tot}}/B$，因此电缆方程变为[**]

---

* 这种双稳态让人联想到习题 6.7(c)中研究的例子．v_1 是不稳定不动点，因为对它的小偏移会变为更大的偏移[图 12.9(b)]．

** 此方程是所谓的 Fisher 方程，以种群生物学家 R. Fisher 的名字命名．

$$\lambda_{\text{axon}}^2 \frac{\mathrm{d}^2 v}{\mathrm{d}x^2} - \tau \frac{\mathrm{d}v}{\mathrm{d}t} = \frac{v(v - v_1)(v - v_2)}{v_1 v_2}\text{。} \qquad \text{非线性电缆方程}$$

$$(12.22)$$

与线性电缆方程不同,式 12.22 与扩散方程不等价。一般而言,解一个类似的多变量非线性微分方程是艰难的。不过,我们的主要兴趣在于寻找式 12.22 是否存在行波解。仿照对式 12.15 的讨论,可以通过变换 $v(x, t) = \widetilde{v}[t - (x/\vartheta)]$〔图 4.12(b)〕,用一个单变量函数 $\widetilde{v}(t)$ 来描述波速为 ϑ 的行波。代入式 12.22,得到一个常(单变量)微分方程:

$$\left(\frac{\lambda_{\text{axon}}}{\vartheta}\right)^2 \frac{\mathrm{d}^2 \widetilde{v}}{\mathrm{d}t^2} - \tau \frac{\mathrm{d}\widetilde{v}}{\mathrm{d}t} = \frac{\widetilde{v}(\widetilde{v} - v_1)(\widetilde{v} - v_2)}{v_1 v_2}\text{。} \qquad (12.23)$$

通过定义无量纲量 $\overline{v} \equiv \widetilde{v}/v_2$, $y \equiv -\vartheta t/\lambda_{\text{axon}}$, $s \equiv v_2/v_1$ 和 $Q \equiv \tau\vartheta/\lambda_{\text{axon}}$,可以把上式写成更紧凑的形式,即

$$\frac{\mathrm{d}^2 \overline{v}}{\mathrm{d}y^2} = -Q\frac{\mathrm{d}\overline{v}}{\mathrm{d}y} + s\overline{v}^3 - (1 + s)\overline{v}^2 + \overline{v}\text{。} \qquad (12.24)$$

(c′) 解答　你可以将式 12.24 输入计算机数学软件包,对参数 Q 和 s 代入适当的数值,然后找出解。然而,这里需要一点技巧:除非为 Q 代入合适的数值,否则这些解的行为很差(发散,见图 12.10)。在 12.2.2 小节的启发之下,可以理解这一行为并不奇怪,该节指出了作为类比的力学系统也展示了一个取确定值的脉冲速率(因此 Q 也有确定值)。在习题 12.6 中,你将发现选择

$$\vartheta = \pm\frac{\lambda_{\text{axon}}}{\tau}\sqrt{\frac{2}{s}}\left(\frac{s}{2} - 1\right) \qquad (12.25)$$

将得到行波解(图 12.10 中的实线)。

(d′) 阐释　体现在非线性电缆方程中的电压门控假设导出了具有确定波速和波形的行波。特别地,行波幅度是固定的,从如下性质即可看出这一点:对应膜电流为零的两个 v 值即图 12.9 中的零和 v_2,在图 12.10 中这两点之间是平滑过渡的。我们不能通过小扰动来激发出这样的波。很清楚,对于足够小的 v,非线性电缆方程本质上与线性电缆方程相同(式 12.9)。对于线性电缆方程,我们已经看到它对应于被动传播(电紧张),没有动作电位。所以

(a) 对于低于阈值的刺激,电压门控导出一个分级的扩散响应,但是对于超过阈值的去极化刺激则激发出一个大的固定强度的响应。

(b) 过阈值刺激的响应形式是具有固定波形与波速的行波。　(12.26)

我们的模型,即要点 12.18 的具体数学形式,抓住了真实神经冲动的许多特征,这些特征列于 12.1.1 小节末尾。我们尚未证明,波动的确迅速忘记了初始刺激的精确性质而只记住了它是否超过了阈值。但是在力学类比(见 12.2.2 小

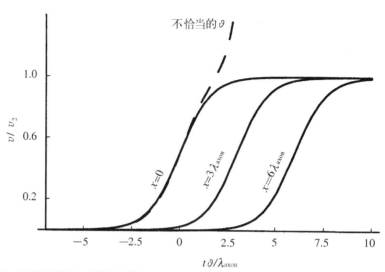

图 12.10（数学函数） 非线性电缆方程的行波解（见习题 12.6）。图示为相对于静息电位的膜电位 $v(x, t)$，它是时间的函数。图中显示了在三个不同位置处膜电位的变化情况（三条实线）。x 轴上靠后的点会在稍后的时刻感受到波，所以波的传播方向沿 $+\hat{x}$ 方向。在图示中，参数 $s \equiv v_2/v_1$ 取为 3。与图 12.2(b) 的比较表明这一简化模型定性给出了动作电位的前导缘。虚线给出式 12.23 的一个解，其波前速率 ϑ 与式 12.25 所给出的不同，这里的解是奇异的。时间单位是 $\lambda_{\text{axon}}/\vartheta$。相对于静息膜电位的电位值以 v_2 作为单位（见正文）。

节）的启发之下，这一行为应当是合理的。我们也得到了一个定量的预言，即波速 ϑ 正比于 $\lambda_{\text{axon}}/\tau = \sqrt{a\kappa g_{\text{tot}}/(2\mathcal{C}^2)}$ 乘以一个与轴突半径 a 无关的因子。因此，模型预言了：如果测量一族相同类型、具有相同离子浓度的无髓轴突，则应当发现脉冲速率随轴突半径的变化形式为 $\vartheta \propto \sqrt{a}$。这一预言大致与实验数据吻合。而且，脉冲速率的大体量级约为 $\lambda_{\text{axon}}/\tau$。对于乌贼巨轴突，估算给出的数值约为 12 mm/2 ms $= 6$ m s^{-1}。这一数值与测量到的动作电位速率（大约为 20 m s^{-1}）在同一数量级。

这些结果也可以通过力学类比得以理解（见 12.2.2 小节）。在思考题 12B(c) 中已发现波速正比于所存储能量的密度除以摩擦常量。检查描述 ϑ 的公式，注意到 κ 和 g_{tot} 都是电阻的倒数，所以 $\sqrt{\kappa g_{\text{tot}}}$ 实际上是"摩擦"系数的倒数。而且，描述存储在面积为 A 的带电膜上的静电能量密度公式为 $E/A = \frac{1}{2}q^2/(\mathcal{C}A)$，说明所存储的能量正比于 $1/\mathcal{C}$。所以，这表明描述速率 ϑ 的公式本质上具有从力学类比中所预期的形式。

 在 12.2.5' 小节将讨论非线性电缆方程如何决定行波解的波速。

§12.3　霍奇金-赫胥黎机制的完整形式及其分子基础

12.2.5 小节说明了由电压门控假设如何导出非线性电缆方程,该方程展示出动作电位的自持受激行波现象。这是一个令人鼓舞的初步结果,但是也激励我们弄清轴突膜电导率是否真的具有电位依赖性及离子选择性等我们赋予它的特征。另外,简化的电压门控假设并未提供关于动作电位如何<u>终止</u>的任何理解。图 12.10 只是显示了离子通道的开启及打开状态的保持,而这一过程可能在维持膜静息电位的离子浓度差被耗尽后就不再发生了。最后,虽然电压门控可能是一个引人入胜的想法,但是我们仍旧不知道细胞如何用分子机器来实现它。本节将考虑所有这些问题。

12.3.1　不同离子电导在膜电位改变时各自遵循一个特征时间过程

霍奇金、赫胥黎、卡茨和其他人通过一系列精巧的实验肯定了具有电位依赖性和离子选择性的电导的存在,这一成就主要依赖于下述三项技术。

空间钳　电导率 g_i 决定了在固定的相同电压之下流过一块小膜片的电流大小。但是在对轴突膜的常规操作中,膜上电位值偏离静息电位值的大小是高度<u>非均匀</u>的:它们是局域化的脉冲。科尔和马尔蒙(G. Marmont)发展空间钳技术解决了这一问题。空间钳技术包括将一条极细导线沿轴向插入轴突内部(图 12.11)。金属导线是比轴质要好得多的导体,因此金属导线的引入迫使整个轴突内部电位 V_2 处于一个固定、相同的电位值。通过引入一条类似的外部电极就可以迫使整个轴突外部的电位值 $V_1(x)=0$ 近似成立。

电压钳　可以想象在膜两侧施加一个给定的跨膜电流,测量由此得到的电位降。然后尝试恢复如图 12.9(b)所给出的关系。然而,这样的实验存在许多困难。首先,图中显示了一个给定的 $j_{q,r}$ 值可以和<u>多个</u> ΔV 值对应。更重要的是,我们假定调节电导率的分子器件自身也被 ΔV 所调节,而不是被电流调节。因此固定变量 ΔV 是更自然的做法。出于这些及其他一些原因,霍奇金和赫胥黎以电压钳的方式搭建了他们的实验装置。在这一实验中,实验员选择一个膜电位值作为"指令"值,反馈电路补偿维持指令值 ΔV 所需的电流并且报告出该电流值大小。

离子流分离　尽管有了空间钳和电压钳,电学测量给出的只是通过膜的总电流值,而不是每一种离子的电流值。为了克服这一问题,霍奇金和赫胥黎发展了卡茨提出的离子替代技术(12.2.3 小节)。假定调节外部第 i 种离子浓度,使得 $\mathcal{V}_i^{\text{Nernst}}$ 与电压钳所施加的 ΔV 值相等。这样,无论其电导率 $g_i(\Delta V)$ 是多少,该种离子对电流的贡献皆为零(见式 12.17)。巧妙运用这一思想,霍奇金与赫胥黎设法将在 ΔV 任意大小时流过膜的总电流划分成为其组分所对应的值。

结论　霍奇金与赫胥黎把科尔和马尔蒙的若干实验观测系统化了。图 12.12 大致显示了由他们的电压钳实验装置(图 12.11)所得出的一些结果。指令电位值由静息电位值突然提升到 $\Delta V = -9\,\text{mV}$,然后维持不变。这些数据中的一个显著

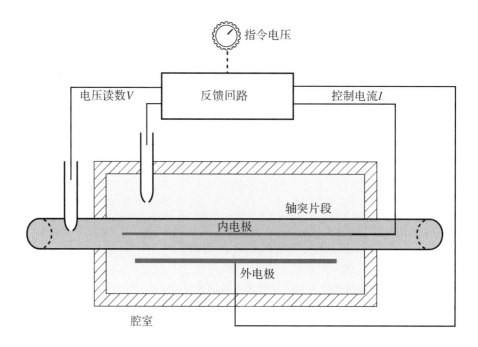

图 12.11(示意图)　空间-电压钳。内电极是一根沿轴突穿刺的长导线,它使得轴突内部成为等(静电)势体(空间钳)。反馈回路检测膜电位 ΔV 的值,并输送控制电流使其得以维持在所需的固定值(即实验中的指令电压),这就是电压钳。指令电压可以随时间变化,例如阶跃式变化。对于每个指令值,都可以记录相应的轴突径向电流 I_r。轴突的典型长度为 30~40 mm。

特征是膜电导率并不立刻跟随所施加的电位值发生变化。事实上,我们得到下述顺序发生的事件:

（1）紧接着去极化[图 12.12(a)],会出现一个流向膜外的电流峰[图(b)]。这一电流保持几个微秒,它并不是真正的跨膜电流。正如 12.1.2 小节中所论及的,它所表征的是膜电容放电(电容电流)。

（2）在开始的半毫秒之内,产生了一个流向膜内的短暂钠电流。它除以($\Delta V - v_{\mathrm{Na^+}}^{\mathrm{Nernst}}$)就得到钠电导率。可以发现其峰值电导率依赖于所选择的指令电位值 ΔV。

（3）在峰值之后,尽管 ΔV 保持为常量[图 12.12(c)],钠电导率依然降至零点。

（4）与此同时,钾电流缓慢上升[发生在几个毫秒之内,图 12.12(d)]。与 $g_{\mathrm{Na^+}}$ 一样,钾电导率上升到一个与 ΔV 相关的值。但是,与 $g_{\mathrm{Na^+}}$ 不同,当 ΔV 固定之后,$g_{\mathrm{K^+}}$ 将保持在这一数值之上不变。

所以,简化电压门控假说相当好地描述了在膜去极化发生之后的初期行为[第(1)和第(2)点],这也就是为什么它对动作电位的前导沿行为给出了相当充分描述的原因。在随后的阶段,简化图像失效了[第(3)和第(4)点]。事实上,在这一阶段我们对问题的解偏离了实际情况[比较图 12.10 中的数学解与图 12.6(b)中的实验曲线]。图 12.12 中的结果显示了在引入更真实的门控电导函数之后,我们应该期待着在解中出现怎样的变化:

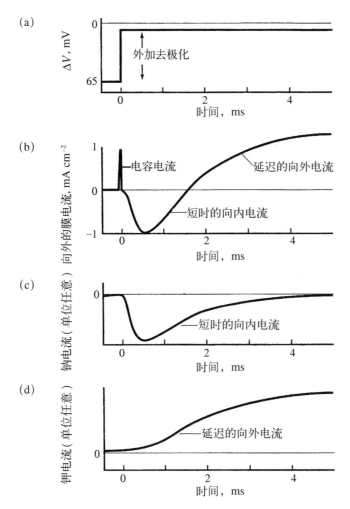

图 12.12（实验数据示意图）　由去极化刺激产生的膜电流。（a）所施加的刺激。使用电压钳装置，将一个大小为 56 mV 的去极化信号加到乌贼轴突膜上。实验中还尝试了其他 ΔV 值（未显示）。（b）在刺激期间测量到的电流。观察到的电流包含有一个膜电容电流的短暂正脉冲，随后是一个短暂的流向膜内的电流，最后是延迟的流向外部的电流。流向膜内的电流和延迟的向外部的电流分别在（c）和（d）中给出。（c）由于钠的进入而产生的暂时流向内的电流。（d）流出轴突的钾产生了持续时间更长的向外电流。把（c）、（d）中的曲线除以输入值 $\Delta V - \mathcal{V}_i^{\text{Nernst}}$ 得到相应的电导率随时间变化的 $g_i(\Delta V, t)$，即使 ΔV 稳定，它也随时间变化。（改编自 Hodgkin & Huxley, 1952a。）

- 在半毫秒之后，钠电导率的自发下降开始驱使 ΔV 回落至静息电位值。

- 主脉冲之后钾电导率的缓慢上升意味着膜电位将暂时突破静息电位值，而不是达到一个接近于 $\mathcal{V}_{\text{K}^+}^{\text{Nernst}}$ 的值（见式 12.3 和表 11.1）。这一观察结果解释了在 12.1.1 小节中所提到过的后去极化的现象。

- 一旦膜被再度极化，另一个缓慢过程将使钾电导率恢复至初始值，它是一个更小的值，而膜电位恢复至静息值。

　　通过假设每个 ΔV 值都有一个与之对应的钾电导率饱和值 $g_{\text{K}^+}^{\infty}(\Delta V)$，霍奇金和赫胥黎对钠电导率的全时间段行为作了描述。g_{K^+} 弛豫至饱和值的速率也被认为是 ΔV 的函数。这两个函数作为膜的唯象性质,可以通过改变指令电位值重复类似于图 12.12 所示的实验来得到。所以,任意时刻膜片电导率的数值并不简单地如简化电压门控假说所暗示的那样,由该时刻的瞬时电位值确定。事实上,电位的近期历史(在这种情况下指 ΔV 由 $\mathcal{V}^0$ 开始上升至指令值的时间)都影响到 g_i。一个相似的但更精细一点的方案成功描述了钠电导率上升/下降的行为。

将前面所述的电导率函数代入电缆方程,霍奇金和赫胥黎得到了一个比式 12.24 更复杂的方程。求解该方程需要付出惊人的努力,最初用手摇台式计算机要耗用几个星期的时间。但是,解正确重现了动作电位的所有相关方面,包括其全部的时间特征、传播速率以及与外部离子浓度改变的依赖关系。

这个故事另有一个特别的注记。本章所描述的模型暗示着,就所考虑的动作电位而言,细胞内部机器的唯一功能就是提供所需的跨膜钠和钾的非平衡静息浓度差。贝克尔(P. Baker)、霍奇金和肖(T. Shaw)通过极端条件下的测量肯定了这一过于极端的结论。在他们的极端实验测量中,抽空了所有的轴质,代之以含有钾但是没有钠的简单溶液。尽管轴突内部环境几乎完全被破坏了,轴突仍能够传输动作电位,并且与自然状态下产生的动作电位不可区分(图 12.13)!

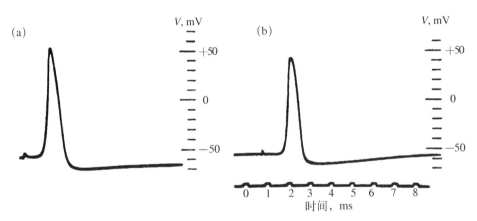

图 12.13(示波器显示的轨迹) 这也许是本书所描述过的实验中最令人瞩目的一个。(a) 将轴突的内部物质用硫酸钾溶液取代之后,通过内部电极测量得到的轴突膜动作电位。(b) 一根原封未动的轴突的动作电位。两图具有相同的放大倍数和时间尺度。[Baker, PF, Hodgkin, AL, and Shaw, TI. 1962. Replacement of the axoplasm of giant axon fibres with artificial solutions. J. Physiol. (London), 164, 330 – 354. © 1962 The Physiological Society. 经 PLSclear 获 John Wiley and Sons Limited 许可翻印。]

12.3.2 膜片钳技术可用于研究单离子通道行为

霍奇金和赫胥黎的动作电位理论本质上是唯象理论。他们用空间钳和电压钳测量出了膜电导率,然后使用这些测量结果来解释动作电位。尽管他们认为膜电导率源于离子通过分子尺度的各个离子通道,但其数据不能确认这一图像。其实,本章到目前为止的讨论留给了我们几个问题:

(a) 离子跨膜运动的分子机制是什么? 因为纯磷脂双层膜的电导率比自然生

物膜的电导率要小几个数量级(见11.2.2小节),所以用简单磷脂双层膜中的扩散来解释并不能回答此问题(见 4.6.1 小节)。

(b) 这一机制对离子类型的特异性源自何处? 我们已经看到了乌贼轴突膜对钠和钾的电导率和门控的形式都表现得非常不同。

(c) 离子通道如何探知膜电位并做出反应?

(d) 每一种电导率所具有的特征时间行为是怎样产生的呢?

本节将由 20 世纪 70 年代所做的观测开始,简要勾画出这些问题的答案。

因为霍奇金和赫胥黎所观测到的是成千的离子通道的集体行为,而不是单独一个离子通道的,所以他们不能够看到离子跨轴突膜输运的分子机制。这一情形在某种程度上与 19、20 世纪之交时统计物理所处的情况相似:理想气体定律使得测量 $N_{mole}k_B$ 的乘积变得容易,但是单独 N_{mole} 和 k_B 值的测量则直到爱因斯坦对布朗运动的分析完成(第 4 章)之后才没有了疑问。类似地,20 世纪 40 年代对 g_i 的测量只是给出了单个通道的电导率 G_i 与膜上单位面积上通道个数的乘积。通过分析集合体电导率的统计性质,卡茨在 70 年代初期成功估算出了 G_i 的数量级。但是其他人的(不精确)结果与他的估算不符。迷雾浮现了。

随着细胞生物学与电子设备的发展,直到人们有能力分离出单个离子通道并能测出在它上面所承载的微弱电流后,单通道尺度上的系统研究才成为可能。内尔(E. Neher)发展了必要的电子技术用于人造双层膜中镶嵌的离子蛋白的相关实验操作。真正的突破实现于 1975 年。当时,内尔与萨克曼(B. Sakmann)发展了膜片钳技术(图 12.14),使得测量穿过活细胞单通道的离子电流成为现实。内尔与萨克曼的工作推动了单分子器件的动态测量时代的来临。

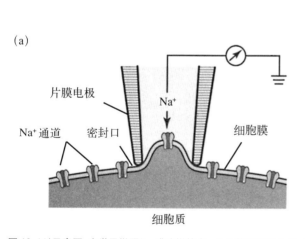
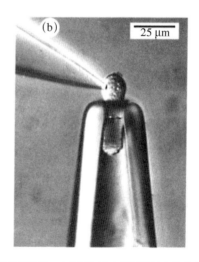

图 12.14(示意图;光学显微照)　膜片钳技术。(a) 使用膜片电极,把只含有单独一个(或几个)电压门控钠离子通道的小膜片孤立起来。(b) 如果使用较大的吸力,膜片就会破裂,但残留部分仍然是完好的,能将膜片钳电极(左上部)封住。因此,这个电极直接与细胞质接触,可用于测量细胞内部电位。照片显示的蝾螈视网膜上的感光细胞,被玻璃微吸管(下部)吸入。[(a) 改编自 Kandel, et al., 2013。(b) Lamb, TD, Matthews, HR, and Torre, V. 1986. Incorporation of calcium buffers into salamander retinal rods. J. Physiol. (London),372, 315–349. © 1986 The Physiological Society. 经 PLSclear 获 John Wiley and Sons Limited 许可翻印。]

　　膜片钳的第一项记录是对单通道电导率的精确测量：对于开启的钠通道，典型值为 $G_{Na^+} \approx 25 \times 10^{-12}\ \Omega^{-1}$，使用 $\Delta V = IR$ 和 $R = 1/G$ 等关系，我们发现在一个大小为 $\Delta V - \mathcal{V}_{Na^+}^{Nernst} \approx 100\ mV$ 的驱动电位的作用下，流过每一个打开的单通道的电流为 2.5 pA。

思考题 12C　将所得结果用每秒钟内跨过通道传输的钠离子数来表示。我们一直把膜电流作为连续量来处理，这是否合理？

　　(a) 传导机制　业已证明，可以想象得到的最简单模型本质上是正确的：每一个通道都是插入到轴突双层膜中的筒形蛋白亚基阵列［图 2.21(a)］，从而形成一个通道。离子能够以扩散的方式从中通过。（在习题 12.8 中通过一个简单的估算检验了该想法的合理性。）

　　(b) 特异性　通道的概念提示彼此独立的轴突膜电导率可能来自两种（事实上是几种）离子通道，每种离子通道只允许一种离子通过，并且具有自己的电压门控行为。实际上，膜片钳技术的应用揭示了彼此不同的特异性通道的存在。图 12.15 举例说明了钠门控通道的特异性：单个钠通道对钠的电导率几乎是它对其他相似阳离子的 10 倍。钾通道甚至更为明确，对钾的通过能力是对钠的 50 倍。

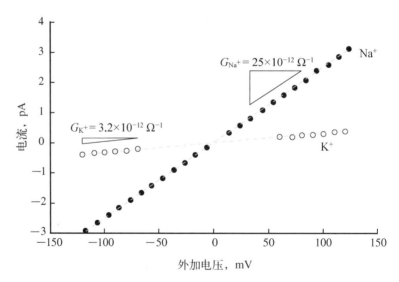

图 12.15（实验数据）　单个钠离子通道的电流-电压关系，该离子通道在 NaCl 和 KCl 溶液中重构到人造膜上。纵坐标给出在通道处于开放状态时所观测到的电流值。通过加入箭蛙毒素（一种从箭毒蛙皮肤中发现的神经毒素）使通道保持开启状态（即通道的失活特性被抑制）。斜率给出如图例所示的通道电导率。数据表明该通道（来自哺乳动物脑组织）对钠有高选择性。但它对离子运动方向没有任何偏向性。坐标零点左右两侧的斜率是相等的。（数据摘自 Hartshorne, *et al.*，1985。）

　　不难想象通道如何能够接纳类似钠的较小离子，但是却拒绝钾、铷之类的较大离子：离子通道太小而使得较大离子无法通行（更准确地说，这一几何约束适用于水合离子。见 8.2.2 小节)。并且也不难想象通道如何使阳离子优先于中性离子和阴离子通过：处于通道中间某处的阴离子可以降低让阳离子通行的活化势垒，因此增加了阳离子的通过率(3.2.4 小节)，而与此同时，它对阴离子的效果却相反。真实的钠通道看来同时采取了这两种机制。

难以想象的是，就像钾通道必须做到的那样，通道如何特异地使较大阳离子通过，而排斥较小的阳离子！70 年代早期，阿姆斯特朗(C. Armstrong)和希勒(B. Hille)提出了模型来探索这一问题。他们的想法是：通道包含一个极窄的阻塞物，通常的水合离子要通过就需要"脱去外衣"(失去部分结合的水分子)。打破水合作用所必需的能量将导致一个极高的活化势垒，所以除非同时有其他相互作用形成键来作为补偿(有利的键)，否则不利于离子通过。1998 年，麦金农(R. Mackinnon)及其合作者首次得到了钾离子通道的晶体结构图，他们的晶体结构的确显示了这样的阻塞物，其尺寸完全符合钾离子的大小(直径 0.27 nm)，而且由通道蛋白上具有电负性的羧基氧原子作为内衬。所以钾在脱去其伴随水分子的同时，就与通道中内衬的氧原子形成了相似的吸引作用，因此钾可以通过它而不会遇到高的势垒。更小的钠离子(直径 0.19 nm)，由于不能与固定的羧基氧紧密匹配，所以不能发生作用。然而同时它必须失去水合外壳，这导致一个净势垒。(而且，因为它的尺寸更小，钠与水分子壳的结合比钾与水分子壳的结合要紧密得多。)

(c) 电压门控假说 早在 1952 年，霍奇金和赫胥黎就把电压门控通道设想为一种与图 12.16(a)所示的神奇阀门相似的装置了：通道内可运动部分中的净正电荷受到外场的牵引；通过别构耦合，电荷的这一运动转变成为一个大尺度的构象变化；这一转变开启了离子通道门。图中(b)显示了更接近于现实的示意图，该图部分地以晶体学数据为依据。

上面描绘的机制仍未能阐明构象变化是连续的还是像图 12.16(a)所示那样有离散特征。这两种可能过程分别将膜电流门控比喻为模拟(就像收音机中的晶体管放大器)和数字(类似于计算机中的电路)的开/关行为。我们在第 9 章中关于别构效应的经验说明了后一种可能反映了真实情况。实际上，膜片钳的记录说明大部分离子通道只有两个(或几个)离散的导电状态。比如说，图 12.17(b)中的曲线，每一条显示了一个通道在电流为零的关闭态和开启状态之间的跳跃，后一状态总是导致大致相等的电流。

单离子通道数字式的(全有或全无)转变，可能由于我们早些时候获得的结论而显得令人费解。在电压门控的简单模型中膜电导率不正是需要对 ΔV 有一个连续响应吗[图 12.9(a)]？霍奇金和赫胥黎找到的不正是一条具有连续变化的饱和值 $g_{K^+}^{\infty}(\Delta V)$ 的电导率连续曲线吗？为了解决这一佯谬，我们注意到每一个小膜片上面有许多独立开关的离子通道(见习题 12.7)。所以，由空间钳技术测量到的 g_i 不只是反映了一个开启的单通道的电导率(离散量)和它们在膜上的密度 σ_{chan}(常量)，而且反映了处于开启态的通道的平均比例。如果所研究的膜片包含许多通道，则最后这个因素的确可呈现出近乎连续的变化方式。

认识到开启态通道比例应当是 ΔV 的一个特别的函数，我们可以检验上述想

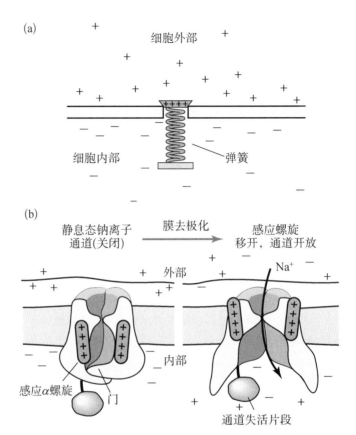

图 12.16（概念模型；基于结构数据的草图） 电压门控离子通道。（a）细胞处于静息态（极化态）时，胞外阳离子及胞内阴离子将造成一个指向内部的电场，它作用在离子通道中带正电的阀门上，导致通道关闭。但如果阳离子能够进入细胞，这个电场就会减弱，图示弹簧就会产生足够的抵抗力，从而打开通道。（b）钠离子通道。左：处于静息态时，通道中四个带正电的感应 α 螺旋被细胞内部的过量负电荷向下拉动，从而将通道关闭。右：去极化时，通道蛋白结构弛豫到一个新的平衡态（几乎完全开放）。图中底部的小圆块显示的是通道失活片段，它能移动到通道中。即便通道本身处于开放构象，失活片段也能阻塞离子的通行路径。〔（b）改编自 Armstrong & Hille, 1998。〕

法是否合理。假定通道是真正的简单二态器件。根据在 6.6.1 小节中得到的平衡态，可以用"关→开"态转变的自由能差 ΔF（式 6.34）来表述处于某一状态的（"通道打开"）概率，即

$$P_{\text{open}} = \frac{1}{1 + e^{\Delta F / k_B T}} \text{。} \tag{12.27}$$

因为没有描述通道的细致分子模型，我们不能预测出 ΔF 的数值，但可以预测 ΔV 的变化所导致的 ΔF 的变化。假定通道的两个状态和它们的内能几乎不因为 ΔV 而改变，则 ΔF 的改变仅仅只是来自电位感应区中一些电荷在外场中运动的贡献，如图 12.16（b）所示。

假定紧接着通道状态切换之后，总电荷 q 在沿垂直于膜方向上运动的距离为 l。膜上场强度为 $E \approx \Delta V / d$，此处 d 是膜的厚度（见 7.4.3 小节）。那么，外电场对 ΔF 的贡献为 $-qEl$，或者为 $-q\Delta Vl/d$。所以，我们的模型预测了

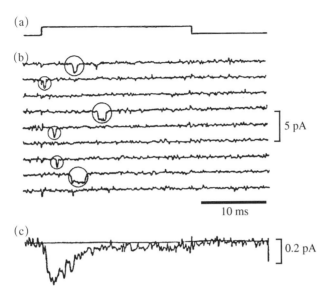

图 12.17(实验数据) 人工培养的鼠肌细胞中钠离子通道的膜片钳实验记录,该图显示了向内的钠离子流源于离散的通道关闭事件。(a) 显示了施加到膜片上的大小为 10 mV 的去极化电压所作用的时间段。(b) 对刺激脉冲所产生的九次独立的电流响应,显示了六次钠通道开放事件(圆圈内)。钾通道已被阻塞。膜片包含 2~3 个激活的通道。(c) 300 次独立响应[如(b)所示]的平均值。如果膜上某个区域包含许多通道,所有通道都是独立地开启,我们可以预期它的总电导率类似于这条曲线,而事实上也正是这样[图 12.6(c)]。

$$\Delta F(\Delta V) = \Delta F_0 - q\Delta V l/d,\text{或者 } P_{\text{open}} = \frac{1}{1 + Ae^{-q\Delta V l/(k_{\text{B}}Td)}}, \quad (12.28)$$

上式中 ΔF_0 为未知常量(ΔF 的内部部分),$A \equiv e^{\Delta F_0/k_{\text{B}}T}$。

式 12.28 给了我们一个可证伪的预言:使用两个唯象拟合参数(A 和 ql/d),该式预言了一个"S"形的开启概率曲线。从图 12.18(a)可知,膜片钳数据实际上显示了 P_{open} 是 ΔV 的函数。为弄清它是否满足我们的预言,图(b)展示了另一个量,$\ln[(P_{\text{open}})^{-1} - 1] = \Delta F/k_{\text{B}}T$。根据式 12.28,该量应当是一个常量减去 $q\Delta V l/(k_{\text{B}}Td)$。图 12.18(b)表明它的确是 ΔV 的线性函数。由该图中显示的斜率,式 12.28 式给出 $(ql)/(k_{\text{B}}T_{\text{r}}d) = 0.15 \text{ mV}^{-1}$。

> 解释最后一个结果。利用 l 不可能超过膜厚度这一事实,找出 q 的上下界并加以讨论。
>
> **思考题 12D**

(d) 动力学 在 6.6.2 小节中我们注意到非平衡过程二态假设的含义:如果初始占有概率不等于它在平衡态时的数值,则它们将以指数的形式逼近平衡态时的数值(见式 6.30)。在含有离子通道的时候,情况多少有些复杂;绝大多数离子通道具有超过两个的相关状态。然而,在大多数情况之下,其中某一个弛豫时间占主导地位。而且,我们的确发现了近乎指数形式的衰减行为。

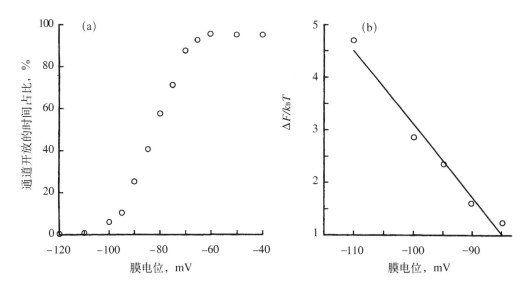

图 12.18(实验数据及其拟合) 钠通道的开启概率对电位的依赖性。(a) 流过单个钠通道的电流。通道在人造双层膜上重构而成。数据来自电压钳测量，测量时使电位由超极化值上升到去极化值(这一特殊通道在开放时 $\Delta V \approx -80\,\text{mV}$)。通道的失活性能已经被抑制了，见图 12.15。(b) 开放与关闭态之间的自由能差 $\Delta F/k_BT$ 可通过二态切换假设(式 12.28)利用数据(a)计算出来。在所施加的电压范围内，曲线几乎是线性的。当通道的两个状态具有不同但确定的电荷分布时，这种线性性质正是所预期的结果。图中直线斜率为 $-0.15\,\text{mV}^{-1}$。[(a) 数据摘自 Hartshorne, *et al.*, 1985。]

　　图 12.19 展现了一个这种实验的结果。该图也阐明了本章迄今为止所讨论的电压门控离子通道与配体门控离子通道之间的相似性，后者在响应化学信号时开启。

　　图 12.19 中所研究的通道对乙酰胆碱分子敏感。乙酰胆碱是一种神经递质。在每次实验开始时，突然释放的乙酰胆碱同时开启了多个通道。之后，随乙酰胆碱迅速扩散开去，通道依旧处于开放状态，但已经有了关闭的趋势。换句话说，实验制备了初始非平衡态的离子通道状态分布。单位时间内每一个通道具有固定的概率跃迁至关闭状态。实验员注视着膜电流随时间变化的过程，以膜电位回落的离散事件标记单个通道关闭事件。重复实验获得大量数据，从而产生如图示的处于开放态的时间直方图，它符合指数曲线 $e^{-t/3.2\,\text{ms}}$。尽管单个通道或者完全开放或者完全关闭，许多通道电导率之和给出的膜上总电流大体上服从一个连续的指数弛豫过程，它类似于霍奇金和赫胥黎在突然去极化之后测得的钾电导率[图 12.12(d)]。

　　钠离子通道复杂的开启-关闭动力学不是一个简单的指数过程，但是它仍然源于单钠离子通道的开放和关闭的"全有或全无"特征。图 12.17 直观地给出了这一要点。图(b)中 9 条轨迹显示了连续的实验结果。在这些实验中，单独的钠通道开始时处于静息态，然后突然去极化。每一条轨迹都显示出只是数字式行为。为了模拟一个包含许多通道的大膜片的行为，实验人员对 300 次这样的单离子通道的时间轨迹作了平均，获得了图(c)中的轨迹。值得注意的是，结果与空间钳实验中得到的钠电流时间特性[图 12.12(c)]极为相似。

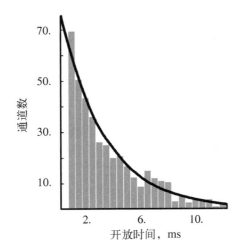

图 12.19(实验数据及其拟合)　　配体门控离子通道(暴露于乙酰胆碱的青蛙突触中的离子通道)开放态寿命的概率分布。初始时刻令所有通道短暂暴露于神经递质,因此都处于开放态。然后记录各通道关闭的时刻,并划分为 23 个寿命区间,统计落在各区间中的通道数量,从而得到直方图。图中曲线显示了指数分布函数(乘上了观察到的通道总数 403 以及区间宽度 0.5 ms),其特征时间为 3.2 ms。第一个区间中的数值不可靠,因而未显示。读者可将本图与图 6.10 所描述的 RNA 解折叠动力学进行比较。(数据摘自 Colquhoun & Hawkes, 1983。)

　　对于在持续去极化时观察到的钠电导率的两阶段动力学,我们现在把它归因于钠离子必须通过两个独立且相继出现的障碍。其中一个障碍在去极化之后迅速打开,而另一个则缓慢地关闭。第二个过程叫做失活,该过程涉及一个通道失活片段。根据由阿姆斯特朗和贝萨尼利亚(F. Bezanilla)提出的模型,通道失活片段是通过一个柔性系着物松散地附着在钠通道上的[图 12.16(b)]。在持续的去极化作用之下,这一片段最终进入到处于开放状态的通道并将其阻塞。紧接着在再次极化之后,障碍片段游离开去,而通道则再次处于可开启的就绪状态。

　　一些精巧的实验支持这个模型。例如,阿姆斯特朗发现他可以通过使用酶把通道失活片段切除,借此破坏失活过程而不影响快速开放过程。稍后,T. Hoshi及其合作者制作出了一些通道。在这些通道中,连接失活片段的柔性连接链要比正常情况下的短。修饰过的通道其失活要快于对应的处于自然状态的通道:缩短连接链致使失活片段更容易通过扩散运动找到它的停靠部位。

§12.4　神经、肌肉与突触

　　若要探讨神经元如何接受知觉信息、如何进行计算和刺激肌肉活性等问题,则必须以另一本与本书篇幅相当的书才能将其囊括。以下简短的小节只是大致纵览这些问题,主要是强调与前面讨论过的动作电位的联系。

12.4.1 神经细胞被狭窄的突触隔开

大部分身体组织由具有简单、紧致形态的细胞组成。与此相反,神经细胞是庞大的、具有复杂形态的细胞,它们相互缠绕,使得许多解剖学家在晚至 19 世纪末期依旧认为脑是细胞和纤维的连续融合物而不是独立细胞的集合。神经解剖学直到 1873 年高尔基(Camillo Golgi)发展了浸银技术之后方才兴起。这项技术只能对样品中的少数神经细胞(一般为 1%)染色,但对所选细胞的染色是完全的。所以,着色细胞就可以从相互缠绕的大量近邻细胞中凸显出来,它的整个延展轮廓都能得以显示。

通过改进高尔基的技术,拉蒙卡哈(Santiago Ramón y Cajal)描绘出了整个神经元的细致而令人激动的图像(图 12.20)。拉蒙卡哈在 1888 年提出神经元实际上是相互独立的细胞。高尔基自己从未认为"神经元学说"是被确证了的 *。实际上,直至电子显微镜揭示出将相连神经元隔开的狭窄突触区域,这一学说才获得了确凿的证据。图 12.21 显示了现今对于这一结构的认识。一个神经细胞轴突终

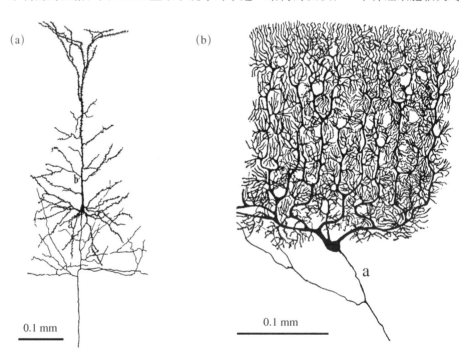

(a)

(b)

0.1 mm

0.1 mm

图 12.20(解剖图) 人的两类神经元,出自拉蒙的开创性工作。(a) 兔子大脑皮层中的锥体细胞。轴突在靠近细胞体(即胞体,a 和 b 之间的黑斑)处分叉,各分枝与邻近细胞相联,而主轴突(底部)伸到脑的较远部分。其他由细胞体伸出的分枝是树突(输入线)。(b) 一个浦肯野细胞,包括伸出的树突输入系统(顶部)。轴突以 a 标记。(摘自 Ramón y Cajal, 1899。)

---

* 高尔基的谨慎态度是正确的,因为他的方法并非总能对整个神经元染色,常常会丢失一些精巧的突起结构,特别是轴突。此外,有些神经元是通过膜上开孔而相连的(间隙连接),它们的细胞质可直接交换。

止于另一个神经细胞的树突（或者是依附在树突上的树突棘之上）。当神经脉冲传输到轴突终点并且跨越一道窄沟（10～30 nm），即突触间隙（图 12.21），而刺激下一个细胞的树突时，细胞之间就产生了相互作用。这样，信息就由突触前神经元（轴突）一侧流到了突触后神经元（树突）一侧。运动神经的轴突及在其控制下发生收缩的肌纤维之间也存在类似的突触连接。

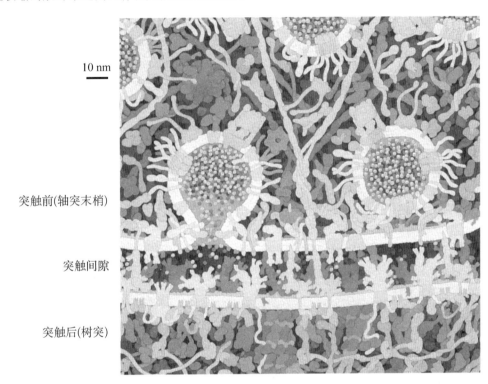

10 nm

突触前(轴突末梢)

突触间隙

突触后(树突)

图 12.21(依据结构数据的手绘图) 化学突触的截面图(图 2.7)。轴突末端显示于图的顶部,包含两个充满神经递质分子(图中小圆点)的突触囊泡,其中一个正在与轴突质膜融合并把其内容物注入突触间隙中。接收方(或突触后)树突显示于图中底部。神经递质通过扩散穿过突触间隙,然后与嵌在树突膜之上的受体蛋白结合。这些受体通常是配体门控离子通道。(由 D. S. Goodsell 绘制。)

12.4.2 神经肌肉接头

研究得最为充分的突触是处于运动神经元和与其相连的肌纤维之间的接头。正如图 12.21 所示,轴突末梢包含有许多充满神经递质乙酰胆碱的突触囊泡。在静息状态,每秒钟里只有少数几个囊泡释放,大部分囊泡都处于静待释放的状态。

当动作电位沿轴突传播时,会在轴突分支处劈裂为多个动作电位,最终到达一个或多个轴突末梢。末梢膜上包含有电压门控钙离子通道,膜去极化时通道开启。外部 Ca^{2+} 浓度在毫摩尔范围之内,而由于钙离子泵的主动泵送使得内部 Ca^{2+} 浓度维持在一个较低水平上(微摩尔量级)(见 11.3.5 小节)。因此在向内的钙离子流催化之下,每毫秒有大约 300 个突触囊泡与突触前膜发生融合(图 2.7)。囊泡内含物则以扩散方式穿过处于神经元与肌纤维之间的突触间隙。

突触另一侧的肌细胞包含对乙酰胆碱敏感的配体门控离子通道(图 12.19)。在肌细胞中释放单个突触小泡可产生可测的亚阈值的去极化。库弗勒(S. Kuffler)及其合作者说明了通过在神经肌肉接头中手工注入微量(少于 10 000 个分子)乙酰胆碱可产生完全相同的响应。然而，动作电位的到达促使神经肌肉接头一下释放出许多小泡。继而发生的强去极化触发了一个在肌肉细胞中的动作电位，最终会激活肌球蛋白分子从而产生肌肉收缩(图 10.1)。

所以，神经肌肉接头涉及两个不同的步骤：乙酰胆碱的突触前释放，以及紧随其后的突触后激活。实验上隔离这两个步骤用到了箭毒这种生物碱，它可以麻痹骨骼肌。在有箭毒存在的情况下，刺激运动神经元会导致正常的动作电位和正常剂量乙酰胆碱的释放，但是没有肌收缩。最后证实了，箭毒会和乙酰胆碱相互竞争地与突触后配体门控离子通道结合，以类似于酶学中竞争抑制(见习题 10.5)的方式抑制通道的正常运作。其他神经毒素，比如说眼镜蛇毒液中的一种毒素，也以相似的方式发挥作用。

在神经元停止提供动作电位之后，为了终止肌肉的收缩，一种称为乙酰胆碱酯酶的酶总是存在于突触间隙之中，在神经递质分子释放之后迅速将神经递质分解为其组分：乙酸盐和胆碱。与此同时，神经元不断补足其突触小泡的供应。这一功能的完成需要把胆碱主动输运回来用于合成乙酰胆碱，同时主动修复与神经元外膜融合的脂双层膜，然后把乙酰胆碱重新装入小泡中。

12.4.3 展望：神经系统的计算

处于神经元之间的突触和刚刚介绍的神经肌肉接头相似。一个轴突末梢可以释放多种不同的神经递质，借此把局部膜电位转移到另一个神经元树突分支上。神经肌肉接头与神经元-神经元接头之间最大的差异在于：前者充当一个简单接力者，只需在脉冲传输过程中不失败即可，而后者则用于进行更为微妙的计算。

突触前动作电位到达后可以对突触后树突去极化或者超极化，具体结果依赖于所释放的神经递质的细节和接受位点离子通道的类别与状态 [*]。去极化时，突触是兴奋的；超极化时，它是抑制的。

如果靠近轴突的胞体(轴丘)中去极化总量超过一个阈值，则神经元就将发放，即产生一个动作电位(12.2.5 小节概述了阈值行为如何在轴突中出现)。在许多神经元中，到达树突上的单个动作电位不足以使细胞发放。实际上，每一个到达的突触前脉冲对膜电位产生一个局部、短暂的扰动，它与电紧张(12.1.3 小节)类似。如果在足够小的空间、足够短的时间内有足够数量的扰动到达，则它们就可以叠加起来，达到一个超过阈值的刺激。使用这一神经元激活的整合-发放模型，我们可以着手来理解神经元如何可以执行一些简单计算：

---

[*] Ⓣ 另一种可能是神经递质在突触后膜上有一个间接的作用。例如，它可以改变尚未被激活的电压依赖性电导，从而调整突触后对其他突触输入的响应。

- 通过将那些在时间上重叠的扰动叠加起来,细胞由此可在某个特殊的突触上测量传来的动作电位的速率。所以,尽管沿轴突传播的所有动作电位的形式都是定型的(同一的),但是神经系统可以用动作电位发放速率的形式来定量编码信号,称为"速率编码方案"。
- 通过将那些在空间上重叠的扰动即到达树突同一邻域的扰动叠加起来,细胞由此可判断是否有两个不同的信号同时到达。

一个关于神经计算的模型假设细胞将其所有输入信号以不同的特异性权重进行叠加,这些权重对应于每一个成员突触的兴奋性或抑制性特征。如果这个叠加值超过了某个阈值,细胞就发放。

上述方案的关键特征在于一个神经元可以调节自身的突触耦合——例如,改变一个树突棘上配体门控通道的数目——来改变它所承担的运算。神经元还可以通过调节神经递质的数量来调整它们之间的连接,当然也能以另外的方式来实现这一点。神经递质是在对动作电位做出响应的时候分泌的。所有这些再调节的手段使得神经元网络能够"学习"新的行为。

即使仅仅连接数十个这样的简单计算器件就可以得到一个能操控简单生物(如软体动物)的复杂行为的系统。连接一千亿个这样的器件,就可以产生真正复杂的行为,正如你身体所做的那样。

小 结

回到本章焦点问题。本章以无髓鞘神经轴突为例描述了可兴奋介质的图像,它能够长距离传输非线性形式的兴奋脉冲而不损失信号强度或者精度。霍奇金和赫胥黎的洞察力具有极为广泛的影响,即便是在应用数学领域,这些思想也有助于发展前述的非线性波动理论。在生物学中亦然,可兴奋介质中非线性波的概念有助于理解多种系统,如黏菌细胞的协同行为(在它们自发地联合成为一个多细胞的子实体时),以及你的心脏细胞(在它们同步地收缩时)。

我们把轴突可兴奋性的根源锁定在一类构象可变的离子通道上。电压门控通道的超家族是众多药物的靶点,如止疼药、治疗癫痫症、心律不齐、心脏衰竭、高血压和高血糖等疾病的药物。所有这一切进步都源自霍奇金和赫胥黎的生物物理学测量,而他们的实验观测并没有包含单个离子通道存在的直接证据!

关键公式

- 电容器:电容器上的电位是 $V = q/C$。流过电容器的电流为 $I = \mathrm{d}q/\mathrm{d}t = C(\mathrm{d}V/\mathrm{d}t)$(式 12.5)。电容器中储存的能量为 $E = \frac{1}{2}q^2/C$。

  对于并联电容器,其总电容是 $C = C_1 + C_2$,这是因为它们都具有相同的 V。这一结论解释了为什么膜片的电容正比于其面积。
- 膜电导率:记号 j_q 总是用来标记单位面积上单位时间内由细胞内流到细胞外

的净电荷数(也称为电荷通量)。第 i 种离子的跨膜电荷通量是 $j_{q,i}$，所以 $j_q = \sum_i j_{q,i}$。在本章中，V_2 代表膜内电位(在我们的模型中，膜外任何地方的电位 V_1 总是零)。$\mathcal{V}^0$ 标记 V_2 的准定态值，$v = V_2 - \mathcal{V}^0$，$v = 0$ 对应准稳态。$\mathcal{V}_i^{\text{Nernst}} = -[k_\mathrm{B}T/(z_i e)]\ln(c_{i,2}/c_{i,1})$ 是第 i 种离子的能斯特电位。

我们研究了以下三种膜电导率模型，它们依次接近实际情况：

— 欧姆：电荷通量 $j_{q,i} = (V_2 - \mathcal{V}_i^{\text{Nernst}})g_i$，式中 g_i 是正的常量(式11.8)。所以第 i 种离子的通量趋于使 V_2 回到平衡值 $\mathcal{V}_i^{\text{Nernst}}$。因为是最为无序的状态，所以就像电阻那样，这一耗散过程将能量转化成为热。

— 简化电压门控：电导率中的一个或者多个不是常量。事实上，它们依赖于 v 的瞬时值。我们探讨了一个模型，在模型中 $j_{q,r} = v g_{\text{tot}}^0 + B(v - H)v^2$ 的形式(式12.21)，B 和 H 是正常量。

— 霍奇金-赫胥黎：一些电导率不只是依赖于 v 的数值，而且还通过关联函数(具弛豫形式)而依赖于它的近期历史。

● 弦：如果忽略离子泵，由欧姆假设可得到弦电导公式(式12.3)；

$$\mathcal{V}^0 = \sum_i \frac{g_i}{g_{\text{tot}}} \mathcal{V}_i^{\text{Nernst}}, \quad \text{此处 } g_{\text{tot}} = \sum_i g_i。$$

$\mathcal{V}^0$ 表示准定态膜电位，它近似于真实的静息电位值。上式说明该值是不同能斯特电位值之间的一个折中，并且在所有离子中电导率最大的离子占主导地位。

如果 V_2 维持在 $\mathcal{V}^0 + v$ 而不只是在它的准定态值，则欧姆假设给出净电流 $j_q = v g_{\text{tot}}$ (参见思考题12A)。电压门控假设与这一预言在 v 较小时一致；但是在较大的去极化时，该假设实际上给出的是正反馈(图12.9)。

● 电缆：对于一个直径为 a，其间充满电导率为 κ 的圆柱形轴突，近似认为外部液体的电阻为零，膜上电流 $j_{q,r}$ 和电位之间的关系是(式12.7)

$$\pi a^2 \kappa \frac{\mathrm{d}^2 V_2}{\mathrm{d}x^2} = 2\pi a \left(j_{q,r} + \mathcal{C} \frac{\mathrm{d}V_2}{\mathrm{d}t} \right)。$$

上式中，$\mathcal{C}$ 为膜上单位面积的电容。令 $j_{q,r}$ 由上面列出的三条假设中的某一条给出，则可导出一个闭合形式的方程(电缆方程)，原则上此方程可以被解出。在欧姆模型中，这一方程本质上是一个扩散方程。完整的霍奇金-赫胥黎电导率模型给出了一个具有更真实的、自限行波解的电缆方程。

延伸阅读

准科普：

相关历史：Hodgkin, 1992；Neher & Sakmann, 1992.

一般知识：Kandel, 2006.

中级阅读：

本章的讲法参考了 Bressloff，2014，§ 2.2 以及 Keener & Sneyd，2009，§ 6.2。也可参见 Phillips，*et al*.，2012.

电生理学的计算机建模：Baylor，2020；Hoppensteadt & Peskin，2002；Conradi Smith，2019.

离子通道及其离散性的统计测量：Hille，2001.

高级阅读：

一般知识：Kandel，*et al*.，2013.

关于门控离子通道：Phillips，2020.

关于动作电位：Hodgkin & Huxley，1952b.

关于可兴奋介质中的非线性波：Murray，2002.

全人工"轴突"再现动作电位：Ariyaratne & Zocchi，2016.

关于突触：Cowan，*et al*.，2001.

12.2.5' 拓展

（1）在描述动作电位传播速率的公式中（式 12.25），主要定性特征是 $\vartheta \propto \lambda_{\mathrm{axon}}/\tau$。我们可以通过量纲分析猜出这一结果。但首先，非线性电缆方程是如何能选出某一速率的？为了回答这个问题，注意到式 12.24 具有熟知的形式。把 y 解释成为虚构的"时间"，把"$\bar{v}$"当作是"位置"。这个方程类似于在位置相关的力场里带摩擦滑动的粒子的牛顿运动定律。这样的数学类比允许我们把对熟悉系统的直观认识移植到新的系统。

把式 12.24 右边写为如下形式

$$-Q\frac{\mathrm{d}\bar{v}}{\mathrm{d}y}-\frac{\mathrm{d}U}{\mathrm{d}\bar{v}},\ \text{式中}\ U(\bar{v})\equiv-\frac{s}{4}\bar{v}^4+\frac{1+s}{3}\bar{v}^3-\frac{1}{2}\bar{v}^2\text{。} \qquad (12.29)$$

然后考虑虚构粒子在一个由 U 所定义的一维势能面上滑动。势能面有两个峰（$\bar{v}=0$，$\bar{v}=1$）以及一个处于其间的谷（$\bar{v}=v_1/v_2$）。

我们所寻找的波形必须满足当 $y\to\infty$ 时 $\bar{v}=0$（静息电位，在 $t\to-\infty$ 时刻通道关闭），并且光滑过渡以使得在 $y\to-\infty$ 时 $\bar{v}=1$（通道在 $t\to+\infty$ 时开启）。类比于粒子的语言，我们需要一个具有如下特征的解：当 y 是大的负值时，粒子从恰好小于 $\bar{v}=1$ 处出发，沿势能 U 的两个峰中的一个缓慢滚下从而获得速度，然后在 $y\to\infty$ 时缓慢到达另一个峰（$\bar{v}=0$ 处）并停下来。

现在，$\bar{v}$ 必须在某一中间值 y_* 时跨越数值 $\frac{1}{2}$。不失一般性，我们可以取这一点为 $y_*=0$（任意解都可以通过在 y 轴上平移来得出另一个解）。现在可选择在 y_* 处的"速度"$\mathrm{d}\bar{v}/\mathrm{d}y$，使其大到可以使粒子停到 $\bar{v}=0$ 的峰上。这个值是唯一的：以更小的速度推动它，则粒子在到达峰顶之前将会暂停，然后向后滑落，并且最终在 $\bar{v}=s^{-1}$ 时停止在谷底。如果以更大的速度推它，则粒子将会跑到 $\bar{v}=-\infty$。

现在，我们已经没有余地选择包含在解中的积分常数了。对大的负 y 值，我们的解看起来极不可能给出恰在另一峰 $\bar{v}=1$ 处静止的情况。这一问题的唯一解决办法是调节运动方程中的某个参数。现在，唯一的可调自由参数是"摩擦"系数 Q：我们必须调整 Q，使得到的解给出的"速度"在该点恰为零。所以，只有在一个特定的 Q 值（在习题 12.6 中引用过）时，式 12.24 才会给出具有良好行为的解。图 12.10 中虚线显示了对另一个 Q 值使用上述方法得出的结果，它只能满足函数 $\bar{v}(y)$ 的一个而不是两个边界条件。

（2）习题 12.6 会求得一个精确解析解。考虑到前面给出的方程形式非常特殊，解的存在性本身就是个奇迹。不过，前面的讨论的确有一定的普遍性。存在一大类电导率函数，它们都能导出方程 12.29（带有不同的等效势能函数 U），对应着一个具有确定传播速度与波形的解。

习 题 *

12. 1 导电速率

Chippendale Mupp 是一个神秘的生物,它在睡觉之前要咬住自己的尾巴。正如诗人所吟唱的,它的尾巴太长了,所以直到八小时之后当它醒来时才会感到尾巴上的疼痛。假定连接在 Mupp 的尾巴和脊髓之间的是一条无髓鞘轴突。应用已知的乌贼轴突的近似数据以及真实动物的轴突直径范围 $0.2 \sim 1\,000$ μm,估算出 Mupp 的尾巴应该有多长。

12. 2 电池放电

把处于静息态的轴突膜想象成一个电容器,绝缘层将电荷分隔开,从而引发静息膜电位。

(a) 为了将此电容器放电(即,使 V 由 $V^0 = -60$ mV 变到零),每单位面积的膜片上应该有多少电荷流过?

(b) 为保持 $V^0 = -60$ mV,可在膜表面注入额外的电荷。请写出每质子电荷量所占的表面积,这实际上是问题(a)的另一种形式的解答。第三种表述方式是给出单位长度轴突上的电荷数(将乌贼巨轴突视为半径为 0.5 mm 的圆柱体)。

(c) 已知去极化主要由钠离子导通所致。按下述方法可估算出类似的电荷转移对内部离子浓度所产生的影响。再次把巨轴突想象为一个充满盐溶液的圆柱体,其中盐浓度由表 11.1 中的数据给出。求出单位长度轴突内部钠离子总数,以及内部钠浓度上升到外部浓度值时的相应数值。将这两个数值相减,与在(b)中所估算出的跨膜钠离子总数作比较。

(d) 实验观测到一个轴突可以在离子泵关闭之后连续传输大量动作电位。根据这一事实,如何理解上述答案。

12. 3 对电容的贡献

(a) 估算单位面积脂双层膜的电容。只考虑双层膜的电绝缘部分:把脂分子的尾巴当作是一层厚度为 2 nm 的油层。油的介电常量为 $\varepsilon_{oil}/\varepsilon_0 \approx 2$。

(b) Ⓣ 12.1.2 小节曾提及,膜两侧水中的电荷屏蔽层也对膜电容有贡献(参见 7.4.3' 小节)。在生理盐浓度中,每一电荷层的厚度大约为 0.7 nm。使用一年级物理课程中关于串联电容器的公式以及你在(a)中得到的结果,估算这些屏蔽层对总电容的贡献。

12. 4 后超极化

(a) 12.1.2 小节例题所示的准定态膜电位说明了静息膜电导率(式 11.9)是

---

* 习题 12.2 蒙惠允改编自 Benedek & Villars, 2000b。

怎样预言一个与真实静息电位大概吻合的膜电位值。使用在动作电位发生时所测量出的电导率(式 12.14)，重复原来所做的计算，并且以图 12.6(b)作为依据来解释它。

(b) 霍奇金和卡茨还发现了另一现象：膜电导率在膜完成一个动作电位传输之后的瞬间，不会立刻恢复到它们的静息值。实际上，它们发现 g_{Na^+} 降到了零值，而 $g_{K^+} \approx 4g_{Cl^-}$。使用这些数值，重复你的计算，再次以图 12.6(b)作为依据来解释你的结果。

12.5 作为扩散的导电行为

在 4.6.4 小节中讨论了盐溶液导电只不过是另一种形式的扩散过程。自由电荷(钠离子和氯离子)在外力的作用下(来自所施加的电极电位差)以净速度 v_{drift} 漂移，这一速率远小于热运动的速率。让我们重新推导出那一节给出的结果，并看看这一断言的合理性。下面研究完全溶解的一价盐的例子，例如食盐 NaCl。在这一问题之中，将所有的扩散系数都取为水中一般小分子所具有的近似数值，$D \approx 1\ \mu m^2\ ms^{-1}$。

截面面积为 A、长度为 L 的圆柱体的电阻不是其内部材料的固有性质，而是依赖于一个相关的量，即电导率。我们通过 $\kappa = L/(AR)$ 来定义电导率*。

毫不奇怪，盐溶液的电导率在加入更多的盐之后升高。对于低浓度溶液，实验发现在室温下电导率具有如下形式

$$\kappa = 12.8\ \Omega^{-1}m^{-1} \times (c/1M), \tag{12.30}$$

式中 $c/1\ M$ 是以 mol/L 为单位表示的盐溶液浓度，我们想要理解该数值因子的量级。

加在电池两极的电位差 ΔV 给出电场强度为 $E = \Delta V/L$。每摩尔盐提供 $2N_{mole}$ 的离子(每个 NaCl 分子提供一个 Na^+ 和一个 Cl^-)。每个离子在所施加的电场之下漂移。假定溶液为稀溶液，因此我们可以使用理想溶液公式。

(a) 用 ΔV、L 和已知的常量，写出作用在每个离子上的力。

(b) 用 ΔV、L 和已知的常量，写出漂移速度 v_{drift}。

(c) 给出在时间 dt 中沿电池轴向漂移的 Na^+ 离子数的表达式。

(d) 用 ΔV、A、L、c 和已知的常量，写出电池中电流的表达式。

(e) 用 c 和已知的常量，给出 κ 的表达式。讨论该式中的每一个因子及其物理意义。

(f) 代入数值，并和实验做比较(式 12.29)。

(g) 估算出对应乌贼轴质的特征离子浓度的电导率(参见表 11.1，假设你可以使用稀溶液公式并且可以忽略表中未列出的离子)。把你的结果与测量值 $\kappa \approx 3\ \Omega^{-1}m^{-1}$ 作比较。

---

* 你可能对电阻率 $1/\kappa$ 更为熟悉。因为电阻 R 的单位是欧姆(用 Ω 来表示)，而且欧姆的单位是 $J\ s\ C^{-2}$，κ 具有国际单位 $C^2 J^{-1} m^{-1} s^{-1}$。

(h) 你预计氯化镁溶液的电导率会是多大? 可以假设 $(c/1M)$ 摩尔的 $MgCl_2$ 溶解在 1 L 的水之中,完全解离为 Mg^{2+} 和 Cl^-。

12.6　简化动作电位模型的解析解

如果把参数 Q 定为 $\sqrt{2/s}\left(\dfrac{s}{2}-1\right)$,请说明函数 $\bar{v}(y)=(1+e^{\alpha y})^{-1}$ 是式 12.24 的解,并由此推导出动作电位的传播速率(式 12.25)。α 是你要寻找的另外一个参数。

12.7　离散与连续

(a) 利用如下数值:(1) 处于静息态的乌贼轴突膜单位面积总电导率 g_{tot}^0,(2) 在动作电位时段膜电导率升高 2 000 倍,以及(3)处于开启态的单个钠通道的电导率,估算乌贼轴突膜上钠离子通道的密度。与已公认的值(约 $60\ \mu m^{-2}$)作比较。

(b) 对于一个直径为 1 mm 的圆柱形轴突,由上述估计值得出单位长度轴突上的通道数是多少? 由此如何理解霍奇金和赫胥黎得到的电导率曲线的连续性特征?

12.8　估算离子通道电导率

(a) 把钠通道模拟为一个直径为 0.5 nm(水合离子的直径)、长度为 4 nm(双层膜的厚度)的圆柱体。应用 4.6.1 小节中的讨论结果,对一片布满这种通道的膜的渗透率作一估算,膜上通道的密度为 σ_{chan}。

(b) 使用在思考题 11C 里得到的结果估算膜上单位面积电导。取离子密度为 $c=250$ mM。

(c) 把你的结果改写为单通道电导,则 σ_{chan} 将会从你的答案中消失。给出具体的数值结果,并与附录 B 所列出的实验结果 $G_{Na^+}=25\times10^{-12}\ \Omega^{-1}$ 作比较。

(注:毫无疑问,你所得到的结果非常粗糙:我们不可能期望宏观扩散理论的结果可以应用到如此狭小的离子通道上,这里的尺度已经小到离子必须以单列方式才能通过它! 然而,本题表明,充水通道的概念可以得出与实验所测的真实电导率同量级的值。)

12.9　力传导

复习习题 6.7,图 6.13(b)中所显示的装置如何可能帮助你的耳朵将声音(力学刺激)转化为电信号(动作电位)?

12.10　🅣细胞外电阻

重复非线性电缆方程的推导,但这一次不要设定外场的电阻系数为零,而是令 Γ_1 代表胞外液体单位长度的电阻[已知单位长度的轴质电阻为 $\Gamma_2=$

$(\pi a^2 \kappa)^{-1}]$，重新估算出传播速率 ϑ，看看它以何种方式依赖于 Γ_1。将你的答案与霍奇金在 1938 年的结果作定性比较（12.2.3 小节）。

12.11 离子通道的离散性

要解答本题，请先完成习题 4.14。

正文 12.3.2 小节曾提到可以从多个离子通道的电导率的统计分析来推断单个通道的电导率。卡茨及 R. Miledi 以肌肉细胞上的离子通道为例对此进行了研究，这些通道的开关受到神经递质乙酰胆碱的控制。

图 12.22 显示了肌肉细胞跨膜电位随时间变化的两条轨迹。位于上方的轨迹来自静息期细胞，下方轨迹来自暴露于乙酰胆碱的肌肉细胞。卡茨及 Miledi 注意到乙酰胆碱不仅改变了静息电位，而且增大了电位的噪声（或方差）*。为解释这一现象，他们提出这个噪声反映了离子通道的离散特性，即在开态和闭态之间不断转换，这两个态可对应于神经递质与通道的结合与去结合。在本题中，我们将按同样的思路进行分析，为了数学上更简单，我们还会用到一些简化假设。

假设通道每次打开都导致膜轻度去极化，在时间 τ 内使得跨膜电位上升了 a。此后通道再次关闭。膜上有 N 个通道（假设 N 很大）。当存在乙酰胆碱时，每个通道都会打开一段时间（占总时间的比例为 p）。这些通道的打开或关闭互不相干。假设 m 个通道同时打开时的总效应是线性的，即，膜电位升高 ma。遗憾的是，a、τ、N、p 这些参数都无法从图 12.22 这类实验数据中直接测量，因为在 20 世纪 70 年代，这些实验数据的精度还不足以揭示通道的单次开放事件。

（a）图示轨迹提供了两个可测量，即膜电位的平均值和方差。请使用习题 4.14 的分析方法，将这两个量用上述参数表示出来。

（b）如果你能通过实验测量到膜电位的平均值和方差，如何由此推测 a 的值呢？这个值正是我们想要的，它衡量了单次通道开放所引起的效应，可以转换为单个通道的电导率。

（c）卡茨及 Miledi 测量到的膜电位平均值和方差的典型值分别为 10 mV 和 $(40\ \mu\text{V})^2$。那么 a 有多大？

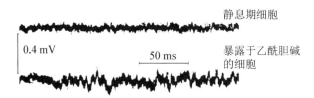

静息期细胞

0.4 mV   50 ms   暴露于乙酰胆碱的细胞

图 12.22（实验数据） 青蛙缝匠肌细胞膜电位的记录值。这两条时间轨迹在竖直方向上作了平移，它们都显示了信号中的噪声幅度。[据 Katz，B and Miledi，R. 1972. Statistical nature of acetylcholine potential and its molecular components. J. Physiol. (London)，224，665 - 699 修改。© 1972 The Physiological Society. 经 PLSclear 获 John Wiley and Sons Limited 许可翻印。]

---

* 其他方法也可改变细胞膜的静息电位，例如直接的电刺激，但这些都不会改变电信号的噪声。

12. 12 通道门控模型

图 12.23 显示了控制神经元轴突上钠离子通道开关的两个简单的门控模型。本题中我们假想这个通道是二态系统,带有一个可摆动的闸门,其一端连着铰链,另一端携带一个正电荷 q。

（a）根据你学过的真实钠离子通道与膜电位的函数关系,你能判断这两个模型中哪个肯定是不正确的? 简要说明你的理由。

假设当膜内侧的电位 $V=0$ 时,闸门处于开放状态的时间占比为 75%。当膜内侧电位为静息值时(可认为是 -50 mV),闸门处于开态的时间占比为 25%。为方便起见,膜外侧的电位可设为零。

（b）对于膜内侧电位的上述两个值,分别计算其开态与闭态之间的自由能差。

（c）利用上述信息,计算闸门所带的电荷 q。

（d）写出闸门处于开态的概率与膜电位 V 之间的函数关系。

（e）对上述函数关系作图。

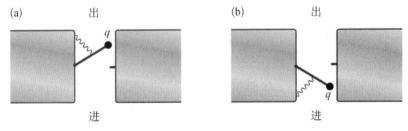

图 12.23(示意图) 电压门控离子通道的模型。相对于闸门关闭的位置,(a) 闸门只能向上摆动;(b) 闸门只能向下摆动。

12. 13 肌肉抽搐的速度

12.4.2 小节描述了动作电位到达肌纤维时肌肉发生收缩的第一步。动作电位以受激行波的形式在肌纤维表面的膜上迅速传播,从而触发了内部收缩元件(可追溯到肌球马达)的动作。

（a）生理学家希尔(A. V. Hill)想要检验如下假设,即,膜上的刺激打开了一些闸门,使得某些较小的离子进入细胞并向内扩散,从而激活内部的分子马达。这里,我们将肌纤维视为直径为 80 μm 的圆柱体,离子的扩散系数为 6×10^{-6} $cm^2 s^{-1}$。估算一下离子从均匀分布在肌纤维表面到扩散至其半径的一半处所需的时间。

（b）当肌纤维突然受到刺激时,会在 0.3~0.5 s 之内发生收缩。将(a)的答案与此进行比较。如果肌纤维增粗 10 倍,情况又会如何?

致　谢

　　关于本书，我只是写了初稿，现在已很难记起它是什么样子了。此刻你拿在手上的版本已经过多人修正，其中包括很多学生。正如身体中的细胞不停更新，书中几乎每个句子都至少修改过一次，这部分归功于读者的帮助。我谨向他们致以诚挚的谢意。

　　全书由第 7、9 两章的内容扩充而成，这两章又是从我在科西嘉岛（Corsica）Institut d'Etudes Scientifiques in Cargèse 的讲座内容基础上发展起来的。非常感谢 Bertrand Fourcade 邀请我做这些讲座。

　　当然，几次报告的内容距成书还有相当一段距离。Ramamuri Shanker 和 Joseph Dan 竭力说服我为什么必须跨越这段距离。在整个过程中，Nily Dan 富有洞察力的建议涵盖了每一项写作策略，而且事实上也确立了本书的总体目标，这些都使我受益无穷。如果没有 Gino Segre 和 Scott Weinstein 的持续支持和远见卓识，这条路恐怕会艰难得多。

　　在持续几个月的紧密合作中，Sarina Bromberg 无论在科学内容还是文字表述上都作了大量的改进，包括重排所有章节。Bromberg 博士生物化学的背景使我得以避免很多或大或小的失误。她还创作了书中最复杂的几幅图。我还要感谢黎明教授精心翻译的中文版，以及欧阳钟灿教授为推动中译本作出的努力。

　　本书还直接归功于贡献第 6、11 两章的"题外话"的作者们，还有为本书撰写了很多习题答案的 Marko Radosavljević，以及提供或帮助找到那些引人入胜的插图的同事们，他们是 Howard Berg、Paul Biancaniello、Scott Brady、Yi-Wei Chang、David Deamer、David Derosier、Tony Dinsmore、Dennis Discher、Ken Downing、Deborah Kuchnir Fygenson、David Goodsell、Julian Heath、John Heuser、Nobutaka Hirokawa、A. James Hudspeth、Sir Andrew Huxley、Miloslav Kalab、Trevor Lamb、Jan Liphardt、Berenike Maier、Elisha Moses、Steve Nielsen、Joachim Rädler、Iwan Schaap、Christoph Schmidt、Cornelis Storm、Karel Svoboda 和 Jun Zhang。

　　在众多读者中，我特别愿意提到 David Busch、Kevin Chen、Michael Farries、Rodrigo Guerra、黎明、Rob Phillips 以及 Tom Pologruto 等人所提供的重要帮助。为使本书臻于完美，他们满怀热情，不惜耗费大量宝贵时间，不仅帮助我发现了不少错误，而且还为本书的教学提出了许多建议。

诸多同事耐心解答了我无休止的提问，向我提供他们的实验数据，解释他们的研究工作，并且给了我很多有益的建议和批评。他们是 Ralph Amado、Charles Asbury、Howard Berg、Steven Block、Charles Brau、Robijn Bruinsma、Daniel Charlebois、David Chow、Vincent Croquette、David Deamer、Dennis Discher、Tom Duke、Gaute Einevoll、Vasco Fachada、Laura Finzi、David Fung、Susan Gilbert、Eric Goff、Yale Goldman、Raymond Goldstein、Mark Goulian、Nick Guydosh、Will Hancock、A. James Hudspeth、Wolfgang Junge、Randall Kamien、David Keller、Jesse Kinder、Matthew Lang、Timothée Lionnet、Tom Lubensky、Marcelo Magnasco、John Marko、Simon Mochrie、John Nagle、Alan Perelson、Charles Peskin、Rob Phillips、David Pine、Tom Powers、Daniel Reich、Dan Rothman、Jeffery Saven、Mark Schnitzer、Udo Seifert、Kim Sharp、Steve Smith、Cornelis Storm、Luke Sullivan、Edwin Taylor、Ignacio Tinoco、Joost van Mameren、Koen Visscher、Donald Voet、Michelle Wang、Eric Week、John Weeks 和 Chiara Zurla。

另一些同事审阅了一个或更多的章节，帮助发现了原稿的诸多不足，包括内容失实、排版差错、粗心不慎之处、意思含混之处乃至表述上疏漏之处。他们是 Ariel Amir、Clay Armstrong、John Broadhurst、Kevin Cahill、Russell Composto、M. Fevzi Daldal、Isard Dunietz、Bret Flanders、Jeff Gelles、Mark Goulian、Thomas Gruhn、David Hackney、Steve Hagen、Donald Jacobs、Trevor Lamb、Ponzy Lu、Kristina Lynch、John Marko、Eugene Mele、Tom Moody、John Nagle、Lee Peachey、Scott Poethig、Tom Powers、Steven Quake、M. Thomas Record, Jr.、Sam Safran、Brian Salzberg、Mark Schnitzer、Paul Selvin、Peter Sterling、Steven Vogel、Roy Wood、Michael Wortis 和 Sally Zigmond。

本书已经过相当广泛的试用。这当然得感谢在教学中使用了本书草稿的同行们，还有那些长期遭受此书"折磨"的学生们。他们是 Anjum Ansari（伊利诺伊大学芝加哥分校）、Thomas Duke（剑桥大学）、Michael Fisher（马里兰大学）、Bret Flanders（俄克拉何马州立大学）、Erwin Frey（柏林自由大学哈恩-迈特纳研究所）、Steve Hagen（佛罗里达大学）、Gus Hart（北亚利桑那大学）、John Hegseth（新奥尔良大学）、Jané Kondev（布兰迪斯大学）、Serge Lemay（代尔夫特理工大学）、Bob Martinez（得克萨斯大学奥斯汀分校）、Carl Michal（英属哥伦比亚大学）、John Nagle（卡耐基-梅隆大学）、David Nelson（哈佛大学）、Rob Phillips（加州理工学院）、Tom Powers（布朗大学）、Daniel Reich（约翰斯·霍普金斯大学）、Michael Schick（华盛顿大学）、Ulrich Schwarz（马普胶体与界面研究所）、Harvey Shepard（新罕布什尔大学）、Holger Stark（康斯坦茨大学）、Koen Visscher（亚利桑那大学）、Z. Jane Wang（康奈尔大学）、Shimon Weiss（加州大学伯克利分校）、Chris Wiggins（纽约大学）、Charles Wolgemuth（康涅狄格大学健康中心）和 Jun Zhang（库朗研究所）。特别感谢我在宾州大学的学生，尤其是 Cristian Dobre、Arnav Lal、Thomas Pologruto、Kathleen Vernovsky，以及我的助教 David Busch、Alper Corlu、Corey O'Hern、Marko Radosavljević 的热情和合作精神。

本书的撰写离不开以下几个机构的支持。我要向宾州大学致以最深的谢意。

宾州大学不仅是优秀科学永不谢幕的舞台，她还实实在在地为我 16 年的教学研究工作提供了大力支持。当然，本书还依赖于同事的帮助，以及两个系的系主任在过去的三年内免除我诸多杂务的远见卓识。此项目最初的关键阶段完成于热情好客的魏兹曼科学研究所（Weizmann Institute of Science），感谢 Elisha Moses 为我创造了如此难得的机会。最后，感谢无比安宁的阿斯彭物理中心（Aspen Center for Physics）以及无比吵闹的费城艺术博物馆，一些最费力的校对工作是在那里完成的。

本工作的部分资助来自美国国家自然科学基金的本科生教育部（授课、课程和实验改进计划）以及材料研究部。本次版本的修订工作受到美国国家自然基金委工程及力学生物学中心的支持。

我要衷心感谢 Susan Finnemore Brennan 的建议和支持。读者也要感谢她一直委婉但坚持要我尽量不要扩充本书篇幅。

与 David Goodsell 及 Felice Macera 合作的日子真是一段美好的时光，感谢他们为本书创作了大量的插图。Melissa Flamson 再次帮忙从科学文献中整理、复制出了本书用到的很多图片，没有她乱中求序的能力，这根本不可能做到。感谢 William Berner、Peter Harnish 和 Mary Marcopul，他们在与我一道设计课堂演示时慷慨地分享了他们的才华。

诚然，应该向作出了书中述及的所有漂亮的科学发现的人们致以最深的谢意，还有那些我熟悉的或不知名的朋友们，或者通过他们的图书、文章和演讲，或者在他们的课堂上，或者在观看流星雨或乘坐地铁时，或在类似的场合，我第一次听说了这些发现。我敢肯定，其中大多数人都没有意识到他们给我带来了怎样的快乐，谢谢你们！

菲利普·纳尔逊
2020 年 10 月于费城

后 记

　　既然是结束语就应该简洁点。一再重复在本书中学到的东西显然不太合适。在这里,我准备简短地勾画一下这部书还没有论及的话题。(要回顾已经学过的内容,你大可以一口气读完所有章节的开篇和结尾。)

　　现在请放下书本,走到户外,观察一只蚂蚁。读完本书后,你已经获得了一些具体概念,可以来考察诸多问题。例如,蚂蚁如何能连续不断地获得能量从而四处走动,它的神经系统又是如何控制肌肉的。你也已经有能力做一些简单估算,由此来理解蚂蚁如何能搬动数倍于其体重的物体而大象为何不能。不过,阅读本书并不能使你充分了解如步行这样简单的动作中肌肉之间如何绝妙配合、蚂蚁之间以何种通信方式传递食物源信息,或者蚁穴里的复杂社会学等问题。甚至单个细胞中生化反应通路之间的同等精妙的协同运转,本书也未能提及,更不用说细胞的控制和决策网络。

　　生态学话题也是本书无力触及的——虽然可能都是为让整个蚁群有一个更舒适的巢穴,但为什么有些蚂蚁对寄主(树)小心呵护,而另一些蚂蚁却总是故意破坏寄主的繁衍?很显然,这里面有远超出分子和能量范畴的生物学。本书已掀开了这块神秘面纱的一角,但愿这加深而不是钝化了你对周围生物世界的敬畏感和惊愕感。

　　讨论所有这些问题的关键在于"自然选择导致进化"这一观念。这个原理最初只是作为理解物种起源的一个谨慎提议,但如今它已经成为攻克众多难题的统一范式,如细胞中自折叠蛋白序列的产生、代谢网络的自组织、脑部自联结(和自训练)、人类语言和文化的自主发展,以及生命由前生命形式起源等问题。

　　很多科学家相信,这些问题之间的相似性远比由字面体现出的更为深刻,而且它们后面隐藏着某种普遍的模块特性。以此为指导思想的研究需要来自众多学科的技巧。虽然规模尚小,但本书的确致力于将多条线索编织为一体,其中包括了生化、生理、物理化学、统计物理、神经科学、流体力学、材料科学、细胞生物学、非线性动力学、科学史,甚至法式烹饪。正如你已经看到的,贯穿本书的统一主题就是为复杂现象构建简单模型。现在,该是你采用这种方法处理问题的时候了。

译后记

本书第一版于 2004 年问世，我们经过一年多的努力将其译为中文，并于 2006 年由上海科学技术出版社出版发行。2014 年该书修订版问世，出版社委托我们在中文第一版的基础上进行相应修订，并于 2016 年出版了中文修订版。2020 年作者再次对部分内容进行了修正和补充，形成了目前这一最新版。这两次修订在第一版基础上增加了一些新内容。除更改了第一版中的一些文字表述外，作者增加了很多针对性及综合性更强的习题，但最主要的是更新了有关分子马达驱动蛋白的模型（见第 10 章），反映了当前单分子生物物理领域的某些最新进展。

由于本书在基本概念、原理等方面讲解比较透彻，选材也比较规范成熟，因此自第一版问世以来的近二十年里，已成为颇受好评的生物物理入门教材。不过，由于作者撰写本书的主要目的是阐明单分子生物物理学的基本观念（包括统计物理的基本概念及思维方法），因此生物物理领域很多其他精彩内容未能纳入。所幸作者还另外编撰了两本教材，它们与本书在取材和深度上有很大不同，形成很好的互补。《生命系统的物理建模》（*Physical models of living systems*；英文版的第一版和第二版分别于 2015 年和 2022 年出版，中文版的两个版本则分别出版于 2018 年和 2023 年）主要讲解非线性动力学、统计推断等重要建模方法在生命科学中的应用，展示了细胞（包括单细胞）动力学以及合成生物学方面大量激动人心的重要例子。另一本教材《从光子到神经元：光、成像和视觉》（*From Photon to Neuron：Light，Imaging and Vision*；英文版于 2017 年出版，中文版出版于 2021 年）则聚焦于完全不同的主题，在光的量子本质的基础上，主要讲解生命科学中涉及光量子的各种现象与技术。作者因为编撰这系列教材而荣获美国生物物理学会颁发的埃米莉·格雷奖（Emily Gray Award），表彰其在生物物理教学方面作出的影响深远的贡献。除上述外，近年来国际上还有多种优秀教材陆续面市，例如罗布·菲利普斯（Rob Phillips）等人所著的《细胞的物理生物学》（*Physical Biology of the Cell*；英文版的第一版和第二版分别于 2009 年和 2012 年出版，第一版的中文于 2012 年出版）涵盖了分子、细胞层面的大量内容。克里斯托弗·雅各布斯（Christopher Jacobs）等人的《细胞力学与力学生物学导论》（*Introduction to Cell Mechanics and Mechanobiology*；出版于 2012 年）全面介绍了力学生物学这一新兴领域。威廉·比亚莱克（William Bialek）所著的《生物物理学：探寻原理》（*Biophysics：Searching for Principles*；出版于 2012 年）则是一本个人风格极强的、旨在探索生命世界统一性的理论教材,或更适合作为高年级研究生的参考书,在此不再赘述。需要说明的是,教材相对于实际研究永远是滞后的,尤其对于像生物物理学这类发展迅猛、没有明确界定的研究领域,很多新进展、新方向无法在教材中及时体现,某些颠覆性的结果甚至无法纳入现有教科书的框架。因此,对读者而言,上述教材都只能作为入门乃至批判性学习的参考,有兴趣的读者需要从文献、报告、研讨班等其他途径了解最新进展。

本书的翻译得到了多方面的支持。译者要特别感谢欧阳钟灿院士的鼓励和支持,感谢国家自然科学基金重大专项"能量代谢仿生体系的理论基础与表征技术"(22193032)的资助。

译 者
2023 年于北京

附录 A 符号及单位

记号对科学家来说永远是一个问题。我们可以给每个量赋予任意符号,但是当各个写作者对相似的量使用迥异的名称时,混乱就会接踵而至。另一个极端是,使用标准的名字不可避免地造成了很多不同量却拥有相同名称的局面。下面列出的记号走了一条中间道路:当同一符号不得不指称两个不同的量时,选取该符号就必须确保这两个量易于区分,通过上下文就能明确任意给定的表达式中究竟包含的是哪一个量。

记号

数学符号

矢量用黑斜体字记为 $\boldsymbol{v} = (v_x, v_y, v_z)$。符号 $\boldsymbol{v}^2$、$\boldsymbol{v} \cdot \boldsymbol{v}$ 或 $|\boldsymbol{v}|^2$ 都是指 $\boldsymbol{v}$ 的长度的平方,即 $(v_x)^2 + (v_y)^2 + (v_z)^2$。长度等于 1 的矢量顶上用符号标记,例如,三个单位矢量 $\hat{\boldsymbol{x}}$、$\hat{\boldsymbol{y}}$、$\hat{\boldsymbol{z}}$,或曲线在弧长 s 处的切向矢量 $\hat{\boldsymbol{t}}(s)$。符号 $\mathrm{d}^3 \boldsymbol{r}$ 不是一个矢量,而是积分式中的体积元。

矩阵(矢量的线性函数)表示为:$\boldsymbol{M} = \begin{pmatrix} M_{11} & M_{12} \\ M_{21} & M_{22} \end{pmatrix}$。详见 9.3.1 小节。

一个量的无量纲形式通常会赋予相同的名称,但是顶上会带上一个小横杠。

符号 $\equiv$ 是一种特殊的等号,它表示该等式实际上是其中某个符号的定义式。符号 $\overset{?}{=}$ 提示这是个暂时的表达式或一个猜测。符号 $\approx$ 意思是"约等于",$\sim$ 表示"有同样的量纲",$\propto$ 表示"正比于"。

符号 $|x|$ 指一个量的绝对值。记号 $\langle f \rangle$ 表示某个函数 f 关于某个概率分布的平均值。

符号 $\left. \dfrac{\mathrm{d}S}{\mathrm{d}E} \right|_N$ 意味着当 N 固定时 S 对 E 求导数。而符号 $\left. \dfrac{\mathrm{d}}{\mathrm{d}\beta} \right|_{\beta=1} F$,或 $\left. \dfrac{\mathrm{d}F}{\mathrm{d}\beta} \right|_{\beta=1}$ 表示在 $\beta = 1$ 点计算 F 对 β 的导数值。

符号 $[\mathrm{X}]$ 代表某种化学物 X 的真实浓度除以参考浓度,后者取为 1 摩尔每升(也写成 1 M)。变量带方括号 $[x]$ 是指该变量的量纲。

一个变量顶上带点通常表示该变量对时间求导。

电路图

电池，—||—，宽的一端表示电势的正端，窄的一端为负端（当电池电压 V 大于零时）。

电阻，—ⅧⅧⅧ—。

电容，—||—。

具名变量

罗马字母

A 或 a　曲面面积；A，普通常量

A　　高分子的弯曲驻留长度（弯曲模量除以 $k_B T$）（见式 9.2）

$\mathcal{A}$　　自相关函数（见式 9.30）

a　　轴突半径（图 12.4）

B　　聚合物拉伸模量除以 $k_B T$（见式 9.2）

B　　分配系数（见 4.6.1 小节）

C　　普通常量

C　　聚合物的扭曲驻留长度（扭曲模量除以 $k_B T$）（见式 9.2）

C　　电容（见式 12.4）

C　　自关联函数（见习题 10.12）

$\mathcal{C}$　　单位面积电容（见 12.1.2 小节）

c　　数密度（如，单位体积分子数），也称浓度（见 1.4.4 小节）；c_0，参考浓度（见式 8.3）；c_*，临界胶束浓度（见 8.4.2 小节）

D　　大分子的扭曲-拉伸耦合（见式 9.2）

D　　扩散系数（见式 4.5）；D_r，转动扩散系数（见式 4.9）

D　　两物体的间距

d　　普通间距，尤指层厚

E　　能量（动能或势能）；$\Delta E^{\ddagger}$，活化能（见 6.6.2 小节）

$\mathcal{E}$　　电场，单位为 N C^{-1} 或 V m^{-1}（见式 7.20）

e　　质子的电荷

$\mathbf{e}_{\pm}$　　2×2 矩阵的本征矢量（见 9.4.1 小节）

F　　亥姆霍兹自由能（见 1.1.3 小节）

$\mathcal{F}$　　单位体积的力（见 7.3.1 小节）

f　　力

G　　单个物体的电导；G_i，i 类离子单通道电导（见 12.3.2 小节）

G　　吉布斯自由能（见式 6.37）；$\Delta G^{\ddagger}$，活化（或过渡态）自由能（见 10.3.2 小节）；ΔG，自由能变化（净化学力）（见式 8.14）；ΔG^0，标准自由能变化（见式 8.16）；$\Delta G'^0$，换算后标准自由能变化（见 8.2.2 小节）

$\mathcal{G}$　　剪切模量，单位同压强（见式 5.14）

g　　重力加速度

g_i	i 类离子单位面积膜的电导率(见 11.2.2 小节)；g_{tot}，所有 g_i 的总和(见式 12.3)；g_i^0，静息态的电导率
H	焓(见 6.5.1 小节)
$\hbar$	普朗克常量(见 6.2.2 小节)
I	无序度(见 §6.1)
I	电流(单位时间内流过的电荷)(见式 12.5)；I_x 和 I_r，神经轴突的轴向和径向电流(图 12.4)
j	数通量(见 1.4.4 小节)；j_s，溶质分子数通量(见式 4.21)；$j^{(1d)}$ 一维数通量(见式 10.3)
j_q	电荷通量(单位时间流过单位面积的电荷)(见式 11.8)；$j_{q,i}$，i 类离子所携带的部分电荷通量；$j_{q,i}(x)$，在位点 x 处(径向)穿越轴突膜的总电荷通量(见 12.1.3 小节)，假定正离子流向外时通量为正
j_Q	热能通量(见 4.6.4 小节)
j_V	体积通量(见式 7.15)
K_M	酶的米氏常量(见式 10.20)
K	常数 $1/\ln 2$(见式 6.1)
K_{eq}	某化学反应的无量纲平衡常数(见 8.2.2 小节)；$\hat{K}_{eq}$，有量纲的平衡常数(见 8.4.2 小节)
K_w	水的离子积(见式 8.25)
k_B	玻尔兹曼常量；$k_B T$，温度 T 时的热运动能；$k_B T_r$，室温时的热运动能(见式 1.12)
k	弹簧常量(见式 9.11)；k_t，扭簧常量(见习题 9.9)
k	化学反应的速率常量(单位时间的概率)(见 6.6.2 节)
L, l	普通的长度变量；$L_{seg}^{(1d)}$，高分子视为一维自由连接链时的有效(库恩)链段长度(见式 9.8)；L_{seg}，三维自由连接链的链段长度(见式 9.32)
L_P	滤过系数(见 7.3.2 小节)
l_B	水中的比耶鲁姆长度(见式 7.21)
m	物体的质量
N, n	事件的数目
N_{mole}	无量纲值 $6.022\,140\,76 \times 10^{23}$(阿伏伽德罗常数)(见 1.5.1 小节)
P	概率；$P_{2\to1}(t)dt$，在 t 时刻处于态 S_2 并在时刻 $t+dt$ 之前跃迁到态 S_1 的概率(见式 6.31)
$\mathcal{P}$	膜的渗透率(见式 4.21)；$\mathcal{P}_w$，对水；$\mathcal{P}_s$，对溶质
$\mathbf{P}$	膜的渗透率矩阵(见 7.3.1′ 小节)
p	压强
p	无规行走的标度指数(见习题 5.8)
$\mathbf{p}$	动量
Q	体积流速(见式 5.18)
Q	热量(热能转移)(见 6.5.4 小节)；Q_{vap}，水的气化热(见习题 1.6)

q 电荷（见式 1.9）

R 粒子或管道的半径；弯曲杆的曲率半径

R 电阻；R_r，径向电阻（通过轴突膜单元）；R_x，轴向电阻（通过神经轴质）（图 12.4）

R_G 大分子回转半径（见 4.3.1 小节）

$\mathcal{R}$ 雷诺数（见式 5.11）

$\boldsymbol{r}$ 物体的位置矢量，分量 (x, y, z)

S 熵（见 6.2.2 小节）

s 弧长（也称轮廓线长）（见 9.1.2 小节）

s 沉降系数（见式 5.3）

T 绝对（开尔文）温度（除非特殊声明）。在计算中，经常取 $T_r = 295$ K（"室温"）。T_m，螺旋-线团转变的中点温度（见式 9.24）

$\boldsymbol{T}$ 转移矩阵（见 9.4.1 小节）

t 时间

$\hat{\boldsymbol{t}}$ 曲线的单位切向矢量（见 9.1.2 小节）

U 势能，如引力势能

u 分子速度，也写成 $|\boldsymbol{v}|$

u 杆的拉伸（拉伸形变）（见 9.1.2 小节）

V, v 体积

$V(x)$ x 位点的静电势（见式 1.9）；V_1，胞外电势；V_2，胞内电势；$\Delta V = V_2 - V_1$，膜电势差（见式 11.1，第 12 章简写成 V）；$\tilde{V}(t)$ 固定位置处电势变化的时间过程（见 12.2.4 小节）；$\overline{V}$ 无量纲化的电势（见式 7.22）

$\mathcal{V}_i^{\text{Nernst}}$ i 类离子的能斯特势（见 11.2.2 小节）；$\mathcal{V}^0$，准定态静息电位（见式 12.3）

$v_{\max}$ 酶促反应的最大速度（见式 10.20）

$v(x, t)$ 跨膜电位减去准稳态电位（见 12.1.3 小节）；$\tilde{v}(t)$，固定位置处 v 变化的时间过程（见 12.2.5 小节）；$\overline{v}$，无量纲化形式（见 12.2.5 小节）

$\boldsymbol{v}$ 速度矢量，分量 (v_x, v_y, v_z)；v_{drift}，漂移速度（见 4.1.4 小节）

W 功（机械能）

w 重（力）

x 普通变量

x 距离（如沿 $\hat{\boldsymbol{x}}$ 轴）；x_0，古依-查普曼长度（见式 7.25）

Y 氧的饱和度（见思考题 9M）

Z 管道的流体动力学阻尼（见 5.3.4 小节）

Z 配分函数（见式 6.33）

$\mathcal{Z}$ 巨配分函数（见 8.1.2 小节）

z 普通距离，尤指垂直距离，聚合物的首末端距（见 9.2.1 小节）；z_*，悬浮液的标高（见 5.1.1 小节）

z_i i 类离子的离子价，即电荷量相对于质子电荷的倍数，$z_i \equiv q_i/e$

希腊字母

α 二态模型链中的偏好参数。如,链伸长一个 α 螺旋单位时自由能变化的负值(见式 9.18 和式 9.24)

β 泊松-玻尔兹曼方程试探解引入的参数(见 7.4.4 小节)

$\boldsymbol{\beta}$ 杆的弯曲形变(见 9.1.2 小节)

Γ 圆柱形电解液单位长度的电阻(见习题 12.10)

γ 协同参数(见式 9.17 和 9.5.2 小节)

γ 比例常数,出现于式 1.7,7.4.4' 小节,及思考题 12B

Δ 有限小变化量的前缀。如 Δt 表示一个时间步长。

δ 一个小量距离

ε 介质的介电常量;ε_0,真空或空气的介电常量(见 7.4.1 小节)。(介质的相对介电常量定义为比值 $\varepsilon/\varepsilon_0$。)

ϵ 内能;ϵ_α,α 类分子的内能(见 8.1.1 小节)

ζ 低雷诺值时的摩擦系数(见式 4.13);ζ_r,转动摩擦系数(见习题 4.9)

η 黏度(见 5.1.2 小节);η_w,水的黏度;$[\eta]$,聚合物的固有黏度(见习题 5.8)

Θ 两个相邻链节之间的夹角(见式 9.36)

θ 溶液的旋光度(见 9.5.1 小节)

θ 实验室球坐标系中的极角(见习题 6.9)

ϑ 相对于非实验室球坐标系某特定方向的极角(见 9.1.3' 小节)

ϑ 行波的传播速率(见 12.2.4 小节)

κ 电导率(见 4.6.4 小节)

κ 膜的弯曲刚度(见 8.6.1 小节)

$\lambda_\pm$ 2×2 矩阵的本征值(见 9.4.1 小节)

λ_D 溶液中的德拜屏蔽长度(见式 7.35)

λ_{axon} 轴突的空间常量(见式 12.8)

μ_α α 类分子的化学势(见式 8.1);μ_a^0,标准浓度时的化学势(见式 8.3);μ_s,μ_p,酶底物和产物的化学势(见 10.3.4 小节)

ν_k 化学反应的计量系数(见式 8.14)

ν 运动黏度(见式 5.21)

ρ_m 质量密度(单位体积的质量)(见 1.4.4 小节);$\rho_{m,w}$,水的质量密度;$\rho_m^{(1d)}$,线性质量密度(单位长度质量)(见思考题 12B)

ρ_q 体电荷密度(单位体积的电荷)(见式 7.20);$\rho_{m,macro}$,胞内不可渗透大分子的电荷密度(见式 11.3)

Σ 表面张力(见 7.2.1 小节)

σ 表面密度(单位面积内物体的个数)(见 1.4.4 小节);σ_q,电荷的表面密度(见 7.4.2 小节)

σ_{chan} 膜上离子通道的面密度(见习题 12.8)

σ 高斯分布宽度;任何概率分布的标准偏差;σ^2,分布的方差(见 3.1.3 小节)

σ　　　描述高分子链单体构象的二态变量(见 9.2.2 小节;9.5.3 小节)

τ　　　力矩

τ　　　弛豫过程的时间常量(见 4.6.1 小节中的例题);电紧张时间常量(见式 12.8)

ϕ　　　体积分数,无量纲(见 7.2.1 小节)

ϕ　　　相对于非实验室球坐标系某特定方向的方位角(见 9.1.3′小节)

φ　　　实验室球坐标系的方位角(见习题 6.9)

Ψ　　　巨势(见习题 8.8)

ψ　　　普通角

Ω　　　可达态的数目(见第 6.1 节)

ω　　　聚合物的扭曲密度(扭转形变)(见 9.1.2 小节)

ω　　　转动角速度(见 5.3.5 小节)

量纲

大多数物理量都带有量纲。本书以符号$\mathbb{L}$(长度)、$\mathbb{T}$(时间)、$\mathbb{M}$(质量)、$\mathbb{Q}$(电荷)等表示抽象的量纲。(温度的抽象量纲在本书中没有对应的符号。)

有些量没有量纲,如几何角。一款扇形馅饼的角度是弧长除以半径,量纲恰好抵消了。

单位

见§1.4。本书首先考虑国际单位制。不过,如果有必要,或为了方便,或按照惯例,其他一些单位也会用到。

基本国际单位

对应于上面已经列出的抽象量纲,本书用到七个基本国际单位中的五个。分别如下[*]:

长度:米(m),量纲$\mathbb{L}$,定义为在(1/299 792 458)s 时间间隔内光在真空中传播的路径长度。

时间:秒(s),量纲$\mathbb{T}$,定义为铯-133原子基态的两个超精细能级之间跃迁所对应辐射的 9 192 631 770 个周期的持续时间。

质量:千克(kg),量纲为$\mathbb{M}$。按现行标准,它定义为使普朗克常量精确取为 $6.626\ 070\ 15\times10^{-34}\,\mathrm{kg\ m^2\ s^{-1}}$时的值,其中米和秒的定义如上。

电流:安培(A),量纲为$\mathbb{Q}\mathbb{T}^{-1}$。其定义是 1 库仑/秒,其中 1 库仑 $=e/(1.602\ 176\ 634\times10^{-19})$,$e$是质子电量。

---

[*]　这些定义是 2019 年发布的最新版。

热力学温度：开尔文(K)。它的精确定义为 $1.380\,649\times10^{-23}$ J$/k_B$，其中 k_B 是玻尔兹曼常量，焦耳在前面已经定义过了。

前缀

下列前缀可调整基本单位(和其他单位)

吉(G)$=10^9$

兆(M)$=10^6$

千(k)$=10^3$

分(d)$=10^{-1}$

厘(c)$=10^{-2}$

毫(m)$=10^{-3}$

微(μ)$=10^{-6}$

纳(n)$=10^{-9}$

皮(p)$=10^{-12}$

飞(f)$=10^{-15}$

国际单位制中的导出单位

力：1 牛(N)$=1$ kg m s^{-2}

能量：1 焦(J)$=1$ N m$=1$ kg m^2 s^{-2}

功率：1 瓦(W)$=1$ J s$^{-1}=1$ kg m^2 s^{-3}

压强：1 帕(Pa)$=1$ N/m$^2=1$ kg m^{-1} s^{-2}

电荷：1 库(C)$=1$ A s

静电势：1 伏(V)$=1$ J s^{-1} A$^{-1}=1$ m^2 kg s^{-3} A^{-1}。其导出形式可缩写为 mV 等

电容：1 法(F)$=1$ C/V

电阻：1 欧(Ω)$=1$ J s C$^{-2}=1$ V A^{-1}

电导：1 西(S)$=1$ $\Omega^{-1}=1$ A/V

传统的非国际单位制单位

长度：1 埃(Å)$=0.1$ nm

体积：1 升(L)$=10^{-3}$ m^3

时间：1 斯韦柏$=10^{-13}$ s。某些文章用缩写 S 代表斯韦柏，但在本书中该缩写代表西门子。

能量：1 卡(cal)$=4.184$ J。1 kcal mol$^{-1}=0.043$ eV$=7\times10^{-21}$ J$=4.2$ kJ mol^{-1}。1 电子伏特(eV)$=e\times(1$ V)$=1.60\times10^{-19}$ J$=96.5$ kJ/mol。1 尔格(erg)$=10^{-7}$ J。

压强：1 标准大气压(atm)$=1.01\times10^5$ Pa。752 毫米汞柱(mmHg)$=10^5$ Pa。

黏度：1 泊(P)$=1$ erg s cm$^{-3}=0.1$ Pa s。

数密度：1 M 溶液的密度值是 $1 \text{ mol L}^{-1} = 1\,000 \text{ mol m}^{-3}$。

无量纲单位

单位角度对应于 1 周的 1/360；单位弧度则是 1 周的 $1/2\pi$。

本书符号 mol 和 N_{mole} 均指无量纲数 $6.022\,140\,76 \times 10^{23}$。

附录 B　数值

也可参见网址：bionumbers. hms. harvard. edu/
本附录列出的数值并非都在正文中用过。

基本常数

玻尔兹曼常量 $k_B = 1.38 \times 10^{-23}$ J K^{-1}。室温（$T_r \equiv 295$ K）时的热运动能：$k_B T_r = 4.1$ pN nm $= 4.1 \times 10^{-21}$ J $= 4.1 \times 10^{-14}$ erg $= 2.5$ kJ mol^{-1} = 0.59 kcal mol^{-1} $= 0.025$ eV。

质子电量 $e = 1.6 \times 10^{-19}$ C。（电子的电量是$-e$。）另一个有用的表述是 $e = 40\, k_B T_r / V$。

真空介电常量 $\varepsilon_0 = 8.9 \times 10^{-12}$ F m^{-1}（或 C^2 N^{-1} m^{-2}）。组合常量 $e^2 / (4\pi\varepsilon_0) = 2.3 \times 10^{-28}$ J m。将水看成连续介质，则水的介电常量 $\varepsilon \approx 80\varepsilon_0$。

斯特藩-玻尔兹曼常量 $\sigma = 5.7 \times 10^{-8}$ W m^{-2} K^{-4}。

量级

尺寸（由最小到最大）
氢原子（半径），0.05 nm。
水分子（半径），0.135 nm。
共价键长度，$\approx$0.1 nm。
氢键长度（与 H 连接的两原子中心的距离），0.27 nm。
糖、氨基酸、核苷酸（直径），0.5～1 nm。
电子显微镜分辨率，0.7 nm。
德拜屏蔽长度（生理 Ringer 溶液的），$\lambda_D \approx$0.7 nm。
室温时水中的比耶鲁姆长度，$l_B \equiv e^2 / (4\pi\varepsilon k_B T_r) = 0.71$ nm。
DNA（直径），2 nm。
球形蛋白（直径），2～10 nm（溶菌酶，4 nm；RNA 聚合酶，10 nm）。
双层膜（厚度），$\approx$3 nm。

肌动蛋白丝(直径),5 nm。

核小体(直径),10 nm。

大肠杆菌鞭毛(直径),10 nm。

化学突触中的突触间隙(宽度),20～40 nm(神经肌肉接头,50～100 nm)。

脊髓灰质炎病毒(直径),25 nm(最小的病毒,20 nm)。

微管(直径),25 nm。

电子束蚀刻法所能绘制的最小特征宽度,30 nm。

核糖体(直径),30 nm。

酪蛋白胶束(直径),100 nm。

奔腾处理器芯片上的最细导线(宽度),≈100 nm。

真核细胞鞭毛(直径),100～500 nm。

消费类电子产品中的晶体管(直径),≈180 nm。

光学显微镜分辨率,≈200 nm。

脊椎动物轴突(直径),0.2～20 μm。

可见光波长,400～650 nm。

光学平版印刷术所能刻画的最小特征尺度,0.5 μm。

典型的细菌(直径),1 μm(最小,0.5 μm)。

毛细管(直径),3 μm。

大肠杆菌鞭毛(长度),10 μm(20 000 个亚基)。

典型的人体细胞(直径),≈10 μm(血红细胞,7.5 μm)。

λ 噬菌体病毒 DNA(轮廓线长度),≈16.5 μm。

T4 噬菌体病毒 DNA(轮廓线长度),≈54 μm(160 kbp);T4 衣壳(长度),≈100 nm。

人发(直径),100 μm。

裸眼分辨率,200 μm。

乌贼"巨轴突"(直径),1 mm。

大肠杆菌基因组(拉伸后的长度),1.4 mm。

人类基因组(总长),≈1 m。

地球(半径),6.4×10^6 m。

能量

下列大部分数值均表示成室温下热运动能 $k_B T_r$ 的倍数。

氧化一个葡萄糖,$1\,159 k_B T_r$。

共价三键(如 C≡N),9 eV=$325 k_B T_r$;共价双键(如 C=C),$240 k_B T_r$;共价单键(如 C—C),$140 k_B T_r$。

可见光光子(绿光),$120 k_B T_r$。

链霉抗生素和生物素形成的键,$40 k_B T_r$。

正常细胞条件下 ATP 水解,$\Delta G = -11 \sim -13$ kcal mol^{-1}≈$-20 k_B T_r$/分子。(标准自由能变化 $\Delta G^{'0} = -12.4 k_B T_r$,此时细胞是远离标准条件的。)人体每天的

ATP产量≈40 kg。

两原子之间的普通（范德瓦尔斯或色散）吸引力强度,$0.6\sim1.6k_BT_r$。

人体静止时的热输出功率,100 W。

能量含量：葡萄糖,1.7×10^7 J/kg；啤酒,0.18×10^7 J/kg；汽油,4.8×10^7 J/kg。

运动员的峰值机械功率,200 W；大黄蜂的峰值机械功率,0.02 W。

太阳的能量输出功率,3.9×10^{26} W；抵达地球的能流密度,1.4×10^3 W/m²。

特殊值

黏度

20℃水,1.0×10^{-3} Pa s；空气,1.7×10^{-5} Pa s；蜂蜜,0.1 Pa s；甘油,1.4 Pa s。

细胞质的有效黏度与物体的尺寸有关：对小于 1 nm 的分子,其黏度接近于水；对直径 6 nm 的颗粒（如质量为 10^5 g mol^{-1} 的蛋白）,其黏度约是水的 3 倍；而 50～500 nm 的颗粒,其黏度是水的 30～300 倍；整个细胞展现的黏度是水的 100 万倍。

黏性临界力：水,10^{-9} N；空气,2×10^{-10} N；甘油,10^{-3} N。

关于水的更多参数

打断水分子的一个氢键所需能量,$1\sim2k_BT_r$（两个水分子在真空中凝聚形成一个氢键所需的能量,$8k_BT_r$）。

在水中,相距 0.3 nm 的两个离子之间的静电吸引能,$\approx k_BT_r$。

水的气化热,$Q_{vap}=2.3\times10^6$ J kg^{-1}。

油-水界面张力,$\Sigma=0.04$ J m^{-2}；空气-水界面张力,0.072 J m^{-2}；纯水的分子数密度,55 M；20℃水的质量密度,998 kg m^{-3}。

普通小分子在水中的扩散常量,$D\approx1$ μm² ms^{-1}。特别地,O_2：2 μm² ms^{-1}；水分子自身：2.2 μm² ms^{-1}；葡萄糖：0.67 μm² ms^{-1}；水中的球形蛋白：$D\approx10^{-2}$ μm² ms^{-1}。

室温时水的热容,4 180 J kg^{-1} K^{-1}或 0.996 cal cm^{-3} K^{-1}。

0℃水的热导率,0.56 J s^{-1} m^{-1} K^{-1}；100℃时,6.8 J s^{-1}m^{-1} K^{-1}。

转化数

酶的转化数可以在较大范围内变化,从 5×10^{-2} s^{-1}（胰凝乳蛋白酶作用于 N-乙酰甘氨酸乙酯）一直到 1×10^7 s^{-1}（过氧化氢酶）。乙酰胆碱酯酶的转化数为25 000 s^{-1}。

人造膜

双层膜弯曲刚度（二豆蔻酰磷脂酰胆碱,即 DMPC）,$\kappa=0.6\times10^{-19}$ J$=14k_BT_r$。

双层膜拉伸模量(DMPC),144 mN m^{-1}。

破裂张力(DMPC),≈5 mN/m。

水的渗透率$\mathcal{P}_w$:DMPC,70 μm s^{-1};渗析管:11 μm s^{-1}。(渗析管的滤过系数 $L_P = 3.4 \times 10^{-5}$ cm s^{-1} atm^{-1}。)

双分子层膜溶质的渗透率$\mathcal{P}_s$:钠钾一类的小无机阳离子,10^{-8} μm s^{-1};Cl$^-$,10^{-6} μm s^{-1};葡萄糖,10^{-3} μm s^{-1}。[蔗糖通过厚度为 2 mil(1 mil = 0.001 in,1 in = 2.54 cm)的玻璃纸时,1.0 μm s^{-1};葡萄糖通过渗析管时,1.8 μm s^{-1}。]

细胞膜

人体血红细胞膜对水的渗透率,53 μm s^{-1}。

滤过系数 L_P:人体血红细胞膜,91×10^{-7} cm s^{-1} atm^{-1};毛细血管壁,69×10^{-7} cm s^{-1} atm^{-1}。

聚合物

B 型 DNA:弯曲驻留长度,≈50 nm=150 个碱基对(在 10 mM NaCl 溶液中)(固有的,或高盐极限时为 40 nm);扭曲驻留长度,75～100 nm;拉伸模量,≈1 300 pN;碱基对间隙,0.34 nm/bp;溶液中的螺距 10.3～10.6 bp。

其他:

微管直径,25 nm;驻留长度,1 mm。

中间丝直径,10 nm;驻留长度,0.1 μm。

肌动蛋白直径,7 nm;驻留长度,3～10 μm。

神经丝驻留长度,0.5 μm。

分子马达

肌球蛋白:

肌球蛋白Ⅱ(快骨骼肌)在体外的速度,8 μm s^{-1};发力,2～5 pN。

肌球蛋白Ⅴ(小泡转运)的速度,0.35 μm s^{-1}。

肌球蛋白Ⅷ和Ⅺ(植物中胞质流动)的速度,60 μm s^{-1}。

传统(双头)驱动马达:步长,8 nm;燃料消耗率,每个头 44 ATP s^{-1};失速力,6～7 pN;体外速度,100 步/s=800 nm s^{-1};持续性,100 步/释放。

大肠杆菌鞭毛马达:转速,100 r/s(1 200 个质子/r);力矩,4 000 pN nm。

F1 ATP 合成酶:失速力矩,100 pN nm;作用于摩擦负载上的力矩,≈40 pN nm。

RNA 聚合酶:失速力,25 pN。

速度:大肠杆菌 Pol$_I$,16 bp/s;Pol$_{II}$,Pol$_I$ 的 0.05 倍;Pol$_{III}$,Pol$_I$ 的 15 倍;真核生物聚合酶,50 bp/s;T7 病毒聚合酶,250 bp/s。

DNA 聚合酶：失速力，34 pN。

速度：细菌，1 000 个核苷酸/s；真核细胞，100 个核苷酸/s。

HIV 逆转录酶：20～40 个核苷酸/s。

核糖体：2 个氨基酸/s(真核细胞)或 20 s^{-1}(细菌)。

基因组

细菌，$(1～5)\times10^6$ 碱基对$(1～5$ Mbp)；酵母菌，12 Mbp；扁虫，100 Mbp；人类，3 200 Mbp。对二倍体生物(例如人类)来说，细胞总 DNA 的数量需要将上述数字加倍。

HIV 病毒，10 000 碱基对(10 Kbp)，共 9 个基因(对应不同的阅读框)。

人类最大的染色体，8 cm，0.25 Gbp。

神经元

离子泵：$\approx10^2$ 个离子/s(每冲程)。

载体蛋白：$\approx10^4$ 个离子/s(每载体)。

通道蛋白：$\approx10^6$ 个离子/s(每通道)；乌贼轴突钠离子通道密度，≈300 μm^{-2}；单个开放通道的电导，$G_{Na^+}=25$ pS$=25\times10^{-12}$ Ω^{-1}。

单位面积的静息电导，枪乌贼巨轴突，$g_{tot}^0\approx5$ Ω^{-1} m^{-2}；不同种类离子的静息电导 $g_{K^+}\approx25g_{Na^+}\approx2g_{Cl^-}$。在动作电位期间，$g_{Na^+}$ 将迅速增长 500 倍。

单位面积膜电容，$\approx1\times10^{-2}$ F m^{-2}。

枪乌贼轴质的电导率，$\kappa\approx3$ Ω^{-1} m^{-1}。

人脑：功耗，10 W(约人体整个静息值的 10%)。

人体约有 10^{13} 个细胞，其中约 10^{11} 个神经细胞，组成约 6×10^{13} 个突触。

其他

地球表面的重力加速度，$g=9.8$ m/s^2。

超高速离心机的典型加速度，3×10^6 m/s^2。

pH：人血，7.35～7.45；人的胃液，1.0～3.0；柠檬，2.2～2.4；饮用水，6.5～8.0；室温下水的离子积，10^{-14}。

pK：醋酸解离，4.76；磷酸解离，2.15；天冬氨酸去质子化，4.4；谷氨酸去质子化，4.3；组氨酸去质子化，6.5；半胱氨酸去质子化，8.3；酪氨酸去质子化，10.0；赖氨酸去质子化，11.0；精氨酸去质子化，12.0；丝氨酸去质子化，＞13.0。

引用说明

版权许可

RJ，Li，Z，Rock，CO，White，SW．J．Biol．Chem. **276** 17373 - 17379（2001））.

基金资助

本书英文版各版本由美国国家自然科学基金会提供部分资助（资助号：DUE - 00 - 86511，DMR - 98 - 07156，DMR - 04 - 04674，EF - 09 - 28048，DMR - 08 - 32802 和 CMMI - 15 - 48571）。本书内容所包含的观点、成果、结论，不代表美国国家自然科学基金会立场。The Albert Einstein Minerva Center for Theoretical Physics 和 The Minerva Center for Nonlinear Physics of Complex Systems 亦对此项目提供支持。The Aspen Center for Physics，在美国国家自然科学基金会资助下（资助号 PHY - 1607611），对英文版各版本的构思、编写和制作提供大量协助。

参考文献

ALBERTS，B，JOHNSON，A，LEWIS，J，MORGAN，D，RAFF，M，ROBERTS，K，& WALTER，P. 2015. *Molecular biology of the cell*. 6th ed. Garland Science.

ALBERTS，B，HOPKIN，K，JOHNSON，A，MORGAN，D，RAFF，M，ROBERTS，K，& WALTER，P. 2019. *Essential cell biology*. 5th ed. New York：W. W. Norton and Co.

ALON，U. 2019. *An introduction to systems biology: Design principles of biological circuits*. 2nd ed. Boca Raton FL：Chapman and Hall/CRC.

AMERICAN ASSOCIATION OF MEDICAL COLLEGES. 2017. *The official guide to the MCAT exam*. 5th ed. Washington DC：AAMC.

AMIR，A. 2021. *Thinking probabilistically: Stochastic processes，disordered systems，and their applications*. Cam-bridge UK：Cambridge Univ. Press.

ANDREASSON，J O L，MILIC，B，CHEN，G-Y，GUYDOSH，N R，HANCOCK，W O，& BLOCK，S M. 2015. Examining kinesin processivity within a general gating framework. *Elife*，**4**，1166.

ARIYARATNE，A，& ZOCCHI，G. 2016. Toward a minimal artificial axon. *J. Phys. Chem. B*，**120**(26)，6255 – 6263. ARMSTRONG，C M，& Hille，B. 1998. Voltage-gated ion channels and electrical excitability. *Neuron*，**20**，371 – 380. ASBURY，C L，FEHR，A N，& BLOCK，S M. 2003. Kinesin moves by an asymmetric hand-over-hand mechanism. *Science*，**302**(5653)，2130 – 2134.

ASTUMIAN，R D. 1997. Thermodynamics and kinetics of a Brownian motor. *Science*，**275**，917 – 922.

ATKINS，P W. 1994. *The second law*. New York：W. H. Freeman and Co.

ATKINS，P W，& DE PAULA，J. 2011. *Physical chemistry for the life sciences*. 2d ed. Oxford UK：Oxford Univ. Press.

ATKINS，P W，DE PAULA，J，& KEELER，J. 2019. *Atkins' Physical chemistry: Molecular thermodynamics and kinetics*. 11th ed. Oxford UK：Oxford Univ. Press.

AUSTIN，R H. 2002. Biological physics in silico. *In*：FLYVBJERG，H，JÜLICHER，F，ORMOS，P，& DAVID，F (Eds.)，*Physics of bio-molecules and cells*. New York：Springer.

AUSTIN, R H, BEESON, K W, EISENSTEIN, L, FRAUENFELDER, H, GUNSALUS, I C, & MARSHALL, V P. 1974. Activation energy spectrum of a biomolecule: Photodissociation of carbonmonoxy myoglobin at low temperatures. *Phys. Rev. Lett.*, **32**, 403–405.

BAHAR, I, JERNIGAN, R L, & DILL, K A. 2017. *Protein actions: Principles and modeling*. New York: Garland Science.

BALL, P. 2000. *Life's matrix: A biography of water*. New York: Farrar Straus and Giroux.

BANERJEE, S, BARTESAGHI, A, MERK, A, RAO, P, BULFER, S L, YAN, Y, GREEN, N, MROCZKOWSKI, B, NEITZ, R J, WIPF, P, FALCONIERI, V, DESHAIES, R J, MILNE, J L S, HURYN, D, ARKIN, M, & SUBRAMANIAM, S. 2016. 2.3 Å resolution cryo-EM structure of human p97 and mechanism of allosteric inhibition. *Science*, **351**(6275), 871–875.

BAYLOR, S M. 2020. *Computational cell physiology: With examples In Python*. amazon. com: Kindle Direct Publishing.

BECHHOEFER, J, & WILSON, S. 2002. Faster, cheaper, safer optical tweezers for the undergraduate laboratory. *Am. J. Phys.*, **70**(4), 393–400.

BEN-NAIM, A. 2009. *Molecular theory of water and aqueous solutions*. Hackensack NJ: World Scientific.

BEN-NAIM, A. 2010. *Discover entropy and the second law of thermodynamics: A playful way of discovering a law of nature*. Hackensack NJ: World Scientific.

BEN-NAIM, A. 2014. *Statistical thermodynamics: With applications to the life sciences*. Hackensack NJ: World Scientific.

BENEDEK, G B, & VILLARS, F M H. 2000a. *Physics with illustrative examples from medicine and biology*. 2d ed. Vol. 2. New York: AIP Press.

BENEDEK, G B, & VILLARS, F M H. 2000b. *Physics with illustrative examples from medicine and biology*. 2nd ed. Vol. 3. New York: AIP Press.

BERG, H C. 1993. *Random walks in biology*. Expanded ed. Princeton NJ: Princeton Univ. Press.

BERG, H C. 2004. *E. coli in motion*. New York: Springer.

BERG, H C, & ANDERSON, R. 1973. Bacteria swim by rotating their flagellar filaments. *Nature*, **245**, 380–382.

BERG, H C, & PURCELL, E M. 1977. Physics of chemoreception. *Biophys. J.*, **20**, 193–219.

BERG, J M, TYMOCZKO, J L, GATTO, JR., G J, & STRYER, L. 2019. *Biochemistry*. 9th ed. New York: WH Freeman and Co.

BIALEK, W. 2012. *Biophysics: Searching for principles*. Princeton NJ: Princeton Univ. Press.

BLAIR, D F, & BERG, H C. 1988. Restoration of torque in defective flagellar motors. *Science*, **242**, 1678 – 1681.

BLOOMFIELD, V A, CROTHERS, D M, & TINOCO, JR., I. 2000. *Nucleic acids: Structures, properties, and functions*. Sausalito CA: University Science Books.

BOAL, D. 2012. *Mechanics of the cell*. 2d ed. Cambridge UK: Cambridge Univ. Press.

BOCKELMANN, U, ESSEVAZ-ROULET, B, & HESLOT, F. 1997. Molecular stick-slip motion revealed by opening DNA with piconewton forces. *Phys. Rev. Lett.*, **79**(22), 4489 – 4492.

BODINE, E N, LENHART, S, & GROSS, L J. 2014. *Mathematics for the life sciences*. Princeton NJ: Princeton Univ. Press.

BORISY, G G, & SVITKINA, T M. 2000. Actin machinery: Pushing the envelope. *Curr. Opin. Cell Biol.*, **12**, 104 – 112.

BOUCHIAT, C, WANG, M D, ALLEMAND, J-F, STRICK, T, BLOCK, S M, & CROQUETTE, V. 1999. Estimating the persistence length of a wormlike chain molecule from force-extension measurements. *Biophys. J.*, **76**, 409 – 413.

BOYER, P D. 1997. The ATP synthase: A splendid molecular machine. *Annu. Rev. Biochem.*, **66**, 717 – 749.

BRADY, S T, & PFISTER, K K. 1991. Kinesin interactions with membrane bounded organelles in vivo and in vitro. *J. Cell Sci. Suppl.*, **14**, 103 – 108.

BRESSLOFF, P C. 2014. *Waves in neural media*. New York: Springer.

BUDAITIS, B G, JARIWALA, S, REINEMANN, D N, SCHIMERT, K I, SCARABELLI, G, GRANT, B J, SEPT, D, LANG, M J, & VERHEY, K J. 2019. Neck linker docking is critical for Kinesin-1 force generation in cells but at a cost to motor speed and processivity. *Elife*, **8**, 2997.

BURLEY, S K, BHIKADIYA, C, BI, C, BITTRICH, S, CHEN, L, CRICHLOW, G V, CHRISTIE, C H, DALENBERG, K, DI COSTANZO, L, DUARTE, J M, DUTTA, D, FENG, Z, GANESAN, S, GOODSELL, D S, GHOSH, S, GREEN, R K, GURANOVIĆ, V, GUZENKO, D, HUDSON, B P, LAWSON, C L, LIANG, Y, LOWE, R, NAMKOONG, H, PEISACH, E, PERSIKOVA, I, RANDLE, C, ROSE, A, ROSE, Y, SALI, A, SEGURA, J, SEKHARAN, M, SHAO, C, TAO, Y-P, VOIGT, M, WESTBROOK, J D, YOUNG, J Y, ZARDECKI, C, & ZHURAVLEVA, M. 2021. RCSB Protein Data Bank. *Nucleic Acids Res.*, **49**(D1), D437 – D451.

CALLEN, H B. 1985. *Thermodynamics and introduction to thermostatistics*. 2nd ed. New York: Wiley.

CAMMACK, R ET AL. (Ed.). 2006. *Oxford dictionary of biochemistry and molecular biology*. Rev. ed. Oxford UK: Oxford Univ. Press.

CHAIKIN, P, & LUBENSKY, T C. 1995. *Principles of condensed matter physics*. Cambridge UK: Cambridge Univ. Press.

CHEN, D, KINI, R M, YUEN, R, & KHOO, H E. 1997. Haemolytic activity of stonustoxin from stonefish (*Synanceja horrida*) venom: pore formation and the role of cationic amino acid residues. *Biochem. J.*, **325** (Pt **3**)(3), 685 – 691.

CLUZEL, P, LEBRUN, A, HELLER, C, LAVERY, R, VIOVY, J-L, CHATENAY, D, & CARON, F. 1996. DNA: An extensible molecule. *Science*, **271**, 792 – 794.

COIMBATORE NARAYANAN, B, WESTBROOK, J, GHOSH, S, PETROV, A I, SWEENEY, B, ZIRBEL, C L, LEONTIS, N B, & BERMAN, H M. 2014. The Nucleic Acid Database: new features and capabilities. *Nucleic Acids Res.*, **42**(Database issue), D114 – 22.

COLQUHOUN, D, & HAWKES, A G. 1983. Principles of the stochastic interpretation of ion-channel mechanisms. *In:* SAKMANN, B, & NEHER, E (Eds.), *Single-channel recording*. New York: Plenum Press.

CONRADI SMITH, G. 2019. *Cellular biophysics and modeling: A primer on the computational biology of excitable cells*. Cambridge UK: Cambridge Univ. Press.

COOPER, G M. 2019. *The cell: A molecular approach*. 8th ed. Oxford UK: Sinauer.

COUTANCEAU, M. 1968. Mouvement uniforme d'une sphère dans l'axe d'un cylindre contenant un liquide visqueux. *Journal de Mecanique*, **7**(1), 4 – 67.

COWAN, W M, SÜDHOF, T C, & STEVENS, C F (Eds.). 2001. *Synapses*. Baltimore MD: Johns Hopkins Univ. Press.

COWLEY, A C, FULLER, N L, RAND, R P, & PARSEGIAN, V A. 1978. Measurements of repulsive forces between charged phospholipid bilayers. *Biochemistry*, **17**, 3163 – 3168.

DEAMER, D. 2011. *First life*. Berkeley CA: Univ. California Press.

DENNY, M, & GAINES, S. 2000. *Chance in biology*. Princeton NJ: Princeton Univ. Press.

DEPABLO, P J, SCHAAP, I A T, & SCHMIDT, C F. 2003. Observation of microtubules with scanning force microscopy in liquid. *Nanotechnology*, **14**(2), 143 – 146.

DICKERSON, R E, DREW, H R, CONNER, B N, WING, R M, FRATINI, A V, & KOPKA, M L. 1982. The anatomy of A-, B-, and Z-DNA. *Science*, **216**, 476 – 485.

DILL, K A, & BROMBERG, S. 2011. *Molecular driving forces: Statistical thermodynamics in biology, chemistry, physics, and nanoscience*. 2d ed. New York: Garland Science.

DILLON, P F. 2012. *Biophysics: A physiological approach*. Cambridge UK: Cambridge Univ. Press.

DISCHER, D E. 2000. New insights into erythrocyte membrane organization and microelasticity. *Curr. Opin. Hematol.*, **7**, 117 – 122.

DIXON, M, & WEBB, E C. 1979. *Enzymes*. 3rd ed. New York NY: Academic

Press.

DUPUIS，N F，HOLMSTROM，E D，& Nesbitt，D J. 2014. Molecular-crowding effects on single-molecule RNA folding/unfolding thermodynamics and kinetics. *Proc. Natl. Acad. Sci. USA*，**111**(23)，8464 - 8469.

DUSENBERY，D B. 2009. *Living at micro scale: The unexpected physics of being small*. Cambridge MA：Harvard Univ. Press.

EATON，W A，HENRY，E R，HOFRICHTER，J，& MOZZARELLI，A. 1999. Is cooperative oxygen binding by hemoglobin really understood? *Nat. Struct. Biol.*，**6**，351 - 358.

ECHOLS，H. 2001. *Operators and promoters: The story of molecular biology and its creators*. Berkeley CA：Univ. California Press.

EINSTEIN，A. 1956. *Investigations on the theory of the Brownian movement*. New York：Dover Publications. Contains reprints of "On the movement of small particles suspended in a stationary liquid demanded by the molecular theory of heat," *Ann. Phys.* **17**（1905），549；"On the theory of the Brownian movement," *Ibid.* **19**（1906），371 - 381；"A new determination of molecular dimensions," *Ibid.* 289 - 306（Erratum *Ibid.* **34**（1911），591 - 592）；and two other papers.

EISENBERG，D，& CROTHERS，D. 1979. *Physical chemistry: With applications to the life sciences*. Menlo Park CA：Benjamin/Cummings.

ELLIS，R J. 2001. Macromolecular crowding：An important but neglected aspect of the intracellular environment. *Curr. Opin. Struct. Biol.*，**11**，114 - 119.

ESSEVAZ-ROULET，B，BOCKELMANN，U，& HESLOT，F. 1997. Mechanical separation of the complementary strands of DNA. *Proc. Natl. Acad. Sci. USA*，**94**，11935 - 11940.

FALKOWSKI，P G. 2015. *Life's engines: How microbes made Earth habitable*. Princeton NJ：Princeton Univ. Press.

FEYNMAN，R P. 2017. *The character of physical law*. Cambridge MA：MIT Press.

FEYNMAN，R P，HEY，J G，& ALLEN，R W. 1996. *Feynman lectures on computation*. San Francisco：Addison-Wesley.

FEYNMAN，R P，LEIGHTON，R，& SANDS，M. 2010a. *The Feynman lectures on physics*. New millennium ed. Vol. 1. New York：Basic Books. Free online：http://www.feynmanlectures.caltech.edu/.

FEYNMAN，R P，LEIGHTON，R，& SANDS，M. 2010b. *The Feynman lectures on physics*. New millennium ed. Vol. 2. New York：Basic Books. Free online：http://www.feynmanlectures.caltech.edu/.

FINER，J T，SIMMONS，R M，& SPUDICH，J A. 1994. Single myosin molecule mechanics—piconewton forces and nanometer steps. *Nature*，**368**，113 - 119.

FINKELSTEIN，A. 1987. *Water movement through lipid bilayers，pores，and plasma membranes: Theory and reality*. New York：Wiley.

FINZI, L, & GELLES, J. 1995. Measurement of lactose repressor-mediated loop formation and breakdown in single DNA molecules. *Science*, **267**, 378 – 380.

FLORY, P J. 1953. *Principles of polymer chemistry*. Ithaca NY: Cornell Univ. Press.

FRANKS, F. 2000. *Water: A matrix of life*. 2nd ed. Cambridge UK: Royal Society of Chemistry.

FRIEDMAN, M H. 2008. *Principles and models of biological transport*. 2nd ed. New York: Springer.

FUNG, D C, & BERG, H C. 1995. Powering the flagellar motor of *Escherichia coli* with an external voltage source. *Nature*, **375**, 809 – 812.

FUNG, Y C. 1997. *Biomechanics: Circulation*. 2nd ed. New York: Springer.

GAMOW, G. 1961. *One, two, three, infinity*. New York: Dover Publications.

GELBART, W M, Bruinsma, R F, Pincus, P A, & Parsegian, V A. 2000. DNA-inspired electrostatics. *Physics Today*, **53**, 38 – 44.

GOLDSTEIN, R E. 2016. Fluid dynamics at the scale of the cell. *J. Fluid Mech.*, **807**, 1 – 39.

GONICK, L, & SMITH, W. 1993. *The cartoon guide to statistics*. New York: HarperCollins.

GONICK, L, & WESSNER, D. 2019. *The cartoon guide to biology*. New York: HarperCollins.

GONICK, L, & WHEELIS, M. 1991. *The cartoon guide to genetics*. New York: HarperCollins.

GOODSELL, D S. 2016. *Atomic evidence: Seeing the molecular basis of life*. Springer.

GRODZINSKY, A J. 2011. *Fields, forces, and flows in biological systems*. London UK: Garland Science.

GROSBERG, A YU, & KHOKHLOV, A R. 1994. *Statistical physics of macromolecules*. New York: AIP Press.

GROSBERG, A YU, & KHOKHLOV, A R. 2011. *Giant molecules: Here, and there, and everywhere*. 2nd ed. Hackensack NJ: World Scientific.

GUTTAG, J V. 2021. *Introduction to computation and programming using Python: With application to computational modeling and understanding data*. 3rd ed. Cambridge MA: MIT Press.

HAGEN, S J. 2017. *The physical microbe: An introduction to noise, control, and communication in the prokaryotic cell*. San Rafael CA: Morgan and Claypool.

HANCOCK, W O. 2016. The kinesin-1 chemomechanical cycle: Stepping toward a consensus. *Biophys. J.*, **110**(6), 1216 – 1225.

HAPPEL, J, & BRENNER, H. 1983. *Low Reynolds-number hydrodynamics: With special applications to particulate media*. Boston MA: Kluwer.

HARDIN, J, & BERTONI, G. 2016. *Becker's world of the cell*. 9th ed. Pearson.

HARTSHORNE, R P, KELLER, B U, TALVENHEIMO, J A, CATTERALL, W A, & MONTAL, M. 1985. Functional reconstitution of the purified brain sodium channel in planar lipid bilayers. *Proc. Natl. Acad. Sci. USA*, **82**, 240–244.

HILL, C. 2020. *Learning scientific programming with Python*. 2nd ed. Cambridge UK: Cambridge Univ. Press. scipython. com/book2/.

HILLE, B. 2001. *Ionic channels of excitable membranes*. 3d ed. Sunderland MA: Sinauer.

HIROKAWA, N, PFISTER, K K, YORIFUJI, H, WAGNER, M C, BRADY, S T, & BLOOM, G S. 1989. Submolecular domains of bovine brain kinesin identified by electron microscopy and monoclonal antibody decoration. *Cell*, **56**, 867–878.

HIRST, L S. 2013. *Fundamentals of soft matter science*. Boca Raton FL: CRC Press.

HOAGLAND, M, DODSON, B, & HAUCK, J. 2001. *Exploring the way life works: The science of biology*. Sudbury MA: Jones and Bartlett.

HOBBIE, R K, & ROTH, B J. 2015. *Intermediate physics for medicine and biology*. 5th ed. New York: Springer.

HODGKIN, A. 1992. *Chance and design: Reminiscences of science in peace and war*. Cambridge UK: Cambridge Univ. Press.

HODGKIN, A L, & HUXLEY, A F. 1952a. Currents carried by sodium and potassium ions through the membrane of the giant axon of *Loligo*. *J. Physiol. Lond.*, **116**, 449–472.

HODGKIN, A L, & HUXLEY, A F. 1952b. A quantitative description of membrane current and its application to conduction and excitation in nerve. *J. Physiol. Lond.*, **117**, 500–544.

HODGKIN, A L, & KATZ, B. 1949. Effect of sodium ions on the electrical activity of the giant axon of the squid. *J. Physiol. Lond.*, **108**, 37–77.

HODGKIN, A L, & KEYNES, R D. 1955. Active transport of cations in giant axons from *Sepia* and *Loligo*. *J. Physiol. Lond.*, **128**, 28–60.

HODGKIN, A L, & RUSHTON, W A H. 1946. The electrical constants of a crustacean nerve fibre. *Proc. Roy. Soc. Lond. B*, **133**, 444–479.

HOFFMANN, P M. 2012. *Life's ratchet: How molecular machines extract order from chaos*. New York: Basic Books.

HOPPENSTEADT, F C, & PESKIN, C S. 2002. *Modeling and simulation in medicine and the life sciences*. 2nd ed. New York: Springer.

HOWARD, J. 2001. *Mechanics of motor proteins and the cytoskeleton*. Sunderland MA: Sinauer Associates.

HOWELL, M L, SCHROTH, G P, & HO, P S. 1996. Sequence-dependent effects of spermine on the thermodynamics of the B-DNA to Z-DNA transition. *Biochemistry*,

35, 15373 – 15382.

ISRAELACHVILI, J N. 2011. *Intermolecular and surface forces*. 3rd ed. Burlington MA: Academic Press.

JONES, P H, MARAGÒ, O M, & VOLPE, G. 2015. *Optical tweezers: Principles and applications*. Cambridge UK: Cambridge Univ. Press.

JUDSON, H F. 1996. *The eighth day of creation: The makers of the revolution in biology*. Commemorative ed. Cold Spring Harbor NY: Cold Spring Harbor Laboratory Press.

JÜLICHER, F, AJDARI, A, & PROST, J. 1997. Modeling molecular motors. *Rev. Mod. Phys.*, **69**, 1269 – 1282.

KANDEL, E R. 2006. *In search of memory: The emergence of a new science of mind*. New York: W. W. Norton and Co.

KANDEL, E R, SCHWARTZ, J H, JESSELL, T M, SIEGELBAUM, S A, & HUDSPETH, A J (Eds.). 2013. *Principles of neural science*. 5th ed. New York: McGraw-Hill.

KARP, G, IWASA, J, & MARSHALL, W. 2016. *Karp's cell and molecular biology: Concepts and experiments*. 8th ed. Hoboken NJ: John Wiley and Sons.

KASEDA, K, HIGUCHI, H, & HIROSE, K. 2003. Alternate fast and slow stepping of a heterodimeric kinesin molecule. *Nat. Cell Biol.*, **5**(12), 1079 – 1082.

KATZ, B. 1966. *Nerve, muscle, and synapse*. New York: McGraw – Hill.

KAWAI, M, & BRANDT, P W. 1980. Sinusoidal analysis: A high resolution method for correlating biochemical reactions with physiological processes in activated skeletal muscles of rabbit, frog and crayfish. *J. Muscle Res. Cell Motil.*, **1**, 279 – 303.

KEENER, J, & SNEYD, J. 2009. *Mathematical physiology I: Cellular physiology*. 2d ed. New York: Springer.

KINDER, J M, & NELSON, P. 2021. *A student's guide to Python for physical modeling*. 2nd ed. Princeton NJ: Princeton Univ. Press.

KOLOMEISKY, A. 2015. *Motor proteins and molecular motors*. Boca Raton FL: CRC Press.

KONRAD, MICHAEL W, & BOLONICK, JOEL I. 1996. Molecular dynamics simulation of DNA stretching is consistent with the tension observed for extension and strand separation and predicts a novel ladder structure. *JACS*, **118**(45), 10989 – 10994.

KRAMERS, H. 1940. Brownian motion in a field of force and the diffusion model of chemical reactions. *Physica (Utrecht)*, **7**, 284 – 304.

LACEY, S E, HE, S, SCHERES, S H W, & CARTER, A P. 2019. Cryo-EM of dynein microtubule-binding domains shows how an axonemal dynein distorts the microtubule. *Elife*, **8**, e47145.

LACKIE，J M（Ed.）. 2013. *The dictionary of cell and molecular biology*. 5th ed. Amsterdam：Academic Press.

LAIDLER，K. 1972. Unconventional applications of the Arrhenius law. *J. Chem. Educ.*，**49**，343 – 344.

LANDAU，L D，& LIFSHITZ，E M. 1980. *Statistical Physics*，Part 1. 3rd ed. Oxford UK：Pergamon Press.

LANDAU，L D，& LIFSHITZ，E M. 1986. *Theory of elasticity*. 3rd ed. Oxford UK：Butterworth and Heinemann.

LANDAU，L D，& LIFSHITZ，E M. 1987. *Fluid mechanics*. 2nd ed. Oxford UK：Pergamon Press.

LANE，N. 2005. *Power，sex，suicide: Mitochondria and the meaning of life*. New York：Oxford Univ. Press.

LAUGA，E，& POWERS，T R. 2009. The hydrodynamics of swimming microorganisms. *J. Stat. Mech.*，**72**，096601.

LÄUGER，P. 1991. *Electrogenic ion pumps*. Sunderland MA：Sinauer.

LAUTRUP，B. 2005. *Physics of continuous matter: Exotic and everyday phenomena in the macroscopic world*. Bristol UK：Institute of Physics.

LEAKE，M C. 2016. *Biophysics: Tools and techniques*. Boca Raton FL：CRC Press.

LEAL，L G. 2007. *Advanced transport phenomena: Fluid mechanics and convective transport processes*. Cambridge UK：Cambridge Univ. Press.

LEFF，H S，& REX，A F. 1990. *Maxwell's demon: Entropy，information，computing*. Princeton NJ：Princeton Univ. Press.

LEMONS，D S. 2002. *An introduction to stochastic processes in physics*. Baltimore MD：Johns Hopkins University Press.

LEMONS，D S. 2013. *A student's guide to entropy*. Cambridge UK：Cambridge Univ. Press.

LEMONS，D S. 2017. *A student's guide to dimensional analysis*. Cambridge UK：Cambridge Univ. Press.

LIDE，D R（Ed.）. 2020. *CRC handbook of chemistry and physics*. 100th ed. Boca Raton FL：CRC Press.

LIPHARDT，J，ONOA，B，SMITH，S B，TINOCO，JR.，I，& BUSTAMANTE，C. 2001. Reversible unfolding of single RNA molecules by mechanical force. *Science*，**292**，733 – 737.

LIU，D，LIU，X，SHANG，Z，& SINDELAR，C V. 2017. Structural basis of cooperativity in kinesin revealed by 3D reconstruction of a two-head-bound state on microtubules. *Elife*，**6**，805.

LODISH，H，BERK，A，KAISER，C A，KRIEGER，M，BRETSCHER，A，PLOEGH，H，AMON，A，SCOTT，M P，& MARTIN，K. 2016. *Molecular cell biology*. 8th ed.

New York: W H Freeman and Co.

LUCKEY, M. 2014. *Membrane structural biology: With biochemical and biophysical foundations*. 2nd ed. Cambridge UK: Cambridge Univ. Press.

LUMRY, R, SMITH, E L, & GLANTZ, R R. 1951. Kinetics of carboxypeptidase action. 1. Effect of various extrinsic factors on kinetic parameters. *J. Am. Chem. Soc.*, **73**, 4330 – 4340.

MAGNASCO, M O. 1996. Brownian combustion engines. *In:* Millonas, M (Ed.), *Fluctuations and order*. New York: Springer.

MAHADEVAN, L, & MATSUDAIRA, P. 2000. Motility powered by supramolecular springs and ratchets. *Science*, **288**, 95 – 97.

MALKIEL, B G. 2019. *A random walk down Wall Street*. New York: W. W. Norton and Co.

MANNING, G S. 1968. Binary diffusion and bulk flow through a potential-energy profile: A kinetic basis for the thermodynamic equations of flow through membranes. *J. Chem. Phys.*, **49**, 2668 – 2675.

MARKO, J F, & SIGGIA, E D. 1994. Bending and twisting elasticity of DNA. *Macromolecules*, **27**, 981 – 988. Erratum *Ibid.*, **29** (1996), 4820.

MARKO, J F, & SIGGIA, E D. 1995. Stretching DNA. *Macromolecules*, **28**, 8759 – 8770.

MARTIN, P, MEHTA, A D, & HUDSPETH, A J. 2000. Negative hair-bundle stiffness betrays a mechanism for mechanical amplification by the hair cell. *Proc. Natl. Acad. Sci. USA*, **97**, 12026 – 12031.

MCBAIN, J W. 1944. Solutions of soaps and detergents as colloidal electrolytes. *In:* ALEXANDER, J (Ed.), *Colloid chemistry, theoretical and applied*, Vol. 5. New York: Reinhold.

MCGEE, H. 2004. *On food and cooking: The science and lore of the kitchen*. 1st revised ed. New York: Scribner.

MCMAHON, T A. 1984. *Muscles, reflexes, and locomotion*. Princeton NJ: Princeton Univ. Press.

MEYERHOFF, G, & SCHULTZ, G V. 1952. Molekulargewichtsbestimmungen an polymethacrylsaureestern mittels sedimentation in der ultrazentrifuge und diffusion. *Makromol. Chem.*, **7**, 294.

MICKOLAJCZYK, K J, & HANCOCK, W O. 2017. Kinesin processivity is determined by a kinetic race from a vulnerable one-head-bound state. *Biophys. J.*, **112** (12), 2615 – 2623.

MILLER, R C, & KUSCH, P. 1955. Velocity distributions in potassium and thallium atomic beams. *Phys. Rev.*, **99**, 1314 – 1321.

MILLS, F C, JOHNSON, M L, & ACKERS, G K. 1976. Oxygenation-linked subunit interactions in human hemoglobin. *Biochemistry*, **15**, 5350 – 5362.

MILO, R, & PHILLIPS, R. 2016. *Cell biology by the numbers*. New York: Garland Science.

MLODINOW, L. 2008. *The drunkard's walk: How randomness rules our lives*. New York: Pantheon Books.

MOGILNER, A, ELSTON, T, WANG, H, & OSTER, G. 2002. Chapters 12 – 13. *In:* FALL, C P, MARLAND, E, TYSON, J, & WAGNER, J (Eds.), *Joel Keizer's computational cell biology*. New York: Springer.

MURRAY, J D. 2002. *Mathematical biology I: An introduction*. 3d ed. New York: Springer.

NEHER, E, & SAKMANN, B. 1992. The patch clamp technique. *Scientific American*, March, 44 – 51.

NELSON, D L, & COX, M M. 2017. *Lehninger principles of biochemistry*. 7th ed. New York: W. H. Freeman and Co.

NELSON, P. 2015. *Physical models of living systems*. New York: W. H. Freeman and Co.

NELSON, P. 2017. *From photon to neuron: Light, imaging, vision*. Princeton NJ: Princeton Univ. Press.

NEWMAN, M. 2013. *Computational physics*. Rev. and expanded ed. CreateSpace Publishing.

NICHOLLS, D G, & FERGUSON, S J. 2013. *Bioenergetics*. 4th ed. Amsterdam: Academic Press.

NIELSEN, S O, & KLEIN, M L. 2002. A coarse grain model for lipid monolayer and bilayer studies. *Pages 27 – 66 of:* NIELABA, P, MARESCHAL, M, & CICCOTTI, G (Eds.), *Bridging the time scales: Molecular simulations for the next decade*. New York: Springer-Verlag Telos.

NIRODY, J A, SUN, Y-R, & LO, C-J. 2017. The biophysicist's guide to the bacterial flagellar motor. *Advances in Physics: X*, **2**(2), 324 – 343.

NOJI, H, YASUDA, R, YOSHIDA, M, & KINOSITA, JR., K. 1997. Direct observation of the rotation of F1 – ATPase. *Nature*, **386**, 299 – 302.

NORDLUND, T M, & HOFFMAN, P M. 2019. *Quantitative understanding of biosystems: An introduction to biophysics*. 2d ed. Boca Raton FL: CRC Press.

OKADA, Y, & HIROKAWA, N. 1999. A processive single-headed motor: Kinesin superfamily protein KIF1A. *Science*, **283**, 1152 – 1157. See also the Supplemental Materials cited in footnote 12 of the paper.

OSTER, G, & WANG, H. 2000. Reverse-engineering a protein: The mechanochemistry of ATP synthase. *Biochim. Biophys. Acta (Bioenergetics)*, **1458**, 482 – 510.

OTTO, S P, & DAY, T. 2007. *Biologist's guide to mathematical modeling in ecology and evolution*. Princeton NJ: Princeton Univ. Press.

PAIS, A. 1982. *Subtle is the Lord: The science and the life of Albert Einstein*. Oxford, UK: Oxford University Press.

PARSEGIAN, V A, RAND, R P, & Rau, D C. 2000. Osmotic stress, crowding, preferential hydration, and binding: Comparison of perspectives. *Proc. Natl. Acad. Sci. USA*, **97**, 3987 – 3992.

PARTHASARATHY, R. 2022. *So simple a beginning: How four physical principles shape our living world*. Princeton NJ: Princeton Univ. Press.

PERRIN, J. 1948. *Les atomes*. 3rd ed. Paris: Presses Universitaires de France.

PERUTZ, M F. 1998. *I wish I'd made you angry earlier: Essays*. Plainview NY: Cold Spring Harbor Laboratory Press.

PHILLIPS, R. 2020. *The molecular switch: Signaling and allostery*. Princeton NJ: Princeton Univ. Press.

PHILLIPS, R, KONDEV, J, THERIOT, J, & GARCIA, H. 2012. *Physical biology of the cell*. 2nd ed. New York: Garland Science.

PINE, D J. 2019. *Introduction to Python for science and engineering*. Boca Raton FL: CRC Press.

POLAND, D, & SCHERAGA, H A. 1970. *Theory of helix – coil transition in biopolymers*. New York: Academic Press.

POLLARD, T D, EARNSHAW, W C, LIPPINCOTT-SCHWARTZ, J, & JOHNSON, G T. 2017. *Cell biology*. 3rd ed. Philadelphia, PA: Elsevier.

POWERS, T R, HUBER, G, & GOLDSTEIN, R E. 2002. Fluid-membrane tethers: Minimal surfaces and elastic boundary layers. *Phys. Rev. E*, **65**, 041901.

PROST, J. 2002. The physics of *Listeria* propulsion. *In*: Flyvbjerg, H, JÜLICHER, F, ORMOS, P, & DAVID, F (Eds.), *Physics of bio-molecules and cells*. New York: Springer.

PURCELL, E. 1977. Life at low Reynolds number. *Am. J. Physics*, **45**, 3 – 10.

RAMÓN Y CAJAL, S. 1899. *Textura del sistema nervioso del hombre y de los verterbrados*. Vol. 1. Madrid: Moya. English translation: Histology of the nervous system of man and vertebrates. New York: Oxford University Press, 1995.

RICE, S, LIN, A W, SAFER, D, HART, C L, NABER, N, CARRAGHER, B O, CAIN, S M, PECHATNIKOVA, E, WILSON-KUBALEK, E M, WHITTAKER, M, PATE, E, COOKE, R, TAYLOR, E W, MILLIGAN, R A, & VALE, R D. 1999. A structural change in the kinesin motor protein that drives motility. *Nature*, **402**, 778 – 784.

ROSSI-FANELLI, A, & ANTONINI, E. 1958. Studies on the oxygen and carbon monoxide equilibria of human myoglobin. *Arch. Biochem. Biophys.*, **77**, 478 – 492.

RUBENSTEIN, D, YIN, W, & FRAME, M D. 2015. *Biofluid Mechanics: An*

Introduction to Fluid Mechanics，*Macrocirculation*，*and Microcirculation*. Boston MA：Elsevier/Academic Press.

RUBINSTEIN，M，& COLBY，R H. 2003. *Polymer physics*. Oxford UK：Oxford Univ. Press.

RUDNICK，J，& GASPARI，G. 2004. *Elements of the random walk: An introduction for advanced students and researchers*. Cambridge UK：Cambridge Univ. Press.

SACKMANN，E，BAUSCH，A R，& VONNA，L. 2002. Physics of composite cell membrane and actin based cytoskeleton. *In:* FLYVBJERG，H，JÜLICHER，F，ORMOS，P，& DAVID，F（Eds.），*Physics of bio-molecules and cells*. New York：Springer.

SAFRAN，S A. 2003. *Statistical thermodynamics of surfaces，interfaces，and membranes*. Boulder CO：Westview Press.

SAMIMY，M，BREUER，K S，LEAL，L G，& STEEN，P H. 2004. *A gallery of fluid motion*. Cambridge UK：Cambridge Univ. Press.

SCHIESSEL，H. 2013. *Biophysics for beginners: A journey through the cell nucleus*. Boca Raton FL：CRC Press.

SCHNITZER，M J，VISSCHER，K，& BLOCK，S M. 2000. Force production by single kinesin motors. *Nat. Cell Biol.*，**2**，718 – 723.

SCHRÖDINGER，E. 1992. *What is Life? The physical aspect of the living cell*. Cambridge UK：Cambridge Univ. Press.

SCHROEDER，D V. 2000. *An introduction to thermal physics*. San Francisco：Addison-Wesley.

SEGRÈ，G. 2002. *A matter of degrees: What temperature reveals about the past and future of our species，planet，and universe*. New York：Viking.

SEIFERT，U. 1997. Configurations of fluid membranes and vesicles. *Adv. Physics*，**46**，12 – 137.

SHANKAR，R. 1995. *Basic training in mathematics: A fitness program for science students*. New York：Plenum.

SHEETZ，M，& YU，H. 2018. *The cell as a machine*. Cambridge UK：Cambridge Univ. Press.

SHIH，C Y，& KESSEL，R. 1982. *Living images*. Boston MA：Science Books International.

SILVERMAN，M，& SIMON，M. 1974. Flagellar rotation and mechanism of bacterial motility. *Nature*，**249**，73 – 74.

SKOU，J. 1957. The influence of some cations on an adenosine triphosphatase from peripheral nerves. *Biochim. Biophys. Acta*，**23**，394 – 401.

SKOU，J C. 1989. The identification of the sodium pump as the membrane-bound sodium—potassium ATPase. *Biochim. Biophys. Acta*，**774**，91 – 95.

SLOAN, P R, & FOGEL, B (Eds.). 2011. *Creating a physical biology: The three-man paper and early molecular biology*. Chicago IL: Univ. Chicago Press.

SMITH, S, CUI, Y, & BUSTAMANTE, C. 1996. Overstretching B-DNA: The elastic response of individual double-stranded and single-stranded DNA molecules. *Science*, **271**, 795–799.

SOUTHALL, N T, DILL, K A, & HAYMET, A D J. 2002. A view of the hydrophobic effect. *J. Phys. Chem. B*, **106**, 521–533.

STEVEN, A C, BAUMEISTER, W, JOHNSON, L N, & PERHAM, R N. 2016. *Molecular biology of assemblies and machines*. New York NY: Garland Science.

STONG, C L. 1956. Amateur scientist. *Scientific American*, **194**, 149–158.

SVOBODA, K, DENK, W, KNOX, W H, & TSUDA, S. 1996. Two-photon-excitation scanning microscopy of living neurons with a saturable Bragg reflector mode-locked diode-pumped Cr:LiSrAlFl laser. *Opt. Lett.*, **21**, 1411–1413.

TANAKA, K. 1980. Scanning electron microscopy of intracellular structures. *Int. Rev. Cytol.*, **68**, 97–125.

TANFORD, C. 1961. *Physical chemistry of macromolecules*. New York: Wiley.

TANFORD, C. 1989. *Ben Franklin stilled the waters*. Durham NC: Duke Univ. Press.

THIS, H. 2006. *Molecular gastronomy: Exploring the science of flavor*. New York: Columbia Univ. Press.

TILNEY, L, & PORTNOY, D. 1989. Actin filaments and the growth, movement, and spread of the intracellular bacterial parasite, *Listeria monocytogenes*. *J. Cell Biol.*, **109**, 1597–1608.

TIMOFEEV-RESSOVSKY, N W, ZIMMER, K G, & DELBRÜCK, M. 1935. Über die Natur der Genmutation und der Genstruktur. *Nachrichten Gesselshaft der Wissenschaft Göttingen*, **6**(NF(13)), 189–245.

TINOCO, JR., I, SAUER, K, WANG, J C, PUGLISI, J D, HARBISON, G, & ROVNYAK, D. 2014. *Physical chemistry: Principles and applications in biological sciences*. 5th ed. Boston MA: Pearson.

VALE, R D. 1999. Millennial musings on molecular motors. *Trends Cell Biol.*, **9**, M38–M42.

VALE, R D, & MILLIGAN, R A. 2000. The way things move: Looking under the hood of molecular motor proteins. *Science*, **288**, 88–95.

VAN HOLDE, K E, JOHNSON, W C, & HO, P S. 2006. *Principles of physical biochemistry*. 2d ed. Upper Saddle River NJ: Prentice Hall.

VAN MAMEREN, J, WUITE, G J L, & HELLER, I. 2011. Introduction to optical tweezers: Background, system designs, and commercial solutions. *Meth. Mol. Biol.*, **783**, 1–20.

VIOVY, J L. 2000. Electrophoresis of DNA and other polyelectrolytes: Physical mechanisms. *Rev. Mod. Phys.*, **72**, 813 - 872.

VISSCHER, K, SCHNITZER, M J, & BLOCK, S M. 1999. Single kinesin molecules studied with a molecular force clamp. *Nature*, **400**, 184 - 189.

VOET, D, VOET, J G, & PRATT, C W. 2016. *Fundamentals of biochemistry: Life at the molecular level*. 5th ed. Hoboken NJ: Wiley.

VOGEL, S. 1992. *Vital circuits: On pumps, pipes, and the workings of circulatory systems*. 2nd ed. Princeton NJ: Princeton Univ. Press.

VOGEL, S. 1994. *Life in moving fluids: The physical biology of flow*. 2nd ed. Princeton NJ: Princeton Univ. Press.

VON BAEYER, H C. 1999. *Warmth disperses and time passes: The history of heat*. New York: Random House.

WADA, Y, SAMBONGI, Y, & FUTAI, M. 2000. Biological nano motor, ATP synthase $F_0 F_1$: From catalysis to $\gamma \varepsilon c_{10-12}$ subunit assembly rotation. *Biochim. Biophys. Acta*, **1459**, 499 - 505.

WAIGH, T A. 2014. *The physics of living processes: A mesoscopic approach*. Chichester UK: Wiley.

WANG, M D, YIN, H, LANDICK, R, GELLES, J, & BLOCK, S M. 1997. Stretching DNA with optical tweezers. *Biophys. J.*, **72**, 1335 - 1346.

WEINER, J. 1999. *Time, love, memory: A great biologist and his quest for the origins of behavior*. New York: Knopf.

WIDOM, B. 2002. *Statistical mechanics: A concise introduction for chemists*. Cambridge UK: Cambridge Univ. Press.

YILDIZ, A, TOMISHIGE, M, VALE, R D, & SELVIN, P R. 2004. Kinesin walks hand-over-hand. *Science*, **303**(5658), 676 - 678.

YILDIZ, A, TOMISHIGE, M, GENNERICH, A, & VALE, R D. 2008. Intramolecular strain coordinates kinesin stepping behavior along microtubules. *Cell*, **134**(6), 1030 - 1041.

ZHU, S, NISHIKINO, T, HU, B, KOJIMA, S, HOMMA, M, & LIU, J. 2017. Molecular architecture of the sheathed polar flagellum in Vibrio alginolyticus. *Proc. Natl. Acad. Sci. USA*, **114**(41), 10966 - 10971.

ZIMM, B H, DOTY, P, & ISO, K. 1959. Determination of the parameters for helix formation in poly-[γ-benzyl-L-glutamate]. *Proc. Natl. Acad. Sci. USA*, **45**, 1601 - 1607.

ZOCCHI, G. 2018. *Molecular machines: A materials science approach*. Princeton NJ: Princeton Univ. Press.

ZUCKERMAN, D M. 2010. *Statistical physics of biomolecules: An introduction*. Boca Raton FL: CRC Press.

索 引 *

---

* 黑体页码指该词的定义所在页。词条为内容索引,是对相应页面内容的概述,相应页面未必有精确的匹配词。

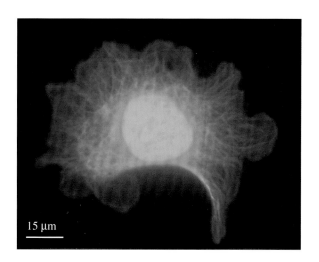

15 μm

彩图 1(荧光显微照片)　蝾螈肺细胞。其中 DNA 已染成蓝色,细胞质中的微管染成绿色。这个坚固的细胞骨架纤维网络有助于维持细胞所需的形状,同时也为驱动蛋白和其他分子马达提供运行的轨道。第 10 章将讨论这些马达。(蒙 Conly Rieder 惠赠。)

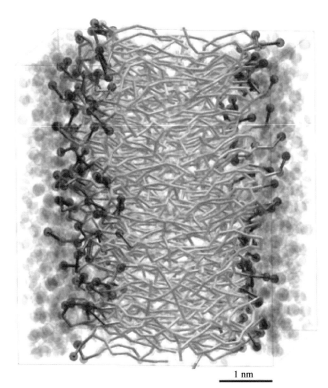

1 nm

彩图 2(计算机模拟) 由磷脂分子自组装产生的双层膜的结构。想象一下把大量分子按与纸面垂直的平面走向铺排开来,并重复此结构,由此形成两层膜。磷脂分子能自由进出于每一层膜,但它们的极性头部基团(红色)始终向外指向周围水分子(蓝色),非极性烃链尾部(黄色)始终指向内。第 8 章将讨论此类结构的自组装。为方便计算,图示的分子已作了相应的简化:每个黄色片段代表真实分子中的 4 个碳原子。(数字图像蒙 S. Nielsen 惠赠;参见 Nielsen & Klein,2002。)

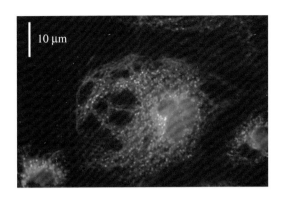

彩图 3(荧光光学显微照片) 发现驱动蛋白与微管在细胞中位于同处的实验证据。此细胞经双重荧光抗体标记：驱动蛋白(黄色)，微管蛋白(绿色)。黏附在运输小泡上的驱动蛋白大部分系在微管网络上，如图中橙色(来自两种抗体的荧光重叠色)所示。(数字图像蒙 S. T. Brady 惠赠；参见 Brady & Pster，1991。)

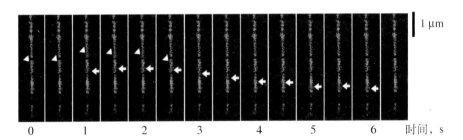

彩图 4(连续多帧显微照片影像) 荧光标记的分子马达 C351 的运动性分析。C351 是一类单头驱动蛋白。将浓度在 1～10 pM 之间的 C351 溶液浇到固定于一个玻璃槽的一组微管上。微管也进行了荧光标记，其中一条显示如图(绿色)。马达(红色)附着到微管上，沿微管行走几秒钟，然后脱落并游离开去。选出两个马达分子进行研究，各自连续经过的位置分别用三角形和箭头标记。一般而言，马达严格地朝一个方向运动，但实验也观察到了反向步进(三角形)，这与普通的双头驱动蛋白不同。(摘自 Okada，Y & Hirokawa，N. 1999. A Processive Single-Headed Motor：Kinesin Superfamily Protein KIF1A. Science，283：1152. 获 AAAS 许可使用。)

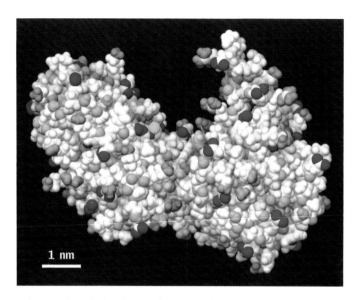

彩图 5(由原子坐标给出的结构图)　磷酸甘油酸激酶。该酶在糖酵解过程的一个步骤中发挥作用,见§10.4。在本图及彩图 6 中,疏水碳原子标记为白色,中等亲水的原子用浅色标记(浅蓝色为氮原子,粉色是碳原子),带强电荷的强亲水原子用亮色标记(蓝色为氮原子,红色为氧原子)。疏水性的概念和静电荷在溶液中的行为将在第 7 章讨论。氢原子的颜色与它所连接的原子的颜色相同。此酶的一个工作循环制造出一个 ATP 分子(绿色物)。(由 D. Goodsell 提供。)

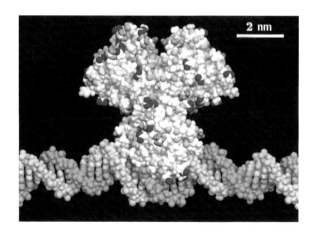

彩图 6(由原子坐标给出的复合结构图)　DNA 结合蛋白。着色方案同彩图 5。DNA 双链分别用橙色及品红色表示。此类阻遏蛋白能直接结合到 DNA 双螺旋上,对制造信使 RNA 的聚合酶的进入造成物理障碍。这些酶能识别 DNA 上的特异序列,通常会封闭住 10~20 个碱基对。这种结合并没有形成化学键,相反地是一些很弱的相互作用(在第 7 章讨论)。阻遏物形成了一类分子开关,在不需要某蛋白时可使其处于关闭状态。本图显示了 FadR 阻遏子,它在大肠杆菌的脂肪代谢中起调控作用。(由 D. S. Goodsell 提供。)